V.

LES

FONTAINES PUBLIQUES

DE LA VILLE DE DIJON.

TYPOGRAPHIE HENNUYER, RUE DU BOULEVARD, 7. BATIGNOLLES.
Boulevard extérieur de Paris.

LES

FONTAINES PUBLIQUES

DE LA VILLE DE DIJON

EXPOSITION ET APPLICATION

DES PRINCIPES A SUIVRE ET DES FORMULES A EMPLOYER

DANS LES QUESTIONS

DE

DISTRIBUTION D'EAU

OUVRAGE TERMINÉ

PAR UN APPENDICE RELATIF AUX FOURNITURES D'EAU DE PLUSIEURS VILLES

AU FILTRAGE DES EAUX

ET

A LA FABRICATION DES TUYAUX DE FONTE, DE PLOMB, DE TOLE ET DE BITUME

PAR

HENRY DARCY

INSPECTEUR GÉNÉRAL DES PONTS ET CHAUSSÉES.

> La bonne qualité des eaux étant une des choses qui contribuent le plus à la santé des citoyens d'une ville, il n'y a rien à quoi les magistrats aient plus d'intérêt qu'à entretenir la salubrité de celles qui servent à la boisson commune des hommes et des animaux, et à remédier aux accidents par lesquels ces eaux pourraient être altérées, soit dans le lit des fontaines, des rivières, des ruisseaux où elles coulent, soit dans les lieux où sont conservées celles qu'on en dérive, soit enfin dans les puits d'où naissent des sources.
>
> (De Jussieu, *Hist. de l'Académie royale des sciences*, 1733, p. 351.

PARIS

VICTOR DALMONT, ÉDITEUR,

Successeur de Carilian-Gœury et Vve Dalmont,

LIBRAIRE DES CORPS IMPÉRIAUX DES PONTS ET CHAUSSÉES ET DES MINES,

Quai des Augustins, 49.

1856

PRÉFACE.

Le but principal de cet ouvrage a été la description détaillée des travaux relatifs à la distribution d'eau de la ville de Dijon. Il m'a paru que ce récit pourrait présenter quelque utilité aux hommes de l'art chargés de la solution de questions analogues. Plusieurs moyens, en effet, se présentaient à Dijon pour arriver au but proposé : on avait successivement songé au forage de puits artésiens, à la dérivation de sources naturelles, à l'exhaussement artificiel des eaux de la rivière qui baigne les murs de cette ville.

La discussion qui devait précéder le choix à faire entre ces divers modes, choix toujours subordonné aux questions de localité, m'a fourni l'occasion de présenter des considérations générales sur les puits artésiens et les sources; sur les moyens d'accroître leur débit, et même sur l'application du drainage aux fournitures d'eau des villes.

L'introduction qui va suivre fera connaître la division de cet ouvrage : je me bornerai donc ici à appeler l'attention du lecteur sur les sept notes qui font l'objet de l'appendice, et que j'ai cru devoir détacher du corps de l'ouvrage, pour n'en point ralentir la marche.

Ces notes sont placées sous les lettres A, B, C, D, E, F, G : une observation cotée H et relative à l'écoulement de l'eau dans l'aqueduc de dérivation de Dijon termine l'appendice.

Les deux premières, A et B, ont un caractère exclusivement local et s'appliquent à Dijon; je ne m'y arrêterai pas.

La note C concerne les fournitures d'eau de Londres, Paris, Bruxelles, Lyon, Bordeaux, Nantes, Besançon, et présente en outre quelques détails sur la distribution d'eau projetée à Nîmes.

La note D est relative au filtrage des eaux; elle comprend la description des principaux filtres naturels et artificiels établis en France et en Angleterre; elle indique leur prix de revient et leur produit par mètre carré. Je cherche aussi, dans cette note, par quel moyen on pourrait notablement diminuer la superficie des filtres artificiels, et je donne la description d'un appareil nouveau, qui me paraît devoir résoudre avec économie et simplicité la question du filtrage des eaux destinées à l'approvisionnement d'une grande ville. Pour arriver à ce résultat, je prends en considération la loi de l'écoulement de l'eau à travers le sable, loi que j'ai expérimentalement démontrée; et j'indique en même temps les moyens auxquels il me paraît opportun de recourir pour s'opposer à l'engorgement et pour opérer le nettoyage des filtres. Cette note est terminée par des considérations générales relatives au décroissement de débit des sources à partir de leur étale, ou à l'augmentation de leur produit par l'abaissement de leur niveau. La publication récente, par M. l'abbé Paramelle, d'un ouvrage sur l'art de découvrir les sources, m'a permis enfin d'exposer d'une manière plus complète que je ne l'avais fait, page 123, la méthode de cet ingénieux hydroscope.

La note E se rapporte au jaugeage de la source amenée à Dijon : elle comprend des tables qui ont singulièrement facilité les calculs que j'ai dû faire.

La note F décrit les différents moyens auxquels on peut avoir recours pour tirer un volume constant d'un canal à niveau variable.

La note G est relative aux épaisseurs à donner aux tuyaux en fonte; aux procédés employés pour les mouler et les couler; à la fabrication des tuyaux en plomb et à celle des tuyaux en tôle et bitume.

Je n'ai vu réunis dans aucun ouvrage spécial les documents que renferme la note D, et notamment on n'a pas encore, à ma connaissance du moins, expérimentalement démontré les lois de l'écoulement de l'eau à travers le sable.

Je ne sache pas non plus que les tables de la note E aient été publiées.

Différents moyens indiqués dans la note F, pour assurer la constance de débit d'une prise d'eau dans un canal variable de niveau, mériteraient peut-être d'être essayés.

Enfin je ne crois pas que les procédés spéciaux de moulage et de coulage des tuyaux en fonte, coulés debout et suivant un plan horizontal ou incliné, aient été publiés. Je dois leur connaissance détaillée à l'obligeance de MM. les directeurs d'usine qui fournissent les tuyaux en fonte employés à Paris.

Il m'a donc paru que l'objet des notes précitées pourrait présenter quelque intérêt aux ingénieurs; c'est pourquoi je me suis décidé à les réunir dans l'appendice qui termine cet ouvrage.

ERRATA.

PAGE	LIGNE	AU LIEU DE	LISEZ
117	4	réunie,	réuni.
130	13	130	600
153	22	*e* au dénominateur,	*t*.
190	29	Planche 3,	Pl. 4.
281	3	0=015,	0=0105.
390	6	qu'il possède,	qu'elle.
395	18	au relief,	en relief
425	12, 14	0=000872 — 0=730,	0,000832 — 0,730.
430	13	0=93,	0,93.
442	9, 11	q^1 sous le radical,	Q^1.
443	3, 4, 6	q'^2, q''^2, q^2,	Q'^2, Q''^2, Q^2.
Ibid.	18	t',	t.
446	20	t'',	t'.

INTRODUCTION.

Le but d'un système de distribution d'eau est de porter dans les différents quartiers d'une ville la quantité d'eau nécessaire à leurs besoins.

Cette eau peut à la fois servir aux usages variés de la vie domestique; concourir à l'assainissement de la cité par le lavage des rues ou des égouts; être utilisée par les établissements médicaux[1] ou industriels qu'elle rencontre dans son parcours; elle peut enfin devenir un embellissement pour les places publiques ou les promenades, et les animer d'une vie nouvelle, en jaillissant de fontaines monumentales, en s'élançant en gerbes, ou en retombant en cascades.

La nécessité d'une bonne fourniture d'eau est chose tellement reconnue aujourd'hui, qu'on n'a plus à la démontrer. Aussi voit-on presque tous les Conseils communaux se préoccuper du soin d'établir dans les cités qu'ils représentent un large système de distribution.

Arago, lord Brougham et M. Chevreul ont fait ressortir, à des points de vue différents, mais également saisissants, l'utilité de l'eau artificiellement distribuée.

Arago, à la séance de la Chambre des députés du 2 mars 1846, s'exprimait ainsi :

« A Paris, la dépense moyenne en eau *vendue* est, dit-on, de sept litres par personne. Savez-vous ce qu'elle est dans les principales villes d'Angleterre? Soixante à soixante-dix litres. Il y a des personnes qui, par raison d'économie (*il y a bien des pauvres!*), sont obligées de réduire ce chiffre déjà si petit... Un pouce d'eau, à cause du transport par porteurs, coûte, rendu à domicile, 33,000 francs... Il y a peu de jours, un illustre orateur disait à cette tribune : *Messieurs, votons la vie à bas prix!* Moi, je vous dis que vous serez entrés dans

(1) On a fait à Dijon une concession d'eau à un établissement hydrothérapique.

les vues philanthropiques de M. de Lamartine, lorsque vous aurez conduit dans l'humble réduit du pauvre de l'eau en abondance et à bas prix. Je vous en conjure, Messieurs, ne perdez pas cette occasion de rendre à la classe pauvre un si immense service.

« Je dois aussi vous parler de l'eau au point de vue de la salubrité. Un grand écrivain, c'était un Père de l'Église, appelait la propreté une vertu. Un voyageur célèbre disait qu'il avait pu, presque partout, juger du degré de civilisation des peuples par leur propreté. Si vous introduisez de l'eau à bon marché dans la maison du pauvre, si vous la faites parvenir jusqu'aux étages supérieurs où il réside et souffre, vous aurez rendu un service immense à la population parisienne, à une partie de cette population qui doit plus particulièrement exciter votre intérêt.

« Examinons la nécessité de l'eau sous d'autres points de vue... Supposez que vous ayez une quantité d'eau suffisante, qu'elle soit en charge dans les tuyaux de conduite, l'arrosage (de la voie publique) se fera rapidement et avec facilité, à l'aide d'une simple lance de pompe, et sans porter d'entrave à la circulation.

« ... Il n'y a pas d'eau dans les hôpitaux, en proportion des besoins; je citerai des hôpitaux où l'on n'a pas donné aux malades les bains ordonnés par les médecins, parce qu'on manquait d'eau.

« ... Les égouts sont une excellente chose, mais à la condition qu'ils soient lavés régulièrement. Vous êtes-vous arrêtés quelquefois par hasard, pendant l'été, sur les trottoirs, près d'une bouche d'égout? Avez-vous remarqué quelle odeur nauséabonde s'en échappe? Vous savez d'où provient cette cause d'insalubrité.

« Quand la ville aura une quantité d'eau suffisante, elle pourra créer des lavoirs intérieurs, où la population pauvre trouvera le moyen de laver gratuitement son linge et sans compromettre sa santé.

« On trouvera encore un très-utile emploi de l'eau pour les incendies. Remarquez que maintenant l'eau que les bornes-fontaines fournissent ne s'élève pas, tandis que si l'eau est en charge dans les tuyaux, il suffira d'ouvrir une clef..., il suffira d'un appareil très-simple pour projeter l'eau jusqu'au troisième étage d'une maison, même avant l'arrivée des pompiers. Qui pourrait dédaigner de pareils avantages? »

Quant à lord Brougham, on lit dans son ouvrage *sur les Machines et leurs résultats :*

« Sans la fourniture d'eau artificielle et les robinets établis dans toutes les maisons (il s'agit de Londres), cette capitale n'aurait pu atteindre qu'une faible fraction de son étendue et de sa population actuelles. On n'aurait pas même *songer à un approvisionnement tel que celui qui a lieu aujourd'hui; car, pour* aller puiser aux fontaines et fournir à chaque maison 200 gallons d'eau par jour (environ 900 litres), il eût fallu deux cent quarante mille individus, c'est-à-dire tous les hommes valides de la métropole, et leur salaire se serait élevé à plus de 200 millions de francs par année. »

Je demande encore la permission de faire un emprunt à la brochure du célèbre chimiste [1].

En effet, d'une part, les considérations développées dans ce document rempli d'intérêt constituent un véritable cours d'hygiène à l'usage des cités populeuses; d'autre part, comme M. Chevreul cite Dijon à l'appui de l'opinion qu'il manifeste, ses conseils ont un caractère local qui s'applique parfaitement à une histoire des fontaines publiques de cette ville.

Enfin, le suffrage qu'il veut bien accorder à l'utilité des travaux que j'ai eu le bonheur d'accomplir m'est trop précieux pour que je n'éprouve pas un peu le besoin de le placer, pour ainsi dire, en tête de cet ouvrage.

« La condition la plus favorable à la salubrité d'une ville pavée avec trottoirs et ruisseaux des deux côtés d'une chaussée bombée, est sans contredit celle où des bornes-fontaines alimentent incessamment ces ruisseaux d'une eau pure dont la masse est considérable relativement à celle des eaux impures qu'elle reçoit à leur sortie immédiate des maisons, comme le mouvement en est assez rapide pour qu'elle ne croupisse jamais. Hors de cette double condition de grande masse et de mouvement continu de l'eau pure répandue sur la voie publique, il est bien difficile d'empêcher une certaine quantité de matières organiques de s'y altérer, tandis qu'une autre portion, en pénétrant dans le sol, s'ajoute à celle qu'il reçoit toujours de nos habitations, quelque soin qu'on apporte d'ailleurs à prévenir toute infection.

« C'est surtout en comparant les rues de Dijon, où coulent abondamment les eaux du Rosoir, aux rues des autres villes, où des bornes-fontaines ne versent

[1] *Mémoire sur plusieurs réactions chimiques qui intéressent l'hygiène des cités populeuses*, par M. Chevreul.

que durant quelques heures une petite quantité d'eau dans les ruisseaux qui bordent les trottoirs, et qui bien souvent exhalent l'odeur ammoniacale des urines décomposées ou l'odeur fétide des sulfures alcalins, que l'on acquiert la conviction qu'il n'y a de salubrité que là où, comme je l'ai dit, il se trouve une eau continuellement ou presque continuellement courante, et assez abondante pour entraîner les eaux impures au moment où elles s'y mêlent. Eh certes! si les ruisseaux qui sont au bas des trottoirs ne devaient jamais recevoir l'eau des bornes-fontaines d'une manière continue, le voisinage des maisons serait plus exposé à l'infection que lorsque les eaux s'écoulaient au milieu de la rue par une chaussée fendue.

« C'est donc un très-grand service que M. Darcy, ingénieur en chef du département de la Côte-d'Or, a rendu à Dijon en y amenant, par un aqueduc souterrain en maçonnerie de 14205 mètres de longueur, la source du Rosoir, qui sort du calcaire jurassique. Cette source donne à la ville, par minute, 125 hectolitres en hiver et 35 en été. L'eau en est excellente, ainsi que je l'ai vérifié moi-même; elle a une température constante de dix degrés. Le chlorure de barium et l'azotate d'argent n'y dénotent pas la présence de l'acide sulfurique ni celle du chlore. Elle ne laisse pour 1,000 parties que 0,242 millièmes de partie d'un résidu fixe, formé, dit-on, seulement de sous-carbonate de chaux et de traces de magnésie et de manganèse. J'indiquerai plus bas la proportion du résidu fixe que laissent un certain nombre d'eaux économiques.

« On prendra une idée de l'abondance de ces eaux quand on saura qu'elles représentent, par chaque habitant de Dijon, dans les vingt-quatre heures, de 198 à 678 litres, tandis qu'à Londres on compte, depuis 1829, 95 litres par habitant, à Toulouse de 62 à 78 litres, et à Paris de 11 à 12 litres d'eau potable (¹). J'extrais ces indications d'une excellente notice publiée en 1845 par M. Victor Dumay, maire de Dijon.

On lit encore plus loin :

« Les puits de Dijon peuvent être cités comme un exemple opposé à ceux des puits d'Angers, qui sont creusés dans le schiste, et opposé à ceux de Paris, qui le

(¹) Ces 11 à 12 litres doivent concerner le chiffre moyen des concessions; car le volume total des eaux fournies à Paris est, suivant M. l'ingénieur en chef Dupuit, d'environ 60 litres par individu.

sont dans un sol pénétré de sulfate de chaux; mais ils ressemblent à ces derniers par l'insalubrité de leurs eaux, résultant de la perméabilité aux matières organiques du terrain où ils se trouvent.

« Dès 1762, le médecin Fournier appelait l'attention sur ce fait si grave pour le bien-être de la population de Dijon; il disait que les eaux des puits de certains quartiers de cette ville *ont un goût désagréable*, qu'elles déposent un *limon filandreux blanchâtre, des concrétions pierreuses, un sédiment d'une odeur forte, qui avancent promptement leur corruption*. Enfin, elles *contribuent*, suivant lui, au *gonflement des glandes du col dont les personnes du sexe sont attaquées dans cette ville*. Deux circonstances me paraissent concourir puissamment à l'infection du sol par les matières organiques : c'est, d'abord, la quantité d'eau qui s'y trouve en une proportion tellement faible, qu'un arrêté du 1er décembre 1723, de la chambre du Conseil, *motivé sur le tarissement des puits, défend aux habitants d'y puiser de l'eau pour d'autres usages que leur boisson*; c'est, en second lieu, le peu de profondeur où se trouve la couche du terrain imperméable; on en peut juger par ce fait que, dans les puits de la place Saint-Michel et des environs, on puise l'eau de 9 mètres à 9m65 au-dessous du pavé. D'après cela, on conçoit combien le sol doit être infecté depuis le temps que Dijon existe, comme cité populeuse limitée par des remparts. »

Voici les principales questions que doit résoudre l'ingénieur chargé d'établir une distribution d'eau :

1° On doit, en premier lieu, déterminer le volume d'eau nécessaire à l'alimentation de la ville;

2° En second lieu, il faut reconnaître, par des analyses exactes, la qualité de celles que l'on se propose d'employer [1], soit que l'on veuille élever ou dériver les eaux d'une source ou d'une rivière.

Lorsqu'il s'agira d'une source, il y aura presque toujours certitude de pouvoir saisir les eaux à leur point d'émergence, à une température et à un degré de limpidité convenables. Il n'en sera plus ainsi lorsque l'on sera conduit par les circonstances à recourir à l'eau de rivière; il faudra, dans ce cas, chercher les moyens de la livrer, en toute saison, aux voies d'écoulement à la température et avec la limpidité désirables.

(1) Je recommanderai à cette occasion l'emploi de l'hydrotimètre de MM. Clegh et Deroche.

3° On devra s'occuper ensuite de la question de savoir si le débit du courant d'eau pourra suffire aux besoins de la localité.

De là, nécessité d'effectuer des jaugeages à l'époque de l'année où les sources ont le moindre débit;

4° On passera alors au choix du mode à employer pour faire arriver les eaux à une hauteur telle qu'elles puissent jaillir, avec un volume donné et sous une pression déterminée, des différents points où doivent être placées les voies d'écoulement.

Ici deux cas principaux peuvent se présenter :

1° Le niveau des eaux dont on dispose pourra être inférieur au point où elles doivent être conduites;

2° Ce niveau, au contraire, pourra être assez élevé pour qu'il y ait possibilité d'établir une dérivation naturelle.

PREMIER CAS. S'il s'agit d'élever les eaux d'une rivière ou d'une source très-abondante; d'un débit tel, par exemple, qu'il permette, au moyen d'une chute disponible, de créer une force motrice suffisante pour porter à la hauteur voulue le volume d'eau nécessaire aux besoins de la cité; alors il faudra comparer le prix de revient d'un système mis en mouvement au moyen de roues hydrauliques à celui d'un appareil mené par une machine à vapeur.

S'il s'agit, au contraire, d'une source dont le produit, déduction faite du volume nécessaire à la fourniture, ne conserverait pas un débit suffisant pour obtenir une force motrice capable d'élever à la hauteur voulue le nombre de mètres cubes demandés dans un temps donné, alors il ne peut plus y avoir d'incertitude et l'emploi de la machine est rigoureusement indiqué.

C'est en effet par exception seulement et pour des fournitures de bien faible importance que l'on pourrait songer à recourir à l'emploi de moteurs animés.

DEUXIÈME CAS. Dans le second cas, les eaux peuvent, sans l'intermédiaire de machines et par le secours de la gravité, être naturellement amenées à la hauteur jugée nécessaire. Mais ici une question demandera encore à être résolue.

Faudra-t-il les conduire dans un aqueduc sur le radier duquel elles couleront sous l'influence de la pression atmosphérique?

Faudra-t-il, au contraire, employer des tuyaux qui se prêteront à tous les accidents du sol et dont les parois intérieures subiront des pressions variables et dépendant de son profil longitudinal?

Dans quel cas enfin conviendrait-il de recourir à ces deux modes à la fois [1]?

On aura parfois aussi à s'adresser, pour amener dans une ville la fourniture d'eau qui lui est nécessaire, aux deux moyens que je viens d'indiquer, savoir :

1° A l'élévation artificielle des eaux au moyen d'appareils hydrauliques;

2° A la construction d'un aqueduc ou d'un conduit pour leur faire franchir le trajet qui, après leur ascension, les sépare encore des points où elles doivent être versées.

En effet, le bassin d'émergence de la source peut à la fois être situé à une grande distance de la ville et présenter en même temps un niveau inférieur à celui que nécessiterait l'établissement d'une dérivation.

Alors, il faut procéder, en premier lieu, à l'élévation des eaux, soit au moyen de la force motrice de la source même, soit à l'aide d'une machine à vapeur; ensuite on conduit à sa destination, par un canal en maçonnerie ou par des tuyaux, l'eau artificiellement relevée à la hauteur nécessaire.

Je dis par un canal en maçonnerie, car la nécessité d'obtenir de l'eau fraîche, limpide et pure, doit toujours faire écarter un projet de canal creusé en pleine terre.

5° La résolution de la question précédente exige, indépendamment de la connaissance de la théorie et de la pratique des machines à vapeur, des roues hydrauliques et des pompes, celle des lois du mouvement de l'eau dans les canaux et dans les tuyaux de conduite.

Il existe des traités spéciaux sur toutes ces matières [2].

[1] Voir troisième Partie, chapitre II, une circonstance où j'ai cru devoir recourir à ces deux modes.

En général, la solution de ces diverses questions se trouve dans la comparaison des dépenses. En principe, on ne peut disconvenir que les aqueducs en maçonnerie ne soient préférables aux tuyaux : lorsqu'il s'agit de grands volumes à conduire, la question de principe et l'économie se réunissent presque toujours pour conseiller l'emploi des aqueducs.

[2] L'Institut doit prochainement publier un mémoire que j'ai eu l'honneur de lui soumettre sur des recherches expérimentales relatives aux lois qui président au mouvement de l'eau dans les tuyaux.

6° Supposons maintenant les eaux parvenues, dans la ville, à la hauteur convenable. On devra se demander s'il convient de les abandonner sans intermédiaire aux différentes ramifications chargées de les transmettre aux voies définitives d'écoulement, ou s'il faut, au contraire, les recueillir dans un réservoir qui deviendra le point de départ, l'origine de toute la distribution intérieure.

Un seul réservoir suffira-t-il toujours? Et, dans le cas où l'on jugerait utile d'en établir plusieurs, quelles positions relatives devra-t-on leur faire occuper?

L'emplacement des réservoirs étant fixé, il y aura lieu de déterminer leurs dimensions, d'étudier leur mode de construction, de choisir pour leur remplissage et leur vidage un mécanisme tel que le débit des bornes-fontaines ou des fontaines, que le service des concessions soient aussi indépendants que possible des variations de hauteur présentées par les eaux d'approvisionnement [1].

7° On doit s'occuper ensuite de la distribution des eaux contenues dans les réservoirs entre les différents quartiers de la ville.

Ici les questions à résoudre semblent se multiplier encore davantage.

On aura à calculer les diamètres de tous les tuyaux composant le réseau de la distribution générale;

A déterminer celles des conduites qui devront être placées sous galeries, et celles que l'on pourra simplement poser en tranchées;

A indiquer les moyens d'unir entre eux les tuyaux dépendant d'une même conduite, et de rattacher les unes aux autres les conduites de divers diamètres qui rayonnent dans toutes les directions;

A présenter le moyen de faire communiquer entre elles ou d'isoler, au contraire, à volonté, les diverses parties du réseau général; de telle sorte que des réparations locales n'arrêtent les effets de la distribution qu'aux environs des endroits où ces réparations s'exécutent;

A fixer le nombre, l'emplacement et le débit des bornes-fontaines ou points définitifs de dégorgement des eaux, eu égard à la triple fonction qu'elles sont chargées de remplir:

Alimentation des habitants;

Arrosage de la voie publique;

[1] J'ai cherché à obtenir ce résultat dans l'établissement du mécanisme du réservoir de la porte Guillaume, à Dijon.

Service des pompes à incendie.

Enfin, à étudier les conditions auxquelles pourra être accordée, soit aux établissements publics, soit à l'industrie, soit aux particuliers, la concession d'une partie des eaux dont la ville est en possession, etc.

8° Il ne suffit pas de procurer à une ville la quantité d'eau qui lui est nécessaire pour l'alimentation de ses habitants, pour l'arrosage de ses rues, pour le service de ses usines, dit M. Parent-Duchâtelet, il faut encore :

« Lorsque cette eau s'est chargée de toutes les impuretés qui nuisent à notre santé et à notre bien-être, nous en débarrasser; autrement elle deviendrait une cause d'infection et rendrait inhabitables les lieux où les hommes l'auraient amenée par leur art et leur industrie. »

De là, la nécessité des égouts chargés de leur procurer un écoulement souterrain. Sans un bon système d'égout, il n'existe pas de bon système de distribution d'eau, et telle est l'opinion de tous les ingénieurs anglais ou français qui se sont occupés de cette question.

L'apparition du choléra n'a que trop justifié cette opinion, et l'immense intérêt que présentent les égouts, pour l'assainissement des villes n'a plus besoin d'être démontré désormais.

Il convient donc de rechercher les principes qu'on doit suivre dans la construction des égouts et dans la détermination de leurs dimensions et de leurs pentes.

Tel est à peu près le programme des questions que les ingénieurs chargés d'une distribution d'eau ont à étudier; elles peuvent se résumer ainsi :

Fixation du volume nécessaire à la fourniture d'eau;

Qualités que doivent présenter les eaux dérivées;

Jaugeage ou détermination de leur volume;

Travaux à faire pour les élever ou les dériver;

Théorie du mouvement des eaux dans les canaux ou dans les tuyaux de conduite;

Réservoirs;

Ouvrages à effectuer pour assurer la distribution intérieure;

Egouts.

Il existe des livres où ces différentes questions sont débattues théoriquement (1), mais j'ai pensé qu'à côté des ouvrages où sont développés les principes, une publication qui rendrait compte d'une *grande distribution exécutée* ne serait pas sans intérêt pour les ingénieurs.

DIVISION DE CET OUVRAGE.

Cet ouvrage sera divisé en quatre parties.

La première partie sera composée de trois chapitres.

Dans le premier (2), je rechercherai quelles sources alimentaient anciennement la ville de Dijon.

Dans le second (3), je passerai en revue tous les essais tentés par les diverses administrations municipales pour créer de nouvelles fontaines, depuis l'époque où les anciennes cessèrent de couler jusqu'en 1830.

(1) On consultera avec grand fruit :

L'ouvrage de M. Genieys ;

Le cours fait à l'École des ponts et chaussées par M. l'inspecteur général Mary, si connu par les beaux travaux hydrauliques exécutés sous sa direction, lorsqu'il était à la tête du service des eaux de Paris ;

L'excellent *Cours d'hydraulique* de M. Bellangé ;

Le remarquable ouvrage que vient de publier M. Dupuit, ingénieur en chef, directeur du service municipal.

(2 3) Peut-être trouvera-t-on que ces deux premiers chapitres présentent trop d'étendue et que je n'ai pas secoué assez vite cette poussière des temps passés.

Mais qu'on me permette d'invoquer pour mon excuse, et le titre de cet ouvrage, et ma qualité de Dijonnais, et l'instruction variée du guide qui me dirigeait dans mes recherches et savait les rendre si attrayantes pour moi, M. Garnier, archiviste de la ville de Dijon, dont l'assistance m'a été si utile pour la rédaction de la partie historique de mon ouvrage.

Du reste, les lecteurs qui n'ont pas les mêmes raisons de traverser lentement les temps passés de la vieille capitale de la Bourgogne, et qui d'ailleurs ne tiennent pas à connaître comment on entendait jadis les questions de fournitures d'eau peuvent, sans transition, arriver au chapitre III, où j'entre décidément en matière.

Dans le troisième chapitre, je reviendrai sur les seuls moyens auxquels il était possible de s'arrêter : je les comparerai entre eux, et je finirai par conclure en faveur de la dérivation d'une source appelée fontaine du Rosoir.

Je traiterai pareillement dans ce chapitre de la question de l'origine des fontaines; j'indiquerai les méthodes d'investigation anciennes et nouvelles employées pour découvrir les sources; enfin, j'essaierai de résoudre diverses questions relatives aux puits artésiens.

La deuxième partie sera composée de deux chapitres.

Dans le premier, je décrirai les travaux exécutés pour conduire à Dijon les eaux de la source du Rosoir, et, cette description terminée, je présenterai en détail le prix de revient des ouvrages.

Dans le second chapitre, je donnerai tous les éléments relatifs à la distribution intérieure et à l'estimation des travaux qu'elle comprend : il sera terminé par un résumé général de toutes les dépenses occasionnées par la conduite des eaux à Dijon et leur distribution.

La troisième partie sera divisée en deux chapitres.

Le premier comprendra les expériences faites sur l'aqueduc.

Le second, celles faites sur les tuyaux de la distribution, ainsi que l'exposé, la justification et l'application des principales formules auxquelles il est besoin de recourir dans toute distribution d'eau.

J'ai résumé, dans la quatrième partie, les difficultés ou questions administratives et judiciaires que j'ai rencontrées pour et pendant l'exécution des travaux, savoir :

Difficultés avec la commune sur le territoire de laquelle la source était située;

Difficultés avec les propriétaires des moulins du Rosoir, de Messigny, de Vantoux et d'Ahuy, que la dérivation de la source devait priver de leur force motrice;

Mode particulier d'expropriation des terrains traversés par l'aqueduc;

Opposition des riverains du grand égout de Suzon à son assainissement;

Mode adopté pour les concessions d'eau.

HISTOIRE

DES

FONTAINES PUBLIQUES

DE DIJON.

PREMIÈRE PARTIE.

CHAPITRE I.

ANCIENNES FONTAINES.

Grégoire de Tours, dans son histoire des Francs, donne de Dijon la description suivante :

« C'est une place forte, dit-il, entourée d'épaisses murailles. Elle est bâtie au milieu d'une plaine riante dont les terres sont si fertiles et si productives que les champs, labourés une seule fois avant la semaille, se couvrent de riches moissons. Au midi, coule la rivière d'Ouche, qui est très-poissonneuse; du nord vient une autre petite rivière (¹) qui entre par une des portes, passe sous un pont, ressort par une autre porte et entoure les remparts de son eau paisible (²); devant

(¹) Suzon.

(²) Les traducteurs de l'*Histoire ecclésiastique des Francs*, MM. Guadet et Tazanne (1836), ont cru devoir substituer le mot *rapida* au mot *placida* qui se trouve dans le texte : le mot *rapida* convenant mieux, disent-ils, au régime du cours de Suzon. Ces messieurs n'ont point remarqué que les eaux étaient retenues par des barrages dans les fossés de la ville, qu'elles devaient donc

cette dernière porte, elle fait tourner des moulins avec une merveilleuse rapidité. Dijon a quatre entrées tournées vers les quatre parties du ciel; ses murs sont flanqués de trente-trois tours; jusqu'à vingt pieds de hauteur, ils sont exécutés en pierre de taille, les parties supérieures sont construites en moellons, ils ont en tout trente pieds de hauteur et quinze pieds d'épaisseur. Je ne sais pourquoi, ajoute-t-il, ce lieu ne porte pas le nom de ville. *Il y a dans les environs des sources précieuses* (*). Du côté de l'occident sont des montagnes très-fertiles, qui fournissent aux habitants un si noble falerne qu'ils ne font aucun cas du vin d'Ascalon. Les anciens disent que Dijon fut bâti par l'empereur Aurélien. »

Grégoire de Tours vint au monde le dernier jour de novembre 539; l'*Histoire ecclésiastique des Francs* est le dernier ouvrage qu'il composa : on voit donc que la description ci-dessus se rapporte à l'état de Dijon vers la fin du sixième siècle.

Ainsi, à cette époque, il existait déjà des moulins sur le torrent de Suzon, dans l'enceinte de la ville. On rencontrait aux environs des sources précieuses, mais il paraît que l'on ne s'était point encore occupé de les utiliser dans l'intérêt des habitants.

Franchissons maintenant l'intervalle qui sépare la fin du sixième siècle de l'année 1772, et nous trouverons, dans l'almanach de la province, un mémoire du père Chenevet dans lequel cet historien, après avoir parlé de la rivière d'Ouche et des différentes modifications que les magistrats de la ville avaient fait subir au cours de Suzon, aux abords et dans l'enceinte de Dijon, donne, au sujet des fontaines situées sur le territoire de cette commune, les détails qui vont suivre :

« Indépendamment de ces deux rivières, Dijon possède encore dans ses environs plusieurs fontaines dont quelques-unes, par la bonté de leurs eaux, soutiennent la réputation qu'elles avaient du temps de Grégoire de Tours. » *Douze cents ans auparavant.*

Les plus connues sont celles dites de *Sainte-Anne*, de Champ-Maillot, de la Motte-Saint-Médard, de Raines et des Chartreux. Celles des Chartreux sont au nombre de sept, dont les eaux, après avoir servi de lavoir aux gens de la ville,

être en repos, et qu'elles s'échappaient ensuite de ces biefs pour faire tourner, contrairement aux lois de la mécanique, les moulins de la ville avec une merveilleuse rapidité.

(*) Voir la note A.

forment bientôt un étang assez étendu. La fontaine de Raines, voisine de celles-ci, s'approchant des murs de la ville, au pied d'une tour qui en porte le nom, se communique aux quartiers des rues Saint-Philibert et de Saint-Jean, pour se jeter ensuite dans le lit de Suzon, sous le pont Arnaud; les eaux de cette fontaine, que les plus anciennes chartes appelaient *fons reginæ*, et d'autres *fons ranarum*, passaient autrefois par le monastère de Saint-Benigne qu'elles arrosaient, et lorsqu'on en détourna le cours, en 1358, pour lui donner celui qu'elles ont à présent, l'abbaye de Saint-Benigne en fit un de ses griefs contre les maire et échevins, lors du démêlé qu'ils eurent ensemble, et qui fut terminé par une transaction homologuée au Parlement de Paris, le 14 juillet 1386.

Les eaux de ces différentes fontaines et de plusieurs autres qui se trouvent autour de Dijon *formèrent ces belles fontaines, armées de bassins et de figures en relief, qu'on voyait autrefois sur les places de Sainte-Anne, de Saint-Michel et des Cordeliers. Les temps de calamité et de peste que l'on éprouva vers la fin du siècle dernier (dix-septième siècle) les firent négliger, et dès lors elles cessèrent; on a voulu les rétablir, mais les dépenses excessives qu'il aurait fallu faire pour en venir à bout ont forcé les magistrats de les supprimer, et de détruire ces précieux monuments, qui faisaient l'éloge de nos pères.*

Ainsi, vers la fin du sixième siècle, il n'existait aucune fontaine à Dijon, et vers la fin du dix-septième, celles qui avaient été construites dans l'intervalle n'existaient plus.

Il m'a paru intéressant pour la ville de rechercher:

Quelles sources avaient été jadis amenées à Dijon pour le besoin de ses habitants;

Dans quels points de la ville elles versaient leurs eaux;

Quel était le débit de ces sources;

Quels procédés on avait employés pour les conduire;

Les documents relatifs à la dépense approximative que ces travaux avaient exigée;

Les motifs qui avaient forcé les magistrats municipaux de renoncer à entretenir des ouvrages construits à grands frais pour l'alimentation de la ville.

La première délibération de la Chambre de la ville, relative à l'établissement de fontaines à Dijon, a été prise à la date du 29 novembre 1445; il s'agissait de faire arriver au *Champ-Damas*, dans l'emplacement occupé aujourd'hui par la rue du *Champ-de-Mars*, les sources dites de la Ribottée et des Lochères, qui surgissent près Montmusard.

Ces travaux reçurent leur exécution ([1]). Ils se composaient d'un corps en bois d'une longueur de 596 toises; les eaux, à leur arrivée, étaient reçues dans une auge en pierre d'Is-sur-Tille surmontée d'un lion en pierre.

Mais ces ouvrages exigeaient de fréquentes réparations, principalement dans la partie comprise entre la porte Saint-Nicolas et le Champ-Damas : les tuyaux, posés presqu'à la surface du terrain, étaient disjoints, rompus à chaque instant, et les eaux se perdaient avant d'arriver au bassin.

Aussi, le 6 juillet 1515, la Chambre de ville délibéra que la fontaine de Champ-Damas serait reportée vers la tour Saint-Nicolas, devant la maison des religieux de Fontenay.

Enfin, les réparations devenant trop onéreuses, malgré la modification précédente, le 21 août 1534 la fontaine de la tour Saint-Nicolas fut définitivement supprimée.

On voulut une dernière fois rétablir les conduits qui amenaient les sources.

Un rapport fut adressé à cet effet, le 25 avril 1543 à la Chambre de la ville : les maçons consultés déclarèrent qu'il fallait remplacer les corps en bois par des corps en pierre d'Is-sur-Tille et éviter de se servir de la pierre de Dijon, qui gèle, ou d'Asnières, qui tombe en poussière.

Mais ce projet n'eut aucune suite.

Les fontaines de Champ-Damas ou de la tour Saint-Nicolas furent donc créées vers l'année 1445 et détruites en 1534; leur durée a été de quatre-vingt-neuf ans.

Ce fut en 1504 que la ville s'occupa, pour la première fois, de la question de savoir s'il était possible de faire arriver sur la place Saint-Michel la fontaine de Champ-Maillot.

Trente années s'écoulèrent avant que l'on donnât suite à ce projet, et le 28 août 1534 la ville ayant pris une résolution définitive, le marché fut passé le 31 août avec le sieur Jehaunot Collin, fontainier.

Il était tenu de faire un bassin autour de la source; de creuser les fossés pour enterrer les tuyaux; de les percer et de les poser; de les fixer les uns aux autres par des cercles en fer.

([1]) Voir, note B, le texte du marché très-curieux passé à ce sujet avec un charpentier de Talant.

La ville, de son côté, avait à fournir les bois et les cercles.

Les travaux devaient commencer le 12 septembre et être terminés à la fin d'octobre 1534.

6 sols par toise étaient accordés au sieur Jehaunot pour le travail dont il était chargé.

Quant à la fontaine proprement dite, construite sur la place Saint-Michel, le marché suivant en donne la description : ce marché a été passé à la date du 27 février 1534.

Le sieur Brouhée, entrepreneur, s'engageait « à faire unq bassin de pierre d'Ix-sur-Thille, pour recevoir l'eaue de la fontaine Champ-Maillot que l'on a faict venir en la place et marchief de Saint-Michel, près la croix, devant l'hostel de Pierre de Husy, lequel bassin sera fait en rondeur qui aura de dyamètre dans œuvre 8 piedz 8 polces; au milieu unq pillier de 14 polces carrés qui aura 5 piedz de haulteur et rétressira ledict pillier 3 polces au-dessoucz de l'eaue, sur lequel se mettra le signe de Aquarius (du Verseau), qui aura 2 piedz 1/2 de hault, qui tiendra à chacune main unq bocal dont vuydera l'eaue audict bassin d'un pied à 10 polces de gros, et seront toutes les pierres d'Ix-sur-Thille, bien et dehument taillées et cymentées; le tout excepté le signe dudict Aquarius (payé à part), au prix de 50 livres tournois. »

Sur la construction qui couvrait la source, on avait sculpté, en 1584, les armes de la ville.

La fontaine, du reste, cessa de couler peu d'années après sa construction, car le 18 avril 1556, les paroissiens de l'église Saint-Michel firent offre à la ville d'une somme de 100 fr. afin qu'elle prît les dispositions nécessaires au rétablissement des conduits.

Cette somme fut acceptée et la fontaine restaurée, mais pour disparaître encore.

En 1590, la Chambre de la ville décida qu'il serait fait un puits sur la place Saint-Michel, au point où jaillissait autrefois la source de Champ-Maillot : quelque temps auparavant, en 1586, on avait remplacé par un lion l'Aquarius qui, dans l'origine, avait été placé sur un pilier au milieu du bassin de la fontaine Saint-Michel.

Nouveaux efforts en 1607; le 12 octobre de cette année, le Conseil décide que, pour l'embellissement de la ville, la fontaine de Champ-Maillot sera ramenée sur la place Saint-Michel.

Elle fut complétement restaurée en 1618; on retrouve à ce sujet les traces d'un marché avec le sieur Cancouhin pour la fourniture de tout le bois de verne employé à cette opération.

Chaque morceau de bois à percer devait offrir la longueur de 8 à 9 pieds; son équarrissage devait être 1 1/2 à 2 pieds de roi, et le prix de chaque pied linéaire était de 8 deniers, ce qui produisait la somme de 126 livres 2 sous 6 deniers pour les 3,784 pieds employés; la longueur des corps était donc de 504 toises 7 pieds et demi.

A cette époque, on refit également le bassin que l'on avait détruit lors de la construction du puits; le lion avait disparu, comme précédemment l'Aquarius, et l'on plaça un vase en cuivre sur une petite colonne au centre du bassin.

Dès cette année, le 13 juillet 1618, les habitants se plaignirent de la mauvaise odeur que répandait le bassin de la place Saint-Michel; on s'y baignait; les ménagères y venaient laver leurs lessives; et la Chambre ne vit d'autre moyen de remédier à ces contraventions que d'autoriser les habitants du quartier à prendre les draps qu'ils y trouveraient étendus, l'amende de 3 écus et demi, primitivement imposée aux délinquants, ne suffisant plus.

En 1636, les eaux avaient entièrement cessé d'arriver, et le 17 septembre la Chambre, sur les plaintes des habitants de la place Saint-Michel, ordonna la suppression de la fontaine, dont le bassin entièrement desséché n'était plus qu'un réceptacle d'immondices.

On voit que cette fontaine, créée en 1534, fut détruite en 1636; sa durée a donc été de cent deux ans, compris les dix-sept années d'interruption totale, de 1590 à 1607; durée absolue, quatre-vingt-cinq ans.

Le 6 septembre 1619, le vicomte Mayeur annonça au Conseil qu'un fontainier s'était engagé à conduire sur la place de la Sainte-Chapelle, et moyennant le prix de 2,700 livres, une source située près Montmusard [1].

[1] Plus anciennement, cette source, et probablement celle de Champ-Maillot, fournissaient l'eau nécessaire aux étuves ou bains publics qui, dès 1321, existaient à l'angle des rues Vannerie et Ribottée (depuis rue Chanoine, et aujourd'hui rue Jehannin), et qui furent supprimés par ordonnance de la mairie du 29 juillet 1569 : de regrettables désordres s'y commettaient en effet, malgré les règlements de police des 18 avril 1410 et 6 mai 1412, qui assignaient pour leur fréquentation, aux hommes les mardi et jeudi, et aux femmes les lundi et mercredi.

Indépendamment de ces étuves et de celles que la duchesse de Bourgogne, Marguerite de Flandres, épouse de Philippe le Hardi, fit construire en 1387 dans la basse-cour de son palais

Moyennant cette somme, il devait fournir les bois destinés à la fabrication des corps, les entourer de cercles en fer, les forer, exécuter le bassin suivant un modèle convenu.

La Chambre adopta cette proposition; elle nomma, le 29 octobre suivant, une Commission chargée de s'entendre avec l'artiste qui devait exécuter une statue de Jupiter et un aigle destinés à être placés, comme décoration, sur le piédestal de la fontaine.

Le 22 mai 1620, la Chambre de ville délibéra en outre que les tuyaux de conduite seraient prolongés jusqu'à la rue au-dessous du grand bourg (place Saint-Georges), pour y créer une seconde fontaine.

Enfin, le 26 juillet même année, il fut statué que les corps recevraient un prolongement nouveau qui permît d'établir une troisième fontaine sur la place des Cordeliers.

Il paraît que l'on renonça au projet de décorer par un Jupiter accompagné de son aigle la fontaine de la Sainte-Chapelle, car on voit que, le 12 mars 1721, une discussion eut lieu entre la ville et le sieur Maurice Baron, fondeur.

Ce dernier s'engageait à fondre, et sans fournir la matière, un Hercule gaulois que l'on devait élever sur la fontaine de la Sainte-Chapelle.

Il demandait 500 francs; la ville n'en octroyant que 400, le marché ne put avoir lieu.

Il fut repris et suivi d'exécution dans la même année.

La ville fit mettre en pièces deux canons pour cet usage; le modèle, créé par Barthélemy Philippeau, fut payé 190 francs et le fondeur reçut 450 francs.

La longueur du conduit qui amenait les eaux de la source de Montmusard au bassin de la Sainte-Chapelle était de 772 toises.

Celui qui réunissait la place de la Sainte-Chapelle à la place du bas du bourg offrait un développement de 204 toises.

de Dijon, et près desquelles s'ébattait dans un large bassin *le marsouin de madame la duchesse*, que son mari lui avait envoyé de Flandres, il y en avait encore deux autres publiques, les unes dites de Saint-Philibert, situées rue de Cluny (aujourd'hui rue Cazotte), sur le cours du ruisseau de Raines, et les secondes rue du Marché-aux-Porcs (rue Verrerie), alimentées par la fontaine du Champ-Damas (délibération des 11 janvier 1544 et 19 août 1546). Le 8 juillet 1446, la ville avait acheté d'Odo Douhay, moyennant 400 livres, un bâtiment au-dessus de la rue des Petits-Champs, pour y établir déjà des étuves.

Enfin, la longueur comprise entre cette dernière et celle de la place des Cordeliers était de 71 toises.

J'ai parlé de la décoration de la fontaine de la place de la Sainte-Chapelle.

Les fontaines des places Saint-Georges et des Cordeliers se composaient de deux bassins d'un diamètre intérieur de 8 pieds, offrant dans leur partie supérieure une moulure renversée. Ces bassins étaient surmontés de piédestaux qui supportaient les armes du duc de Bellegarde, gouverneur de la province, du marquis de Mirebeau et de la ville.

On voit, par une délibération du 27 août 1624, que les fontaines du bourg et de la place des Cordeliers ne coulaient plus depuis longtemps, et que ce fait était attribué à la négligence des fontainiers.

Le 17 octobre 1625, il y eut, même, prise de corps contre le fontainier Girardin à cause de son incurie.

Enfin, le 18 août 1628, on se lassa de poursuivre des fontainiers fort innocents, je crois, du mal qu'on leur imputait et l'on mit en vente les bassins des fontaines du bourg et des Cordeliers; les matériaux de cette dernière furent définitivement abandonnés, le 7 avril 1634, aux Minimes de Notre-Dame-de-l'Étang pour la décoration de leur fontaine.

La fontaine de la Sainte-Chapelle dura quelques années de plus; elle fut définitivement détruite le 10 février 1640. Quant à la statue de l'Hercule, on offrit à M. de Commarin de l'acheter; mais il paraît qu'elle devint la propriété de M. le prince de Condé, qui la fit transporter à Chantilly.

La fontaine de la Sainte-Chapelle, créée en 1619, fut donc détruite en 1640; elle dura environ vingt ans.

Celles du bourg et de la place des Cordeliers ayant été démolies en 1628 ne servirent aux habitants que pendant neuf ans.

En 1619, on eut encore le projet de doter la place Saint-Jean d'une fontaine; le modèle du bassin et du piédestal fut soumis à la Chambre de la ville, mais ce projet ne reçut aucune suite.

On s'aperçut probablement que la différence de niveau ne permettait d'y conduire aucune source. On avait pensé, je suppose, aux sources de Raines ou des Chartreux.

En résumé, il a existé successivement et à des époques comprises entre l'année 1445 et 1640, six fontaines publiques à Dijon :

1° Vers la tour Saint-Nicolas;
2° Au Champ-Damas (ou rue du Champ-de-Mars);
3° Sur la place Saint-Michel;
4° Sur la place de la Sainte-Chapelle (Saint-Etienne);
5° Au bas du grand bourg (place Saint-Georges);
6° Sur la place des Cordeliers.

Les deux premières étaient alimentées par la fontaine de la Ribottée, actuellement Boudronnée, située près des bâtiments recouvrant les caves de M. Pingat, brasseur.

Sur le bassin de cette source, que l'on avait environné d'une enceinte en maçonnerie, on éleva un petit bâtiment qui ne permettait pas d'en altérer les eaux.

Dans ce bassin on fit descendre la fontaine des Lochères, que l'on trouve près du mur de Montmusard, perpendiculaire à la route de Gray, ainsi qu'une source dite de Saint-Apollinaire et qui prend naissance à environ 100 mètres au nord de la route de Gray.

On avait également recueilli quelques suintements, le long de la route de Saint-Apollinaire, pour les faire arriver au bassin de la fontaine de la Ribottée.

La fontaine de la place Saint-Michel recevait les eaux de la source de Champ-Maillot, actuellement appelée fontaine des Suisses (1).

Elle fut recouverte d'une voûte et circonscrite dans un bassin en pierre.

On introduisit encore dans ce bassin une petite source qui prenait naissance à quelques toises et celle dite du chemin de Quetigny.

Et comme les vignerons se plaignaient de la privation d'eau, on répara pour leur usage une petite fontaine qui se trouvait près de la maison du conseiller Berbis.

Les trois dernières fontaines étaient alimentées par la source de Montmusard, à laquelle on réunit celles des Lochères et de Saint-Apollinaire qui étaient restées sans usage depuis la destruction des fontaines de Saint-Nicolas et de Champ-Damas.

Quel était le débit de ces sources?

Il devait être bien faible si l'on en juge par le soin que l'on prenait de réunir

(1) C'est sur le plateau où elle prend naissance que s'établirent les trente mille Suisses qui, sous les ordres de Jacques de Watteville, assiégèrent Dijon du 8 au 13 septembre 1513.

aux fontaines principales tous les petits suintements que l'on pouvait rencontrer dans leurs environs.

Cette conclusion doit encore être tirée du petit diamètre donné aux corps qui les conduisaient à Dijon : ce diamètre était évidemment calculé de manière à amener au moins tout le volume qu'elles pouvaient produire dans les temps de sécheresse. Or, le tuyau placé entre la source de la Boudronnée et la place de Champ-Damas n'avait qu'un diamètre intérieur de 2 pouces, ou $0^m,054$.

En effet, j'ai retrouvé un marché passé le 5 octobre 1501 entre la ville et Philibert de Froé, maître des œuvres de charpenterie du roi en Bourgogne.

Philibert de Froé s'engageait, moyennant 21 gros par 100 pieds de corps de bois de verne ou de chêne :

1° A les forer suivant un pertuis de 2 pouces de diamètre, les morceaux ayant au moins 6 à 7 pieds de longueur;

2° A les asseoir sur des traverses de 3 pieds de longueur, rondes dessus, plates dessous, pour la stabilité;

3° A les réunir par des frettes en fer placées à chaque assemblage.

Les fournitures devaient être faites par la ville.

Comme ce marché fut passé en 1501 et qu'il avait pour but l'entière réfection des conduits qui, à cette époque, n'amenaient plus d'eau à la place de Champ-Damas, on voit que leur diamètre avait dû être calculé d'après l'expérience acquise.

Il est donc permis de supposer que ce calibre était suffisant; voyons ce qu'il pouvait amener à la ville.

La source de la Boudronnée est à $5^m,640$ au-dessus du trottoir de la borne, à l'angle des rues Verrerie et Champ-de-Mars, ci. . . . . $5^m,640$

A déduire pour la hauteur à laquelle jaillissaient les eaux . . $1^m,600$

Reste pour la charge. . . . . $4^m,040$

La longueur étant de 596 toises 7 pieds 1/2 ou $1450^m,00$, on a pour la pente par mètre $0^m,0027$.

Or, le débit en litres par seconde est donné par la formule

$$\pi \sqrt{\frac{R^5}{b_1}} \cdot \sqrt{i} \;(^1),$$

dans laquelle R exprime le rayon et i la pente.

(¹) Voir la valeur de b_1 dans la IIIᵉ Partie.

On aura donc pour le débit, toutes substitutions faites, $0^{l.},7$.

Mais la formule précédente a été calculée pour des tuyaux en fonte parfaitement calibrés; je me tiendrai donc évidemment au-dessus de la vérité en diminuant de moitié le débit précédent, qui doit s'opérer par des tuyaux en bois mal forés et mal joints.

Il viendra définitivement, pour le maximum d'eau que la fontaine de Champ-Damas donnait aux habitants, 21 litres par minute.

Faisons le même calcul pour la fontaine de la place Saint-Michel et pour celles de la Sainte-Chapelle.

Nous supposerons que les conduits étaient de même diamètre, ce qui est fort probable, puisque les sources qui les alimentaient n'étaient pas plus abondantes que les précédentes.

La source de la fontaine des Suisses est à $9^m,01$ au-dessus de la place Saint-Michel, près du piédestal du puits artésien, ci. . . . . $9^m,01$

A déduire, pour la hauteur à laquelle jaillissaient les eaux. . . . $1^m,60$

Reste pour la charge. . . . . $7^m,41$

La longueur du conduit étant de 3,784 pieds, ou $1330^m,00$, on a pour la pente par mètre $0^m,0055$; et pour le débit 1 litre, que je réduis à $0^{lit.},50$, ou 30 litres par minute.

La source de la fontaine de Montmusard est à $3^m,824$ au-dessus du trottoir de la borne-fontaine de la salle de spectacle, ci. . . . . $3^m,824$

A déduire pour la hauteur à laquelle jaillissaient les eaux. . $1^m,600$

Reste pour la charge. . . . . $2^m,224$

La longueur du conduit étant de 5,790 pieds, ou $1,880^m,000$, on a pour la pente, par mètre, $0^m,00118$; on aura donc pour le débit $0^{lit.},50$, que je réduis à $0^{lit.},25$, ou 15 litres par minute.

Il résulte des calculs précédents qu'en supposant que le débit des fontaines de la Boudronnée, de Saint-Apollinaire, des Lochères, des Suisses et de Montmusard fût tel qu'elles pussent livrer au tuyau tout le volume que son diamètre permettait de porter à Dijon, cette ville recevait : 1° aux fontaines de Champ-Damas et de Saint-Nicolas, 21 litres par minute; 2° à la fontaine de la place Saint-Michel, 30 litres par minute; 3° aux fontaines de la Sainte-Chapelle, de la place Saint-Georges et de la place des Cordeliers, 15 litres par minute.

Mais il faut remarquer : que la fontaine de Champ-Damas et celle de Saint-Nicolas, créées en 1445, avaient cessé d'exister en 1534; que la fontaine de Saint-Michel, créée en 1534, fut détruite en 1636; que celles de la Sainte-Chapelle, de la place Saint-Georges et de la place des Cordeliers, construites en 1619, furent démolies en 1640.

Ainsi : 1° de 1445 à 1534, le débit maximum des eaux de sources qui arrivaient à Dijon était de 21 litres par minute (fontaine Saint-Nicolas); 2° de 1534 à 1619, le débit maximum est de 30 litres par minute (place Saint-Michel); 3° de 1619 à 1636, 30 litres par minute (place Saint-Michel); 15 litres par minute (places de la Sainte-Chapelle, Saint-Georges et des Cordeliers); 4° de 1636 à 1640, 15 litres par minute (places de la Sainte-Chapelle, Saint-Georges et des Cordeliers).

Mais ces quantités sont des limites que l'on devait bien rarement atteindre, et, sans aucun doute, les fontaines devaient être presque entièrement taries lorsque les mois d'août et de septembre arrivaient.

J'ai fait procéder, le 14 septembre 1846, au jaugeage de toutes les sources dont il vient d'être parlé, et j'ai reconnu que :

1° Les sources de Saint-Apollinaire, des Lochères et de Montmusard étaient entièrement à sec;

2° La fontaine de la Boudronnée et celle des Suisses coulaient encore :

La première produisait par minute.	2lit.,50
La deuxième — —	0 ,20
Total.	2lit.,70

Le volume minimum des eaux arrivant aujourd'hui à Dijon est, par minute, d'environ 4,000lit.,00.

Je ferai remarquer, en terminant ce chapitre, que les évaluations relatées dans les marchés qui y sont rapportés ne présenteraient que peu d'intérêt, si l'on n'avait pas les moyens de trouver à peu près le rapport existant entre la valeur de l'argent dans les siècles passés et dans le temps actuel.

Cette valeur, en effet, a singulièrement diminué; il en résulte qu'une somme, considérée isolément, ne peut donner aucune idée du prix actuel des choses qu'elle était destinée à acquérir, si on ne la multiplie par un coefficient dépendant de l'époque à laquelle elle était comptée.

Un roi puissant, Edouard III, dit M. Michel Chevalier, dans son *Traité des monnaies*, servait à sa fille, en la mariant, une rente de 2,700 francs. Vers le même temps, saint Louis donnait la sienne au roi de Castille avec une dot en capital de 6,000 livres, représentant poids pour poids 114,000 francs environ.

Est-ce à dire que les dots des filles de rois n'étaient pas supérieures aux dots ordinaires de notre temps dans les familles aisées?

Non, mais cela signifie que la valeur de l'argent a considérablement diminué de nos jours.

Or, M. Michel Chevalier a eu l'extrême obligeance, et je ne pouvais m'adresser à un homme plus compétent, de m'indiquer la décroissance de la valeur de l'argent pour les siècles auxquels se rapportent les marchés rappelés dans ce chapitre.

La valeur de l'argent, comparée à celle du blé prise pour type et considérée, ainsi qu'on le fait souvent, comme une mesure fixe ou la moins variable (à la condition de prendre une moyenne d'une série d'années à chaque fois), la valeur de l'argent, rapportée à celle du blé, peut s'estimer ainsi qu'il suit, pour les époques dont il a été question :

An 1450,	11	grammes d'argent fin pour	1 hectolitre de blé.
1550,	16	*Id.*	*Id.*
1650,	45	*Id.*	*Id.*
1750,	48	*Id.*	*Id.*

Depuis 1800 jusqu'à nos jours, le prix de l'hectolitre est de 90 grammes d'argent fin.

Nous appliquerons ces données dans la note *B* relative au marché passé en 1445.

On voit, au reste, qu'il résulte de la série précédente, qu'un revenu de 10,000 francs en 1450 équivaut à un revenu de 14,546 francs en 1550; à un revenu de 40,909 francs en 1650; à un revenu de 43,636 francs en 1750; à un revenu de 81,818 francs aujourd'hui.

CHAPITRE II.

RECHERCHES FAITES DU XVe AU XIXe SIÈCLE.

Si l'on en croit Grégoire de Tours, le Suzon, maintenant si faible et si inconstant, avait jadis un tout autre régime. Les moulins établis sur son cours, dans l'intérieur même de la ville, témoigneraient, sinon de sa pérennité complète, au moins d'une marche bien plus uniforme. Mais à quelle époque a-t-il commencé à se perdre? à quelle époque son cours a-t-il cessé d'être permanent?

Des personnes âgées prétendent que, pour le découvrir, il faudrait remonter seulement à quelques dizaines d'années; or, des titres positifs démontrent le peu de fondement de pareilles allégations.

En effet, dès l'année 1418, le vingt-deuxième jour du mois de juin, il y eut en la Chambre de la ville de Dijon une délibération dont voici la teneur:

« Délibéré est que l'on fasse rompre une grosse pierre estant au cours de Suzon, et l'empesche entre Messigny et Sainte-Foy, *afin que, par ce moyen, l'eau du dict Suzon vienne plus souvent à Dijonct qu'elle ne faict.* »

En outre, vers l'année 1450, une discussion s'éleva entre le vicomte maïeur et les échevins de la ville de Dijon, d'une part; et les vénérables prieur, religieux et couvent des frères prêcheurs, d'autre part. Il s'agissait de coulisses[1] que ces derniers avaient établies pour fermer une portion du lit de Suzon qui leur avait été concédée.

Le vicomte maïeur et les échevins firent démolir ces coulisses, sous le prétexte qu'elles pouvaient causer des inondations dans la ville; mais, le 12 mai 1451, le duc de Bourgogne ordonna à ces magistrats de souffrir le rétablissement des ouvrages qu'ils avaient fait disparaître; et, dans une transaction passée au chapitre des frères prêcheurs le 22 novembre même année, ces derniers s'engagèrent de leur côté :

[1] Coulisses ou vannes.

« A tenir lesdites coulisses ou empellemens soigneusement et perpétuellement levés dans les temps que les eaux seroient grandes, ou autrement, si inondation survenoit; et ne les tenir closes et abaissées qu'en temps et en saison de chaleur; et *qu'il n'y aurait point d'eau dans ledict cours.* »

Même conclusion peut être tirée d'un mémoire présenté aux vicomte maïeur et échevins de Dijon sur la fin de 1400 ou au commencement de 1500. Ce manuscrit, que je connais seulement par extrait, indiquait la nécessité de faire *courir habituellement* Suzon à l'intérieur de la ville, dans l'intérêt des habitants et des moulins de cette dernière, qui *lors auroient la faculté de moldre ordinairement.*

Et, du reste, l'auteur de l'écrit regardait la solution du problème comme facile. Il s'agissait seulement, d'après lui, de modifier le cours de Suzon sur sept à huit cents toises de longueur, entre Dijon et Vantoux, afin d'éviter les *crocs* dans lesquels ce torrent disparaît.

Inutile, quant à présent, de montrer l'insuffisance d'un pareil remède. Je veux seulement tirer des écrits précédents la preuve que Suzon n'était déjà plus pérenne *il y a quatre cent quinze ans.*

C'est aux intermittences du cours de cette rivière qu'il faut attribuer la multitude et la sévérité des règlements concernant la partie de Suzon qui traverse la ville. Les immondices qui y étaient déposées par les habitants n'étaient point constamment entraînées; par les grandes chaleurs, elles se décomposaient sur place et remplissaient l'air de dangereuses émanations.

Aussi, dès l'année 1411, le onzième jour du mois de mars, Jehan, duc de Bourgogne, etc., ordonna, *sous grosses peines*, que les habitants, gens d'église, marchands, bourgeois ou autres, fissent disparaître toutes les terres, gravois ou autres empêchements qu'ils amoncelaient sur les rives de Suzon et qui pouvaient, par leur chute, obstruer le passage des eaux. Il défendait, en outre, de jeter dans le cours de Suzon *toute espèce d'immondices.*

En 1559, furent dressés, par suite de ces défenses, plusieurs procès-verbaux contre des particuliers qui avaient fait *quelques entreprises sur le cours intérieur de Suzon, ou jeté en iceluy immondices.*

Mais on jugea que tous ces règlements de salubrité ne pouvaient suffire : il fallait, pour les compléter, faire passer perpétuellement de l'eau dans la ville. Intervint donc une ordonnance des vicomte maïeur et échevins par laquelle

Huguet Sambin[1] et Fleutelot (Aubert) furent chargés de se transporter de Dijon au finage de Sainte-Foy.

« Pour faire vehue du lieu du cours et d'effluences de l'eault du dict cours de Suzon, à prendre dès l'estampt et fontaine du dict Sainte-Foy jusques aux arvots de la tour aux ânes. »

L'ordonnance est du mercredi 1er octobre 1561. Le jeudi suivant, 10, Sambin et Fleutelot se transportèrent à Sainte-Foy, accompagnés, pour leur servir d'indicateurs, *de six hommes des plus fameux et renommez du village de Messigny.*

Il résulte des renseignements donnés par ces derniers;

1° Que la première source de Suzon, sise avant le village du Val-Suzon, disparaît pendant les sécheresses avant d'arriver à Sainte-Foy;

2° Que la fontaine de l'étang ne tarissait jamais, mais que le fermier du moulin situé au bas de cet étang la retenait à son gré pour alimenter son usine.

Ainsi la rivière était sans eau tandis que les vannes de ce moulin étaient fermées; venait-on à les ouvrir, celle qui s'échappait se rendait au lit de Suzon, rencontrait un sable vif et desséché, et se perdait sans pouvoir dépasser le milieu du chemin qui sépare Sainte-Foy de Messigny. En ce point se trouve une nouvelle fontaine, appelée la fontaine de *Costault Paijot*; mais elle ne pouvait abreuver le cours que pendant un quart de lieue seulement.

Plus bas, et à pareille distance de Messigny, ils virent encore *une belle et grosse fontaine, vulgairement appelée la fontaine de Rosay*, maintenant du Rosoir. Il paraît qu'alors elle était fort mal entretenue : « Et sont les sorces d'icelle la plupart bouchées de sable, argile, et encombrées de limons de terre qui empeschent fort la dicte fontaine de jecter et d'effluer son eault. »

Sambin et Fleutelot demeurèrent convaincus qu'au moyen de quelques réparations on la rendrait aussi abondante que celle de Sainte-Foy, et que l'on pourrait la conduire jusqu'à Messigny; tandis que, par les grandes chaleurs, elle disparaissait encore avant d'arriver au village; tellement « que ceux de Messigny ont été contraints, par plusieurs années, en temps de vandainge, de querre l'eault à charette et tonneaux, pour faire leurs despenses et les autres

[1] Huguet Sambin, élève et ami de Michel-Ange. Il était à la fois architecte, peintre et sculpteur.

nécessités, en ung lieu dit le Nouhier au Marlet, distant de Messigny d'environ un quart de lieue (¹). »

Mais ces experts virent de grandes difficultés à amener jusqu'à Vantoux, et, *à fortiori*, jusqu'à Dijon, les fontaines dont je viens de parler. Les enfermera-t-on dans des *rivières simantées* ou dans des *cors en boys*, ce qui est chose de *grands frays et de peult de proffict?* Non : car, suivant eux, il serait impossible de prémunir ces constructions contre l'impétuosité de ce torrent, qui descend de telles montagnes *que l'on n'en rencontre ni tant, ni de si haultes à trente lieues à l'entourt de Dijon;* de ce torrent qui, après un orage, peut arriver *en trois heures* à la ville, en faisant pendant le trajet *croes, recoppemens de terre et autres dommages; plus encore par lequel ont été plusieurs fois noyés hommes et chevaux, tant sa rapidité est grande.*

Sambin et Fleutelot ne jugèrent donc point que des ouvrages d'art présentassent des garanties assez grandes, et ils se décidèrent simplement à proposer quelques réparations et modifications dans le cours, mais sans se dissimuler que ces travaux seraient insuffisants et ne procureraient de l'eau à la ville que pendant les deux tiers ou les trois quarts de l'année.

Voici quelle était leur raison.

Les meuniers de Sainte-Foy, de Messigny, de Vantoux accumulent, avant de moudre, les eaux dans leurs biefs, puis lèvent leurs vannes lorsque ces biefs sont remplis : alors les roues tournent en raison de la quantité et de la chute de l'eau qui les presse; mais, le cube qui s'écoule par les vannes étant plus considérable que le produit des sources, l'eau emmagasinée dans le bief se trouve bientôt épuisée, et force est de fermer de nouveau les empellements.

De là il résulte, suivant eux, que tandis que les eaux sont arrêtées, le lit de ce torrent se dessèche à l'ardeur du soleil, et qu'elles ne sont plus suffisantes pour l'abreuver quand on leur ouvre passage.

Sambin et Fleutelot déclarèrent donc que, « pour conclure au vray, ne se fault asseurer de pouvoir conduire le dict cours de Suzon en tout temps d'eaulx vives jusques à la ville, quelques fontaines qui soyent ni que l'on mette dedans : car, ajoutent-ils, toutes eaulx qui se veulent conduyre loing ne doivent jamais

(¹) Maintenant les eaux de la fontaine de Jouvence sont portées à Messigny par un grand tuyau de fonte.

être retenues; aussi fault qu'elles chemynent toujours pour entretenir l'abreuvement et la fraischeur du cours de la dicte rivière par où elle est conduite. »

Ces diverses conclusions des experts Sambin et Fleutelot ont besoin d'être rectifiées... Et d'abord ce ne serait point un problème difficile à résoudre que de protéger un aqueduc maçonné ou des tuyaux de conduite contre l'impétuosité de Suzon. Il ne faudrait qu'éloigner ces travaux de son cours actuel; ils formeraient une dérivation qui recueillerait la totalité des eaux pendant l'été, et une quantité que l'on règlerait par un déversoir et des vannes pendant les crues. Ensuite il n'est point exact de dire qu'il est impossible qu'un cours d'eau descende à quelque distance de sa source par le seul fait que des retenues contrarieraient la régularité de sa marche.

Bien plus, dans un terrain sablonneux, la multiplication des barrages doit produire un effet contraire; elle diminue la rapidité des eaux et permet conséquemment au limon détaché des rives de se déposer dans les interstices que les galets laissent entre eux : alors le fond du lit se tapisse de plantes, et la perméabilité disparaît autant que possible.

Au contraire, que les eaux de ce torrent ne rencontrent point d'obstacle, elles descendront avec toute la rapidité que leur imprime la pente du lit, le creuseront chaque jour davantage, et pendant l'été disparaîtront complétement dans les sables ainsi mis au nu.

Mais on ne s'en tint point aux conclusions de MM. Fleutelot et Sambin. Le vendredi 5 avril 1596, M. Fremyot, président au parlement de Bourgogne, lut en la Chambre le rapport de cinq commissaires qui, le mercredi précédent, avaient suivi le cours de Suzon à l'effet de reconnaître s'il ne serait pas possible de lui donner un régime pérenne.

Le but de ce projet était toujours d'assainir la ville en purifiant le grand égout qui la traversait et la traverse encore aujourd'hui; mais les commissaires revinrent, convaincus que la solution du problème proposé était impossible. On pouvait, suivant eux, augmenter la durée du cours de Suzon en nettoyant convenablement les fontaines de Rosay et de Sainte-Foy, mais non la rendre perpétuelle, à cause de la perméabilité des sables qui forment le lit de ce torrent.

Du reste, ils présentèrent plusieurs expédients pour garantir Dijon de l'insalubrité du cours intérieur. Quelques-uns proposèrent de le *clorre et boucher* intérieurement et de modifier les pentes des pavés, de telle sorte que les eaux pluviales *puissent fluir au dehors de la ville sans entrer dans le cours de Suzon.*

Mais ce projet ne fut point accueilli, parce que, pour l'exécuter, *se jugeoit falloir de quarante à cinquante mille écus.*

D'autres pensèrent qu'il fallait contraindre les riverains à construire le long du cours de Suzon des murs de soutènement, fermer toutes les portes et fenêtres s'ouvrant sur lui, ou bien enfin l'emprisonner dans un aqueduc. Ce dernier parti prévalut, et des commissaires furent nommés pour en assurer l'exécution.

Au reste, la possibilité de réaliser le premier plan ne saurait être révoquée en doute, à présent même que l'état des lieux a changé. J'ai fait à ce sujet les nivellements nécessaires. La plus grande difficulté se trouve près de la rue Dauphine : il faudrait la remblayer en pente uniforme depuis la rue de la Liberté jusqu'à la rue du Bourg, conséquemment enterrer quelques-unes des maisons qui la composent.

Mais il suffit de parcourir certains quartiers de Dijon pendant une pluie d'orage, pour s'apercevoir que cet écoulement de superficie ne se recommande point sous tous les rapports.

Il me serait facile de citer certaines maisons qui seraient inabordables, certaines rues qu'on ne pourrait franchir qu'en se mettant dans l'eau à mi-jambes. Avec un égout, tous ces inconvénients disparaissent. Mais, pour empêcher qu'il ne développe des maladies contagieuses et ne donne naissance à des miasmes pestilentiels, il serait important qu'il fût maçonné et parcouru par une eau vive qui l'assainirait.

Ces vérités ne sont point nouvelles. Ainsi, le jeudi 20 septembre 1601, M. le vicomte maïeur Jacquinot fils dit au Conseil de la ville :

« Le cours intérieur de Suzon est presque curé et nétoyé pour y recevoir l'eau *quand elle viendra;* mais estoit besoing, pour rendre icelui net de toutes immondices et ordures qui pourroient y tomber ou être jetées, que perpétuellement l'eau y courust, ce qui ne se fait pas en l'esté, qui est la saison néan le moings où elle seroit le plus de besoing. »

M. le vicomte maïeur Jacquinot fils ajoutait qu'il avait souvent entendu dire qu'il était très-facile de rendre perpétuel le cours de Suzon à l'aide de la fontaine dite du Rosay, dont l'eau se perd, *pour être la plus grande partie d'icelle remplie de pierres,* et de plus, en évitant deux positions près desquelles l'eau de la rivière disparaissait *sous terre : l'une devers Ahuy, et l'autre en ung endroit de la ruelle tirant à Fontaine.*

Il concluait à la nécessité de faire un voyage sur les lieux et d'y conduire gens experts.

On résolut donc de partir le dimanche suivant, et l'honorable homme Pierre Monyot, échevin, fut chargé *d'assurer un coche pour ceux de ces Messieurs qui s'y voudront mettre.*

Le mardi 25 septembre, M. le vicomte maïeur présenta à la compagnie le résultat des observations suggérées par cette visite. L'aspect des lieux lui avait fait perdre l'espérance qu'il avait donnée à son Conseil de faire couler toute l'année Suzon autour des remparts de la ville : il se bornait à assurer qu'on pourrait l'amener jusqu'au moulin d'Ahuy; mais il désespérait de le conduire perpétuellement à Dijon, soit à cause des *encavures* que Suzon fait dans les crues, soit à cause des *anguillades* du cours de ce torrent, soit à cause des sables mouvants à travers lesquels l'eau s'enfuit.

Les commissaires s'en convainquirent par une expérience directe, faite d'après l'avis de M. Bryot, conseiller au Parlement.

Le bief du moulin d'Ahuy étant plein, *furent levées les vannes qui recevoient l'eau pour moudre, et fut congneu que ladite eau, avec un long espace de temps, ne s'écoula que d'environ trois cents toises, et s'arresta pour n'y avoir de la force ni quantité d'eau dans iceluy cours.*

Les creux et le sable mouvant dont parle le vicomte Maïeur sont évidemment des causes de pertes; mais il n'en est point ainsi des anguillades ou sinuosités qui, suivant lui, *pourroient se retrancher de beaucoup*; la rectification du lit de ce torrent ne ferait qu'ajouter à l'irrégularité de sa marche; elle augmenterait sa rapidité, par conséquent la corrosion de son lit, et par suite les filtrations.

J'ai déjà parlé de plusieurs courses faites le long de Suzon; mais on a dû remarquer que, jusqu'à présent, toutes ces courses s'étaient réduites à des promenades : point de nivellements, point de jaugeages; nuls projets un peu développés. Tous les mémoires ne se composent que d'observations générales, et de propositions un peu plus générales encore.

A partir de l'an 1606, les rapports des commissaires que la ville continuait de nommer périodiquement offrirent un caractère plus positif; on ne se contenta plus d'indiquer le mal, on travailla à donner le remède.

Ce fut le sieur Antoine de Menay, procureur à la cour du parlement de Dijon, qui entra le premier dans cette voie.

Il se transporta sur le cours de Suzon, le 20 avril 1606, par suite d'une commission spéciale qui lui avait été donnée par les vicomte maïeur et échevins. Son mémoire ne fut déposé que le 25 mai de l'année suivante; il contient trois parties distinctes.

Dans la première, il recherche la cause des pertes de la rivière de Suzon; la seconde est une sorte de procès-verbal de toutes les sources qui alimentent ce torrent; dans la troisième il indique un moyen de faire jouir la ville de Dijon de la majorité de leur volume.

Le sieur Antoine de Menay sonda le lit de Suzon en plusieurs endroits. Il reconnut qu'il était généralement *composé de roc pourry et entremêlé de sable mouvant;* il note particulièrement deux points pris, *l'ung un peu plus hault que l'hermitage Saint-Martin, à l'endroit d'une roche où la rivière fait un sault; le second à l'endroit d'une croix appelée la Croix de la demy-lieue.*

Le résultat de ce sondage montre que cette disparition des sources qui descendent au lit de Suzon est chose fort naturelle. Pendant l'hiver, Dijon reçoit l'excès de leur volume sur celui des filtrations; pendant l'été, rien n'arrive à la ville, parce que tout est absorbé. Ainsi, pour me servir de la comparaison de l'auteur du mémoire, le lit de Suzon ressemble à un crible : versée sur ce dernier en faible quantité, l'eau s'écoulerait seulement par le bas; versée en plus grande abondance, elle se répandrait de plus par les bords.

Le sieur Antoine de Menay chercha à reconnaître si le cours de Suzon avait cessé depuis longues années d'arriver à la ville : il prit donc des renseignements *vers quelques hommes des plus anciens de la ville de Dijon*, qui lui certifièrent qu'environ soixante ans auparavant, ils avaient vu, *par le travers de la dicte ville jusques à la rivière d'Ouche, l'eau permanente en toutes saisons.*

L'auteur du mémoire considère comme constantes ces allégations dont les pages précédentes démontrent la fausseté et en conclut que, *comme il y avoit fort longtemps, et peut-être plus de deux mille ans, que ladite rivière a naturellement pris son cours où elle est à présent, elle a miné et traîné le bon terrain qui étoit dessus les roches et sable mouvant, fait des ouvertures en terre par le moyen desquelles lesdites eaux se dissipent et se perdent.*

Le sieur Antoine de Menay parle, 1° des sources de Suzon proprement dites, provenant du Val-de-Suzon;

2° De deux fontaines coulant d'une combe dite *combe de Genet*, située à un demi-quart de lieue en amont de Sainte-Foy, côté de septentrion :

La première, appelée *fontaine de Martin*, côté du levant; et la seconde, *fontaine Treuvée*, côté du couchant, *desquelles à la vérité ne sort pas beaucoup d'eau en temps d'été ;*

3° Des eaux des étangs de Sainte-Foy, qui doivent naissance à deux *amples* fontaines séparées l'une de l'autre, et dont chacune faisait tourner un moulin dès son origine;

4° En allant vers Dijon et, dans l'espace d'une demi-lieue, il note encore cinq nouvelles fontaines, *lesquelles fluent en tout temps et se mettent dans les dites eaux de Suzon et fontaines de Sainte-Foy*, savoir :

Côté du couchant. .	La fontaine au prey du Roy, autrement le pré Driot;	
	Id.	du Rosey;
Côté du levant.. . .	*Id.*	Chareault;
	Id.	Cuisot;
	Id.	Moreine.

Mais il ajoute que, de ces cinq dernières fontaines, celle du *Rosey* est la plus abondante.

Pour reconnaître la force des eaux débitées par toutes ces fontaines, l'auteur du mémoire fit lever les vannes de tous les moulins établis sur le cours de Suzon, de Sainte-Foy jusqu'à Ahuy inclusivement, et s'aperçut alors *que les eaux dérivoient fort de moulin en moulin; en sorte que les vannes du moulin étant à l'endroit dudit Ahuy étant levées, lesdites eaux se perdoient entièrement à quelque huit cents pas plus bas du côté de Dijon.*

Preuve irrécusable de la perméabilité du lit de Suzon sur toute son étendue.

Le sieur Antoine de Menay ne s'arrêta point à l'idée d'empêcher les filtrations en corroyant le lit de Suzon; il proposa le creusage d'un canal latéral d'une section telle qu'il pût amener à Dijon des eaux en assez grande abondance.

Ce canal ou *petite saignée* devait commencer à la fontaine du Rosoir, laisser le lit actuel de Suzon sur la gauche, enfin *avoir huit pieds de large en gorge revenant à six en bas seulement.*

Le sieur Antoine de Menay estimait qu'il pourrait coûter *quatre mil quatre-vingt-trois livres six sols huit deniers.*

La tête de ce canal de dérivation se réunissait au vieux lit de Suzon par le moyen d'un barrage établi près de la fontaine du Rosoir.

Ce barrage devait contraindre les faibles eaux d'été à passer par le nouveau lit; quant aux eaux d'hiver, elles continuaient à s'écouler par l'ancien cours en surmontant la crête du glacis: la *petite saignée* se trouvait ainsi protégée contre l'impétuosité du torrent.

On pouvait objecter à ce projet qu'il enlèverait pendant l'été la force motrice des moulins situés sur l'ancien cours; mais l'auteur du mémoire fait observer, au contraire, que la création du lit nouveau améliorera ces usines en permettant de les faire jouir des eaux conservées. Il ajoute que la réalisation de son idée donnerait le moyen de construire deux moulins dans l'intérieur de la ville, et d'accroître ainsi les revenus de la commune; enfin, dit-il, cette permanence « des eaux dans la ville est chose du tout nécessaire et commode pour dissiper et enmener les immondices que journellement les habitans jettent dans le cours de Suzon et autres provenant des égoudz des rues y tombant; abreuver les chevaux à toute heure et laver les lesciveś. »

On voit, par ces dernières paroles, que le but du sieur de Menay n'avait pas été de procurer de l'eau potable aux habitants: le désir d'assainir la ville lui avait principalement inspiré son projet. Effectivement, un canal en terre n'aurait pu satisfaire à la première condition si l'auteur du projet se la fût imposée.

Il est peut-être curieux de faire remarquer que l'on s'occupait déjà de rendre la rivière d'Ouche navigable, ou du moins d'établir un canal de Dijon jusqu'à la Saône.

On lit en effet dans un mémoire du sieur de Menay: « Ces eaux (celles de la fontaine du Rosoir) serviront encore à renfler et augmenter la rivière d'Ouche pour la rendre navigable, comme sera dit cy-après au mémoire de la construction du nouveau canal qu'il convient faire à cet effet depuis ladicte ville de Dijon jusques en Saône. »

Je terminerai cette analyse par quelques détails historiques sur le cours de Suzon, détails extraits du même mémoire.

Suzon, à cette époque, en 1607, passait sous les arcades de la tour aux Anes, et traversait la ville : il existait déjà près de ce bâtiment un déversoir destiné à régler la quantité d'eau à introduire *intra muros*.

Le cours près de l'église des Capucins était complétement intercepté. On lit en effet :

Se fauldra donner garde que lesdites eaux n'eschappent en aulcune fasson que ce soit dans le vieil canal de Suzon estant joignant l'église des Capucins, parce que si lesdites eaux y passoient, elles courroient du long du chemin tirant de la belle-Croix au pasquier de Bray, et pourroient apporter plusieurs incommodités et pertes tant aux vignes qu'aux terres labourables comme cy-devant ladite rivière a faict.

Ainsi, comme je le disais, le sieur Antoine de Menay a le premier réellement abordé la question de la pérennité de Suzon.

Les causes qu'il assigne à la perte des eaux sont réelles, les sources de Sainte-Foy et du Rosoir sont en effet les plus importantes et la dernière suffirait seule pour atteindre le but qu'il s'était proposé.

Prenant en considération l'impétuosité du torrent, il a pensé que les dégradations auxquelles était sujet l'ancien lit ne lui permettraient point de l'employer pour amener à Dijon les eaux d'été qui y disparaissaient alors, et il a cru avec raison qu'il devait recourir à *un petit canal latéral* situé sur la rive droite.

Son projet est loin d'être suffisamment étudié : il oublie d'indiquer les portions de ce canal qui devraient être corroyées; il ne parle point des contre-fossés dont il serait nécessaire de l'accompagner pour l'empêcher d'être rompu, soit par les bestiaux, soit par les eaux qui descendent de la montagne.

Mais enfin sa proposition, que toutefois il eût été difficile de réaliser, est bonne en principe : il n'engage point à redresser encore un lit déjà beaucoup trop rapide ; de plus, l'affaiblissement successif du volume des eaux de bief en bief lui a montré qu'il s'agissait d'un travail général à faire, et non point seulement *d'établir sa petite saignée* entre des points déterminés.

Du reste, ce ne fut encore qu'un projet. Il paraît qu'à cette époque l'idée était généralement répandue que la fontaine du Rosoir avait anciennement jailli avec une extrême abondance ; on supposait que son débit d'autrefois suffisait pour entourer les remparts de la ville d'une eau courante en toute saison. On avait aussi la conviction que de cette source sortait, pendant les grandes pluies, l'immense volume d'eau qui ravageait la vallée de Suzon et noyait les bestiaux et les hommes.

Alors on s'imagina que, puisqu'en 1607 ces effets ne se présentaient qu'avec une intensité bien inférieure à celle que les témoignages des anciens annonçaient, on s'imagina, dis-je, que des travaux d'art avaient été faits à la source du Rosoir pour en diminuer le débit : toutes les espérances se tournèrent donc vers cet immense réservoir que l'on avait fermé d'une façon si merveilleuse.

C'est pourquoi,

« Au mois de mai 1607, le sieur Jehan Perrot, conseigneur d'Oigny, conseiller du roi, vicomte maïeur et prévôt de la ville de Dijon, et en cette qualité baron propriétaire d'Antilly, Champseul et Luchère ; Claude de Masque, curé de Fransault, chanoine de la sainte Chapelle du roi audit lieu, échevin commis par MM. du clergé ; Bernard Carrelet, Philippe Baillet, Benigne Bonnard, Odot, Vautheron, échevins, et Loys Martin, secrétaire de ladite ville, sur l'heure de six du matin sortirent par la porte Saint-Nicolas et se transportèrent au village de Messigny.

« Illec étant, ils mandèrent André Jobelin et les cy-après désignés qui se sont dits être âgés : Jobelin, de quatre-vingt-trois ans ; Richard Donnet, de soixante-quinze ans ; Bernardin Michel, de soixante-douze ans ; Antoine Veillet, de quarante ans ; François Jarrenet, aussi de quarante ans ; Michel Givotat, de quarante-cinq ans ; Jehan Lallemant, de trente-cinq ans ; et Regnier Gargaron, de quarante-deux ans.

« Etoit encore présent noble maître Zacharie Piget, conseiller de Sa Majesté, trésorier général de France au bureau établi à Dijon, et député de monseigneur le duc de Sully, grand voyer de France. »

Les notables de Messigny conduisirent alors Messieurs de la ville de Dijon à la fontaine du Rosoir : ces derniers reconnurent qu'elle était *d'une eau fort vive, que le bassin d'icelle avoit plus d'une toise de largeur, et les indicateurs ajoutèrent que jamais la dicte fontaine n'est tarie, quelque temps de sécheresse qu'il survienne.*

« Aussi le sieur Jobin, le doyen de la réunion, déclara qu'il avoit par plusieurs fois ouï dire aux plus anciens de Messigny qu'une source de ladite fontaine se jettoit de terre fort grosse, puissante et abondante en eaux, mais que Messieurs de la ville de Dijon la firent étouffer, parce que ladicte eau avec les autres tombant dans ledit cours de Suzon, fluant à la dicte ville de Dijon, estoit si grande abondante que souvent elle inondoit et faisoit dégast à la dite ville; et, pour faire retirer et empescher ladite affluence et inondation d'icelle eau, ils firent mettre une grosse pierre sur ladite source, par le moyen de laquelle elle ne dégorge et jette si grande quantité d'eaux à beaucoup près comme elle faisoit auparavant. »

Le sieur Donnet fut entendu ensuite : il raconta que trente ans auparavant il avait été chargé de nettoyer le bassin de la fontaine du Rosoir; en enlevant les corps étrangers qui le remplissaient, il vit qu'au « centre étoit une grosse pierre y mise et posée, en laquelle au milieu y avoit un treul par lequel ladicte fontaine jettoit de l'eau; icelny trou de la grosseur du poing d'un homme. Avec un pault de fer qu'il avoit porté, il mist icelui pault dans ledict trou, taschant de remuer ou détourner ladicte pierre; mais il lui fut impossible, quelque force qu'il y apportast, de sorte qu'il tient et croyt que ladicte pierre est attachée avec ferremens et crampons. »

Du reste, aux deux précédents témoignages se joignirent ceux des habitants de Messigny.

Ils déclarèrent que, sous les grosses pierres qui garnissaient le fond du bassin de la fontaine, se trouvait *celle dont a été ci-dessus parlé, et tous ensemble que si ladicte pierre étoit otée et pente donnée audit cours, sans doute il en sortiroit une grande quantité d'eau, laquelle se perd et consomme dans la terre.*

Ces croyances se sont perpétuées jusqu'à nos jours : le propriétaire du moulin du Rosoir s'est efforcé, pendant l'été de 1832, d'arracher cette pierre immense attachée, suivant Donnet, avec *ferremens et crampons* : à cet effet, il a même employé la mine; mais, après avoir enlevé deux ou trois tombereaux d'éclats de rocher, il a renoncé à son entreprise et à l'espérance qu'il avait conçue de voir sa roue poussée sans cesse par un puissant volume d'eau.

J'ai cherché ce qui avait pu donner lieu à l'histoire de Donnet, et j'ai vu que les eaux de la fontaine du Rosoir provenaient :

1° D'une fente horizontale pratiquée dans le rocher, à l'extrémité du bassin;

2° De sources jaillissantes de fond : l'une d'entre elles est fort abondante; située à peu près au milieu du bassin, elle monte à travers les sables ou les crevasses de la roche dans laquelle le bassin est creusé, et que le *pault* de fer de Donnet avait, on doit le concevoir, une si grande peine à ébranler.

Après avoir entendu les récits précédents, le vicomte maïeur et les personnes qui l'accompagnaient continuèrent leur exploration.

Ils trouvèrent, chemin faisant, plusieurs sources qu'ils proposèrent de nettoyer et conduire à Suzon au moyen de petites saignées. Arrivés à Sainte-Foy, ils reconnurent que la fontaine de ce nom, et dont les eaux proviennent soit de fentes de rocher, soit de sources jaillissantes de fond, était obligée de remplir successivement deux étangs avant d'arriver au lit de Suzon. A l'extrémité de chacun de ces derniers était placé un moulin qui leur empruntait sa force motrice; mais les meuniers avaient donné une telle hauteur au second étang, lors de l'établissement de l'usine à la suite, que les mêmes indicateurs de Messigny déclarèrent que depuis cette époque *le cours de Suzon n'étoit garni d'une si grande quantité d'eau qu'auparavant.*

Actuellement le second moulin n'existe plus, et la retenue n'a lieu que dans le premier étang; cependant je me suis assuré que le volume débité par les sources est encore inférieur à ce qu'il devrait être : c'est une conséquence de l'exhaussement du plan des eaux; en effet, les sources qui jaillissent de fond ont d'autant plus de peine à surgir qu'une plus grande hauteur d'eau les comprime.

Le même résultat se remarque à la fontaine du Rosoir : les différents jaugeages auxquels je l'ai soumise le démontreront d'une manière rigoureuse.

L'attention du vicomte maïeur et de son cortége fut vivement attirée par les sinuosités sans nombre que le cours de Suzon affectait, par la quantité d'eau qui semblait disparaître au milieu de profonds creux, comme à travers de vastes entonnoirs : aussi jugèrent-ils à l'unanimité;

Que si les fontaines qu'ils désignent étaient convenablement nettoyées et amenées, au moyen de petits canaux, *à fluir* dans Suzon,

Que si le cours de ce torrent était tracé en droite ligne depuis Sainte-Foy jusqu'à Dijon,

« Il n'y auroit difficulté aucune que perpétuellement et en quelque temps de sécheresse que ce soit en l'année, l'eau dudict Suzon ne courût en la dicte ville de Dijon, et conséquemment dans la rivière d'Ouche, pour faire enfler celle du nouveau canal projeté pour porter bateau dès ledict Dijon jusqu'à la Saône. »

Il paraît qu'un examen plus attentif déjoua cette conclusion; la question envisagée de plus près ne sembla pas aussi facile : car, en 1661, le 21 octobre, le sieur de Sazilly-Vauzelles, ingénieur, vint offrir de nouveaux plans pour arriver à la solution de ce problème si controversé.

Le sieur de Sazilly demanda, pour faire la reconnaissance préparatoire et même le tracé des ouvrages à exécuter, une somme de six louis d'or, ou bien la nourriture pour lui et ses employés, avec une indemnité que MM. de la Chambre règleraient à leur volonté.

Il promettait de plus que le montant des travaux ne dépasserait pas 16,000 livres, aimant mieux, disait-il, demander plus que moins, pour ne point être accusé *d'imprudence ou de filouterie.* Enfin, il terminait ses offres de services en priant MM. de la Chambre d'être bien convaincus qu'il ne promettait *jamais rien qu'il ne fût assuré de faire.*

Une déclaration si positive et pareil désintéressement durent séduire : aussi, par délibération du 25 octobre 1661, le sieur Claude Cusenier, bourgeois, échevin de la ville de Dijon, fut commis à l'effet d'accompagner le sieur de Sazilly aux lieux de Sainte-Foy, Messigny, Vantoux et moulin d'Ahuy.

Ils se mirent en marche le lendemain, et se firent suivre de Claude Verot, meunier d'Ahuy, et Claude Barbier, de Messigny. Je vais donner un abrégé du procès-verbal qui fut rédigé à la suite de leur visite.

Le sieur de Sazilly reconnut, 1° que les sources de Sainte-Foy étaient étouffées par la retenue des moulins ; que, *par suite d'une malice non tolérable*, les meuniers faisaient perdre les eaux dans le pré des Noyers ; et que, pour mettre un terme à leur mauvaise volonté, il était nécessaire de planter des bornes afin de régler le niveau de leur bief, niveau qu'ils ne pourraient désormais dépasser sous peine d'amende ;

2° Qu'il était facile d'accroître le volume des eaux versées dans le cours de Suzon par les sources qui l'accompagnent, à l'aide de quelques travaux de déblai ;

3° Que, du moulin de Sainte-Foy jusqu'à celui d'Ahuy, Suzon se perdait principalement en huit endroits. Pour les éviter, il proposait de creuser environ trois mille pieds de fossés par lesquels s'écouleraient les basses eaux, et de réserver le lit principal adjacent pour le temps des inondations ;

4° Que, du moulin d'Ahuy jusqu'aux Capucins, les eaux s'infiltraient encore en beaucoup d'endroits ; le développement des fossés précités suffisait sans doute pour les contourner ;

5° Qu'il était nécessaire de rectifier le lit du torrent.

On voit que les idées de M. de Sazilly n'avaient ni le mérite de la justesse, ni celui de la nouveauté. Suzon, nous le savons déjà, se perd dans toute l'étendue de son lit : il fallait donc, suivant le projet de M. de Menay, lui creuser un canal latéral pour l'écoulement des eaux d'été. Les trois mille pieds de fossés n'auraient point suffi, et les redressements n'eussent fait qu'accroître le mal.

D'ailleurs, les fractions de canal latéral que cet ingénieur proposait pour contourner chaque endroit perméable eussent été dégradées à chaque crue : car il ne pensait point à les garantir par un vannage contre la violence des eaux d'hiver, précaution qui, je l'avoue, eût nécessité des dépenses considérables.

Le sieur de Sazilly avait déjà fait des propositions identiques dans trois mémoires adressés à l'assemblée les 25, 30 août et 6 septembre 1661; il est inutile d'en présenter l'analyse. J'ajouterai que, malgré les assurances de succès et d'économie qu'ils renfermaient, le vicomte maïeur se contenta de les faire déposer aux archives.

Un siècle s'écoula avant que l'on s'occupât encore des moyens de conduire des eaux à Dijon, soit pour raison de salubrité, soit pour l'établissement de fontaines; ou du moins des recherches attentives n'ont fait découvrir aucun mémoire relatif à cet objet pendant cet intervalle.

Je dois dire cependant que, dans un rapport sur l'établissement du canal de Bourgogne, j'ai trouvé quelques réflexions de M. de Chesy sur la possibilité de rendre Suzon pérenne.

M. de Chesy, dont le nom fait autorité parmi les ingénieurs, avait été, sur l'avis de M. de Regemorte, envoyé en Bourgogne pour constater si l'état hydraulique et topographique des lieux permettait de songer à la création du canal dont nous recueillons aujourd'hui les avantages. Il passa dans la province l'année 1752, rédigea un rapport détaillé sur toutes ses opérations, et notamment s'exprima ainsi pour la ligne placée entre Dijon et Saint-Jean-de-Lône :

« Depuis Dijon jusqu'à Saint-Jean-de-Lône, il n'y a point de difficulté pour le canal; mais, par des vues d'économie, on aurait souhaité de rendre la rivière d'Ouche navigable dans cette partie, par le moyen de portes marinières; et, cette rivière n'étant pas assez forte en été, on a pensé à lui joindre les eaux de Suzon et de la Tille.

« La Suzon passe à Dijon en hiver; mais en été elle n'y parvient pas : elle se perd en chemin dans le fond pierreux de son lit. On l'a visitée en différents temps, et l'on a jugé qu'il serait trop difficile de remédier à cet inconvénient, parce que tout le vallon, depuis le Val-Suzon jusqu'à Dijon, est également incapable de tenir l'eau. L'utilité qu'on pourrait tirer de ce ruisseau ne compenserait pas la dépense qu'il faudrait faire. »

Ce fut dix ans plus tard, en 1762, ou, comme je le disais, un siècle après le travail de M. de Sazilly, que le sieur Martin Maders-Pacher, entrepreneur des fontaines de Dôle, se rendit à Dijon, en vertu des ordres de M. Dufour de Villeneuve, intendant de Bourgogne et de Bresse. Cet entrepreneur avait mission de reconnaître la possibilité d'établir des fontaines en différents quartiers de la ville, et de déterminer le choix des moyens d'exécution.

Le résultat de l'examen du sieur Maders-Pacher fut que l'on pouvait construire des fontaines place Saint-Michel, place Royale, place Saint-Etienne, place des Cinq-Rues, place des Cordeliers, au moyen de plusieurs sources des environs du Creux-d'Enfer. Il proposait de les réunir toutes en cet endroit, duquel partirait la conduite principale d'alimentation.

Les sources situées du côté de la porte Saint-Nicolas ne lui semblèrent pas mériter d'être conduites à Dijon.

Il se plaît à reconnaître la pureté et la bonté des eaux qui dominent le quartier de la porte Guillaume; mais il remarque qu'elles disparaissent en temps d'été, et par conséquent il renonce à les amener à la ville.

Il regrette le grand éloignement de la fontaine des Blanchisseries, située au delà de Plombières. « Les eaux de cette fontaine, dit-il, sont pures et abondantes. En tous les temps elles pourraient être amenées à Dijon, et fourniraient à plus de trente fontaines; mais son éloignement occasionnerait une dépense de plus de deux cent mille livres. »

Les environs de la porte d'Ouche ne lui présentèrent aucune source qui, par le volume de ses eaux ou la constance de son cours, dût fixer l'attention.

Dans l'intérêt des quartiers de la porte Guillaume et de la porte d'Ouche, le sieur Maders-Pacher fut donc forcé de recourir à l'emploi d'une machine pour exhausser artificiellement les eaux de la rivière d'Ouche. Cette machine consistait en une roue à eau placée au bas du bastion du Quinconce; elle devait faire jouer une ou plusieurs pompes destinées à porter l'eau de la rivière dans un réservoir situé sur la tour de Guise, pour être de là répartie, soit dans les quartiers précités, soit même dans toute la ville.

Pour éviter de recueillir les impuretés qui résultent du voisinage de l'abattoir, le mécanicien proposait de placer les tuyaux d'aspiration dans un puisard creusé près de la machine, et qui devait être alimenté au moyen de corps ayant leur embouchure près du pont Aubriot, ou dans le voisinage du moulin d'Ouche.

Le sieur Maders-Pacher portait à 18,804 liv. l'estimation des ouvrages nécessaires à l'établissement de la machine. Dans cette somme étaient comprises celles de 2,500 liv. pour la valeur du bâtiment qui devait renfermer l'appareil; de 3,000 liv. pour la construction des puisards; enfin de 6,000 liv. pour le montage de la machine et les peines de l'entrepreneur. Il en résulte qu'il ne reste que 7,304 liv. pour la construction *des courants avec la pelle* de la roue, de quatre corps de pompes, des conduites, etc.

Cette somme paraît bien faible; mais je dois ajouter que le sieur Maders-Pacher fait la restriction suivante :

« Non compris les voitures, *les acquêts* et le bassin de division, qui demeurent à la charge de la ville. »

La machine hydraulique du sieur Maders-Pacher était inexécutable. Il la plaçait à l'aval du moulin de la porte d'Ouche, où il n'existait aucune chute pour la faire mouvoir. Depuis cette époque on a établi un empellement au-dessous du pont des Tanneries, dans l'intérêt d'une filature et d'une fabrique de blanc de céruse : or, la chute, qui n'est pas de plus de 30 centimètres, nuit aux moulins de la porte d'Ouche. La retenue qu'il eût fallu créer au-dessous du bastion du Quinconce aurait dû, pour donner une force motrice convenable, effacer entièrement celle à son amont : l'acquisition de cette dernière était donc indispensable; et cependant le sieur Maders-Pacher ne la fait point entrer en ligne de compte.

Ce n'est pas seulement à raison de son éloignement (8,062 mètres de la porte Guillaume) qu'il faut renoncer à la fontaine de Newon, ou des Blanchisseries, mais aussi à cause de la faible différence de niveau qui existe entre cette source et le pavé près de la porte de la Liberté.

Hauteur de cette fontaine au-dessus du busc amont de l'écluse n° 29.	$0^m,3700$
Différence de niveau entre le busc de cette dernière et celui de l'écluse de Dijon n° 22, 2.60 × 7.	$18^m,2000$
	$18^m,5700$

Report.	$18^m,5700$
Différence de niveau entre le buse amont n° 22 et le socle de la porte Guillaume.	$15^m,6638$
Différence ou hauteur du bassin au-dessus du socle de la porte Guillaume.	$2^m,9062$

Le 22 messidor an XIII, M. de Montfeu, ingénieur en chef, jaugea cette fontaine. Il trouva que la lame d'eau débitée par elle avait la longueur de 10 pieds 3 pouces, et la hauteur d'un pouce *sur la crête des vannes* : la charge réelle était donc de $\frac{0^m,027}{0,720} = 0^m,037$, et le débit par seconde,

$$1,77 \times 3,33 \times 0,037^{\frac{3}{2}} = 0^m,04190,$$

ou par minute, 2,514 litres.

Le 13 septembre 1833, la lame débitée par la fontaine de Newon était identique. Mais je m'assurai, par des renseignements exacts, que lors des sécheresses elle se réduisait à $0^m,0135$ sur la crête d'un déversoir de $3^m,30$ de largeur.

Le débit est donc alors de

$$1,77 \times 3,30 \times 0,0186^{\frac{3}{2}} = 0^m,01477,$$

ou par minute, 886 litres $= \frac{886^{\text{pouces}}}{13,33} = 66^{\text{pouces}},46$.

Le projet incomplet du sieur Maders-Pacher eut cependant le mérite de fixer l'attention publique sur le parti que l'on pourrait tirer de la puissance motrice de l'Ouche pour l'élévation des eaux destinées à l'alimentation de la ville. Son mémoire était daté du 17 janvier 1762.

Un mémoire beaucoup plus complet que le sien parut le 27 avril de la même année. Son auteur était Thomas Dumorey, ingénieur des Etats de Bourgogne.

M. Dufour de Villeneuve, intendant des Etats de Bourgogne et Bresse, avait demandé l'avis de M. Dumorey sur la question des fontaines, *en lui recommandant toutefois d'examiner principalement les services que Suzon ou l'Ouche pourraient rendre.*

M. Dumorey n'a donc point travaillé à reconnaître si l'on pourrait conduire à Dijon l'eau des fontaines circonvoisines; il pense d'ailleurs que des recherches dans cette vue ne seraient point suivies de succès. Quant à Suzon, son régime lui parut trop irrégulier; il se trouve ainsi conduit à ne s'occuper que de la discussion des différents moyens que l'on peut employer pour créer des fontaines avec les eaux de l'Ouche.

J'ai discuté, dans un rapport publié le 13 décembre 1833, les propositions de M. Dumorey, et j'ai montré qu'on ne devait pas songer à leur donner suite.

Cependant les imaginations ne se refroidirent point encore à la vue de tant de projets presque aussitôt oubliés que formés, et l'académie de Dijon elle-même s'occupa de la grande question.

Le 7 mai 1764, M. Chaussier termina la séance *par la lecture d'un mémoire critique du projet qu'on avait adopté pour rendre le cours de Suzon perpétuel dans la ville.*

Mais ce mémoire ne renferme que des vues théoriques plus que contestables, et ne présente aucune conclusion positive.

En 1767 parut un mémoire anonyme dont le but était « de constater l'utilité et la nécessité de rendre le cours de Suzon pérenne et les moyens les plus convenables pour la réussite de cette opération. » Voici ce qui conduisit l'auteur du mémoire à recourir au mode auquel il propose de s'arrêter.

Il avait acheté un champ entre la porte Bourbon et la porte Saint-Nicolas, pour en extraire du sable. Or, à peine les fouilles furent-elles descendues jusqu'à 9 ou 10 pieds, que les manœuvres se virent contraints de cesser leur travail. Les eaux, en effet, avaient jailli avec abondance : en trois heures elles étaient arrivées au niveau du terrain naturel. A quelques toises, nouveau déblai suivi du même résultat. D'autres essais furent faits à des distances plus considérables, et partout l'eau se présenta au même degré de profondeur. L'auteur ajoute que, dans les premières fouilles, elle se maintint au même niveau pendant cinq années consécutives, quelque sécheresse qu'il y ait eu.

De ces faits, dont le dernier est empreint d'une exagération manifeste, l'auteur du mémoire induit que les eaux de Suzon, après s'être tamisées à travers le banc de gravier qui forme leur lit, s'échappent en tous sens parle prolongement de cette couche, puis, enveloppées en certains points par des terrains marneux ou des sables réunis par un ciment d'argile, arrivent jusqu'à Dijon ou dans les environs de cette ville, au moyen de ces canaux intérieurs enduits d'un corroi naturel.

Toute la question, suivant le mémoire, est donc de conserver à la superficie ces eaux dont on a reconnu la marche souterraine; et le moyen indiqué consiste à construire un radier sur un corroi de marne, en rétrécissant le fond du lit pour diminuer les dépenses.

Au reste, l'auteur termine en déclarant qu'il ne croit pas à l'infaillibilité de son projet. Beaucoup de gens, je le suppose, partagèrent cette opinion; et d'abord le sieur Antoine, sous-ingénieur des Etats de Bourgogne, en fit la critique dans un rapport imprimé en 1767; ensuite le sieur Jolivet, voyer de Dijon, qui présenta, en 1768, aux officiers municipaux un mémoire sur les moyens de rendre les eaux de la rivière de Suzon utiles à la ville.

Nous allons examiner successivement leur travail.

Le sieur Antoine commence par affirmer que c'était seulement depuis peu de temps que le cours de Suzon disparaissait pendant les sécheresses. Pour appuyer cette opinion, il recourt à l'histoire des Bourguignons par Saint-Julien de Baleure, en tête de laquelle se trouve un plan gravé en 1574 par Édouard Bredin, et indiquant des moulins près de la place Morimont; il ajoute qu'en 1740 il vit sur place les restes de la roue du moulin qui était derrière le vieux Clairvaux.

On se rappelle sans doute les délibérations de la chambre de la ville de Dijon en 1418, le procès de 1450 entre le vicomte maïeur et les frères prêcheurs, un manuscrit de la fin de 1400 ou du commencement de 1500, dans lequel on faisait sentir la nécessité et l'on proposait les moyens de faire *courir habituellement* Suzon dans l'intérieur de la ville; enfin la visite du 10 octobre 1561, faite le long de Suzon par Huguet Sambin et Aubert Fleutelot, à la suite de laquelle ces derniers déclarèrent que, « pour conclure au vray, ne se fault asseurer de pouvoir conduire le cours de Suzon en tout temps d'eaulx vives jusques à la ville, quelques fontaines qui soyent ni que l'on mette dedans. »

Et dès lors il est facile de conclure que l'allégation du sieur Antoine est erronée. Toutefois elle le porte à rechercher les causes de cette disparition des eaux, les remèdes à appliquer, et, parmi ces derniers, à examiner celui proposé dans le mémoire non signé et daté de 1767. Or, il se contente de traiter ce projet d'idée folle, et croit inutile d'en fournir la démonstration.

Si Dijon ne jouit pas de la pérennité de Suzon, dit l'auteur, c'est que les eaux de cette petite rivière s'écoulent trop rapidement. *C'est,* suivant son expression, *une chanlatte au bas d'un couvert ;* son lit est à sec lorsqu'il ne pleut plus.

Le moyen de parer à cet inconvénient serait de retenir les eaux autant que possible; conséquemment, de construire des digues de distance en distance. Ainsi leur vitesse se ralentira, et leur régime se réglera de telle sorte qu'il n'en parviendra à la ville que la quantité strictement nécessaire pour qu'il en passe toute l'année.

Un second effet sera produit, dit l'auteur. Le ralentissement de la vitesse permettra au limon de se déposer, aux plantes de croître; les filtrations disparaîtront donc peu à peu. Si l'on voulait obtenir une quantité d'eau supérieure à celle qui, pendant les sécheresses, arriverait naturellement, rien ne serait plus simple d'après ce système : on conçoit, en effet, que cette succession de barrages formerait une série de réservoirs que l'on pourrait mettre en communication par des vannes qu'on lèverait successivement.

Le sieur Antoine cherche à calculer la quantité d'eau journalière que Suzon pourrait fournir à la ville, si ce projet était réalisé, et voici sur quelles données il s'appuie.

Il suppose que l'étendue des terrains qui versent leurs eaux dans Suzon est d'environ 10,800 toises de longueur sur 4,000 de largeur, ce qui produit 43,200,000 toises carrées, dont le quart, 10,800,000 toises, est la quantité cubique d'eau qui tombe annuellement sur la superficie en question, ce qui fait par jour 29,589 toises cubes; pour chaque heure 1,132 toises; enfin, par minute, à peu près 19 toises, ou 140 mètres.

Il est certain, ajoute le sieur Antoine, que les évaporations qui se feraient sur nos réservoirs diminueraient beaucoup la force du courant que nous venons de trouver; mais, quand même ce courant serait réduit au quart, il suffirait encore pour entretenir la salubrité de la ville.

Tous ces calculs reposent sur une singulière préoccupation d'esprit. La conclusion tirée de l'établissement des barrages pour le glaisage des terres est fondée; mais il y a erreur relativement à cette espèce de régime uniforme qui devait s'établir à la suite. Les barrages ne pourront point accroître la quantité d'eau versée dans le lit pendant les sécheresses, ne pourront point diminuer les eaux d'hiver au profit des eaux d'été. C'est avant d'arriver au lit de la rivière que le grand aménagement naturel doit être fait, et l'on s'exposerait à de forts mécomptes si l'on espérait obtenir l'écoulement moyen indiqué plus haut, à l'aide de quelques barrages.

Je dois ajouter que la construction de ces barrages ne s'exécuterait point sans difficulté, sans dépense. Il faudrait des travaux en aval pour s'opposer aux affouillements; il faudrait aussi des vannages ou de petits canaux de dérivation pour l'écoulement des eaux des crues : car il est bien certain que le régime uniforme, malgré les digues, ne s'établirait pas plus sur Suzon que sur les rivières dont les vitesses sont ralenties à chaque instant par les usines.

Le sieur Antoine combat ensuite l'idée d'élever, au moyen d'une machine hydraulique, l'eau de Suzon sur la tour de la Trémouille. Il faudrait, dit-il, si l'on voulait utiliser l'eau de Suzon pour en faire des fontaines, construire un aqueduc tel à peu près que celui qui conduit les eaux de Saulon-la-Chapelle à Cîteaux; appuyé contre les coteaux de Vantoux, Ahuy et Fontaine, il contournerait les vallons d'Ahuy et d'Hauteville, ou les traverserait, à l'aide de levées, enfin il apporterait les eaux sur une des tours du château, ou sur celle de la porte Guillaume; et cette construction, qui ne serait pas aussi dispendieuse qu'on pourrait le croire, serait d'un avantage infini pour la ville.

Et du reste, cet ingénieur ne se borne pas là; il cherche aussi à recueillir de nouveaux avantages des eaux de Suzon. Pourquoi son cours ne servirait-il pas à former un port placé dans l'intérieur même de la ville, sur l'emplacement de la maison du Refuge? Et alors il se livre à l'examen de toute l'utilité qu'un pareil projet présenterait à l'industrie, de tout l'agrément qu'il procurerait à la ville. « Le quinconce en terrasse au-dessus du port, s'écrie-t-il dans son enthousiasme, deviendrait une promenade délicieuse! les rues Chapelotte et Maison-Rouge y gagneraient une magique perspective! les mâts des coches y feraient un plus bel effet que ces obélisques d'Égypte qui s'élèvent sur les places de Rome! »

En fait de ports et de canaux, on doit se déterminer par d'autres considérations : assurance du succès, puis économie des ouvrages; et c'est pour cela sans doute que la maison du Refuge est encore sur pied et que le port n'est pas dans la ville.

Le sieur Antoine va plus loin : il voudrait faire porter bateaux à la rivière de Suzon, afin de pouvoir tirer du vallon, aux moindres frais possibles, les bois, le charbon, et le tuf, que sa légèreté rend précieux pour la construction des voûtes. Afin d'éviter la dépense des écluses, de puissantes machines saisiraient les bateaux pour leur faire racheter la différence de niveau des bassins nombreux que le cours de Suzon présenterait.

Cette entreprise, d'après l'auteur même, pourrait paraître ridicule au premier coup d'œil; il me semble que le second ne lui serait guère plus favorable.

Occupons-nous actuellement du travail de M. Jolivet.

Après avoir exprimé l'opinion que les filtrations auxquelles l'auteur du mémoire de 1667 cherche à remédier sont nécessaires pour alimenter les puits du faubourg Saint-Nicolas et d'une grande partie de la ville;

Après avoir fait craindre de nombreuses inondations, si l'idée du pavage était accueillie, M. Jolivet ajoute qu'indépendamment des dangers qu'il signale, les frais seuls que ce projet nécessiterait doivent suffire pour y faire renoncer.

« En effet, dit-il, la longueur totale du lit qu'il faudrait paver est de 6,650 toises : en vain propose-t-on d'affaiblir la dépense en le rétrécissant, les eaux des crues, dont une diminution de section accroîtrait la vitesse, affouilleraient les ouvrages, déracineraient le pavé, et entraîneraient les accotements. L'ouverture du lit des rivières est toujours en raison du volume et de la vitesse de leurs eaux : aussi la largeur moyenne de 18 pieds est-elle nécessaire au cours de Suzon; on aurait donc 20,000 toises superficielles de pavé à faire; en n'estimant que 10 liv. la toise, prix très-modique, la dépense monterait à 200,000 liv., sans comprendre les murs de soutènement, les remblais et déblais pour former les pentes. On ne peut, sans se faire une illusion chimérique, adopter ce projet, vu qu'il excéderait 100,000 écus, et qu'on risquerait d'être inondé. »

Quelques-unes des conclusions du sieur Jolivet sont parfaitement justes; je ferai seulement remarquer que la longueur qu'il assignait au pavage était trop peu considérable; à peine eût-elle permis d'atteindre la fontaine du Rosoir : ainsi les eaux de Sainte-Foy n'auraient pu arriver à Dijon pendant les sécheresses, et *à fortiori* celles des sources supérieures.

Quant aux craintes qu'il manifeste en premier lieu, je ne saurais les admettre; et d'ailleurs, puisque le projet combattu par cet architecte peut être repoussé par des considérations positives, il est tout à fait inutile de faire intervenir des hypothèses dans le débat.

Le projet du sieur Jolivet est de recueillir dans de vastes réservoirs les eaux surabondantes de Suzon, pour les faire écouler dans l'aqueduc pendant les temps de sécheresse.

A cet effet, il veut creuser deux réservoirs dans l'intervalle compris entre la route d'Ahuy et l'ancien lit de Suzon, dont l'origine est à quelque distance en amont de Saint-Martin.

La superficie du premier serait de.	11,874 toises.
Celle du second.	3,600
TOTAL.	15,474

La profondeur commune devant être 1 toise 1/2, le cube des eaux qu'ils pourront renfermer sera de 23,211 toises; or, comme 1 toise cube équivaut à 7 mètres 4039, le volume de ces réservoirs exprimé en mètres sera de 171,185 mèt. 92 cent.

En supposant l'étanchéité de ces réservoirs, établis dans des terrains *perméables*, on comprend que leurs eaux n'auraient pu servir à l'alimentation des habitants.

Aussi ce projet subit-il le sort de ses devanciers. Il occupa quelque temps les esprits et fit bientôt place à un autre.

Ce fut peu de temps après que le sieur Chapus, mécanicien, présenta à M. Amelot de Chaillou, intendant de Bourgogne, un mémoire sur les moyens les moins dispendieux de fournir des eaux abondantes et salubres à Dijon, et de décorer de fontaines les places publiques et les promenades.

Ce mécanicien, ainsi que le sieur Maders-Pacher, dirige d'abord l'attention de l'administration sur la fontaine des Suisses et les sources qui alimentent le Creux-d'Enfer. Considérant que l'eau qui coule à la surface de la terre n'est souvent que le trop plein d'un vaisseau inférieur qui pourrait produire bien davantage, il pense qu'il faudra d'abord faire toutes les excavations nécessaires pour arriver au plus grand débit possible; ensuite il propose de réunir le tout dans une conduite de 2 pouces de diamètre qui descendra sous les terres et jaillira dans le voisinage de l'ancienne salle de spectacle.

Les dépenses sont évaluées à 12,000 liv. Si l'on préférait conduire les eaux sur la place Saint-Michel, et les y recueillir dans un bassin de 12 à 15 pieds, il y aurait sur le chiffre précédent augmentation de 3,000 liv.

Moyennant les travaux et la dépense précités, le sieur Chapus déclare que l'on jouira de la quotité d'eau suivante :

Pendant les deux mois de la plus grande sécheresse, 1 pouce ;

Pendant les trois autres, 1 pouce 3/4 ;

Pendant les sept mois restants, 3 pouces 1/2.

Le sieur Chapus alla ensuite visiter les eaux de la fontaine de Norges ; celles de la Papeterie et de la rente appelée Blanchisseries, au-dessus de Plombières, mais qui *ne pourraient être conduites à Dijon que par un ouvrage difficile, dispendieux et digne des Romains;* celles de la fontaine Sainte-Anne, *mais dont le trop plein ne peut donner à boire qu'aux oiseaux;* celle de Larrey, dont le niveau est trop bas, qu'il faudrait élever au-dessus de la tour de Guise, en empruntant de la force motrice au moulin voisin, et qui d'ailleurs *tarit l'année que l'on fit le moulin à vent;* « enfin la belle fontaine du Rosoir, à 1,866 toises au-dessous de Vantoux. Elle peut, *dans cette sécheresse,* dit le sieur Chapus, faire aller un moulin ; elle débite au moins quatre-vingts pouces d'eau, la plus limpide, la plus légère et la plus saine que l'on puisse boire. C'est là un véritable trésor pour la ville (¹). »

Alors ce mécanicien entre dans beaucoup de détails pour prouver que la fontaine du Rosoir ne doit point être conduite à Dijon à l'aide de tuyaux en terre cuite, plomb ou fer fondu. La dépense serait trop considérable et le résultat moins assuré que par un aqueduc souterrain.

(¹) Le sieur Chapus parcourut en même temps Suzon dans toute son étendue. On lira peut-être avec intérêt le résultat de sa visite.

« La rivière de Suzon a sa source à cinq lieues de la ville. Elle n'a pas plus de vingt-cinq pouces en été; elle roule ses eaux sur un lit de pierre feuilletée, et va en décroissant. Quatre cents toises au-dessous, elle reçoit le petit ruisseau de Combra, à peu près de même volume, et ces eaux mêlées ne peuvent point atteindre le réservoir d'un moulin à 900 toises de distance.

« A une demi-lieue plus bas encore, on trouve la paroisse appelée Val-Suzon, où il sort d'un rocher assez d'eau pour son moulin ; elle se perd également en moins d'une demi-lieue, quoique dans cet espace il naisse de nouvelles et abondantes sources : c'est pour mourir dans un instant.

« En descendant toujours le lit aride de cette rivière, on trouve les eaux de Sainte-Foy, de Sainte-Foux, de Charbonnières, de Charrières, et enfin celles du Rosoir, source la plus abondante et la plus rapprochée de la ville. Son volume, de quatre-vingts pouces, mêlé avec les quatre autres, disparaît dans un cours de 800 toises, et ne peut aller jusqu'à Messigny. »

Cet aqueduc devait avoir une ouverture de 10 pouces au carré; l'épaisseur des murs latéraux était supposée de 8 pouces; ils étaient supportés sur une aire en béton ayant 34 pouces de largeur, et 8 pouces d'épaisseur; enfin une voûte ou des pierres plates bien cimentées les surmontaient.

On devait faire en sorte que cet ouvrage restât toujours à 3 pieds en terre; et, comme dans une conduite de ce calibre, descendant avec une pente uniforme, les engorgements ne sont point à craindre, le sieur Chapus proposait d'établir, pour toute la distance de 5,800 toises comprise entre la source du Rosoir et la porte Guillaume, seulement vingt-cinq regards avec des intervalles de 132 toises; chaque regard offrant un bassin de 3 pieds de largeur, 5 pieds de longueur et 2 pieds de profondeur, avec décharge.

Tous ces travaux étaient estimés par le sieur Chapus, savoir :

Pour faire arriver les eaux à la porte Guillaume. .	100,000 liv.
Pour la conduite dans la ville et la construction de dix-huit fontaines.	90,000
TOTAL.	190,000 liv.

Le sieur Chapus entre aussi dans quelques détails sur les moyens d'acquitter la totalité ou seulement partie de cette somme. Il fait observer que les concessionnaires des eaux pour les hôtels de Paris ont acheté 200 livres chaque ligne de ce fluide.

Ce qui fait 28,800 liv. le pouce *pris au réservoir*.

Alors, des 80 pouces produits par la fontaine du Rosoir, il n'en attribue que 50 aux fontaines publiques, et en laisse 30 que l'on peut vendre *aux communautés religieuses, aux hôpitaux, aux personnes de haute volée*, enfin au palais des Etats: de telle sorte que, si l'on trouvait seulement des souscripteurs au prix de 5,760 livres le pouce, ou le cinquième de ce qu'il valait à Paris, *on pourroit dire hardiment que Dijon auroit toutes ses fontaines pour rien, et qu'il n'y auroit aucune ville dans le royaume qui en seroit mieux pourvue.*

En admettant même que la valeur du pouce fût réduite à 1,000 écus, Dijon trouverait ainsi les 90,000 liv. pour l'exécution des fontaines et conduits intérieurs; les 100,000 liv. d'ouvrages extérieurs retomberaient seules à sa charge.

On voit que le mémoire du sieur Chapus est le seul document sérieux que nous ayons examiné jusqu'à présent.

Comme la plupart de ses devanciers, le sieur Chapus propose de recourir à la fontaine du Rosoir, et c'est à juste titre qu'il croit convenable d'en renfermer les eaux dans un aqueduc maçonné.

Du reste, le sieur Chapus a commis une grave erreur dans le jaugeage de la source du Rosoir : son débit est beaucoup plus considérable que celui qu'il a supposé, comme on pourra s'en assurer par les expériences que j'ai faites en 1832 et 1833, années si favorables à ce genre d'opérations.

Au projet d'aqueduc en maçonnerie succéda celui d'amener les eaux d'été de Suzon au moyen d'un canal de dérivation. Je n'ai pu me procurer qu'un extrait de ce travail.

Il avait été conçu par M. Guillemot fils, sous-ingénieur des États de Bourgogne, et il consistait à faire une prise d'eau à 1,100 toises au-dessus du moulin de Messigny ; à ouvrir de ce point une rigole de 6,335 toises de longueur, qui viendrait aboutir sur la route de Dijon à Paris par Saint-Seine, à l'embranchement du chemin de Fontaine. Ce point dominant la ville, l'eau pourrait être distribuée ainsi qu'il serait jugé nécessaire. Afin de nettoyer le principal égout de Dijon, on prolongeait la rigole jusqu'au pont du Cours-Fleury ; mais la prise d'eau de cette dernière devait être fermée tant que le volume des eaux de Suzon lui permettrait de couler par son ancien lit.

Dans l'étendue du canal, on devait construire six moulins dont le produit, suivant l'auteur, surpasserait l'intérêt des dépenses et le montant de l'entretien des ouvrages.

La prise d'eau avait à fournir 1,152 pouces ; mais je ne sais sur quelles sources le sieur Guillemot comptait pour les obtenir : car la fontaine du Rosoir, la seule qui, pendant les sécheresses, aurait pu lui donner des eaux, ne produit que 225 pouces environ.

Les eaux amenées par le canal de M. Guillemot auraient été tout à fait impropres aux usages de la vie domestique.

Car, ainsi que l'enseigne M. Bruyère, inspecteur général des ponts et chaussées, dans un rapport du 9 floréal an X, ayant pour objet d'éclairer l'administration sur les moyens à employer pour fournir l'eau nécessaire à la consommation de Paris, les canaux en terre présentent les inconvénients suivants :

1° L'eau n'y conserve pas une température égale. Pendant l'été, elle est exposée à l'ardeur du soleil; pendant l'hiver, à la gelée : il faut donc, pour obvier à ce dernier inconvénient, lui faire prendre une profondeur telle qu'une partie puisse toujours couler sous la glace;

2° On ne saurait la garantir des immondices entraînées par les vents; la surveillance la plus active ne l'empêcherait pas d'être souillée par les hommes et les animaux.

3° Les canaux en terre sont exposés aux dégradations causées par la malveillance ou l'intempérie des saisons. De plus, les herbes qui y croissent en très-grande abondance retardent la vitesse des eaux, prolongent leur séjour sur la vase, les débris des végétaux et les terres dont la nature peut être nuisible.

Les contre-fossés ne les protégent pas toujours entièrement contre l'introduction des eaux sauvages.

4° Les filtrations en général sont considérables, et l'évaporation agit avec plus de force au moment où le débit des sources est le plus faible.

5° Enfin les canaux en terre exigent des contre-fossés, des haies, des banquettes, une surveillance continuelle; ils divisent les propriétés.

Quelques-uns de ces inconvénients disparaissent, il est vrai, lorsque le volume à conduire est considérable. Ainsi, par exemple, relativement à la qualité des eaux, on remarque que celles des petites rivières, pures à la source, se chargent de matières étrangères à mesure qu'elles s'en éloignent; tandis que celles des grandes rivières sont loin de subir la même altération.

Nous venons de détailler les principaux désavantages qu'offre en général un canal de dérivation en terre destiné à procurer des eaux potables à une ville. Or, celui projeté par M. Guillemot, d'après le faible volume qu'il renfermerait, serait, plus que tout autre, soumis aux influences précitées.

En juillet 1804, M. l'ingénieur Antoine reproduisit une partie des idées qu'il avait déjà émises en 1767, relativement à l'établissement de barrages dans le cours de Suzon, pour rendre cette rivière pérenne. Il parle d'une visite faite en 1780 le long de cette rivière par l'ingénieur de la Veyne, en présence de plusieurs membres de l'Académie de Dijon; il invoque l'opinion de cet ingénieur, qui déclara qu'il n'y avait rien à ajouter à cet écrit de 1767; cependant les administrateurs de la ville ne furent point encore persuadés.

Il est inutile de parler de ce nouveau mémoire de M. Antoine : je pense avec lui que des barrages, en ralentissant la vitesse des eaux, permettraient au limon de se déposer et, par suite, feraient en partie disparaître les filtrations.

Mais, de cette manière, le problème ne serait point entièrement résolu : en supposant que cette eau, qui s'avancerait avec une si faible vitesse, ne pût geler pendant l'hiver, elle ne serait point propre aux usages de la vie domestique, ainsi qu'on doit l'induire des considérations développées plus haut ; elle arriverait d'ailleurs à un niveau trop peu élevé pour que l'on pût, sans intermédiaire, l'employer à l'alimentation des fontaines ; et ce but ne doit pas être perdu de vue : car il ne s'agit pas seulement de faire couler pendant l'été un filet d'eau autour de la ville.

Les 9 et 13 juillet 1807, on rendit compte, dans le *Journal de la Côte-d'Or*, d'un mémoire sur la possibilité d'amener des eaux à Dijon : le projet consistait à recueillir Suzon en aval du moulin d'Ahuy et à le conduire, au moyen d'une dérivation en terre, à la porte Guillaume. Ce canal devait avoir 1 mètre et demi de largeur réduite sur 65 de profondeur et être établi suivant une pente de 0^m,001.

Cette pente n'employant pas toute la différence de niveau qui existe entre le sous-bief du moulin d'Ahuy et le dessus du seuil de la porte Guillaume, l'excédant devait servir à la création de moulins placés, le premier au centre d'Ahuy, le second près de la route du Val-de-Suzon ; et du reste, d'après l'auteur, la dépense de cet ouvrage, y compris travaux d'art, déblais en terre, indemnités, ne devait point dépasser la somme de 36,000 fr.

On voit que ce projet n'est autre chose que celui du sieur Guillemot sur une moindre échelle : il est regrettable seulement que la prise d'eau du canal soit précisément placée au point où les eaux de la rivière de Suzon achèvent de disparaître entièrement.

Ce dernier projet fut vivement attaqué par M. Antoine dans un mémoire que cet ingénieur publia le 17 août 1807. Comme il invoque les raisons que j'ai déjà données au sujet du mémoire du sieur Guillemot, je ne les reproduirai point. Il est inutile de dire que cet ingénieur revient encore sur les projets de barrages qu'il représente comme devant produire l'amélioration de tous les fonds de la vallée de Suzon : cette idée me paraît fondée.

Quant à l'établissement des fontaines, le sieur Antoine présente un nouveau moyen fondé sur le passage suivant de l'*Architecture hydraulique* de Bélidor :

« Quand on veut, dit cet auteur, avoir beaucoup d'eau, on creuse une tranchée à une profondeur convenable, avec pente suffisante ; l'on étend sur le fond un lit de terre glaise bien battue, ensuite l'on construit deux murs pour former un petit canal que l'on recouvre avec des pierres plates, et ensuite des gazons renversés, pour empêcher qu'en recomblant la fouille, il ne tombe rien sur le fond, etc.

« Il faut, de distance en distance, faire des puisards, etc. »

Puis, venant à l'application de cette méthode, il remarque qu'au levant de Dijon, sur les hauteurs qui dominent la ville, les sources de la métairie de la Boudronnée, de la Motte-Saint-Bernard, de la fontaine des Suisses, du Creux-d'Enfer et des Petites-Roches, fournissent une indication précieuse relativement à l'emplacement qu'il convient de choisir pour l'établissement de la tranchée.

En conséquence, il lui donne la direction suivante : il part à peu de distance au-dessous et au couchant de la métairie de la Boudronnée, arrive au clos de Montmusard qu'il traverse, passe sous les fontaines de la Motte et des Suisses, descend au-dessous du Creux-d'Enfer, coupe le clos des Argentières, et passe au dessous des Petites-Roches.

C'est suivant cette ligne que le sieur Antoine propose d'ouvrir la tranchée pour y construire un aqueduc d'environ 2,000 mètres de longueur ; d'après lui, cet aqueduc ne coûtera guère que 6 fr. le mètre courant : dépense . . . . 12,000 fr.

En second lieu, le tuyau qui doit partir de cette tranchée formant barrage, et conduire à la ville les eaux retenues, aura la longueur de 800 mètres, lesquels, à 6 fr. le mètre courant, produisent 4,800

Total. 16,800

M. Antoine cherche ensuite à déterminer le volume d'eau que l'on pourrait amener à la ville au moyen de cette dépense. Pour cela faire, il remarque que le versant qui doit donner des eaux à la tranchée a environ 2,000 mètres de longueur sur 600 mètres de largeur.

Superficie totale, 1,200,000 mètres.

Or il tombe pendant l'année, suivant le sieur Antoine, une hauteur d'au moins 6 décimètres d'eau.

Soit seulement $0^m,50$.

Minimum d'eau que l'aqueduc pourra recueillir par année : 600,000 mètres :

D'où, par jour, 1648 mètres cubes ;

Et par minute, 1140 litres.

Le pouce équivalant à 13 litres 33 centilitres : le produit en pouces apporté par le tuyau de conduite serait donc de $\frac{114000}{1333} = 85$ pouces environ, quotité suffisante pour l'alimentation de la ville.

Il est presque inutile de faire sentir combien un pareil projet présente d'incertitude. La tranchée recevrait seulement la plus faible partie de la couche d'eau qui tombe, et nous manquons des éléments nécessaires pour apprécier cette partie.

Seulement je montrerai que l'exemple suivant, invoqué par M. Antoine, dépose contre son projet :

« Près de Gray, comme près de Dijon, dit M. Antoine, il y a des élévations, mais sans aucune source ; et pour obtenir des fontaines, M. Normand, ingénieur, fit faire un long fossé qui contournait la hauteur supérieure à Gray, avec pente convenable. Sur le côté de ce fossé, qui regardait le bas du monticule, il fit faire un bon mur avec corroi derrière ; de l'autre côté, il ne fit faire qu'un mur à sec, afin que les eaux pussent passer à travers. Entre les deux murs il établit une rigole en pierres de taille. Enfin il plaça des dalles sur toute cette construction, qui, en réunissant toutes les eaux supérieures, les mène à un bassin d'où part le tuyau de conduite.

« Les opérations de l'ingénieur furent souvent troublées, ajoute M. Antoine, chacun soutenant que puisqu'il n'y avait point de source où il faisait travailler, il dépensait inutilement les deniers de la ville.

« Cependant, le fait est que les eaux arrivèrent, et qu'elles n'ont jamais cessé de couler depuis cette époque. »

Il ne manquait à cette description que le volume d'eau débité. Or ce volume a été trouvé de 19 litres par minute, et *au mois de mai* : à quoi doit-il donc se réduire pendant les mois d'août, de septembre et d'octobre !

Ce fait enseigne quel degré de confiance on peut ajouter à des calculs fondés sur la quantité d'eau qui tombe annuellement sur un versant déterminé.

Je puis, au reste, citer encore un exemple à l'appui de mon opinion. A l'est de Toulouse existe un monticule allongé, appelé le coteau de Guillemery, au pied duquel est situé un quartier de la ville, celui de Saint-Étienne.

On chercha à recueillir les eaux qui tombaient sur la superficie de ce coteau; à cet effet, on perça un aqueduc souterrain qui, longeant le pied du coteau, étendait des rameaux dans tous les sens. Cet aqueduc, avec ses branches, avait environ 1,800 mètres de longueur. On y recevait les eaux filtrant dans le terrain traversé par lui; puis, à l'aide de tuyaux de bois ou de poterie, on les faisait jaillir à 2 ou 3 pieds au-dessus de la place Saint-Étienne.

On pense que la construction de cet aqueduc était antérieure au troisième siècle. Il paraît qu'il était exécuté sur une grande échelle, puisque M. d'Aubuisson n'évalue pas à moins de 2 millions de notre monnaie ce que l'on dut dépenser pour sa construction; et cependant, après de coûteuses réparations faites en 1719, à la suite desquelles on espérait obtenir une grande quantité d'eau, il résulta des jaugeages prescrits par les membres de l'Académie des sciences de Toulouse que le débit de cet aqueduc n'était que de 2 ou 3 pouces au plus, et même que cette quantité diminuait de plus de moitié pendant les sécheresses. En 1769, on s'est encore occupé de cet aqueduc, sans obtenir de succès; et, depuis cette époque, toutes les sommes dépensées n'ont pas conduit à des résultats plus satisfaisants. Plus tard, en 1827, lorsqu'on donna les eaux de la Garonne à la fontaine de Saint-Étienne, il y avait plus d'un an que le grand aqueduc ne lui fournissait plus rien [1].

Je passerai sous silence plusieurs projets qui, de 1807 à 1825, furent proposés au maire de Dijon; ils rentraient tous dans ceux que j'ai précédemment analysés.

[1] Au reste, les eaux qu'il produisait, par suite de la nature des terrains à travers lesquels elles s'infiltraient, étaient chargées de sels terreux, et par conséquent de mauvaise qualité. Elles donnaient, par 1,000 grammes, 1/2 gramme de résidu.

Je dois ajouter quelques lignes aux développements dans lesquels je viens d'entrer sur les moyens de se procurer de l'eau à l'aide d'aqueducs ou de barrages souterrains.

Il ne faut pas les confondre avec un procédé qui consisterait à creuser, *pour arriver à des*

Enfin en 1825 ce magistrat mit la question des fontaines au concours. Les mémoires devaient être déposés au secrétariat de la mairie dans le courant de février 1826, et les devis ne point dépasser la somme de 50 à 60,000 francs.

Les différents mémoires, dont j'ai d'ailleurs présenté l'analyse dans mon rapport du 13 décembre 1833, n'offrent aucune combinaison qui mérite d'être signalée.

sources, de vastes galeries dans le roc. A Liverpool, l'une des compagnies chargées de l'approvisionnement d'eau de la ville a eu recours à cette idée, et a réussi.

Cette ville possède cinq établissements de ce genre. Au moment où M. Mallet visitait l'Angleterre, on était occupé à baisser le sol d'une de ces galeries, pour augmenter le volume d'eau ; et cependant il était déjà *à 45 mètres* au-dessous de la surface du terrain.

S'il était toujours nécessaire de creuser à pareille profondeur, il deviendrait trop onéreux, le plus souvent, de ramener les eaux à la surface du sol ; mais le problème se résout quelquefois plus heureusement.

CHAPITRE III.

SOURCE DU ROSOIR.

La lecture des deux chapitres précédents a dû montrer l'importance que les Dijonnais ont toujours attachée à l'établissement des fontaines, et prouver que ce n'était pas seulement le désir d'embellir la ville qui, depuis quatre siècles, ramenait toujours l'autorité municipale à ce projet.

Le but était d'assainir par de fréquents lavages le grand égout (1) qui la tra-

(1) On voit sans cesse reparaître, dans les anciennes délibérations du Conseil de ville, la nécessité d'assainir le grand égout de Suzon.

Dijon n'a été que trop souvent décimé par la peste, et dans ces temps calamiteux toutes les pensées des habitants se portaient avec terreur vers l'insalubrité de cet égout.

Il faut convenir, au reste, que les mesures sanitaires prises par les magistrats, dans ce que l'on est convenu d'appeler *le bon vieux temps*, n'étaient guère moins effrayantes que le fléau lui-même. Voici un échantillon des mesures autorisées par le parlement de Dijon et prescrites par le Conseil de ville.

« Un arrêt du Parlement ayant, à la date du 1er septembre 1576, dans le but d'arrêter la contagion, ordonné aux habitants d'obéir à toutes les prescriptions des magistrats, sous peine d'être pendus et estranglés, la mairie, autorisée par la Cour, commit deux arquebusiers pour contenir les pestiférés dans les loges *extra muros* où ils étoient confinés. En 1586, 18 avril, les paysans qui vouloient entrer en ville durent déclarer d'où ils venoient, sous peine d'être immédiatement arquebusés.

« Il fut deffendu à tous malades ou ayant la peste collante se mettre sur les grands chemins parmi les saings ou se mesler es assemblées es rues et s'aprocher les portes et advenues de ladite ville, à peine de mort.

« Le 21 juillet suivant, sur l'observation que les sergents commis pour porter l'arquebuse et tenir les chemins et endroits où les pestés et aultres retirés sont, pour faire contenir iceulx et ne permettre qu'ils vaguent par les chemins, font reffus de tirer les désobeyssants suivant les arrests de la Cour, la Chambre (de ville) a commis et institué l'exécuteur de la haulte justice pour

verse; de substituer à l'eau malsaine des puits une eau vive et légère; de faire courir, à des heures déterminées, au moyen de bornes-fontaines placées sur des points culminants, des ruisseaux dans toutes les rues; de trouver, en cas d'incendie, une source intarissable toujours à proximité; de construire des lavoirs publics; de concéder enfin, soit aux établissements industriels, soit aux particuliers, le volume d'eau qu'ils réclameraient.

Dijon était, en effet, dans une déplorable situation sous le rapport des eaux potables; les habitants avaient exclusivement recours à des puits particuliers et à une centaine de puits placés sur les voies publiques; ces derniers n'étaient pas même couverts, et il n'était pas rare que le seau qui ramenait

porter l'arquebuz et tuer lesdits désobeyssants promptement et sur-le-champ, les treuvant en désobeyssance et luy sera donné trois écus un tier de gages. »

Du 29 juillet 1586 :

« L'exécuteur de la haulte justice a comparu à la Chambre où estant, le sieur visconte maieur luy a faict entendre la commission à luy defferrée par icelle et ce qui en despend pour l'exercice, a promis par son serment presté aux saints évangiles de Dieu porter l'arquebuz et promptement tuer celluy ou ceulx qui se treuveront parmi les saings ayant la peste, ou qui auront esté en lieux infectés; et incontinent qu'il sera adverty pour ce fait, se mettra en debvoir de marcher et aller treuver celluy qui le demandera avec son arquebuz toute preste. Et sera advancé ung mois audit exécuteur pour luy avoir une arquebuz. »

Avis en fut donné au public.

Le 30 août 1586, un vigneron de la Roulotte ayant contrevenu à l'ordonnance fut attaché par le bourreau à un poteau du cimetière aux chevaux (tanneries), et arquebusé.

Le 23 août 1596 : « Informée que nonobstant les injonctions et deffenses aux mallades de la peste de sortir de l'isle et des maisons où ils sont logés, touttefois ils ne délaissent de tenir les chemins, vaguer çà et là, s'aprocher des saings, voir, prendre et toucher les denrées que l'on amène en ville, qui est pour inconvénienter et infecter un chacun : pour empescher la continuation de tels pernicieux et mauvais actes, la Chambre du Conseil de la ville ordonne à tous les malades se contenir esdits lieux sans en partir, ny tenir les chemins, approcher les murailles et portes de la ville de cinq cents pas, à peine d'etre arquebusés par l'exécuteur de la haute justice ou son valet à cest effet commis. »

En 1628, la mesure est renouvelée, de même qu'en 1630, 1631, 1632, 1634, etc.

Il y a loin de ces prescriptions sauvages au dévouement que le clergé, les médecins, les habitants du même département montrent aujourd'hui dans les visites périodiques du choléra.

On ne commet plus d'arquebusier pour détruire le venin en tuant le malade : on s'expose simplement à mourir avec lui pour le soulager. C'est moins prudent; c'est plus chrétien.

l'eau destinée aux usages domestiques renfermât un *chien* ou un *chat* noyé depuis plusieurs jours.

Au reste, l'insalubrité de l'eau de puits ne saurait être contestée : tous ceux qui s'occupent de médecine ou de chimie sont unanimes à ce sujet, et M. le docteur Guérard, dans la remarquable thèse qu'il a soutenue le 25 décembre 1852, expose sur les eaux de puits, sur les eaux de citerne, sur les eaux stagnantes, les considérations suivantes :

« *Eaux de puits.*— Les eaux de puits présentent plus rarement que celles d'une autre provenance une composition qui permette de les appliquer avec avantage aux besoins de l'économie domestique. Creusés dans l'intérieur des villes, au centre des habitations, ils renferment parfois, outre les matières minérales fixes que l'on trouve habituellement dans les eaux douces, de fortes proportions de sulfates, phosphates et azotates ; de plus, on y trouve une grande quantité de substances organiques, dont l'origine doit être rapportée à la pénétration soit directe, soit par infiltration, de résidus liquides de l'économie domestique, de l'industrie, même des fonctions animales, etc.

« *Altération des puits par les eaux infiltrées dans le sol.* — Dans les villes anciennes, et où l'on prend l'eau par des puits, on la puise, à cause de l'ancienneté des villes, à une source impure. Sauf de rares exceptions, les eaux de ces villes sont ordinairement altérées. Les terrains sont remplis de matières animales et végétales, dont le sol est complétement saturé... Le mal est d'autant plus grand, que, dans la plupart de nos villes, il y a, chaque année, des inondations qui mettent les terrains où l'on puise l'eau en communication avec les canaux et les fosses d'aisances. Alors les eaux acquièrent une odeur putride et ne sont plus potables; mais, en même temps, elles sont malsaines. »

« Ces observations que j'emprunte, dit M. Guérard, aux archives du *Congrès d'hygiène publique* tenu à Bruxelles au mois de septembre dernier, sont applicables à plusieurs de nos villes, et même à certains quartiers de Paris. L'altération dont nous parlons est surtout favorisée par le mode de construction adopté autrefois pour les fosses d'aisances, dont les parois perméables laissent filtrer les eaux vannes, plus ou moins chargées de matières solides. Il y a dans les anciens quartiers de Paris une foule de maisons dont les fosses n'ont jamais besoin d'être vidées, parce que les eaux d'infiltration les débarrassent successivement, ou à l'époque des crues, des matières qu'on y projette chaque jour. L'obligation imposée aujourd'hui aux propriétaires de faire établir des fosses étanches soustrait les puits des quartiers neufs de la ville à cette cause d'infection. — Mais il en est encore d'autres qu'il n'est pas toujours facile de prévenir ; je veux parler notamment de l'introduction d'eaux qui ont filtré à travers les cimetières. — Il y a une quinzaine d'années, une commission du Conseil de salubrité, dont je faisais partie, eut à examiner quelques faits relatifs au cimetière de l'Ouest. Nous fûmes curieux de voir si l'eau du puits creusé au milieu du terrain avait quelques propriétés particulières que l'on pût attribuer à son entourage. Nous apprîmes qu'au lieu d'être *crue*, comme la nature calcaire du sol le faisait supposer, elle dissolvait le savon, cuisait les légumes, etc. ; cette eau était, d'ailleurs, fort limpide, inodore et de bon goût. Barruel, qui faisait partie de la commission, jugea aussitôt que, dans la filtration de cette eau à travers un terrain imprégné de *sels ammoniacaux*, le *sulfate calcaire* qu'elle renfermait avait été décomposé ; que, par conséquent, elle devait contenir des sels à base d'ammoniaque. L'analyse chimique confirma les prévisions de notre savant collègue. L'époque avancée de la saison, quand nous fîmes notre visite, l'appréciation des qualités de l'eau, à l'instant où elle venait d'être puisée, expliquent suffisamment pourquoi ce liquide ne nous a offert ni mauvaise odeur ni même saveur désagréable. Il en eût été, sans doute, autrement pendant les chaleurs et après quelques jours de conservation.

« Pour terminer ce qui est relatif aux puits, continue le Dr Guérard, nous emprunterons le passage suivant au rédacteur de l'introduction de l'*Annuaire des eaux de la France* :

« Après avoir établi que les eaux des puits contiennent souvent des proportions considérables de sels terreux et de matières d'origine organique, il continue en ces termes : « Or, il existe en France une foule de localités dont les habitants emploient, exclusivement ou en partie, les eaux de puits, soit aux nécessités domestiques, soit à l'alimentation. Il faut ajouter que c'est principalement dans ces localités que, de tout temps, les auteurs ont attribué à la qualité des eaux des influences fâcheuses sur la santé générale des populations.

« On sent, d'après cela, de quelle importance il sera, dans de telles circonstances, de déterminer avec soin la nature et les proportions des substances contenues dans l'eau des puits. Il ne sera pas rare de rencontrer des eaux de ce genre, qui, peu chargées de sels, dissolvant très-bien le savon, sont néanmoins complétement impropres à l'alimentation, par suite de la matière organique, souvent fétide, qu'elles dissolvent. »

« *Altération spontanée de l'eau dans les puits.* — Quoi qu'il en soit, l'eau des puits creusés dans l'intérieur des villes s'altère spontanément dans l'espace d'un petit nombre de jours, lorsqu'on n'a pas soin de la renouveler par un puisement réitéré. Aussi, ne convient-il pas de faire concourir cette espèce d'eau avec celles qui doivent être employées à une distribution municipale, quand le volume de ces dernières peut mettre dans le cas de s'abstenir, pendant un certain laps de temps, de mettre les puits à contribution. — Pour ce qui est des moyens de remédier à la putridité des eaux des puits, il n'en est pas de meilleur que la projection d'une certaine quantité de *noir animal* en grains.

« *Eaux de citernes.* — Les eaux météoriques sont les plus pures de toutes les eaux naturelles, chimiquement parlant; elles ne renferment guère, en fait de matières fixes, qu'un peu d'*acide azotique* libre ou combiné à l'*ammoniaque* (*pluies d'orage*), des traces d'*iode*, et de tous les agents minéralisateurs de l'Océan, suivant M. Marchand, ainsi que des indices d'acide sulfhydrique. — Il est bon nombre de villes où ces eaux sont reçues et conservées dans des *citernes*. Si l'on avait soin de construire ces dernières avec des matériaux choisis, comme du béton, par exemple, que l'on revêtirait d'un enduit; si, d'un autre côté, on les voûtait de manière à mettre obstacle à l'introduction des ordures de toute espèce, accumulées sur les toits, les gouttières et dans les tuyaux de conduite, pendant les temps de sécheresse; si, enfin, les toitures des constructions qui reçoivent les eaux pluviales destinées à être recueillies étaient en *ardoises* ou en *zinc*, il est certain que les eaux de citerne pourraient être réputées bonnes comme eaux potables. — Mais il arrive fréquemment que, par suite d'un mauvais choix des matériaux de construction, l'eau des citernes se charge de substances enlevées à ces matériaux, et principalement aux mortiers. — Les matières organiques s'y putréfient et en rendent l'eau impropre à la boisson; et ces effets sont d'autant plus marqués que la dimension des citernes est moindre. — C'est afin de prévenir cette dernière sorte d'altération que l'architecte de la grande citerne du palais ducal, à Venise, en a disposé la construction de manière à obliger l'eau pluviale à traverser une couche épaisse de sable avant d'arriver au réservoir où le public va puiser l'eau. — Les plus belles citernes connues sont celles que bâtirent, à Constantinople, les empereurs grecs :

l'une d'elles, dite *des Mille et une Colonnes*, a une capacité égale à 1,288,000 m. c. Les voûtes en sont supportées par quatre cent vingt-quatre piliers disposés sur deux rangs. Elles recevaient directement leurs eaux des aqueducs de Justinien et de Valens. Après la prise de Constantinople par Mahomet II, on les augmenta ; on fit, dans la forêt appelée aujourd'hui *de Bellegarde*, des barrages destinés à retenir dans les vallées les eaux des pluies et des torrents, et l'on transforma ainsi ces vallées en immenses bassins d'alimentation. Par une prévoyance bien entendue, il fut défendu de couper les arbres de cette forêt, dont l'ombrage conserve l'humidité et la fraîcheur du sol et assure la conservation des eaux.

« *Purification de l'eau de citerne.* — Les dangers inhérents à l'usage des eaux de citerne altérées par la décomposition des substances organiques ne sauraient être révoqués en doute : « L'eau croupie ou corrompue exhale, dit M. Rostan, une odeur fétide qu'il est impossible de méconnaître ; elle doit être rejetée sévèrement, sous peine de s'exposer à de graves accidents. » C'est afin d'en prévenir le développement et de restituer à l'eau des citernes ses propriétés premières que, de temps immémorial et par conséquent longtemps avant les découvertes modernes sur les propriétés décolorantes et désinfectantes du charbon, on était dans l'usage de jeter dans les citernes, à la Saint-Jean, les restes des feux allumés en l'honneur du saint. — L'emploi du noir animal en grains remplit le même objet ; il a de plus l'avantage de débarrasser l'eau des sels calcaires qui la rendent impropre à la boisson. M. Girardin, à qui l'on doit cette observation, porte à 4 kilogrammes par hectolitre la quantité de charbon d'os à introduire dans une citerne neuve ou cimentée à neuf.

« *Altération accidentelle de l'eau des citernes.* — Une altération tout à fait imprévue et fort singulière de l'eau des citernes s'est présentée, il y a quelques années, à l'observation de M. Kulhmann. Je veux parler de l'introduction dans cette eau de *sulfate de cuivre* provenant des tuyaux de ce métal employés dans la construction des cheminées. Il n'est pas rare, dans plusieurs usines du département du Nord, de surmonter les cheminées desservant les fourneaux des machines à vapeur d'un long tuyau en cuivre. Ces fourneaux étant alimentés avec de la houille qui contient du *bisulfure de fer*, au moment où l'on charge le foyer, la quantité d'oxygène qui passe est insuffisante pour transformer le soufre, qui se sépare, en *acide sulfureux;* il s'en volatilise donc une certaine portion accompagnée d'un peu d'hydrogène sulfuré : le cuivre de la cheminée les fixe au passage, et forme un *sulfure de cuivre* qui, par l'action de l'oxygène atmosphérique, se change bientôt en *sulfate* qu'on retrouve sous forme cristalline et anhydre. — Le *sulfate de cuivre*, entraîné par le courant d'air, dont le tuyau est toujours le siége, se dépose sur les toits et dans les gouttières, d'où il est porté dans les citernes par les eaux pluviales. — M. Kulhmann en a trouvé 120 grammes dans une citerne contenant 120 hectolitres : cette proportion est minime, sans doute, mais n'eût-elle pas été assez forte pour donner lieu à des accidents si les dimensions de la citerne avaient été beaucoup moindres, et qu'elle se fût remplie par les premières portions d'eau météorique, surtout si la pluie eût succédé à une longue sécheresse, durant laquelle le sel toxique eût pu s'accumuler sur les toits? — Si l'on craignait le retour d'un pareil accident, il faudrait disposer l'extrémité inférieure du tube de décharge des eaux pluviales, de manière à le fermer à volonté, à donner à ces eaux un autre cours, et à ne les admettre dans les citernes qu'après que la pluie aurait duré assez longtemps pour que celle qui arriverait fût exempte de toute souillure.

« *Eaux d'étang.* — En principe général, ce qui fait le danger des *eaux stagnantes,* c'est la facilité avec laquelle elles s'échauffent et deviennent le siége de réactions entre les gaz oxygénés et les matières hydrogénées et carbonées; d'après cette considération, les eaux provenant des étangs se rapprochent ou s'éloignent de celles des rivières ou des marais, tant par la composition chimique que par l'action sur l'économie, suivant l'étendue et la profondeur du bassin qui les fournit, suivant aussi la disposition des bords; ceux-ci, limités par un mur vertical, offrent à l'action décomposante de l'air une surface beaucoup moins étendue que quand ils ont la forme de talus.

« Cette distinction est d'autant plus importante à établir que l'on a vu des cours d'eau contracter des propriétés extrêmement délétères, et, par opposition, des masses d'eaux stagnantes ont pu être employées, non-seulement sans inconvénient, mais encore avec avantage à l'alimentation des cités.

« Parmi les eaux amenées à Versailles, sous Louis XIV, toutes n'avaient pas la même destination : les unes, c'étaient les *eaux de sources,* servaient aux usages domestiques de la cour et de la ville; les autres, issues des *étangs,* fournissaient les fontaines jaillissantes, qui forment les plus beaux ornements des jardins. Ces dernières, que l'on a désignées sous le nom d'*eaux blanches*, reçurent, après la Révolution, une application nouvelle qui s'est étendue considérablement depuis quelques années; on les employa aux usages de la vie, et, à la fin de 1845, sur *six cent trente-sept* concessionnaires, *trois cent quatre-vingt-six* recevaient de l'eau des étangs. « Cette nouvelle destination des eaux blanches dut attirer, dès son origine, l'attention des administrations départementale et municipale. Les Commissions sanitaires furent appelées plusieurs fois à donner leur avis sur cette importante question. Elles conclurent à l'innocuité de ces eaux, se fondant sur ce qu'elles sont aérées, et que l'analyse chimique n'y a fait reconnaître que quelques sels calcaires qui n'altèrent en rien leur saveur et ne les rendent impropres ni à la cuisson des légumes ni au savonnage. Rien de particulier qui parût se rapporter à leur usage n'avait été signalé dans la santé des habitants, lorsqu'en 1845 M. le docteur Boudin, médecin en chef de l'hôpital militaire, pensa que l'usage des eaux d'étangs pourrait bien ne pas être étranger à l'apparition des cas nombreux de dyssenterie dont étaient atteints, depuis plusieurs années, les soldats de la garnison, pendant les mois d'été. L'autorité militaire, les administrations départementale et municipale s'émurent à cette nouvelle; des enquêtes furent ordonnées, des commissions nommées, des rapports contradictoires adressés aux différentes autorités, puis tout rentra dans le *statu quo*, et chacun des adversaires resta dans son opinion. » (*Des Eaux de Versailles*, par Leroy, page 99.) — Nous avons cité ce passage, bien qu'au premier aperçu il puisse paraître peu concluant pour résoudre la question qui nous occupe, de la *possibilité* d'appliquer, dans une ville, aux usages domestiques, les eaux de certains étangs. Mais, si l'on réfléchit 1° que, depuis la Révolution, les *eaux blanches* de Versailles ont commencé à être employées pour les besoins de l'alimentation; 2° que les concessions accordées jusqu'au rétablissement de la liste civile (1814) se sont élevées au chiffre de *cent soixante-six;* 3° enfin, que le nombre en a toujours été en augmentant, jusqu'au moment où M. Leroy publiait son livre (1847), et qu'elles dépassaient alors la moitié du chiffre total; si, dis-je, on réfléchit à toutes ces circonstances, on est conduit à admettre que M. Boudin, dont le nom fait avec raison autorité en hygiène, a pu être dans le vrai en attribuant les dyssenteries observées par lui chez les soldats de la garnison à l'eau dont ces soldats faisaient usage, sans que pour cela l'emploi des *eaux blanches* fût pernicieux dans le reste de la ville ; ces effets toxiques pouvaient dépendre de quelque altération locale des conduits ou des réservoirs des casernes, altération à laquelle les eaux de même provenance, distribuées partout ailleurs, seraient demeurées étrangères. — Il est effectivement bien difficile de supposer que des accidents aussi sérieux que des *épidémies* de dyssenteries, ou d'autres affections analogues, se renouvelant chaque année à la même époque, eussent pu se montrer pendant *quarante-cinq à cinquante ans* de suite sans éveiller la sollicitude des administrations départementale et municipale, qui, plus d'une fois, ainsi que nous l'avons vu, s'étaient émues du développement que prenait l'usage alimentaire des *eaux blanches*, et avaient réclamé à ce sujet les lumières de la science. — Avec cette interprétation des faits, il est peu surprenant qu'après beaucoup de rapports contradictoires les choses en soient restées à ce point.

« *Rivières assimilables à des étangs par la mauvaise nature des eaux qu'elles fournissent.* — Il n'est pas rare de rencontrer des rivières dont les eaux soient *habituellement* chargées de principes organiques en décomposition, qu'elles empruntent aux terrains qu'elles traversent, et qui les rendent tout à fait assimilables aux eaux marécageuses. La Somme se trouve dans ce cas : comme elle coule au milieu de tourbières et de marais, ses eaux en conservent, même après avoir été filtrées, un goût d'herbes pourries fort désagréable; aussi, malgré leur limpidité, ne sont-elles pas employées en boisson par les habitants d'Amiens qui leur attribuent la fâcheuse propriété de déterminer des fièvres d'accès. Une altération du même genre, due à la même cause, se remarque dans les eaux de la petite rivière de l'Arneuse, l'un des affluents du canal de l'Ourcq, et dans plusieurs des cours d'eau de la Loire-Inférieure. — Remarquons cependant ici que, pour ce qui concerne l'eau du canal de l'Ourcq, son influence délétère ne se traduit point par une surélévation du chiffre des décès, dans les quartiers où on la distribue : c'est ce qui résulte des recherches de M. Villermé sur la mortalité de Paris. »

Si, de ces considérations théoriques, nous descendons au cas particulier qui nous occupe, nous trouvons dans la brochure de M. Chevreul (se reporter à la page 5) comment s'exprimait le savant médecin Fournier, membre de l'Académie de Dijon, au sujet des eaux alimentaires de cette ville.

A l'appui de toutes ces observations générales et spéciales, nous présenterons l'analyse de deux puits de Dijon :

1° Analyse de l'eau du puits de la maison Fournier, située rue Bossuet :

Aspect trouble. On voit à la surface des taches semblables à celles d'huile; odeur et saveur nauséabondes.

1 litre donne :

Acide carbonique libre.		0$^{lit.}$,08 centilitres.
Air atmosphérique.		0 ,28
Chlorure de chaux.	0,014	
Sulfate de chaux.	0,202	0 ,28
Carbonate de chaux..	0,064	

Matières organiques, en très-grande quantité.

2° Analyse de l'eau du puits de la maison Jacquin, sise rue Saint-Nicolas.

1 litre donne :

Acide carbonique libre.		0$^{lit.}$,12 centilitres.
Air atmosphérique.		0 ,32
Chlorure de chaux.	0,160	
Sulfate de chaux.	0,098	0 ,34
Carbonate de chaux..	0,082	

Matières organiques, en très-grande quantité.

Il serait donc superflu d'insister davantage sur l'utilité que présentait pour Dijon une distribution d'eau abondante et pure, et nous allons passer à la discussion des moyens qui s'offraient de la lui procurer.

On a vu, dans les deux chapitres précédents, que l'on avait à peu près étudié tous les modes de fournir des eaux à Dijon; que l'on a successivement proposé de recourir à des canaux de dérivation; à des conduits en fonte, en terre cuite, en maçonnerie; à des aqueducs chargés de recueillir les eaux pluviales ou souterraines; à la force motrice de l'Ouche; au puits artésien; à la machine à vapeur enfin.

J'ai élagué, chemin faisant, les projets qui ne me semblaient pas mériter un examen sérieux.

Il me reste seulement à soumettre à un examen comparatif :

1° La dérivation de la source de Neuvon;

2° Celle de la source du Rosoir;

3° L'exhaussement artificiel des eaux du puits artésien;

4° Celui des eaux de l'Ouche.

Mais, avant d'aller plus loin, un mot sur le volume d'eau qu'il convenait de conduire à Dijon.

Voici, d'après les principaux auteurs anglais qui ont écrit sur la matière, les articles principaux de la dépense journalière de la fourniture d'eau d'une ville :

1° Usages domestiques, comprenant la boisson, le lavage des personnes et des vêtements, des ustensiles de ménage, des maisons et des cours, ainsi que l'arrosement des jardins;

2° Les manufactures;

3° L'approvisionnement des édifices publics, des établissements de bains, des buanderies;

4° L'extinction des incendies;

5° Le nettoyage et l'arrosage des rues;

6° La fourniture des fontaines et des jardins publics.

La fourniture d'eau peut se réduire à une moyenne, par chaque habitant, pour les articles 1, 2, 3 et 4, ainsi qu'à une moyenne par acre, yard ou pied carré de la superficie de la ville pour les articles 5 et 6.

Les auteurs précités admettent qu'il tombe moyennement 24 pouces de pluie par an, dont la moitié seulement peut concourir, avec la fourniture artificielle, aux besoins exprimés dans les articles 5 et 6. D'autre part, ils estiment qu'un dixième de pouce d'eau par jour sur toute la superficie de la ville correspond aux exigences des articles 5 et 6. L'épaisseur annuelle de la lame d'eau sera donc de 36 pouces 1/2, desquels, déduisant les 12 pouces d'eau pluviale, on obtiendra 24 pouces à fournir artificiellement, ou 43,560 pieds cubes par acre carré.

Revenons maintenant à la consommation des articles 1, 2, 3 et 4. Cette consommation peut être représentée par une fourniture journalière de 20 gallons par tête dans les villes où les fabriques sont dans une proportion ordinaire. L'expérience vient à l'appui de cette hypothèse : à Preston, dans le comté de Lancaster, la Compagnie des eaux fournit moyennement 80 gallons par jour par maison, compris les fabriques et établissements publics, d'où 16 gallons par tête, à raison de 5 habitants par maison.

D'après les expériences faites en 1847, la quantité d'eau, par tête et par jour, fournie par la Compagnie d'Ashton pour les articles 1, 2, 3 et 4, est d'environ 14 gallons; à Nottingham, la compagnie de Trent fournit 17 à 18 gallons par jour par habitant, en y comprenant la consommation industrielle.

Les concessions faites par quatre des principales Compagnies de Londres sont les suivantes :

East-London.	100	gallons par maison et par jour.
New-River.	114	—
West-Middlesex.	150	—
Chelsea.	154	—

La différence entre les fournitures faites d'un côté par les Compagnies East-London et New-River, et d'autre côté par les Compagnies West-Middlesex et Chelsea, tiennent à ce que les deux premières alimentent des quartiers populeux et pauvres, et les deux dernières des paroisses riches, dans lesquelles les maisons sont plus vastes et comprennent plus d'habitants.

La moyenne générale des fournitures faites par ces quatre Compagnies serait donc de 18 gallons par tête, à raison de 7 1/2 habitants par maison.

On arrive ainsi à une règle pour la quantité d'eau à fournir à une ville, d'après sa population et la superficie qu'elle couvre.

Soit, par exemple, une ville ayant 100,000 âmes et 1,000 acres de superficie, le volume d'eau nécessaire pour son approvisionnement annuel sera :

1° $100{,}000 \times 20$ gal., $\times 365 = 730{,}000{,}000$ gallons.

2° $1{,}000 \times 43{,}560 \times 2 \times 6 = 522{,}720{,}000$

(En admettant que chaque pied cube = 6 gallons.)

TOTAL. . . 1,252,720,000 gallons.

d'où, par jour et par habitant, 34 gallons en nombre rond, ou 154 litres, à raison de 4 litres 54 par gallon.

Les commissaires de la dernière enquête sur l'approvisionnement de l'eau de Londres estiment ainsi qu'il suit la quantité d'eau nécessaire à la métropole (1) :

1° Usages domestiques, à raison de 75 gallons par jour par maison, soit,

(1) Voir la note C.

pour 288,000 maisons.	21,600,000 gallons.
2° Pour les bains.	1,000,000
3° Fournitures pour nettoyage des cours, des trottoirs, des rues et l'arrosement de ces dernières.	10,000,000
4° Brasseurs et autres grands consommateurs.	4,000,000
5° Incendies et cas imprévus.	3,400,000
TOTAL de la fourniture journalière	40,000,000 gallons.

D'où, par jour et par habitant :

	En gallons.	En litres.
1° Pour les articles 1, 2, 4 et 5.	15,59	70,78
2° Pour la totalité des besoins	20,79	94,39

J'emprunterai encore à d'autres sources quelques renseignements sur la quantité d'eau que les ingénieurs anglais jugent nécessaire d'attribuer à chaque habitant.

Je lis dans un rapport de M. William Haywood aux commissaires du canal des égouts de la cité de Londres, qu'il faut toujours compter au moins sur 30 *gallons par tête*, soit 140 litres environ. Il arrive à ce chiffre après avoir passé en revue les opinions des Conseils de salubrité, ainsi que celles des ingénieurs chargés des fournitures d'eau d'une quinzaine de villes d'Angleterre.

M. l'ingénieur Wicksteed, consulté par M. l'ingénieur en chef de Montricher, lui répondait qu'il évaluait *au moins* à 20 gallons la quantité d'eau à attribuer par tête, savoir :

Service des habitants	12 gallons.
Nettoyage des rues.	4
Bains et salubrité.	4
	20

En 1846, la Compagnie de M. Wicksteed dépensait moyennement à Londres, par jour, 176 gallons par maison.

Dans une semaine d'été, la consommation s'est élevée à 245 gallons par maison, ce qui correspond à 28 gallons par habitant, ou à 135 litres environ. C'est donc cette dernière quantité que l'on doit être en mesure de fournir. Du reste, la consommation tend toujours à s'accroître.

M. Wicksteed dépensait primitivement par maison, dans les quartiers qu'il desservait, 120 gallons; il est successivement arrivé à 176 gallons, et même à 245, comme on vient de le voir.

Il résulte encore de renseignements recueillis par M. de Montricher à l'établissement des eaux de Hull, ville de 100,000 âmes, que la quantité d'eau fournie par les machines est, par jour, de 172,280,000 litres, ou, par habitant, de 173 litres.

Ainsi, le chiffre de 150 litres par tête est à peu près celui auquel semblent s'arrêter les ingénieurs anglais, bien qu'il n'y ait en Angleterre aucun écoulement public comme en France.

Dans notre pays, on dépense aujourd'hui à l'intérieur (1) moins d'eau qu'en Angleterre, mais beaucoup plus à l'extérieur. On sait qu'à Londres, par exemple, les eaux ménagères et les matières fécales sont entraînées dans la Tamise par les torrents d'eau qui, de chaque habitation, descendent dans les égouts (2). Mais il n'existe dans cette cité ni fontaines publiques, ni bornes-fontaines: on n'y rencontre pas ces courants d'eau vive qui répandent dans l'air la fraîcheur et purifient les ruisseaux des rues de Paris.

On voit aisément pourquoi : l'eau est toujours distribuée, dans les villes d'Angleterre, par des Compagnies qui ne pourraient accepter l'établissement de bornes-fontaines, lesquelles seraient un sérieux obstacle aux bénéfices qu'elles doivent tirer de leur entreprise. On comprend, en effet, que pour amener les habitants à contracter des abonnements, il faut éviter de placer sous leurs mains des sources auxquelles ils peuvent puiser gratuitement lorsqu'elles coulent. On avait eu jadis à Paris la malencontreuse idée de s'opposer à ce puisage; mais l'administration a dû laisser sa décision sans exécution, du moins quand il s'est agi des classes laborieuses et elle a fait son devoir en agissant ainsi : une Compagnie n'aurait pu se désister de son droit sans indemnité, car elle aurait abandonné une des conditions de son existence.

Je crois qu'il y a mieux à faire encore et que les bornes-fontaines doivent être munies d'un robinet ou d'un clapet qui permette aux habitants d'y puiser

(1) Cette consommation s'accroîtra rapidement avec les progrès du comfort intérieur.

(2) On a calculé que les produits de ces égouts, qui disparaissent ainsi sans profit pour l'agriculture, constituent une perte d'au moins 5 millions.

de l'eau à toute heure, et c'est ainsi que j'ai procédé à Dijon avec l'entière approbation de l'administration municipale.

Que l'on fasse payer le prix d'une concession d'eau lorsque l'eau doit arriver dans l'intérieur de la maison à un étage quelconque, cela se comprend : la ville, dans ce cas, se fait porteur d'eau, une rémunération lui est due ; mais on doit, le plus possible, favoriser le *puisage* gratuit aux voies d'écoulement, car la santé publique l'exige. Une ville qui a souci des intérêts de la classe pauvre ne doit pas plus lui mesurer l'eau que ne lui sont mesurés le jour et la lumière. Voilà pourquoi l'intervention des Compagnies dans les questions de distribution d'eau me paraît un problème très-difficile à résoudre dans l'intérêt des classes ouvrières (1).

Mais je reviens à mon sujet :

Quel est en France le volume d'eau nécessaire à l'alimentation d'une ville ?

Et d'abord, j'adopterai le chiffre de 20 gallons par habitant et par jour, pour les usages domestiques, les arrosements de jardin, les bains, les établissements industriels, les incendies, et je supposerai, en outre, qu'il comprenne la dotation des fontaines publiques.

20 gallons, à raison de 4 litres 54 par gallon, donnent un produit de 90 litres (2).

Tel est, à mon sens, le premier terme de l'expression qui représente l'alimentation d'une ville.

Le second terme est relatif au lavage des ruisseaux par les bornes-fontaines et aux arrosements de la voie publique, à l'aide de tonneaux ou de la lance.

1° BORNES-FONTAINES.

Il existe à Paris 1,784 bornes-fontaines arrosant 470,873 mètres de ruisseau.

Il résulte d'un travail exécuté par mes soins lorsque je dirigeais le service municipal, qu'il faut encore établir 953 bornes-fontaines pour l'arrosement de 279,651 mètres de ruisseau.

(1) Dans les distributions à domicile, la solution de la question semble se trouver dans un prix d'abonnement proportionnel au loyer : voir à la note de la page 79 les heureux résultats que cette mesure a produits à Glascow.

(2) A Dijon, la dotation des fontaines publiques qui n'ont pas encore reçu tout leur développement, et des lavoirs, correspond à un chiffre de 60 lit. par tête : en voici le détail :

Or, 2,737 bornes-fontaines pour le lavage de 751,000 mètres de ruisseau donnent une borne-fontaine pour le lavage de 300 mètres de ruisseau.

A Paris, où ce lavage est d'autant plus difficile à effectuer que la population a plus de densité, chaque borne-fontaine doit, pour bien remplir sa fonction, débiter 8 pouces ou 107 litres par minute.

Or, comme elles ne marchent, en trois services, que trois heures par jour, on voit qu'elles dépensent 1 pouce dans les 24 heures.

2° ARROSAGE.

On répand, *en fait*, à Paris, à chaque service, 1 litre 25 par mètre carré.

Pour deux services, la dépense sera donc, par mètre carré, de 2 litres 50

Soit maintenant :

P Le nombre des habitants d'une ville;

L La longueur de ses rues, celle des ruisseaux sera 2 L;

S La surface des rues;

v Le volume débité dans une minute par chaque borne-fontaine;

t Le temps pendant lequel elles coulent, exprimé en minutes;

On aura $\frac{2L}{m}$ pour le nombre des bornes-fontaines à établir, en supposant que

Le jet d'eau de la porte Saint-Pierre débite par heure environ ..	720hectol.	1,050hectol.
La vasque de la porte Guillaume...........................	330	
Le ruisseau du jardin botanique............ Pour mémoire : il est alimenté par le trop-plein du bassin du jet d'eau.		
Quatre lavoirs :		
Porte Guillaume (48 places)...........................	200hectol.	500
Porte Saint-Nicolas (30 places)...........................	100	
Porte Neuve (48 places)...........................	200	
Porte Saint-Pierre (48 places)............... Pour mémoire : il est alimenté par le trop plein du bassin du jet d'eau.		
TOTAL GÉNÉRAL..................		1,550hectol.

Dépense en 12 heures : 1,550hectol. × 12 = 1,680,000 litres, ce qui comprend par habitant environ 60 litres.

l'on en place une par chaque longueur m de ruisseau exprimée en unités de 100 mètres.

Soit e l'épaisseur de la lame d'eau affectée aux arrosages par jour et par mètre carré; (à Paris $e = 2$ millim., 50)

Le volume d'eau nécessaire dans la ville en question serait donc, par habitant, $90^{\text{lit.}} + \dfrac{\frac{2L}{m}.v.t}{P} + \dfrac{S.e}{P}$.

Appelons maintenant l la moyenne de la largeur des rues, l'expression ci-dessus deviendra

$$90^{\text{lit.}} + \frac{L}{P}\left(\frac{2v.t}{m} + l.e\right).$$

On voit donc que le volume par habitant doit augmenter avec le rapport $\frac{L}{P}$.

Quel est en général ce rapport?

Le tableau suivant répond à cette question :

NOMS DES VILLES.	POPULATION.	DÉVELOPPEMENT DES RUES.	RAPPORT du développement des rues au chiffre de la population.	OBSERVATIONS.
	h.	m.		
Besançon	35,000 (1)	13,000	0,37	(1) On n'a pas compris la population éparse, qui est de 6,000 habitants, le développement ci-contre des rues concernant seulement la population agglomérée.
Paris	1,053,897	425,000	0,40	
Bruxelles	136,200	65,000	0,48	
Marseille	195,138	103,136	0,53	
Lille	75,800	39,800	0,53	
Metz	56,874 (2)	30,000	0,53	(2) Compris 9,231 de population militaire.
Saint-Étienne	56,000	31,140 (3)	0,56	(3) On n'a compris que la population et les rues *intra muros*.
Aurillac	9,981	5,740	0,58	
Londres	1,924,000	1,126,000	0,59	
Le Mans	26,963	15,554	0,59	
Nancy	36,000	21,600 (4)	0,60	(4) La population et le développement des rues sont circonscrits par le mur d'octroi
Strasbourg	75,565	45,823	0,61	
Bordeaux	130,927	81,000	0,62	
Orléans	47,393	31,000	0,65	
Clermont	34,083	23,000	0,67	
Caen	45,280	32,000	0,71	
Rennes	39,386	27,934	0,71	
Lyon	234,471 (5)	171,000	0,73	(5) Ces chiffres sont relatifs à toute l'agglomération lyonnaise, composée de Lyon proprement dit, de la Guillotière, de la Croix-Rousse et de Vaise.
Dijon	27,700	21,500 (6)	0,77	
Arras	25,271	19,828	0,78	
Nantes	100,000	80,000	0,80	(6) On a compris la population et le développement des rues de la ville proprement dite et des faubourgs.
Lisieux	11,754	9,720	0,83	
Vienne	19,032	16,721	0,88	
Honfleur	9,361	8,255	0,88	
Toulouse	76,540	69,687	0,91	
Tulle	11,588	11,123	0,96	
Nîmes	53,619	52,300	0,98	
Poitiers	29,221	28,960	0,99	
Auxerre	13,577	14,500	1,07	
Angers	46,600	51,568	1,11	
Troyes	19,353	21,640 (7)	1,12	(7) Ces chiffres se rapportent seulement à la population et aux rues *intra muros*.
Amiens	52,000	60,000	1,15	
Tours	33,530	38,660	1,15	
Roanne	13,000	15,000 (8)	1,15	(8) Le développement des rues est de 20,000 m., mais quelques-unes ne présentent que des maisons isolées et comptent, pour une longueur de 5,000 m ; le développement réel des rues bâties est donc de 15,000 m., chiffre porté ci-contre.
Châteauroux	13,500	16,635	1,23	
Joigny	5,756	7,835	1,36	
Montpellier	45,811	64,000	1,40	
Rouen	100,265	150,350	1,50	
Limoges	26,924	41,458	1,54	
Niort	15,389	26,127	1,70	
Avallon	5,053	8,688	1,72	
Tonnerre	3,965	7,040	1,78	
Cahors	11,400	24,233	2,12	
Sens	10,350	22,741	2,20	
Versailles	35,367	86,088	2,43	

Il résulte du tableau précédent que, dans les villes de grande population, ou enveloppées d'enceintes fermées, le rapport $\frac{L}{P}$ est en général fractionnaire.

Que, dans les villes ordinaires, ce rapport s'élève à peu près à l'unité.

Qu'enfin il dépasse l'unité dans les petites villes ou dans celles qui présentent de vastes développements de quais ou de grands jardins intérieurs, enfin, dans celles, comme Versailles, où la population est tellement réduite que les habitants prennent de plus grands espaces pour se loger.

Le rapport $\frac{L}{P}$ entrant comme multiplicateur dans le terme variable de la formule, ce terme doit croître avec ce rapport et, par conséquent, le volume de la fourniture doit s'élever au fur et à mesure que le rapport $\frac{L}{P}$ grandit.

Ce résultat est facile à interpréter : — Plus considérables sont les voies de communication dans une ville pour une population donnée, et plus doit être grand, en effet, le volume d'eau dépensé pour le lavage des ruisseaux et pour les arrosages des rues.

Mais nous ferons tout à l'heure une observation qui nous permettra d'arriver à un chiffre constant par tête, pour calculer le volume d'eau nécessaire à l'approvisionnement d'une ville.

Faisons d'abord une application de la formule :

Si nous voulions savoir ce que devient pour Paris la formule précitée, il faudrait y faire

$$\frac{L}{P}=0,42;$$

$l=9^m$, qui est la largeur moyenne des rues de Paris.

De plus, les bornes débitant, ou devant débiter, chacune, 20,000 litres par jour (10,000 sur chaque versant), on aura :

$$1^\circ \quad \frac{2vt}{m}=\frac{2\times 20,000}{300}=133 \text{ litres.}$$

$$2^\circ \quad le=2^{\text{lit.}},50\times 9=\ \ 23$$

TOTAL. . . . . 156 litres.

Or, $\frac{L}{P}=0,42$; donc le second terme de l'expression précédemment posée deviendra pour Paris $0,42\times 156=66$ litres ;

La fourniture devra donc être par tête et par jour :

$$90^{\text{lit.}}+66^{\text{lit.}}=156^{\text{lit.}}, \text{ soit } 150 \text{ litres.}$$

La fourniture de Paris ne s'élève qu'à 60 litres au plus aujourd'hui.

Mais, si l'on remarque maintenant que le rapport $\frac{L}{P}$ s'élève jusqu'à l'unité et la dépasse même dans les villes non agglomérées, il semblerait devoir en résulter que, dans ces localités, la fourniture d'eau par tête s'élèverait notablement au-dessus du chiffre de 150 litres.

Toutefois il convient de faire observer que, par cela même que les villes sont moins agglomérées, les ruisseaux sont moins difficiles à laver; qu'il peut y avoir lieu, par conséquent, de diminuer le nombre des bornes-fontaines affectées à cet usage, et même aussi de réduire le nombre ou la durée des services et la proportion de l'eau débitée par chaque voie d'écoulement.

On pourrait même admettre que le volume d'eau affecté aux arrosements des ruisseaux doit suivre à peu près la raison inverse du rapport $\frac{L}{P}$; dès lors on induirait de cette hypothèse que le chiffre 150 litres par tête resterait à peu près le même pour toutes les localités, à moins de circonstances exceptionnelles qu'il est impossible de prévoir à l'avance et sur lesquelles on aurait à statuer dans chaque cas particulier.

Il résulte de ces considérations que l'on peut regarder le chiffre journalier de 150 litres par tête comme le volume réclamé pour une fourniture d'eau suffisamment abondante [1].

J'ajouterai qu'en limitant le nombre des bornes-fontaines à ouvrir pour le lavage des ruisseaux, on ne devrait pas pour cela diminuer leur nombre réel : une borne-fontaine à clapet mobile, par distance de 300 mètres, est toujours nécessaire, afin que la classe ouvrière n'ait pas de trop grandes distances à franchir pour aller chercher l'eau nécessaire à ses besoins [2].

D'après ces calculs la fourniture d'eau de Dijon, pour s'élever au chiffre

(1) Ce chiffre est loin d'être exagéré. Je lis dans un rapport de M. l'ingénieur Mille sur l'assainissement des villes en Angleterre et en Écosse l'indication suivante : « Glascow, avec un approvisionnement de 60,000 mètres cubes ou 150 litres par habitant, est à la recherche d'un accroissement de fourniture : l'usage de l'eau y est singulièrement répandu : dans les maisons aisées, on trouve parfois à chaque étage un water-closet, un bain chaud et un shower-bath, espèce de pluie froide qui produit une réaction salutaire, en raison de l'humidité du climat : des logements d'ouvriers, valant de 125 à 130 fr. de loyer, ont un robinet de cuisine, un water-closet et un shower-bath, le tout pour 7 ou 8 fr. de dépense annuelle, fixée à 5 pour 100 de la valeur locative. »

(2) Si le développement des rues de Dijon formait une ligne unique, la distance des bornes-

de 150 litres par tête, exigeait un volume par jour de 4,500,000 litres, ou de 3,125 litres par minute, et de 52 litres par seconde.

Ce résultat permet d'écarter immédiatement:

1° Le puits artésien, malgré la pureté des eaux qu'il fournit; car il résulte des expériences que j'ai faites qu'à 10 mètres environ au-dessous du pavé de la place Saint-Michel où il a été creusé, il ne produit par minute qu'un volume de 500 litres (¹).

fontaines entre elles serait d'environ 200 mètres; mais cette distance se trouve à peu près réduite de moitié par l'effet de la disposition des rues qui, en se croisant, font profiter concurremment plusieurs d'entre elles de la même borne-fontaine placée au carrefour auquel elles aboutissent.

On peut donc dire qu'à Dijon on n'a guère à franchir une distance moyenne de plus de 50 m. pour trouver une borne-fontaine.

(¹) Une société de souscripteurs ayant conçu le projet de forer un puits artésien à Dijon, le Conseil municipal, par délibération du 2 mars 1829, choisit la place Saint-Michel pour le lieu de son établissement et vota une première somme de 3,000 fr. à titre de contribution aux frais.

Les travaux commencèrent immédiatement; le 23 octobre suivant, l'excavation avait déjà 100 mètres de profondeur. Le 6 août 1831, la sonde descendait à 150 mèt. 72 cent. et quatorze mois après, le 4 octobre 1832, jour où elle fut retirée pour la dernière fois, elle était parvenue à 155 mèt. 34 cent. L'eau s'élevait à 2 mètres en contre-bas du pavé de la place, tandis que celle des puits voisins était à 9 mèt. et 9 mèt. 65 cent.

Les frais de ce forage se sont élevés à la somme de 31,244 fr. 76 c., dans laquelle la ville, en vertu de cinq délibérations postérieures à celle ci-dessus et en date des 23 octobre 1829, 28 mai et 2 octobre 1830, 1er août 1831 et 27 mars 1832, a contribué pour 18,244 fr. 76 c., qui ont été prélevés sur les fonds du legs Audra.

Pour utiliser ce puits, dont l'eau est d'une excellente qualité, la ville l'a fait recouvrir, pendant l'automne de 1835, d'une voûte avec regard près de laquelle s'élève un piédestal supportant un vase et renfermant une pompe rotative qui amène l'eau dans un petit bassin.

Étienne Audra, dont il est parlé ci-dessus, chanoine honoraire de la cathédrale, né à Dijon le 17 janvier 1734, y est décédé le 9 janvier 1823. Le legs qu'il a fait à la ville par son testament olographe du 1er février 1820, et dont une ordonnance royale du 1er octobre 1823 a autorisé l'acceptation, est précédé du vœu suivant : « Je désire depuis longtemps voir établir à Dijon des fontaines publiques pour la plus grande salubrité de la ville et l'avantage des habitants. Il ne m'appartient pas de déterminer les places propres à cet établissement. C'est à l'autorité, aidée des lumières des gens de l'art, à rechercher et fixer ce qui convient le mieux pour l'utilité et la décoration. Cependant mon vœu serait qu'il y en eût une sur la place Saint-Étienne, au coin de la rue de Lamonnoye, une du côté de la Poissonnerie, une sur la place Saint-Jean et une sur la place ançiennement appelée la place des Cordeliers. »

2° La fontaine de Neuvon, parce qu'elle ne produit que 900 litres par minute, et que, d'ailleurs, elle ne pourrait être amenée qu'au niveau du socle de la porte Guillaume : ce qui ne permettrait point de desservir convenablement une partie de la ville.

Reste donc à examiner le projet de l'ascension des eaux de l'Ouche, au moyen d'une machine à vapeur. Je ne parlerai pas de recourir à la puissance motrice de cette rivière, car, à l'époque des crues, la machine hydraulique n'aurait pu fonctionner; et d'ailleurs le haut prix du moulin qu'il eût été nécessaire d'acquérir ne permettait pas de songer à ce moyen.

Voici la dépense en capital et entretien que l'élévation des eaux de l'Ouche, au moyen d'une machine à vapeur, exigerait :

Supposons que la durée journalière de sa marche soit de douze heures : elle aurait à élever, dans cet intervalle de temps :

$$150^{\text{lit.}} \times 30{,}000 = 4{,}500{,}000^{\text{lit.}}.$$

D'où, par seconde, 105 litres.

Hauteur de l'ascension : au moins 25 mètres ;

D'où, pour la force de la machine en eau montée, 40 chevaux.

Il faudrait évidemment deux machines pour qu'il n'y eût jamais d'interruption dans le service.

1° DÉPENSE EN CAPITAL.

Le prix d'établissement pour les deux machines, y compris les chaudières, serait de 100,000 fr.

2° EXPLOITATION ANNUELLE.

Charbon : 3 kil. par force de cheval et par heure ; soit pour 12 heures par jour, pendant 365 jours. . . . . 21,000 fr.

Un mécanicien.	1,800
Un chauffeur.	1,200
Un rouleur aide-chauffeur. .	1,000
Entretien et réparations. . . .	5,000
Total.	30,000 fr.

Ainsi, 1° le prix d'acquisition seul des machines serait de 100,000 fr.

2° Leur exploitation exigerait une dépense annuelle de 30,000 fr.

Et l'on remarquera que je n'ai compris dans les chiffres ci-dessus ni les bâtiments des machines, ni les frais qu'auraient occasionnés les puisards et les tuyaux ascensionnels.

Or, l'aqueduc qui conduit à Dijon les eaux de la source du Rosoir n'a coûté que 357,967 fr. 27 c.

On voit donc qu'il n'y avait pas d'hésitation possible, indépendamment des inconvénients graves que présentait, d'autre part, le projet d'élévation des eaux de l'Ouche:

1° En temps de crue, les eaux de cette rivière eussent été impotables; il aurait fallu les filtrer. Or, on connaît les difficultés extrêmes que présente le filtrage en grand (1), difficultés qu'on ne peut surmonter qu'à l'aide de très-grandes dépenses et souvent même imparfaitement.

2° En temps de sécheresse, les eaux de l'Ouche, dont le débit n'est alors que de 23 mètres par minute, prennent un goût marécageux et tombent dans la catégorie de celles dont le docteur Guérard proscrit l'usage.

Mais les filtres qui débarrassent les eaux des matières qu'elles tiennent en suspension demeurent sans effet sur les matières en dissolution : on devrait donc, pour dépouiller les eaux de l'Ouche du goût marécageux qui les rend impotables en été, recourir au charbon. Or, une pareille opération serait inapplicable en grand ; il faudrait laisser à chaque consommateur le soin de l'effectuer.

3° La température des eaux de cette rivière, en été, devient tellement élevée qu'on ne pourrait les boire sans les faire rafraîchir.

On sait que cette opération du refroidissement de grandes masses d'eau présente encore un problème plus difficile que celui du filtrage; je ne crois pas même qu'il puisse être résolu pratiquement dans l'état actuel de la science (2).

(1) Voir la note D.

(2) Lorsqu'on veut abaisser la température d'une petite masse de liquide, il est un moyen à la fois simple, économique et infaillible d'y parvenir. Il suffit d'entourer le vase rempli du liquide à rafraîchir d'un linge humide et de le suspendre dans un courant d'air, à l'abri des rayons du soleil. Pour bien réussir, il faut que la couche du liquide soit mince et le vase bon conducteur de la chaleur. Les 550 unités de chaleur que l'eau dont le linge est humecté rend latentes,

J'ai fait à cet égard des expériences nombreuses sur le puits artésien de Grenelle, à Paris, par une température extérieure de 4 à 5 degrés *sous zéro*. Ces expériences sont consignées dans un travail publié par M. le ministre de l'agriculture et du commerce, à l'occasion de l'établissement de bains publics à Paris.

J'avais supposé qu'il serait possible d'approvisionner plusieurs établissements de ce genre, au moyen de conduits souterrains [1], alimentés à un foyer unique : disposition qui permettait de réduire notablement le prix des bains.

Il résulte de mes expériences :

1° Qu'une eau dont la température initiale était de 27° ne présentait qu'un abaissement de température de 5°85, lorsqu'on la recueillait après un parcours de 2320^m, franchi par elle, en huit heures, dans des tuyaux placés à la profondeur de 1^m 30 environ sous le sol.

2° Que la température de cette eau, qui naturellement devenait de plus en

pour se transformer en vapeur, sont prises au vase, puis au liquide intérieur, qui peut éprouver, par ce moyen, un abaissement de température très-considérable. Les *alcarazas* n'ont pas une autre manière d'agir.

On lit dans le *Voyage de la Favorite*, t. I, p. 259 :

« A Madras, bâtie sur un sol sablonneux et aride, la chaleur est accablante. L'eau des puits a une odeur fade et désagréable : c'est cependant la seule que l'on boive dans les maisons particulières. On la renferme dans des carafes en *argent* ou en *zinc* que l'on tourne rapidement, pendant plusieurs heures consécutives, dans un vase rempli de salpêtre arrosé d'une certaine quantité d'eau. Celle que renferme la carafe est amenée, par ce moyen, presque à l'état de glace. Les hommes en consomment peu; mais les femmes y puisent peut-être le germe des maux de poitrine qui, plus tard, finissent par les enlever. »

(1) « Cette idée avait déjà été suggérée à M. Chevallier par l'exemple de ce qui existe à Chaudes-Aigues, depuis un grand nombre d'années : dans cette ville, on a tiré parti de l'eau à 80 degrés fournie par les sources thermales, pour chauffer les maisons, depuis le 1er novembre jusqu'à la fin d'avril. La totalité du produit de l'une d'elles, *le Par*, s'élève à 160 litres par minute; l'eau est reçue dans un réservoir construit sur le point le plus élevé de la ville. Des tuyaux en bois de pin partent de ce réservoir, et, se dirigeant le long des deux côtés des rues, fournissent à chaque maison l'eau nécessaire au chauffage; le sol de ces maisons est divisé en une suite de petits bassins communiquant entre eux par des cloisons incomplètes qui permettent à l'eau de se déverser de l'un dans l'autre. Le tout est recouvert avec des dalles assez bien jointes pour empêcher la vapeur de se répandre dans la pièce. L'eau thermale, amenée dans le premier bassin par un conduit spécial branché sur un des tuyaux principaux de distribution, retourne à ce même tuyau par un autre conduit, après avoir parcouru la série des bassins. La

plus faible lorsqu'elle était recueillie à des points de plus en plus éloignés de son lieu d'émergence, ne diminuait en chacun de ces points que de 1°70 en huit heures, lorsqu'elle était maintenue au repos par la fermeture des robinets placés aux extrémités de la conduite.

Or, si l'on remarque que le refroidissement aurait encore été beaucoup moins sensible, si, d'une part, la température initiale avait été moins élevée; et, d'autre part, si la température extérieure n'avait pas été de 5° sous zéro, on n'hésitera point à conclure, ce me semble, que de l'eau de rivière, qui, pendant l'été, peut monter à 24 ou 25°, ne saurait arriver à une température hygiénique convenable aux voies d'écoulement.

M. Terme, maire de Lyon, a fait, à l'occasion du projet de distribution d'eau de cette ville, des expériences qui le conduisent à une conclusion identique à la mienne.

A Dôle, à Gray, la fourniture d'eau est opérée au moyen de machines qui la puisent dans la Saône. Je me suis assuré par moi-même que, dans les chaleurs de l'été, l'eau puisée aux bornes-fontaines est affectée d'une température qui la rend tout à fait impotable; les habitants sont obligés de la faire rafraîchir dans leurs puits ou dans leurs caves.

Toutes ces considérations réunies m'ont déterminé à recourir à la fontaine du Rosoir, malgré les assertions d'*Aubert Fleutelot* et d'*Huguet Sambin*, qui, parlant de cette source, disaient, en 1561, que ce serait chose de *grands frais* et de *peult de proficт* de la conduire à Dijon (¹).

chaleur des pièces peut être augmentée ou diminuée à la volonté des habitants de la maison, qui règlent la quantité d'eau à introduire au moyen d'un tampon en forme d'écluse. La chaleur obtenue par cette circulation d'eau est fort égale et peut aller de 22 à 26 degrés. Une grande partie de la population de Chaudes-Aigues vit du travail des laines et trouve, dans cette application de l'eau thermale, une économie estimée par M. Berthier au produit d'une forêt de chênes de 540 hectares au moins. Ajoutez à cela que, comme l'eau des sources de Chaudes-Aigues est chimiquement ass. pure, puisqu'elle ne contient que 1 gramme de matières salines par litre, elle est également utilisée pour tremper la soupe et préparer les aliments. Enfin, on a profité de cette eau pour monter un appareil d'*incubation artificielle*. » (Chevallier, *Annales d'hygiène*, t. XLIII, p. 223.)

(¹) On a cependant consacré à Huguet Sambin un souvenir spécial : c'est évidemment le nom de Chapus que l'inscription aurait dû porter (voir la page 50); mais le titre d'élève et d'ami de Michel-Ange jetait, à travers les âges, sur le nom de Sambin un éclat qui a laissé celui de Chapus

La source du Rosoir sort du pied d'un coteau composé des couches géologiques suivantes :

1° Cornbrash ; 2° forest marble ; 3° grand oolithe ; 4° terre à foulon et calcaire jaunâtre marneux ; 5° calcaire à entroques ; 6° marne du lias : la source émerge des fissures du calcaire à entroques.

La source voisine de Jouvence jaillit de la terre à foulon.

Sa température habituelle résulte des données du tableau suivant :

OBSERVATIONS.			TEMPÉRATURE		OBSERVATIONS.
DATES.	HEURES		DE L'AIR sous la voûte qui recouvre la source.	de LA SOURCE.	
	du matin.	du soir.			
5 décembre 1847.	11h	»	10°	11°,1	
29 avril 1849.....	10h	»	11°,8	9°,4	
3 juin 1849......	»	7h 3/4	»	10°,6	Journée excessivement chaude.
11 juin 1850	11h	»	»	10°,4	Température extérieure et hors de la voûte, 22° (¹).
Moyenne de la température de la source....				10°,37	

La température moyenne de la source est donc de 10° 37, et cette moyenne résulte de chiffres dont les plus éloignés sont 9° 4 et 11° 1 : on peut donc dire que la température du Rosoir est constante.

Voyons maintenant ce que devient cette température dans le réservoir de la porte Guillaume et aux différentes voies d'écoulement.

Les observations ont été faites, à ma prière, par M. Alexis Perrey (²), profes-

dans l'obscurité. Chapus au moins croyait au succès du projet que repoussait Sambin ! L'expérience a décidé aujourd'hui.

(¹) Je retrouve encore deux expériences faites :

1° Par une température de.................. 22° au-dessus de zéro.
2° — — .... 7° sous zéro.
A la première température correspondait pour la source, celle de. 11°
Au réservoir de la porte Guillaume............. 11°,50
A la seconde température correspondait, pour la source, celle de 10°

(²) M. Perrey, bien connu par les communications d'un si haut intérêt qu'il fait à l'Institut, et qui ont pour but de rattacher les tremblements de terre et éruptions volcaniques à des marées de la masse en fusion sous l'écorce solide du globe.

seur à la Faculté des sciences de Dijon; il se servait d'un excellent thermomètre de Bunten; le tube est très-délié et le réservoir cylindrique; en moins d'une minute l'instrument se met en équilibre de température avec le liquide dans lequel on le plonge; l'échelle est divisée en cinquièmes de degré; on estime facilement un dixième.

Les bornes-fontaines observées ont toujours été ouvertes une heure avant l'observation.

Le résultat des expériences est consigné dans les deux tableaux suivants:

Le premier indique les températures de l'air, le jour de l'observation.

Le second celles du réservoir et des bornes-fontaines prises dans les différents quartiers de la ville.

PREMIER TABLEAU.

DATE DE L'OBSERVATION.	HEURES.				TEMPÉRATURE.		MOYENNE.
	9 heures du matin.	Midi.	4 heures du soir.	9 heures du soir.	Minima.	Maxima.	
23 juin 1847...	+13°,6	+17°,4	+17°,9	+14°,2	+11°,8	+20°,1	+16°,0
10 juillet — ...	+22,5	+24,0	+24,5	+20,8	+15,8	+26,0	+20,9
24 juillet — ...	+21,8	+23,5	+24,1	+20,4	+15,5	+26,0	+20,8
10 août — ...	+18,3	+19,0	+19,8	+17,0	+12,1	+21,0	+16,6
30 novemb. — ...	+ 4,0	+ 7,6	+ 7,3	+ 4,3	+ 1,0	+ 8,2	+ 5,0
18 décemb. — ...	+ 0,6	+ 2.3	+ 3,5	+ 3,2	— 1,6	+ 5,0	+ 1,7
3 janvier 1848...	— 3,4	— 1,8	— 0,7	— 3,0	— 4,3	— 0,0	— 2,1
24 janvier — ...	— 2,6	— 2,4	— 2.8	— 3,5	— 4.0	— 1,8	— 2,9
25 janvier — ...	— 3,6	— 3 0	— 3,6	— 4,6	— 4,5	— 2,0	— 3,2
22 février — ...	+ 3,5	+ 4,8	+ 5,3	+ 6,3	+ 1,5	+ 7,6	+ 4,5
13 avril — ...	+10,8	+13,0	+14,1	+ 9,5	+ 7,2	+14,8	+11,0

SECOND TABLEAU.

Nos d'ordre.	RÉSERVOIR DE LA PORTE GUILLAUME et BORNES-FONTAINES	1847. 23 juin, de 9 h à 1 h. 1/2	10 juill., de midi à 3 h 1/2	24 juill., de 9 h. à 2 h.	10 août, de 11 1/2 à 2 1/2.	30 nov., de 7 1/2 à 9 3/4.	18 déc., de 7 1/2 à 9 3/4.	1848. 3 janv., de 11 1/4 à 2 h.	24 et 25 janvier.	22 févr., de 9 h à 1 h.	13 avril, de 9 h. à 1 h.
	Réserv. de la porte Guillaume.	11°,2	11°,5	12°,1	12°3	11°,0	10°,8	10°,2	9°,4	8°,6	10°,1
	BORNES-FONTAINES.										
1	Près de la prison.	12,0	12,1	12,7	12,9	10,7	10,3	9,7	9 6	8,1	10 0
2	Place des Cordeliers.	11,4	11,8	12,3	12,7	10,9	10 6	10 0	9,4	8,4	10,0
3	Rue Turgot.	12,6	13,0	14,4	14,2	10,3	9,4	8,3	7,6	7,0	9,9
4	Porte Saint-Pierre.	11,3	11,9	12,3	12,9	10,9	10,4	9 8	9 2	8 3	10 0
5	Rue des Moulins	12,2	13,0	14,0	»	10,3	9,2	8,2	7,0	6 4	9,2
6	Rue d'Auxonne.	14,2	13,4	13,0	14 0	10,3	9,3	8,1	»	7,2	9,7
7	Rue Ch.-l'Hôpital.	12,0	12,7	13,0	13,2	10,6	9,9	8,9	»	7,9	10,0
8	Près de la Halle au blé. . .	11,4	»	12,2	12,6	11,0	10,7	10,0	»	8,3	10,1
9	Rue de la Vannerie, angle de la rue Jehannin.	11,6	»	13,9	12,8	11,0	10,0	8,3	»	8,4	10,0
10	Rue de Gray.	13,2	13,6	13,4	14,0	10 6	9,5	9,2	»	7,1	9,6
11	Rue Sainte-Marguerite. . . .	12,9	13,3	14,9	14,5	10,3	9,2	8,2	»	7,1	9,6
12	R. de la Vannerie, point culmin[t]	12,9	»	13,7	13,9	10,4	9,1	8,1	»	7,0	9,7
13	R. Saint-Nicolas, *id.*	»	»	»	»	10,9	10,2	9,5	»	8,2	9 9
14	Place de la Charbonnerie. . .	11,7	12,3	12,5	13,4	10,8	10,2	9,7	8,7	8,1	9,9
15	Rue P.-Fermerot.	13,3	14,8	14,2	14,1	10,1	8,8	7,8	7,1	6,2	9,7
16	Près de la tour La Trémouille.	»	»	»	14,7	9,9	8,1	8,9	6,5	7,1	9,9
17	Place Suzon	»	»	13,7	14 5	10,4	9,5	9,3	8,0	7,7	10,1
18	Rue Bannelier	»	»	12,4	12,8	11,0	10,5	10,0	9,4	8,5	10,1
19	Porte Saint-Bernard.	»	»	12 4	»	11,0	10,5	9,9	9,2	8,4	10,1
20	Rue Dr-Maret-Liberté. . . .	»	11,6	12,1	»	11,0	10,8	10,2	9,6	8,7	10 1
21	Près de l'Académie.	»	»	»	»	8,7	10,5	9 9	9,1	8,3	10,1
22	Rue Crébillon.	12,8	12,2	12,9	»	10,7	9,2	8,6	9,0	7,0	9,9
23	Porte d'Ouche.	11,6	12,0	12,3	12,9	10,9	10,4	9,8	»	8,2	10,1
24	Faubourg d'Ouche.	13,6	14 8	13,8	13,2	10,3	9,0	7,9	»	7,1	10,1
25	Rue Berbisey-Refuge. . . .	12,1	12,5	12,7	13,9	10,7	10,0	9,3	»	7,9	10,1
26	Hospice Sainte-Anne. . . .	12,5	13,2	13,3	14,0	10,6	9,4	8,5	»	7,4	10,0
27	Place d'Armes, près de la rue de la Liberté.	»	11,7	12,1	12,4	11,1	10,8	10,2	9,6	8,7	10,1
	MOYENNE.	12,3	12,7	13,2	13,5	10,6	9,9	9,2	8,8	7,8	9,9

Le tableau suivant donne, pour les dates susmentionnées, les températures moyennes de l'air comparées aux températures moyennes des bornes-fontaines.

	1847. 23 juin.	10 juillet	24 juillet	10 août.	30 nov.	18 déc.	1848. 3 janvier	24 et 25 janvier.	22 févr.	13 avril.
Température moyenne de l'air.	+16°,0	+20°,9	+20°,8	+16°,6	+ 5°,0	+ 1°,7	— 2°,1	— 3°,0	+ 4°,5	+11°,0
Température moyenne des bornes.	+12,3	+12,7	+13,2	+13,5	+10,6	+ 9,9	+ 9,2	+ 8,6	+ 7,8	+ 9,9

La comparaison des chiffres superposés dans ce tableau montre que l'une des conditions reconnues par Hippocrate (*de Aere, Aquis et Locis*) comme des plus importantes pour la salubrité des eaux potables, est tout à fait remplie dans la fourniture d'eau de Dijon : *optimæ sunt quæ... et hieme calidæ fiur:, æstate vero frigidæ*, c'est-à-dire, leur température doit être un peu au-dessus de celle de l'atmosphère en hiver, un peu au-dessous en été.

Il me reste à chercher l'explication des variations assez sensibles qui existent dans les températures de l'eau donnée par certaines bornes-fontaines. Si l'on remarque que les mêmes bornes donnent à la fois une eau plus chaude et plus froide, suivant que la température de l'air est plus élevée ou plus basse, on en conclura que ces variations tiennent à ce que la transmission de la température de l'air s'opère plus aisément dans les conduites qui mènent l'eau à ces bornes-fontaines.

Or, certaines conduites sont entièrement placées dans des aqueducs en maçonnerie, tandis que d'autres sont en partie posées en terre.

Nous ferons connaître dans la deuxième partie, chapitre II, pour chaque borne-fontaine observée, la longueur parcourue par les tuyaux qui l'alimentent 1° en galerie ; 2° en terre ; et nous en conclurons dans quelles circonstances l'eau menée par les conduites est plus accessible aux variations de la température extérieure.

J'arrive maintenant à l'analyse des eaux de la source du Rosoir.

J'ai donné, au commencement de ce chapitre, une dissertation de M. le docteur Guérard sur les qualités relatives des eaux de puits, de citernes, d'étangs et de certaines rivières assimilables aux étangs par leur régime. Il était facile d'en conclure que c'était aux eaux de source ou de grandes rivières que les ingénieurs chargés d'une distribution devaient, en général, s'adresser. Mais les eaux des sources et des rivières elles-mêmes varient notablement dans leur composition, et il est bon de fixer les qualités que l'on doit attendre d'une eau potable.

Dans cette question, du reste, l'habitude exerce une grande influence parce qu'en effet les gens en bonne santé, dit Hippocrate, peuvent boire à peu près indistinctement toute espèce d'eau ; mais, ajoute-t-il, les personnes malades doivent être très-circonspectes dans leur choix.

En Egypte (nous apprend Bruce dans son *Voyage en Abyssinie*), on boit de préférence l'eau du Nil. La gravelle est une maladie fréquente chez ceux qui consomment l'eau tirée des puits du désert. Sir G. Stauters (ambassade en Chine) raconte que les classes supérieures de ce pays apportent tant de soin dans le choix de l'eau, que rarement elles en boivent sans l'avoir préalablement fait distiller. Au Brésil, dit Piso (1648), on est aussi difficile pour les qualités de l'eau que nous le sommes pour celles du vin : on préfère la plus douce, la plus légère, et qui ne laisse aucun dépôt. On sait que Darius, dans ses campagnes, se faisait toujours suivre d'eau bouillie.

Les Anglais, se fondant sur le classement suivant des eaux fait par Celse : *Aqua levissima pluvialis est ; deindè fontana ; tùm ex flumine ; tùm ex puteo ; post hæc ex nive, aut glacie ; gravior his ex lacu, gravissima ex palude*, préfèrent celle des terrains granitiques ou des sables siliceux, lesquelles ne donnent que très-peu de dépôt calcaire.

On n'a pas, en France, une opinion aussi absolue.

Voici les qualités que l'on doit demander à l'eau destinée à la boisson, d'après une note que m'a remise M. le docteur Hippolyte Bourdon.

La qualité potable de l'eau n'est pas en raison de sa pureté chimique ; il faut, au contraire, qu'elle renferme une quantité plus ou moins grande de principes étrangers à sa composition atomique (Dupasquier). Reste à distinguer les matières utiles et même nécessaires à l'eau potable de celles qui altèrent sa pureté et la rendent même délétère.

Les premières sont *l'air atmosphérique, l'acide carbonique, le chlorure de sodium* et *le carbonate de chaux.*

Dans la deuxième catégorie se rangent les *autres sels de chaux* et *les matières organiques.*

Pour être légères, les eaux doivent renfermer de l'air atmosphérique et de l'acide carbonique [1].

[1] Voir, dans le *Compte rendu de l'Académie des sciences* du 21 mai 1855, une communication d'un haut intérêt, faite par M. Aug. Péligot relativement à la nature et au volume des gaz que les eaux renferment.

Il démontre notamment, au moyen d'appareils plus exacts, que l'acide carbonique est en proportion beaucoup plus considérable qu'on ne l'avait cru jusqu'alors ; il trouve que cette proportion est de 40 à 50 pour 100 du volume total des gaz azote, oxygène et acide carbonique en dissolution.

Ce fait conduit M. Péligot à attribuer en partie à l'eau, dans la dépuration de l'air atmosphérique, un rôle exclusivement réservé jusqu'à présent aux végétaux.

Quant au carbonate de chaux, son action a été confondue, à tort, avec celle des autres sels calcaires. M. Dupasquier [1] le considère comme utile, quand il existe en petite proportion; insoluble ou à peu près dans l'eau pure, il peut y être tenu en dissolution à la faveur de l'acide carbonique, et c'est là, dit le médecin, le cas des eaux potables qui en contiennent.

« En absorbant une plus grande quantité d'acide pour se dissoudre, il passe à l'état de bicarbonate et agit sur l'estomac à la manière des carbonates de potasse et de soude, base des tablettes de Vichy. »

Le bicarbonate de chaux des eaux potables est décomposé, comme les bicarbonates alcalins, par les acides des fluides gastriques, et, comme eux, il sature les acides de l'estomac et stimule sa muqueuse par l'acide carbonique qu'il laisse dégager en se décomposant. Cette opinion a été confirmée par les expériences de M. Blondlot, de Nancy.

M. Boussaingault cherche à démontrer que le jeune animal en voie d'accroissement puise dans l'eau qu'il boit la majeure partie du carbonate de chaux nécessaire à la formation de son système osseux; mais on lui reproche de ne

(1) « Le carbonate de chaux, dit M. Dupasquier (*Des eaux de sources et des eaux de rivière*, p. 92), à moins qu'il n'existe en trop grande proportion, telle, par exemple, que dans les sources de Saint-Alyre (1/613), doit être considéré comme une principe utile et on dira même nécessaire dans les eaux, puisqu'il est reconnu que celles privées de toute matière fixe n'ont pas les qualités qui les rendent propres à la boisson. Les effets thérapeutiques de ce sel, bien connus des médecins, expliquent d'ailleurs l'utilité de sa présence dans les eaux potables... Rien n'est plus certain et plus évident que son action utile dans l'acte de la digestion. »

Après avoir analysé des eaux qui contenaient, les unes 2,300 milligrammes et les autres seulement 640 milligrammes de carbonate de chaux par dix litres, M. Braconnot, savant chimiste de Nancy, dit (*Mémoire de l'Académie des sciences, lettres et arts* de cette ville, année 1841, p. 33) : « Cependant, si pour mon usage particulier j'avais à choisir, je donnerais la préférence aux premières, bien qu'elles contiennent une quantité plus considérable de carbonate de chaux, car il est prouvé que ce sel terreux, retenu en dissolution dans les eaux par un excès d'acide carbonique, les rend plus vives et plus digestives, en agissant légèrement sur l'estomac, à la manière d'un sel faiblement alcalin. Elles cuisent bien les légumes, dissolvent facilement le savon, et conviennent à tous les usages de la vie. Envisagées sous le point de vue industriel...; il est des arts, celui de la teinture, par exemple, qui s'en accommoderaient très-bien, puisqu'il est reconnu que les eaux chargées de carbonate de chaux avivent le principe colorant des matières tinctoriales. »

pas avoir analysé les aliments dans ses expériences ; on se demande si le phosphate de chaux n'est pas plus nécessaire que le carbonate au point de vue du développement des os.

Parmi les *substances nuisibles* qui se rencontrent dans les eaux, le sulfate de chaux occupe le premier rang. Les eaux qui le renferment, et qui sont dites séléniteuses, sont dures, crues ; elles dissolvent mal le savon, et ne peuvent servir au blanchiment ni cuire les légumes.

Le chlorure de calcium et le nitrate de chaux sont assez abondants dans quelques eaux (qu'on pourrait alors presque considérer comme des eaux minérales) pour leur donner le caractère séléniteux.

Le chlorure de magnésium et le sulfate de soude, autres sels nuisibles, s'y trouvent rarement en quantité suffisante pour agir sur l'organisme.

D'après tout ce qui précède, *on comprend comment l'eau distillée, aussi bien* que l'eau bouillie, est relativement difficile à digérer. L'ébullition de l'eau que les anciens pratiquaient en grand dans des bâtiments appelés *Thermopyla*, chasse les gaz délétères, détruit les animalcules, neutralise les miasmes, opère le dépôt des matières en suspension. Mais elle chasse en même temps les gaz utiles (acide carbonique, oxygène, azote), elle concentre tous les sels : si on l'aère, de nouveaux animalcules s'y forment, et d'autant plus facilement qu'ils trouvent dans l'eau, pour se nourrir, la substance des premiers.

Je terminerai cette note par les conclusions d'un mémoire très-intéressant de M. Chatin, rédigé à la suite d'analyses faites avec de l'eau provenant d'environ trois cents rivières, fontaines ou puits.

Des recherches nombreuses auxquelles s'est livré cet habile chimiste, il croit pouvoir conclure :

Que l'iode existe en proportion variable dans toutes les eaux qui sourdent du globe ;

Que la richesse des eaux en iode peut être présumée d'après la nature plus ou moins ferrugineuse des terrains qu'elles lavent ;

Que la proportion d'iode croît dans les eaux avec celle du fer ;

Que les eaux des terrains ignés sont plus iodurées en moyenne et surtout plus uniformément que celles des terrains de sédiment ;

Que les eaux de la craie verte et des oolithes ferrugineux tiennent le premier rang parmi celles-ci ;

Que tout en étant riches en iode, les eaux de la formation houillère viennent après celles de certains terrains ignés ou de sédiments ferrugineux;

Que les eaux des terrains essentiellement calcaires et magnésiens sont très-peu iodurées;

Que l'iode est surtout rare dans les marnes irisées, gangue habituelle du sel gemme;

Que les rivières alimentées par les glaciers (Rhin, Rhône, Isère, Durance, Garonne, Adour, etc., etc.) sont peu iodurées, surtout à l'époque de la grande fonte des neiges;

Que les eaux des rivières sont en moyenne plus iodurées, moins chargées de sels terreux et, surtout, plus uniformément iodurées que les eaux de sources;

Que les eaux de puits sont à la fois les plus calco-magnésiennes et les moins iodurées.

La moyenne des observations faites pendant deux ans, à Paris, sur les eaux pluviales, porte la richesse en iode à 1/10 de milligramme par 10 litres.

L'eau de Seine en contient 1/15 de milligramme pour 10 litres.

Le *goître* endémique est inconnu dans les contrées dont les eaux, tant courantes que pluviales, contiennent seulement 1/20 ou 1/30 de milligramme *d'iode pour 10 litres*.

L'iode existe dans *l'air* et les *matières alimentaires*.

Il y a coïncidence générale entre l'abondance de l'iode dans l'air, les eaux, le sol et les produits alimentaires, et l'absence complète du goître et du crétinisme, entre la diminution progressive de l'iode et le développement correspondant de ces maladies.

On peut ainsi classer les rapports qui existent entre l'iode et le goître et le crétinisme :

Zone 1re, normale ou de Paris. Le goître et le crétinisme sont inconnus. On trouve en moyenne que, dans cette zone, le volume d'air respiré par un homme en vingt-quatre heures, le volume d'eau bue et la quantité d'aliments consommés dans le même temps renferment 1/100 à 1/200 de milligramme d'iode.

Zone 2e, ou du Soissonnais. Le goître est plus ou moins rare, le crétinisme inconnu : — ne diffère de la première que par des eaux dures et privées d'iode.

Zone 3e ou de Lyon et de Turin. Le goître est plus ou moins fréquent, le crétinisme à peu près inconnu. La proportion d'iode est descendue à 1/500, à 1/1000 de milligramme.

Zone 4°, ou des vallées alpines. Le goître et le crétinisme sont endémiques. La proportion d'iode contenue dans la quantité d'air, d'eau et d'aliments consommés en un jour est de 1/2000 de milligramme au plus.

Dans les zones intermédiaires le goître est subordonné aux influences générales (air humide et confiné; habitations basses, étroites; défaut de lumière; alimentation pauvre en principes réparateurs; vêtements sales, etc.).

Dans la zone 4°, le défaut d'iode est prépondérant.

Je dois dire, en finissant, que les conclusions de M. Chatin ne sont pas acceptées par tout le monde. Avant ses travaux, M. Grange avait prétendu que le goître et le crétinisme étaient dus à la prépondérance des sels magnésiens dans certaines eaux.

L'analyse des eaux de la source du Rosoir a été faite par M. Sainte-Claire-Deville, doyen de la Faculté des sciences de Besançon.

Eau prise à Dijon, à une borne-fontaine de la rue Berbisey, le 1er mai 1850; température de l'eau, 12°,50.

10 litres ont donné en matières solides exprimées en milligrammes :

Silice.	152 milligr.
Alumine.	10
Carbonate de magnésie. . . .	21
Carbonate de chaux.	2,300
Chlorure de magnésie.	19
Chlorure de sodium.	7
Sulfate de soude.	27
Carbonate de soude.	44
Nitrate de potasse.	27
TOTAL.	2,607 milligr. [1]

[1] M. Chatin m'écrit qu'il a trouvé que les eaux de la source du Rosoir renfermaient 1/150 de milligramme d'iode par 1000 grammes.

La petite quantité de matières solides contenues dans cette eau, le chiffre même qui représente la proportion de carbonate de chaux et la présence du carbonate de soude en font, ajoute M. Deville dans le compte rendu de son analyse, une des eaux de source les plus salubres que j'aie analysées. Sous ce rapport encore Dijon se trouve donc bien favorisé.

La qualité des eaux fournies par la source du Rosoir étant bien établie, il me reste à calculer son débit.

Les jaugeages que j'ai faits dans ce but, pendant les années 1832 et 1833, sont au nombre de vingt-deux.

Pour exécuter ces jaugeages, je me suis constamment servi d'un barrage en planche; afin d'obtenir une mince paroi, j'avais garni tout le périmètre de l'orifice (côté de l'eau) de fer-blanc, appliqué exactement contre les planches qu'il dépassait de 3 ou 4 centimètres. La largeur de l'orifice est toujours restée à peu près constante, je n'ai fait varier que sa hauteur; en un mot, mon appareil de jaugeage était analogue à celui décrit par M. Minard dans le numéro des Annales de mai et juin 1832 (1).

Comme vérification, j'ai fait écouler le liquide par un orifice formant réservoir; il suffisait pour cela d'élever assez la planche supérieure pour que le fer-blanc qui la termine ne touchât plus la surface de l'eau.

Je calculais, dans le premier cas, le produit théorique par la formule

$$\frac{2}{3}b.\sqrt{2g}\left\{h_1^{\frac{3}{2}}-h^{\frac{3}{2}}\right\},$$

dans laquelle b, est la largeur de l'orifice; h_1, la charge sur la base inférieure; h celle sur l'arête supérieure, et $g=9{,}809$.

Et j'arrivais au produit réel en multipliant le résultat par le coefficient de contraction 0,62.

Lorsque l'orifice formait réversoir j'ai employé, pour obtenir le produit théorique, la formule que M. Navier a déduite du principe de la moindre action :

$$2{,}5261.b.h.^{\frac{3}{2}},$$

dans laquelle b représente la largeur du déversoir, et h la hauteur comprise

(1) Voir la note E.

entre la surface du liquide à quelque distance en amont du déversoir et la crête de ce dernier.

Pour arriver au produit réel, je me suis servi du dernier coefficient de contraction déterminé par MM. Poncelet et Lesbros, qui ont réellement opéré sur des orifices en mince paroi, tandis que les auteurs, jusqu'alors, avaient eu recours à des parois qui n'avaient pas moins de 0,03 d'épaisseur. Ce coefficient a été trouvé égal à $\frac{70}{100}$: d'où, pour la formule qui m'a donné le produit réel,

$$1{,}77 . b . h_1^{\frac{3}{2}} .$$

J'ajouterai que, pour reconnaître si le volume des eaux avait varié pendant la durée de l'expérience, je faisais planter un piquet arasant l'eau près de la source, avant de commencer; et, lorsque le barrage était détruit, j'examinais si le niveau de l'eau le dépassait ou se trouvait en contre-bas.

Ces préliminaires posés, je vais entrer en matière.

Jaugeages des vendredi 7, samedi 8 et dimanche 9 septembre 1849.

1° Longueur de l'orifice, b. 0,535
Valeur de h_1. 0,172
Idem de h. 0,132
Produit réel, 1m22 par minute.

2° Longueur de l'orifice, b. 0,535
Valeur de h_1. 0,142
Idem de h. 0,0825
Produit réel, 1m75 par minute.

3° Longueur de l'orifice, b. 0,535
Valeur de h (1). 0,120
Produit réel, 2m30 par minute.

Mais on ne peut pas avoir égard à ces trois premières expériences.

1° Je n'avais point attendu le laps de temps nécessaire pour que la surface de l'eau en amont se fixât invariablement.

2° L'eau s'échappait en assez grande abondance à travers certaines parties du barrage.

(1) L'orifice formait déversoir.

3° Une portion notable de l'eau de la source relevée par la retenue s'échappait par une fente de rocher située en aval du barrage.

Il est facile, au reste, de se rendre compte des motifs pour lesquels le produit va toujours en grandissant dans ces trois expériences.

Le piquet que j'avais planté au niveau de la source, avant la première épreuve, se trouva, pendant cette première épreuve, à 0,21 en contre-bas de la surface de l'eau; pendant la seconde épreuve, l'ouverture ayant été agrandie, le niveau de l'eau baissa et ne se tint plus qu'à 0,17 en contre-haut.

Enfin, lorsque l'orifice formait déversoir, le piquet n'était plus qu'à 0,14 sous l'eau. Il suit de là,

1° Que la pression sur la source jaillissante de fond diminuait de plus en plus, et par conséquent, que cette source produisait davantage;

2° Que, par suite de la diminution de la hauteur d'eau en amont du déversoir, la pression était moindre contre ce dernier: les pertes devaient donc aussi être moindres.

3° La hauteur de l'eau diminuant, il s'en échappait beaucoup moins par la fente du rocher, située en aval du barrage.

Expériences du samedi, avec barrage à l'aval de la fente du rocher.

4° Longueur de l'orifice, *b*. 0,535
Valeur de *h* (1). 0,144
Produit réel, 3ᵐ 10 par minute.

5° Longueur de l'orifice, *b*. 0,535
Valeur de h_1. 0,2445
Idem de *h*. 0,1850
Produit réel, 2ᵐ 46 par minute.

Mais on ne saurait avoir égard à cette dernière expérience parce que le déversoir s'est rompu avant que le niveau de l'eau eût acquis sa stabilité.

On l'a réparé, et l'on a obtenu les résultats suivants:

6° Longueur de l'orifice, *b*. 0,54
Valeur de h_1 0,375
Idem de *h*. 0,335
Produit réel, 2ᵐ 10 par minute.

(1) L'orifice formait déversoir.

Cette expérience n° 6 donne un résultat trop faible ; le barrage n'avait pas été assez élevé ; l'eau commençait à couler par-dessus la crête lorsque j'ai pris les cotes : le niveau n'était donc pas encore invariable.

Je ne pris mes notes que lorsque le niveau ne varia plus d'un millimètre pendant uneh eure entière.

7° Longueur de l'orifice, b. 0,535
Valeur de h_1. 0,305
Idem de h 0,246
Produit réel, 2m 71 par minute.

Expériences du dimanche.

Le samedi soir, je fis porter l'ouverture de l'orifice à 7 centimètres et j'attendis que le niveau se fixât.

Cependant, pour arriver à un résultat tout à fait certain, je résolus de ne relever mes notes que le dimanche matin. Le samedi, le niveau de l'eau paraissait immobile ; le dimanche, à neuf heures du matin, il n'avait aucunement varié ; je pris donc alors les valeurs de b, h_1 et h de la 8e expérience.

8° Longueur de l'orifice, b. 0,535
Valeur de h_1. 0,266
Idem de h. 0,196
Produit réel, 2m 96 par minute.

Le niveau de l'eau en amont du barrage est resté constant depuis dix heures du matin jusqu'à quatre heures du soir.

9° Longueur de l'orifice, b. 0,535
Valeur de h_1. 0,235
Idem de h. 0,155
Produit réel, 3m 12 par minute.

10° Longueur de l'orifice, b. 0,535
Valeur de h (1). 0,148
Produit réel, 3m 23 par minute.

Il n'échappera pas à l'attention du lecteur que les débits accusés par les expériences 7, 8, 9, 10 sont de plus en plus considérables. Il suffit, pour en signaler

(1) L'orifice formait déversoir.

la cause, de remarquer que le piquet planté au niveau de l'eau avant l'établissement du barrage était

à 0,20 en contre-bas pour l'expérience n° 7;
à 0,225 *idem.* pour l'expérience n° 8;
à 0,19 *idem.* pour l'expérience n° 9;
enfin à 0,11 *idem.* pour l'expérience n° 10.

J'ajouterai que c'est par la même raison que les expériences n° 4 et n° 10 ne concordent pas exactement. Pour l'expérience n° 4, le piquet était à 0,14 sous l'eau; peut-être aussi n'avais-je pas attendu assez longtemps pour que le niveau de l'eau se fixât invariablement.

Les résultats des expériences n°s 7, 8, 9 et 10, auxquels on peut avoir confiance, différaient tellement de tous ceux annoncés jusqu'à ce jour, que, bien qu'ils se vérifiassent mutuellement, il m'a semblé convenable de les soumettre à une expérience palpable. En conséquence, j'ai mesuré avec exactitude la superficie du bassin de la source, terminée au barrage, et j'ai obtenu, au minimum, 37m.

Puis, ayant fait fermer subitement l'orifice du déversoir, j'ai vu qu'en une minute l'eau s'élevait à très-peu près de 0,07.

Produit, 2m 59.

On voit combien ce produit est supérieur à ceux donnés par les anciens jaugeages.

Il est vrai qu'il est inférieur à ceux accusés par les expériences précitées; mais la raison en est facile à trouver.

1° Il fallait fermer l'orifice avec tant de précipitation, que l'on ne pouvait réussir à le faire exactement;

2° Le niveau de l'eau était plus relevé que dans aucune des expériences précédentes;

3° Au fur et à mesure qu'elle s'élevait, elle se rendait en partie dans le petit bassin latéral duquel s'échappait l'eau qui, lors des premières expériences, passait par la fente du rocher. On voit donc que la superficie de 37 mètres est inférieure à la véritable : il aurait fallu y ajouter celle de ce bassin caché dans le rocher.

Il me reste à dire qu'après la destruction du barrage, le niveau de l'eau arasa la tête du piquet que l'on avait planté comme repère au commencement des expériences.

Expériences des samedi 29 et dimanche 30 septembre 1832.

Les circonstances d'écoulement, pour cette 11e expérience, furent assez remarquables. Lorsque, le samedi soir, le barrage fut établi, l'eau, après avoir monté quelque temps, parut vouloir se fixer définitivement à 0,11 en contre-bas de la crête du barrage : il était alors six heures du soir, et je partis; mais à cinq heures du matin, elle n'en était qu'à 0,063; à neuf heures vingt minutes, à 0,055; enfin à onze heures quinze minutes, elle présentait *encore cette dernière cote*; et je pensai que je pouvais recueillir les données servant de base à mes calculs.

Je crois convenable d'indiquer la raison de cette longue ascension. Le meunier avait, depuis mon dernier voyage, déblayé le bassin de la fontaine et le niveau des eaux avait baissé; les parois du bassin s'étaient donc desséchées, fendillées depuis cette époque, dont aucun jour de pluie n'avait interrompu la sécheresse : on conçoit dès lors que l'eau devait monter très-lentement, puisque les filtrations absorbaient au fur et à mesure une grande partie de son volume.

11e Longueur de l'orifice, b. 0,538
Valeur de h_1. 0,2835
Idem de h. 0,2250
Produit réel, 2m 60 par minute.

12e Longueur de l'orifice, b. 0,534
Valeur de h_1. 0,235
Idem de h. 0,165
Produit réel, 2m 72 par minute.

13e Longueur de l'orifice, b. 0,526
Valeur de h (1). 0,135
Produit réel, 2m 77 par minute.

Dans cette dernière expérience, la vitesse du fluide était sensible en amont du petit déversoir. Le chiffre 2 mètres 77 est trop faible par conséquent. Le piquet planté au niveau de la source avant l'établissement du barrage était recouvert,

pour l'expérience 11, de 0,235 d'eau;
idem 12, de 0,190 *idem* ;
idem 13, de 0,092 *idem*.

On voit que des chiffres différents pour la hauteur du fluide, en amont du

(1) L'orifice formait déversoir.

barrage, n'ont point introduit dans le débit des variations aussi sensibles que celles présentées par les expériences des premiers jours de septembre; mais cela tient sans doute au prolongement de la sécheresse. En effet, l'abaissement du niveau du bassin pouvait, dans l'origine, faire développer des sources que l'on n'aperçoit plus ensuite parce qu'elles sont taries.

Du reste, après la disparition du barrage, l'eau du bassin revint promptement à son premier niveau.

Expériences des lundi 15 et mardi 16 octobre 1832.

Le barrage fut établi le lundi soir et les cotes relevées le mardi matin.

14° Longueur de l'orifice, *b*. 0,545
Valeur de h_1. 0,302
Idem de h. 0,242
Produit réel, 2^m 81 par minute.

15° Longueur de l'orifice, *b*. 0,545
Valeur de h_1. 0,257
Idem de h. 0,187
Produit réel, 2^m 95 par minute.

16° Longueur de l'orifice, *b*. 0,545
Valeur de h_1. 0,2285
Idem de h. 0,1485
Produit réel, 3^m 11 par minute.

Le piquet placé au niveau de l'eau, avant l'établissement du barrage, revint à ce même niveau après sa destruction.

Pour l'expérience	n° 14, il était	à 0,29	en contre-bas;
Idem	n° 15,	à 0,25	*idem;*
Idem	n° 16,	à 0,22	*idem.*

On voit que les eaux avaient grandi depuis la fin de septembre jusqu'au milieu d'octobre: le minimum du débit de la fontaine du Rosoir était donc bien connu. Cependant je recommençai encore des expériences les 2 et 3 novembre 1832.

Il est inutile de donner ici leur résultat: je me contenterai de dire que le volume débité fut de beaucoup supérieur à ceux que je viens de consigner, et que même il augmentait encore lorsque je terminai mon jaugeage.

Il sera convenable de montrer que les jaugeages dont on vient de lire les résultats ont été faits dans les circonstances les plus favorables pour obtenir le débit minimum de la source du Rosoir.

On se rappelle que l'année 1832 fut une année de sécheresse; mais il est utile de faire voir de combien la quotité de pluie tombée fût au-dessous de la moyenne.

D'après les expériences que M. Maret, ancien secrétaire de l'académie de Dijon, fit en cette ville pendant vingt ans, il trouva qu'il tombait moyennement par an 0,705. Or, des expériences de M. Bonnetat, ingénieur en chef, directeur du canal de Bourgogne, il résulte qu'en 1832 il ne tomba à Dijon que 0,4895, savoir :

Janvier	0,048	Juillet	0,011
Février	0,005	Août	0,017
Mars	0,033	Septembre	0,028
Avril	0,022	Octobre	0,058
Mai	0,074	Novembre	0,083
Juin	0,0625	Décembre	0,048
		TOTAL	0,4895

En 1831, la quotité tombée fut beaucoup plus considérable : elle s'éleva à 0,822 ; elle fut de 0,606 pendant les huit premiers mois, tandis qu'en 1832, elle ne fut que de 0,2725.

Le 6 septembre, veille du jour où je commençai mes opérations, il tomba 9 millimètres de hauteur d'eau ; mais la terre était desséchée, et cette pluie ne put en rien modifier le volume de la source. Le 9, il tomba encore 9 millimètres, mais qui, de même, ne durent avoir aucune influence. Mes expériences étaient presque terminées lorsque la pluie arriva.

Lors de ma seconde descente sur les lieux, le 29 septembre, il y avait quatorze jours qu'il n'était tombé une goutte d'eau ; la dernière averse avait eu lieu le 15 (5 millimètres de hauteur) : aussi ai-je trouvé à cette époque le débit minimum.

Jusqu'aux lundi et mardi 15 et 16 octobre, époque de mon troisième voyage, il y eut quatre jours de pluie qui formèrent ensemble une épaisseur d'eau tombée égale à 0,054. La source du Rosoir débita davantage.

Enfin, depuis cette époque jusqu'au 3 novembre, l'atmosphère fut presque toujours obscurcie d'épais brouillards (1) ; la terre était tout à fait amollie, l'eau qui tombait arrivait facilement aux sources : aussi les pluies précédentes avaient-elles augmenté leur volume. Bien plus, je pense que les 21 millimètres de hauteur qui tombèrent le 1 et le 2 novembre durent grossir immédiatement le Rosoir, et qu'à cette cause est dû l'accroissement de débit de la fontaine pendant l'opération même.

Jaugeages de la fontaine du Rosoir en 1833.

En 1832 la quotité d'eau tombée pendant les six premiers mois de l'année a été trouvée égale à 0,2445; en 1833, de 0,269, savoir :

Janvier.	0,012	Avril.	0,086
Février.	0,093	Mai..	0,006
Mars.	0,032	Juin.	0,040

TOTAL. 0,269

Il était donc permis de croire que la fontaine du Rosoir, au mois de juillet, débitait encore une quantité d'eau supérieure à celle de septembre 1832.

Cependant, comme les meuniers déclaraient le contraire, j'ai dû recommencer mes expériences sans quoi j'aurais pu craindre de m'abuser en présentant comme minimum le produit déduit des observations précédentes.

En conséquence, je retournai à la fontaine du Rosoir.

Expériences des samedi 6 et dimanche 7 juillet 1833.

17° Longueur de l'orifice. 0,522
Valeur de h_1. 0,3385
Idem de h. 0,28
Produit réel, $2^{m}81$ par minute.

Ce produit est beaucoup trop faible. J'avais mis mon barrage en état le samedi soir ; l'ouverture de la vanne avait été portée à 0,0585, mais le dimanche matin l'eau passait par-dessus le déversoir : au cube de 2,81 devait donc être ajouté celui de l'eau ainsi perdue.

(1) Le 29 octobre, il y eut une pluie qui donna 0,004 d'épaisseur.

Mais en faisant varier l'ouverture j'obtins les résultats suivants :

18° Longueur de l'orifice. 0,522
Valeur de h_1. 0,317
Idem de h 0,247
Produit réel, 3m 211 par minute.

19° Longueur de l'orifice. 0,522
Valeur de h_1. 0,2765
Idem de h. 0,1965
Produit réel, 3m34 par minute.

20° Longueur de l'orifice 0,516
Valeur de h (¹). 0,156
Produit réel, 3m 376 par minute.

Expérience du 4 août faite en présence de M. Chaper, préfet de la Côte-d'Or.

Je retournai le dimanche 4 août à la fontaine du Rosoir avec M. Chaper, préfet de la Côte-d'Or. Au lieu de faire écouler l'eau avec charge sur l'orifice, nous la fîmes passer sur la crête d'un déversoir, afin que le niveau pût se fixer plus rapidement, et nous trouvâmes :

21° Longueur de l'orifice 0,542
Valeur de h. 0,144
Produit réel, 3m 145 par minute.

Expérience du jeudi 5 septembre.

22° Longueur de l'orifice. 0,545
Valeur de h. 0,142
Produit réel, 3m 107 par minute.

La hauteur d'eau tombée pendant le mois de septembre (²) rendait inutile

(¹) L'orifice formait déversoir.

(²) Il est tombé pendant ce mois. 0,058
Au mois d'août 0,058
Au mois de juillet. 0,058
Dans les mois précédents. 0,269

TOTAL. 0,4430

Pendant le même intervalle il n'était tombé, en 1832, que 0,3005.

une opération nouvelle; j'ai donc cessé mes jaugeages, et il ne me reste qu'à rechercher parmi les précédents celui qui produit le chiffre minimum. Pour cela, il faut recourir aux 11e, 12e et 13e expériences (année 1832), et s'arrêter à la dernière; on sait en effet que, si elle accuse un résultat supérieur aux deux premières, c'est uniquement parce que le plan des eaux était plus relevé en amont du petit barrage, lors des expériences 11 et 12. On sait aussi que le chiffre donné par cette 13e expérience est inférieur à celui que l'on aurait obtenu si l'on n'avait pas été contraint de maintenir le petit barrage et si l'on avait tenu compte de la vitesse sensible qui s'établissait en amont.

On voit donc, par tous les jaugeages précédents, jaugeages faits avec le plus grand soin, et par les derniers motifs que je viens de développer, que l'on avait droit de compter sur le produit de 2m 77 par minute.

Ainsi sous le rapport de la qualité de ses eaux, de leur température, de leur volume, la source du Rosoir présentait toutes les conditions que l'on doit rechercher dans la fourniture d'une ville.

Je proposai donc définitivement de la dériver au moyen d'un aqueduc en maçonnerie: le Conseil municipal approuva ma proposition, et le Conseil général des ponts et chaussées voulut bien accueillir le projet que j'eus l'honneur de lui soumettre.

Les travaux de la dérivation commencèrent le 21 mars 1839: le 1er août 1840, la ville fut mise par le jury d'expropriation en possession de la source, et le 6 septembre 1840, elle arrivait à Dijon, après avoir parcouru en trois heures trente-trois minutes l'aqueduc en maçonnerie d'une longueur de 13,000 mètres, en nombre rond.

Je m'occupai presque immédiatement de recommencer les jaugeages que j'ai toujours fait exécuter annuellement, à l'époque des plus grandes sécheresses.

J'étais impatient de m'assurer si mes prévisions relatives à l'augmentation du débit de la source, par suite de l'abaissement de son niveau, se réaliseraient.

Le tableau suivant donne les jaugeages effectués en 1840-41-42-43-44-45-46.

On a eu le tort de ne pas continuer ces opérations depuis mon départ de Dijon.

Jaugeages de la source du Rosoir depuis l'exécution des travaux.

ANNÉES	DATES.	VOLUME D'EAU arrivant à Dijon par minute.	QUANTITÉ D'EAU LAISSÉE À			DÉBIT de la SOURCE par minute.	OBSERVATIONS.
			MESSIGNY	VANTOUX	AHUY.		
		lit.	lit.	lit.	lit.	lit.	
1840	Octobre	5,244	»	»	»	5,244	
1842	20 août	4,600	»	»	»	4,600	L'eau a été livrée { le 23 novemb. 1843 à Vantoux. en octobre 1843 à Ahuy. en juin 1846 à Messigny
1842	9 septembre	3,973	»	»	»	3,973	
1843	11 septembre	3,698	»	»	»	3,698	
1844	8 mars	8,738	»	73	40	8,831	
	5 novembre	11,800	»	75	40	11,915	
	18 novembre	8,091	»	75	40	8,206	
	17 novembre	8,182	»	75	40	8,297	
1845	6 janvier	5,895	»	75	40	6,010	
	18 janvier	5,249	»	75	40	5,364	
	4 avril	7,756	»	75	40	8,871	
	17 mai	7,715	»	75	40	7,830	
	18 juillet	5,400	»	75	40	5,515	
	7 août	5,650	»	75	40	5,765	
	28 août	5,893	»	75	40	6,008	
	6 septembre	5,650	»	75	40	5,765	
	23 septembre	4,821	»	75	40	4,936	
	3 octobre	4,520	»	75	40	4,635	
	27 octobre	6,381	»	75	40	6,496	
	7 novembre	5,095	»	75	40	5,210	
	27 novembre	11,490	»	75	40	11,605	
1846	4 mars	8,703	»	75	40	8,818	
	22 mars	13,187	»	75	40	13,302	
	10 mai	6,986	»	75	40	7,101	
	4 juin	6,000	223	75	40	6,338	
	19 juin	5,181	203	75	40	5,499	
	6 juillet	5,000	196	75	40	5,311	
	25 juillet	4,665	184	75	40	4,964	
	10 août	4,320	171	75	40	4,606	
	18 août	3,950	156	75	40	4,221	
	2 septembre	4,145	160	75	40	4,420	
	11 septembre	4,105	162	75	40	4,382	
	24 septembre	3,556	141	75	40	3,812	
	29 septembre	3,514	140	75	40	3,769	

Il résulte de l'examen des chiffres fournis par les jaugeages exécutés avant et après la construction de l'aqueduc :

1° Qu'en 1832, le produit minimum a été obtenu le 30 septembre, et a été de 2,770 litres par minute;

2° Qu'en 1833, le produit minimum a été obtenu le 5 septembre, et a été de 3,107 litres par minute ;

3° Qu'en 1842, le produit minimum a été obtenu le 9 septembre, et a été de 3,973 litres par minute;

4° Qu'en 1843, le produit minimum a été obtenu le 11 septembre, et a été de 3,926 litres par minute;

5° Qu'en 1845, le produit minimum a été obtenu le 3 octobre et a été de 4,635 litres par minute;

6° Qu'en 1846, le produit minimum a été obtenu le 29 septembre, et a été de 3,769 litres par minute.

Or, c'est le 6 septembre 1840 que les eaux de la source du Rosoir ont été jetées dans l'aqueduc en maçonnerie qui, depuis cette époque, les conduit à Dijon. Le débit minimum a donc singulièrement augmenté depuis cette dernière période.

Il était important d'examiner si cet accroissement n'était pas dû aux travaux exécutés dans le bassin de la source.

On verra plus tard que le niveau de la source du Rosoir était le niveau même de la petite rivière de Suzon sur le bord de laquelle elle prenait naissance.

J'ajouterai qu'elle était placée sur la rive droite et que la rive gauche se prêtait beaucoup mieux que la droite à l'établissement de l'aqueduc.

Il fallait, dès lors, que la source du Rosoir traversât Suzon, et je fus obligé d'en approfondir le bassin pour la jeter dans un petit tunnel construit sous la rivière. Le radier de ce petit tunnel est à 1m 30 en contre-bas du niveau habituel de la source du Rosoir à l'époque des basses eaux : à cette même époque, le niveau des eaux qui coulaient dans ce tunnel était à 0m 20 en contre-haut du radier; le niveau du bassin de la source a éprouvé un abaissement effectif de 1m 10.

Eh bien! c'est à cet abaissement, comme je vais le démontrer par une expérience décisive, qu'est due l'augmentation notable du débit de la source en basses eaux.

Du reste, si l'on se reporte aux observations consignées à la suite du résultat des jaugeages de 1832 et 1833, on reconnaîtra que j'étais autorisé à pressentir cette augmentation, puisque le volume de la source grandissait au fur et à mesure que les différents appareils de jaugeage employés permettaient d'en abaisser le niveau.

Aussi tous mes efforts tendaient à ce but et c'est pour l'atteindre, autant que pour placer l'aqueduc sur un terrain facile, que j'ai construit le tunnel sous la petite rivière de Suzon.

Le 18 août 1846, le volume débité par la source était de 3,950 litres par minute et l'épaisseur de la lame qui coulait sur le radier de 20 centimètres.

La source coulait donc à un niveau de 1m10 au-dessous de celui qu'elle avait en 1832 et 1833.

Le 19 août, j'ai fait baisser en partie la vanne établie à l'entrée du tunnel, et de cette manière, j'ai relevé de 1m10 le niveau des eaux dans le bassin de la source, qui coulait ainsi sous l'influence de son niveau primitif.

Et, lorsque le débit a été parfaitement réglé (1), j'ai procédé au jaugeage, qui a produit 2,400 litres par minute.

Le 20 août, après avoir relevé la vanne, j'ai fait procéder à un nouveau jaugeage et j'ai obtenu un produit sensiblement égal au premier, 4,186 litres par minute.

Il ne peut désormais y avoir aucun doute sur l'influence que l'abaissement du niveau de la source du Rosoir a exercée sur son débit.

Si maintenant on veut connaître le volume total qu'elle versait dans les trois expériences précédentes, il suffira d'ajouter aux chiffres ceux du débit des prises d'eau de Messigny, Vantoux et Ahuy.

A Messigny, le 18 août, coulaient, par minute. . .	156 litres.
A Vantoux et Ahuy	115
TOTAL.	271 litres.
A Messigny, le 19 août, coulaient, par minute. . .	92
A Vantoux et Ahuy.	115
TOTAL.	207 litres.
A Messigny, le 20 août, coulaient, par minute. . .	161
A Vantoux et Ahuy.	115
TOTAL.	276 litres.

Ainsi, le produit total de la source du Rosoir était :

(1) Les trois jaugeages des 18, 19 et 20 août ont été faits dans le réservoir de la porte Guillaume, lequel servait de récipient; d'où il suit qu'il faudrait, pour avoir le débit total de la source, ajouter aux chiffres de ces jaugeages le volume des prises d'eau de Messigny, Vantoux et Ahuy.

Le 18 août (niveau actuel), 4,221 litres.

Le 19 août (niveau primitif), 2,607 litres.

Le 20 août (niveau actuel), 4,462 litres.

Le débit de la source, ramenée à son ancien niveau, était redevenu sensiblement égal à celui que mes premiers jaugeages accusaient.

C'est donc bien à l'abaissement de 1m10, apporté par les travaux dans le niveau du bassin de la source du Rosoir, que l'augmentation du débit minimum doit être attribuée.

Nous venons de dire que le débit de la source du Rosoir, lorsqu'elle coule librement et que la surface du bassin est à 0m 20 en contre-haut du radier du tunnel, était de 4,221 litres par minute, ou par seconde. . . . . . 71 litres.

Nous avons également reconnu qu'à 1m 30 en contre-haut du même radier, le débit par minute était de 2,607 litres, ou par seconde. . . . . . 44 litres.

Enfin, il résulte d'une troisième expérience, faite dans les mêmes circonstances, qu'à 0m 65 en contre-haut du radier le débit devenait égal à 3,700 litres par minute, ou par seconde . . . . 62 litres.

Des résultats analogues, que j'ai eu l'occasion de vérifier pour un grand nombre de fontaines, ne doivent jamais être perdus de vue par les gens de l'art chargés d'utiliser les sources.

Qu'il me soit permis, à cette occasion, de faire quelques réflexions sur la constitution des sources et sur la possibilité de prévoir à l'avance, dans certaines circonstances, l'augmentation de volume qui résulterait d'un abaissement déterminé du niveau du bassin d'émergence.

Faisons d'abord une revue sommaire des divers systèmes imaginés pour expliquer l'apparition des fontaines.

DE L'ORIGINE DES FONTAINES.

Il n'est personne aujourd'hui qui, consulté sur l'origine des fontaines, ne réponde hardiment qu'elles sont le produit de l'infiltration des eaux pluviales.

Mais cette idée n'a prévalu qu'après bien des siècles, et les anciens philosophes avaient donné d'étranges explications à un phénomène dont l'origine nous paraît si évidente aujourd'hui.

Les eaux des fontaines, des rivières et des fleuves se jettent dans la mer, disaient-ils; et son niveau ne varie pas! Quelle est donc la loi mystérieuse qui le règle? Car, à ne considérer que le volume des eaux versées depuis tant de siècles dans ce gouffre immense, la terre entière devrait être recouverte par un nouveau déluge.

Pour se rendre compte de cet invariable équilibre ils ont imaginé que, par des conduits souterrains, la mer rendait aux fontaines, aux sources des fleuves le volume qu'elle en avait reçu; qu'il s'établissait ainsi une sorte de circulation perpétuelle entre les eaux de superficie et les eaux souterraines.

Nulle objection ne les arrêtait.

Les eaux de la mer sont salées (1) et les eaux de fontaines sont douces.

Eh bien! les substances salines se déposaient dans le trajet des eaux.

Cette réponse ne portait-elle point la conviction dans votre esprit, ils avaient à leur disposition un feu central qui réduisait en vapeur l'eau de ces canaux souterrains, et les produits de cette distillation immense, s'élevant des profon-

(1) En représentant l'eau douce par 1,000 :

L'Atlantique a pour poids	1,028
La Méditerranée	1,030
L'Adriatique	1,029
La mer Ionienne	1,018
La mer de Marmara aux Propontides	1,013
La mer Noire	1,014
La mer d'Azof	1,012
La mer Caspienne	1,025

L'analyse des eaux de la mer Morte donne :

deurs de la terre, se condensaient à la surface et vous offraient les fontaines dégagées des éléments impurs qu'elles devaient à leur origine.

Que devenaient ces accumulations séculaires de substances salines? Pourquoi n'obstruaient-elles pas les conduits? Pourquoi ces immenses alambics ne se remplissaient-ils pas? Pourquoi aussi cette variation périodique des fontaines dans les temps de pluie et de sécheresse, tandis qu'elles auraient dû présenter toujours un débit constant avec un réservoir comme la mer?

Aux premières objections, on répondait que la nature a des ressources infinies et que l'esprit des hommes est impuissant à les sonder. A la dernière, on avait fini par accorder que les eaux pluviales pourraient bien exercer quelque influence dans la solution de la question qui divisait tous les esprits.

Et, d'ailleurs, les partisans des systèmes si dédaignés aujourd'hui n'avaient-ils pas pour eux des préjugés religieux, et, au besoin, le texte mal compris des livres sacrés?

Jadis Platon et d'autres philosophes indiquaient, pour le réservoir commun des sources et des fontaines, les gouffres du Tartare.

Des écrivains chrétiens ont prétendu plus tard, pour expliquer l'ascension des eaux du fond des entrailles de la terre, qu'elles n'y étaient point assujetties aux règles de l'hydrostatique [1].

Saint Thomas admet l'ascendant des astres ou la faculté attractive de la terre, qui rassemble les eaux dans son sein par une force que la Providence lui a départie suivant ses vues et ses desseins.

Puis arrivaient enfin, pour trancher la question, des passages mal interprétés de la Bible, que l'on jetait imprudemment au milieu de discussions toutes humaines.

Chlorure de magnésium	0,146
Chlorure de calcium	0,031
Chlorure de sodium (sel ordinaire)	0,078
Chlorure de potassium	0,007
Bromure de potassium	0,0013
Sulfate de chaux	0,0007
Eau	0,736
	1,000

[1] Avaient-ils remarqué les merveilleux effets de la capillarité, et lui donnaient-ils une puissance que l'expérience ne reconnaît pas?

Et, pour soutenir le faux système des conduits souterrains et des alambics monstrueux, on s'étayait de ces paroles de l'*Ecclésiaste*, verset 7 :

« Tous les fleuves entrent dans la mer et la mer ne regorge pas ; les fleuves retournent au même lieu d'où ils étaient sortis pour couler encore. »

Voilà donc, s'écriait-on, la preuve irrécusable de la grande circulation souterraine des eaux, circulation nécessaire, indispensable, car sans elle la terre disparaîtrait encore sous le niveau d'une mer sans rivages. « Plures quam mille « fluvii in mare se exonerant, et majores ex illis tantâ copiâ, ut aqua illa, quam « per totum annum emittunt in mare, superet totam tellurem. » (*Varenius.*)

Cette conséquence n'est pas rassurante, mais implique-t-elle nécessairement le mode de circulation adopté par les défenseurs des canaux souterrains ?

N'est-il pas possible aux eaux versées dans la mer d'en sortir d'une autre façon et sous une autre forme ?

La mer n'offre-t-elle pas une prodigieuse surface à l'évaporation journalière ? Ne voit-on pas que cet immense volume de vapeur, qui chaque jour s'en élève, peut égaler et dépasser même, au bout de l'année, d'une part le volume des pluies qu'elle a reçues directement, et de l'autre, le débit des fleuves ?

Ces vapeurs, en devenant des nuages que les courants atmosphériques déchirent et transportent, et dont une partie finit par se résoudre en pluie sur les terres, ne peuvent-elles pas à leur tour alimenter par infiltration les fontaines, les rivières et les fleuves ?

On connaissait l'une des moitiés de cette chaîne sans fin qui devait nécessairement unir les fontaines à la mer et la mer aux fontaines. On dérobait l'autre à nos yeux en la plaçant dans les entrailles de la terre ; on peut la voir au contraire : les nuages en sont les anneaux.

Ajoutons que les variations des sources, suivant les circonstances atmosphériques et leur épuisement vers le mois de septembre, sont la conséquence immédiate du système que nous indiquons.

Et tout s'explique aisément alors : la purification de l'eau des mers n'exigera plus pour s'opérer, comme dans le système de Descartes [1], que l'on imagine

[1] « Les eaux pénètrent par des conduits souterrains jusqu'au-dessous des montagnes, d'où la chaleur qui est dans la terre, les élevant en vapeur vers leurs sommets, elles y vont remplir les sources des fontaines et des rivières. »

des feux souterrains, des alambics incommensurables; le soleil ici sera le foyer et le bassin des mers le creuset de cette distillation immense.

Je ne donnerai point les calculs météorologiques qui ont fait passer cette théorie à l'état de vérité mathématique; ils sont du ressort de la physique.

Une objection a été faite cependant; je crois devoir la rapporter, parce qu'elle nous conduira sur la voie des divers moyens qui peuvent être employés pour arriver à découvrir des sources.

On a dit : les eaux pluviales ne pénètrent jamais qu'à quelques pieds dans les terres, comment pourraient-elles donc former les fontaines? *Pluvia non ultra decem pedum profunditatem humectat terram* (Varenius) : *Omnis humor intra primam crustam consumitur, nec in inferiora descendit* (Sénèque).

Cette assertion serait-elle vraie en ce qui concerne les terres végétales, que la théorie précitée n'en serait pas ébranlée; car ce n'est point généralement à l'imbibition des terres à une profondeur plus ou moins grande qu'est due l'origine des sources.

On peut, en effet, partager les sources, quant à leur origine, en trois catégories principales :

1° Celles qui prennent naissance dans les terrains imperméables : elles doivent en général offrir un faible débit et tarir aisément, car elles ne sont, à vrai dire, que l'égout superficiel de ces terrains.

Quelquefois, pourtant, les terrains imperméables se laissent traverser par des sources très-abondantes d'eau thermale qui jaillissent à travers les failles qu'une convulsion géologique a produites.

2° Lorsqu'une couche imperméable recouverte d'une formation perméable vient affleurer soit le flanc, soit le fond d'un vallon, on comprend qu'il doit presque toujours y avoir en ce lieu production d'une source plus ou moins abondante : telle est l'origine de la fontaine du Rosoir.

Si la couche imperméable passe sous le vallon à une profondeur notable, et qu'elle soit recouverte d'une couche perméable arrivant jusqu'au fond de ce vallon, il se forme là une sorte de vase rempli d'eau, dont le niveau monte ou baisse suivant la saison. Le dégorgement de ce vase, qui donne naissance à une ou plusieurs sources, doit en général s'opérer au point le plus bas, c'est-à-dire au fond du vallon; et toutefois de nouvelles sources, moins fortes, il est vrai, et moins constantes que les premières, peuvent surgir sur les flancs des coteaux, si des pluies abondantes relèvent assez le niveau des eaux souterraines pour amener ce résultat.

3° Il peut arriver enfin qu'une couche, perméable à son origine, soit enveloppée plus tard de formations imperméables qui lui servent de toit et de lit ; alors les eaux coulent dans l'intervalle comme dans un conduit, et l'on obtient une source artésienne naturelle si une fracture heureuse du toit *permet à l'eau* de s'élever à la surface. Les puits artésiens tirent, comme on le sait, leur origine du percement artificiel de la couche supérieure.

On comprend, du reste, que les eaux qui coulent entre la double enveloppe peuvent descendre à de grandes profondeurs dans un vallon, puis remonter sur le versant opposé et jaillir en source sur un point tellement élevé qu'on ne se rend point compte, au premier abord, de la manière dont cette fontaine est alimentée. Ces couches aquifères, recouvertes de leurs enveloppes marneuses, peuvent descendre dans la mer et présenter quelques fractures de leur enveloppe supérieure sur le rivage ou sous les eaux.

De là l'existence des sources d'eau douce sur les bords et jusque dans les profondeurs de l'Océan.

De là aussi la possibilité d'obtenir de l'eau douce en creusant des puits sur la plage.

Les indications qui précèdent suffiront, je pense, pour démontrer le grand avantage d'abaisser le niveau des sources qui apparaissent dans les couches perméables; car la diminution de pression qu'on opère ainsi sur le liquide a pour double conséquence d'augmenter la vitesse du fluide qui sort du conduit naturel et de diminuer les pertes dues aux infiltrations.

C'est en vertu du même principe, mais inversement appliqué, que les ingénieurs, gênés par la rencontre d'une source dans des travaux hydrauliques, la cernent et l'emprisonnent de manière à la faire arriver à une hauteur telle que son débit soit anéanti.

C'est ainsi encore que, par suite de considérations du même ordre et pour se débarrasser des sources contre lesquelles on luttait difficilement, on a quelquefois travaillé dans les puits de mine sous l'influence artificielle de pressions plus grandes que l'atmosphère.

Si l'on vient maintenant à suivre par la pensée les canaux alimentaires des fontaines, que de ramifications les eaux qu'ils mènent n'auront-elles pas à parcourir! de cavernes grandes ou petites à remplir! de siphons à franchir!

Et si quelques-unes de ces ramifications, de ces cavernes sont incomplètement occupées par les fluides, voilà l'air qui, tantôt par sa dilatation, tantôt par sa compression, par suite de ses variations d'élasticité dues aux changements de température, modifiera nécessairement à son tour la marche souterraine des eaux.

De là ces singularités que les fontaines offrent parfois à l'observateur et qui, indépendamment des circonstances atmosphériques, altèrent d'une façon si curieuse l'uniformité de leur débit.

Dans les unes, l'écoulement cesse et recommence à des périodes régulières : elles sont appelées fontaines intermittentes.

Dans les autres, l'écoulement, sans s'arrêter entièrement, croît à partir d'un certain débit minimum jusqu'à un produit maximum, pour revenir ensuite au point de départ et recommencer la même période : ce sont les fontaines intercalaires.

Viennent ensuite les fontaines intermittentes et les fontaines intercalaires composées. Les premières éprouvent dans leur marche une série de petites intermittences, séparées par un temps d'arrêt beaucoup plus considérable. Les secondes subissent dans leur volume une succession de variations également interrompues par une variation beaucoup plus grande, qui devient la limite de la période.

A peine j'ose entrer dans quelques explications au sujet de ces fontaines.

Pour qu'il y ait production d'une fontaine intermittente, il suffit que le courant tombe dans une cavité et que, de cette cavité, sorte un siphon naturel, intermédiaire nécessaire entre la cavité et le point d'émergence.

Il faut, de plus, que le siphon puisse débiter un volume plus grand que le volume naturellement amené dans l'excavation.

Alors, supposons que le siphon marche : il videra la cavité et la source débitera le volume qu'il donne; la cavité vidée, l'air rentrera dans le siphon et la source s'arrêtera. Mais en même temps la grotte se remplira, et lorsque le niveau de l'eau sera arrivé à celui de la partie haute du siphon, cet appareil recommencera à jouer, et ainsi de suite.

Pour obtenir une fontaine intercalaire, il suffit d'imaginer que la ramification qui donne l'eau à la grotte se subdivise et qu'une des branches se vide directement au bassin de la fontaine.

On voit que le minimum de débit correspondra au moment où cette seconde branche donnera seule, et le maximum à l'instant où son produit s'ajoutera au volume maximum du siphon.

Pour se rendre compte des fontaines intermittentes composées, il suffit de supposer deux cavités communiquant par un siphon. La plus grande des cavités sera située en amont de la plus petite; admettons encore que le siphon qui communique à la fontaine débite un plus grand volume que celui qui réunit les grottes, et qu'enfin chacun d'eux laisse couler un volume supérieur au produit naturel de la source. Alors, il est évident que la grande cavité enverra à la petite plus d'eau qu'elle n'en reçoit; elle finira donc par se vider : la petite, à son tour, sera mise à sec plusieurs fois pendant que la grande cavité se désemplira, l'eau qu'elle renferme étant emportée par le siphon du plus fort calibre.

De là les petites intermittences, et la grande correspondra au temps nécessaire pour remplir de nouveau la grande grotte.

Que l'on ajoute maintenant à cet appareil naturel une ramification du cours principal se rendant directement au bassin de la source, et l'on aura ce qu'on appelle une fontaine intercalaire composée.

Maintenant, que pendant la saison des pluies de nouvelles sources se développent; qu'elles produisent au minimum ce que le siphon des fontaines intermittente ou intercalaire peut débiter, alors le régime de la fontaine passe à l'uniformité.

Veut-on un exemple d'une fontaine qui coulerait pendant l'été et s'arrêterait lorsque le débit des sources augmente en général? Que l'on imagine, dans la grotte de la fontaine intermittente simple, un orifice placé à une certaine hauteur au-dessus de l'extrémité de la courte branche du siphon.

Si cet orifice peut emmener tout ce que le conduit naturel fait arriver, cet orifice donnera naturellement lieu à une source d'un débit non interrompu.

Si l'eau augmente et que l'orifice précité ne puisse pas donner écoulement à tout le nouveau volume, la cavité se remplira, le siphon pourra s'amorcer, et s'il débite plus que le conduit qui amène les eaux à la grotte, celle ci se videra, et par conséquent la fontaine à laquelle l'orifice précité donne naissance deviendra périodique, comme celle à laquelle le siphon envoie les eaux.

Enfin, si le volume du conduit principal augmente encore et s'il est égal à celui débité par le siphon, le plan des eaux étant dans la grotte au-dessous de l'orifice, il est manifeste que la fontaine qu'il desservait cessera de couler, tandis que celle du siphon deviendra uniforme.

Il existe en Angleterre plusieurs de ces fontaines qui coulent en été et s'arrêtent pendant l'hiver.

Voilà déjà des résultats bien variés et je n'ai point fait entrer cependant en ligne les effets dus à la dilatation, à la compression, aux variations de température que l'air peut éprouver dans les conduits naturels.

Que l'on suppose, par exemple, un point haut dans ces conduits, et qu'une certaine quantité d'air se loge à partir de ce point haut dans la branche descendante. Pour un certain degré de température, la force élastique de l'air laissera l'eau franchir le point haut; mais que cette température augmente, l'eau ne pourra plus surmonter la nouvelle élasticité développée et l'écoulement s'arrêtera (1).

Enfin, lorsque les sources ne sont pas éloignées des bords de la mer, des irrégularités curieuses se présentent quelquefois dans leur débit.

Tantôt le débit croît et décroît avec la marée,

Tantôt il marche en sens inverse de la marée.

Dans le premier cas, le phénomène est facile à comprendre. La source peut être, en effet, considérée comme le niveau supérieur d'un tuyau irrégulier branché sur le conduit souterrain qui l'alimente : lequel conduit est lui-même en communication avec la mer. Lorsque cette dernière monte, le débit du grand conduit diminue et les frottements qui s'exercent contre les parois s'affaiblissent; en même temps, le niveau de la source doit tendre à s'élever et par conséquent son produit augmenter.

L'effet contraire résulte de l'abaissement de la marée.

Je m'explique ainsi qu'il suit la marche inverse du débit de la source, relativement au flux et reflux; j'admets que la mer communique par un conduit

(1) Voir, dans la deuxième partie, chapitre II, des observations de l'académicien de Parcieux, relatives à ce genre d'écoulement.

avec une cavité remplie d'air, sans que pourtant son niveau puisse atteindre cette dernière; j'admets encore que la source vienne déboucher dans cette cavité avant de surgir du sol : je suppose enfin que le point où la source sort de terre soit réunie à la cavité précitée, au moyen d'un conduit dont une partie affecte la forme d'un siphon renversé, *de manière à présenter une fermeture hydraulique* : l'air renfermé dans la cavité manquant d'issue ne peut s'échapper, même quand il est comprimé, et le seul résultat de cette compression est d'établir dans le conduit (côté de la cavité) une diminution de niveau nécessaire à l'établissement de l'équilibre.

Alors, si la marée monte, l'élasticité de l'air augmente et l'excès de compression subi par la source à son point d'émergence produit le même effet que si le niveau de cette dernière était exhaussé; son débit doit donc diminuer.

Quand la marée est basse, au contraire, le volume initial doit reparaître, parce que la pression redevient la même sur le point d'émergence de la source.

Dirai-je un dernier mot sur ces étangs qui, dans les grandes eaux, ne présentent un niveau moins élevé qu'à l'époque des sécheresses?

Ce qui se passe dans cette circonstance doit être analogue à ce que l'on remarque dans les vases tantales.

Il existe un siphon que le terrain dérobe aux regards et dont la courte branche est en communication avec les parties inférieures de l'étang. Dans les eaux basses, bien que leur niveau monte encore à une grande hauteur, cette dernière n'est point suffisante pour dépasser le point haut du siphon; l'appareil ne peut fonctionner, et toute l'eau reste dans l'étang. Mais que les grandes eaux arrivent, elles surmonteront dans un moment donné ce point haut, le siphon marchera et les eaux descendront dans l'étang jusqu'au moment où il y aura équilibre entre le produit de la source et le produit du siphon souterrain.

Je me borne à ces détails, peut-être déjà trop circonstanciés, car l'explication de ces cas particuliers est aujourd'hui familière à tous.

Mais si l'on se reporte à un temps où l'instruction était le patrimoine d'un petit nombre d'élus, où la physique, d'ailleurs, était dans l'enfance, on trouvera naturel que les phénomènes que je viens de rappeler fussent l'origine d'une foule de craintes et d'espérances, de pratiques et de préjugés superstitieux.

Quant à moi, lorsque je considère tous ces jeux de l'hydraulique dont nous avons aujourd'hui la clef, mais qui, pour les temps passés, étaient pleins de mystères, je ne m'étonne point que, dans l'impossibilité où se trouvaient les anciens d'assigner des lois physiques à ces écoulements si variés, ils aient, en désespoir de cause, placé toutes les fontaines sous la direction absolue de leurs capricieuses divinités.

« Nous adorons, dit Sénèque, les sources des grands fleuves, et nous plaçons des autels *à l'endroit où les eaux sortent brusquement des souterrains.* »

DES CHERCHEURS DE SOURCES ANCIENS ET MODERNES.

Je viens d'esquisser à grands traits les principaux systèmes relatifs à l'origine des fontaines; j'ai rappelé ensuite les causes des principales irrégularités que leur débit présente. Qu'il me soit permis maintenant de recourir aux vieux auteurs pour y retrouver les moyens que l'on employait et que l'on peut encore employer de nos jours pour découvrir les fontaines que leur force ascensionnelle insuffisante oblige à couler souterrainement.

L'art de trouver les sources a été cultivé dans tous les temps : on le connaissait chez les Grecs; les Romains avaient pour les chercheurs d'eau ou *aquiléges* les plus grands égards.

Cassiodore, en répondant à un magistrat qui lui avait écrit au sujet d'un *aquilége* nouvellement arrivé d'Afrique, recommande d'user de son expérience et de le traiter avec une distinction marquée.

« Habeatur ergo iste inter reliquarum artium magistros : ne quid desiderabile
« putetur fuisse, quod sub nobis non potuerit romana civitas continere. »

Pline, Vitruve, Palladius, étudient avec un soin diligent les moyens de découvrir les sources souterraines.

Je vais indiquer les principaux caractères auxquels ils prétendent qu'on doit les reconnaître. Et d'abord ils conseillent de faire les recherches dans les mois d'août, de septembre et d'octobre [1]. A cette époque, effectivement, les fontaines

(1) Pour apprécier le véritable débit d'une source, c'est dans la saison où elle est le moins

présentent le moindre débit, et si l'on en découvre alors, on doit concevoir la juste espérance qu'elles ne tariront dans aucun temps de l'année.

J'arrive maintenant aux signes qui trahissent le passage souterrain des eaux. Un des signes les plus certains, dit Pline, ce sont les vapeurs qui s'élèvent sur les lieux au-dessous desquels circulent des veines liquides. Pour apercevoir ces vapeurs, il recommande de se coucher par terre *avant le soleil levé* et d'examiner attentivement, le menton appliqué contre la terre, si quelque colonne de vapeur ne vient pas à s'élever et à ondoyer au-dessus de lieux où il ne se trouve aucune humidité causée par les eaux sauvages.

Cassiodore ajoute une observation que je rappellerai à raison de sa singularité : d'après lui, les aquiléges mesurent la profondeur du courant souterrain par la hauteur à laquelle la vapeur semble s'élever. « Addunt etiam in columnæ « speciem conspici quemdam tenuissimum fumum, qui quanta fuerit altitudine « porrectus ad summum, tanto in imum latices latere cognoscunt. »

Mais cette opération est, à ce qu'il paraît, très-pénible, car Pline ajoute : « Certior multo nebulosa exhalatio est antè ortum solis longiùs intuentibus.... « sed tantâ intentione oculorum opus est, ut indolescant. »

Aussi a-t-on essayé de substituer à la vue simple d'autres moyens de reconnaître si ces vapeurs s'exhalaient; et, par exemple, on conseille de mettre *à la même heure*, sur les lieux où la source est espérée, une aiguille de bois en équilibre [1]; cette aiguille est composée de deux parties dont l'une doit être poreuse et très-hygrométrique, comme l'aune; puis, s'il se dégage effectivement de la vapeur, l'extrémité poreuse s'inclinera vers la terre.

Vitruve engage encore à creuser un puits de 3 pieds de diamètre sur 5 à 6 de profondeur et de placer au fond, lorsque le soleil se couche, un vase d'airain ou de plomb frotté d'huile; on renverse ce vase, on remplit la fosse avec des planches et des feuillages qu'on recouvre avec de la terre, et si le lendemain des gouttes d'eau sont attachées au vase, il affirme que la nappe liquide est au-dessous et qu'on la trouvera en creusant.

abondante, c'est-à-dire sur la fin de l'été, qu'il faut la jauger. C'est ce que recommandait aussi le jurisconsulte Ulpien dans la loi Ire, § 8, ff., tit. XIII, lib. XLIII : *Quia*, dit-il, *semper certior est naturalis cursus fluminum æstate potiùs quam hyeme... æstas ad æquinoxium autumnale refertur.*

[1] Ce procédé, recommandé par Belidor, a été inventé par le père Kirker.

Belidor prétend, d'après Cassiodore, que si des tourbillons ou nuées de petits moucherons volent près de la terre, toujours à la même place, c'est qu'ils sont attirés par quelques exhalaisons de vapeur provenant d'une veine fluide (¹).

Il recommande, à l'exemple de Vitruve, de noter les lieux où l'on rencontre des joncs, des roseaux, du baume sauvage, de l'argentine, du lierre terrestre, lorsque ces plantes ne peuvent être nourries par les eaux sauvages.

Pline prescrit de faire des fouilles au point précis où l'on voit des masses de grenouilles semblant couver, tant elles pressent la terre pour s'approprier les vapeurs qui s'en exhalent.

Quand le sol est recouvert de gelée blanche, il est facile de s'assurer si un courant existe à peu de profondeur, car cette gelée ne tient pas sur sa direction. J'ai eu plusieurs fois l'occasion de faire cette remarque dans les temps de neige, en suivant la direction de l'aqueduc de Dijon. La neige s'affaisse et fond en partie sur la ligne suivie par cette construction, bien que la voûte soit partout à plus de 1 mètre sous terre et que l'eau coule encore à 1 mètre au-dessous de l'extrados de cette voûte, recouverte elle-même d'une chape.

Tels sont les principaux procédés que nous ont légués les anciens pour la découverte des sources. Mais avant de clore avec les traditions du passé, me sera-t-il permis de rappeler que Moïse, faisant jaillir une source dans le désert, devait avoir des imitateurs jaloux de renouveler la lutte que les devins de Pharaon ne craignirent pas d'engager avec le libérateur du peuple juif ?

Aussi voyait-on déjà, dans le quinzième siècle, des hommes marchant à la découverte des sources, tenant deux des branches d'une fourche de coudrier et attendant que la troisième, en s'inclinant irrésistiblement vers la terre, indiquât la présence d'une nappe souterraine.

Le plus célèbre de la secte fut un nommé Jacques Aymard, qui fit grand bruit à Paris en 1693. Sur l'ordre de Colbert, l'abbé Gallois le présenta à l'Académie ; mais la docte assemblée lui tendit un piége dans lequel se brisa la baguette en-

(¹) Ce signe, suivant Cassiodore, est infaillible pour les aquiléges :
« Sole autem declarato, intuentur etiam magistri loca solliciti, et ubi supra terra minutissi-
« marum volitare spissum examen conspexerint omninò muscarum, tunc promittunt læti facilè
« quod quæritur inveniri. »

chantée du faux Moïse et le cours de ses miracles si variés fut brusquement interrompu. On sait que la baguette divinatoire, saluée sous les noms de Verge de Moïse, de Bâton de Jacob, de Verge d'Aaron, n'avait pas seulement la vertu de découvrir des sources; elle tournait de plus sur les métaux, sur les trésors, sur les meurtriers qu'elle livrait à la justice, et sur les reliques des saints régulièrement canonisés : sa vertu créa de tels prodiges qu'on recourut, pour l'expliquer, à l'intervention des puissances infernales; Mélanchthon lui-même, l'un des héros de la religion réformée, parlant des filons de mine qu'elle aidait à découvrir, ne put expliquer autrement cette propriété singulière que par des relations sympathiques qui uniraient ensemble les végétaux et les minéraux.

On est autorisé à croire que le culte de la baguette était déjà pratiqué dans l'antiquité. Elle est mentionnée dans les écrits de Neuheusius, de Varron, d'Agricole, de Cicéron : l'orateur romain, dans les conseils qu'il donne à son fils Marc, lui défend de se dérober aux affaires publiques lors même qu'il découvrirait un trésor par la grâce de la baguette divine : «Quid si omnia nobis quæ « ad victum cultumque pertinent, quasi virgulâ divinâ, ut aiunt, suppeditarentur. »

Mais il y avait aussi, à cette époque, des gens difficiles qui ne prêtaient pas foi aisément à ces prodiges.

Un chercheur de trésors avait proposé au poëte Ennius d'en découvrir un moyennant un drachme : je vous donne de bon cœur ce drachme, répondit-il, mais à prendre sur le trésor que vous trouverez :

> Quibus divitias pollicentur, ab iis drachmam ipsi petunt.
> De his divitiis deducam drachmam, reddam cætera.

Lorsqu'une source avait été trouvée par les procédés racontés avant la petite digression sur la baguette divinatoire, il fallait en tirer le meilleur parti possible : Vitruve donne le moyen suivant de la mettre à profit.

Si les signes que nous venons de décrire, dit-il, se rencontrent en quelque lieu, il faudra y creuser un puits, et si l'on aperçoit une source, en faire plusieurs autres à l'entour et les réunir par de petites galeries souterraines.

Ces précautions semblent indiquer que Vitruve ne comptait guère que sur des suintements dont il cherchait à augmenter le volume en les réunissant tous.

Cependant il semble résulter d'une lettre déjà citée et écrite par Cassiodore, que l'on arrivait parfois à des résultats bien plus importants, puisqu'il y recommande formellement au magistrat de faire accompagner l'aquilège d'Afrique par un homme habile dans la mécanique et sachant élever les eaux que l'on viendrait à découvrir.

Telle est à peu près la série des procédés auxquels on avait recours dans les temps anciens pour découvrir des sources, et qui constituaient la science de l'aquilège.

Avant d'arriver aux méthodes d'investigation d'un chercheur de sources, dont le nom a été souvent répété dans les feuilles publiques, je vais donner quelques résultats dus à l'expérience éclairée de M. l'ingénieur en chef Belgrand.

« *Disposition des sources dans le granit.* — Les sources du granit se trouvent aussi bien sur les flancs des coteaux qu'au fond des vallées : lorsqu'elles sont sur le flanc d'un coteau on peut les reconnaître de loin, d'abord à la végétation beaucoup plus active qui les entoure, mais surtout à la forme du terrain qui semble plus déprimé ; on dirait que le flanc du coteau, ramolli par l'eau, s'est affaissé brusquement sur lui-même.

« Lorsque l'eau de source est bonne, au dire des paysans, c'est-à-dire quand elle conserve à peu près une température constante, l'été et l'hiver, l'herbe y reste longtemps verte dans la saison froide.

« Dans les bois du Morvan, les sources sont toujours indiquées par la présence de l'aune (qu'on nomme *verne* en langage du pays) ; aussi désigne-t-on tous les endroits humides du bois par les noms de *vernet*, *vernis*, *vernier*.

« Dans les terrains stratifiés, les sources soutenues par un terrain imperméable se montrent surtout dans les dépressions des coteaux : elles sont d'autant plus belles que les dépressions sont plus profondes ; les plus fortes sont au fond des vallées secondaires les plus importantes ; il est très-rare qu'une très-belle source soit sur le bord même de la vallée principale.

« Dans les terrains entièrement perméables, les sources sont toujours placées au fond des vallées les plus profondes ; les plus belles émergent vis-à-vis le point de jonction d'une vallée secondaire. »

J'ai eu, dans plusieurs circonstances, l'occasion de vérifier moi-même l'exactitude de ces assertions.

1° En ce qui concerne la puissance de la végétation.

Une source, qu'on appelle à Dijon la fontaine des Suisses, avait presque entièrement disparu : elle ne donnait plus que 1/5 de litre à la minute. Or, deux lignes de peupliers plantés le long de la petite vallée que la source parcourt offraient le phénomène suivant : les peupliers avaient été plantés à la même époque, et cependant le premier de chaque ligne présentait un développement plus que double des suivants.

Je fis creuser une tranchée dans le lieu présumé d'où devait émerger la source, et je remarquai que les racines des deux premiers arbres s'étaient avancées de 8 à 10 mètres vers cette source, au milieu du bassin naturel de laquelle elles s'étaient établies pour s'en emparer en entier. Quelques travaux modifièrent le cours de la source et son volume redevint égal à 12 et 13 litres par minute.

2° J'ai reconnu aussi, à la suite de terrassements exécutés au point de jonction des vallées secondaires avec la vallée principale, dans les terrains calcaires, l'existence de cours d'eau se dirigeant vers la vallée principale dans des conduits à peu près circulaires formés par les dépôts successifs de carbonate de chaux qui agglutinaient les sables dont le sous-sol du vallon était composé.

C'est même pour recueillir au besoin ces sources, dont j'avais reconnu l'existence, que j'ai établi des prises d'eau près de la fontaine du Rosoir, dans l'aqueduc qui la conduit à Dijon.

L'un des chercheurs de sources les plus connus dans le temps actuel, ainsi que je le disais plus haut, est M. l'abbé Paramel. Quelques détails sur sa méthode m'ont été fournis par M. l'ingénieur en chef Parandier.

M. l'abbé Paramel n'est point un géologue connu, peut-être même n'est-il pas géologue; mais, à coup sûr, il possède certaines connaissances empiriques qui le dirigent dans ses excursions hydrauliques. L'abbé Paramel ne communique à personne ses moyens d'investigation; — il était cependant facile à un géologue exercé de les deviner, s'il lui était donné d'accompagner cet hydroscope dans une de ses excursions; M. l'ingénieur en chef Parandier devait donc être pour M. Paramel un dangereux compagnon de course s'il voulait conserver son secret intact. Aussi les quelques lignes suivantes témoigneront que ce secret a été surpris.

Le procédé d'exploration de M. Paramel, bien que reposant, comme on le verra, sur une base rationnelle, présente néanmoins un large côté aléatoire : ses succès ne peuvent donc point se compter par le nombre de ses promenades. Mais arrivons aux renseignements précis que M. Parandier a eu l'obligeance de me transmettre.

Dans les terrains massifs, c'est-à-dire non stratifiés, le relief du terrain présente des formes arrondies.

Lorsque la masse minérale, à raison de sa dureté et de sa cohésion, a pu résister aux érosions plus ou moins violentes des cataclysmes, l'inclinaison des côteaux est rapide comme dans les chaînes de montagnes granitiques.

Si les terrains massifs sont argileux, marneux et peu résistants, leurs formes sont plus mollement accusées et les pentes des versants moins rapides : l'altération que subissent, à la longue, ces marnes ou ces argiles vient encore s'ajouter à leur facilité d'érosion pour déterminer, comme conséquence, l'adoucissement des versants sur lesquels elles reposent.

Enfin lorsque, dans les terrains stratifiés, une assise d'argile ou de marne est intercalée entre des masses rocheuses et résistantes, il est aisé de s'en apercevoir au premier aspect général d'une localité : en effet, le profil du relief, d'abrupte et de saccadé qu'il est toujours à l'affleurement des couches rocheuses, passe brusquement à une pente douce ou arrondie dans la partie correspondante à la couche altérable.

Ces circonstances de relief des terrains que M. Paramel connaît par son expérience, sinon par une appropriation scientifique, lui donnent immédiatement la clef de la nature du sous-sol qu'il doit considérer : premier moyen d'investigation. L'état et la nature de la végétation lui en offrent un second.

En effet, au fur et à mesure que M. l'abbé Paramel remonte à pas lents un vallon ou une dépression continue pour y découvrir une source, on voit bien aux regards qu'il jette sur les plantes et sur le sol, qu'il cherche à induire de la nature et de la force végétatives des premières, d'une part; et, d'autre part, de la consistance du second, la présence plus ou moins probable des eaux, et même leur profondeur approximative au-dessous de la superficie du terrain.

Nous pouvons maintenant nous faire une idée de la méthode de M. Paramel. Et, d'abord, suivons-le sur un plateau composé de masses rocheuses et stratifiées : ces plateaux, généralement recouverts d'une faible épaisseur de terrain détritique perméable, sont eux-mêmes absorbants. Souvent même, lorsque ces plateaux forment des bassins fermés, on les voit perforés par des bas-fonds, puits ou entonnoirs où se perdent les eaux pluviales; ils sont d'ailleurs latéralement découpés par des gorges plus ou moins profondes, où, par une foule de fissures, se rendent plus ou moins promptement les eaux. Sur ces terrains, qui présentent un aspect desséché, la végétation est peu vigoureuse, les arbres rares et rachitiques; aussi M. l'abbé Paramel à peine entrevoit-il ces terrains qu'il s'empresse de dire : *Il n'y a rien à faire ici, n'allons pas plus loin.*

Cette conclusion négative, chacun l'avait déjà prononcée.

Lorsque le relief du terrain annonçait au contraire, d'après les indications précédentes, un sous-sol de marne ou d'argile imperméable, il était rare, dit M. Parandier, que M. Paramel n'annonçât pas l'existence d'une source, ou du moins la chance de la découvrir en tel ou tel point qu'il indiquait même d'assez loin, soit dans un vallon, soit dans un pli du sol.

Cette allégation reposait sur des bases aussi probables que la décision négative dans le cas précédent.

En effet, le sous-sol, dans la nouvelle hypothèse qui nous occupe, est presque toujours recouvert d'un terrain détritique, ne fût-ce que de terre végétale, ou bien d'un terrain de transport soit ancien, soit fluviatile, plus ou moins moderne; les eaux pluviales y pénètrent et arrivent par suintements jusque sur le sol vierge où elles circulent en suivant la pente qui tend à les réunir dans le thalweg des plis de ce sous-sol. Elles arrivent ainsi jusqu'aux parties inférieures du vallon où elles coulent sous la masse du sol, et quelquefois le détrempent jusqu'à le rendre marécageux.

Alors M. l'abbé Paramel dirigeait ses pas vers l'origine du vallon, s'arrêtait au point où il supposait son profil le plus resserré et où, en même temps, l'épaisseur du sol détritique ou diluvien lui semblait la moins grande, puis il prescrivait en ce lieu l'exécution d'une tranchée perpendiculaire à la direction du thalweg du vallon et la construction d'un mur imperméable descendant à une profondeur qu'il déterminait à peu près. Enfin, pour couronner l'œuvre, il annonçait qu'en plaçant un tube à travers ce mur il en sortirait une source grosse comme le petit doigt, le pouce ou l'avant-bras, suivant l'étendue du bassin sur lequel il opérait.

C'est par une longue habitude que M. Paramel est parvenu à apprécier rapidement, non-seulement les formes du sous-sol imperméable et, jusqu'à un certain point, l'épaisseur des terrains modernes, alluviens ou détritiques qui le recouvrent, mais encore par l'étendue des vallons, bassins ou dépressions, la quantité d'eau qu'on pouvait faire surgir sur un point choisi.

Pour un vallon secondaire creusé dans l'affleurement de puissantes assises d'argile ou de marne, au-dessous des escarpements abruptes qui dominent une vallée principale, les circonstances sont les mêmes ainsi que la méthode d'investigation : — seulement, dans ce cas, l'épaisseur des terrains d'éboulis ou d'anciens dépôts de moraines peut mettre le chercheur de sources en défaut : — quelquefois, au contraire, lorsqu'au-dessus des vallons explorés, un pli des terrains supérieurs y verse des sources masquées sous les dépôts, le succès des recherches dépasse toute espérance.

On voit donc que guidé, comme il l'est en effet, par les considérations précédentes, M. l'abbé Paramel peut souvent réussir dans ses recherches.

D'autres fois des dislocations inaperçues ou de grands éboulements déplaçant les masses argileuses jettent l'abbé Paramel dans l'erreur. Il doit arriver encore qu'en opérant sur un vallon dont le sous-sol n'est imperméable que sur une zone bornée par l'affleurement d'une assise marneuse d'épaisseur médiocre, les indications portent en dehors de sa limite cachée par des dépôts superficiels. Les intéressés, du reste, ont souvent à s'imputer de leur côté la cause des non-succès : au lieu d'approfondir assez leurs tranchées et d'enraciner convenablement le mur dans le sous-sol imperméable, ils s'arrêtent avant le moment convenable, et en ne descendant pas assez les fondations du mur par une économie mal entendue, ils laissent échapper les eaux par-dessous sans les intercepter et les recueillir.

Les recherches de M. l'abbé Paramel sont donc exposées à bien des causes d'erreur qui peuvent tromper les prévisions : toutefois, on comprend que les déceptions sont beaucoup moins fréquentes dans des localités à sous-sol franchement massif, argileux, marneux, imperméable.

M. Parandier n'a point vu M. Paramel explorer les terrains massifs primordiaux ; mais, ainsi que cet ingénieur en chef me le fait observer, ces derniers sont généralement très-peu perméables : les sources y partent des sommets des montagnes à l'état de simples filets ; elles y sont souvent masquées par une certaine épaisseur d'arkose ou de roche décomposée qui absorbe les eaux à la manière des terrains détritiques : on sait que cette décomposition se présente dans les masses granitiques à base de feldspath. En conséquence, les terrains primordiaux présentent, en ce qui concerne l'existence et la marche des nappes souterraines, les mêmes propriétés générales que les formations à sous-sol argileux ou marneux, et le même mode d'exploration peut encore leur être appliqué.

Il est inutile d'ajouter qu'une fois la source mise à jour, soit qu'on en réunisse les suintements dans un puisard, soit qu'on la recueille au moyen d'un orifice pratiqué dans le petit barrage enraciné dans le sous-sol imperméable, il est facile de la distribuer, selon le besoin, partout où son niveau permet de la conduire.

Tel est le résumé de la méthode de M. l'abbé Paramel. On conclura aisément de ce qu'on vient de lire, que ce procédé ne peut être appliqué à la recherche des sources circulant dans une couche perméable ayant des couches imperméables pour base et pour toit. Ces sources, dites artésiennes, ne s'obtiennent en effet que par la fracture naturelle ou le percement artificiel de l'enveloppe supérieure; — mais encore une fois, le mode d'investigation de M. Paramel reprend sa valeur et son utilité pratique pour la recherche des nappes formées par le suintement des eaux pluviales à travers des terrains détritiques, placés sur un terrain composé d'argiles compactes, ou de marnes ou enfin de terrains massifs quelconques imperméables.

Il n'y a là, comme on le voit, ni procédés mystérieux, ni magie; — un peu de mise en scène peut-être! Toutefois, il faut reconnaître que malgré les incertitudes qu'ils présentent, les moyens d'exploration de l'abbé Paramel ont été pour les habitants des campagnes l'occasion de découvertes précieuses, en permettant parfois de faire surgir du sol des eaux qui, suintant et circulant à une certaine profondeur, allaient auparavant se perdre dans le sous-sol des bas-fonds et dans le thalweg des vallons. En effet, ces eaux ainsi ramenées à la surface présentent une utilité réelle au lieu de contribuer le plus souvent à rendre marécageux et improductifs des terrains naturellement riches de puissance végétative par leur composition minérale, par leur position, et destinés à prendre une grande valeur par l'assainissement.

Je terminerai cet exposé des moyens de rechercher les sources par l'extrait très-curieux d'un ouvrage de Bernard Palissy, cet homme aussi élevé par le caractère que par le génie [1].

Cet extrait comprend une partie du dialogue entre *Théorique* et *Pratique*, au sujet des procédés à employer pour découvrir la marne et les sources.

(1) Il appartenait à la religion réformée; il fut arrêté par ordre des Seize et enfermé à la Bastille. Henri III alla le visiter dans sa prison et l'engagea à abjurer: « Sire, lui répondit Palissy, ceux qui vous contraignent ne pourront jamais rien sur moi, parce que je sais mourir. » Il mourut à quatre-vingt-dix ans, vers 1589.

Théorique est, comme on va le voir, un peu sacrifiée à Pratique, sous le nom de laquelle Bernard Palissy fait connaître son opinion.

« PRATIQUE. Si je voulois trouver de la marne en quelque province, où l'invention ne fût encore connue, je voudrois chercher toutes les terrières, desquelles les potiers, briquetiers et tuiliers se servent en leurs œuvres, et de chacune terrière, j'en voudrois fumer une portion de mon champ, pour voir si la terre seroit ameilleurée; *puis je voudrois avoir une tarrière bien longue, laquelle tarrière auroit au bout de derrière une douille creuse*, en laquelle *je planterois un bâton*, auquel *y auroit, par l'autre bout, un manche au travers, en forme de tarrière*, et ce fait, j'irois par tous les fossés de mon héritage, auxquels *je planterois ma tarrière, jusques à la longueur de tout le manche, et l'ayant tirée dehors du trou, je regarderois dans la cavité*, de quelle sorte de terre elle auroit apporté, et l'ayant nétoyée, j'ôterois le premier manche, et *en mettrois un beaucoup plus long, et remettrois la tarrière dans le trou que j'aurois fait premièrement, et percerois la terre* plus *profond*, par le moyen du second manche; et par tel *moyen ayant plusieurs manches de diverses longueurs*, l'on pourroit savoir quelles sont les terres profondes, et non-seulement voudrois-je fouiller dans les fossés de mes héritages, mais aussi par toutes les parties de mes champs, jusqu'à ce que j'eusse apporté au bout de ma tarrière quelque témoignage de ladite marne, et ayant trouvé quelque apparence, lors je voudrois faire en icelui endroit une fosse telle comme qui voudroit faire un puits.

« THÉORIQUE. Voire, mais s'il y avoit du roc au-dessous de ces terres, comme l'on voit en plusieurs contrées que toutes les terres sont foncées de rochers?

« PRATIQUE. A la vérité, cela seroit fâcheux; toutefois, en plusieurs lieux les pierres sont fort tendres, et singulièrement quand elles sont encore en terre: pourquoi me semble qu'*une tarrière les perceroit aisément*, et après *la tarrière*, on *pourroit mettre l'autre tarrière*, et par tel moyen on pourroit trouver des terres de marne, *voire des eaux pour faire puits, lesquelles bien souvent pourroient monter plus haut que le lieu où la pointe de la tarrière les aura trouvées: et cela se pourra faire, moyennant qu'elles viennent de plus haut que le fond du trou que tu auras fait.*

« THÉORIQUE. Je trouve fort étrange de ce que tu dis que si le roc m'empêche de percer la terre, qu'il faut aussi percer le roc; et si c'est du roc, qu'ai-je faire de le percer, vu que je cherche de la marne?

« PRATIQUE. Tu as mal entendu, car nous savons qu'en plusieurs lieux les terres sont faites par divers bancs, et en les fossoyant, on trouve quelquefois un banc de terre, un autre de sable, un autre de pierre, et un autre de terre argileuse... »

Cette description de l'instrument de Bernard Palissy, dit M. de Thury, ne convient-elle pas à la première ébauche d'une sonde, et ne semble-t-elle pas être la première idée de celui qui a dû en être l'inventeur? En effet, pour que l'instrument prenne le nom de sonde, il suffira de changer ses allonges de bois en tiges de fer, et d'en joindre plusieurs ensemble; quant à l'art de s'en servir pour obtenir des eaux jaillissantes, le langage de Palissy est assez positif pour que l'honneur et la priorité de cet art lui soient accordés.

De nos jours, où la magie est un peu à l'ombre, celui qui veut découvrir dans les entrailles de la terre les nappes d'eau ou les richesses minérales qu'elles recèlent s'adresse avec plus de confiance à la sonde de Palissy qu'à la baguette de coudrier : elle est moins portative, il est vrai, mais elle a le grand avantage de tourner sans le moindre caprice entre les mains de quiconque veut l'employer.

Lorsqu'on est parvenu à savoir qu'un terrain renferme des couches aquifères, on peut en réunir les eaux par les procédés suivants :

1° Si elles coulent souterrainement au fond d'une vallée étroite, il convient d'arrêter leur cours à l'aide d'un corroi ou d'un bétonage descendant jusqu'aux couches relativement imperméables. C'est le moyen que je propose (deuxième partie, Ier chapitre), pour accroître, si on le désire, le produit de l'aqueduc de Dijon.

2° Si la couche aquifère descend suivant l'inclinaison d'une colline, on peut recourir au mode indiqué par Bélidor (page 56), en ayant soin d'enraciner la culée d'aval que l'on rendra étanche, dans le terrain imperméable.

On peut aussi soutirer l'eau au moyen de pierrées dont les culées perméables et la voûte également perméable comprennent un radier et une cuvette imperméables.

Du reste, dans ces natures de terrains, toute pierrée amènera nécessairement de l'eau, car elle fonctionnera comme un drain. Un mot maintenant sur la possibilité que donne le drainage d'obtenir artificiellement des sources, et sur l'application de ce procédé aux fournitures d'eau des villes.

DES MOYENS D'OBTENIR ARTIFICIELLEMENT DES SOURCES.

Le drainage a déjà produit, sous ce rapport, des résultats qui présentent un très-vif intérêt.

F. O. Ward Esq. s'exprime ainsi, dans une brochure intitulée : *Moyen de créer des sources artificielles d'eau pure pour l'alimentation des villes :*

« L'eau potable ne doit pas seulement être conduite et distribuée par des canaux artificiels, elle doit aussi être recueillie par un réseau de tuyaux artificiels pour que, dans tout son parcours, à partir de la terre où elle tombe jusqu'au robinet où elle se consomme, elle soit à l'abri des altérations accidentelles. »

Ces tuyaux collecteurs sont à ses yeux, pour *l'extrémité rurale* de l'aqueduc, ce que sont pour son extrémité urbaine les tuyaux distributeurs, et de même que l'aqueduc est une rivière artificielle, de même ces tuyaux nourriciers sont des sources artificielles : posés dans des sables siliceux, à 4 ou 5 pieds de profondeur, ils recueillent l'eau de pluie au point de sa plus grande pureté, au point où elle s'est débarrassée par la filtration de toute imprégnation atmosphérique, sans avoir eu le temps d'absorber des impuretés terrestres.

A Farnham, à Rugby, à Sandgate, à Ottery-Saint-Mary, ce système a été pratiqué; la disposition des tuyaux de drainage destinés à recueillir l'eau varie selon la configuration du sol. En général, il convient de faire monter les tuyaux principaux dans le sens de la pente du terrain, en dirigeant les embranchements à droite et à gauche : quelquefois on entoure une colline d'un tuyau collecteur en suivant les contours de sa base et en dirigeant un embranchement vers son sommet, le long de chaque pli creux; quelquefois, comme sur la bruyère de Farnham, un simple drainage en patte d'oie, posé sur un plateau très-légèrement incliné, fournit une masse d'eau qui dépasse toutes prévisions.

On ne saurait rien préciser à l'avance sur le coût du réseau collecteur : il variera évidemment avec la configuration du sol et avec sa nature.

M. Ward fait observer que lorsqu'on peut se ménager, à l'amont des drains, un plateau sablonneux convenablement incliné, la pluie qui y tombe et s'y infiltre est dirigée vers le tuyau, de sorte que le drainage d'un seul hectare sert à recueillir l'eau due à une surface beaucoup plus grande. C'est ainsi qu'à *Farnham*, le drainage de 1 hectare de bruyère suffit à l'alimentation de 1,500 personnes.

L'influence de cette circonstance s'est pareillement manifestée d'une manière frappante à Rugby et à Sandgate, deux villes, comme on l'a vu, alimentées par des sources artificielles semblables à celles de Farnham. La population de *Rugby* est de 10,000 âmes, et pour la desservir, on projeta un réseau collecteur de 1,000 acres (404,67 hectares). M. Rammel commença par poser un tuyau principal pour recevoir les embranchements secondaires; mais, à son grand étonnement, ce premier tuyau suffit seul à l'alimentation de toute la ville : ce tuyau, qui est à joints ouverts comme les tuyaux de drainage ordinaires, a 9 pouces (22c,86) de diamètre et 185 yards (1691m,60) de développement. A Sandgate aussi le premier tuyau du réseau suffit, sans embranchement aucun, à la consommation de la ville.

La disposition, le degré d'inclinaison des terrains collecteurs influent d'ailleurs sur un autre élément de la dépense de l'opération entière, c'est-à-dire sur la capacité des réservoirs à établir pour l'approvisionnement de l'eau versée par les drains.

A Farnham, l'emmagasinage naturel de l'eau dans les sables est tellement complet, le régime de celle conduite par les drains est tellement régulier, que tout le service de la ville a pu se faire sans inconvénient, au moyen d'une simple citerne de 250 mètres cubes de capacité.

L'entretien du terrain collecteur avec son réseau tubulaire n'exige en général que de très-faibles sacrifices : M. Ward dit qu'à Farnham le soin des tuyaux collecteurs est confié à un seul homme, à un vieux draineur qui lui a assuré que cette besogne ne lui prenait en moyenne qu'une journée de travail par mois : ce travail consiste principalement dans l'enlèvement du sable qui entre dans les tuyaux et qui tombe dans de petites fosses ménagées de distance en distance pour le recevoir.

M. Ward décrit ainsi la nature des terrains qu'il a rencontrés dans les environs de Bruxelles [1], et qui lui semblent favorables aux opérations précitées :

1° Sable perméable d'une profondeur d'un demi-mètre à 1 mètre, dont le

[1] M. Ward proposait de tirer du drainage l'eau nécessaire à l'alimentation de Bruxelles, mais cette idée a été écartée. Des sources d'une extrême abondance et d'excellente qualité, qui descendent des plateaux de Waterloo, seront conduites dans la ville au moyen d'un aqueduc. M. le bourgmestre de Brouckère, qui m'avait consulté sur le projet de fourniture d'eau de Bruxelles, a partagé l'opinion que j'avais cru devoir exprimer sur l'opportunité de préférer *des sources créées*.

quart supérieur est noirci par un mélange de terre végétale résultant sans doute de la décomposition des racines de la bruyère;

2° Au-dessous de cette bande noire se présente, en général, au moins un demi-mètre de sable pur, précisément l'épaisseur désirable pour la filtration de l'eau;

3° Sous ce filtre naturel, bande de sable durci, espèce de croûte ou d'agrégat, évidemment imperméable à l'eau : un sous-sol exactement pareil existe sur une grande partie des bruyères anglaises, et c'est sur sa surface, au fond de la couche sablonneuse, qu'il convient de placer les tuyaux collecteurs.

Sir Charles Lyell, dans sa Monographie sur la géologie comparée de l'Angleterre et de la Belgique, s'exprime ainsi :

« *Somme toute*, ces sables (les terrains ci-dessus décrits) m'ont rappelé par leur aspect et par leur caractère minéral une grande partie de la division ferrugineuse du *lower green sand*, dans le sud-est de l'Angleterre. » C'est précisément, ajoute M. Ward, le *lower green sand* qui fournit l'eau pure et délicieuse dont jouissent les *habitants de Farnham;* on comprend, au reste, qu'une pareille eau, qui ne traverse que des sables siliceux, insolubles, et circule sur des terrains de même nature, doit jouir d'une grande pureté. L'aphorisme de Pline : « Tales sunt « aquæ quales sunt terræ per quas fluunt, » est vrai de nos jours comme de son temps; d'autres natures de terrains collecteurs influeraient donc sur la qualité des eaux versées dans les drains.

Je terminerai cet exposé par quelques mots sur la superficie que le terrain collecteur doit offrir.

S'il s'agissait, par exemple, d'obtenir un volume d'eau annuel égal à V, on remarquerait que le terrain collecteur doit offrir une surface telle, qu'en la multipliant par la hauteur de pluie qui tombe annuellement, on obtienne le volume précité; mais évidemment on ne doit pas prendre la hauteur entière de la pluie qui tombe; l'évaporation et toutes les autres causes de perte doivent faire réduire d'un quart cette hauteur, suivant les ingénieurs anglais : je trouve même le coefficient 0,75 un peu faible, et je crois qu'il vaudrait mieux calculer sur moitié de perte.

Appelant H la hauteur de la pluie qui tombe, S la surface cherchée, on aura :

$$S \times 0{,}50\,H = V,$$

d'où

$$S = \frac{V}{0{,}50\,H} = 2.\frac{V}{H}.$$

Je viens de dire que l'on ne devrait compter que sur moitié de la hauteur de la pluie qui tombe, pour la création des fontaines artificielles; M. Babinet, de l'Institut, a adopté la même proportion.

Dans un excellent article ayant pour titre : *l'Arrosement du globe*, et publié par ce savant dans la *Revue des Deux-Mondes*, il raconte et précise en ces termes l'idée connue de Bernard Palissy sur la création des fontaines artificielles [1] :

« Dans la France, et notamment dans les environs de Paris, 2 hectares reçoivent à peu près par an 10,000 mètres cubes d'eau, dont la moitié peut être utilisée pour la fontaine artificielle, c'est-à-dire environ 5,000 mètres cubes. Or, ce que les fontainiers appellent *pouce d'eau* est une fontaine qui fournirait aisément aux besoins de deux forts villages, hommes et bestiaux. Une fontaine donnant *un demi-pouce* d'eau fournit par an 3,650 mètres cubes d'eau (à raison de 20 mètres cubes par jour pour le pouce d'eau); c'est beaucoup moins que les 5,000 mètres cubes d'eau de pluie que l'on peut utiliser avec deux hectares, en admettant une perte de moitié. Il faudrait donc bien moins de 2 hectares préparés, comme nous allons le dire, d'après M. Seguin, pour obtenir infailliblement une belle et utile fontaine. Voici, en un mot, mon extrême conclusion. »

« Choisissez un terrain de 2 hectares ou de 1 hectare et demi, dont le sol soit sablonneux, comme le bois de Boulogne et les autres bois qui entourent Paris, et qui offre, de plus, une légère pente vers un côté quelconque pour fournir ensuite un écoulement aux eaux. Faites, dans toute sa longueur et au plus haut, une tranchée de 1 mètre 1/2 à 2 mètres de profondeur sur environ 2 mètres de large. Aplanissez le fond de cette tranchée et rendez-le imperméable par un pavé, un macadamisage, un fond de bitume, ou, ce qui est plus simple et moins coûteux, par une couche de terre glaise, substance commune dans les environs de Paris. A côté de cette tranchée, faites-en une autre pareille dont vous rejeterez la terre pour combler la première, et ainsi de suite jusqu'à ce que vous ayez, pour ainsi dire, rendu tout le sous-sol de votre terrain imperméable à l'eau de pluie. Plantez le tout d'arbres fruitiers, et surtout d'arbres à basse tige, qui ombragent le terrain sablonneux et arrêtent les courants d'air qui tendraient à réabsorber la pluie; enfin pratiquez, dans la partie la plus basse du terrain, une espèce

[1] Le maréchal de Vauban avait eu la même pensée en examinant un jour les suintements qui s'échappaient, durant tout un été, d'un remblai fait pendant l'hiver.

de mur ou contre-fort en pierre avec une issue au milieu. Vous aurez infailliblement une bonne et belle source, qui coulera sans intermittence et suffira aux besoins d'un village entier ou d'un vaste château. Je n'ai pas sous les yeux le prix de revient calculé d'après le prix de la main-d'œuvre et des transports pour Paris et les départements, mais je me souviens très-bien que cette dépense était accessible à toutes les fortunes des particuliers dans l'aisance et de toutes les communes privées d'eau. La spéculation pouvait même s'en emparer pour faire le bien public avec l'utilité privée. Dans la forêt de Fontainebleau, si pauvre de fontaines pour les hommes et pour le gibier, où le sol est si sablonneux et la terre glaise si à proximité, comment n'a-t-on point encore pratiqué de fontaines artificielles (1)? Dans un voyage que j'y fis vers 1845, je croyais avoir fait adopter cette idée à plusieurs des notables habitants ou des autorités de cette délicieuse résidence (2). Il est mille autres localités des environs de Paris que je pourrais également indiquer. Le sol, bien loin d'être rendu infertile par ces opérations, en devient plus meuble, plus facile à amender, et les arbres qu'il porte pour le protéger contre l'évaporation sont d'un bon produit et plantés dans les conditions les plus avantageuses. Tout particulier, toute commune, toute administration qui aura établi, n'importe à quels frais et sur quelle échelle, une fontaine artificielle, et qui pourra dire à tous : Faites comme moi, et même mieux que moi, en évitant les inconvénients que j'ai rencontrés et que je vous signale, aura bien mérité de la société entière, et pourra se dire : J'ai fait quelque chose d'utile ! »

Des moyens d'élever les sources. Lorsque l'on veut utiliser une source qui émerge naturellement à la surface du sol, ou que l'on a découverte par l'un des modes précédemment indiqués, ou bien que l'on a pour ainsi dire créée, à l'aide des procédés ci-dessus décrits, il peut arriver qu'il soit nécessaire d'en relever le niveau à une hauteur déterminée.

Je n'entrerai à cet égard dans aucun détail ; les moyens de monter les eaux sont trop connus pour qu'il soit nécessaire de s'en occuper ici, même succincte-

(1) Le drainage conduirait probablement aussi à de bons résultats.

(2) C'est surtout en Hollande que l'on devrait construire les fontaines artificielles de Bernard Palissy, dans ce pays sans fontaines,

Quà Batavi fontem nescit arena soli,

suivant l'expression très-exacte d'Huygens le père.

ment; cependant, je me permettrai d'appeler l'attention du lecteur sur un appareil ingénieux auquel on peut recourir dans beaucoup de cas, lorsque le volume d'eau à élever est peu considérable.

J'ai vu fonctionner cet appareil, exécuté par M. Durand, dans une propriété appartenant à M. Vuitry, ancien député (Saint-Donain, près Montereau, Seine-et-Marne); il consiste dans un petit moulin à vent élevé, au moyen de quatre jambes de force, à la hauteur de 12 mètres environ. Ce moulin s'oriente de lui-même, et l'on peut, suivant l'état du vent, diminuer ou amplifier la surface de ses six ailes (1).

Par un vent régulier et soutenu, sans être violent, le produit du moulin de M. Vuitry est de 50 à 60 hectolitres par heure; il s'élève parfois à 100 hectolitres : il est seulement de quelques hectolitres quand le moulin ne tourne qu'à de rares intervalles; dans des temps calmes, il peut y avoir évidemment chômage complet. Cependant il est rare que de temps en temps il ne s'élève pas quelque brise légère, dont on est sûr de profiter, sans s'occuper d'en rendre l'action utile, puisque le moulin s'oriente seul. Le plus long chômage constaté par M. Vuitry a été de soixante heures (2). Son appareil élève les eaux à la

(1) Un rapport de l'Académie des sciences rend compte de cette manœuvre, qui s'opère à l'aide de moyens différents dans le moulin amélioré par M. Durand.

(2) Au sujet de la durée possible du chômage de cet appareil, je donnerai l'extrait d'une lettre écrite à l'Académie des sciences par M. Meteil, maire de l'ancienne petite ville de Gerberoy (population 3 à 400 âmes).

« La position de Gerberoy présentait des difficultés particulières, et a fourni ainsi un genre d'expérimentation qui ne peut se rencontrer que rarement. Le puits d'où l'eau devait être extraite, profond de 65 mètres, est éloigné de 13 mètres du point le plus rapproché sur lequel le moteur ait pu être placé; de là est résultée la nécessité d'employer des renvois de mouvement qui donnent à vaincre les frottements de douze articulations, sans emploi, dans un cas ordinaire.

« Une autre difficulté se rencontrait dans une mauvaise exposition au vent qui devait donner le mouvement à tout l'appareil : si haut qu'on ait pu placer cet appareil, il se trouve entièrement masqué au midi par une vaste église qui le dépasse de toute la hauteur de sa toiture. Ainsi privée du vent du sud, recevant mal celui du nord qui manque d'écoulement, la machine qui produit notre fontaine doit cependant essuyer les assauts du vent d'ouest, qui vient fondre sur nous en tourmente, resserré qu'il est par le corps de l'église.

« C'est dans ces conditions et par ce moyen que l'ancienne petite ville de Gerberoy est parvenue à se procurer une fontaine qui, depuis tantôt dix ans, affranchit ses habitants de la dure obligation où ils avaient toujours été d'élever leur eau à force de bras.

« Une particularité importante reste à signaler, parce qu'elle répond péremptoirement au

hauteur de 8 mètres ([1]). Les chômages, quelque rares qu'ils soient, rendent nécessaire la construction d'un réservoir.

Le moulin de M. Vuitry sert à arroser :

1° Un potager d'une contenance de 1 hectare;

2° Un jardin d'agrément de 1 hectare 1/3, comprenant 1/2 hectare de gazon et plate-bande.

Le produit du moulin suffit largement aux besoins : on pourrait même l'utiliser au printemps, en pratiquant l'irrigation sur 1 hectare de terre convertie en prés ([2]).

Le prix de l'appareil est de 2,400 francs, savoir :

Moulin.	1,350 fr.
Pompe	450
Chevalet, accessoires, pose, etc. . . .	150
TOTAL PAREIL.	2,400 fr.

Je reviens maintenant à la possibilité d'accroître le volume des sources en abaissant leur niveau.

J'ai déjà indiqué, pag. 113, les causes qui déterminaient cet accroissement; mais, pour bien préciser ce qui me reste à dire à ce sujet, je considérerai d'abord les phénomènes hydrauliques que présentent les puits artésiens : il est possible de déduire certaines conséquences de l'application du calcul à ces derniers, à raison de la connaissance que l'on a de la longueur et du diamètre du conduit vertical qui communique avec le canal souterrain d'où s'élance le liquide qui arrive au jour.

reproche de longs chômages adressé au vent, et que réduit à sa juste valeur la réunion des circonstances défavorables qui existent à Gerberoy. Cette particularité est qu'il a suffi d'un simple approvisionnement de 100 litres par habitant pour assurer à la commune une alimentation d'eau régulière et non interrompue. »

([1]) La plus grande hauteur à laquelle les eaux ont été élevées par l'appareil de M. Durand est de 86 mètres.

([2]) M. Durand pose en fait qu'avec de l'eau prise à 1 mètre en contre-bas du sol, on peut pratiquer l'irrigation sur une surface d'environ 16 hectares, à raison d'une couche d'eau de 1 centimètre par jour; cela équivaut, pour le moulin, à un produit de 1.600 unités dynamiques dans les vingt-quatre heures.

PUITS ARTÉSIENS.

Puits forés. — Il existe sous la surface du sol, dans les terrains stratifiés, tantôt de véritables cours d'eau souterrains circulant, avec des vitesses sensibles, dans des fissures, fentes ou cavités naturelles (¹); tantôt des nappes, provenant

(¹) M. Degousée, bien connu par sa pratique longue et éclairée du forage des puits artésiens, m'a signalé les faits suivants :

1° Dans un puits creusé à la Petite-Villette par la Société plâtrière, il a rencontré, à 24 mètres du sol, un vide qui a donné une ascension immédiate de 0m 34 au-dessus du fond du grand puits qui était à sec : le forage a été poussé jusqu'à 28m 66 de profondeur et la tarière n'a jamais ramené aucun débris; elle remontait chaque fois avec la même apparence que si elle eût été brossée et lavée à grande eau. Le trou, qui était d'abord de 0m 16 de diamètre, a été porté à 0m 26 et les outils n'ont jamais ramené aucun débris. Une pompe puissante, mue par une machine de 20 chevaux, a marché pendant soixante-douze heures sans faire baisser le niveau d'eau obtenu.

2° Le puits artésien de la raffinerie de M. Lebaudry, à La Villette, a présenté les circonstances suivantes : à 37m 50 au-dessous du sol la sonde est brusquement tombée de 3m 50; l'ascension dans le grand puits a été de 0m 90, et, sous l'action d'une machine à condensation de 40 chevaux, le niveau de l'eau n'a point baissé.

3° En 1830, M. Degousée a exécuté, pour la ville de Tours, un forage qui est arrivé aux sables verts : l'eau a jailli à 8 mètres au-dessus du sol. Là, M. Degousée a constaté que les eaux avaient renvoyé, outre des fragments d'épine de plusieurs centimètres de longueur et de la grosseur d'un tuyau de plume, différentes espèces de graines; il a pris, parmi ces dernières, des graines de caille-lait qu'il a semées au Jardin des Plantes, et elles ont germé. La rencontre de débris végétaux récents a été remarquée dans plusieurs sondages.

On comprend que s'il n'y avait eu que filtration proprement dite, ces corps n'auraient pu cheminer souterrainement. Ainsi il paraît que, même dans les sables aquifères, il se pratique de petites veinules dans lesquelles l'eau circule assez librement. La même conséquence peut être déduite des observations de l'habile M. Mulot. Il a remarqué :

1° Que les eaux rencontrées dans les sables de l'argile plastique entraînent toujours des débris ligniteux qui parfois ont un assez gros volume.

2° Que sous la craie, dans les sables verts, elles ramènent des fragments de lignite souvent pyriteux.

3° Qu'à Grenelle elles ont entraîné une quantité assez considérable de dents de squale, des coquilles et des fragments brisés de presque tous les fossiles de la formation des grès verts ou provenant de la destruction de l'argile du gault, par l'action des eaux.

d'infiltrations à travers les sables et s'avançant avec plus ou moins de lenteur entre deux couches imperméables.

Je ne citerai point tous les exemples que M. Héricart de Thury, dans ses *Considérations géologiques et physiques sur la théorie des puits forés*, et M. Arago, dans l'*Annuaire de* 1835, invoquent à l'appui de l'existence de ce double fait, qui ne saurait être contesté.

On comprend que les puits forés ramènent beaucoup plus fréquemment à la surface les eaux des nappes infiltrées à travers les sables [1], que celles des courants circulant dans des cavités naturelles. En effet, la section verticale de ces dernières est nécessairement limitée, tandis que les sables aquifères peuvent présenter une superficie presque indéfinie.

Je vais d'abord m'occuper des sources artésiennes dues à la rencontre d'un courant souterrain, borné dans sa section verticale, et pouvant être ainsi assimilé à un véritable conduit dont le diamètre varierait suivant des lois inconnues.

Je suppose qu'il existe, enfoui à une profondeur quelconque sous le sol, un large tuyau de diamètre variable communiquant, d'une part, avec un réservoir supérieur A, et, d'autre part, avec un réservoir inférieur B.

(1) C'est l'opinion de M. Degousée, déjà cité ; c'est aussi celle de M. Mulot, qui a foré le puits de Grenelle.

« Je crois, m'a écrit ce dernier, que les forages ramènent rarement, à la surface, des eaux qui cheminaient souterrainement avec une vitesse sensible. Néanmoins, ajoute-t-il, on ne peut pas dire qu'il n'y ait pas de courants souterrains ayant une vitesse plus ou moins grande. J'ai eu assez souvent la preuve du contraire : j'ai remarqué, dans les forages des *puits absorbants*, qu'au moment où la sonde tombait comme dans le vide, la vase et les détritus des roches disparaissaient instantanément et qu'une agitation se faisait sentir dans la sonde. Il y avait donc courant.

« Un forage, que j'ai fait au boulevard du Combat, a absorbé en une heure 100 mètres cubes d'urine, sans que le niveau de l'eau s'exhaussât. A Neuilly, près Marmes, j'ai trouvé dans un forage absorbant une solution de continuité ou vide dans le calcaire, de 0m 55 de hauteur, dans lequel la sonde est tombée : l'eau a instantanément entraîné tous les débris calcaires qui se trouvaient dans le fond du trou de sonde.

« Enfin, j'ai remarqué plusieurs fois qu'après avoir arraché des tuyaux provisoires, il y avait extérieurement des places brillantes, comme si on les avait limées ou décapées : ces faits ne peuvent être attribués qu'à des courants ayant une vitesse suffisante pour entraîner les matières solides en suspension. »

On verra plus tard qu'Arago, s'armant de preuves non moins positives, a démontré qu'un *courant souterrain* alimentait la célèbre fontaine de Nîmes.

Unissons le niveau de ces deux réservoirs par une ligne AB[1], et imaginons une série de tuyaux verticaux ayant leur embouchure dans le grand tuyau A'B'; la partie de ces tuyaux comprise entre le grand conduit et la courbe AB représentera la pression qu'il supporte au point que l'on considère : l'eau pourra donc s'élever dans tous les tubes verticaux à des hauteurs qui auront la ligne courbe AB pour limite (planche 22).

La différence, entre le niveau du réservoir supérieur et celui de l'un quelconque des tubes, mesurera le frottement existant dans le grand conduit depuis le réservoir supérieur jusqu'à ce tube. Pareillement, la différence de niveau entre ce même tube et le réservoir inférieur indiquera la pression nécessaire pour vaincre les frottements des conduits souterrains dans cet intervalle.

Si maintenant on coupe le tube précité au-dessous de la ligne AB, il est évident qu'il y aura déversement au-dessus de l'orifice.

Mais à quelle hauteur sera due la vitesse ascensionnelle dans le tube?

Deux cas peuvent se présenter : ou le volume débité par le tube peut être négligé relativement à celui qui circule dans le grand conduit, ou il en est une fraction appréciable.

Dans le premier cas, la charge qui produit la vitesse de l'écoulement sera précisément égale à la quantité dont on a coupé le tube.

Si, au contraire, le débit du tube ne peut être négligé vis-à-vis de celui du conduit, alors, comme il y aura accroissement sensible de débit dans le canal souterrain (dans la partie comprise entre le pied du tube et le réservoir supérieur), il y aura de même accroissement sensible de frottement, et le débit du tube ne sera plus dû à la hauteur dont il a été coupé, mais à cette hauteur diminuée de celle nécessaire pour vaincre l'accroissement de frottement dû à l'accroissement de vitesse dans le grand conduit.

Si l'on coupe derechef le tube vertical d'une quantité égale à la précédente, le volume débité par ce tube augmentera encore, et le niveau de la charge qui le produit s'abaissera davantage au-dessous de la ligne limite AB; mais cet abaissement sera évidemment moindre que le premier, puisque d'une part l'accroissement de volume sera moins grand, et que d'autre part il s'a-

(1) C'est la ligne des pressions supportées par le tuyau A'B'; ligne courbe quand le diamètre de ce tuyau est variable.

joutera à un débit dans le grand conduit déjà augmenté du premier accroissement : ainsi, le second accroissement devra avoir une influence moindre sur les frottements dans le grand conduit.

Il se produit par là dans le débit du tube deux lois simples et remarquables:

Si le volume débité peut être négligé vis-à-vis de celui du conduit, la charge qui produit la vitesse de l'écoulement est toujours égale à la quantité dont le tube a été coupé au-dessous de la courbe limite AB.

Si, au contraire, ce volume est une fraction sensible de celui mené par ce conduit, ce n'est plus à partir de la ligne limite AB, que la charge qui produit l'écoulement doit être comptée, mais à partir d'un point qui s'abaisse au-dessous de cette ligne, au fur et à mesure que l'orifice de l'écoulement s'abaisse lui-même.

Ces considérations permettront, comme on va le voir, de résoudre, au moyen de quelques expériences bien faites, cette question qui paraît insoluble au premier abord : un puits artésien étant donné, déterminer si le courant qui l'alimente est infiniment plus grand que le volume qu'il débite ou s'il se rapproche de ce dernier.

Mais avant d'aller plus loin, il convient de préciser les résultats déjà acquis.

Soient q_1, q_2, q_3, q_4 les volumes débités par le tube, que l'on considère à partir du niveau le plus élevé.

v_1, v_2, v_3, v_4 la vitesse de l'eau correspondant à ces volumes;

h_1, h_2, h_3, h_4 les hauteurs au-dessus du sol des points correspondants de dégorgement du tube;

r le rayon du tube;

l_1, l_2, l_3, l_4 les longueurs du tube vertical, à partir du point où il a été coupé jusqu'au grand conduit;

C_1, C_2, C_3, C_4 les hauteurs auxquelles l'eau se tiendrait dans un piézomètre contigu au-dessus des orifices de dégorgement, ou les charges en vertu desquelles les écoulements s'opèrent.

En prenant b_1 [1] pour la valeur de la constante relative au rayon r dans le tube artésien, on aura :

[1] Voir, dans le IIe chapitre de la troisième partie, les différentes valeurs de cette constante, suivant les différents rayons des tuyaux.

$$v_1^2=\frac{r}{b_1}\frac{C_1}{l_1}=\frac{q_1^2}{\pi^2r^4}$$

$$v_2^2=\frac{r}{b_1}\frac{C_2}{l_2}=\frac{q_2^2}{\pi^2r^4}$$

$$v_3^2=\frac{r}{b_1}\frac{C_3}{l_3}=\frac{q_3^2}{\pi^2r^4}$$

$$v_4^2=\frac{r}{b_1}\frac{C_4}{l_4}=\frac{q_4^2}{\pi^2r^4};$$

d'où $C_1=\frac{b_1}{\pi^2r^5}l_1q_1^2,\quad C_2=\frac{b_1}{\pi^2r^5}l_2q_2^2,\quad C_3=\frac{b_1}{\pi^2r^5}l_3q_3^2,\quad C_4=\frac{b_1}{\pi^2r^5}l_4q_4^2.$

Eh bien, dans le premier cas examiné, c'est-à-dire dans celui où le volume débité par seconde est négligeable vis-à-vis de celui que mène le grand conduit souterrain, les valeurs C_1, C_2, C_3, C_4 tirées des expressions précédentes, donneront des longueurs telles, qu'ajoutées au sommet du tube correspondant au cas que l'on examine, les extrémités de ces lignes aboutiront toujours au même point, niveau de la colonne piézométrique du conduit souterrain, lorsque le produit du tube artésien est nul.

Ainsi, en considérant comme abscisses ou x :

$$\frac{C_1}{l_1},\ \frac{C_2}{l_2},\ \frac{C_3}{l_3},\ \frac{C_4}{l_4}$$

et comme ordonnées ou y :

$$q_1,\ q_2,\ q_3,\ q_4;$$

la ligne qui reliera les abscisses aux ordonnées ou aux débits sera

$$y^2=\frac{\pi^2r^5}{b_1}x.$$

Mais on peut, dans presque tous les cas, considérer comme une quantité *constante* les longueurs *variables* l_1, l_2, l_3, l_4, et les remplacer par la moyenne entre la plus grande longueur l_1 et la plus petite l_4, ou $\frac{l_1+l_4}{2}=l_0$.

Alors l'expression précédente deviendra, en remplaçant y^2 par q^2,

$$q^2=\frac{\pi^2r^5}{b_1}\frac{C}{l_0};$$

c'est-à-dire que si l'on élève hors de terre une ligne verticale, et que l'on marque sur cette ligne les divers points de dégorgement des eaux correspondant aux abscisses C_1, C_2, C_3, C_4; qu'en chacun de ces points on élève des ordonnées ayant pour longueur une ligne proportionnelle au volume débité par le tube, les extrémités de ces lignes seront situées sur une parabole au sommet de laquelle aboutissent toutes les charges génératrices des volumes précités.

Dans la deuxième hypothèse, c'est-à-dire dans le cas où le volume donné par le tube artésien est une fraction sensible de celui débité par le conduit souterrain, on trouvera pour les charges ou pour C_1, C_2, C_3, C_4, des longueurs telles, qu'ajoutées aux sommets des tubes correspondant au cas que l'on examine, les extrémités de ces longueurs aboutiront à des points situés à des hauteurs de moins en moins élevées au-dessus de la ligne de terre.

Telles sont les propriétés caractéristiques de l'une et l'autre des hypothèses examinées.

Il pourrait arriver que les points supérieurs de la courbe suivissent la loi parabolique et qu'il n'en fût plus de même pour les inférieurs. Cette circonstance se présenterait si les accroissements de volume résultant de la loi précitée étaient tels qu'ils dussent introduire, soit dans les frottements du conduit souterrain, soit dans la filtration des eaux à travers les sables (¹), des résistances de nature à faire baisser le niveau de la colonne piézométrique.

Mais il est un cas anormal qui se présente assez souvent, *surtout dans les puits non tubés*, et sur lequel je dois appeler l'attention du lecteur.

Si l'on cherche l'élévation au-dessus du sol de la colonne piézométrique correspondant à un volume débité à une hauteur donnée, il peut arriver, qu'en supposant constante l'élévation précitée, et calculant, dans cette hypothèse, les débits inférieurs, d'après la loi parabolique, il peut arriver, dis-je, assez souvent que les débits expérimentaux soient plus considérables que ceux qui résulteraient de la loi précitée.

On le voit, ce fait anormal exigerait non-seulement que la hauteur piézométrique correspondante au premier volume considéré restât constante, mais encore qu'elle s'accrût, puisque les volumes réellement débités, à partir du premier, sont supérieurs à ceux qui résulteraient de la loi parabolique, conséquence de l'invariabilité de la colonne piézométrique.

Or, cette augmentation des colonnes piézométriques est évidemment impossible, puisque l'accroissement du débit ne peut avoir pour résultat une diminution de frottement dans le conduit souterrain, ou de difficulté dans la

(¹) Je parlerai avec détail tout à l'heure des puits artésiens dus aux infiltrations à travers des couches sablonneuses.

filtration des eaux à travers les couches sablonneuses; diminution qui seule aurait pour conséquence l'accroissement de hauteur de la colonne piézométrique.

A quoi donc attribuer le fait anormal que je viens de signaler? J'ai dit qu'il se présentait le plus souvent dans les puits forés non tubés. Cette remarque donne l'explication attendue. On la trouve, en effet, dans les pertes dues aux filtrations qui ont lieu dans la hauteur du forage; par suite de ces filtrations, l'eau qui pénètre dans l'embouchure du puits foré en vertu de la pression exercée par la veine aquifère se perd en partie dans le trajet qui sépare cette embouchure des points de dégorgements successifs, et les pertes sont évidemment de plus en plus grandes, au fur et à mesure que l'on élève le point de dégorgement : d'où la conséquence qu'en abaissant successivement le point de dégorgement, le volume débité doit grandir comme si l'on rencontrait des sources nouvelles, et son accroissement peut notablement dépasser la loi parabolique, limite nécessaire des augmentations de débit des puits où il n'existe de filtrations ni à travers le tubage, ni entre la paroi extérieure de ce tubage et le terrain, par suite d'un mauvais raccordement du tuyau avec la couche aquifère.

Des filtrations ont souvent lieu à raison de la non-étanchéité de ce point de suture, et c'est pourquoi la circonstance anormale dont je viens de parler se présente parfois même dans les puits forés revêtus d'un tubage.

Du reste, cette discussion montre l'avantage d'abaisser le point de dégorgement des eaux débitées par un puits foré, si l'on veut augmenter leur volume aux dépens des filtrations qui s'opèrent lorsque le tubage n'a pas été exécuté avec des précautions suffisantes.

Si l'on ne connaissait pas le diamètre du puits artésien, ou si ce diamètre variait suivant des lois inconnues, comme dans les fontaines artésiennes naturelles, il serait encore possible de reconnaître les propriétés caractéristiques que je viens de signaler.

On a, pour la valeur d'un volume q, passant par un tube de longueur l, avec une perte de charge C,

$$q=\sqrt{\frac{\pi^2 r^5}{bl}}\sqrt{C}.$$

Si, au lieu d'un seul tube artésien, on en avait plusieurs juxtaposés, de rayons variables mais connus, savoir : R_1 sur la longueur l_1 : R_2 sur la longueur

$l_3 : R_3$ sur la longueur l_3; $l_1+l_2+l_3$ étant égaux à l, la formule serait restée la même; seulement il aurait fallu prendre pour le rayon du tubage :

$$R = \sqrt[5]{\frac{l_1+l_2+l_3}{\frac{l_1}{R_1^5}+\frac{l_2}{R_2^5}+\frac{l_3}{R_3^5}}} \text{ [1]}.$$

Cela résulte évidemment de l'équation qu'on obtient en égalant la somme des pertes de charge dans les tuyaux de rayons R_1, R_2, R_3 à la perte de charge du tuyau équivalent de rayon R.

Mais il faut pour cela démontrer, comme je l'ai fait dans mon *Mémoire sur l'écoulement de l'eau dans les tuyaux de conduite*, que l'on peut en général employer la formule $Ri = b_1 v^2$, à l'exclusion de celle $Ri = av + bv^2$. Il faut, de plus, admettre que les rayons des tuyaux ne diffèrent pas assez entre eux pour qu'il soit nécessaire de modifier le coefficient constant b : si cette dernière condition n'était pas remplie, la valeur du rayon R serait

$$R = \sqrt[5]{\frac{(l_1+l_2+l_3)b}{\frac{l_1 b_1}{R_1^5}+\frac{l_2 b_2}{R_2^5}+\frac{l_3 b_3}{R_3^5}}},$$

et les valeurs de b, b_1, b_2, b_3 seraient prises dans le tableau de la troisième partie de cet ouvrage, chapitre II.

Maintenant si, comme dans le cas que je vais examiner, les longueurs l_1, l_2, l_3 et les rayons correspondants sont inconnus, on fera

$$\sqrt{\frac{\pi^2}{b.l}\left(\frac{l_1+l_2+l_3}{\frac{l_1}{R_1^5}+\frac{l_2}{R_2^5}+\frac{l_3}{R_3^5}}\right)} = k,$$

quantité constante inconnue qui devra être éliminée au moyen des données expérimentales, et il viendra

$$q_1 = k\sqrt{C_1}$$
$$q_2 = k\sqrt{C_2}$$
$$q_3 = k\sqrt{C_3}$$
$$q_4 = k\sqrt{C_4}$$

pour les débits correspondant aux hauteurs au-dessus du sol désignées par les lettres h_1, h_2, h_3, h_4.

[1] Il est inutile en général de tenir compte des pertes de charge occasionnées par les contractions et les variations de vitesses que font naître les tubes de divers rayons.

Or, dans la première hypothèse on a évidemment

$$h_1+C_1=h_2+C_2$$
$$h_1+C_1=h_3+C_3$$
$$h_1+C_1=h_4+C_4$$

d'où

$$C_2=h_1+C_1-h_2$$
$$C_3=h_1+C_1-h_3$$
$$C_4=h_1+C_1-h_4$$

d'où, pour les valeurs des volumes débités en fonction de C_1,

$$q_1=k\sqrt{C_1}$$
$$q_2=k\sqrt{h_1-h_2+C_1}$$
$$q_3=k\sqrt{h_1-h_3+C_1}$$
$$q_4=k\sqrt{h_1-h_4+C_1}.$$

Divisant maintenant successivement la première par la deuxième, par la troisième, par la quatrième, etc., on obtiendra, en élevant au carré,

$$\frac{q_1^2}{q_2^2}=\frac{C_1}{h_1-h_2+C_1}$$
$$\frac{q_1^2}{q_3^2}=\frac{C_1}{h_1-h_3+C_1}$$
$$\frac{q_1^2}{q_4^2}=\frac{C_1}{h_1-h_4+C_1};$$

d'où

$$C_1=\frac{q_1^2(h_1-h_2)}{q_2^2-q_1^2}$$
$$C_1=\frac{q_1^2(h_1-h_3)}{q_3^2-q_1^2}$$
$$C_1=\frac{q_1^2(h_1-h_4)}{q_4^2-q_1^2};$$

et toutes ces valeurs de C_1 devront être égales; ajoutées à h_1, elles donneront la hauteur de la colonne piézométrique, qui demeurera constante, quelle que soit l'équation à laquelle on se sera adressé pour déterminer C_1.

Dans la seconde hypothèse, on a, au contraire,

$$h_1+C_1>h_2+C_2>h_3+C_3>h_4+C_4;$$

d'où

$$\left.\begin{array}{l} h_1+C_1=h_2+C_2+\alpha \\ h_1+C_1=h_3+C_3+\alpha' \\ h_1+C_1=h_4+C_4+\alpha'' \end{array}\right\} \alpha<\alpha'<\alpha'';$$

donc, dans ce cas,

$$\frac{q_1^2}{q_2^2}=\frac{C_1}{h_1-h_2-\alpha+C_1}$$

$$\frac{q_1^2}{q_3^2}=\frac{C_1}{h_1-h_3-\alpha'+C_1}$$

$$\frac{q_1^2}{q_4^2}=\frac{C_1}{h_1-h_4-\alpha''+C_1};$$

d'où

$$C_1=\frac{q_1^2(h_1-h_2-\alpha)}{q_2^2-q_1^2}=\frac{q_1^2(h_1-h_2)}{q_2^2-q_1^2}-\frac{q_1^2}{q_2^2-q_1^2}.\alpha$$

$$C_1=\frac{q_1^2(h_1-h_3-\alpha')}{q_3^2-q_1^2}=\frac{q_1^2(h_1-h_3)}{q_3^2-q_1^2}-\frac{q_1^2}{q_3^2-q_1^2}.\alpha'$$

$$C_1=\frac{q_1^2(h_1-h_4-\alpha'')}{q_4^2-q_1^2}=\frac{q_1^2(h_1-h_4)}{q_4^2-q_1^2}-\frac{q_1^2}{q_4^2-q_1^2}.\alpha''$$

et l'on voit qu'en se bornant au premier terme de la valeur de C_1, c'est-à-dire aux expressions de la page précédente, on trouvera des valeurs différentes suivant les équations que l'on aura combinées : la constance de C_1 a pour condition en effet la soustraction préalable des termes négatifs variables.

Telle sera donc la propriété caractéristique de la dernière hypothèse.

Si l'on veut maintenant déterminer à l'avance la loi d'accroissement des valeurs de q, suivant la hauteur de l'écoulement, rien ne sera plus simple lorsqu'il s'agira de la première hypothèse.

1° Si l'on connaît le diamètre du tube artésien, on pourra déterminer le niveau constant de la colonne piézométrique au moyen d'une seule expérience, à l'aide de la relation déjà posée,

$$C_1=\frac{b_1}{\pi^2 r^8}\,l_1 q_1^2.$$

Ce niveau s'obtiendra en ajoutant C_1 au-dessus du point de déversement, et la distance existant entre le niveau précité et celui de toutes les sections d'écoulement que l'on se donnera devra être prise pour la charge qui produira les volumes.

2° Si l'on ne connaissait pas le diamètre du tube, ou si l'on ignorait la loi de ses variations, il faudrait alors deux expériences pour trouver le sommet de la colonne piézométrique.

On déduirait, en effet, des équations précédemment posées :

$$C_1=\frac{q_1^2(h_1-h_2)}{q_2^2-q_1^2},$$

Et cette valeur de C_1 ajoutée à h_1 donnera le niveau de la colonne à partir du sommet de laquelle toutes les charges devront être mesurées.

Dans la seconde hypothèse, la question devient beaucoup moins simple; il est même impossible d'arriver à autre chose qu'à une approximation.

On comprend en effet que, pour la résoudre, il faudrait savoir quelles sont, dans le conduit souterrain, les variations de frottement correspondant aux variations de volumes, puisque ce sont ces variations qui déterminent, dans le tube vertical, les abaissements successifs de la charge piézométrique; or, les éléments manquent pour arriver à la connaissance de ces variations.

Cependant il existe une loi générale, c'est que lorsqu'on accroît la charge primitive d'un tuyau de fractions petites relativement à cette charge, les accroissements de volume correspondants peuvent être considérés comme les ordonnées d'une droite dont les accroissements de pente seraient les abcisses [1].

On aura, dès lors, dans cette hypothèse, à prendre les charges piézométriques correspondant à deux hauteurs données et à répartir proportionnellement leur différence dans l'intervalle que l'on considère pour la détermination des volumes intermédiaires.

Mais ce procédé n'est qu'approximatif et ne permettrait d'ailleurs que de trouver des volumes intermédiaires qu'il est toujours possible d'obtenir par des expériences directes; il n'offre aucun intérêt pratique. Il est évident, en effet, qu'on ne pourrait, sans s'exposer à de graves mécomptes, se servir de la loi signalée pour déterminer des débits à des hauteurs notablement inférieures ou supérieures aux deux précédentes.

J'ai supposé d'abord que le puits artésien rencontrait un cours d'eau souterrain à peu près limité dans sa section verticale et tout à fait comparable à un tuyau. Mais le plus souvent il n'en est pas ainsi, et je considérerai maintenant le cas-limite opposé, c'est-à-dire celui où le puits artésien rencontrerait le plafond imperméable d'une couche sablonneuse indéfinie à travers laquelle l'eau descendante présente un régime analogue à celui des eaux passant dans un filtre.

Ici encore il est évident que si, dans le sens du mouvement général, on creu-

(1) On a en effet $i = kq^2$; d'où $dq = \frac{1}{2kq} di$. Je montrerai, en terminant ce que j'ai à dire sur les puits artésiens, que la loi précitée s'étend très-vraisemblablement en dehors des limites étroites que les différentielles assigneraient.

sait une succession de puits s'enracinant dans la couche imperméable, mais en communication avec la couche sablonneuse aquifère, le niveau absolu de ces puits successifs irait toujours en s'abaissant et que les différences indiqueraient les pertes de charge dues au mouvement des eaux filtrantes, quelque insensibles que soient les vitesses de ces dernières.

Admettons, maintenant, qu'au centre d'un de ces puits, existe un tube artésien dont le niveau soit MN, lorsque le tube artésien ne débite rien.

Admettons encore que sur ce tube soit branché un ajutage horizontal *ab*, et débitant un volume q_1 à la hauteur h_1, puis successivement aux hauteurs :

	h_2, h_3, h_4;
Des ajutages	$a'b', a''b'', a'''b'''$;
Donnant des volumes	q_2, q_3, q_4.

Deux cas peuvent se présenter :

1° Ou la puissance filtrante de la formation sablonneuse sera assez grande pour que le niveau MN du puits reste invariable pour tous les écoulements correspondant aux volumes q_1, q_2, q_3, q_4 : alors on retombera sur la relation parabolique déjà trouvée. Et si l'on ignorait la loi suivant laquelle varient les rayons des tubes artésiens, on arriverait pareillement à la connaissance de la propriété cherchée par la combinaison des équations précédemment posées.

2° Ou la puissance filtrante des couches sablonneuses ne serait point assez grande pour donner la constance du niveau MN, et l'on retomberait identiquement dans la seconde hypothèse examinée à l'occasion des puits artésiens alimentés par une nappe à section verticale limitée comme celle d'un conduit.

Mais ici je ferai une observation, c'est que la puissance de la couche filtrante n'est pas le seul élément à considérer.

Il se forme évidemment, au pied du tube artésien, une cavité, une espèce d'entonnoir dans lequel se rendent les eaux filtrantes qui de là montent dans le tube artésien : ce fait est constaté par l'énorme quantité de sable qui s'échappe des puits (1), en général, au moment de leur percement. Il en résulte que, plus la surface de cette cavité est grande, et plus il afflue d'eau au tube artésien, à puissance filtrante égale des couches sablonneuses. Cela est si vrai, que, dans

(1) M. Mulot m'a déclaré qu'il était sorti 1,000 mètres de sable environ du puits de Grenelle.

les puits qui produisent peu d'eau dès l'origine, ou dont le débit diminue, on arrive aisément, en général, soit à accroître ce débit, soit à lui restituer son volume initial, en faisant, pendant un certain intervalle de temps, agir une pompe puissante. On voit monter alors une très-grande quantité de sable ; la cavité grandit donc, et par suite la superficie du filtre [1].

Ainsi, entre les puits alimentés par un courant limité ou par le filtrage des eaux à travers les couches sablonneuses, il y a identité complète dans les résultats et dans les moyens de les constater. Seulement, lorsqu'il s'agit de sables aquifères, ce n'est plus le volume de l'eau débitée par le conduit naturel que l'on doit comparer au volume débité par le tube artésien, mais le volume qui afflue de toutes parts à travers les sables à l'orifice inférieur du tube, en raison de la perméabilité des couches et de la surface de la cavité inférieure artificiellement ou naturellement formée.

Les considérations précédentes permettront d'aborder cette question : Peut-on espérer un débit plus considérable en agrandissant le diamètre d'un puits artésien?

Les seuls moyens d'accroître le volume fourni par un puits artésien sont l'abaissement du point de dégorgement des eaux, ou l'agrandissement du rayon du tubage : lorsque le niveau du déversement est imposé, l'accroissement du

(1) Voici ce que l'habile M. Mulot m'a écrit à ce sujet :

« Dans un puits artésien foré à Saint-Denis en 1830, à travers les sables de l'argile plastique, la sonde avait pénétré au delà des couches aquifères sans que l'eau manifestât sa présence : un tubage interceptant hermétiquement toute communication avec les eaux extérieures n'avait produit d'autre résultat qu'un abaissement de niveau dans l'intérieur du tuyau destiné à amener au sol la nappe jaillissante. Les tiges, d'ailleurs, descendaient librement et les expériences précédemment faites dans la même ville, et sur des points sensiblement au même niveau, ne laissaient aucun doute sur la position approximative des eaux artésiennes. On avait la conviction motivée que la couche aquifère était traversée.

« On descendit une pompe jusqu'à 60 mètres de profondeur : l'eau vint d'abord assez difficilement, puis elle entraîna du sable verdâtre, ensuite du sable *gris quartzeux*. Au fur et à mesure qu'on agissait sur la pompe, la marche de cette dernière devenait de plus en plus facile ; enfin l'eau jaillit avec force, à travers les clapets et le piston, et l'espace annulaire compris entre la pompe et le tubage définitif. Depuis vingt-cinq ans l'écoulement n'a pas cessé.

« Des phénomènes du même genre ont été observés plusieurs fois par M. Degousée, et notamment à Essonne, dans des puits artésiens creusés dans la propriété de M. Feray. »

rayon reste seul pour atteindre le but qu'on se propose : voici comment on peut se rendre compte de l'influence exercée sur le débit par l'accroissement du rayon.

La charge génératrice d'un volume q_1 dégorgeant à la hauteur h_1, au-dessus du sol par un tube de rayon r, étant :

$$\frac{lb_1}{\pi^2 r^5} q_1^2 ;$$

pour un tubage de rayon R, cette charge génératrice du débit q_1 se réduit à

$$\frac{lb_1}{\pi^2 R^5} q_1^2 .$$

On arrive donc, par l'accroissement du rayon, à une charge disponible

$$\frac{lb_1}{\pi^2} q_1^2 \left(\frac{1}{r^5} - \frac{1}{R^5}\right),$$

qui permet d'obtenir le même volume q_1 à un niveau plus élevé ou un volume plus considérable Q à la même hauteur.

La charge génératrice de ce nouveau volume sera dans le tube de rayon R

$$\frac{lb_1}{\pi^2} \cdot \frac{1}{R^5} \cdot Q^2 .$$

Or, deux cas peuvent se présenter :

Ou la hauteur de la colonne piézométrique reste constante, ou elle diminue avec les accroissements de volume.

Premier cas. Lors de l'écoulement du volume q_1 par le tube de rayon r, la hauteur piézométrique était

$$h_1 + \frac{lb_1}{\pi^2 r^5} q_1^2 .$$

Si avec le débit Q cette hauteur restait invariable, on aurait évidemment

$$\frac{lb_1}{\pi^2 r^5} q_1^2 = \frac{lb_1}{\pi^2 R^5} Q^2 ;$$

d'où

$$Q = q_1 \sqrt{\frac{R^5}{r^5}} ;$$

c'est le plus grand débit que l'on puisse obtenir par un accroissement de diamètre ; c'est le cas où le débit du puits est infiniment petit relativement, soit au produit du conduit souterrain, soit à celui que les formations sablonneuses laissent arriver.

Deuxième cas. Je suppose maintenant que, sous l'influence d'une augmentation de débit, la colonne piézométrique s'abaisse et je vais chercher à obtenir, dans cette hypothèse, l'expression générale de l'accroissement du volume qui dégorge à la hauteur h_1 lorsqu'on substitue le rayon R au rayon r.

Soit α cette augmentation.

On avait pour la hauteur de la colonne piézométrique, dans l'hypothèse du volume q_1 et d'un tubage de rayon r,

$$h_1 + \frac{lb_1}{\pi^2 r^5} q_1^2 \; (^1);$$

si l'on donne un rayon R au tubage, il y aura, à la hauteur h_1, un volume débité égal à $q_1 + \alpha$, dont la charge génératrice sera

$$\frac{lb_1}{\pi^2 R^5}(q_1 + \alpha)^2.$$

D'autre part, on peut tirer, des données expérimentales obtenues avec le puits artésien de rayon r, la loi qui lie les accroissements de volume aux abaissements des colonnes piézométriques.

Appelons A un de ces abaissements au-dessous du niveau de la colonne piézométrique $h_1 + \frac{lb_1}{\pi^2 r^5} q_1^2$ et α l'accroissement de volume correspondant, et soit $A = \varphi(\alpha)$ la relation qui lie les abaissements de la hauteur piézométrique aux accroissements de volume.

On pourra poser l'équation

$$h_1 + \frac{lb_1}{\pi^2 r^5} q_1^2 - \varphi(\alpha) = h_1 + \frac{lb_1}{\pi^2 R^5}(q_1 + \alpha)^2$$

ou

$$\frac{lb_1}{\pi^2 r^5} q_1^2 - \varphi(\alpha) = \frac{lb_1}{\pi^2 R^5}(q_1 + \alpha)^2,$$

d'où l'on peut tirer α et par conséquent $q_1 + \alpha$.

Si l'abaissement de la colonne piézométrique est nul pour tous les accroissements de volume, on a $\varphi(\alpha) = o$

d'où la relation déjà trouvée $q_1 + \alpha = q_1 \sqrt{\frac{R^5}{r^5}}$.

Si $R = \infty$ l'équation générale se réduit à $\varphi(\alpha) = \frac{lb_1}{\pi^2 r^5} q^2$;

(1) La hauteur de la colonne piézométrique n'est comptée qu'à partir du sol.

d'où l'on déduira la valeur maximum que α peut prendre.

On verra qu'on trouve généralement pour $\varphi(\alpha)$ une fonction de la forme $\varphi(\alpha)=\frac{\alpha}{c}$, donc, dans le cas de $R=\infty$, on a $\alpha=c\frac{lb_1}{\pi^2 r^5}q_1^2$;

d'où $$q_1+\alpha=q_1+c\frac{lb_1}{\pi^2 r^5}q_1^2=q_1\left[1+c\frac{lb_1}{\pi^2 r^5}q_1\right].$$

La lecture de cette partie de mon travail a suggéré à M. l'ingénieur en chef Baumgarten une autre expression algébrique de laquelle on peut également déduire l'influence qu'un accroissement de rayon exerce sur le débit d'un puits artésien.

Soit H la hauteur piézométrique correspondant à un volume q et comptée à partir de la nappe souterraine : l la longueur totale du tubage de rayon r

on aura pour le débit $$q^2=\frac{\pi^2 r^5}{b_1}\frac{H-l}{l};$$

ce débit deviendrait $$Q^2=\frac{\pi^2 R^5}{b_1}\frac{H'-l}{l}$$

à la même hauteur pour un rayon R.

Or H' est inconnu et, pour l'éliminer, il faudrait connaître la relation qui lie les hauteurs piézométriques aux débits ou $H'=f(Q)$ et l'on aurait $Q^2=\frac{\pi^2 R^5}{b_1}\times\frac{f(Q)-l}{l}$, d'où l'on pourrait tirer la valeur de Q.

On sait que la conséquence d'un accroissement de rayon est de permettre, à un niveau plus élevé, l'écoulement d'un volume débité à une hauteur donnée dans un tubage de rayon moindre : quel que soit le niveau auquel ce volume dégorge, la colonne piézométrique qui lui correspond est la même, puisque cette colonne ne peut dépendre que des résistances éprouvées par les eaux dans la couche aquifère ; résistances toujours identiques pour un même, volume débité. D'où il résulte que si l'on déterminait expérimentalement, dans le tubage de rayon r, la relation qui lie les hauteurs piézométriques aux volumes, cette relation devrait être adoptée pour le tubage de rayon R : ainsi on pourra trouver expérimentalement $f(Q)$ au moyen du premier tubage.

Toutefois, comme on n'a, pour déterminer empiriquement la fonction $f(Q)$, que les expériences à faire sur la hauteur du tubage de rayon r comprise entre le sol et le point de déversement des eaux, et comme dans cet intervalle les volumes débités sont nécessairement inférieurs à leurs correspondants dans le tubage de rayon R, on voit que la loi obtenue au moyen de ces expériences restreintes pourra ne pas être tout à fait celle qui fût résultée du forage de rayon R.

Les premiers débits, étant moindres que les seconds, seraient en effet des fractions plus petites du volume souterrain qui afflue à l'embouchure du tubage : d'où la conséquence que les données recueillies sur le tube de rayon r se rapprocheraient plus de la loi parabolique que celles que l'on déduirait du tubage de rayon R; c'est-à-dire qu'aux accroissements de volume dans le tubage de rayon r correspondraient de plus faibles diminutions dans la hauteur des colonnes piézométriques.

Ainsi, la loi empirique déduite du tubage de rayon r exagérera les volumes à déterminer dans le tubage de rayon R.

Ces réflexions autorisent à conclure qu'en appliquant les formules ci-dessus données, on pourra, et c'est là le point important, obtenir le maximum de débit qu'on peut attendre d'un accroissement de rayon.

Si nous voulons savoir ce que devient l'équation $Q^2=\frac{\pi^2R^5}{b_1}\left[\frac{H'-l}{l}\right]$ dans l'hypothèse $H'=H_0-\frac{1}{c}Q$, dans laquelle H_0 est la hauteur hydrostatique (cette hypothèse correspond à celle $\frac{\alpha}{\varphi(\alpha)}=c$ dans la première formule),

nous aurons après substitution $Q^2+\frac{1}{c}\frac{\pi^2R^5}{b_1l}Q=\frac{\pi^2R^5}{b_1}\times\frac{H_0-l}{l}$;

en faisant $R=\infty$ il viendra $Q=c(H_0-l)$;

en faisant $\frac{1}{c}=o$, il viendra $Q=\sqrt{\frac{\pi^2}{b_1}\frac{H_0-l}{e}}\sqrt{R^3}$,

et comme on a également dans cette hypothèse $q=\sqrt{\frac{\pi^2}{b_1}\frac{H_0-l}{l}}\sqrt{r^5}$,

on retombe sur la relation $Q=q\sqrt{\frac{R^5}{r^5}}$.

Je n'ai plus que quelques mots à ajouter pour terminer ce que j'avais à dire sur les lois générales qui régissent l'écoulement des puits artésiens.

Et d'abord on doit clairement apercevoir comment, en multipliant leur nombre, on augmente les résistances éprouvées par la couche aquifère; on fait donc baisser les hauteurs hydrostatiques, et par suite doivent diminuer les produits individuels des puits : cette observation recevra son application dans l'examen que je ferai du régime des puits artésiens de la ville de Tours.

On voit aussi que la hauteur hydrostatique ne donne aucune idée exacte du niveau supérieur de la nappe alimentaire; elle en présente seulement la limite inférieure : il importe néanmoins de toujours constater cette hauteur hydrostatique, parce que, tant qu'elle reste constante, on peut être assuré que le puits ne perd rien par filtration.

J'ai supposé constant jusqu'à présent le niveau du réservoir inférieur.

Si ce niveau s'élevait, la ligne limite AB, indicatrice des pressions piézométriques, devrait, en partant toujours du point A, aboutir au niveau surhaussé du réservoir inférieur.

D'où suit, pour les puits voisins de ce réservoir, que les volumes qu'ils débitent doivent sensiblement augmenter ou diminuer avec l'élévation ou l'abaissement de son niveau, soit que ces volumes surgissent d'un conduit souterrain ou de formations sablonneuses aquifères.

C'est l'explication toute simple des variations que subit le débit des puits situés près de la mer avec l'état des marées.

J'appliquerai à quelques exemples les principes précédents, tout en faisant remarquer qu'il y a, sur les puits artésiens, très-peu d'expériences méritant une entière confiance.

On comprendra immédiatement pourquoi, lorsqu'on réfléchira que les changements de régime des eaux coulant dans ces longs conduits souterrains exigent un temps très-considérable pour s'accomplir; un intervalle de deux jours et demi est souvent à peine suffisant pour passer d'une expérience à l'autre, lorsqu'ayant fait couler l'eau à une certaine hauteur, on élève, par exemple, l'orifice d'écoulement de 4 à 5 mètres. Le fluide commence par être stationnaire dans le tube, puis s'élève graduellement et n'arrive que par degrés insensibles au volume normal qu'il doit débiter à la hauteur voulue.

Au premier moment, cette manière suivant laquelle s'établit le régime doit surprendre. Il semble, en effet, que le contraire devrait avoir lieu, qu'il devrait y avoir coup de bélier, que le liquide devrait se précipiter brusquement vers le nouvel orifice qui lui est offert, et que le régime devrait s'établir en passant du fort au faible, au lieu d'arriver à l'uniformité en s'élevant du faible au fort.

Il en serait effectivement ainsi si le grand conduit était fermé à l'aval du puits artésien. Je l'ai constaté par expérience faite sur des tuyaux; mais voici ce qui se passe lorsque le liquide du grand conduit a la faculté de continuer son trajet souterrain.

Je supposerai d'abord que le puits débouche dans un conduit souterrain où l'eau soit animée d'une vitesse sensible.

Dans le premier instant, il arrive toujours la même quantité de liquide au réservoir inférieur; la masse en mouvement a tiré en effet d'elle-même la force nécessaire pour vaincre les frottements correspondant à son régime antérieur.

Dans le second instant, la vitesse de la masse fluide s'est un peu ralentie, les frottements ont diminué avec la diminution de la vitesse et l'eau s'élève un peu dans le tube vertical.

Et ainsi de suite, jusqu'à ce qu'elle arrive au sommet et que, peu à peu, les frottements s'affaiblissant toujours par les diminutions successives de la vitesse de translation de la masse fluide, le régime correspondant à la nouvelle hauteur finisse par s'établir.

Une expérience directe, rapportée dans un Mémoire que j'ai soumis à l'*Institut* sur le mouvement de l'eau dans les tuyaux de conduite, me semble ne laisser aucune incertitude sur la vérité de l'explication précédente. Je faisais couler de l'eau dans un tuyau sous une forte charge, puis je passais subitement à une charge moindre et je constatais que, pendant un temps très-considérable, le volume qui s'écoulait et qui, du reste, allait toujours en convergeant vers le débit correspondant à la pente nouvelle, était plus considérable que ce débit. C'était l'eau du tuyau qui, pour ainsi dire, entraînait celle du réservoir.

Aussi ai-je constaté dans ce cas qu'il y avait une forte diminution de pression à l'embouchure de la conduite, diminution qui disparaissait peu à peu au fur et à mesure qu'on arrivait au régime correspondant à la pente nouvelle [1].

Si, au contraire, il s'agit d'une masse sablonneuse aquifère où l'eau chemine

[1] Si les puits artésiens étaient en général alimentés par des conduits *souterrains*, dans lesquels l'eau circulerait avec une vitesse sensible, on voit que les observations précédentes permettraient de reconnaître s'ils correspondent à une nappe en repos ou en mouvement : il ne s'agirait que de constater si, en passant de l'écoulement à une certaine hauteur à un débit obtenu à un niveau beaucoup plus élevé, le régime s'établirait en passant d'un certain volume à des volumes de plus en plus faibles, ou réciproquement. Dans le premier cas, le *puits artésien* aboutirait à une masse liquide en repos; dans le second, à un courant souterrain.

avec une vitesse insensible, il ne peut y avoir aucun coup de bélier, et la lenteur même de la marche des eaux explique celle de l'établissement du nouveau régime.

Je terminerai ce que j'avais à dire sur les puits artésiens par quelques considérations relatives à la courbe que l'on obtient en réunissant par une ligne les extrémités des perpendiculaires élevées sur le tube ascensionnel aux différentes hauteurs de déversement des eaux ; ces perpendiculaires renfermant autant d'unités linéaires que le volume correspondant comprend lui-même d'unités.

Si l'on jette les yeux sur la planche 22, où sont tracées quelques-unes de ces courbes, on verra qu'en général elles diffèrent très-peu d'une ligne droite. Pourquoi ?

On lira au chapitre II de la troisième partie de cet ouvrage que, dans les vitesses comprises entre zéro et dix ou onze centimètres par seconde, l'expérience a toujours montré que les vitesses ou les volumes étaient proportionnels aux pentes.

Or, dans les masses sablonneuses, les eaux doivent circuler en général avec des vitesses encore inférieures à dix ou onze centimètres, et par conséquent il est probable qu'elles cheminent suivant la loi précitée (1).

Si maintenant nous considérons un débit q_0 à la hauteur au-dessus du sol h_0 ; appelant de plus H_0 la hauteur du tube artésien jusqu'à la nappe souterraine ; on aura pour la charge de cette nappe, lors du débit q_0 par un tubage de rayon r

$$H_0 + \frac{b_1}{\pi^2 r^5} H_0 \cdot q_0^2 ;$$

pour un point de déversement plus élevé, on aura également

$$H_1 + \frac{b_1}{\pi^2 r^5} H_1 q_1^2 .$$

Mais en vertu de la loi précitée on devra pouvoir poser

$$\frac{\left[H_1 + \frac{b_1}{\pi^2 r^5} H_1 q_1^2\right] - \left[H_0 + \frac{b_1}{\pi^2 r^5} H_0 q_0^2\right]}{q_0 - q_1} = C \text{ (C étant une constante).}$$

(1) Cette supposition conduisant à la loi généralement trouvée, comme on va le voir, pour le débit des puits artésiens, on pourrait réciproquement conclure de l'existence expérimentale de cette loi que la supposition initiale est fondée.

ou $$H_1 - H_0 + \frac{b_1}{\pi^2 r^5}[H_1 q_1^2 - H_0 q_0^2] = C[q_0 - q_1];$$

on peut remplacer $H_1 - H_0$ par $h_1 - h_0$;

d'où $$h_1 - h_0 + \left[\frac{b_1}{\pi^2 r^5}(H_1 q_1^2 - H_0 q_0^2)\right] = C(q_0 - q_1).$$

Or la seconde partie du premier membre varie très-peu relativement à $h_1 - h_0$ et peut même, dans le plus grand nombre de cas, être *considérée* comme nulle vis-à-vis $h_1 - h_0$;

Donc, en général, la différence des hauteurs de déversement au-dessus du sol doit être sensiblement proportionnelle à la différence des volumes obtenus à ces hauteurs : propriété caractéristique de la ligne droite.

Si les hauteurs piézométriques étaient constantes et égales à la hauteur hydrostatique, c'est-à-dire, si le débit du puits foré pouvait être négligé vis-à-vis le produit des eaux souterraines, alors le premier membre de l'équation précédente s'annulerait, et l'on ne pourrait plus tirer aucune induction de la relation posée : c'est qu'en effet, avec la constance des hauteurs piézométriques dont les variations seules peuvent révéler la loi des résistances souterraines, la courbe ne dépend plus que des frottements dans le tubage et son équation devient celle d'une parabole, équation justifiée page 141.

Je vais maintenant, à titre d'application des formules précédentes, donner quelques détails :

1° Sur le puits artésien de Grenelle;

2° Sur les puits forés de la ville de Tours;

3° Sur le puits artésien creusé dans le département de la Côte-d'Or (commune de Villaines-en-Duesmois).

Puits artésien de Grenelle.

Chacun connaît la coupe géologique de ce puits, publiée par M. Mulot [1]. Le puits de Grenelle a été l'objet d'expériences consciencieusement faites

[1] Infiltrations du puits de Grenelle. — Les eaux du puits de Grenelle proviennent des infiltrations des eaux pluviales dans les couches sablonneuses d'un terrain qu'on nomme grès vert : *lower green sand* des Anglais. Ces couches sont comprises entre deux puissantes formations

par M. Mary inspecteur général, et M. Lefort, ingénieur en chef des ponts et chaussées.

argileuses : l'inférieure se nomme le *terrain aptien*, la supérieure *le gault*, l'ensemble des terrains se nomme la craie inférieure : le gault et le terrain aptien sont donc les deux couches enveloppes. La craie inférieure forme dans le bassin de la Seine une bande large au minimum de 15 kilomètres, au maximum de 40 kilomètres, qui figure grossièrement un arc de cercle dont Paris serait le centre et traverse tout le bassin de la Seine du sud-est au nord-est. Son niveau est généralement inférieur à celui de la craie de la Champagne, qui la limite du côté de Paris, et des calcaires oolitiques de la Bourgogne, qui la bordent du côté opposé ; c'est une espèce de fossé dont la Bourgogne et la Champagne forment les deux rives. Cela est clairement indiqué par la direction des cours d'eau sur la carte que M. Belgrand, de qui je tiens ces détails, a jointe à un rapport sur la possibilité d'amener des eaux de source à Paris.

Les grès verts ne sont pas toujours perméables; souvent mélangés d'argile, ils se laissent alors difficilement traverser par l'eau : on peut aussi obtenir des résultats très-différents suivant la profondeur à laquelle on descend la sonde dans ce terrain.

La ligne d'affleurement de ces terrains et du gault passe par les localités suivantes (ou à peu de distance, à droite ou à gauche), en partant de la partie la plus méridionale du bassin de la Seine : Saint-Sauveur (vallée de Loing), Auxerre (vallée d'Yonne), Saint-Florentin (vallée d'Armençon), Ervy (vallée d'Armance), Rumilly-les-Vaudes (vallée de Seine), Lusigny (vallée de Barse, près Troyes), Soulaines (vallée de Voire, affluent de l'Aube), Saint-Dizier (vallée de Marne), Vouziers (vallée d'Aisne), et Hirzon (vallée d'Oise), où la craie inférieure se réduit à rien et vient s'appuyer sur le flanc des Ardennes.

Cette ligne, qui a plus de 300 kilomètres de développement, est fréquemment interrompue par les grandes vallées de l'Yonne, de l'Armançon, de la Seine, de l'Aube, de la Marne, de la Saulx, etc., qui ont pris une énorme largeur dans ces terrains sans consistance. Les altitudes sont très-variables et sont comprises entre 200 et 100 mètres au-dessus du niveau de la mer. M. Walferdin supposait que la hauteur de la colonne hydrostatique du puits s'élèverait à une centaine de mètres au-dessus du niveau de la mer, en considérant qu'aux environs de Troyes les sables verts apparaissent à l'altitude d'environ 135 à 140 mètres. On verra bientôt que la ligne des débits coupe la verticale du puits à l'altitude de 128 mètres; c'est donc la hauteur probable de la colonne hydrostatique.

Je dois dire, dès à présent, que cette hauteur me paraît un peu trop forte; voici pourquoi : les débits d'un puits artésien aux environs du sommet de la hauteur hydrostatique étant très-faibles et par conséquent négligeables le plus souvent vis-à-vis le volume qui afflue à la base du tubage, la loi parabolique doit se révéler vers ce sommet : le prolongement de la droite inclinée que l'on trouve généralement pour la ligne des débits, et qui notamment résulte des données expérimentales recueillies au puits de Grenelle, rencontrera donc la verticale au-dessus du niveau réel de la colonne hydrostatique : l'erreur commise doit être d'autant plus sensible que les données résultent d'écoulements plus considérables et par conséquent plus rapprochés du sol.

Le tableau suivant résume ces expériences :

DATES DES EXPÉRIENCES.		HAUTEUR DE L'EAU dans la colonne au-dessus de l'orifice de l'écoulement.	VOLUME DÉBITÉ		OBSERVATIONS.
			EN POUCES.	EN LITRES par seconde.	
	h. min.	m.	p	p. lit.	
26 février 1844.	2 15	0,00	90,02	0,020.00	
	3 15	3,05	81,02	0,018.67	
	3 40	6,10	82,02	0,018.22	
27 février 1844..	10 30	14,50	73,73	0,016.38	
	11 30	18,40	68,59	0,015.24	
	12 00	12,10	76,52	0.017.00	
	2 40	15,65	71,45	0,015.88	
28 février 1844..	10 30	25,03	61,16	0,014.26	
	3 5	28,50	60,39	0,013.42	
29 février 1844..	10 30	33,10	56,01	0,012.44	

Je n'ai, dans ce tableau, conservé que les expériences à côté desquelles le mot *douteuse* n'avait pas été inscrit. Les observations rapportées dans le tableau ci-dessus correspondent d'ailleurs à l'état de tubage ci-dessous décrit.

DIAMÈTRES INTÉRIEURS successifs DES TUBES, à partir du point le plus bas.	LONGUEURS DES TUBES.	OBSERVATIONS.
m	m	
0,17	129,14	
0,14	72,03	
0,18	196,19	
0,24	139,97	
0,216	2,50	Centre de l'orifice d'écoulement à fleur du sol.
0,216	33,10	Affleurement du champignon à la partie supérieure de la colonne ascensionnelle.

Mais je poursuis, et d'abord je donne dans le tableau suivant les hauteurs piézométriques correspondant aux écoulements obtenus dans les expériences de MM. Mary et Lefort.

PUITS DE GRENELLE.

Tableau des pertes de charge calculées sur les jaugeages effectués en février 1844.

VOLUMES.	Diamètre du TUYAU.	Longueur du TUYAU.	PERTE DE CHARGE par TUYAU.	PERTE DE CHARGE TOTALE.	HAUTEUR des VOIES d'écoulement au-dessus du sol.	HAUTEURS piézométriques auxquelles sont dus les débits.	Différences des HAUTEURS piézométriques ou accroissement de charge.	Accroissement des VOLUMES correspondants.	RAPPORTS entre les colonnes 9 et 8.	OBSERVATIONS.
1	2	3	4	5	6	7	8	9	10	11
m. l. 0,012.44	m. 0,17 0,14 0,18 0,24 0,216	m. 129,14 72,05 196,10 139,97 35,60	m. 0,26611 0,40292 0,30158 0,04947 0,02154	m. 1,04162	m. 33,10	m. 34,14	»	»	»	Les pertes de charge de la colonne 4 sont probablement trop faibles : elles ont été calculées par mes formules dans l'hypothèse de parois neuves. J'aurai plus tard égard à cette circonstance. J'ajouterai que je n'ai pas eu égard aux pertes de charge qu'entraînent les variations de diamètre de la série de tuyaux formant le revêtement des puits.
0,013.42	0,17 0,14 0,18 0,24 0,216	129,14 72,05 196,19 139,97 31,00	0,30969 0,46891 0,35096 0,05758 0,02183	1,20897	28,50	29,71	m. 4,43	m. 0,00098	0,000.22	
0,014.26	0,17 0,14 0,18 0,24 0,216	129,14 72,05 196,19 139,97 27,55	0,34967 0,52944 0,39628 0,06501 0,02190	1,36230	25,05	26,41	7,73	0,00182	0,000.24	
0,015.24	0,17 0,14 0,18 0,24 0,216	129,14 72,05 196,19 139,97 20,90	0,39939 0,60471 0,45261 0,07425 0,01898	1,54994	18,40	19,95	14,19	0,00280	0,000.20	
0,015.88	0,17 0,14 0,18 0,24 0,216	129,14 72,05 196,19 139,97 18,15	0,43363 0,65657 0,49143 0,08062 0,01789	1,68014	15,65	17,33	16,81	0,00344	0,000.20	
0,016.38	0,17 0,14 0,18 0,24 0,216	129,14 72,05 196,49 139,97 17,00	0,46137 0,69857 0,52286 0,08577 0,01783	1,78640	14,50	16,29	17,85	0,00394	0,000.22	
0,017.00	0,17 0,14 0,18 0,24 0,216	129,14 72,05 196,19 139,97 14,60	0,49696 0,75245 0,56319 0,09239 0,01650	1,92149	12,10	14,02	20,12	0,00436	0,000.23	
0,018.22	0,17 0,14 0,18 0,24 0,216	129,14 72,05 196,19 139,97 8,60	0,57085 0,86433 0,64693 0,10613 0,01116	2,19940	6,10	8,30	25,84	0,00578	0,000.22	
0,018.67	0.17 0,14 0,18 0,24 0,216	129,14 72,05 196,19 137,97 5,55	0,59939 0,90755 0,67928 0,11143 0,00756	2,30521	3,05	5,36	28,78	0,00623	0,000.22	
0,020.00	0,17 0,14 0,18 0,24 0,216	129,14 72.05 196,19 139,97 2,50	0.68783 1,04150 0,77950 0,12788 0,00391	2,64062	0,00	2,64	31,50	0,00736	0,000.24	
								Moyenne.	0,000.221	

Les différentes colonnes de ce tableau permettent de faire plusieurs observations intéressantes :

1° La colonne 7 apprend que les hauteurs piézométriques vont sans cesse en diminuant et très-notablement pour chaque accroissement de volume.

Donc les accroissements de débit obtenus à l'air libre par les abaissements des orifices d'écoulement ne peuvent être négligés vis-à-vis le volume souterrain qui afflue à travers les sables à l'orifice inférieur du tube, en raison de la perméabilité des couches sablonneuses.

2° La colonne qui indique les rapports entre les accroissements de volume obtenus et les accroissements de charge auxquels sont dues ces augmentations de volume donne pour ces rapports des chiffres constants (¹).

Donc, si l'on élève une verticale de 34^{m}14 égale à la plus grande hauteur piézométrique, et qu'aux diverses hauteurs piézométriques on mène à cette verticale des perpendiculaires offrant une longueur égale au nombre d'unités qui représente le volume écoulé, toutes les extrémités de ces perpendiculaires seront en ligne droite : et le point où cette ligne inclinée couperait la verticale serait très-vraisemblablement celui où l'eau du puits artésien monterait, si son débit était nul.

Ce point serait placé à 57^{m}40 au-dessus de celui où il déverse aujourd'hui, c'est-à-dire à 128^{m}40 au-dessus du niveau de la mer (²).

Je ferai remarquer, comme corollaire, que les pertes de charges, qui ajoutées au-dessus des orifices d'écoulement constituent les hauteurs piézométriques, étant peu considérables, on doit encore obtenir sensiblement une ligne droite en élevant à la hauteur des voies d'écoulement des perpendiculaires à la verticale qui représentent hors de terre le puits artésien, et en joignant l'extrémité de ces perpendiculaires par une ligne. C'est, en effet, ce qui arrive (³).

Je chercherai maintenant à résoudre une dernière question à l'aide des considérations théoriques précédemment développées.

Si l'on augmentait le diamètre du tubage du puits de Grenelle, en résulterait-il un accroissement sensible dans le volume qu'il débite? La solution de cette question se trouve dans la résolution de l'équation

(¹·³) Ce double fait expérimental paraît être une justification des prévisions de la page 156.

(²) Voir la note de la page 158.

$$\frac{lb_1}{\pi^2 r^5} q_1^2 - \varphi(\alpha) = \frac{lb_1}{\pi^2 R^5}(q_1 + \alpha)^2,$$

dans laquelle, comme on l'a vu,

r représente le diamètre initial;
q_1 le volume à la hauteur donnée;
R le rayon agrandi;
α l'augmentation de volume;
$\varphi(\alpha)$ l'abaissement de la colonne piézométrique pour l'accroissement α.

Or, dans le puits de Grenelle, on verra, en se reportant au tableau précédent, que :

$$\frac{\alpha}{\varphi(\alpha)} = 0{,}000{,}221;$$

que, de plus, à la hauteur de $33^m,10$, et pour le volume $q_1 = 0^m,01244$ par secondes, la perte de charge pour le tubage actuel, ou :

$$\frac{lb_1}{\pi^2 r^5} q_1^2 = 1^m 04.$$

L'équation ci-dessus posée devient donc :

$$1{,}04 - \frac{\alpha}{0{,}000{,}221} = \frac{lb_1}{\pi^2 R^5}(q_1 + \alpha)^2.$$

Dans l'hypothèse où le rayon serait assez grand pour que l'on pût considérer comme nulle la perte de charge :

$$\frac{lb_1}{\pi^2 R^5}(q_1 + \alpha)^2;$$

il viendrait pour l'augmentation α à la hauteur de $33^m,10$,

$\alpha = 0{,}000{,}3$ à peu près (1),

ou environ : 1/3 de litre par seconde.

En supposant même que les tuyaux soient tellement rugueux que la résistance (ou le frottement) soit deux fois, trois fois plus grande que celle indiquée par les formules, on arriverait tout au plus pour le débit à un accroissement d'un litre par seconde.

(1) La seconde formule aurait donné dans le cas de $R = \infty$ $Q = c\,(H_0 - l)$, or $c = 0{,}000{,}221$ et $H_0 - l = 57{,}40$, d'où $Q = 0{,}01269$ ou environ 0,0003 d'augmentation sur le volume débité par le premier tube à la hauteur de $33^m,10$ au-dessus du sol.

Inutile donc d'essayer des diamètres de 0m30, 0m50 ou 0m60; ils ne procureraient aucune amélioration sensible.

Du reste, l'expérience vient de confirmer ce résultat de la formule d'une manière tout à fait positive.

Le rayon équivalent aux divers rayons du tubage, auquel se rapportent les expériences ci-dessus relatées, serait :

$$R = \sqrt[5]{\frac{572^{m}95}{\frac{129,14}{(0,085)^5} + \frac{72,05}{(0,07)^5} + \frac{169,19}{(0,09)^5} + \frac{139,97}{(0,06)^5} + \frac{35,60}{(0,108)^5}}} = 0^{m}\,0724.$$

Or, on a vu qu'en février 1844, après la pose des tuyaux galvanisés dont les diamètres successifs sont ci-dessus rapportés, le produit du puits artésien était de 56 pouces ou 12 litres, 44 par secondes à 33m 10 au-dessus du sol, ou à 71 mètres au-dessus du niveau de la mer.

Mais, en janvier 1849, ce produit s'était réduit à . .	42	pouces
En janvier 1850, à	31	»
En février et mars 1851, à	22	»

On rechercha les causes d'une aussi notable diminution et l'on reconnut qu'à 514 mètres de profondeur au-dessous du sol le tubage s'était beaucoup infléchi : on pensa que cette inflexion, qui n'avait pas dû s'opérer sans aplatissement du tubage, s'opposait sans doute à l'introduction des eaux : cette inflexion d'ailleurs devait favoriser l'accumulation des rognons d'argile dans la portion courbée du tubage.

On fit descendre la sonde et l'on commença par percer la paroi de l'ancien tube au point de courbure, puis on en descendit un second intérieurement au premier jusqu'à la profondeur de 547 mètres au-dessous du sol. Pour fixer son extrémité inférieure et l'empêcher de se courber de nouveau, M. l'ingénieur en chef, directeur du service municipal, invita M. Mulot à le terminer par une tige quadrangulaire à nervures, laquelle est engagée sur une hauteur de 3m10 dans la couche de sable.

La partie inférieure du tube est d'ailleurs trouée comme une écumoire et c'est par ces orifices que l'eau s'y introduit aujourd'hui.

Quant au tubage, son diamètre moyen n'est guère que de 10 centimètres et l'épaisseur moyenne de sa paroi de 0m01.

Placé concentriquement à l'ancien, le nouveau tube, qui laisse un espace annulaire libre entre sa surface extérieure et la surface intérieure de l'ancien tubage, s'élève jusqu'à la cuvette pour y verser ses eaux.

De son côté, l'espace annulaire fournit un certain débit.

L'opération a parfaitement réussi.

Le volume débité par le tube intérieur et l'espace annulaire a été :

En décembre 1851 de 43°51;
En novembre 1853 de 47°61;
En décembre 1854 de 51°79.

Quant à la proportion existant entre le volume versé par le tube et l'espace annulaire, elle résulte des chiffres suivants :

Volume débité par le tube.	44 pouces.
Par l'espace annulaire.	6 »
Total.	50 pouces.

Je suppose que l'on ferme l'espace annulaire, il est évident que le produit du tube central subirait un accroissement. En effet, s'il donnait le même produit de 44° il en résulterait cette conséquence absurde qu'une augmentation dans la charge n'augmente pas le produit. Or, il y aurait augmentation dans la charge, puisque la colonne piézométrique doit croître lorsque l'on tire un moindre volume de la nappe souterraine.

Mais je suppose, pour que les résultats auxquels je vais parvenir ne puissent être contestés, que le produit de 44 pouces ne grandisse pas. Si les volumes étaient entre eux comme les racines carrées des puissances cinquièmes des rayons des tubes ascensionnels, ce qui arriverait dans le cas où le niveau de la colonne piézométrique resterait invariable, on aurait pour le débit du tube actuel,

$$56^{\circ}\sqrt{\frac{(0{,}05)^5}{(0{,}0724)^5}} = 22^{\circ}{,}20.$$

Mais l'expérience donne au moins 44 pouces, malgré la difficulté qu'ils doivent avoir à s'introduire par les orifices percés dans la paroi verticale du tube; ce résultat me paraît une confirmation expérimentale positive des assertions précédemment émises.

Je dois m'empresser d'ajouter qu'un très-habile sondeur allemand vient de donner à ces considérations une sorte de démenti. Il s'est engagé, m'a-t-on dit, à forer un puits artésien dont le débit, suivant l'espérance qu'il a conçue, s'élèvera à 14,000 mètres cubes dans les vingt-quatre heures. Ce sondeur, pour arriver à ce résultat, donne au forage, après son *revêtement en bois*, un diamètre franc de 60 centimètres. C'est sur ce diamètre inusité qu'il compte pour accomplir sa promesse.

Si le produit d'un forage grandissait suivant la loi résultant de l'accroissement du rayon, le puits artésien de M. Kind fournirait par jour à la hauteur d'environ 38 mètres au-dessus du niveau de la mer, cote du sol au puits de Grenelle :

$$20^{m.} \times 60 \times 60 \times 24 \sqrt{\frac{0{,}30^5}{0{,}0724^5}} = 1728^{m.c.} \times 35 = 60{,}000^{m.c.}$$

en ne promettant que le quart de ce nombre, le sondeur allemand, sans doute, aura cru faire une part suffisante aux mauvaises chances.

Mais, si je ne me trompe, on est autorisé à induire des considérations précédentes que si M. Kind réussit, ce n'est point au diamètre inusité du forage qu'il devra son succès, c'est à l'imprévu seul qu'il pourra le demander (¹), c'est de la rencontre d'une nappe plus abondante qu'il pourra l'attendre. Il peut aussi *réussir en donnant au forage une profondeur plus grande que celle du puits de Grenelle.*

M. Mulot a annoncé ce résultat comme probable en demandant au ministre des travaux publics, en mai 1843, l'autorisation de faire un puits artésien au Jardin des Plantes. M. Mulot, d'après les expériences de MM. Arago et Walferdin, espérait obtenir pour l'eau de ce puits une température de 36 à 37° ; ce qui aurait permis, suivant le projet formé à cette époque, de créer des bains et des lavoirs publics à prix réduits et de chauffer sans frais les serres du Jardin des Plantes. M. Mulot comptait d'ailleurs sur un volume considérable, et voici les motifs très-rationnels sur lesquels il basait son opinion : Paris est placé au centre du bassin crayeux, au point où cette formation présente l'épaisseur la plus grande ; on y a obtenu le puits de Grenelle. Que l'on se reporte maintenant aux extrémités de ce bassin où des forages ont été également exécutés, et voyons à quels résultats on est parvenu. A Elbeuf, M. Mulot a pratiqué plusieurs forages : tous ont donné de l'eau jaillissante ; en cette localité, il a rencontré trois nappes parfaitement distinctes : la première a toujours été la moins abon-

(¹) Les sables verts, comme on l'a vu, présentent une perméabilité très-variable.

dante. A Tours, MM. Dégousée et Mulot ont rencontré huit nappes également distinctes; la première ne donnait qu'un produit relatif presque insignifiant. Les sables, au fur et à mesure qu'on descend, deviennent de moins en moins argileux et présentent ainsi une perméabilité beaucoup plus grande.

Or, à Paris, on n'est encore arrivé qu'à la première nappe : on n'a fait qu'aborder le terrain des argiles, grès et sables verts, dans lequel on a profondément pénétré à Elbeuf, à Tours et dans les environs de cette dernière ville. L'analogie permet donc d'espérer qu'en descendant le forage dans la couche que l'on a à peine effleurée à Paris, on obtiendra des produits supérieurs à ceux du puits de Grenelle. Et ces produits, s'ils arrivent au sol, ne seront point dus au diamètre du forage mais à la rencontre de sables moins argileux pénétrés par une masse liquide plus abondante et filtrant plus aisément à travers des couches aquifères d'une perméabilité plus grande.

Cette discussion sommaire ne m'a point paru sans intérêt : on doit rendre toujours à César ce qui appartient à César, ne s'agirait-il que de sa pensée. Et, cela dit, je fais les vœux les plus sincères pour les succès du forage de M. Kind; je désire vivement qu'en cette circonstance spéciale la fortune soit encore à ceux qui ne craignent pas de la tenter.

Puits artésiens de la ville de Tours.

A l'appui des considérations générales que j'ai précédemment développées sur les puits artésiens, qu'il me soit encore permis de donner quelques détails précis sur les forages exécutés à Tours. Je dois ces détails à l'obligeance de M. l'architecte-voyer Chauveau.

Ces renseignements, sur l'exactitude desquels on peut compter, seront d'ailleurs la constatation de résultats pratiques importants : — ils montreront que la hauteur hydrostatique [1] des puits diminue avec l'accroissement du nombre des sondages; qu'il y a presque toujours avantage à ne point s'arrêter aux premières nappes rencontrées : ils feront percevoir les causes auxquelles on peut attribuer la diminution de débit des puits artésiens et les moyens de retrouver les débits initiaux : ils ne laisseront aucun doute sur la dépendance qui existe entre les

[1] On sait que l'on appelle hauteur hydrostatique d'un puits artésien celle qu'il prend lorsque son débit est réduit à 0.

puits artésiens d'une même localité; dépendance dont les effets se font parfois ressentir à des distances assez grandes, tandis qu'elle est souvent inappréciable dans des puits très-rapprochés les uns des autres. Enfin, il résultera de ces documents que le diamètre du forage n'a sur le débit que l'influence restreinte dont j'ai cherché à indiquer les limites.

Terrain dans lequel sont forés les puits de Tours. — Les puits de Tours sont tous forés dans le même terrain; leur profondeur ne varie que parce qu'ils ont été plus ou moins descendus dans la couche d'argile, grès et sables verts aquifères. Après avoir traversé les terrains de remblais, d'alluvion et les sables de la Loire, qui offrent, réunis, une puissance de 4 à 12 mètres, on atteint la formation crayeuse, dont la surface supérieure se relève légèrement sur certains points et atteint même une hauteur supérieure à l'étiage de la Loire. Cette formation, dont l'épaisseur est de 80 à 90 mètres depuis les sables de la Loire jusqu'aux argiles vertes, renferme dans sa partie supérieure quelques bancs de calcaire grossier, de grès calcaire; la partie inférieure passe à la glauconie, sur une épaisseur plus ou moins grande, et recouvre enfin les argiles, sables et grès verts qui alternent d'une manière très-irrégulière.

Les sables verts supérieurs sont plus argileux et ne contiennent que très-peu d'eau; à mesure que l'on atteint une plus grande profondeur, ces sables deviennent plus purs et plus vifs et renferment des nappes plus abondantes.

La couche d'argile, grès et sables verts a été explorée sur une profondeur de 60 à 80 mètres, et de belles sources artésiennes peuvent être tirées de cette profondeur dans une couche de sable coquillier contenant de nombreux rognons de grès vert et quelquefois une assez grande quantité de lignite.

Les premières sources, qu'on ne trouvait généralement qu'à une profondeur de 5 à 10 mètres après avoir attaqué les argiles et les grès verts, s'élevaient à peine à la surface du sol et ne donnaient au plus que 2 à 3 litres d'eau à la minute; puis, après avoir creusé de 15 à 20 mètres plus bas, on obtenait des sources de plus en plus ascendantes et fournissant 400 à 600 litres à la minute à la hauteur du sol; enfin, après s'être engagé de 60 à 80 mètres dans ces mêmes terrains, ce qui n'a eu lieu que pour les derniers puits, on a vu couler au niveau du sol jusqu'à 3,000 litres d'eau à la minute.

L'eau provenant des sondages pratiqués à Tours est limpide; elle à une très-légère odeur sulfureuse qui se reconnaîtrait difficilement sur une petite quantité d'eau; elle colore les pavés sur lesquels elle coule d'une teinte rouge ferrugineuse; elle est très-convenable pour les usages domestiques, les savonnages, la cuisson des légumes.

Son analyse a donné les résultats suivants :

Sur 1,000 parties, elle contient :

Eau pure.	999,658
Carbonate de chaux.	0,180
Hydrochlorate de soude. . . .	0,093
Oxyde de fer.	0,026
Barégine..	0,017
Silice.	0,013
Sulfate de soude.	0,009
Alumine.	0,004
Magnésie (quelques traces). . .	»
Total.	1,000,000

La température de ces eaux est de 17° 1/2 à 18° centigrades.

Le premier puits (planche 20) a été foré à Tours en 1830, sur la place de la Cathédrale; lorsqu'on a atteint les terrains aquifères, il était facile de traverser les sables verts très-légèrement argileux qui se soutenaient bien et permettaient d'atteindre une deuxième et même une troisième nappe sans qu'il fût nécessaire de placer des tuyaux de retenue pour prévenir les éboulements dans le sondage.

Au deuxième et au troisième puits, les sables des sources supérieures se sont encore assez bien maintenus, mais après le quatrième puits, qui a donné en un instant plus de 1,100 litres à la minute, les sables verts sont devenus sensiblement plus mobiles et cette mobilité a été bien plus grande encore dans les derniers sondages pour lesquels plusieurs jeux de tubes de retenue étaient indispensables dans chaque puits, afin de maintenir les sables des sources supérieures.

La multiplicité des sondages, et par suite le grand volume de sable fin qui remontait à la surface avec les eaux obtenues, a donc singulièrement augmenté la mobilité des couches aquifères, en les privant du sable fin qui leur servait d'agrégat.

Une expérience spéciale prouve que, dans ces couches mêmes, il existait des vides assez grands pour laisser passer des corps étrangers. Ainsi, au puits de la Cathédrale, M. Chauveau a été témoin du fait suivant : on avait pratiqué momentanément pour l'eau une issue à un niveau très-inférieur à celui où elle avait coutume de couler ; l'eau augmenta de produit d'une manière très-sensible, se troubla et entraîna à la surface du sol une grande quantité (plusieurs litres) de graines en partie pourries, mais parmi lesquelles il était facile de reconnaître celles de plusieurs plantes de marais et des coquillages d'eau douce contenant encore des traces et même des débris des animaux qui y avaient été enfermés.

Origine des infiltrations qui alimentent les puits de Tours. — Il semble probable que les eaux des couches alimentant les puits de Tours proviennent d'infiltrations qui ont leur origine dans le lit de la Loire, du côté de Cosne; du Cher, près de Vierzon ; dans les marais de la Brenne ; dans les lits de l'Indre, de la Creuse, de la Vienne et de leurs affluents. A ces différents points, en effet, les sables verts apparaissent à la surface du sol.

Quelques points de dégorgement des sables verts. — Plusieurs points de déversement des mêmes sables aquifères paraissent exister sur la limite des départements de Maine-et-Loire et d'Indre-et-Loire, dans la vallée de la Loire. Car on rencontre des sources naturelles dont le bassin est formé par les sables verts et dont l'eau présente tous les caractères de celle produite par les puits artésiens de Tours.

Il est difficile de reconnaître les sources qui émergent dans le lit même de la Loire.

Variations de débit des puits artésiens et causes de ces variations. — Le débit des puits artésiens de Tours a généralement diminué depuis leur forage. Voici, suivant M. Chauveau, les causes probables de cet amoindrissement de produit.

Les premiers sondages ont effleuré à peine les terrains aquifères et ont, en outre, été assez mal tubés ; il est résulté de cette dernière cause des infiltrations dans les sables de la Loire, qui durent diminuer la quantité d'eau fournie et qui parfois l'ont même absorbée tout entière.

Les derniers puits descendus beaucoup plus profondément ont rencontré des nappes plus abondantes; mais un autre grand accident est venu influer sur la conservation de ces belles sources artésiennes. L'abondance du volume d'eau tiré de la nappe a dû avoir pour conséquence le ravinement de la couche aquifère; de là des éboulements plus ou moins considérables dans les sables verts. Lors de ces éboulements, qui se renouvellent à des intervalles de temps variables, l'eau des puits entraîne une quantité considérable de sable qu'elle déverse à la surface du sol. Il est arrivé quelquefois que le sable se trouvait en telle quantité dans le tube ascensionnel que le courant était interrompu; le sable se déposait alors dans la partie inférieure du sondage, sur une hauteur de 20 à 30 mètres, accident qui interceptait les sources les plus abondantes. Une belle source amène donc avec elle une chance d'obstruction pour le sondage et son influence s'est fait sentir aux puits de M. Champoiseau, de l'Hospice, de Saint-Éloi, de Cangey, etc.

M. Chauveau ajoute que les tubes ascensionnels s'oxydent et se percent, que leur réunion n'a pas toujours été effectuée d'une manière complétement satisfaisante, et qu'il n'y a pas toujours eu, peut-être, étanchéité suffisante au point de jonction de l'embouchure du tubage avec la couche aquifère; de telle sorte qu'un certain volume pouvait remonter à l'extérieur du tube et se perdre dans les couches perméables.

M. Chauveau arrive ensuite à la question de savoir si les puits artésiens de Tours communiquent entre eux.

Abaissement de la hauteur hydrostatique des puits forés avec l'accroissement de leur nombre. — Dans les premiers puits forés à Tours, de faibles volumes ont été obtenus et cependant l'ascension, jusqu'au débit 0, a été plus grande que dans les derniers sondages dont le produit était bien plus abondant. Ainsi, l'eau du premier puits, qui donnait seulement 36 litres à la minute à $1^m 25$ au-dessus du sol de la place Saint-Gratien, pouvait s'élever à $6^m 70$ en contre-haut du même point.

Le niveau du second puits, qui ne donnait que 60 litres à $0^m 50$ au-dessus du sol, pouvait s'élever à $7^m 15$.

Le niveau du troisième puits, qui donnait 173 litres à 1m 80 au-dessus du sol, montait à une hauteur de 14m 10.

Enfin on vit le niveau du quatrième puits, le premier qui ait fourni une belle source artésienne (1,110 litres à la minute à 1m 80 au-dessus du sol), s'élever jusqu'à 18m 80 au-dessus du sol de la cour du quartier de cavalerie.

Cette ascension a été la plus considérable de toutes. Les forages postérieurs ont donné presque tous une quantité d'eau beaucoup plus grande, mais leur hauteur hydrostatique est toujours allée en diminuant; le volume débité à des hauteurs croissantes s'affaiblissait, d'ailleurs, avec une extrême rapidité, et cette dernière circonstance a effrayé les propriétaires des puits, qui ont fini par se prêter difficilement aux expériences relatives à l'élévation de la colonne hydrostatique.

La diminution graduelle de la puissance ascensionnelle de l'eau me semble déjà une preuve évidente de la dépendance réciproque des différents puits entre eux; en effet, au fur et à mesure que l'on tire plus d'eau de la couche aquifère, la hauteur d'un piézomètre qui mesurerait la puissance ascensionnelle de la nappe doit diminuer, puisqu'une plus grande portion de la hauteur libre du liquide est absorbée par les frottements. Si donc, les différents puits s'alimentent à la même nappe, ils doivent tous éprouver, à différents degrés, l'influence des forages antérieurs, et c'est, en effet, ce que l'on voit arriver.

Mais il existe de cette dépendance des preuves plus directes, ainsi que le fait observer M. Chauveau.

Dépendance réciproque des puits artésiens de Tours [1]. — M. Chauveau remarqua un matin que le débit de son puits, situé au prieuré de Saint-Eloi, avait augmenté de près de moitié. Etonné de cet incident, il voulut savoir si les autres puits avaient éprouvé la même augmentation et il apprit, au contraire, que chez M. Champoiseau, une fusée de sable avait obstrué sur une grande hauteur le tube d'ascension du puits foré. M. Champoiseau fit réparer son puits, et, quelques mois après, M. Chauveau, à l'aspect du sien qui avait repris son volume primitif, annonça, sans l'avoir vérifié, que l'opération de M. Champoiseau avait réussi et l'assertion était vraie.

(1) Voir sur la planche 22 la position relative des puits de Tours.

M. Chauveau ajoute que toutes les fois que M. Champoiseau laissait couler l'eau de son puits au niveau du sol, celle du puits de la cour Charlemagne montait à peine au niveau du bassin qu'elle devait alimenter, mais que si la roue motrice de l'usine de M. Champoiseau fonctionnait, ce qui exigeait que l'eau du premier forage fût relevée à 6 mètres environ au-dessus du sol, le débit du puits de la cour Charlemagne reprenait la valeur de 150 litres par minute à la hauteur du bassin précité.

D'autre part, on est porté à croire que ce même puits de M. Champoiseau n'est pas en communication avec ceux de la brasserie de M. Tessier, dont cependant il n'est éloigné que d'environ 60 mètres. En effet, en laissant couler l'eau des puits de M. Tessier, soit à $4^{m}74$ plus bas que l'orifice du puits de M. Champoiseau, soit à $0^{m}76$ plus haut que ce même orifice, le volume débité par le puits foré de M. Champoiseau reste constant.

D'autres faits, au contraire, sembleraient établir qu'une communication existe entre des sondages très-éloignés les uns des autres.

M. le docteur Bretonneau a fait forer un puits artésien sur un point de 10 mètres environ plus élevé que le sol moyen de la ville de Tours; ce puits, qui avait donné un assez beau résultat, a diminué par saccades au fur et à mesure que l'on forait de nouveaux puits à Tours et notamment le jour où l'on a trouvé l'eau à l'abattoir de cette ville, qui cependant est à 1,350 mètres de distance du puits de M. Bretonneau.

En général, les derniers sondages ont presque toujours enlevé une quantité notable d'eau aux puits antérieurement existants.

On voit ainsi quelle influence peuvent exercer, sur le débit d'un puits artésien, un tubage imparfait ou le creusage à proximité d'un nouveau puits descendu jusqu'aux mêmes couches aquifères et coulant, par exemple, à un niveau inférieur au premier.

Le tableau suivant, sur lequel sont indiqués les principaux puits creusés à Tours, permettra encore de tirer quelques conséquences relatives à l'influence des diamètres.

N° D'ORDRE.	NOMS DES PROPRIÉTAIRES.	ÉPOQUE du FORAGE.	PROFONDEUR du SONDAGE.	DIAMÈTRE DU TUBE d'ascension.	NOMBRE DE SOURCES rencontrées.	HAUTEUR APPROX. MAX. du sol au-dessus de l'étiage, au pont de Tours.	ASCENSION MAXIMUM de l'eau au-dessus du sol.	PRODUITS DES PUITS ARTÉSIENS — A UNE HAUTEUR au-dessus du sol, de	PRODUITS DES PUITS ARTÉSIENS — NOMBRE de litres à la minute.	OBSERVATIONS.
1	Ville de Tours. Sur la place Saint-Gatien (1)......	1830	m. 120 50	m. 0 135 et 0m 081	3	m. 7 10	m. 6 70	m. 1 25 1 83 2 35 3 08 3 70 4 42 5 38 6 70	lit. 36 50 32 60 28 50 23 60 20 95 15 65 12 85 00 00	(1) Ce puits ne donne plus aucun produit depuis longtemps. (2) Ce puits a promptement perdu son eau.
2	Ville de Tours. Dans la tour Charlemagne (2)......	1831	112 80	0 088	4	7 00	7 15	0 50 0 90 1 55 2 10 2 80 7 15	60 00 46 32 40 66 36 36 31 43 00 00	(3) Ce puits, après sa réparation, a conservé son eau, laquelle, au moyen d'une ancienne canalisation, alimente une petite partie de la ville. (4) Ce puits ne donne plus que 1/3 de son produit primitif. Poussé, en 1834, à 154m 30 sans résultat.
	Reprise du même ouvrage (3).	1836, 1837	159 00	0 20	5	7 60	»	2 20 2 36 2 45 2 50 2 59 2 71 2 87 3 06 3 30 3 56	144 30 138 45 134 55 130 65 117 00 111 15 98 96 85 80 73 12 54 84	(5) Le produit de ce puits a successivement diminué et l'eau a même fini par ne plus arriver au sol. Le tubage imparfait de ce sondage n'est probablement pas la seule cause de la disparition de l'eau. Il paraît que des corps étrangers ont été jetés dans le tube. (6) Réduit en 1836 à 245 lit. et en 1838 à 29 lit. à la minute. Ne donne plus de produit.
3	Ville de Tours, près de l'église de Lariche (4).......	1832	128 70	0 135	5	5 30	15 75	1 80	173 00	(7) Ce puits, destiné à faire mouvoir une roue hydraulique, s'est amoindri au point de ne plus pouvoir atteindre son but. Repris et poussé à près de 200 mèt. il a donné à peu près moitié en sus du produit primitif. Obstrué plus tard par un ensablement et de nouveau réparé à grands frais, il a retrouvé son beau produit qui, depuis s'est assez bien conservé.
4	Ville de Tours. Caserne de cavalerie du Vieux-Château (5).	1833	128 50	0 105	3	8 40	18 80	1 80 0 60 11 00 18 80	1110 58 759 92 443 12 00 00	(8) Ces deux puits sont réduits à 2m 30 de hauteur, à environ 400 à 500 lit. de produit, réunis ensemble. Ils ne varient plus depuis deux ans.
5	Ville de Tours. Caserne d'infanterie (6)........	1833	140 12	0 108	4	4 75	»	au sol environ	500	
6	M. Champoiseau, négociant (7).	1834	137 75	0 14	»	6 55	»	au sol environ 3 70 4 48 5 24 6 02 6 79	1608 1128 1074 900 780 678	(9) Ce puits, quoique très-bien tubé et assez éloigné des autres, est réduit des 3/4. Il a successivement diminué lors de l'ouverture des derniers sondages.
7 8	M. Tessier, brasseur (8)...	1834 1834	138 00 154 00	0 108 0 135	»	5 00	»	2 00 1 00	1590 990	(10) Ce puits a été réduit à 100 lit. environ par un ensablement. Repris en 1850 il a donné, pendant quelques mois, la quantité d'eau primitive, puis a été réduit de nouveau à 100 lit. par un ensablement.
9	Ville de Tours. A l'abattoir (9).	1835	140 00	0 13	»	7 00	»	1 00	565	
10	Hospice de Tours (10)....	1836	169 30	0 16 0 12 0 09	»	3 90	»	au sol environ 2m 30 environ	900 700	(11) La source inférieure interceptée par un ensablement ne varie plus depuis dix ans, mais le puits est réduit à 100 lit. environ à la minute, à 4 mèt. au-dessus du sol.
11	M. Chauveau, architecte, à l'ancien prieuré de St-Eloi (11).	1837	166 00	0 20	»	4 60	»	au sol	2500 environ	

Indépendamment des puits artésiens compris dans le tableau précédent, et qui tous ont été creusés dans l'enceinte de la ville de Tours, plusieurs autres ont été établis dans les environs.

COMMUNES.	PROPRIÉTAIRES.	PROFONDEUR DU FORAGE.	DÉBIT PAR MINUTE.	OBSERVATIONS.
1° Ville-aux-Dames.	Lecompte.	59m 50	460 au niveau du sol.	
2° *Id.*	*Id.*	114	3500 au niveau du sol.	
3° Saint-Avertin...	M. de Richemont.	118	2000 à 2m au-dessus du sol	
4° Villandry......	Hainguerlot.	153	1750	Diamètre du forage, 0m 22.
5° »	Duchesse de Dino.	»	300 litres.	Fait mouvoir deux béliers hydrauliques qui montent l'eau au château.

En jetant les yeux sur les tableaux précédents, on remarquera la faible influence que les diamètres des sondages paraissent avoir sur les produits : on se convaincra qu'il s'agit, avant toutes choses, d'aller chercher les couches aquifères à des profondeurs convenables.

Ainsi, le premier puits de la Tour Charlemagne, avec un diamètre de 0m088, ne produisait que 60 litres par minute au niveau du sol. Le forage fut repris plus tard, avec diamètre de 0m20, mais l'on n'obtint, à 2m29 au-dessus du sol, un produit égal à 144 litres qu'en donnant au forage une profondeur de 159 au lieu de 112m80.

A la profondeur de 128m50, avec diamètre de 0m135, le puits n° 3 a donné 173 litres par minute.

A la même profondeur, avec diamètre de 0m105, le puits n° 4 a donné 1110lit.58.

A la profondeur de 138 mètres, avec diamètre de 0m10, le puits n° 7 a fourni 1390 litres par minute.

A la profondeur de 154 mètres, avec diamètre de 0m135, le puits n° 8 n'a donné que 990 litres.

A 166m60 le puits n° 11, avec diamètre de 0m20, 2500 litres par minute.

Les puits de la Ville-aux-Dames donnent, avec des diamètres égaux de 0m14, l'un 460 litres, l'autre 3,500, au niveau du sol.

Le puits de M. Hainguerlot, avec diamètre de 0m22, ne débite que 1750 litres.

Inutile de faire des rapprochements nouveaux : l'influence des diamètres ne semble devoir intervenir que dans les limites que j'ai cherché à signaler.

J'arrive maintenant au puits de Villaines-en-Duesmois (Côte-d'Or). Si je crois devoir donner encore quelques renseignements sur ce puits foré, c'est qu'ils permettront :

1° De prouver expérimentalement que la hauteur hydrostatique et le débit d'un puits varient parfois suivant la saison : ce qui n'a pas besoin de recevoir d'explications ;

2° De montrer un exemple où le débit d'un puits croît par degrés plus rapides que ceux résultant de la loi parabolique. L'explication de cette apparente anomalie a été donnée page 143.

Puits artésien de Villaines-en-Duesmois.

Un puits artésien a été établi à Villaines, par les soins de M. Lambert, maire de cette commune.

Ce puits a rencontré la nappe artésienne à la profondeur de 78m33 [1] au-dessous du bord supérieur du puits circulaire maçonné qui le recouvre ; ce puits

[1] Le puits est creusé dans la grande oolite, la terre à foulon, le calcaire à entroques.

La grande oolite s'étend depuis la surface du sol jusqu'à un point que l'on n'a pas noté ; elle se compose, dans cette partie, d'un calcaire argileux extrêmement fendillé, et *par conséquent très-perméable*.

La terre à foulon, qui pouvait avoir de 15 à 20 mètres d'épaisseur, se compose à sa partie supérieure de calcaires marneux et de marnes grises assez perméables dans lesquelles on trouve de grosses pholadomies ; au milieu se trouvent des calcaires mous, en assises minces, exploités quelquefois pour faire de la lave ; à la base, le calcaire marneux reparaît avec des marnes beaucoup plus argileuses que celles du haut, quoiqu'elles soient rarement assez imperméables pour faire niveau d'eau le long d'un coteau. C'est cependant cette couche de marne qui maintient l'eau artésienne. C'est aussi dans cette couche marneuse et dans les calcaires placés au-dessus que se trouvent les pholadomies.

Au-dessous de la terre à foulon se trouve le calcaire à entroques et qui s'étend jusqu'au lias sur une hauteur de 20 mètres environ. C'est dans ce calcaire que se trouve renfermée l'eau du puits artésien.

Le puits n'ayant pas été complétement tubé, il devait se perdre beaucoup d'eau, soit dans les couches fendillées de la grande oolite, soit dans les dernières assises de la terre à foulon.

Nous verrons la trace de ces pertes dans les expériences qui vont suivre.

offre le diamètre de 1m 29. Le tubage descend à 21m 25 en contre-bas du repère précédent : son diamètre intérieur est de 0m 045. Le diamètre du trou de sonde est de 0m 0566. J'ai fait souder à l'extrémité supérieure du tubage un tube en fer-blanc de 0m 075 de diamètre intérieur que j'avais, en outre, fait garnir de 7 ajutages rectangulairement placés de 0m 045 de diamètre ; tous ces ajutages offraient entre eux la distance de 0m 60.

Le premier était placé à.	3m 06	en contre-bas du repère.
Le deuxième, par conséquent, est à. .	3 66	—
Le troisième, — . .	4 26	—
Le quatrième, — . .	4 86	—
Le cinquième, — . .	5 46	—
Le sixième, — . .	6 06	—
Le septième, — . .	6 66	—

Les différents volumes qui sortaient des orifices étaient très-exactement jaugés dans le puits de 1m 29, où ils étaient recueillis.

Voici maintenant les expériences auxquelles a été soumis le puits de Villaines.

Première série d'expériences qui ont commencé le 28 septembre 1847.

Tous les ajutages du tube d'expérience ayant été hermétiquement fermés, l'eau s'est élevée, en vingt-quatre heures, dans ce tube à 2m 89 en contre-bas du repère (bord du puits) ; cette ascension s'est faite de la manière suivante : en deux minutes l'eau a atteint le deuxième ajutage (à 3m 66 en contre-bas du repère) ; au bout de douze heures elle était à 2m 89 ; entre la vingtième et la vingt-quatrième heure elle n'a pas changé de niveau.

Le premier ajutage (à 3m 06 en contre-bas du repère) après un écoulement continu de vingt-quatre heures, a donné pour débit réglé une hauteur d'eau dans le puits de 0m 048 par heure, soit 62lit 88.

Trois jaugeages faits de trois heures en trois heures, à partir du moment de l'ouverture de l'orifice, avaient donné 0m 08 ; 0m 05 ; 0m 048.

Le produit du deuxième ajutage, après un écoulement de même durée, s'est réglé à un débit égal à 0^m22 de hauteur dans le puits par heure, soit $288^{lit.}20$.

Trois jaugeages faits de quatre heures en quatre heures ont donné 0^m25, 0^m20, 0^m22.

Le produit du troisième ajutage, dans les mêmes circonstances, s'est réglé à un débit égal à 0^m40 de hauteur d'eau, soit $524^{lit.}00$.

Trois jaugeages faits de trois heures en trois heures ont donné 0^m45, 0^m42, 0^m40.

Le produit du quatrième ajutage s'est réglé à un débit égal à une hauteur d'eau de 0^m56, soit $733^{lit.}60$.

Trois jaugeages faits de trois heures en trois heures ont donné 0^m60, 0^m57, 0^m56.

Le produit du cinquième ajutage s'est réglé à un débit égal à une hauteur d'eau de 0^m74 par heure, soit $969^{lit.}40$.

Trois jaugeages faits de deux heures et demie en deux heures et demie ont donné 0^m77, 0^m74, 0^m74.

Le produit du sixième ajutage s'est réglé à un débit égal à 0^m83 de hauteur d'eau, soit $1{,}087^{lit.}30$.

Trois jaugeages exécutés de deux heures en deux heures ont donné 0^m85, 0^m835, 0^m83.

Le produit du septième ajutage, enfin, s'est réglé à un débit égal à 1^m00 de hauteur d'eau, soit $1{,}310^{lit.}00$.

Trois jaugeages exécutés à une heure et demie de distance ont donné une hauteur de 1^m01, 1^m00, 1^m00.

Les expériences finies et tous les ajutages bien fermés, l'eau est montée, en vingt-quatre heures, à 2^m83 en contre-bas du repère.

Deuxième série d'expériences.

Ces expériences ont été recommencées le 4 novembre 1847 pour savoir l'influence de la pluie sur le débit du puits.

A cette date, tous les ajutages étant fermés, l'eau s'est élevée dans le tube à 2m58 en contre-bas du repère.

Le 1er ajutage a donné	......	163lit.,75
Le 2e	—	393 ,00
Le 3e	—	628 ,00
Le 4e	—	877 ,70
Le 5e	—	1,074 ,20
Le 6e	—	1,257 ,00
Le 7e	—	1,441 ,00

Troisième série d'expériences.

Au mois d'août de la même année j'avais fait une épreuve d'un autre genre.

Le dernier ajutage (ou le plus bas, celui qui est à 6m66 en contre-bas du repère) étant réglé et donnant par heure 1,467 litres, je l'ai fait fermer brusquement ainsi que tous les orifices supérieurs. Or voici la loi suivie par l'eau dans son ascension jusqu'à l'orifice supérieur.

En 1	minute	elle s'est élevée à	4m00	en contre-bas	du repère.
2	—	—	3 65	—	—
3	—	—	3 48	—	—
4	—	—	3 43	—	—
5	—	—	3 38	—	—
6	—	—	3 30	—	—
7	—	—	3 24	—	—
Enfin, en 2	heures	—	3 06		

c'est-à-dire qu'elle a mis deux heures pour arriver à l'orifice supérieur où le débit s'est réglé à 65 litres par heure en partant de 0 et s'élevant graduellement au premier chiffre.

Conclusions à tirer de ces expériences.

La hauteur hydrostatique ou la hauteur piézométrique maximum est celle donnée, comme on le sait, par l'ascension de l'eau dans le tubage du puits artésien lorsque le débit de ce dernier est nul.

Dans la série d'expériences commencées le 26 septembre 1847, le sommet de cette colonne était placé à 0m 17 en contre-haut du premier orifice (1).

Dans celle du 4 novembre à 0m 48 (2).

Si nous supposions que, pendant toute la durée des épreuves, ces niveaux restassent constants, il est clair que les volumes débités par les deuxième, troisième, quatrième, etc., orifices pourraient être obtenus en multipliant successivement le débit du premier orifice par le rapport des racines carrées des charges sur l'orifice que l'on considère et sur le premier.

On aurait ainsi pour les expériences de septembre et de novembre 1847 :

CHARGES.	RACINE CARRÉE des CHARGES.	VOLUMES PAR HEURE déduits de l'hypothèse précédente.	VOLUMES PAR HEURE déduits de l'expérience.	OBSERVATIONS.
		1° Expérience du 26 septembre.		
0m 17	0,412	63lit.	63lit.	
0 67	0,819	125	288	
1 27	1,127	172	524	
1 87	1,368	209	733	
2 47	1,572	240	969	
3 07	1,752	268	1087	
3 67	1,916	293	1310	
		2° Expérience du 4 novembre.		
0 48	0,693	163	163	
1 08	1,039	245	393	
1 68	1,296	305	628	
2 28	1,510	355	877,7	
2 88	1,697	399	1074,2	
3 48	1,866	439	1257	
4 08	2,020	475	1441	

La comparaison des colonnes 3 et 4 du tableau ci-dessus montre que les

(1, 2) Ces hauteurs auraient été beaucoup plus grandes sans les pertes dues aux infiltrations qui constituaient, pour le puits de Villaines, un véritable débit. — Les hauteurs obtenues ne sont point, à vrai dire ici, celles des hauteurs hydrostatiques du puits.

volumes expérimentaux sont beaucoup plus considérables que ceux auxquels on devait parvenir dans l'hypothèse la plus favorable. La raison de cette apparente anomalie est très-facile à saisir : elle a été déjà expliquée en principe, page 143.

Le puits artésien de Villaines n'a pas été tubé sur une hauteur d'environ 60 mètres; il doit, dès lors, y avoir beaucoup de pertes par infiltration dans les roches.

Au fur et à mesure donc que décroît la charge sur les points où ces pertes s'effectuent, par suite de la moindre élévation des ajutages, ces pertes s'affaiblissent et le volume total qui, du conduit souterrain pénétrait dans le puits, doit tendre de plus en plus à reparaître aux orifices d'écoulement, au lieu de fuir par les fissures de la roche avant de parvenir à ces orifices.

La différence des volumes existant entre les colonnes 4 et 3 montre l'immense avantage qu'on trouve à abaisser le niveau des sources, ou la hauteur de débit d'un puits artésien mal tubé, lorsque l'on veut accroître le volume qu'ils produisent aux dépens des filtrations.

Quant à la troisième série d'expériences, elle confirme ce que nous avons déjà dit sur la manière dont s'établit le régime d'un puits artésien lorsqu'on passe d'un débit obtenu à un niveau déterminé à un débit par un orifice placé à un niveau supérieur. Tous les principes que je viens de poser s'appliquent exactement aux bassins des fontaines, et l'on doit en conclure l'intérêt que l'on a d'abaisser leur niveau tant pour décharger les sources que pour diminuer les filtrations.

Ainsi la source du Rosoir débite les volumes suivants :

Expériences du 16 septembre.

A 1^m 96 au-dessus du radier de l'aqueduc. . .	5	litres	par seconde.
A 1^m 30.	44	»	»
A 0^m 65.	59	»	»
A 0^m 20.	71	»	»

Elle coulait jadis à la hauteur de 1^m 30 au-dessus du radier ; depuis les travaux elle coule à 0^m 20 seulement.

Je terminerai par quelques détails sur les phénomènes de même genre que présente la célèbre fontaine de Nîmes.

M. le docteur Jules Teissier-Rolland, bien connu par les travaux recommandables qu'il a publiés à l'occasion de la grande question des fontaines de Nîmes, s'exprime ainsi sur la belle source de cette ville :

« En 1822, une sécheresse extraordinaire affligea une partie de l'Europe et le midi de la France en particulier. Dans ces fâcheuses conjonctures, l'autorité supérieure crut qu'il serait utile de connaître le minimum d'eau que la source de Nîmes fournissait et elle chargea de cette étude une Commission spéciale.

« Le 9 septembre 1822, son débit fut trouvé égal à 588 litres par minute au niveau le plus élevé que les eaux puissent atteindre pendant leur étiage extrême. La Commission pensa ensuite qu'il serait intéressant de connaître le produit que l'on obtiendrait en dérivant les eaux au point le plus bas possible : elle ne doutait pas que ce produit ne fût considérable. Pour que le service public ne fût pas interrompu, malgré l'abaissement qu'on allait produire, il fallut prendre certaines dispositions qui ne furent terminées que le 17 septembre, et, malheureusement, il était tombé le 15 vingt-cinq millimètres de pluie qui avaient dû avoir de l'influence sur la source.

« Le 17 au matin elle paraissait revenue à son état précédent; cependant, pour donner plus d'exactitude au rapport cherché entre les fournitures mesurées à deux niveaux différents, la Commission voulut répéter l'expérience de l'eau prise au-dessus de la digue et la rapprocher autant que possible de celle qu'elle allait tenter sur l'eau prise en dessous.

« Elle jaugea donc de nouveau, le 17, à neuf heures du matin, les eaux qui s'épanchaient de la brèche du déversoir, et, toutes pertes comprises comme la première fois, elle obtint 783 litres 67 centilitres, ou 58 pouces 79^{c}, pour le produit total, qui avait ainsi notablement augmenté sous l'influence de la pluie depuis le jaugeage du 9 du même mois.

« Après cette épreuve, les vannes furent ouvertes, les eaux s'abaissèrent graduellement, mais avec bien plus de lenteur que ne l'exigeait l'étendue de la surface du bassin, ce qui dénoterait qu'il existe sous les roches des réservoirs invisibles assez considérables [1]. La Commission avait cru pouvoir exécuter le même jour son mesurage à niveau inférieur; mais, à la nuit, les eaux sortaient encore avec trop d'abondance et elle remit son opération au surlendemain, 19 sep-

[1] Cette conjecture a été confirmée par les recherches périlleuses de M. le capitaine Bernard.

tembre. Les mesures prises au niveau du pavé des bains, c'est-à-dire à $1^{m}\,30$ plus bas que les premières, donnèrent un produit de $1{,}110^{lit.}\,29^{c}$ par minute, ou 83 pouces 27 de fontainier, sans déperdition à ajouter.

« Voilà donc qu'un abaissement de $1^{m}\,30$, dans le point de dérivation des eaux, augmente leur produit de près de moitié, c'est-à-dire $24^{p}\,48^{c}$ sur $58^{p}\,79^{c}$.

« Il est bon de remarquer que le niveau de la fontaine à cette époque, ainsi que dans les temps de grande sécheresse, ne peut point dépasser ou ne dépasse que de 2 ou 3 centimètres le niveau qui permettait d'obtenir $783^{lit.}\,67$.

« On peut croire, dit M. Tessier, que ce phénomène tient à ce que les déperditions qui se font à cette hauteur, à travers les murs ou les roches du creux de la fontaine, équivalent à son produit; les commissaires trouvent plus raisonnable de penser que c'est la ligne de surface liquide des réservoirs intérieurs à leur étiage. »

M. Tessier combat cette opinion : « Qui nous dit, ajoute-t-il, qu'à la hauteur que l'eau refuse de dépasser il n'y a pas de fissures telles qu'elles absorbent le produit peu abondant d'un étiage extrême? On observe des fuites au travers de la digue romaine, pourquoi n'y en aurait-il pas au travers du rocher? »

M. Tessier me paraît avoir parfaitement raison et l'assertion des commissaires semble inadmissible. En effet, en supposant, ainsi qu'ils le prétendent, que la source soit alimentée par un vaste réservoir à niveau fixe, il faudrait pour que les deux écoulements de $784^{lit.}$ et $1{,}111^{lit.}$ par minute, ou 13 et 19 litres par seconde pussent coexister sous l'influence de la pression qu'il exerce; il faudrait, dis-je, conformément aux principes précédents, que les équations suivantes, dans lesquelles x exprime la charge inconnue en vertu de laquelle s'opère l'écoulement de 13 litres par seconde, fussent simultanément satisfaites :

$$K\sqrt{x} = 13^{lit.}\ (^{1}),$$

$$K\sqrt{x + 1^{m}30} = 19^{lit.};$$

d'où

$$\frac{x}{(x+1{,}30)} = \left(\frac{13}{19}\right)^{2} = 0^{m}\,47;$$

d'où

$$x = 1^{m}\,15.$$

(1) K est un coefficient analogue à celui dont l'expression a été donnée pages 144 et 145; ici seulement les conduits ne sont point circulaires : leur forme est absolument ignorée, mais les

Ainsi le niveau du réservoir intérieur serait, *en supposant un réservoir à niveau constant*, à $1^m15 + 1^m30$, ou 2^m45 au-dessus du pavé des bains, ou à 1^m15 au-dessus du niveau que les commissaires lui assignent. Mais indépendamment de ce calcul, duquel on peut induire que la source de Nîmes n'est point fournie par un bassin dont le niveau fixe serait de 1^m30 environ au-dessus du pavé des bains, il paraît certain, comme on va le voir, que cette source est alimentée par un canal souterrain dont l'enveloppe fracturée lui a donné naissance, et dès lors, d'après la théorie que j'ai essayée sur les puits artésiens, la hauteur piézométrique à laquelle ses divers débits sont dus, au lieu d'être constante, doit diminuer avec l'augmentation de son volume, cette augmentation accroissant les frottements dans les conduits souterrains.

Voici comment M. Arago établit que la fontaine de Nîmes doit sa naissance à un cours d'eau souterrain :

« S'il paraissait nécessaire d'ajouter encore quelque chose aux *preuves* que je viens de donner de l'existence de rivières souterraines rapides dans des terrains où, naguère, on était certainement loin de les soupçonner, les phénomènes de la célèbre fontaine de Nîmes mériteraient d'être cités.

« Dans les grandes sécheresses, le produit de cette fontaine se réduit quelquefois à 1,330 litres par minute ; mais qu'il pleuve fortement *dans le nord-ouest* de la ville, jusqu'à 10 à 1,200 mètres de distance, et *très-promptement*, d'après ce que M. Valz m'écrit, une crue de la fontaine se manifeste et à son faible débit de 1,330 litres par minute en succède un de 10,000 litres, et, malgré cette énorme augmentation de volume, la température de l'eau ne varie presque pas.

« En résumé, il pleut *seulement au loin* dans la direction du nord-ouest, et la fontaine de Nîmes augmente ; ainsi son eau vient *de loin*, par de longs canaux, ce que confirme d'ailleurs la constance de sa température dans les crues les plus fortes et les plus subites. La crue succède à la pluie à de courts intervalles ;

équations ci-dessus sont vraies, quelle que soit cette forme. On peut donc, au moyen de quelques expériences, les appliquer aux sources naturelles, comme je les ai appliquées aux puits artésiens dont les rayons du tubage variaient suivant des lois inconnues. Avec un troisième jaugeage on aurait pu reconnaître si les charges génératrices de ces débits successifs partaient ou non d'un niveau fixe.

ainsi l'eau a franchi *rapidement* de grands espaces, ce qui n'est nullement le caractère d'une filtration, quelque perméabilité qu'on voulût d'ailleurs attribuer au terrain. La fontaine de Nîmes est donc alimentée par une ou plusieurs fontaines souterraines. »

Je bornerai ici mes explications sur l'avantage que présente l'abaissement du niveau des sources et je passerai à la seconde partie de cet ouvrage, relative à la description détaillée des travaux exécutés pour la fourniture d'eau de Dijon.

DEUXIÈME PARTIE.

CHAPITRE I.

AQUEDUC DU ROSOIR.

PREMIÈRE SECTION.

TRACÉ ET PROFIL EN LONG DE L'AQUEDUC.

La source du Rosoir (Pl. 1) jaillit à 760 mètres en amont du moulin du Rosoir, immédiatement à l'aval d'un petit pont-aqueduc qui porte un tuyau destiné à conduire à Messigny les eaux de la source de Jouvence; elle est contiguë à la rivière de Suzon et sur la rive droite. Son niveau habituel, avant les travaux, était de 1m10 supérieur à celui qu'elle présente aujourd'hui; cette différence résulte de la comparaison des cotes suivantes, rapportées au niveau moyen de la mer [1].

Cote du niveau primitif de la source du Rosoir.	306m476
Cote du radier de l'aqueduc à la sortie de la prise d'eau. .	305 169
Différence.	1m307
Hauteur habituelle de l'eau sur le radier.	0 20
Abaissement du niveau de la source par suite des travaux. .	1m107

[1] Le point pris pour repère a été la cote du dessus du seuil, immédiatement contre la rue Docteur-Maret, de la porte occidentale de l'église Saint-Bénigne, laquelle cote est de 245m508 au-dessus du niveau de la mer (celle du centre de la sphère à jour qui couronne la flèche de l'église est de 338m100).

La longueur de l'aqueduc qui mène à Dijon les eaux de la source du Rosoir est de 12,694m 80 : cette longueur étant comptée de la paroi intérieure du bassin de la prise d'eau jusqu'à la paroi extérieure du puits contigu au réservoir de la porte Guillaume.

La rive droite de Suzon, à partir de la fontaine du Rosoir jusqu'au moulin du même nom, suit le pied d'une côte escarpée le long de laquelle l'établissement de l'aqueduc aurait présenté d'assez graves difficultés; j'ai, par conséquent, fait passer immédiatement les eaux de la fontaine sur la rive gauche, au moyen d'un petit tunnel établi sous le cours de Suzon.

L'aqueduc suit la rive gauche sur une longueur de 1,015m65, puis est reporté sur la rive droite, en aval du moulin du Rosoir, pour éviter la traversée de Messigny. Parvenu aux abords de Vantoux, il est ramené sur la rive gauche, à raison de l'emplacement occupé par ce dernier village; arrivé à l'aval du moulin d'Ahuy, il traverse une troisième fois Suzon, se dirige alors presqu'en ligne droite jusqu'à la limite des territoires d'Ahuy et de Fontaine, passe sous la route de Dijon à Ahuy, et de là se développe sur les flancs peu inclinés du coteau au-dessous de Fontaine...; enfin, vient aboutir au-dessus du cimetière de Dijon, franchit la route de Dijon à Troyes, et se repliant presqu'à angle droit le long de cette route, arrive en viaduc au réservoir de la porte Guillaume.

Le développement total de 12,694m 80 se compose :

1° De 43 alignements droits, formant un développement de	12,216m 302
2° De 42 parties courbes, présentant un développement de	478 498
Total pareil.	12,694m 80

Tous les rayons des circonférences de raccordement sont de 20 mètres.

Le tableau suivant présente toutes les circonstances du tracé de l'aqueduc.

ALIGNEMENTS DROITS.		PARTIES COURBES.		ANGLES formés par les alignements prolongés	ALIGNEMENTS DROITS.		PARTIES COURBES.		ANGLES formés par les alignements prolongés	OBSERVATIONS.
N° d'ordre	LONGUEUR des droites.	N° d'ordre	LONGUEUR des courbes.		N° d'ordre	LONGUEUR des droites.	N° d'ordre	LONGUEUR des courbes.		
	m.		m.	o '		m.		m.	o '	
1	45 69	1	5 62	161 »	23	116 36	23	3 32	170 31	On part de la source
2	929 20	2	19 98	126 33	24	101 03	24	5 42	164 33	
3	116 54	3	25 74	114 28	25	235 72	25	12 31	145 42	
4	402 15	4	9 16	151 11	26	218 36	26	8 44	156 58	
5	259 22	5	7 60	158 30	27	36 71	27	18 44	130 30	
6	150 53	6	3 44	171 »	28	64 23	28	23 90	118 18	
7	164 45	7	5 96	163 »	29	40 58	29	2 94	171 31	
8	509 32	8	3 40	170 43	30	169 84	30	21 38	123 44	
9	439 26	9	3 28	170 35	31	117 27	31	21 28	123 58	
10	421 84	10	10 24	151 17	32	211 49	32	27 74	110 29	
11	174 95	11	27 06	111 50	33	232 69	33	6 88	160 30	
12	450 644	12	0 058	179 50	34	212 59	34	11 14	148 52	
13	625 281	13	2 38	173 12	35	160 16	35	2 54	172 43	
14	572 71	14	10 20	151 20	36	101 38	36	6 70	161 »	
15	133 33	15	7 54	158 39	37	88 46	37	12 38	145 36	
16	1372 86	16	7 54	158 38	38	110 87	38	3 48	168 »	
17	1341 04	17	1 18	176 38	39	35 82	39	12 88	142 25	
18	185 83	18	12 76	144 38	40	48 80	40	9 52	152 25	
19	444 35	19	2 54	172 43	41	85 75	41	41 78	107 30	
20	518 86	20	16 74	134 33	42	220 83	42	16 56	135 »	
21	169 40	21	19 66	127 37	43	56 42				
22	90 49	22	7 96	157 30						
Totaux	9517 942		209 738			2698 36		268 76		

TOTAL des parties droites. . . $\begin{Bmatrix} 9517^m\ 942 \\ 2698\ 360 \end{Bmatrix}$ 12216^m 302

TOTAL des parties courbes. . . $\begin{Bmatrix} 209\ 738 \\ +268\ 76 \end{Bmatrix}$ = 478 498

TOTAL GÉNÉRAL. . . . 12694^m 80

Le tracé étant ainsi défini en plan, il convient d'en présenter le profil (Pl. 2).

Nous avons vu que le radier de l'aqueduc, à la sortie du premier pavillon de la source, était placé à la cote de   305   169 au-dessus du niveau de la mer.

Celle du radier à l'embouchure de l'aqueduc dans le puits qui précède le réservoir de la porte Guillaume étant de   251   859

On a pour la pente totale.   53   308

On trouvera, dans le tableau synoptique suivant, le détail des pentes et chutes que présente le radier de l'aqueduc (¹).

(¹) *Observation générale.* L'extrados de la voûte de l'aqueduc a été placé à la profondeur

Nos d'ordre	Longueur des pentes.	Pentes.	Abaissements.	Cotes de l'extrémité des pentes au-dessus du niveau de la mer.	Chutes verticales à l'extrémité des pentes. Nos d'ordre.	Chutes verticales à l'extrémité des pentes. Hauteurs.	Cotes du radier à l'aval des chutes au-dessus du niveau de la mer.	Observations.
	m.		m.			m.		
Source (1)	8 50							(1) La cote de départ est, comme on le sait, égale à 305m,169.
1	811 »	0,00199	1 613	303,554	1	0 25	303,304	
2	204 65	0,0016	0 328	302,976	»	»	»	
3	19 90	0,00502	0 10	302,876	2	0 50	302,376	Pont aqueduc du Rosoir.
4	1361 05	0,00405	5 512	296,864	3	0 25	296,614	
5	342 60	0,00641	2 196	294,418	4	0 25	294,168	
6	375 60	0,001	0 376	293,792	5	0 50	293,292	
7	124 »	0,0158	1 943	291,349	6	0 25	291,099	
8	373 15	0,001	0 373	290,726	»	»	»	
9	19 90	0,00502	0 10	290,626	7	1 »	289,626	Pont aqueduc de Vantoux.
10	494 75	0,00273	1 349	288,277	8	0 25	288,027	
11	587 50	0,004602	2 705	285,322	9	0 25	285,072	
12	468 »	0,00715	3 347	281,725	10	0 25	281,475	
13	450 »	0,00488	2 197	279,278	11	0 25	279,028	
14	131 75	0,001	0 132	278,896	»	»	»	
15	19 90	0,00502	0 10	278,796	12	0 50	278,296	Pont aqueduc d'Ahuy.
16	460 95	0,00445	2 03	276,266	13	0 25	276,016	
17	360 »	0,00698	2 532	273,484	14	0 25	273,234	
18	865 40	0,004527	3 918	269,316	15	0 25	269,066	
19	500 »	0,006576	3 288	265,778	16	0 25	265,528	
20	360 »	0,00387	1 394	264,134	17	0 25	263,884	
21	462 80	0,001	0 463	263,421	18	0 25	263,171	
22	272 »	0,0104	2 830	260,341	19	0 25	260,091	
23	3949 10	0,00086	3 418	256,673	20	0 30	256,373	
24	17 30	0,00086	0 013	256,360	»	»	»	
25	5 10	»	4 501	»	»	»	251,859	
Totaux	12694 80		46 758			6 55		

Total des pentes et des chutes. . . { 46m758 + 6 55 = 53m308

Il résulte de ce tableau :

1° Que le nombre des pentes successives est de 18; que la pente de 0m001 se reproduit trois fois et toujours à l'amont des ponts-aqueducs; que l'en-

de 1 mètre au *minimum* au-dessous de la surface du terrain. Il résulte de cette disposition, à laquelle on s'est généralement assujetti dans le tracé, un grand avantage, c'est que la température des eaux, par les plus grands froids comme par les plus fortes chaleurs, ne varie pas sensiblement dans le trajet existant entre la source du Rosoir et le réservoir de la porte Guillaume.

J'ai donné sur ce point, à l'occasion de l'analyse de la source, des détails circonstanciés.

semble de ces pentes produit la hauteur de. 46m 758

2° Que le nombre des chutes verticales est de 20 et qu'elles forment une hauteur ensemble de 6 55

Abaissement total. 53m 308

DEUXIÈME SECTION.

PROFILS EN TRAVERS DE L'AQUEDUC.

Ses dimensions (Pl. 4) dans œuvre sont, en général :

Largeur.	0m 60
Hauteur.	0 90

Cette hauteur est comprise entre la surface de l'enduit et l'intrados.

Cet aqueduc étant recouvert par une voûte en plein cintre et l'épaisseur de l'enduit étant de 0m 03, on voit que les pieds-droits offrent la hauteur de 0m 63.

La section précédente a été adoptée sur une longueur de 11,682m 65.

Elle est différente dans les parties ci-après désignées :

1° Entre le bassin de la source et le deuxième pavillon : cette partie placée en tunnel sous le cours de Suzon offre la longueur de. 24m 50

Elle présente une section rectangulaire intérieure de :

Hauteur.	0m 90
Largeur	0 80

2° Après le deuxième pavillon et sur une longueur de. . . . 245 60
la hauteur dans œuvre de l'aqueduc a été portée à 1m 30

3° Le passage livré aux eaux sur les trois ponts-aqueducs construits en aval du moulin du Rosoir, en amont du moulin de Vantoux et en aval du moulin d'Ahuy, présente une section rectangulaire de :

Hauteur.	0m 45
Largeur.	0 40

La longueur de chacun de ces ponts-aqueducs étant de 19 90
On a pour les. . . . . 3 } 59 70

A reporter 329 80

Report		329m	80
4° A l'amont de ces ponts-aqueducs on a été obligé de réduire la hauteur de l'aqueduc à 0m50, et dans ces points il est recouvert par des dalles : cette modification a été opérée sur les longueurs suivantes :			
Pont-aqueduc du Rosoir.	204m 65		
Pont-aqueduc de Vantoux.	250 15	489	45
Pont-aqueduc d'Ahuy.	34 65		
5° Au passage de la route, en amont de la porte Guillaume à Dijon, on a été pareillement forcé de réduire la hauteur de l'aqueduc à 0m75, sur la longueur de.		33	60
6° A l'amont du réservoir de la porte Guillaume, une dépression du terrain existant, on a construit un viaduc porté sur cinquante-neuf arcades en plein cintre.			
La section intérieure du passage laissé à l'écoulement de l'eau est de : Hauteur.	0m 75		
Largeur.	0 60		
La longueur entre les pavillons qui terminent ce viaduc est de. .		159	30
Total.		1,012	15
A reporter la longueur de l'aqueduc à section de 0m60 sur 0m90.		11,682	65
Total pareil aux précédents . . .		12,694	80

Voici d'ailleurs les motifs des modifications apportées au profil de l'aqueduc aux points ci-dessus indiqués : je rappellerai seulement leurs numéros d'ordre.

1° Cette portion d'aqueduc étant placée sous la petite rivière de Suzon, et par conséquent inaccessible de l'extérieur, il était naturel de lui donner la plus grande largeur possible, afin que l'on pût s'y introduire aisément si des réparations étaient nécessaires.

2° On a porté, dans cette partie, la hauteur de l'aqueduc à 1m 30. J'avais remarqué, au moment des fouilles, plusieurs courants d'eau souterrains qu'il pouvait être utile d'introduire dans le conduit : des prises d'eau que je décrirai plus tard avaient été réservées à cet effet ; je devais donc donner à l'aqueduc des dimensions telles qu'il fût aisé de le visiter.

3° Il existe, à la suite des ponts-aqueducs du Rosoir, de Vantoux et d'Ahuy des chutes verticales de 0m50, 1m00 et 0m50 : de plus, la pente du conduit qui, sur ces ponts, livre passage aux eaux est égale à 0m00502. On pouvait ainsi compter sur une grande vitesse du fluide et par conséquent réduire notablement la section dans l'intérêt de la légèreté des constructions à effectuer pour la traversée de Suzon. Il n'y avait d'ailleurs aucun inconvénient à ce qu'un homme ne pût parcourir ces petites fractions de l'aqueduc, puisqu'il suffit de lever quelques dalles pour les visiter. On comprend encore pourquoi je devais augmenter la pente dans ces parties, c'est qu'elles ne sont point recouvertes de terre, et qu'il importait que l'eau passât avec rapidité pour que sa température ne subît pas les variations de la température atmosphérique.

4° Ici on n'a réduit la hauteur qu'afin de pouvoir établir l'aqueduc sans être obligé de changer le niveau des propriétés traversées. La hauteur de son radier était déterminée par la condition de laisser aux viaducs établis sur le cours de Suzon une hauteur suffisante pour l'écoulement des eaux de ce torrent. C'est encore pour ce motif que les pentes aux abords des viaducs ont été réduites à 0m001 par mètre. Si, plus tard, la ville acquérait les propriétés sur la surface desquelles elle a obtenu de placer l'aqueduc, elle pourrait et elle devrait lui rendre sa hauteur habituelle.

5° Cette diminution de la hauteur de l'aqueduc a été nécessitée par le niveau de la route.

6° On aurait pu donner sans doute au conduit porté par ce viaduc la hauteur de 0m90, mais la construction qui en serait résultée aurait présenté un aspect dépourvu de toute légèreté. Cette modification était d'ailleurs sans inconvénient, à raison de la multiplicité des regards établis dans cette partie.

Après avoir motivé les modifications peu nombreuses que la section généralement adoptée pour l'aqueduc présente en quelques points, je prouverai sommairement que le profil de 0m60 sur 0m90 répondait à tous les besoins.

J'avais d'abord, dans un intérêt d'économie, pensé que l'on pouvait se borner à adopter une section présentant une largeur moyenne de 0m47, sur la hauteur de 0m50. Cette section aurait été suffisante pour le débit du volume nécessaire à l'alimentation de la ville de Dijon; mais, dans une conduite de cette étendue, il est nécessaire de se ménager des moyens faciles de vérification; or la section précitée n'aurait point permis à un homme de s'introduire dans l'aqueduc.

Cette observation a été approuvée par le Conseil municipal de Dijon, qui n'a pas craint de voter le supplément de dépense nécessaire à l'obtention d'une section plus considérable, et le Conseil général des ponts et chaussées n'a point hésité de son côté à décider, sur ma proposition définitive, qu'il y avait lieu de construire l'aqueduc suivant les dimensions qu'il présente. Une largeur de 0m60 et une hauteur de 0m90 donnent le moyen de circuler assez facilement; des motifs d'économie m'ont interdit de dépasser ce qui était strictement nécessaire. Si l'on avait voulu qu'un homme pût parcourir l'aqueduc sans se courber, il aurait fallu qu'il présentât une hauteur de 1m80, et l'accroissement de dépense qui serait résulté de cette augmentation dans le cube des maçonneries aurait été vraiment inutile, puisque tous les enduits ont été faits *après la construction de l'aqueduc*, et par des maçons qui jamais n'ont considéré ce travail comme un travail de sujétion, bien que les regards par lesquels ils descendaient fussent placés à une distance moyenne de 100 mètres. Lorsque, enfin, l'ouvrage a été terminé et qu'il a fallu le nettoyer, enlever les sables ou les pierres qui restaient sur le radier, des manœuvres ont facilement exécuté ce travail. On ne peut donc conserver aucun doute sur la suffisance du profil intérieur adopté.

Quant à son profil extérieur, j'ai cherché à l'établir de manière à n'employer que le plus faible cube de maçonnerie possible.

Ainsi, le radier n'a que l'épaisseur de 0m 30.

Les pieds-droits ne présentent que celle de 0m 40.

Enfin, la longueur de la clef de la voûte est seulement de 0m 25.

Je ne me suis écarté de ces dimensions que dans quatre circonstances:

1° Les pieds-droits du petit tunnel sous Suzon ont reçu l'épaisseur de 1m 25 et ces pieds-droits reposent sur une couche de béton de 0m 70. Enfin, le radier du conduit est formé de dalles parfaitement cimentées entre elles.

2° L'épaisseur des culées de l'aqueduc, à la suite du second pavillon, aqueduc dont la hauteur sous clef est de 1m 30, a été portée à 0m 60, se réduisant à 0m 50 aux naissances. La grande quantité d'eau que le terrain renfermait a nécessité cette augmentation au moyen de laquelle nulle infiltration n'a lieu de l'extérieur à l'intérieur. Le radier, dans cette partie, a été exécuté en dalles sur la longueur de 50 mètres et les pieds-droits reposent sur une couche de béton de 0m50 à 0m30 d'épaisseur.

3° Les murs de l'aqueduc sous la route ont été construits avec une épaisseur de 0m60.

4° Enfin, l'épaisseur du radier a été généralement augmentée, mais sur une petite longueur, à l'aval des grandes chutes verticales qui suivent les ponts-aqueducs.

J'ai dit plus haut que le radier et les pieds-droits avaient été recouverts d'un enduit. J'en donnerai plus tard la composition. Il me suffira de dire maintenant que l'épaisseur calculée pour cet enduit était de 0m04, laquelle se réduisait en général à 0m03 à raison de l'introduction de la matière dans les joints. La hauteur verticale de cet enduit était :

1° De 0m30 pour toutes les pentes au-dessus d'un millimètre;

2° De 0m50 ou de toute la hauteur des parois verticales du conduit rectangulaire qui précède les trois viaducs sur Suzon;

3° De 0m40 dans la partie de l'aqueduc dont la pente est de 0m00086;

4° De toute la hauteur des parois verticales de la cuvette du viaduc de la porte Guillaume.

Cet enduit était arrondi aux angles suivant un arc de cercle de 0m04.

Il est bon de remarquer que l'épaisseur des enduits étant de 0m03, la largeur du conduit, après leur pose, était réduite à 0m54.

Quant à leur hauteur, on ne devra pas perdre de vue que c'était à partir de la surface supérieure de l'enduit que les 0m90 ont été comptés. La hauteur des pieds-droits en maçonnerie était donc en réalité de 0m 63.

Après cette description générale de l'aqueduc, je dois maintenant revenir sur mes pas, donner des détails circonstanciés et motiver les constructions ou appareils que l'on rencontre sur son parcours.

Ces constructions ou appareils sont :

Le bâtiment recouvrant le bassin de la source;

Les prises d'eau destinées à faire entrer dans l'aqueduc, si l'on en reconnaît la nécessité, différentes nappes souterraines;

Les regards de service sur les chutes et les regards ordinaires;

Les ponts-aqueducs;

Les appareils de jauge et de distribution destinés à alimenter les communes de Messigny, Vantoux et Ahuy;

Le viaduc de la porte Guillaume.

TROISIÈME SECTION.

BATIMENT RECOUVRANT LE BASSIN DE LA SOURCE.

Avant de construire l'enceinte en maçonnerie (Pl. 3) qui environne la source, on a déblayé son bassin de 1 mètre 50 centimètres à 2 mètres, de manière à mettre à nu les rochers qui le bordent et apprécier aussi exactement que possible les points d'où surgissent les eaux.

On arrive aisément à cette dernière connaissance en répandant de la fleur de son à la surface de la nappe fluide. En effet, si elle est repoussée dans tous les sens, suivant des cercles concentriques, on conclut que le point de jaillissement correspond au centre de ces cercles, lequel reprend le premier sa transparence. Si, au contraire, la poussière suit une direction rectiligne, on peut également en conclure la direction du courant horizontal suivant lequel sont amenées les eaux. On voit sur la planche 3 le résultat de cette épreuve, en ce qui concerne l'alimentation de la source du Rosoir.

Après m'être ainsi assuré des points précis d'où jaillissaient les sources, j'ai fait tracer les fondations de telle sorte que les maçonneries ne pussent en aucune façon altérer leur débit. La ligne ABCD représente la bordure naturelle du bassin que les dragages avaient mise à nu, et c'est sur ce banc calcaire et en retraite d'une cinquantaine de centimètres que la première assise de l'enceinte a été établie.

Elle a, dans œuvre, la largeur de 5^m20 et la longueur de 11^m10.

Du côté de la montagne cette enceinte est terminée par un demi-cercle de 2^m60 de rayon.

Les murs latéraux et postérieurs qui l'enveloppent présentent l'épaisseur de 2^m05, laquelle se réduit à 1^m10, suivant l'axe du bassin et du côté du demi-cercle qui le termine.

Le côté de l'enceinte parallèle et contigu au cours de Suzon offre seulement l'épaisseur de 1m 25.

Ces murs sont recouverts d'une voûte percée en son milieu d'un regard de 0m60 de côté.

Une petite tour carrée reliée au mur contigu au torrent de Suzon s'élève de l'intérieur du bassin de la source. Sa section dans œuvre est de 1m 20. Un espace de 0m95 de largeur, sur la longueur de 2m60, est laissé de chaque côté de cette tour.

Voyons maintenant par quel moyen la source arrive à l'aqueduc et comment on parvient à se débarrasser des eaux en cas de réparations du tunnel ou de l'aqueduc.

Le mur de la tour situé du côté du bassin est percé à sa base d'un orifice carré de 0m44. A cet orifice correspond une ouverture pareille dans le mur opposé; enfin cette dernière ouverture débouche dans le tunnel.

Voilà donc la communication obtenue; de plus, pour l'intercepter à volonté on a établi, à l'amont de l'orifice pratiqué dans le second mur latéral à Suzon, une vanne en fonte qui se manœuvre d'en haut au moyen d'une tige taraudée. Cette vanne permet d'ailleurs de régler le débit, de juger de ce qu'il devient à différentes hauteurs ou pour divers degrés d'abaissement du niveau de la nappe.

J'ajouterai que l'on s'est encore ménagé les moyens de faire, dans les fondations de la tour ou à la vanne, les réparations qu'elles pourraient exiger. On remarque, en effet, à l'aval du premier orifice de 0m 44, le prolongement de deux pierres de taille portant feuillure, d'où résulte qu'en glissant une vanne dans cette feuillure tout écoulement peut être arrêté; mais dans ce cas, comme dans celui où l'écoulement est interrompu par suite de l'abaissement de la vanne en fonte, il serait dangereux de laisser s'élever indéfiniment le niveau de la source : cette surcharge, en effet, pourrait lui donner des issues nouvelles, de là des pertes qu'il deviendrait impossible de faire disparaître.

Il convenait donc de donner un autre écoulement à l'eau ainsi emprisonnée dans l'enceinte; or, les moyens de décharge ont été placés à l'extrémité des deux espaces rectangulaires que la tour laisse de chaque côté. Deux orifices d'une hauteur de 0m 15 et d'une largeur de 0m 30 reposent sur le socle du mur du quai, base du pavillon qui couronne la tour. L'arête inférieure de ces orifices est à 0m 30 au-dessus des dalles de recouvrement du tunnel ou à 1m 80 en contre-haut de son radier.

Mais il serait possible que la hauteur du niveau de Suzon fût telle que les eaux de cette rivière s'introduisissent dans le bassin par les orifices précités. On a remédié à cette difficulté en fermant de l'intérieur ces ouvertures au moyen de plaques en fonte. Alors les eaux de la source remonteraient jusqu'à la hauteur de deux autres orifices percés à l'aplomb des premiers et situés à 3 mètres au-dessus du radier du tunnel, hauteur que les crues de Suzon n'atteignent presque jamais.

Ces derniers orifices avaient encore été percés dans le but de donner écoulement aux eaux de la source lors de ses crues; mais jusqu'à ce jour elles ne se sont point élevées à cette hauteur.

En sortant du tunnel dont j'ai déjà donné la description, les eaux rencontrent une seconde tour portant un pavillon semblable à celui qui repose sur la première. Elle permet, d'une part, de s'introduire dans le tunnel, et, d'autre part, dans l'aqueduc de 1m 30 de hauteur. Sa partie inférieure est disposée de manière que l'on puisse aisément jauger le produit de la source à son origine. Il suffit pour cela de glisser un appareil, formant déversoir, dans des rainures faites à deux pierres de taille placées en tête de l'aqueduc et reposant sur son radier.

Dans ce qui précède, je me suis principalement attaché à faire comprendre le but que je me proposais d'atteindre. Les dessins de la planche 3 présentent la description détaillée des dispositions que j'ai cru devoir adopter.

QUATRIÈME SECTION.

PRISES D'EAU DESTINÉES A INTRODUIRE DANS L'AQUEDUC LES NAPPES SOUTERRAINES RENCONTRÉES LORS DES FOUILLES.

Ces prises d'eau (Pl. 4) ont été établies en trois points. Le premier est situé à la distance de 30 mètres du deuxième pavillon de la source, à partir du parement en aval de ce pavillon; le deuxième à celle de 78m 85; le troisième à celle de 137m 45.

Voici comment ces prises d'eau sont établies :

Deux petites chambres de 1 mètre de hauteur à partir du radier, de 0m 50 de largeur et de 0m 30 de profondeur ont été pratiquées vis-à-vis l'une de l'autre dans les pieds-droits de la voûte de l'aqueduc, de telle sorte que la distance entre les deux parois est de 1m 20.

Dans ces parois, et au niveau du radier, a été réservée une ouverture de 0m 20 de largeur sur 0m 10 de hauteur. Cette ouverture donne intérieurement dans une espèce de puits construit en pierre sèche dans lequel doivent affluer les eaux des sources souterraines ; de ce puits elles peuvent pénétrer dans l'aqueduc par l'ouverture précitée.

Mais on objectera que réciproquement les eaux de l'aqueduc s'échapperont par ces ouvertures; aussi ne communiquent-elles pas sans intermédiaire avec la cuvette de l'aqueduc : deux dalles de 0m 40 de hauteur et de 0m 10 d'épaisseur reposant sur le radier, ferment la partie inférieure des chambres, et, comme les eaux de l'aqueduc ne dépassent guère dans cette partie la hauteur de 20 centimètres, on voit qu'elles ne peuvent jamais s'échapper par les orifices dont il vient d'être parlé. Quant aux eaux extérieures, elles s'élèvent dans les chambres jusqu'à la hauteur de 0m 40, et passent par-dessus les dalles fonctionnant comme un déversoir. J'ajouterai, pour compléter cette description, que deux pierres de taille portant rainure permettent de clore, par l'abaissement d'une petite vanne, les deux prises d'eau correspondantes.

Les dalles verticales qui ferment les chambres et dont le placement était indispensable, ainsi que je l'ai fait remarquer plus haut, présentent cependant un inconvénient assez grave, c'est de restreindre le volume des eaux qui, de l'extérieur, pourraient s'introduire dans l'aqueduc. On comprend, en effet, que les nappes souterraines ne pouvant pénétrer qu'à une hauteur notablement plus grande que celle de la surface de l'eau dans l'aqueduc, le produit qu'elles livrent doit subir une diminution sensible.

Voici le moyen auquel j'ai songé pour éviter autant que possible cet inconvénient : j'ai fait encastrer sur les dalles un petit siphon en fonte dont le point haut est arasé à l'arête supérieure de ces dalles formant déversoir. On se rend compte immédiatement du jeu de cet appareil : l'eau commencera par monter dans la chambre, puis passera sur le déversoir; alors le siphon amorcé videra la chambre, jusqu'à ce que le niveau des eaux qu'elle contient descende à peu près à celui de l'eau dans le conduit. Si, par l'introduction de quelques bulles d'air, le siphon cessait de fonctionner, l'eau remonterait dans la chambre et, passant sur les dalles, amorcerait de nouveau l'appareil comme en premier lieu.

Par ce moyen on interrompt radicalement toute communication directe entre l'extérieur et la cuvette de l'aqueduc, et pourtant on alimente cette cuvette sans relever sensiblement le niveau des nappes extérieures au-dessus de la surface d'écoulement des eaux du conduit.

J'ai dit précédemment que l'on avait trois prises d'eau. Après l'exécution, l'une d'entre elles ne produisant rien en temps de sécheresse a été fermée (c'est la troisième en aval du second pavillon), les autres ont produit jusqu'à 1,000 litres par minute; mais le volume d'eau débité par la source du Rosoir est tel que l'on n'a pas encore usé de cette alimentation accessoire: elle pourrait d'ailleurs être notablement augmentée et par un moyen très-simple. Je crois devoir consigner ici ce moyen, en vue des développements futurs que la distribution d'eau de Dijon pourrait recevoir, et d'ailleurs les observations qui vont suivre présenteront peut-être quelque intérêt aux personnes chargées de travaux analogues à ceux dont j'ai poursuivi l'exécution.

A 3 kilomètres environ de la fontaine du Rosoir existe une autre source très-abondante nommée source de Sainte-Foy (voir la carte générale, planche 1); elle fait tourner un moulin dès sa naissance: cependant, à l'époque des sécheresses bien que le débit de Sainte-Foy soit encore d'environ 100 litres par seconde, il arrive souvent que la totalité de ce volume se perd dans les sables qui forment le fond de la vallée, avant d'arriver à la hauteur de la source du Rosoir.

La vallée de Suzon, dont la largeur moyenne, dans la partie qui nous occupe, n'excède guère 175 mètres, est bordée par deux contreforts escarpés qui vont se rattacher à la chaîne de partage de l'Océan et de la Méditerranée.

C'est donc entre ces deux contreforts, et sous les sables accumulés dans le vallon qui les réunit, que doit s'opérer l'écoulement souterrain de la fontaine de Sainte-Foy, laquelle, en effet, ne disparaît pas tout à coup en sortant de l'étang de Sainte-Foy, mais successivement et, pour ainsi dire, proportionnellement à la distance parcourue.

Or, la couche de sable dont il s'agit n'a pas d'ailleurs une puissance indéfinie:

on rencontre à quelques mètres de profondeur un gravier compacte, peu perméable, sur lequel coulent les eaux souterraines dont nous avons déjà parlé : ces eaux, sans doute, proviennent de la source de Sainte-Foy, et, en général, des infiltrations qui s'opèrent dans les parties supérieures de la vallée.

Que faudrait-il faire pour se les approprier? Il paraît évident qu'il suffirait de construire, à l'aval des prises d'eau, une digue souterraine dont la crête dépasserait au plus d'un mètre le niveau des prises d'eau, et qui s'enracinerait à la fois dans les terrains relativement imperméables placés sous le sable vif de la vallée et dans les flancs des deux contreforts; mais si l'on se rappelle que l'aqueduc part du contrefort de droite et traverse Suzon en tunnel, on reconnaîtra qu'on doit le considérer déjà comme une fraction de cette digue, et que, pour la compléter, il suffira de réunir le mur de l'aqueduc à l'aval de l'une des prises d'eau au flanc du contrefort qui suit la côte gauche de la vallée.

Dans le cas particulier, le barrage souterrain à construire ne présenterait qu'une longueur de 134 mètres; il pourrait être exécuté en béton et n'aurait pas besoin d'offrir une épaisseur de plus de 1 mètre. Rien ne serait si facile que de l'établir : on creuserait, par exemple, une tranchée à parois verticales de 2 mètres de largeur, en l'approfondissant au moyen de dragues, jusqu'au terrain suffisamment imperméable; on la partagerait ensuite en deux parties égales dans le sens longitudinal au moyen d'une cloison en planches; puis, à l'aval de cette cloison, on verserait le béton en même temps qu'à l'amont on jetterait des blocs irréguliers, jusqu'à ce que l'on fût arrivé à la hauteur voulue; l'enrochement à l'amont de la digue aurait pour but de faciliter l'arrivée des eaux souterraines à la prise d'eau jusqu'à laquelle on la prolongerait.

Si je ne me trompe, ce moyen, qui n'exigerait qu'une faible dépense, serait suivi d'un succès certain.

CINQUIÈME SECTION.

REGARDS DE SERVICE.

Au-dessus de chacune des chutes verticales dont il a été précédemment question, un regard de service a été établi. (Pl. 3.) Ces chutes sont au nombre de vingt. Si l'on s'était borné à l'établissement des regards correspondant aux chutes, leur nombre eût été beaucoup trop restreint; il m'a paru qu'il convenait encore d'en ouvrir d'intermédiaires, de telle sorte que leur distance moyenne fût au plus de 100 mètres.

Le premier regard de l'aqueduc correspond au deuxième pavillon de la source; le dernier regard est situé sur le puits qui précède le réservoir de la porte Guillaume. Le nombre total de ces regards est de cent vingt-sept, y compris ceux du viaduc de la porte Guillaume, construction sur laquelle ils ont été beaucoup plus multipliés.

Plusieurs de ces regards sont recouverts d'un pavillon : cette disposition est évidemment la plus commode; mais elle impose une assez forte dépense, et, en général, les regards sont fermés par une dalle recouverte de terre comme le reste de l'aqueduc.

Des bornes méplates, terminées par un demi-cylindre à la partie supérieure, indiquent les regards sur les chutes. Ces bornes, comme on le voit, servent en même temps à déterminer d'une manière précise le tracé de l'aqueduc.

Description d'un regard sur chute.

Les chutes que j'ai ménagées dans le profil en long de l'aqueduc n'avaient point pour objet, ainsi qu'on l'a généralement supposé, de diminuer les pentes du conduit : les inclinaisons si variées que j'ai adoptées montrent que j'attachais peu d'importance à me tenir au-dessous d'une certaine limite, et c'était avec raison, je crois, que j'avais cette opinion.

La hauteur verticale de toutes les chutes est de 6m 55.

La longueur totale du conduit est de 12,694m 80.

La suppression de toutes les chutes n'aurait augmenté que de 1/2 millimètre la pente moyenne; or, on a vu que les pentes s'élevaient jusqu'au chiffre de 0m00715, et même 0m0158; ainsi l'augmentation précitée eût été sans influence appréciable sur les grandes pentes, lesquelles n'ont présenté aucun inconvénient. On aurait pu d'ailleurs faire porter l'augmentation seulement sur les pentes inférieures aux précédentes.

Mon but, en réservant ces chutes, a été : 1° soit à l'aval des ponts-aqueducs où elles s'élèvent à 0^m50 et même à 1 mètre, soit en d'autres points où le relief du terrain changeait brusquement, de baisser assez le radier de l'aqueduc pour que son extrados restât toujours à 1 mètre au-dessous du sol;

2° Et principalement de disposer, à des intervalles assez rapprochés, des moyens de placer, d'une manière commode, des appareils de jauge qui ne fussent pas noyés par l'eau d'aval; aussi voit-on que la hauteur des chutes a toujours été calculée de manière que l'arête supérieure du mur vertical qui les produit dépassât le niveau habituel de la nappe fluide d'aval, et qu'il suffisait alors, pour faire convenablement le jaugeage, de placer l'appareil sur le mur dont il vient d'être parlé; ainsi je pouvais circonscrire dans des limites resserrées les recherches que l'on aurait été obligé de faire si l'on avait reconnu des pertes (¹).

Je dois, du reste, ajouter que malgré la faible épaisseur des parois de l'aqueduc, je n'ai jamais reconnu de différence entre les jaugeages exécutés à son origine et à son extrémité.

(¹) La forme de la nappe fluide qui descend du dessus du mur de chute dans le conduit d'aval m'a donné lieu de faire une observation curieuse :

Lorsque l'on plonge dans une nappe descendante une petite baguette à une certaine profondeur, cette nappe s'allonge notablement, sa base prend un empatement beaucoup plus considérable; à l'instant, au contraire, où l'on retire la baguette, cette base diminue, et la nappe, en prenant une inclinaison plus forte, se rapproche du mur de chute, contre lequel elle tend à s'appliquer.

Il m'a semblé que ce phénomène trouvait une explication facile dans le jeu de l'air placé entre le mur de chute et la surface intérieure de la nappe. L'eau doit en effet entraîner dans son mouvement une partie de l'air dont il vient d'être parlé; alors la pression atmosphérique qui s'exerce sur l'extérieur de la nappe repousse cette dernière contre le mur de chute, au fur et à mesure que l'air est enlevé; mais que l'on plonge une petite baguette, l'air de l'extérieur pourra rentrer derrière la nappe, en suivant le contour de la tige, et remplacer l'air intérieur entraîné par l'eau. Cette nappe pourra donc reprendre la forme et l'inclinaison dues à la puissance de l'émission initiale.

Cette succession de cascades dans le long parcours de l'aqueduc présente une condition très-favorable pour la parfaite aération de l'eau : la convenance des cascades a été reconnue et appliquée en grand dans les appareils de filtration établis pour alimenter la partie sud de Glascow (*Corbals gravitation company*). — Je mentionnerai à ce sujet une idée ingénieuse que M. Simpson vient d'appliquer dans son établissement de Thames Ditton et qui consiste à lancer, au moyen d'une petite pompe spéciale, une grande quantité d'air dans le réservoir d'air ou de pression. Cet air, sous l'influence de la pression considérable à laquelle il est soumis, se dissout en notable proportion dans l'eau, qui devient ainsi plus agréable au goût.

De plus, et pour que l'opérateur pût agir commodément, j'ai fait réserver vis-à-vis de la chute une petite chambre pratiquée dans l'une des parois de l'aqueduc, laquelle offre une longueur de 0m 80 et une profondeur de 0m 60.

Une dalle de 0m 15 d'épaisseur pénètre dans des feuillures pratiquées dans une assise de taille sur laquelle elle est placée; sa longueur est de 1 mètre dans le sens perpendiculaire au conduit, et de 0m 90 dans le sens parallèle. Un goujon en fer est scellé au centre de la dalle, pour en faciliter la manœuvre.

Description d'un regard ordinaire.

La petite chambre latérale est supprimée et l'ouverture du regard se réduit à celle du conduit, c'est-à-dire à 0m 60.

La dalle de recouvrement est encore placée comme il vient d'être dit.

Enfin, lorsqu'un pavillon recouvre un regard ordinaire ou un regard à chute, ce pavillon est symétriquement établi sur l'aqueduc; sa section dans œuvre étant un carré de 1 mètre de côté, on voit que deux petites banquettes de 0m 20 sont laissées de chaque côté du conduit, espace suffisant pour placer une planche qui permet à l'opérateur d'agir avec facilité.

On rencontre en suivant l'aqueduc onze pavillons :

Deux à la source, placés l'un en amont, l'autre en aval du petit tunnel.

Deux à l'amont et à l'aval du viaduc de la porte Guillaume.

Sept dans l'intervalle de ces deux constructions, savoir :

A l'aval du pont aqueduc du Rosoir.

Sur la prise d'eau de Messigny, à la distance du précédent de 1361m 95.

A l'amont du pont-aqueduc de Vantoux, à la distance du précédent de 1214m 35.

A l'aval du pont-aqueduc d'Ahuy, à la distance du précédent de 1821m 80.

Sur la prise d'eau d'Ahuy, à la distance du précédent de 1686m 35.

Sur l'avant-dernière chute, à la distance du précédent de 1322m 80.

Vers le chemin de Fontaine à Pouilly, à la distance du précédent de 1680m.

Il serait utile de construire encore cinq à six pavillons : c'est par mesure d'économie que je n'ai pas immédiatement proposé cette amélioration.

Je ne donnerai pas la description de ces pavillons; on peut consulter les planches 3, 5 et 7. Je me bornerai à dire que ceux placés près de la source et aux extrémités du viaduc de la porte Guillaume sont couronnés par des frontons triangulaires, et que les autres le sont par un toit composé de trois pierres superposées, en retraite et formant pyramide.

SIXIÈME SECTION.

DESCRIPTION DES PONTS-AQUEDUCS.

On a vu que l'aqueduc traversait, indépendamment du tunnel de la source, trois fois le cours de Suzon.

Une première fois près du moulin du Rosoir;

Une seconde fois près du village de Vantoux;

Une troisième fois près du moulin d'Ahuy.

Les trois ponts-aqueducs (pl. 6) qu'on a été obligé de construire offrent entre les culées la longueur totale de 11^m 90, savoir :

Première arche au niveau supérieur de l'assise de retraite.	3^m 25
Arche du milieu.	3 20
Troisième arche.	3 25
Deux piles de 1^m 10 d'épaisseur au-dessus des retraites, et se réduisant à 0^m 90 au niveau du couronnement ou de la surface inférieure du conduit.	2 20
TOTAL.	11^m 90

L'assise de retraite a la hauteur de 0^m 30; la distance verticale comprise entre le dessous de cette assise et la surface inférieure du conduit est à l'amont, 2^m 16; à l'aval, 2^m 10 : il existe donc une pente de 0^m 06 dans le sens de la longueur du conduit.

Ce conduit est formé de trois blocs de pierre. Ceux qui recouvrent la première et la troisième arche ont la longueur de 4^m 10; la longueur du bloc de l'arche du milieu est de 4^m 30.

Ils s'unissent au centre des piles et reposent de 0^m 30 sur les culées. La hauteur de ces blocs est de 0m 60; leur largeur de 0m 85; le passage livré aux eaux est, en largeur, de 0m 45; en hauteur, de 0m 40; les parois verticales et horizontales du conduit conservent donc l'épaisseur de 0m 20; il est recouvert par des dalles de 0m 20 d'épaisseur, faisant saillie de 0m 05.

Le couronnement des piles consiste en une calotte de forme sphérique; les blocs des conduits sont encastrés entre les faces verticales des deux couronnements de chaque pile.

Si maintenant on jette les yeux sur les plans et coupes des culées, dont l'épaisseur est de 2m 85, et qui, d'ailleurs, sont recouvertes par une voûte en plein cintre de 0m 925 de rayon, on verra qu'elles sont divisées, dans le sens de leur longueur, en trois compartiments.

Le compartiment du milieu, large de 0m 60, est situé dans le prolongement de l'aqueduc et du conduit du pont-aqueduc. Il livre passage aux eaux.

Il est séparé des deux compartiments latéraux par deux dalles formant déversoir. Ces dalles ont l'épaisseur de 0m 20, la hauteur de 0m 40 et la longueur de 2 mètres.

Lors donc que les eaux dépassent la hauteur de 0m 40, elles tombent dans les deux compartiments latéraux qui les conduisent à des canaux placés dans leur prolongement, lesquels ont la longueur de 1 mètre, la largeur et la hauteur de 0m 20. Ces canaux débouchent dans le parement de la culée contigu à la rivière de Suzon.

Il existe à chaque pont-aqueduc un ensemble de déversoirs présentant un développement de 8 mètres, et quatre orifices destinés à livrer passage aux eaux des crues qui passent sur ces déversoirs.

La planche 6 donne tous les détails accessoires qu'il serait inutile de reproduire ici. — Je dirai seulement que, pour les ponts-aqueducs du Rosoir et du moulin d'Ahuy, les pavillons sont situés à l'aval et à l'aplomb des chutes : le pavillon du pont de Vantoux a été placé à l'amont, parce qu'il était destiné, comme on le dira plus tard, à donner accès à l'appareil de la prise d'eau du village de Vantoux.

Il sera nécessaire, au reste, de construire prochainement un pavillon sur la chute, à l'aval de ce dernier pont-aqueduc. Il serait pareillement utile d'en construire à l'amont des deux autres ponts, afin que l'on pût aisément pénétrer sous toutes les voûtes qui recouvrent les déversoirs.

SEPTIÈME SECTION.

PRISES D'EAU DES COMMUNES DE MESSIGNY, DE VANTOUX ET D'AHUY.

Le premier paragraphe de l'art. 1er de l'ordonnance du 19 septembre 1838 ([1]), relative aux prises d'eau des communes de Messigny, Vantoux et Ahuy, est ainsi conçu :

« L'aqueduc à construire pour amener à Dijon les eaux de la source du Rosoir sera interrompu près de chacune des communes de Messigny, Vantoux et Ahuy par un bassin carré de 1m 60 de côté. Ce bassin sera percé de deux ouvertures : la première établira une communication avec l'aqueduc destiné à conduire les eaux à Dijon; la seconde, avec le conduit de la commune à alimenter.

« Le rapport entre les ouvertures des bassins sera, savoir :

A Messigny. . . . . $\frac{1}{25}$

A Vantoux. . . . . $\frac{1}{141}$

A Ahuy. . . . . $\frac{1}{37}$ »

Je vais maintenant décrire les dispositions adoptées pour arriver à ce résultat.

1° Prise d'eau de Messigny.

Cette prise d'eau, ainsi que nous l'avons déjà vu, est recouverte d'un pavillon (voir la planche 5).

Le bassin de distribution qu'il recouvre a, dans le sens de l'aqueduc, la longueur de 1m 80, et, perpendiculairement à sa direction, 1m 60.

Il est divisé en trois parties égales dans le sens de sa longueur.

Le compartiment d'amont est séparé de celui du milieu par une toile métallique, dont le but est d'empêcher les corps étrangers d'arriver aux appareils de distribution.

([1]) Je présenterai, dans la quatrième partie, tous les détails relatifs à ce règlement d'administration publique ; je vais me borner ici à indiquer ses prescriptions et la manière dont elles ont été accomplies.

Une plaque en cuivre, offrant la longueur totale de 1m405, la hauteur de 0m65, l'épaisseur de 0m015, est placée parallèlement à la toile métallique et, comme elle, encastrée dans des rainures pratiquées dans des pierres de taille saillantes.

Cette plaque est percée de vingt-cinq fentes verticales de 0m025 de largeur, qui descendent de son arête supérieure jusqu'à la hauteur de 0m10 au-dessus du mur de chute sur lequel elle est placée; ce mur de chute a la hauteur de 0m25. C'est par les fentes verticales de la plaque précitée que passe le volume d'eau attribué à Dijon.

L'orifice qui donne l'eau à Messigny est placé sur le côté gauche du compartiment central. Il est fermé par une plaque en cuivre, percée d'une ouverture verticale de dimensions égales à celles de la grande plaque de Dijon (1).

Les eaux, à la sortie de la plaque de Messigny, sont reçues dans un réservoir en pierre de taille, et présentant une superficie de 1 mètre carré. Le fond de ce réservoir est à 0m50 en contre-bas du radier de l'aqueduc. Au fond de ce réservoir se trouve une soupape, au moyen de laquelle il peut se vider : un puits perdu permet, d'ailleurs, aux eaux de disparaître immédiatement. L'utilité de ce réservoir est facile à comprendre : il donne la possibilité de jauger avec une grande exactitude les eaux qui vont à Messigny, et, par suite, de déterminer le volume qui se rend à Dijon par une simple multiplication. Les tuyaux qui conduisent l'eau à Messigny sont encastrés dans le fond de ce réservoir.

Je terminerai par une remarque relative aux appareils de division des eaux.

On conçoit qu'il était bien préférable, pour l'exactitude de l'opération, de percer dans la plaque de Dijon vingt-cinq fentes égales à celle de Messigny.

En effet, si l'on s'était borné pour Dijon à une seule ouverture d'une largeur telle qu'elle livrât passage à un volume vingt-cinq fois plus considérable, il aurait pu arriver qu'au bout d'un certain nombre d'années le rapport réglementaire cessât d'exister. Les frottements, par exemple, qui auraient augmenté de 1 millimètre la largeur de la fente de la plaque de Messigny, auraient accru cette largeur dans le rapport de 1 à 25.

Or, les mêmes frottements, dans le cas d'une ouverture unique pour Dijon, n'auraient augmenté cette dernière que dans le rapport de 1 à 25×25, si cette ouverture avait été vingt-cinq fois plus grande que celle de Messigny.

(1) Je donnerai dans la note F les différents procédés auxquels on peut recourir pour obtenir, d'une prise d'eau, un volume constant, malgré les variations de régime du canal alimentaire.

Les proportions de la répartition auraient été modifiées à l'avantage de la commune de Messigny. Il n'en saurait être ainsi par le procédé adopté.

2° Prise d'eau de Vantoux.

On sait que la quantité d'eau attribuée à cette commune n'était que le 1/141e de celle qui devait continuer son cours jusqu'à Dijon.

On a cru devoir renoncer au moyen employé à Messigny pour la répartition des eaux. Ce moyen aurait exigé l'ouverture d'une trop grande quantité de fentes verticales dans la plaque de Dijon : on s'est borné, sans rencontrer au reste d'opposition de la part de la commune de Vantoux, à pratiquer, dans une plaque en cuivre placée à 0m 10 au-dessus du niveau du radier de l'aqueduc, dans la partie recouverte par le pavillon situé à l'amont du pont aqueduc de Vantoux, un orifice circulaire de 0m 044 de diamètre. Cet orifice a été calculé de manière à donner à la commune, à la hauteur convenue et lorsque le niveau des eaux de l'aqueduc est le plus bas possible, le 1/141e du volume de la source.

De plus, la ville ayant, par un traité notarié du 17 décembre 1839, consenti à perpétuité au propriétaire du château de Vantoux, pour prix des droits qu'il accordait dans un vaste clos traversé par l'aqueduc, un volume de 4 pouces d'eau, la commune et ce propriétaire se sont entendus pour obtenir leur concession au moyen d'un même orifice et du même tuyau (acte notarié en date du 22 juillet 1843).

La plaque en cuivre, dans laquelle est percé l'orifice, est fixée dans une dalle de 0m 47 de hauteur, de 1m 00 de largeur et de 0m 20 d'épaisseur. Elle est en retraite de 0m 20 sur le parement de l'aqueduc; un grillage est placé dans le prolongement de ce parement.

L'eau, en s'échappant de l'orifice, tombe dans un réservoir disposé comme celui de la prise d'eau de Messigny et servant au même usage. Le tuyau alimentaire de la commune de Vantoux est également mis en charge par le réservoir.

3° Prise d'eau d'Ahuy.

Elle est en tous points conforme pour la disposition des maçonneries à celle de Messigny; seulement on s'est borné, du consentement de la commune d'Ahuy, à lui livrer l'eau par un orifice circulaire de 0m04 de diamètre, et dont le centre est placé à la hauteur de 0m14 au-dessus du radier. Cet orifice, dans les eaux les plus basses, doit livrer passage, comme on l'a dit plus haut, au 1/37e du produit de la source. Ce mode de jouissance, accepté par les habitants d'Ahuy, a dispensé d'établir pour Dijon une plaque analogue à celle existant à la prise d'eau de Messigny.

Telles sont les dispositions adoptées pour les prises d'eau des trois communes dont il vient d'être question.

Sans doute c'est uniquement dans le désir d'être utile aux communes précitées que le Conseil municipal de Dijon a proposé de leur attribuer une partie de l'eau de la source du Rosoir; mais, d'autre part, le puissant intérêt que ces communes, placées le long de l'aqueduc, ont aujourd'hui à sa conservation, est pour la ville la plus sûre garantie qu'il n'y sera causé aucun dommage ni commis aucune dégradation.

HUITIÈME SECTION.

VIADUC DE LA PORTE GUILLAUME.

La longueur de ce viaduc est de 148 mètres, mesurés dans œuvre, entre les pavillons situés aux extrémités (voir la planche 7).

Il est formé de cinquante-neuf arcades en plein cintre, portant la cuvette dans laquelle s'écoulent les eaux.

Ces arcades ont 2 mètres de largeur chacune et pour les cinquante-neuf.	118m
Leurs piles ont l'épaisseur de 0m50, d'où pour les cinquante-huit. . .	29
Les culées contre les pavillons ont ensemble.	1
TOTAL pareil au précédent.	148m

Les voûtes à leur naissance reposent sur des pieds-droits de 0m60 et d'une hauteur de 0m50; leur épaisseur à la clef est de 0m30; elle sont couronnées par une plinthe de 0m20 d'épaisseur, faisant saillie de 0m15. Cette saillie présente l'inclinaison de 0m05 sur 0m15; le radier de l'aqueduc est arasé au niveau de cette plinthe.

Sur la plinthe reposent les deux murs latéraux du conduit (¹). Ils offrent chacun l'épaisseur de 0^m 55 et la hauteur de 0^m 70, non compris une nouvelle plinthe supérieure qui les recouvre et dont la hauteur intérieure est de 0^m 20, laquelle se réduit à 0^m 15 suivant le parement extérieur. C'est sur cette plinthe que sont placées, avec encastrement de 9 centimètres, les pierres de taille formant le toit du conduit. Ainsi la hauteur dans œuvre de ce conduit est de 0^m 70; sa largeur dans œuvre étant de 0^m 60, sa largeur hors d'œuvre est 1^m 70, d'après l'épaisseur adoptée pour les murs latéraux.

L'intérieur de l'aqueduc est entièrement revêtu d'enduit, ainsi qu'il a déjà été expliqué.

Chaque pavillon des extrémités est percé de deux portes situées dans l'axe du viaduc; elles renferment l'une et l'autre, et sur le côté droit, un petit déversoir formé par une dalle verticale de 0^m 80 de largeur, de 0^m 60 de hauteur et de 0^m 15 d'épaisseur.

Le superflu des eaux descend dans une petite chambre de 0^m 80 de longueur et de 0^m 15 de largeur; de là il s'échappe par un orifice placé dans la base du pavillon et terminé par une gargouille de 0^m 50 de largeur et de 0^m 15 de profondeur, faisant saillie de 0^m 15 sur la paroi.

Des rainures placées dans le pavillon d'aval permettent en outre de se débarrasser, au moyen d'une vanne, de la totalité des eaux avant leur arrivée dans le puits qui précède le réservoir.

Le nombre des regards entre les deux pavillons est de six. Ils sont formés de blocs de pierre ayant la longueur et la largeur de 0^m 54; ils recouvrent des orifices présentant une section de 0^m 50 au carré.

Le viaduc, à part les pavillons et les plinthes, a été complétement exécuté en moellon smillé, et bien que la hauteur du conduit ne soit que 0^m 75, les enduits ont été exécutés par des maçons qui n'ont opéré qu'après le placement du dallage supérieur.

(¹) Ces murs laissent échapper beaucoup d'eau en hiver, à raison du retrait des maçonneries; on doit remédier à cet inconvénient par l'application d'un enduit en bitume.

NEUVIÈME SECTION.

ESTIMATION DES TRAVAUX DE L'AQUEDUC.

Il paraîtra sans doute utile que je fasse suivre la description de l'aqueduc et des constructions établies sur son parcours d'une estimation générale des dépenses qu'ils ont occasionnées. De plus, cette estimation, pour être convenablement appréciée, devra être accompagnée :

1° D'une analyse succincte des éléments de prix sur lesquels elle est basée;

2° Du résumé des principales conditions d'art auxquelles étaient astreints les entrepreneurs;

3° Du détail de quelques expériences qu'il m'a été permis de recueillir sur les résultats de la main d'œuvre : toutefois, je serai très-circonspect à cet égard, et ne présenterai dans cet ouvrage que les expériences sur l'exactitude desquelles je n'ai conservé aucun doute.

Les travaux de l'aqueduc du Rosoir avaient été partagés en trois lots pour l'adjudication.

Le premier lot se composait du réservoir de la porte Guillaume et de tout l'intervalle compris entre ce réservoir et un point placé à 180 mètres en aval de la chute n° 19; sa longueur était de 3791^{m}50; il a été adjugé le 19 juillet 1838 moyennant un rabais de 1 fr. 65 pour 100 fr.

Le deuxième lot s'appliquait à l'intervalle compris entre la limite du premier lot et un point situé à 80 mètres en aval du pont-aqueduc du moulin de Vantoux; sa longueur était de 5182^{m} 50; il a été adjugé le 19 juillet 1838 moyennant un rabais de 3 fr. 50 pour 100 fr.

Enfin, le troisième lot se composait de tout le reste de l'aqueduc, y compris le bâtiment recouvrant la source; sa longueur était de 3720^{m} 80; il a été adjugé le 19 juillet 1838 moyennant un rabais de 4 fr. 60 pour 100 fr. Les entrepreneurs des deux premiers lots ont mené leurs travaux à bonne fin; l'entrepreneur du troisième lot a abandonné ses chantiers lorsqu'il était à peu près arrivé au tiers de sa besogne : on a terminé son œuvre en régie.

Je déduirai du premier lot, dans les estimations qui vont suivre, le réservoir précité; je m'occuperai de ce travail en même temps que de celui de la distribution des eaux dans l'intérieur de Dijon. Je ferai observer, du reste, que toutes les estimations sont extraites des procès-verbaux de réception définitive acceptés par les entrepreneurs.

Premier lot.

Le viaduc de la porte Guillaume et les parties d'aqueduc souterrain à l'aval et à l'amont de ce viaduc, dans tout l'intervalle compris entre le parement extérieur du réservoir et la route de Troyes, sur la longueur totale de 302m 50, ont coûté, déduction faite du rabais.	25,776 f.	15
L'aqueduc souterrain à la suite, d'une longueur de 3489 mètres, a coûté, déduction faite du rabais.	67,683	64
TOTAL.	93,459	79

Deuxième lot.

L'aqueduc souterrain, d'une longueur égale à 5162m 60, a coûté, rabais déduit.	88,449 f.	87
Le pont-aqueduc du moulin d'Ahuy a coûté, rabais déduit. . .	4,311	90
TOTAL.	92,761	77

Troisième lot.

L'aqueduc souterrain, d'une longueur égale à 3656m 50, a coûté, rabais déduit.	77,124 f.	12
Ponts-aqueducs de Vantoux et du moulin du Rosoir, ensemble. Ils ont coûté chacun la même somme.	8,823	30
Tunnel sous Suzon, pavillons, voûte recouvrant la source. . . .	12,266	41
TOTAL.	98,213	83
Ainsi, la dépense totale a été de.	284,435	39

Cette somme se répartit de la manière suivante :

Aqueduc souterrain d'une longueur de 12308m 10.	233,257 f.	63
Viaduc de la porte Guillaume ; longueur, compris les portions de voûtes souterraines, 302m 50.	25,776	15
Ponts-aqueducs d'Ahuy, de Vantoux et du Rosoir.	13,135	20
Tunnel sous Suzon, bâtiment recouvrant la source.	12,266	14
TOTAL PAREIL.	284,435	39

Report. . . . . 284,435 f. 39

A cette somme, il convient encore d'ajouter, pour avoir la dépense totale :

1° Une indemnité de 8,000 fr. à l'entrepreneur du premier lot.

Savoir :

Pour l'aqueduc souterrain.	5,146 f.
Pour le réservoir.	2,366
Pour le viaduc de la porte Guillaume.	488
TOTAL.	8,000

Nous ne porterons en ligne que l'article premier, nous réservant de tenir compte, plus tard, des autres fractions de l'indemnité,

ci.	5,146 f.	
2° Une indemnité de 5,600 fr. à l'entrepreneur du deuxième lot.	5,600	15,946 »
3° Une indemnité de 5,200 fr. à l'entrepreneur du troisième lot.	5,200	

Les motifs des indemnités dont il vient d'être question sont relatés dans une délibération du Conseil municipal, en date du 13 février 1840. Il y est établi :

1° Que le cube de mortier qui, d'après le devis, devait être 0^m 33 par mètre cube, a été de 0^m 37 en réalité ;

2° Qu'en plusieurs points on a rencontré, dans les tranchées, des roches d'une extrême dureté, qui ont cédé seulement à l'action de la mine : 2 fr. ont été accordés par chaque mètre cube non employé dans la maçonnerie ;

3° Que la plus grande profondeur à laquelle ont été descendues les fouilles du premier lot, et l'emploi presque exclusif de la pioche montoise dans les terrassements, justifiaient une augmentation de 0 f. 10 par chaque mètre cube ;

4° Que la difficulté du transport à travers les vignes, au milieu desquelles l'aqueduc était tracé, nécessitait aussi une augmentation, pour chaque mètre cube de pierre, de 0 f. 10 ;

A reporter. . . . . . . 300,381 f. 39

Report. . . . . 300,381 f. 39

5° Qu'enfin la forme circulaire donnée au réservoir demandait que le prix alloué pour le cintrement des voûtes fût augmenté.

Dans les tableaux synoptiques qui vont suivre, on a décomposé les indemnités suivant les natures d'ouvrages auxquelles elles s'appliquent.

Pour compléter enfin l'évaluation générale des travaux de l'aqueduc, il est nécessaire de porter encore en compte une somme de 7,712 fr. 63.

On avait supposé que les déblais en excès, dont l'aqueduc tenait la place, pourraient être régalés sur les propriétés riveraines; mais dans beaucoup de lieux il n'a pu en être ainsi, à raison de la mauvaise qualité des terrains extraits; il a fallu transporter au loin ces déblais en régie, ce qui a occasionné la dépense précitée.

Laquelle se divise ainsi :

Premier lot.	4,086 f. 45	
Deuxième lot.	2,106 38	7,712 63
Troisième lot.	1,519 80	
TOTAL GÉNÉRAL.		308,094 02

Mais il ne paraît pas suffisant de présenter ainsi l'estimation en masse du travail; il convient de la subdiviser par nature d'ouvrages, d'indiquer les éléments de prix correspondants, puis, de montrer à quel chiffre définitif la mesure de chaque nature d'ouvrage s'est élevée, eu égard aux augmentations survenues, aux suppléments pour sujétion plus grande que celle qu'on avait primitivement supposée, enfin, aux indemnités accordées.

Les tableaux suivants permettent d'arriver exactement à ces déterminations Ils sont relatifs seulement à l'aqueduc souterrain; on s'occupera à part du viaduc de la porte Guillaume, des trois ponts-aqueducs, du petit tunnel et de la source.

Le tableau n° 1 comprend l'estimation du premier lot;

Le tableau n° 2, l'estimation du deuxième;

Le tableau n° 3, l'estimation du troisième;

Le tableau n° 4 en forme le résumé, et montre à quel chiffre définitif chaque nature d'ouvrage est revenue, dixième compris, rabais déduit.

TABLEAU N° 1.
Premier lot.

PRIX DE L'UNITÉ, conformément au devis.	TERRASSEMENTS. Cube.	TERRASSEMENTS. Prix.	MAÇONNERIE. Cube.	MAÇONNERIE. Prix.	CHAPE POUR LA VOUTE. Surface.	CHAPE POUR LA VOUTE. Prix.	ENDUITS INTÉRIEURS. Surface.	ENDUITS INTÉRIEURS. Prix.	BÉTON. Cube.	BÉTON. Prix.	REGARDS. Nombre	REGARDS. Prix.	BORNES. Nombre	BORNES. Prix.	CINTREMENT.	Ouvrages ACCESSOIRES.	OBSERVATIONS.
f. c.	m.	f. c.	m.	f. c.	m.	f. c.	m.	f. c.				f. c.		f. c.			
» 50	14936 85	7468 43	»	»	»	»	»	»	»	»	»	»	»	»	»	»	
1 »	70 »	70 »	»	»	»	»	»	»	»	»	»	»	»	»	»	»	Transport de cablais employés en remblais.
» 60	800 »	480 »	»	»	»	»	»	»	»	»	»	»	»	»	»	»	
» 60	1449 70	869 82	»	»	»	»	»	»	»	»	»	»	»	»	»	»	Transport à la brouette.
» 10	1450 »	145 »	»	»	»	»	»	»	»	»	»	»	»	»	»	»	
7 65	»	»	5242 90	40108 18	»	»	»	»	»	»	»	»	»	»	»	»	
8 97	»	»	8 47	75 98	»	»	»	»	»	»	»	»	»	»	»	»	
4 »	»	»	27 40	109 60	»	»	»	»	»	»	»	»	»	»	»	»	Maçonnie en pierre sèche
» 30	»	»	»	1162 50	»	»	»	»	»	»	»	»	»	»	»	»	Mieux-value pr le transp.
» 80	»	»	»	48 »	»	»	»	»	»	»	»	»	»	»	»	»	— pr la façon.
» 66	»	»	»	»	5314 70	3505 72	»	»	»	»	»	»	»	»	»	»	
1 71	»	»	»	»	56 88	97 26	»	8	»	»	»	»	»	»	»	»	
1 03	»	»	»	»	»	»	4000 84	4737 86	»	»	»	»	»	»	»	»	
1 55	»	»	»	»	»	»	540 »	83 »	»	»	»	»	»	»	»	»	
15 »	»	»	»	»	»	»	»	»	»	»	30	540 »	»	»	»	»	
7 »	»	»	»	»	»	»	»	»	»	»	»	»	22	154 »	»	»	
5 50	»	»	»	»	»	»	»	»	»	»	»	»	36	198 »	»	»	
» 25	»	»	»	»	»	»	»	»	»	»	»	»	»	»	947 87	40 60	Taille.
																47 »	Taillage.
																31 20	Gravier avec ¼ de chaux.
																108 »	Superficie des dalles.
																76 »	Éclairage des trav. sous la voûte impér. n° 5.
TOTAUX....	16456 55	9033 25	5251 37	41504 28	5368 58	3602 98	5140 84	5575 86	»	»	30	540 »	58	352 »	947 87	300 80	
A ajouter 1/10 de bénéfice.....	»	903 32	»	4150 42	»	360 30	»	557 59	»	»	»	54 »	»	35 20	»	26 69	
TOTAUX....	16456 55	9936 57	5251 37	45654 68	5368 58	3963 28	5140 84	6133 45	»	»	30	594 »	58	387 20	947 87	403 35	
A déduire le rabais de 1,65 p. 100.	»	163 96	»	753 30	»	65 39	»	101 20	»	»	»	9 80	»	6 39	15 64	6 66	
RESTE....	16456 55	9772 61	5251 37	44901 38	5368 58	3897 89	5140 84	6032 25	»	»	30	584 20	58	380 81	932 23	396 89	
Indemnité.....	(roche)	1040 »	(mortier)	2183 »													
	(transport)	1400 »	(transport)	522 »													
Déblais en excès.	»	4086 45		»													
Divers ouvrages accessoires...	»	»	»	» »	»	»		»	»	»	»	»	»	»	»	780 38	
TOTAUX....	16456 55	16299 06	5251 37	47606 38	5368 58	3897 89	5140 84	6032 25	»	»	30	584 20	58	380 81	932 23	1183 27	

TABLEAU N° 2.

Deuxième lot.

PRIX DE L'UNITÉ, conformément au devis.	TERRASSEMENTS. Cube.	TERRASSEMENTS. Prix.	MAÇONNERIE. Cube.	MAÇONNERIE. Prix.	CHAPE POUR LA VOUTE. Surface.	CHAPE POUR LA VOUTE. Prix.	ENDUITS INTÉRIEURS. Surface.	ENDUITS INTÉRIEURS. Prix.	BÉTON. Cube.	BÉTON. Prix.	REGARDS. Nombre	REGARDS. Prix.	BORNES. Nombre	BORNES. Prix.	CINTREMENT.	Ouvrages accessoires.	OBSERVATIONS.
f. c.	m.	f. c.	m.	f. c.	m.	f. c.	m.	f. c.				f. c.		f. c.			
» 50	19738 37	9869 18	»	»	»	»	»	»	»	»	»	»	»	»	»	»	
7 85	»	»	7449 21	58476 30	»	»	»	»	»	»	»	»	»	»	»	»	
» 69	»	»	»	»	7787 03	5373 05	»	»	»	»	»	»	»	»	»	»	
1 17	»	»	»	»	»	»	2622 04	3067 79	»	»	»	»	»	»	»	»	
» 97	»	»	»	»	»	»	3728 40	3616 55	»	»	»	»	»	»	»	»	
13 »	»	»	»	»	»	»	»	»	»	»	49	637 »	»	»	»	»	
7 »	»	»	»	»	»	»	»	»	»	»	»	»	15	105 »	»	»	
5 50	»	»	»	»	»	»	»	»	»	»	»	»	33	181 50	»	»	
» 25	»	»	»	»	»	»	»	»	»	»	»	»	»	»	»	»	
															1281 85	»	
																147 99	Gravier avec ¹/₆ de chaux.
																48 68	Dalles.
TOTAUX....	19738 37	9869 18	7449 21	58476 30	7787 03	5373 05	6350 44	6684 34	»	»	49	637 »	48	280 50	1281 85	196 67	
A ajouter 1/10 de bénéfice.....	»	986 92	»	5847 63	»	537 30	»	668 43	»	»	»	63 70	»	28 05	»	19 67	
TOTAUX....	19738 37	10856 10	7449 21	64323 93	7787 03	5910 35	6350 44	7352 77	»	»	49	700 70	48	315 15	1281 85	216 34	
A déduire le rabais de 3,50 p. 100.	»	379 96	»	2251 34	»	206 86	»	257 35	»	»	»	24 53	»	11 03	44 86	7 57	
RESTE....	19738 37	10476 14	7449 21	62072 59	7787 03	5703 49	6350 44	7095 42	»	»	49	676 17	48	304 12	1236 99	208 77	
Indemnité.....	»	2280 »	»	»	»	»	»	»	»	»	»	»	»	»	»	»	
	»	»	»	3320 »	»	»	»	»	»	»	»	»	»	»	»	»	1140m de roche.
Déblais en excès.	»	2106 38	»	»	»	»	»	»	»	»	»	»	»	»	»	»	Augmentat. de mortier.
Divers ouvrages accessoires...	»	»	»	»	»	»	»	»	»	»	»	»	»	»	»	676 18	
TOTAUX....	19738 37	14862 52	7449 21	65392 59	7787 03	5703 49	6350 44	7095 42	»	»	49	676 17	48	704 12	1236 99	884 95	

TABLEAU N° 3.

Troisième lot.

PRIX DE L'UNITÉ, conformément au devis.	TERRASSEMENTS. Cube.	TERRASSEMENTS. Prix.	MAÇONNERIE. Cube.	MAÇONNERIE. Prix.	CHAPE POUR LA VOUTE. Surface.	CHAPE POUR LA VOUTE. Prix.	ENDUITS INTÉRIEURS. Surface.	ENDUITS INTÉRIEURS. Prix.	BÉTON. Cube.	BÉTON. Prix.	REGARDS. Nombre	REGARDS. Prix.	BORNES. Nombre	BORNES. Prix.	CINTREMENT.	Ouvrages accessoires.	OBSERVATIONS.
f. c.	m.	f. c.	m.	f. c.	m.	f. c.	m.	f. c.	m.	f. c.		f. c.		f. c.			
1 »	3091 40	3091 40	»	»	»	»	»	»	»	»	»	»	»	»	»	»	
» 50	12604 90	6302 45	»	»	»	»	»	»	»	»	»	»	»	»	»	»	Déblais à la drague.
» »	»	625 »	»	»	»	»	»	»	»	»	»	»	»	»	»	»	Épuisements.
» »	»	600 »	»	»	»	»	»	»	»	»	»	»	»	»	»	»	
8 22	»	»	5425 47	44597 36	»	»	»	»	»	»	»	»	»	»	»	»	Bardage de m. de pierre
» 40	»	»	»	308 »	»	»	»	»	»	»	»	»	»	»	»	»	
» 98	»	»	»	»	607 02	594 88	»	»	»	»	»	»	»	»	»	»	
» 86	»	»	»	»	936 90	805 73	»	»	»	»	»	»	»	»	»	»	
» 73	»	»	»	»	3971 94	2899 52	»	»	»	»	»	»	»	»	»	»	
1 32	»	»	»	»	»	»	4527 40	5976 17	»	»	»	»	»	»	»	»	
15 13	»	»	»	»	»	»	»	»	186 52	2822 05	»	»	»	»	»	»	
15 »	»	»	»	»	»	»	»	»	»	»	35	525 »	»	»	»	»	
7 »	»	»	»	»	»	»	»	»	»	»	»	»	16	112 »	»	»	
5 50	»	»	»	»	»	»	»	»	»	»	»	»	26	143 »	»	»	
» 25	»	»	»	»	»	»	»	»	»	»	»	»	»	»	790 95	»	
																20 04	Maçonn.ie en pierre sèche
																43 94	Taille.
																74 04	Taillage.
																106 30	Piquage.
																787 80	Dalles.
																212 10	Maçonn.ie g.lées, relevées
																220 »	Exécutions.
																45 »	Mieux-v.e p.r les pris.e d'eau
																265 30	Nettoyage de l'aqueduc.
																165 »	Mieux-value p.r les dalles du radier.
TOTAUX....	15696 30	10618 85	5425 47	44905 36	5515 86	4300 13	4527 40	5976 17	180 32	2822 05	35	525 »	42	255 »	790 95	1918 97	
A ajouter 1/10 de bénéfice.....	»	1061 89	»	4490 34	»	430 01	»	597 62	»	282 20	»	52 50	»	25 30	79 09	191 90	
TOTAUX....	15696 30	11680 74	5425 47	49395 70	5515 86	4730 14	4527 40	6573 79	180 32	3104 25	35	577 57	42	280 30	870 04	2110 87	
A déduire le rab.e de 4,60 p. 100.	»	537 31	»	2272 11	»	217 59	»	302 39	»	142 80	»	26 57	»	12 90	40 32	97 10	
RESTE....	15696 30	11143 43	5425 47	47121 59	5515 86	4512 55	4527 40	6271 40	180 32	2961 45	35	550 95	42	267 60	830 32	2013 77	
Indemnité.....	»	3000 »	»	»	»	»	»	»	»	»	»	»	»	»	»	»	1500m déblai dans la roche
	»	»	»	2200 »	»	»	»	»	»	»	»	»	»	»	»	»	Augmentat. de mortier.
Déblais en excès.	»	1519 80	»	»	»	»	»	»	»	»	»	»	»	»	»	»	
Div. ouvr. access.	»	»	»	»	»	»	»	»	»	»	»	»	»	»	»	1445 08	
TOTAUX....	15696 30	15663 23	5425 47	49321 59	5515 86	4512 55	4527 40	6271 40	186 32	2961 45	35	550 95	42	267 60	830 32	3458 85	

Il résulte du tableau n° 1 que, pour le premier lot, le prix de revient est :

1° Pour	les terrassements.	16,299 f.	06
2°	la maçonnerie.	47,606	38
3°	la chape.	3,897	89
4°	les enduits intérieurs.	6,032	25
5°	le béton.	»	»
6°	les regards.	584	20
7°	les bornes.	380	81
8°	le cintrement.	932	23
9°	les ouvrages accessoires.	1,183	27
	Total, compris les indemnités relatées, pages 212 et 213.	76,916 f.	09

Il résulte du tableau n° 2 que, pour le deuxième lot, le prix de revient est :

1° Pour	les terrassements.	14,862 f.	52
2°	la maçonnerie.	65,392	59
3°	la chape.	5,703	49
4°	les enduits intérieurs.	7,095	42
5°	le béton.	»	»
6°	les regards.	676	17
7°	les bornes.	304	12
8°	le cintrement.	1,236	99
9°	les ouvrages accessoires.	884	95
	Total, compris les indemnités relatées, pages 212 et 213.	96,156 f.	25

Il résulte du tableau n° 3 que, pour le troisième lot, le prix de revient est :

1° Pour	les terrassements.	15,663 f.	23
2°	la maçonnerie.	49,321	59
3°	la chape.	4,512	55
4°	les enduits intérieurs.	6,271	40
5°	le béton.	2,961	45
6°	les regards.	550	93
7°	les bornes.	267	60
8°	le cintrement.	836	32
9°	les ouvrages accessoires.	3,458	85
	Total, compris les indemnités relatées, pages 212 et 213.	83,843 f.	92

TABLEAU N° 4.

Récapitulation générale des travaux de l'aqueduc.

INDICAT[s] des lots.	PRIX de l'unité.	TERRASSEMENTS. Cube.	TERRASSEMENTS. Prix.	MAÇONNERIE. Cube.	MAÇONNERIE. Prix.	CHAPE. Surface.	CHAPE. Prix.	ENDUITS. Surface.	ENDUITS. Prix.	BÉTON. Cube.	BÉTON. Prix.	REGARDS. Nombre.	REGARDS. Prix.	BORNES. Nombre.	BORNES. Prix.	CINTREMENT.	OUVRAGES ACCESSOIRES.	OBSERVAT.
	f. c.	m.	f. c.	m.	f. c.	m.	f. c.	m.	f. c.	m.	f. c.		f. c.		f. c.		f. c.	
1er lot..	»	16456 55	16299 06	5251 37	47606 58	5368 58	3897 89	5140 84	6072 25	»	»	36	384 20	58	380 81	502 35	1185 27	
2[e] lot..	»	19738 37	14862 52	7449 21	65392 39	7787 05	5705 49	6550 44	7055 42	»	»	49	676 17	48	304 12	1626 [illegible]	884 95	
3[e] lot..	»	15696 30	15663 23	5425 47	49321 59	5515 86	4512 55	4327 40	6271 40	186 32	2961 45	35	750 93	42	267 60	876 52	3456 85	
TOTAUX.	»	»	46824 81	»	162320 56	»	14115 93	»	19399 07	186 32	2961 45	120	1811 30	148	952 53	3005 54	5527 07	
	0 9024	51891 22	»	»	»	»	»	»										
	8 9551	»	»	18126 05	»	»	»	»										
	0 7559	»	»	»	»	18671 47	»	»										
	1 211	»	»	»	»	»	»	16018 68										

Il résulte de ce tableau que le prix total de revient est :

Pour les terrassements.	46,824 f. 81
la maçonnerie.	162,320 56
la chape..	14,113 93
les enduits..	19,399 07
le béton..	2,961 45
les regards	1,811 30
les bornes.	952 53
les cintrements..	3,005 54
les ouvrages accessoires.	5,527 07
TOTAL GÉNÉRAL, compris les indemnités relatées, pages 213 et 214. .	256,916 f. 26

Remarquant maintenant que l'aqueduc a la longueur totale de. .			12694m80
que celle des ouvrages à la source est de.	24m50	}	386m70
celle des ponts ensemble de.	59 70	}	
celle du viaduc de la porte Guillaume de.	302 50	}	
On aura pour la partie d'aqueduc estimée dans le tableau n° 4. .			12308 10

Cette estimation étant de. 256,916f. 26
on a pour le prix de revient par mètre courant. 20f. 87375

Savoir :

Terrassements.	3f. 8044
Maçonnerie.	13 18805
Chape.	1 1407
Enduits.	1 5761
Béton.	0 2406
Regards.	0 1472
Bornes.	0 0774
Cintrement.	0 2442
Ouvrages accessoires.	0 4491
TOTAL PAREIL.	20f. 87375

Ainsi que je l'ai annoncé plus haut, il est bon de faire connaître, après cette estimation, les sous-détails des principaux ouvrages, les conditions d'art auxquelles les entrepreneurs étaient assujettis, et de présenter le résultat d'expériences positives sur la main-d'œuvre réellement exigée par ces différents ouvrages ; je n'entrerai, du reste, dans aucun détail au sujet des terrassements ou de la taille : on ne peut rien avoir à dire de nouveau sur les terrassements, et je n'ai employé qu'un si petit cube de pierre de taille qu'il serait inopportun d'en parler.

ANALYSE SUCCINCTE DES SOUS-DÉTAILS DES PRIX.

1° Chaux.

On employait deux espèces de chaux hydraulique provenant des calcaires à bélemnites ; elles étaient fabriquées à Pouilly en Auxois.

La première servait aux mortiers ordinaires; son temps de prise était de trente-six heures.

Elle coûtait, à l'établissement, le mètre cube.	8 fr. 50
Son transport à Dijon, envaisselage compris, coûtait.	5 00
(Cet envaisselage devait être rendu.)	
TOTAL.	13 fr. 50

Le transport au lieu d'emploi coûtait :

Pour le premier lot.	1 fr. 07	transport moyen. 3 fr. 18
Pour le deuxième.	2 78	
Pour le troisième.	4 70	

La deuxième espèce de chaux était employée aux enduits intérieurs; elle provenait des incuits résultant des fours dans lesquels on fabriquait la première espèce. Son temps de prise était de trente minutes; elle coûtait 20 fr. le mètre cube rendue à Dijon; comme la première, elle arrivait par le canal de Bourgogne : l'augmentation de son prix provient de la difficulté de broyer les incuits.

Le transport était pour chaque lot le même que précédemment; ces chaux arrivaient à Dijon éteintes et en poudre.

On n'a employé que par exception le ciment de Pouilly. On en a fait seulement un usage habituel dans la construction du tunnel sous Suzon : ce ciment revenait, à Dijon, à 50 francs le mètre cube : son temps de prise était de vingt minutes.

Le mètre cube de mortier se composait pour les maçonneries ordinaires et pour la chape de l'aqueduc : 1° de 0m 50 de chaux; 2° de 0m 90 de sable.

On avait adopté la même proportion pour les enduits intérieurs; seulement, au sable calcaire de Suzon on avait substitué un sable siliceux que l'on extrayait de la Saône; j'ajouterai que la proportion précédente donnait pour les enduits, à raison de la nature particulière de la chaux, un mortier un peu maigre, et que l'expérience avait conduit les maçons à adopter presque toujours 0m 60 de chaux, 0m 90 de sable de Saône.

La fabrication du mortier était comptée 1 fr. 50 le mètre cube.

La main-d'œuvre de la chape et celle des enduits intérieurs. 0 fr. 35 le mètre carré.

8° Maçonnerie.

Le prix de la pierre rendue sur place pour la construction de l'aqueduc avait été estimé, pour le premier lot, 1 fr. 70; pour le deuxième, 1 fr. 60; pour le troisième, 1 fr. 50. On a vu, aux tableaux généraux, que ces prix avaient dû être un peu augmentés à raison de la difficulté du transport dans les vignes.

La main-d'œuvre des maçonneries était comptée, le mètre cube, bardage compris, 2 fr. 15. On avait admis qu'il n'entrerait que 0m 33 de mortier par mètre cube; des expériences positives ont démontré que ce chiffre devait être porté à 0m 37. Une indemnité a été allouée pour ce fait aux entrepreneurs.

L'opération du cintrement était évaluée séparément : on allouait pour ce travail, 0 fr. 25 par mètre courant aux entrepreneurs; quant aux cintres longs de 4 mètres [1], ils n'exigeaient qu'une dépense de 23 fr. l'un, et comme on n'en a employé que quinze environ pour les trois entreprises réunies, on avait compris cette dépense dans les faux frais.

Il est entendu que le 1/20 pour faux frais et le 1/10 pour bénéfice doivent être ajoutés aux prix précédents.

On avait imposé aux entrepreneurs l'obligation de fabriquer pour l'aqueduc tous les mortiers au pilon et sous de petites tentes mobiles, pour éviter qu'ils fussent délayés par la pluie ou desséchés par le soleil. Les pierres qui composaient l'aqueduc étaient soigneusement arrangées de manière à former des liaisons dans tous les sens; elles étaient battues pour être tassées jusqu'à ce que le mortier refluât dans les joints; de plus, on garnissait les vides qu'elles laissaient entre elles par des éclats chassés avec force. Cette maçonnerie formait un véritable béton. — Avant la pose des enduits, les joints étaient profondément dégradés, de manière que le mortier pût s'attacher intimement au parement. Il est inutile d'ajouter qu'on avait le soin d'arroser les pierres avant leur emploi. Enfin, pour bien s'assurer de la qualité des maçonneries, on remplissait d'eau certaines fractions d'aqueduc avant la pose des enduits, et on les faisait démolir si elles ne la conservaient point. Les mortiers avec lesquels s'exécutaient les enduits présentaient beaucoup de consistance; ils étaient lissés avec

[1] Dans les courbes on les réduisait à la longueur de 3 mèt., 2 mèt. et même 1m 30.

soin après la pose. — Les enduits étaient arrondis dans les angles suivant un rayon de 0m 04.

EXPÉRIENCES SUR LA MAIN-D'ŒUVRE.

J'ai pu arriver, par le dépouillement des journaux des piqueurs chargés de surveiller les travaux de maçonnerie, à des renseignements exacts, savoir :

Sur la main-d'œuvre exigée par les maçonneries ;

Sur celle demandée par les enduits intérieurs.

Dans le relevé de ces journaux, on n'a tenu compte que des journées où les maçons avaient été exclusivement occupés à la confection des maçonneries, et de celles où ils avaient été uniquement employés aux enduits.

Maçonnerie.

On a trouvé que dans le second lot 989 m c 75 de maçonnerie (radier, pieds-droits, voûtes) avaient exigé l'emploi de 574 journées de maçon et de 284 j. 75 de manœuvre.

D'où il résulte : 1° que l'exécution de 100 m c de maçonnerie exigeait l'emploi de :

58 journées de maçon, 29 journées de manœuvre ;

2° Qu'un maçon faisait moyennement, par journée, 1 m c 72 de maçonnerie.

Dans le troisième lot, des recherches analogues ont conduit au résultat suivant :

2677 m c 93 de maçonnerie (radier, pieds-droits, voûtes), ont exigé l'emploi de 1,605 j. 50 de maçon, et 1,189 j. 25 de manœuvre.

D'où il résulte : 1° que l'exécution de 100 m c de maçonnerie demandait l'emploi de :

60 journées de maçon, 44 journées de manœuvre ;

2° Qu'un maçon faisait moyennement, par jour, 1 m c 67 de maçonnerie.

Enduits intérieurs.

4084^m 60 d'enduits intérieurs ont été exécutés dans 426 journées d'ouvriers, savoir :

142 journées de maître maçon,
142 — de maçon broyant le mortier,
142 — de manœuvre transportant la matière dans l'aqueduc.

Il résulte de là qu'un maçon, servi comme il vient d'être dit, pouvait enduire dans sa journée 28^m 75 et que, pour faire 100 mètres d'enduits, il fallait trois jours et demi de maître maçon et autant d'un maçon broyeur et d'un manœuvre. Le même nombre d'ouvriers pouvait poser une superficie de chape sur les voûtes, égale à moitié en sus du chiffre précédemment trouvé, ou de 42 mètres.

Je vais maintenant comparer le prix de revient qui résulte des éléments précédents aux sous-détails dont j'ai présenté plus haut l'analyse.

Maçonnerie.

En cumulant les résultats fournis par le deuxième et le troisième lot, on reconnaît que, pour exécuter 3667 $^{m\ c}$ 68, il a fallu employer 2,179,50 journées de maçon, et 1,474 journées de manœuvre.

2,179,50 journées de maçon à 3 fr. font	6,538 f.	50
1,474,50 — de servant à 2 —	2,948	»»
TOTAL	9,486	50
La main-d'œuvre du mètre cube revenait donc moyennement à	2 f.	59
Or, on allouait pour ce travail :		
1° Main-d'œuvre de la maçonnerie	2 f.	15
2° Celle du mortier, 0^m 37 à 1 fr. 50 le mètre	0	41
3° Celle du cintrement par mètre courant, 0 fr. 25, ou par mètre cube	0	18
TOTAL	2	74
A quoi l'on ajoutait encore 3/20 pour faux frais et bénéfice de l'entrepreneur	0	41
TOTAL	3	15

Il est vrai d'ajouter que le transport de l'eau sur la ligne exigeait une dépense qui pouvait s'élever jusqu'à 0 fr. 10 par mètre cube de maçonnerie, mais les entrepreneurs auraient pu l'atténuer notablement par l'établissement de puits bien disposés; — quant aux cintres, on a vu, page 221, qu'ils n'avaient coûté ensemble que 315 fr., d'où 0 fr. 02 par mètre cube.

En fait, les entrepreneurs ont toujours trouvé des maçons qui se chargeaient de la main-d'œuvre pour le prix des sous-détails, déduction faite du rabais, et en laissant les 3/20 à l'entrepreneur pour faux frais et bénéfice.

Enduits intérieurs.

Les expériences ont porté sur 4084^m 60 d'enduit.

Il a fallu pour ce travail :

1° 142 journées de maître maçon à 4 fr.	568	fr.
2° 142 — de maçon ordinaire à 2 fr. 50.	355	
3° 142 — de manœuvre à 2 fr.	284	
TOTAL.	1207	fr.
Le mètre carré revient donc à.	0	30
Or, on allouait pour ce travail :		
Façon et pose par mètre carré.	0	35
Façon du mortier (prix de revient par mètre carré d'enduit).	0	04
TOTAL.	0	39

Non compris le 1/10e de bénéfice.

Chape.

Quant à la chape, elle était largement payée : on en avait porté la main-d'œuvre au même prix que celle des enduits intérieurs, et elle ne devait être évaluée qu'à 0 fr. 25; à ce prix, les maçons gagnaient encore de très-fortes journées. L'entrepreneur du premier lot allouait en effet 0 fr. 25 par chaque mètre de chape, fabrication de mortier comprise; cette dernière coûtait 1 fr. 50 par mètre cube, il restait pour l'application de la chape, 0 fr. 19;

Or, un maçon avec son aide en faisait jusqu'à 50 mètres par jour; le maçon et son aide gagnaient donc, au prix de 0 fr. 25, par jour 9 fr. 50.

Je n'ai point présenté d'expérience pour le premier lot parce que, dans les états tenus par les piqueurs, je n'ai pas trouvé de maçons exclusivement occupés à chaque nature d'ouvrage. Mais il est facile, maintenant que les prix de revient des enduits viennent d'être établis, de déterminer celui de la main-d'œuvre de la maçonnerie du premier lot; cette opération nous servira de vérification.

Sur le premier lot on a exécuté, au moyen de 802,75 journées de maçon et 652,75 de manœuvre :

1° 1282,90 mètres cubes de maçonnerie;

2° 464,80 mètres superficiels d'enduits intérieurs;

3° 1128,00 mètres superficiels de chape; or,

802,75 journées de maçon, à 3 fr. donnent. . .	2,408 f. 25	3,713 f. 75
652,75 — de manœuvre, à 2 fr.	1,305 50	

dont il faut déduire :

464,80 mètres carrés d'enduits intérieurs, à 0 f. 30	139 f. 35	421 f. 35
1128,00 mètres carrés de chape, à 0 f. 25.	282 »	
Reste.		3,292 f. 40

Ce chiffre étant divisé par le cube de la maçonnerie donne pour la main-d'œuvre 2 fr. 57; la moyenne des deux premiers lots était 2 fr. 59.

On voit donc que tous les prix portés étaient suffisants et que ces entreprises bien conduites devaient procurer aux adjudicataires la juste rémunération de leurs peines. S'il n'en a pas été ainsi pour le troisième lot, cela provient de la situation pécuniaire de l'entrepreneur et de son peu d'expérience.

L'on a vu que le prix de revient total de l'aqueduc proprement dit, qui est d'une longueur de 12,308^{m}10, était de 256,916 fr. 26. Mais à cette somme il doit encore être ajouté le montant des travaux concernant la prise d'eau, les trois ponts-aqueducs construits sur Suzon, le viaduc de la porte Guillaume, les sept regards construits sur la ligne, ainsi que les indemnités de terrain, et le prix d'acquisition de la source.

Je n'entrerai dans aucun détail nouveau au sujet des quatre premiers articles; ceux qui précèdent suffisent pour établir pleinement les données relatives aux évaluations des travaux du genre de ceux que je décris.

Je me bornerai à présenter l'estimation par masse de chacun des articles :

Les ouvrages exécutés pour la prise d'eau de la source, comprenant la voûte qui les recouvre, le petit tunnel sous Suzon et les deux pavillons, ont coûté, en régie, la somme de.	12,260 f. 41
Les trois ponts-aqueducs ensemble, non compris les pavillons qui surmontent l'une des culées.	13,135 20
Le viaduc de la porte Guillaume, compris les pavillons, et d'une longueur de 302m 50.	26,264 15 (1)
Les sept pavillons recouvrant les regards, ensemble.	8,400 00
TOTAL.	60,065 76
A ajouter le montant des travaux de l'aqueduc, ci.	256,916 26
MONTANT GÉNÉRAL des travaux.	316,982 02

d'où par mètre courant, toutes natures d'ouvrages comprises, 24 fr. 97.

Quant aux indemnités de terrain, on peut les partager en trois classes :

Indemnités pour acquisition de 266 ares 36 en pleine propriété.

Indemnités pour l'acquisition tréfoncière de 176 ares 96, conformément à ce qui sera dit dans la quatrième partie.

Indemnités pour dommages temporaires apportés aux récoltes, soit par le passage des voitures et des ouvriers, soit par l'état de certaines parties de la ligne où l'on n'avait pas eu le soin de conserver et de régaler convenablement la terre végétale ancienne.

Indemnité pour acquisition en pleine propriété.	12,466 f. 87	31,685 25
— acquisitions tréfoncières. . . .	5,835 32	
Indemnité de dommages et honoraires de l'expert.	13,383 06	

Je dois faire observer, au reste, que la ville jouit des par-

A reporter . . . . 348,667 f. 27

(1) Compris l'indemnité de 488 fr. relatée page 212.

Report.	348,667 f. 27
celles achetées en toute propriété, et que par conséquent la dépense qui les concerne n'est point un déboursé véritable.	
Acquisition de la source.	9,300 00
En résumé, le montant général de toutes les dépenses relatives à l'aqueduc est donc de.	357,967 27

d'où, par mètre courant, 28 fr. 20.

Durée des travaux.

Ces travaux ont été commencés le 25 mars 1839 et terminés le 11 novembre de la même année, à l'exception du viaduc de la porte Guillaume et d'une lacune de 300 mètres, sur laquelle on n'avait pu placer des chantiers à raison de quelques difficultés survenues entre la ville et le propriétaire du terrain traversé. Ce résultat a été obtenu au moyen de treize chantiers distincts, répartis sur toute la longueur de la ligne.

Nous allons passer, dans le chapitre suivant, aux détails relatifs à la distribution intérieure.

CHAPITRE II.

DISTRIBUTION INTÉRIEURE.

Nous avons donné dans le chapitre précédent la description et l'estimation des ouvrages destinés à conduire à Dijon les eaux de la source du Rosoir. Nous allons passer à leur distribution dans l'intérieur de la ville.

Les travaux relatifs à cette opération se composent :

1° De deux réservoirs : l'un placé en tête, l'autre établi à l'extrémité de la conduite, ou artère principale;

2° D'un système de tuyaux en fonte de différents diamètres qui, se ramifiant dans tous les quartiers de la ville et des faubourgs, viennent alimenter les bornes-fontaines.

Quelques-unes de ces conduites sont placées dans des galeries en maçonnerie; d'autres sont simplement établies dans des tranchées remblayées après leur pose. Les unes et les autres sont interrompues par des cuves de distribution sur lesquelles viennent se brancher plusieurs conduites; par des robinets destinés à intercepter, lorsqu'il y a lieu, l'écoulement des eaux ou à vider les conduites. Sur quelques-unes d'entre elles, enfin, il y a eu nécessité de fixer des ventouses pour donner issue à l'air, dont la présence altérait le débit des tuyaux.

Ce système de tuyaux est susceptible d'une classification méthodique.

On distingue, en premier lieu, l'artère principale en communication directe avec les réservoirs, et qui peut être considérée comme leur prolongement. Sur cette artère viennent se brancher, à droite et à gauche, une série de tuyaux appelés répartiteurs, parce que leur fonction est de porter, dans les différents quartiers d'une ville, les eaux renfermées dans l'artère principale et transmises par les réservoirs. Enfin ces tuyaux répartiteurs qui, de même que la conduite principale, peuvent directement alimenter un certain nombre de bornes-fontaines placées dans les rues qu'ils parcourent, envoient leurs eaux dans les rues perpendiculaires à leur direction, au moyen de branchements secondaires, desquels partent les tuyaux de service proprement dits, c'est-à-dire ceux dont l'extrémité aboutit aux fontaines, bornes-fontaines, ou qui dessorvent les concessions particulières.

Ainsi telle est la série des principaux appareils composant un système de distribution d'eau :

1° Réservoirs alimentaires ;

2° Artère principale,
3° Tuyaux répartiteurs,
4° Branchements secondaires,
} et leurs tuyaux de service.

5° Accessoires de ces différentes espèces de tuyaux, robinets d'arrêt, de décharge, de jauge, ventouses de toute sorte, cuves de distribution, etc. ;

6° Bornes-fontaines, fontaines, etc., ou points définitifs de dégorgement des eaux.

Et tel est l'ordre auquel je subordonnerai les explications qui vont suivre.

Je donnerai en premier lieu la description du réservoir de la porte Guillaume ; je montrerai la nécessité qu'il y avait à le construire ; je dirai les conditions auxquelles il devait satisfaire et les moyens employés pour que ces conditions fussent remplies.

Je passerai ensuite à la description du second réservoir, appelé réservoir de Montmusard ; je chercherai à faire voir qu'il y avait convenance à l'établir et à lui assigner la position qu'il occupe.

De là j'arriverai à la nomenclature et à l'examen détaillé de toutes les natures de conduite, en commençant par l'artère principale ; je suivrai chacune d'entre elles dans ses moindres ramifications, et j'indiquerai les différents services qu'elles sont chargées de remplir. Je ferai, pour éviter des répétitions inutiles, précéder la description des conduites de l'exposé des considérations qui m'ont déterminé dans le placement des cuves, des robinets et des ventouses.

De la description générale des conduites, je passerai à l'examen des causes qui m'ont engagé à placer sous galerie certaines parties des conduites, malgré l'augmentation de dépense occasionnée par cette disposition. Je donnerai les dimensions des aqueducs, et je terminerai cette section par quelques détails sur le grand égout de la ville, destiné à procurer un écoulement souterrain aux eaux pluviales.

Des conduites considérées dans leur ensemble, j'arriverai à la description détaillée des éléments qui les composent : j'indiquerai dans cette section les dimensions de tuyaux de toute espèce servant à la distribution des eaux de Dijon ; les moyens employés pour les raccorder les uns avec les autres, pour les réparer en cas d'avarie, etc. De là je passerai à la description des différents appareils énoncés dans l'art. 5, tels que robinets d'arrêt, de décharge, de jauge, ventouses, etc. Enfin, je donnerai le détail et l'usage de toutes les parties qui composent une borne-fontaine.

Je m'occuperai ensuite de l'estimation des ouvrages. Elle sera naturellement divisée en deux parties : la première comprendra l'évaluation de tous les travaux en maçonnerie, tels que réservoirs, galeries souterraines, aqueducs de décharge, bassin, regards, etc.

La seconde sera relative à la fourniture et à la pose des conduites, bornes-fontaines, robinets, ventouses, cuves de distribution, etc., etc.

L'estimation des conduites sera précédée du récit des précautions à prendre dans leur réception, dans leur essai, dans leur pose ; de l'indication de la nature et du poids des matières employées dans la garniture des joints ; de l'analyse d'expériences positives relatives à la main-d'œuvre concernant la pose des conduites. Ces expériences me permettront d'arriver à la composition de sous-détails au moyen desquels j'établirai, en ce qui concerne la fourniture et la pose des tuyaux, le prix de revient total de la distribution intérieure.

Enfin, il ne me restera plus qu'à présenter, dans un résumé général, l'évaluation des dépenses occasionnées par tous les travaux qui ont eu pour résultat définitif de conduire et de distribuer à Dijon les eaux de la source du Rosoir.

PREMIÈRE SECTION.

RÉSERVOIR DE LA PORTE GUILLAUME.

Le réservoir (Pl. 9, 10, 11 et 12) de la porte Guillaume est établi au centre d'une promenade circulairement plantée ; il est recouvert d'un mètre de terrain et les eaux qu'il renferme conservent la température de la source à son origine. Le tertre sous lequel est placée cette construction, couronnée par un édicule (1)

(1) Cet édicule, élevé à la suite d'un concours, d'après les dessins de M. Émile Sagot, archi-

dont le projet a été dressé par M. l'architecte Sagot, que plusieurs publications ont fait avantageusement connaitre, est désigné habituellement sous le nom de plate-forme; c'est un débris des ouvrages avancés des fortifications de Dijon. Ce réservoir présente une forme circulaire : son diamètre dans œuvre, à la naissance des voûtes, est de 28^{m} 10. Un puits en occupe le centre; son diamètre intérieur est de 2^{m} 50. Le mur d'enceinte de ce puits, que l'édicule surmonte, offre l'épaisseur de 2^{m}. L'intervalle compris entre la paroi extérieure de ce mur d'enceinte et la paroi intérieure du réservoir est de 10^{m} 80, mesurés aux naissances des voûtes. Cet intervalle est partagé en deux parties que recouvrent deux voûtes annulaires, reposant sur un pied-droit dont l'épaisseur est de 0^{m} 80 à l'origine de ces voûtes.

Les murs, parements intérieur et extérieur du puits, sont montés verticalement. Le mur de refend qui sépare les deux voûtes, et qui leur sert de pied-droit, prend à sa base la largeur de 1^{m} 20. Il présente donc un fruit de 0^{m} 20; ce fruit

tecte, auteur de la plus grande partie des gravures du *Voyage pittoresque en Bourgogne*, est d'un style mixte d'architecture grecque, romaine, et renaissance très-ornée.

Le soubassement, en pierre dure (à entroques gris) des carrières de Fixin et Brochon, porte sur trois de ses faces des inscriptions relatives à l'établissement des fontaines, etc. Au-dessus de la porte d'entrée faisant face à la ville, on lit en lettres du huitième siècle le millésime MDCCCXXXIX.

Huit pilastres supportent un riche entablement surmonté de fleurons, et à chaque angle duquel est gravée en relief et en caractères gothiques une des huit lettres formant les mots LE ROSOIR; cette partie supérieure est en pierres blanches extraites des carrières souterraines d'Asnières, près Dijon, d'où ont été tirés les matériaux des anciens édifices de cette ville, notamment de l'église Notre-Dame, construite de 1252 à 1334, et si remarquable par sa légèreté. Un toit en fonte et en fer, à enroulements sur les arêtes, forme le couronnement. Dans l'intérieur, un escalier en fonte, d'une grande légèreté, conduit aux espaces vides laissés entre les pilastres.

Une grille de fer, élevée sur le périmètre octogone d'un espace pavé en dalles, entoure ce monument, placé dans le prolongement de l'axe de la rue Guillaume, et que de l'intérieur de la ville on aperçoit à une distance de plus de 550 mètres, comme encadré par l'arc de triomphe de la porte Guillaume.

Sur la médaille commémorative de l'établissement des fontaines, on voit sortir du pied de l'édicule précité une nappe d'eau qui descend en cascade sur tout le développement de la promenade de la porte Guillaume : — c'était le projet primitif. Depuis mon départ, on a cru devoir substituer à ce projet, non encore exécuté, une double vasque de laquelle jaillit un volume de 5 à 600 litres par minute.

a été également adopté pour le parement intérieur du mur d'enceinte du réservoir. Ce dernier présente à sa base l'épaisseur de 3 mètres.

Des retraites de 0m20 sont placées à partir de la hauteur de 0m90 au-dessus du radier.

L'épaisseur des voûtes à la clef est de 0m40. Le mur de refend, sur lequel les deux voûtes annulaires viennent reposer, est percé de vingt-quatre ouvertures : elles ont pour but de mettre en communication les deux bassins annulaires, d'augmenter le vide disponible, et de donner plus de légèreté à la construction. Ce mur de refend a la hauteur de 2m50.

Les ouvertures dont il vient d'être parlé sont terminées par une voûte en plein cintre. Elles ont la largeur de 1m05; et la hauteur de 2m05.

La hauteur totale du réservoir est de 5 mètres, savoir :

Pieds-droits des voûtes.	2m50	5 mètres.
Rayon de ces dernières.	2m50	

Le mur du puits est enveloppé, sur les trois quarts à peu près de sa circonférence, d'une rigole en pierres de taille présentant la largeur de 0m60, et la profondeur de 0m20, au-dessous du fond du réservoir. — A partir de l'arête extérieure du bandeau de taille qui entoure cette rigole, une différence de niveau de 0m03 a été ménagée entre la ligne d'intersection de la paroi intérieure du mur d'enceinte et du radier, et l'arête de ce bandeau.

C'est suivant l'inclinaison déterminée par cette différence de niveau, que le fond du réservoir a été dressé. Lorsque l'on vide le réservoir, les dernières lames d'eau se rendent dans cette rigole, puis pénètrent dans le puits, d'où elles sont évacuées par des moyens que nous décrirons plus tard. La partie du puits que la rigole n'enveloppe pas présente une saillie en maçonnerie sur laquelle repose un escalier en pierre à double rampe, appuyé contre la paroi extérieure de ce puits central. Le palier contre lequel la double rampe vient s'appuyer est percé d'un orifice de 0m20 de largeur sur 0m70 de longueur, sur lequel est assujettie une grille en fer. Sous cette ouverture une sorte de niche de 1m05 de largeur, de 0m 50 de profondeur, et d'une hauteur de 1m925 a été pratiquée. C'est à travers l'ouverture et dans la niche précitées que tombent, verticalement sur une pierre de taille, les eaux qui doivent remplir le réservoir. Elles descendent sous une voûte qui part du palier dont il vient d'être question, laquelle met en communication le puits central avec le réservoir, au moyen d'un escalier servant de prolongement à l'escalier à double rampe. On rencontre un nouveau palier contre la paroi intérieure du puits; et, de ce palier, on s'élève par un second escalier en pierre à deux rampes à la porte de l'édicule placé vis-à-vis la porte Guillaume.

Trois orifices sont pratiqués dans le mur d'enceinte du réservoir; ils sont traversés, le premier et le deuxième, par le tuyau qui donne à la fois les eaux à la ville et au réservoir; le troisième par le tuyau qui conduit au jardin botanique le trop-plein du réservoir. Le premier tuyau traverse le puits central; le second y présente son embouchure : il verse ses eaux dans un aqueduc qui s'étend jusqu'au jardin botanique; ces tuyaux, de $0^m 35$ de diamètre intérieur, sont disposés dans des rigoles en pierre de taille de $0^m 60$ de largeur et de $0^m 20$ de profondeur au-dessous du radier.

Deux autres ouvertures sont pratiquées au bas du puits central : la première a pour but de mettre en communication, lorsqu'il y a lieu, le puits et le réservoir; la seconde reçoit l'embouchure du tuyau qui règle le niveau des eaux du réservoir: l'arête supérieure de ce tuyau a été fixée à $0^m 50$ en contre-bas de l'intrados des voûtes.

Le conduit en fonte qui alimente le réservoir et la ville a son embouchure sur le radier d'un puits vertical contigu au parement extérieur du réservoir; ce puits a le diamètre de $1^m 50$.

L'aqueduc souterrain placé à la suite du viaduc de la porte Guillaume est mis, presque immédiatement après la chute verticale, en communication avec ce puits au moyen d'une voûte inclinée recouvrant un escalier par lequel l'eau descend en cascade jusqu'à ce que le puits soit rempli. Cet escalier sert aussi à arriver aisément de l'aqueduc souterrain au fond du puits précité, de manière à pouvoir visiter l'état du grillage placé devant la chambre dans laquelle débouche le tuyau alimentaire.

Huit regards sont pratiqués dans la première voûte et quatre dans la seconde voûte du réservoir: le puits dont il vient d'être question est pareillement couronné par un regard.

Toutes les maçonneries du réservoir ont été faites en moellon brut, à l'exception des voûtes, du mur de refend intermédiaire et du parement intérieur du puits central, lesquels ont été exécutés en moellon smillé. Le fond du réservoir est recouvert par une maçonnerie d'épaisseur variable à raison de la mauvaise qualité des terrains rencontrés sur quelques points : l'épaisseur au minimum de ce radier est de 0^m 50. Elle eût été partout suffisante, si l'on n'avait point rencontré de terrain rapporté, que l'on a dû remplacer par de la maçonnerie. En quelques points, j'ai cependant diminué notablement le cube de cette dernière au moyen d'une couche de sable mélangé d'un sixième de chaux hydraulique.

Toutes les parois du réservoir, du mur d'enceinte, ainsi que du radier, sont revêtues d'un enduit en chaux hydraulique de 0^m 04 d'épaisseur et sur la hauteur verticale de 4^m 50.

La chape sur les voûtes est de 0^m 10 d'épaisseur.

Jeu des appareils renfermés dans le puits central.

Le puits central du réservoir renferme tous les appareils nécessaires à la distribution des eaux dans la ville. Il importe, avant de les décrire et d'expliquer leur jeu, de faire connaître les conditions que je m'étais imposées en les établissant. Je voulais qu'il fût possible :

1° D'interrompre toute communication entre les eaux de l'aqueduc, d'une part, et, d'autre part, entre le réservoir et la ville à la fois;

2° D'empêcher les eaux d'arriver dans le réservoir sans arrêter la distribution dans la ville, et réciproquement, d'arrêter la distribution dans la ville sans porter obstacle au remplissage du réservoir;

3° D'alimenter la ville seulement au moyen des eaux du réservoir, en s'opposant à l'introduction des eaux de l'aqueduc;

4° De desservir à la fois la ville au moyen du cours d'eau de l'aqueduc et de l'approvisionnement du réservoir;

5° De maintenir, soit pendant qu'on viderait le réservoir pour le réparer ou pour le nettoyer, soit pendant qu'on le remplirait, la charge des fontaines et bornes-fontaines à un niveau constant, au niveau maximum qu'il est donné aux eaux d'atteindre.

Voici comment j'ai satisfait à ces différentes exigences, dont il est facile d'ailleurs de comprendre l'utilité.

1° On a vu déjà que le tuyau alimentaire de la ville avait son embouchure au bas du puits placé entre l'aqueduc et le réservoir ; et que ce tuyau, après avoir traversé le réservoir et le puits central, perçait le mur d'enceinte du côté de la ville au niveau du radier, et de là se dirigeait vers la porte Guillaume, sous laquelle il passait pour alimenter Dijon. Or, un premier robinet est placé contre la paroi intérieure du puits central la plus rapprochée de l'aqueduc; lors donc que ce robinet est fermé, les eaux ne peuvent arriver ni à la ville ni au réservoir. Elles s'élèvent dans le viaduc à la hauteur des petits déversoirs recouverts par les deux pavillons extrêmes, tombent par les gargouilles dans un fossé destiné à les recevoir, lequel les conduit dans un aqueduc qui traverse la route impériale n° 5, d'où elles se déversent dans un nouveau fossé qui les amène à un conduit débouchant dans l'Ouche.

2° Après le robinet dont il vient d'être parlé, et du milieu du puits central, s'élève un tuyau vertical de 0m35 de diamètre, lequel repose sur une cuve en fonte qui fait partie du tuyau d'alimentation de la ville. Un second robinet est placé de l'autre côté de cette cuve, contre la paroi intérieure du puits central la plus rapprochée de la ville. Le tuyau vertical s'élargit à sa partie supérieure, suivant un cylindre d'un diamètre intérieur de 0m884 et d'une hauteur de 0m76. A la base de ce dernier, percée de huit orifices de 0m12 de diamètre et qui peuvent être fermés au moyen de soupapes en cuivre, est ajusté un second cylindre de même diamètre que le supérieur et d'une hauteur de 0m50. La base de ce cylindre est, de plus, convenablement adaptée au tuyau vertical qui la traverse. Enfin, sa paroi verticale du côté du palier, auquel aboutit l'escalier situé sous la voûte qui descend au réservoir, s'ouvre pour se réunir à une bâche en fonte de 0m60 de largeur et de 0m50 de hauteur; cette bâche ou conduit vient reposer sur le palier précité.

Maintenant, supposons ouverts les deux robinets placés au fond du puits: l'eau de l'aqueduc se trouvera en communication avec la ville au moyen du tuyau qui traverse le fond du puits; de plus, elle montera dans le tube vertical à une hauteur déterminée par les frottements qu'elle aura à vaincre en aval pour assurer le débit constant. Et si ce débit est tel qu'il permette aux eaux de monter jusque dans le cylindre supérieur, la partie de ces eaux, non consommée par la ville, redescendra dans la cuve inférieure à travers les orifices que je suppose ouverts; de là il gagnera le réservoir par la bâche, et sous la voûte inclinée, pour tomber en cascade à travers la grille du palier sur lequel se réunissent les deux rampes de l'escalier qui descend jusqu'au radier du réservoir.

Cette description succincte montre combien il est facile de remplir la deuxième des conditions que je m'étais imposées. En effet, veut-on empêcher les eaux d'arriver dans le réservoir sans arrêter la distribution dans la ville; il suffira de fermer les soupapes de la cuve supérieure, et les eaux utiles à la ville continueront d'y affluer, tandis que la partie surabondante refluera jusqu'aux déversoirs des petits pavillons du viaduc, sur lesquels elle déversera. Veut-on, au contraire, arrêter la distribution dans la ville sans faire obstacle au remplissage du réservoir; alors on n'aura qu'à fermer le robinet placé contre la paroi du puits central la plus rapprochée de la ville et ouvrir les soupapes de la cuve supérieure. Il est inutile d'expliquer les avantages résultant de cette double combinaison qui permet, d'une part, de réparer et nettoyer le réservoir sans nuire à la distribution dans la ville; et, d'autre part, de jauger exactement, au moyen du réservoir, les eaux amenées par l'aqueduc.

3° Voyons maintenant comment on s'y prendrait pour alimenter la ville au moyen du réservoir seul, en s'opposant à l'introduction des eaux de l'aqueduc. Un nouvel appareil a dû être ajouté pour arriver à ce but : il consiste en une soupape placée au fond de la cuve, sur laquelle est implanté le tuyau vertical qui s'élève au centre du puits. Cette soupape est fixée à une tige en fer forgé qui monte dans le tuyau vertical, traverse la bâche supérieure, et là est manœuvrée au moyen d'un écrou reposant sur un coussinet en cuivre porté par des arcs-boutants en fer fixés sur la bâche elle-même; de plus, on se rappelle que le puits et le réservoir peuvent être mis en communication par un orifice percé au niveau du radier du réservoir; cet orifice est fermé par une vanne que l'on manœuvre dans le puits au moyen d'une tige taraudée dont la vis est placée au-dessus du niveau que les eaux peuvent atteindre. Si maintenant on ferme la première vanne du tuyau alimentaire, si l'on ouvre la précédente et qu'on lève en même temps la soupape du tube vertical, toutes les eaux de l'aqueduc s'écouleront par les déversoirs du viaduc; et celles du réservoir pénétrant dans le puits, et de ce dernier dans le tuyau d'alimentation par la soupape ouverte, alimenteront seules la ville.

Cette disposition était nécessaire : j'avais lieu de craindre qu'après des pluies d'orage, ou de grandes fontes de neige, les eaux de la source n'arrivassent à Dijon légèrement troublées. Il fallait donc, avant de les envoyer dans la ville, leur laisser le temps de reprendre leur transparence habituelle; et ce temps leur est donné par l'alimentation momentanée de la ville au moyen du réservoir seul. Ce cas s'est présenté trois ou quatre fois depuis l'établissement des fontaines : les eaux, chaque fois, ne sont restées troublées que pendant douze heures. Je crois avoir découvert la cause qui altérait momentanément la pureté des eaux de la source : avant l'abaissement de son niveau, une partie des eaux qui alimentaient son bassin sortait d'une fente de rocher, vis-à-vis laquelle j'avais cru devoir laisser un orifice ouvert dans la voûte. Cette fente ne produisit plus rien après le dragage du bassin; toutefois, et par prudence, je ne fermai pas l'ouverture. Il est permis de supposer que, pendant quelques pluies d'orage, cette fente, qui communique sans doute avec la surface du terrain aux abords du bassin de la source, peut recevoir des eaux sauvages chargées de limon; et c'est au contact de celles-ci que les sources de la fontaine du Rosoir perdent accidentellement, et par une cause étrangère, une partie de leur transparence et de leur limpidité.

J'ai fait récemment fermer l'orifice précité : du reste, la disposition précédente est encore utile lorsque l'on visite l'aqueduc, ou qu'on le répare : alors il faut alimenter la ville au moyen du réservoir, et cette alimentation se fait par le moyen que je viens de décrire. On comprend seulement que, dans ce cas, il est inutile de fermer la première vanne.

4° Lorsque l'on veut desservir la ville à la fois au moyen du réservoir et du cours d'eau de l'aqueduc, il suffit de laisser la première vanne ouverte; de mettre le puits en communication avec le réservoir; enfin, d'ouvrir la soupape du tuyau vertical. On livre alors aux tuyaux répartiteurs toutes les ressources de l'alimentation dont on dispose. On est forcé de recourir à ce moyen toutes les fois que, dans les grandes chaleurs, on veut faire marcher à la fois la totalité des bornes de la ville. Ces bornes, en effet, débitent en ce moment un volume d'eau qui n'est point inférieur à 8,000 litres par minute; la source du Rosoir ne produisant, à son plus bas étiage, que 4,000 litres environ, l'excédant doit être puisé dans le réservoir.

5° En se rappelant le jeu des appareils que je viens de décrire, on voit que la cinquième condition est également remplie; ainsi, l'eau n'arrivant jamais au réservoir que par le sommet du tuyau vertical placé au milieu du puits central, c'est le niveau de ce sommet qui règle constamment la charge des fontaines et des bornes-fontaines de la ville.

Le niveau de l'eau dans ce tuyau est le tube piézométrique, régulateur de tous les écoulements de la ville ; tant que son niveau sera constant, les fontaines surgiront à la même hauteur et avec la même abondance, et son niveau ne varie dans les circonstances ordinaires, que dans le cas où le réservoir seul alimente Dijon, ou dans celui où les ressources du réservoir et de l'aqueduc sont réunies.

Si au lieu de remplir ainsi le réservoir par déversement, et seulement avec l'excès du débit de la source sur le volume qui se dépense à Dijon, on eût, d'une part, mis le réservoir en communication avec l'aqueduc, et, de l'autre, avec la ville par deux tuyaux séparés, les écoulements des fontaines auraient toujours été subordonnés à l'état du réservoir. Ainsi, lorsqu'il vient d'être vidé dans les grandes chaleurs, et qu'il faut neuf heures et demie pour le remplir, l'écoulement des fontaines aurait été profondément altéré pendant cet intervalle ; tandis que par le procédé auquel j'ai cru devoir recourir, les écoulements ordinaires ne subissent aucune variation à Dijon pendant ces longs intervalles répétés tous les jours de chaleur.

Écoulement du trop-plein et vidange du réservoir.

Je dois expliquer sommairement le procédé employé pour rejeter le trop-plein du réservoir.

Un tube vertical de 0m 35 de diamètre est placé dans le bassin annulaire le plus rapproché du puits : l'orifice de ce tube, qui présente à la partie supérieure un élargissement qui porte son diamètre à 0m 408, est arasé à 0m 50 en contrebas de l'intrados des voûtes. Un coude, placé à sa partie inférieure, permet de le retourner d'équerre et de le faire déboucher dans le puits central. L'eau excédante du réservoir descend dans ce tuyau vertical, afflue dans le puits central, et là, rencontre un tuyau qui l'amène, comme je l'ai déjà dit, à un aqueduc dont l'embouchure est dirigée vers le jardin botanique. Ce tuyau est garni d'une vanne se manœuvrant comme celle qui met le réservoir en communication avec le puits.

On comprend que lorsque l'on veut alimenter la ville, soit avec l'eau du réservoir, soit en combinant les ressources du réservoir et de l'aqueduc, cette vanne doit être fermée. Au contraire, il suffit, pour vider le réservoir, d'ouvrir à la fois cette dernière vanne, ainsi que celle qui vient d'être rappelée.

L'aqueduc qui conduit au jardin botanique les eaux excédantes du réservoir rencontre, vers la route impériale n° 5, celui qui mène aux fossés de la ville les eaux fournies par les déversoirs des pavillons du viaduc; comme celles-ci peuvent être souillées par les eaux descendant de la route impériale n° 71, on a superposé le premier aqueduc sur ce dernier, pour empêcher leurs eaux de se mélanger. Toutefois, on s'est ménagé le moyen de les mettre en communication au point où ils se coupent, et de verser la totalité des eaux dans l'un ou l'autre des conduits.

Capacité du réservoir.

La capacité de ce réservoir est de 2313$^{m.c.}$050.

Les différents volumes qu'il contient, pour des hauteurs d'eau variant de 10 en 10 centimètres, sont indiqués dans le tableau suivant; de plus, un tube en verre s'élevant dans le puits, et communiquant avec le réservoir, accuse les différentes hauteurs d'eau que ce dernier renferme, et, par conséquent, permet d'obtenir le volume correspondant à ces hauteurs.

Tableau des volumes d'eau renfermés dans le réservoir et calculés par tranches de 10 en 10 centimètres.

NUMÉROS D'ORDRE.	HAUTEURS au-dessus du radier.	VOLUMES.	NUMÉROS D'ORDRE.	HAUTEURS au-dessus du radier.	VOLUMES.	OBSERVATIONS.
	m	m.c. lit.		m.	m.c. lit.	
1	0 10	68 371	24	2 40	1312 125	
2	0 20	121 562	25	2 50	1365 961	
3	0 30	174 869	26	2 60	1419 853	
4	0 40	228 292	27	2 70	1473 657	
5	0 50	281 831	28	2 80	1527 287	
6	0 60	335 847	29	2 90	1580 654	
7	0 70	389 259	30	3 00	1633 654	
8	0 80	443 137	31	3 10	1686 210	
9	0 90	497 142	32	3 20	1738 244	
10	1 00	551 263	33	3 30	1789 643	
11	1 10	605 501	34	3 40	1840 307	
12	1 20	659 855	35	3 50	1890 131	
13	1 30	714 326	36	3 60	1939 004	
14	1 40	768 913	37	3 70	1986 808	
15	1 50	823 677	38	3 80	2033 421	
16	1 60	878 492	39	3 90	2078 711	
17	1 70	933 374	40	4 00	2122 530	
18	1 80	988 240	41	4 10	2164 715	
19	1 90	1042 983	42	4 20	2205 085	
20	2 00	1097 443	43	4 30	2213 433	
21	2 10	1151 560	44	4 40	2279 518	
22	2 20	1204 924	45	4 50	2313 050	
23	2 30	1258 446				

Niveaux relatifs des différentes parties du réservoir et de l'aqueduc en amont.

La cote du couronnement en pierre de taille de la rigole placée autour de la paroi extérieure du puits central est, au-dessus du niveau de la mer, de 251m 829.

Celle du dessus du tuyau de décharge, de 256m 359.

La plus grande profondeur de l'eau dans le réservoir est donc de 1m 53.

La cote du radier de l'aqueduc, à son entrée dans le puits, est de 256m 36.

Celle du déversoir du pavillon de l'aval du viaduc de 257m 333.

Celle du déversoir d'amont de 257m 460.

Celle du fond du tambour supérieur, garni de soupapes, de 256m 81.

Celle du fond de la bâche qui mène les eaux au réservoir, de 256m 276.

Le rapprochement de ces cotes montrera à quelle hauteur-limite d'eau dans le tambour répondent les différents écoulements par déversoir, dont le jeu a été précédemment décrit.

Effets hydrauliques observés pendant le remplissage et la vidange du réservoir.

Lors du remplissage ou de la vidange du réservoir, on aurait à craindre, à raison de la forme qu'on lui a donnée, des effets de compression ou de dilatation d'air, si on ne cherchait à les prévenir par les moyens que j'indiquerai tout à l'heure. Les effets de compression s'opposeraient au remplissage entier de la partie du réservoir recouverte par la deuxième voûte annulaire; les effets de dilatation ont pour résultat de faire passer par le tuyau régulateur, non-seulement le trop-plein du réservoir, mais encore une portion des eaux que le réservoir renferme dans la deuxième voûte annulaire. Le niveau des eaux de cette division du réservoir baisse donc au-dessous de la crête du tuyau de décharge, et si l'on arrêtait l'écoulement, le niveau général que le réservoir reprendrait n'arriverait pas à celui du sommet du tube régulateur. Les effets de compression ont lieu pendant le remplissage et l'écoulement du trop-plein du réservoir donne naissance aux effets de dilatation. Je vais entrer dans quelques explications à ce sujet.

1° Effets de compression.

Supposons que l'on remplisse le réservoir : tant que les ouvertures pratiquées dans le mur de refend qui sépare les deux voûtes annulaires ne seront pas dépassées, il est évident que l'air renfermé dans la deuxième voûte se dégagera par les parties libres de ces ouvertures, et s'échappera, soit par le tuyau de décharge, soit par la porte qui met en communication la première voûte annulaire avec le puits central. Mais, aussitôt que l'eau surmontera ces ouvertures, l'air emprisonné dans la deuxième voûte annulaire, ne trouvant plus d'issue, réagira contre l'introduction d'une quantité d'eau nouvelle. Or, si l'on remarque que ces ouvertures n'ont que la hauteur de 2^m05, que la hauteur du réservoir est de 5 mètres et la tenue des eaux de 4^m50, on arrivera facilement à déterminer la différence qui doit exister entre les niveaux dans les deux voûtes, lorsque l'eau de la première commencera à sortir par le tube régulateur.

En effet, soit x la hauteur de l'eau dans la seconde voûte au-dessus de l'intrados des ouvertures;

v, l'espace vide correspondant à la hauteur existant entre ces intrados et celui de la seconde voûte annulaire;

v_1, l'espace qui restera vide sous cette voûte, une fois l'équilibre établi;

f, la force élastique de l'air emprisonné dans cet intervalle;

On aura les deux équations suivantes:

$$10^m33 + 2^m45 = f + x$$
$$f \times v_1 = 10^m33 \times v$$

$v = 867.$: On peut, à raison de la faible hauteur à laquelle s'élèveront les eaux au-dessus de l'intrados des ouvertures, faire $v_1 = 867 - x \times 357^m$; 357^m égalant la section horizontale de la seconde voûte au niveau de l'intrados des ouvertures précitées, et l'on aura donc en éliminant f,

$$x = 0^m40.$$

Il s'en manquerait donc de 2^m05 que la seconde voûte annulaire ne fût remplie, ce qui correspond à un déficit de 631 mètres cubes, ou environ le quart de l'approvisionnement total. Ce chiffre de 631 donne évidemment une limite supérieure, car, tant que la charge d'eau ne sera pas assez grande pour s'opposer aux efforts de l'air, celui-ci la traversera en occasionnant des bouillonnements.

.utefois, il importait de remédier à cet effet de compression, et j'y suis parvenu en ménageant une issue qui permet à l'air de la seconde voûte annulaire de rester constamment à la pression atmosphérique.

2° Effets de dilatation de l'air.

Lorsque le réservoir est rempli, et que les eaux qui continuent à y entrer s'échappent par le tuyau de décharge, leur niveau dans la première voûte annulaire dépasse de 0m 15 l'intrados de la pénétration de la petite voûte inclinée qui recouvre l'escalier par lequel on descend du puits central; toute communication avec l'atmosphère est donc fermée à l'air qui se trouve emprisonné sous la première voûte annulaire.

A l'instant où l'écoulement commence, cet air est évidemment à la pression atmosphérique, puisqu'il peut se mettre en équilibre avec l'atmosphère au moyen du tuyau de décharge; mais supposons cet écoulement commencé, et, par conséquent, le tuyau de décharge en partie rempli, il n'existe plus aucun orifice à travers lequel l'équilibre puisse s'établir.

Que se passe-t-il alors?

Chaque lame d'eau qui entre dans le tuyau régulateur recouvre et entraîne avec elle une fraction du volume d'air renfermé dans ce tuyau : la force élastique de l'air restant va donc sans cesse en diminuant; mais comme, pendant ce temps, l'eau de la seconde voûte annulaire (1) et celle de l'alimentation qui arrive par la voûte inclinée restent toujours soumises à la pression atmosphérique, il est nécessaire pour l'établissement de l'équilibre que leur niveau s'abaisse au-dessous de celui de l'eau dans la première voûte annulaire.

Ainsi, le volume d'eau, résultant de l'abaissement successif du niveau dans la seconde voûte annulaire, s'échappera par le tube régulateur, concurremment avec l'eau qui descend du tambour et arrive par la bâche en fonte. Le réservoir perdra donc par le tube régulateur plus d'eau qu'il n'en reçoit : il se videra, en présentant d'ailleurs ce singulier phénomène d'un réservoir alimenté par un courant à l'air libre, et cependant d'un niveau inférieur à celui de l'eau de la première voûte annulaire qu'il alimente; et cet état de choses pourra durer à la rigueur jusqu'à ce que, par l'abaissement successif du niveau de la nappe alimentaire, l'intrados de la petite voûte inclinée vienne à se découvrir au point de sa pénétration dans le tore de la première division du réservoir.

(1) On se rappelle qu'elle communique avec l'atmosphère, au moyen d'un orifice disposé de manière à s'opposer aux effets de la compression de l'air.

Ce point est à 0^m45 en contre-bas de la crête du tuyau régulateur. Il est évident que l'eau de la deuxième voûte annulaire baissera de la même quantité. Cette partie du réservoir se sera donc vidée de tout le volume correspondant, ce qui produirait, comme on peut s'en assurer, un notable déficit.

Il est, du reste, facile de s'opposer à l'effet que je viens d'indiquer : il suffira, pour cela, de pratiquer une ouverture dans l'un des regards de la première voûte annulaire ou de placer un tuyau qui, permettant à l'air extérieur d'arriver sous cette voûte, maintiendra la pression atmosphérique que le dégagement d'air par le tuyau régulateur tend sans cesse à diminuer.

J'ajouterai, en terminant, que tous les effets ci-dessus signalés ont été vérifiés par l'expérience.

Indépendamment du réservoir de la porte Guillaume, j'ai reconnu la convenance d'en établir un second à la porte neuve, près d'une propriété appelée Montmusard ; mais avant de le décrire, je dois expliquer les motifs qui m'ont déterminé à l'établir.

Le premier réservoir, malgré l'abondance de la source, était indispensable. En effet, en premier lieu, l'aqueduc et les ponts-aqueducs auront tôt ou tard besoin de réparations ; pendant l'intervalle de temps nécessaire pour les opérer, les eaux de la source du Rosoir n'arriveront plus à Dijon ; il fallait absolument qu'un vaste réservoir permît d'approvisionner la ville pendant l'interruption de leur cours ; or, en supposant que chaque habitant dépense moyennement 20 *litres* par jour [1], les fontaines et les bornes-fontaines jaillissantes arrêtées, on trouve que, la population étant de 27,000 habitants, en nombre rond, on aura à faire face à une dépense de 540 mètres cubes d'eau par jour ; ainsi la capacité du réservoir étant de $2{,}313^{m.c.}$, il pourvoirait pendant quatre à cinq jours à l'alimentation de la ville. Cet intervalle de temps est suffisant à peine.

En second lieu, l'arrosage des rues pendant les grandes chaleurs exige une dépense d'environ 8 mètres cubes par minute ; or, à cette époque, le débit de la source arrive seulement à 4 mètres cubes : on doit donc, ainsi que je l'ai déjà fait remarquer, trouver dans le réservoir l'approvisionnement nécessaire à l'excès de la dépense sur le débit, ou environ 4 mètres cubes par minute. En comparant ce débit supplémentaire à la capacité du réservoir, il est facile de

(1) On se réduirait, dans ce cas, au strict nécessaire pour l'alimentation des habitants.

remarquer que cette dernière est telle qu'elle peut satisfaire à toutes les exigences de l'arrosage; il faudrait, en effet, huit heures pour vider le réservoir et lors même qu'on laisserait couler les bornes pendant ces huit heures entières, il aurait encore le temps de se remplir pour le lendemain et pourrait ainsi fournir indéfiniment le même débit aux bornes-fontaines.

Mais la première condition relative aux réparations de l'aqueduc est moins largement satisfaite. Quatre ou cinq jours, en effet, sont promptement écoulés, et il serait possible que les travaux fussent parfois d'une nature telle qu'ils exigeassent un délai plus considérable. Dans cette prévision, il y aurait eu imprudence à se contenter du seul réservoir de la porte Guillaume, car on ne saurait admettre que la distribution puisse être interrompue. Cette considération seule m'aurait donc déterminé à créer un deuxième réservoir.

Mais ici une réflexion toute naturelle se présente; on me répondra : pourquoi n'avoir pas donné au réservoir de la porte Guillaume des dimensions plus vastes? Il y a en effet économie à construire un réservoir d'une capacité double, au lieu d'établir deux réservoirs de capacités égales.

L'objection serait fondée si je n'avais eu pour but que d'obtenir un approvisionnement double; mais deux motifs péremptoires demandaient que je séparasse les réservoirs, et ces motifs, les voici :

L'artère principale part du réservoir de la porte Guillaume, traverse la ville dans le sens de toute sa longueur, sort à la porte neuve, et, se relevant sur le versant de Montmusard, pénètre en ce point dans le second réservoir, appelé réservoir de Montmusard; ainsi chacune des extrémités de l'artère principale est servie par un réservoir.

Imaginons que la partie de l'artère principale comprise entre le réservoir de la porte Guillaume et la rue Dauphine, où se trouve un premier robinet d'arrêt, soit en vidange pour cause de réparations; supposons même que la nature des réparations à exécuter soit telle que cette artère doive être vidée jusqu'à la salle de spectacle, où existe un deuxième robinet d'arrêt. Dans le cas d'un seul réservoir, on conçoit immédiatement que dans l'une comme dans l'autre hypothèse la ville serait entièrement privée d'eau pendant les délais nécessités par la restauration de la conduite, tandis qu'au moyen du deuxième réservoir et des tuyaux de jonction qui réunissent tous les répartiteurs, l'alimentation de l'extrémité de l'artère principale qui aboutit à ce deuxième réservoir permettra de servir toutes les bornes-fontaines de la ville, à l'exception toutefois de quelques bornes directement branchées sur l'artère principale.

Donc et d'abord, au moyen de la séparation des réservoirs et du choix de l'emplacement adopté pour celui de Montmusard, on n'aura jamais à craindre, même dans les circonstances les plus défavorables, d'interruption dans le service, et l'on n'aura pas eu besoin pour arriver à ce résultat important de recourir au système onéreux des conduites doubles.

Si l'on jette les yeux sur la troisième partie de cet ouvrage, chapitre II, on reconnaîtra d'ailleurs que l'alimentation de la conduite principale par ses deux extrémités donnera le moyen de fournir aux points d'écoulement un volume d'eau beaucoup plus considérable que si elle était servie par une de ses extrémités seulement.

Telles sont les deux considérations principales qui m'ont déterminé à établir le deuxième réservoir; cependant, il est encore un motif que je ne dois pas omettre, car, dans une distribution d'eau, il faut toujours chercher à prévoir les cas les plus défavorables pour y porter remède.

Le réservoir de la porte Guillaume peut avoir besoin de réparations : les travaux, devenus nécessaires, n'arrêteraient point, il est vrai, cette partie de l'alimentation des bornes-fontaines destinée aux usages domestiques; car la prise d'eau a été disposée de manière que la mère-conduite pût être directement servie par l'aqueduc; mais on n'a pas oublié, sans doute, que le volume seul de la source ne suffirait pas pour un arrosage complet des rues dans cette circonstance; or, cet arrosage complet pourrait avoir lieu au moyen de la réserve du second bassin ajoutée au produit habituel de la source.

Ainsi, en résumé, au moyen de la création du second réservoir et du choix fait de son emplacement, on pourra :

1° Servir constamment les bornes-fontaines, lors même que l'artère principale serait en vidange à partir du premier réservoir jusqu'à la salle de spectacle;

2° Arroser les rues en cas de réparation de ce premier réservoir;

3° Enfin, augmenter à différents degrés la charge effective des voies d'écoulement, et accroître par suite le volume des eaux versées ou la hauteur à laquelle elles pourront atteindre.

Je n'insisterai pas davantage sur l'utilité du réservoir de Montmusard; je vais passer immédiatement à la description de cet ouvrage.

Réservoir de Montmusard.

Le réservoir (¹) de Montmusard (Pl. 13 et 14) est établi à environ 450 mètres du centre du rond-point situé à l'origine de l'allée de la retraite, sur le côté droit d'une double ligne d'arbres plantés dans le prolongement de la rue de Gray : il est recouvert comme celui de la porte Guillaume d'une épaisseur de terrain égale à 1 mètre; cette disposition maintient sensiblement constante la température des eaux qu'il renferme. Ce réservoir présente la forme d'un carré, dont le côté dans œuvre est égal à 29 mètres. Il est partagé en cinq parties égales par quatre murs de refend offrant à leur base l'épaisseur de 1 mètre et celle de $0^m 80$ à la hauteur de $2^m 42$; à cette hauteur est placée la naissance des voûtes en plein cintre qui recouvrent le réservoir. Il résulte des dimensions

(¹) Mon projet était d'établir un vaste udomètre au-dessus de l'édicule qui couronne le réservoir de Montmusard : une petite tour gothique permettait de réaliser facilement cette idée. Le dessin de cette tour est dû à M. Petit, habile architecte des hospices de Dijon.

M. Ritter, ingénieur, chargé du service hydraulique de la Côte-d'Or, sous les ordres de M. l'ingénieur en chef Baumgarten, vient de projeter cet udomètre, qui permettra de déterminer la quantité d'eau tombée correspondant à chaque direction du vent.

Voici la description de cet appareil :

L'udomètre à établir au sommet de la tour, à l'ouest de la girouette, consiste en un récipient conique en zinc A, de 1 mètre de diamètre, entouré d'un cylindre de même diamètre, formant au-dessus de la base du cône un rebord de $0^m 20$ qui empêche les gouttes tombées sur le récipient d'être projetées en dehors : la portion inférieure du cylindre garantit des eaux pluviales la face extérieure du récipient, auquel elle sert de support.

Un tube de plomb, parti du fond de ce récipient fixe, pénètre dans la chambre de la tour et va se rendre dans un second récipient mobile B, adapté à la tige de la girouette, et dont l'ajutage, suivant la direction du vent, fait tomber l'eau de pluie dans l'un des huit compartiments d'une auge annulaire C concentrique et immédiatement inférieure au récipient B.

Chacun de ces compartiments communique par un petit orifice avec un réceptacle cylindrique en tôle galvanisée de $0^m 20$ de diamètre, muni vers l'extérieur d'un tube indicateur en verre, sur lequel on lit, amplifiées dans le rapport de 25 à 1, les hauteurs d'eau tombées correspondant à chaque direction du vent.

Un robinet à clef permet, après l'observation, de vider chaque réceptacle dans un vase inférieur, d'où les eaux tombent dans les puits de vidange au fond de la tour.

Tout l'appareil intérieur, supporté par une colonnette et une plaque de fonte, est du reste garanti de la gelée par un manchon en bois rempli de poussière de charbon.

précédentes, que ces voûtes ont un diamètre égal à 5m 16, et que la hauteur de l'intrados au-dessus du radier est égale à 5 mètres.

Les cinq berceaux cylindriques sont mis en communication au moyen de onze portes percées dans chaque pied-droit ; ces portes ont 2 mètres de hauteur et 1 mètre de largeur ; en multipliant le nombre de ces arcades de jonction, on n'a eu pour but que de diminuer le cube de la maçonnerie et d'augmenter en même temps l'espace destiné aux eaux.

En avant du réservoir, et vis-à-vis l'axe du berceau cylindrique intermédiaire, est juxtaposé contre la paroi extérieure du mur d'enceinte un puits hexagonal, dans lequel sont placés les appareils destinés à l'alimentation ou à la vidange du réservoir. Ce puits sert de base à une tour pareillement hexagonale d'une hauteur de 13m 96, calculée de l'arête inférieure de la première marche à l'arête supérieure de son couronnement. Cette tour, dont je voulais faire un véritable observatoire météorologique, sert en même temps à établir la communication entre l'extérieur et le réservoir.

A cet effet, une ouverture de 1m 90 de hauteur sur la largeur de 0m 80 a été pratiquée dans le mur d'enceinte à l'extrémité du berceau de la voûte intermédiaire. Cette ouverture part à 1 mètre en contre-haut de l'intrados ; la surface supérieure du palier qui la précède est donc à la hauteur de 3m 10 au-dessus du fond du réservoir. Ce palier a la largeur de 0m 50 et la longueur de 1 mètre. A chacune de ses extrémités est placée une échelle de fer forgé garnie de rampes. De ce palier on monte à l'aide de quatre marches, de 0m 25 de hauteur chacune, sous la voûte pratiquée dans l'épaisseur du mur d'enceinte. Devant la dernière marche est établie verticalement, en travers de la voûte, une dalle de 0m 50 de hauteur dont l'arête supérieure dépasse de 0m 10 le niveau maximum des eaux du réservoir.

Enfin, de l'autre côté de cette dalle, et à la hauteur de la dernière marche, se trouve un palier qui affleure la paroi intérieure de la tour, et l'on s'élève de ce palier à la porte d'entrée de cette dernière au moyen d'un escalier en fonte à une seule rampe. Une simple échelle en fer descendant au fond du puits permet d'aller manœuvrer les appareils qui s'y trouvent placés.

A l'aplomb du palier de la porte du réservoir on a pratiqué dans le radier une chambre carrée de 2 mètres de côté et d'une profondeur totale de 0m 80 ; les parois de cette chambre sont revêtues en pierre de taille. Une rigole de 0m 50 de largeur et de 0m 16 de profondeur, établie en contre-bas du niveau du radier, et suivant l'axe de la voûte du milieu, a son embouchure dans la chambre précitée, et vient y verser les dernières lames d'eau du réservoir lorsqu'on le met en vidange. Il est inutile de faire observer qu'à partir des deux arêtes de cette rigole, le radier du réservoir monte, avec une petite pente, jusqu'à la hauteur des deux murs d'enceinte parallèles à sa direction. Cette pente a 0m 06 de hauteur verticale.

Pour compléter ce qui me reste à dire du réservoir, en ce qui concerne les maçonneries, j'ajouterai :

Que les murs d'enceinte ont l'épaisseur de 2m 10 à la base, et que cette épaisseur se réduit à 2 mètres à la hauteur des naissances des voûtes, à raison du fruit adopté intérieurement ;

Que, dans les murs perpendiculaires à la direction des voûtes, cette épaisseur, prise à 3m 50 en contre-haut du radier se réduit à 1m 50, au moyen d'une retraite de 0m 50 pratiquée sur le parement extérieur;

Qu'enfin, trois retraites de 0m 50, et d'une hauteur de 0m 50 chacune, sont pratiquées dans le parement extérieur des culées, à partir de la hauteur de 3m 50, en contre-haut du radier. Ce dernier a l'épaisseur de 0m 50; cette épaisseur était bien suffisante, car la fouille nécessaire à la construction du réservoir a été faite dans un poudingue composé de graviers tellement agglutinés, qu'on a été obligé de faire jouer la mine en plusieurs points pour exécuter les déblais.

Toutes les maçonneries du réservoir ont été faites en moellon brut; à l'exception des voûtes, des murs de refend intermédiaires et des parements intérieurs du puits hexagonal, lesquels ont été exécutés en moellon piqué.

La clef des voûtes a l'épaisseur de 0m 40; elles sont recouvertes d'une chape en mortier de chaux hydraulique.

Toutes les parois du mur d'enceinte du réservoir, ainsi que le radier, sont revêtus d'un enduit de chaux hydraulique de 0m 02 et de 0m 03 d'épaisseur, et sur la hauteur verticale de 4m 50.

Je vais maintenant décrire les appareils nécessaires :

1° Au remplissage du réservoir;

2° A l'écoulement du trop-plein;

3° A sa vidange.

1° Remplissage du réservoir.

Le réservoir de Montmusard est placé à l'extrémité de l'artère principale, réduite en ce point au diamètre de 0m 216. Elle monte au réservoir suivant une ligne presque droite à partir de la porte Neuve, rencontre un aqueduc établi perpendiculairement au mur d'enceinte contigu à la tour hexagonale, pénètre dans cet aqueduc par un retour à angle droit, traverse le puits, ainsi que le mur d'enceinte, et arrive ainsi dans l'intérieur de la construction.

Le remplissage s'opère au moyen de cette conduite. Un robinet à vanne est d'ailleurs placé au fond du puits; on peut avec lui, et suivant les circonstances, ou s'opposer à l'introduction des eaux dans le réservoir, ou empêcher qu'elles ne sortent de ce bassin lorsque l'on ne juge pas nécessaire de faire concourir, pour les besoins de la ville, l'approvisionnement qu'il renferme avec celui du réservoir de la porte Guillaume. La conduite a ainsi une double fonction à remplir: tantôt elle sert à alimenter le réservoir, et tantôt elle porte dans la ville les eaux approvisionnées. Son extrémité devait être nécessairement posée un peu en contre-bas du radier, pour que l'on pût profiter de la totalité des ressources présentées par le réservoir; aussi l'a-t-on placée dans la petite chambre précédemment décrite. D'après la forme de ce réservoir, on aurait pu avoir à craindre, lors de son remplissage, les phénomènes de compression indiqués dans la description de celui de la porte Guillaume.

Si l'on voulait se rendre compte du déchet que cette compression pourrait entraîner dans l'approvisionnement du réservoir, il suffirait de reprendre les équations:

$$10^{m}33 + 2^{m}50 = f + x$$
$$10^{m}33 \times v = v_1 \times f.$$

v étant la capacité totale des quatre voûtes latérales entre l'intrados des portes et celui des voûtes précitées, on aura $v = 1460{,}20$; de plus, remarquant, à raison de la faible hauteur à laquelle s'élèveront les eaux au-dessus de l'intrados des portes percées dans les murs de refend, que v_1 peut être algébriquement exprimé par une fonction de la forme

$$v_1 = v - \mathrm{S}x,$$

S représentant la section horizontale des quatre berceaux cylindriques au niveau de l'intrados des ouvertures qui les réunissent, section égale à 596m 82.

On verra que les deux équations deviendront:

$$f + x = 12^{m}83.$$
$$f(1460,20 - 596^{m}82\,x) = 15083,87$$
d'où
$$x = 0^{m}412.$$

Le niveau des eaux dans la voûte du milieu ne pouvant s'élever qu'à 2m 08 en contre-haut de l'intrados des portes, celui de l'eau des voûtes latérales est donc à 1m 668 en contre-bas de la surface d'eau intermédiaire; ce qui correspond, dans l'approvisionnement, à un déficit de 1088m 21. Il suffisait de laisser à l'air la possibilité de sortir des voûtes latérales pour faire disparaître ce déficit; il était donc facile de parvenir à ce résultat.

2° Écoulement du trop-plein.

Lorsque la vanne du robinet de la conduite alimentaire est levée, qu'en même temps le niveau des eaux du réservoir est arrivé à la limite qu'il ne doit pas franchir, et qu'enfin les voies d'écoulement ouvertes sur les différentes conduites de la ville ne sont point assez considérables pour empêcher une partie du volume mené par l'artère principale d'affluer au réservoir de Montmusard, le trop-plein s'en échappe de la manière suivante:

Vis-à-vis la porte d'entrée du réservoir, à 2 mètres de cette porte, on a établi un tube vertical de 0m 19 de diamètre; il descend jusqu'au fond de la petite chambre, et là se retourne d'équerre pour venir déboucher dans le puits. Aussitôt que le niveau des eaux est arrivé à la hauteur du sommet du tube, le trop-plein y descend et dégorge dans le puits, d'où il est conduit à l'extérieur, au moyen de l'aqueduc dont il a déjà été fait mention. Le sommet de ce tube est placé à 4m 50 en contre-haut du radier ou de la face supérieure du contour en pierre de taille de la petite chambre; la cote de ce dernier point est de 251m 859 au-dessus du niveau de la mer; celle du rebord supérieur du tube déversoir est de 256m 359.

Or, si l'on observe que la cote du fond du cylindre qui couronne le tube alimentaire du premier déversoir est de 256m 81, et que l'on peut maintenir les eaux au-dessus du fond de ce cylindre, à la hauteur de 0m 523, ce qui donnera pour leur niveau la cote de 257m 333, on reconnaîtra que la charge en vertu de laquelle se remplit le second réservoir varie entre les limites de 5m 474 et de 0m 974 en admettant, bien entendu, que pendant ce remplissage toutes les voies d'écoulement des tuyaux de la ville soient fermées, circonstance qui se reproduit chaque nuit.

Si l'on jette les yeux sur la planche 14, on remarquera que le tube déversoir est enveloppé d'un tuyau de 0m 35 de diamètre intérieur sur lequel est branchée une conduite de 0m 108 de diamètre. Voici le but de cette disposition : on a le projet d'établir, au moyen du trop-plein du réservoir de Montmusard, un jet d'eau qui s'élèverait vis-à-vis la petite tour qui le surmonte; ce jet serait alimenté par la conduite de 0m 108; et celle-ci recevrait les eaux qu'elle aurait à conduire, par l'intervalle annulaire placé entre les tubes de 0m 19 et de 0m 35 de diamètre. Le tube de 0m 19 fonctionnerait seulement lorsque le volume débité par le jet d'eau ne suffirait pas pour absorber toutes les eaux menées par la conduite qui l'alimente.

Vidange du réservoir.

Elle s'opère très-facilement par un tuyau de 0m 135 de diamètre placé dans le fond de la petite chambre, et qui, traversant le mur d'enceinte, vient déboucher dans le puits. Un robinet à vanne, établi au fond de ce puits, forme l'extrémité de ce tuyau de décharge.

Capacité du réservoir.

La capacité de ce réservoir est de.	3177m174.
Celle du réservoir de la porte Guillaume étant de.	2313m050.
On aura pour l'approvisionnement total	5490m224.

Cet approvisionnement, dans l'hypothèse même d'une dépense de 20 litres par habitant, ce qui produit 540 mètres cubes en vingt-quatre heures, satisferait pendant dix ou onze jours aux besoins de la ville, en cas d'interruption de l'arrivée des eaux de la source.

Il est facile de justifier la plus grande capacité relative donnée au réservoir de Montmusard : celui de la porte Guillaume, à l'exception des cas où l'aqueduc serait en réparation, n'est jamais réduit à ses seules ressources; son approvisionnement est constamment renouvelé par les eaux qui viennent du Rosoir. Il n'en est point ainsi du réservoir de Montmusard : que l'on suppose une réparation, à partir de l'artère comprise entre la porte Guillaume et la salle de spectacle, ou seulement entre la porte Guillaume et la rue Dauphine;

l'approvisionnement de la ville ne pourra avoir lieu qu'avec le volume renfermé dans le bassin de Montmusard, et ce volume devait être assez abondant, pour qu'on pût exécuter les réparations avant qu'il fût épuisé. Or, le cube de 3177^{m} 174 donne une latitude de six jours, en partant toujours de l'hypothèse la plus défavorable, de celle où, pendant les réparations, l'on continuerait à servir les concessions faites aux établissements publics.

Il importe de pouvoir déterminer le volume de l'approvisionnement correspondant à toutes les hauteurs du réservoir. Dans le tableau suivant, ces volumes successifs sont calculés par tranches de 10 centimètres.

Un tube de verre, s'élevant dans le puits et communiquant avec le réservoir, reproduit les différentes hauteurs de l'eau qu'il renferme et accuse en même temps le volume correspondant à cette hauteur.

Tableau des volumes renfermés dans le réservoir de Montmusard, et calculés par tranches de 10 en 10 centimètres.

NUMÉROS D'ORDRE.	HAUTEURS au-dessus du radier (1).	VOLUMES.	NUMÉROS D'ORDRE.	HAUTEURS au-dessus du radier.	VOLUMES.	OBSERVATIONS.
	m.	m.c. lit.		m.	m.c. lit.	
1	0 10	52 875	24	2 40	1801 080	(1) On a pris pour le fond du radier la face supérieure du contour en pierre de taille de la petite chambre dans laquelle est logé le tuyau de vidange du réservoir.
2	0 20	128 533	25	2 50	1875 707	
3	0 30	204 293	26	2 60	1950 261	
4	0 40	280 160	27	2 70	2024 600	
5	0 50	356 129	28	2 80	2098 638	
6	0 60	432 201	29	2 90	2172 233	
7	0 70	508 377	30	3 00	2245 180	
8	0 80	584 656	31	3 10	2317 319	
9	0 90	661 039	32	3 20	2388 898	
10	1 00	737 526	33	3 30	2459 555	
11	1 10	814 117	34	3 40	2529 205	
12	1 20	890 812	35	3 50	2597 612	
13	1 30	967 611	36	3 60	2664 678	
14	1 40	1044 514	37	3 70	2730 249	
15	1 50	1121 521	38	3 80	2794 156	
16	1 60	1198 613	39	3 90	2856 222	
17	1 70	1275 653	40	4 00	2916 242	
18	1 80	1352 470	41	4 10	2974 012	
19	1 90	1428 830	42	4 20	3029 340	
20	2 00	1504 297	43	4 30	3081 835	
21	2 10	1578 281	44	4 40	3131 224	
22	2 20	1652 406	45	4 50	3177 174	
23	2 30	1726 673				

J'arrive à la description des conduites composant le système de distribution des eaux; mais avant d'entrer en matière, je présenterai quelques observations relatives au placement des robinets, des ventouses et des cuves de distribution; je préviendrai ainsi, comme je l'ai déjà dit, d'inutiles répétitions.

DEUXIÈME SECTION.

ROBINETS.

Les robinets sont employés à quatre usages principaux :

1° Ils peuvent servir à intercepter l'écoulement des eaux d'une conduite : on les nomme robinets d'arrêt;

2° Ils sont nécessaires pour opérer la vidange d'une conduite; ils prennent le nom de robinets de décharge;

3° Il est utile en plusieurs circonstances de placer des robinets pour l'évacuation de l'air, lors de la mise en charge des conduites : on peut les désigner sous le nom de robinets à air;

4° Il y a des robinets destinés à régler le volume des eaux attribuées aux concessions; on les nomme robinets de jauge. Je me bornerai, quant à présent, à les mentionner.

1° Robinets d'arrêt.

Il est toujours indispensable de placer un robinet d'arrêt à l'origine d'une conduite, soit qu'elle parte d'un réservoir, soit qu'elle se branche sur l'artère principale, sur un répartiteur ou sur une ramification secondaire. En effet, si cette conduite a besoin d'être réparée, il faut être en mesure de s'opposer à l'arrivée des eaux auxquelles elle livre habituellement passage. Il ne peut y avoir d'exception à cette règle que lorsqu'il s'agit de conduites d'une très-faible longueur et d'un très-petit diamètre. Dans ce cas, les réparations peuvent s'exécuter en une nuit, et il n'y a pas d'inconvénient bien sérieux à intercepter l'arrivée des eaux dans la conduite sur laquelle est branchée la ramification dont il s'agit. Au contraire, lorsque les conduites ont une grande longueur, il est utile de placer sur leur développement un ou plusieurs robinets d'arrêt. Ces appareils permettront d'exécuter sur quelques parties de ces conduites les réparations nécessaires sans interrompre le jeu des bornes-fontaines sur tout le développement.

2° Robinets de décharge.

Lorsqu'on veut mettre une conduite en réparation, il faut non-seulement fermer le robinet d'arrêt qui précède la partie à réparer, ou les robinets d'arrêt qui précèdent et suivent cette partie dans le cas où la conduite est alimentée par ses deux extrémités; mais encore faire évacuer les eaux que cette portion renferme. De là, nécessité de robinets de décharge placés sous la conduite.

Lorsqu'une conduite est en pente descendante, à partir du robinet d'arrêt, le robinet de décharge doit être placé à son extrémité. Il doit être, au contraire, établi immédiatement à l'amont du robinet d'arrêt, lorsque la conduite est en pente ascendante. Si cette conduite est partagée par plusieurs robinets d'arrêt, il doit être posé un robinet de décharge entre deux robinets d'arrêt consécutifs. Enfin, si la conduite n'était pas établie en pente constamment de même signe; si elle présentait un ou plusieurs points hauts, le nombre des robinets de décharge devrait encore augmenter, de manière, en un mot, que la conduite pût être entièrement vidée.

Le nombre des robinets de décharge dépend donc et du nombre des robinets d'arrêt et du profil longitudinal de la conduite.

Lorsqu'il s'agit de conduites de petit diamètre et d'une faible importance, j'ai quelquefois par économie supprimé les robinets de décharge quand ils étaient établis à l'extrémité. On supplée alors au jeu de ces appareils en enlevant la plaque pleine en fonte qui ferme, au moyen de boulons, le dernier tuyau à brides de la conduite. On peut aussi profiter de la mobilité de cette plaque pour laver à grande eau les conduites, lorsque le besoin s'en fait sentir, et qu'on juge l'écoulement des bornes-fontaines insuffisant pour obtenir le résultat qu'on veut atteindre. Il serait certainement plus commode d'avoir à l'extrémité de la conduite un robinet dont le diamètre fût égal au sien; mais cette dépense eût été considérable, et j'ai voulu l'éviter.

3° Robinets à air.

Un branchement secondaire, à partir de la tubulure au moyen de laquelle il s'ajuste à une autre conduite, peut s'éloigner suivant une pente ascendante ou suivant une pente descendante. Dans le premier cas, il est évident que, lors de la mise en charge de cette ramification secondaire, l'eau s'élève graduellement et refoule tout l'air qui s'échappe par l'extrémité où l'on a dû ménager une issue quelconque; mais, dans le second cas, une partie de l'air du branchement tendrait nécessairement à remonter dans la conduite alimentaire, et y causerait des perturbations qu'il faut soigneusement éviter. A cette fin, on place à quelque distance de la tubulure, et sur la partie supérieure du branchement, un petit robinet qu'on laisse ouvert pendant la mise en charge, et c'est par cet orifice que l'air, remontant du branchement, s'échappe, au lieu d'aller s'engager dans la conduite alimentaire. On peut se dispenser de la pose de ces robinets à air, lorsqu'une borne-fontaine communique avec l'origine du branchement, ou lorsque ce dernier a une faible longueur et un petit diamètre. Ici l'expérience est facile à consulter, et rien n'est plus aisé que de poser ces petits robinets quand leur utilité est démontrée par les faits.

4° Robinets à air.

Les robinets à air dont il vient d'être parlé sont de véritables ventouses; seulement ils ne fonctionnent que pendant la mise en charge de la conduite sur laquelle ils sont fixés. Mais il importe, lorsque les conduites présentent des points hauts, de placer sur ces points des appareils pour faciliter non-seulement le dégagement de l'air renfermé dans les tuyaux, à l'époque de leur mise en charge, mais encore celui de l'air que les eaux tiennent en suspension, et qui, pendant le mouvement de ces dernières, vient se loger dans ces points hauts. Tel est le but des tuyaux d'évent ou des ventouses à flotteur, dont je donnerai la description dans la troisième partie de cet ouvrage.

5° Cuves de distribution.

Lorsque plusieurs tuyaux se rencontrent, leur raccordement s'opère avec une grande facilité, au moyen de cylindres en fonte terminés par des bases horizontales, et sur le pourtour vertical desquels existent autant de tubulures que de tuyaux à raccorder. Ces cylindres ont pris le nom de cuves de distribution; c'est avec raison que M. l'ingénieur en chef des mines d'Aubuisson en a recommandé l'usage. J'ai toujours adapté à leur base inférieure un robinet de décharge, et le plus souvent les tuyaux qui viennent s'ajuster à ces cuves en sont séparés par des robinets d'arrêt qui permettent d'isoler ou de mettre en communication partie ou totalité des conduites dont ce cylindre forme le nœud.

Il est inutile de faire remarquer que les robinets d'arrêt, de décharge, et les extrémités de tuyaux garnies de plaques pleines, les ventouses temporaires ou permanentes et les cuves de distribution, doivent toujours être placés dans des regards pour qu'il soit facile de les visiter et de les faire manœuvrer au besoin. Ces regards doivent, en outre, lorsqu'ils renferment des robinets de décharge, et qu'ils ne communiquent pas avec un aqueduc de dégorgement, recouvrir un puits absorbant par lequel disparaissent les eaux de vidange.

Maintenant, je puis revenir à la description de la distribution intérieure.

Je commencerai par l'artère principale.

TROISIÈME SECTION.

ARTÈRE PRINCIPALE.

1° Direction.

L'artère principale a son origine au réservoir de la porte Guillaume. On a vu comment elle était mise en communication, soit avec les eaux de l'aqueduc, soit avec celles du réservoir, soit enfin avec celles de l'aqueduc et du réservoir réunies.

La première partie de cette artère se développe sous la rue Guillaume [1], sous la place d'Armes et sous la rue Rameau [2], et conserve le même diamètre jusqu'à un point situé près de la salle de spectacle et vis-à-vis la rue Lamonnoye [3]. Sa longueur, comptée du centre du réservoir à la rue Lamonnoye, est de 967m 05; son diamètre, de 0m 35.

Vis-à-vis la rue Dauphine, à la distance de 601m 65 du centre du réservoir, on a placé un robinet-vanne sur cette conduite, et de plus, comme le point bas de la conduite se trouve en ce lieu, on a ajusté un robinet de décharge à

[1] Le nom de Guillaume a été donné à cette voie afin de perpétuer le souvenir du célèbre abbé réformateur de Saint-Bénigne, qui vendit les vases d'or et d'argent du monastère pour nourrir les pauvres de la ville, lors d'une grande famine.

[2-3] Des noms du grand compositeur, et du spirituel auteur des *Noëls bourguignons*, tous deux nés à Dijon.

boisseau de 0m 108 de diamètre ; ce robinet verse ses eaux dans le grand égout qui traverse la ville du nord au sud. L'utilité du robinet d'arrêt est évidente : si l'on avait à réparer la partie de la conduite comprise entre la rue Dauphine et la rue Lamonnoye, la fermeture de ce robinet permettrait d'alimenter toutes les conduites qui se branchent sur l'artère principale entre le réservoir et la rue Dauphine, et par suite tous les autres répartiteurs, à l'aide des tuyaux de jonction, pendant que la partie de tuyau comprise entre la rue Dauphine et la rue Lamonnoye serait en vidange [1].

A partir de la rue Lamonnoye, l'artère principale se décompose en deux conduites.

La première, branchée rectangulairement sur la conduite de 0m 35, descend dans la rue Lamonnoye, retourne dans la rue Jehannin [2] avec courbe de 40 mètres de rayon, et suit cette rue jusqu'à la rencontre d'une cuve de distribution à laquelle elle vient s'adapter : cette cuve porte le n° 1.

La longueur de cette partie est de 113m90; son diamètre, de 0m 162.

Un premier robinet-vanne est placé à la jonction de ce tuyau de 0m 162 de diamètre avec celui de 0m 35; un second à la rencontre de la cuve de distribution n° 1.

La seconde conduite se raccorde par un tuyau conique avec l'extrémité du tuyau de 0m 35; elle descend dans la rue Saint-Michel, laisse à gauche l'église de ce nom, passe dans la rue Dubois, et revient déboucher par la rue Saumaise [3]

(1) Lors de la mise en charge de cette conduite, on a reconnu que le tube vertical qui s'élève au centre du puits du réservoir subissait de violentes secousses par suite du dégagement de l'air; on les a évitées par l'addition d'un tuyau d'évent placé sous le premier regard établi à la suite du réservoir.

(2) Ce nom rappelle celui d'un Bourguignon courageux qui plus tard parvint aux premiers honneurs. Jehannin, consulté par le gouverneur de la province sur les mesures à prendre relativement aux ordres du roi concernant la Saint-Barthélemy, répondit : « Il faut obéir lentement au souverain quand il commande en colère. » Et cette lenteur salutaire sauva Dijon des horreurs de la Saint-Barthélemy.

(3) Du nom du célèbre commentateur bourguignon : on disait un peu emphatiquement à Leyde, où il demeura longtemps, que l'académie de cette ville ne pouvait pas plus se passer de Saumaise que le monde du soleil.

dans la cuve de distribution précitée : sa longueur est de 324m 20; son diamètre de 0m 135; ses deux extrémités sont munies de robinets-vannes.

Avec ces robinets on peut alternativement faire passer les eaux par l'une ou l'autre des portions de conduite précitées.

A la partie inférieure de la cuve de distribution est, du reste, placé un robinet de décharge qui occupe le point bas des deux conduites; de plus, et comme à leur jonction avec la conduite de 0m 35 existe un point haut, on a établi à l'extrémité de cette dernière une soupape à flotteur pour le dégagement de l'air : cette soupape est principalement utile lors de la mise en charge de la conduite.

De la cuve de distribution part la conduite qui se prolonge jusqu'au réservoir de Montmusard; sa longueur est de 811m 70; son diamètre de 0m 216.

Je ne reproduirai point les détails relatifs à son ajustement avec le réservoir; je ferai remarquer seulement que, comme il existe un point haut à la distance de 147 mètres de la cuve de distribution, on a placé en ce lieu une ventouse à flotteur, et, de plus, qu'entre ce dernier point et le réservoir à la distance de 492m 80 de la cuve de distribution, un robinet de décharge du diamètre de 0m 031 a été établi au point bas. Ainsi, la conduite du diamètre de 0m 216 peut se mettre totalement en vidange à l'aide du dernier robinet de décharge et de celui placé au bas de la cuve de distribution.

L'ensemble des conduites ainsi décrites a reçu le nom d'artère principale (Pl. 15). C'est sur cette artère que tous les tuyaux répartiteurs, dont je donnerai plus bas la description, viennent se brancher; c'est elle qui porte les eaux au réservoir de Montmusard; c'est par son moyen que les eaux de ce dernier peuvent redescendre dans la ville. Mais indépendamment de ces services généraux que l'artère principale doit remplir, elle dessert directement treize bornes-fontaines, au moyen de six ramifications secondaires trop peu importantes pour être classées parmi les tuyaux répartiteurs.

Ces ramifications secondaires pénètrent : La première, dans le faubourg Guillaume; sa longueur est de 42m 40; son diamètre, de 0m 081. La seconde, dans la rue du Chapeau-Rouge, sa longueur est de 20m 50; son diamètre, de 0m 081. La troisième, sous la place du Théâtre; sa longueur est de 45m 20; son diamètre, de 0m 06.

Elles sont branchées sur le tuyau de 0m 35.

La quatrième, greffée sur la conduite de 0m 162, remonte dans la rue Guyton-

Morveau [1], sa longueur est de 41m 80; son diamètre de 0m 081. La cinquième et la sixième partent de la conduite de 0m 135, et alimentent les deux bornes-fontaines placées dans la rue du Collége et la rue Saumaise. La cinquième a la longueur de 62m 20 et le diamètre de 0m 06. La sixième a la longueur de 37m 00 et le diamètre de 0m 081.

Tous les branchements portent un robinet d'arrêt à leur jonction avec l'artère principale. Leur décharge s'opère, pour le premier, le second, le quatrième et le sixième, par un robinet de décharge placé à l'amont du robinet d'arrêt, et pour les autres, par le déplacement de plaques pleines en fonte disposées à leur extrémité.

2° Galeries.

L'importance de l'artère principale est telle que l'on n'a point hésité, afin de faciliter autant que possible toutes les réparations dont elle pourrait avoir besoin, de poser sous galerie :

1° Toute la partie de cette conduite exécutée avec un diamètre de 0m 35, ce qui produit une longueur de 955m 40 ;

2° La partie exécutée avec un diamètre de 0m 162, ce qui produit une longueur de 443m 90;

3° La partie exécutée avec un diamètre de 0m 216, mais seulement jusqu'à la porte de la ville et en amont du réservoir, sur une longueur de 87m 90.

A partir de ce point, et jusqu'à 15 mètres en amont du réservoir de Montmusard, la conduite est placée sous des promenades, et les réparations ne présenteraient aucune difficulté. Elles seraient, d'ailleurs, entre la porte Neuve et le réservoir, sans influence sur l'alimentation de la ville.

3° Bornes alimentées par l'artère principale et ses ramifications secondaires.

L'artère principale et les branchements secondaires qui en dépendent alimentent des bornes-fontaines établies ainsi qu'il est indiqué dans le tableau synoptique suivant :

[1] Le savant auteur de la nomenclature chimique est né à Dijon.

Artère principale.

NUMÉROS DES BORNES-FONTAINES.	EMPLACEMENT DE CES BORNES.	NATURE, LONGUEUR ET DIAMÈTRE des conduits suivant lesquelles la communication s'établit. FONTE.		PLOMB.		ROBINETS Au pied de la borne.		Près du tuyau répartiteur		Sur le trajet des conduites de service.		OBSERVATIONS.
		Longueur.	Diamètre.	Longueur.	Diamètre.	Nombre	Diamètre.	Nombre	Diamètre.	Nombre	Diamètre.	
	Conduite de 0m 83.											
1	Faubourg Guillaume, n° 14 (greffée sur le branchement secondaire)...........	m 49 40	m 0 081	m 3 80	m 0 034	1	m 0 034	1	m 0 081	»	»	
2	A l'angle de la rue Guillaume et du rempart, n° 5 (greffée directement sur l'artère)......	»	»	13 10	0 034	1	0 034	1	0 034	»	»	
3	A l'angle des rues Guillaume et Mably, n° 35 (greffée directement sur l'artère)...	»	»	4 60	0 034	1	0 034	»	»	»	»	
4	Rue du Chapeau-Rouge, n° 7 (greffée sur le branc. second.)	20 50	0 081	7 60	0 034	1	0 034	1	0 081	»	»	
5	A l'angle des rues Guillaume et des Forges, n° 103 (greffée directement sur l'artère)...	»	»	3 60	0 034	»	»	1	0 034	»	»	
6	A l'angle de la place d'Armes et de la rue Guillaume, n° 122 (greffée directem. sur l'artère)	»	»	6 20	0 034	»	»	1	0 034	»	»	
7	A l'angle de la place d'Armes et de la rue Rameau, n° 4 (greffée directement sur l'artère).	»	»	7 45	0 034	»	»	1	0 034	»	»	
8	Place du Théâtre (greffée sur le branchement secondaire)..	45 20	0 06	5 10	0 034	1	0 034	1	0 06	»	»	
	Conduite de 0m 108.											
9	A l'angle des rues de Lamonnoye et Longepierre (greffée directement sur l'artère)...	»	»	12 10	0 034	1	0 034	»	»	»	»	
10	A l'angle des rues de Lamonnoye et Jehannin (greffée directement sur l'artère)......	»	»	9 »	0 034	»	»	1	0 034	»	»	
11	A l'angle des rues Guyton-Morveau et Longepierre (greffée sur le branchem. secondaire).	41 80	0 081	6 60	0 034	1	0 034	1	0 081	»	»	
12	A l'angle des rues de Vannerie et Jehannin, n° 77 (greffée directement sur l'artère)...	»	»	7 10	0 034	»	»	1	0 034	»	»	
13	Rue Jehannin, n° 34 (greffée directement sur l'artère)...	»	»	6 65	0 034	»	»	1	0 034	»	»	
	Conduite de 0m 135.											
14	Place Saint-Michel, n° 2 (greffée directement sur l'artère)...	»	»	4 65	0 034	1	0 034	»	»	»	»	
15	Rue St.-Michel (contre l'église) (greffée directem. sur l'artère)	»	»	7 10	0 034	1	0 034	»	»	»	»	
16	Rue du Vieux-Collége, n° 2 (greffée sur le branch. secondaire)	62 20	0 06	6 60	0 034	1	0 034	1	0 06	»	»	
17	Rue Dubois, n° 10 (greffée directement sur l'artère)....	»	»	5 »	0 034	1	0 034	»	»	»	»	
18	A l'angle des rues Saumaise et Jehannin, n° 47 (greffée sur le branchement secondaire).	37 »	0 081	5 80	0 034	1	0 034	1	0 081	»	»	
19	Rue Saumaise, n° 54 (greffée directement sur l'artère)....	»	»	5 60	0 034	1	0 034	»	»	»	»	
	Conduite de 0m 216.											
20	Faubourg Saint-Michel, pont de Suzon (greffée directement sur l'artère)........	»	»	4 10	0 034	1	0 034	»	»	»	»	

L'artère principale, indépendamment des voies d'écoulement dont la nomenclature vient d'être donnée, doit encore :

1° Fournir à la salle de spectacle le volume d'eau nécessaire en cas d'incendie (¹) ;

2° Alimenter la fontaine à établir sur la place Saint-Michel ;

3° Approvisionner le lavoir de la porte Neuve ;

4° Servir la concession la plus importante, celle de l'établissement hydrothérapique (400 hectolitres par jour).

Tuyaux répartiteurs.

Des tuyaux répartiteurs sont branchés sur l'artère principale : cinq sur le côté droit, pareil nombre sur le côté gauche.

Les cinq répartiteurs du côté droit prennent naissance :

(¹) *Appareil contre l'incendie du théâtre.* — Indépendamment de huit bornes-fontaines qui, à une distance très-rapprochée, entourent la salle de spectacle, et d'une prise d'eau directe pratiquée au moyen d'un regard sur le tuyau de 0^m 162 passant devant la façade, il a été établi dans l'intérieur de cet édifice, si exposé aux incendies, un appareil puissant destiné à fournir sur-le-champ l'eau nécessaire, si le feu venait à y éclater. Dans le vaste souterrain au-dessous de la scène, deux tuyaux horizontaux s'embranchent à angle droit sur la conduite de la rue de Lamonnoye, longeant à l'est le bâtiment, et en traversent toute la longueur ; deux autres tuyaux perpendiculaires s'élevant sur le tuyau horizontal d'avant-scène, et un troisième sur celui du fond, portent, par un simple effet de siphon, l'eau jusqu'au-dessus des cintres des fenêtres du premier étage, c'est-à-dire à environ la moitié de la hauteur de la salle. Sur le théâtre, des boyaux adaptés à ces tuyaux verticaux et armés de lances de pompier permettraient de répandre sur la scène et sur les décorations, que l'on y renverserait en coupant leurs attaches, une masse d'eau considérable qui éteindrait aussi le feu des parties inférieures contenant les machines. A l'extrémité supérieure des tuyaux ascendants se trouvent des bassins en cuivre, accessibles par des ponts de service, et dans lesquels on puiserait l'eau, qu'on pourrait à l'aide de pompes lancer sur les frises et sur les supports fixes des décorations. Enfin, d'autres pompes, dont les tuyaux aspirants plongent dans les bassins précités, n'ont qu'à porter à 5 mètres de hauteur seulement l'eau dans deux réservoirs, chacun d'une capacité de plus de 36 hectolitres, établis dans les combles pour la garantie de la charpente ; ces réservoirs ne pouvaient naguère être alimentés que par l'eau d'un puits, qu'il fallait élever, à l'aide d'une pompe mue par douze hommes, à plus de 23 mètres de hauteur.

1° Vis-à-vis	la rue Docteur-Maret,	sur la conduite de 0^m35.
2° —	la rue Bossuet,	
3° —	la rue du Bourg,	
4° —	la place d'Armes,	
5° —	la rue Chabot-Charny,	

Les cinq tuyaux répartiteurs du côté gauche prennent naissance :

6° Vis-à-vis	la rue des Godrans,	sur la conduite de 0^m35.
7° —	la première porte de l'Hôtel-de-Ville,	
8° —	la deuxième porte de l'Hôtel-de-Ville,	
9° —	la rue Saint-Nicolas,	sur la conduite de 0^m162.
10° —	la rue Vannerie,	

Description de ces répartiteurs et de leurs branchements.

COTÉ DROIT. — Répartiteur (Docteur-Maret) n° 1.

1° Direction.

Il descend (Pl. 16) dans la rue Docteur-Maret, traverse par une double courbe la place Saint-Bénigne, se développe dans la rue Saint-Philibert, et se termine à la cuve de distribution n° 2 placée à la rencontre des directions des rues Saint-Philibert, Porte-d'Ouche et du Refuge. La longueur totale de ce répartiteur est de 619^m90; son diamètre uniforme de 0^m135.

Il est accompagné de trois ramifications secondaires.

La première part de la place Saint-Bénigne, suit la rue des Novices et descend dans la rue du Tillot; sa longueur est de 125^m; son diamètre de 0^m081. La seconde entre dans la rue Cazotte [1]; sa longueur est de 39^m80; son diamètre de 0^m081. La troisième pénètre dans la rue du Mouton; sa longueur est de 91 mètres; son diamètre de 0^m081.

[1] Cazotte, non moins connu par ses succès littéraires que par ses prédictions sinistres, est né à Dijon.

2° Robinets d'arrêt et de décharge.

Un robinet d'arrêt à vanne est placé au point de jonction du répartiteur avec l'artère principale; un second, immédiatement à l'amont de la cuve de distribution. La vidange de la conduite peut s'opérer au moyen du robinet de décharge placé au bas de la cuve de distribution; il sera peut-être utile d'établir un robinet de décharge en amont du robinet d'arrêt qui précède la cuve, afin qu'il ne puisse jamais y avoir d'interruption dans le service de la conduite partant de cette cuve et se dirigeant vers le faubourg d'Ouche.

En tête des trois ramifications secondaires sont placés des robinets d'arrêt : leur décharge s'opère ainsi qu'il suit :

1° Branchement de la rue du Tillot : par le déplacement d'une plaque pleine en fonte fermant l'extrémité de la conduite ;

2° Branchements des rues Cazotte et du Mouton : par des robinets de décharge fixés à l'amont de leurs robinets d'arrêt.

3° Galeries.

La longueur du répartiteur (Docteur-Maret), exécutée en tranchée, est de 597m 20.

Celle exécutée en galerie, de 23m 40.

La partie exécutée sous galerie part de la cuve de distribution, placée elle-même dans une conduite en maçonnerie qui verse ses eaux dans l'Ouche, à la porte d'Ouche. L'extrémité d'amont de cette galerie, dont les dimensions dans œuvre sont : hauteur 1m 75, largeur 0m 90, aboutit à deux petits aqueducs transversaux, qui reçoivent les eaux pluviales de la rue Saint-Philibert au moyen de deux ouvertures pratiquées sous les trottoirs. Le but principal de cette galerie de 23m 40 de longueur a été de recevoir ces eaux pluviales, et l'on a seulement profité de son existence pour y établir l'extrémité du tuyau répartiteur.

4° Bornes alimentées par le répartiteur (Docteur-Maret) et par ses ramifications.

Le répartiteur n° 1 et les conduites qui en dépendent alimentent huit bornes-fontaines, disposées et servies ainsi qu'il est indiqué dans le tableau synoptique suivant :

Côté droit n° 2.

NUMÉROS DES BORNES-FONTAINES.	EMPLACEMENT DE CES BORNES.	NATURE, LONGUEUR ET DIAMÈTRE des conduites suivant lesquelles la communication s'établit.				ROBINETS						OBSERVATIONS.
		FONTE.		PLOMB.		Au pied de la borne.		Près du tuyau répartiteur		Sur le trajet des conduites de service.		
		Longueur.	Diamètre.	Longueur.	Diamètre.	Nombre	Diamètre.	Nombre	Diamètre.	Nombre	Diamètre.	
		m	m	m	m		m		m			
21	A l'angle de la rue Guillaume et de la r. Docteur-Maret, n° 4 (greffée sur le répartiteur). .	»	»	6 50	0 034	»	»	1	0 034	»	»	
22	Place Saint-Bénigne, n° 15 (le tuyau alimentaire traverse la place Saint-Bénigne). . . .	»	»	5 60	0 034	1	0 034	»	»	»	»	
23	R. du Tillot, n° 8 (greffée sur le branchement secondaire des rues des Novices et du Tillot).	125 »	0 81	7 60	0 034	1	0 034	1	0 081	»	»	
24	Rue St-Philibert, vis-à-vis le collège, n° 15 (greffée directement sur le repartiteur). .	»	»	6 10	0 034	1	0 034	»	»	»	»	
25	R. Cazotte, n° 2 (greffée sur le branchement secondaire) . .	39 80	0 081	4 60	0 034	1	0 034	1	0 081	»	»	
26	Rue St-Philibert, n° 49 (greffée directem. sur le répartiteur).	»	»	7 00	0 034	1	0 034	»	»	»	»	
27	Rue du Mouton, contre le rempart (greffée sur le branchement secondaire).	91 »	0 081	5 10	0 034	1	0 034	1	0 081	»	»	
28	Place de la Porte-d'Ouche, n° 108 (greffée directement sur le repartiteur).		»	5 80	0 034	1	0 034	»	»	»	»	

Indépendamment des voies d'écoulement indiquées dans le tableau précédent et des concessions privées, le répartiteur n° 1 est encore chargé d'alimenter deux grands établissements publics, le séminaire et le lycée. Ce même répartiteur n° 1 a fourni, le 17 septembre 1843, l'eau nécessaire à l'alimentation du jet d'eau qui s'élança à la hauteur d'environ 15 mètres, lorsque M. le duc de Nemours posa la première pierre du viaduc de la porte d'Ouche, construit par M. l'ingénieur en chef Parandier pour le passage du chemin de fer de Paris à Lyon.

Répartiteur Bossuet, n° 2.

1° Direction.

Il descend (Pl. 16) dans la rue Bossuet[1], se développe sous la place Saint-Jean, sous la rue Porte-d'Ouche, et vient se souder à la cuve de distribution n° 2.

(1) Bossuet est né dans cette rue; une plaque de marbre, placée sur la façade de la maison

Cette première partie du répartiteur a la longueur de 673^{m}50 et le diamètre de 0^{m}135.

A partir de la cuve de distribution, le répartiteur continue son trajet; il sort de la ville sous le viaduc du chemin de fer, passe sur le pont d'Ouche, rencontre la cuve de distribution n° 3, vis-à-vis de l'hôpital, et se termine à l'extrémité de la rue de l'Hôpital, près du pont Napoléon.

Cette seconde partie du répartiteur a la longueur de 308^{m}80 et le diamètre de 0^{m}108.

La première partie est accompagnée de deux ramifications secondaires :

L'une monte de la place Saint-Jean dans la rue Saint-Benigne; sa longueur est de 86^{m}80, son diamètre de 0^{m}081.

L'autre descend dans la rue Piron [1]; sa longueur est de 95 mètres, son diamètre de 0^{m}081.

La deuxième partie du répartiteur est accompagnée de trois branchements secondaires :

L'un se dirige vers le faubourg Raines; sa longueur est de 52 mètres : l'autre sur la rue des Tanneries; sa longueur est de 77 mètres : le troisième part de l'extrémité du répartiteur et alimente une borne placée entre la rue des Tanneries et celle de l'Hôpital; sa longueur est de 27 mètres. Le diamètre des deux premiers branchements est de 0^{m}081; celui du troisième est de 0^{m}06.

2° Robinets d'arrêt et de décharge, ventouses à flotteur, robinets à air.

Un robinet d'arrêt à vanne est placé au point de jonction du répartiteur avec l'artère principale; un second immédiatement à l'amont de la cuve de distribution n° 2.

Une ventouse à flotteur est adaptée sur le répartiteur : elle est située sur le pont d'Ouche. Deux robinets de décharge devenaient donc nécessaires : celui de la cuve n° 2 est le premier; le second est adapté à la cuve n° 3, placée vis-à-vis

où il a reçu le jour, consacre le souvenir de cet événement. Sur la maison patrimoniale, à Seurre, était gravé un cep de vigne avec la légende *Bon bois qui bossu est*. Le surnom de *Bos suetus aratro*, dont parle M. de Lamartine dans sa vie de Bossuet (*Conseiller du peuple*), avait été donné à ce dernier par les jésuites du collége Godran.

[1] Du nom de l'auteur de *la Métromanie*, qui est né à Dijon.

de la grille de l'hôpital. C'est de cette cuve n° 3 que partent le branchement de la rue des Tanneries et le tuyau alimentaire de la distribution du grand hôpital.

Deux robinets à air reposent à l'origine des branchements de la rue Piron et de la rue des Tanneries.

En tête des quatre premiers branchements secondaires sont établis des robinets d'arrêt de 0^m081 de diamètre; on n'a pas jugé nécessaire d'en garnir la tête du dernier branchement dont la longueur et le diamètre sont très-faibles.

La vidange de ces branchements s'opère de la manière suivante, savoir :

Branchement de la rue Saint-Benigne : au moyen d'un robinet de décharge placé à l'amont du robinet d'arrêt ;

Branchement de la rue Piron : par le déplacement d'une plaque pleine en fonte qui ferme l'extrémité de la conduite : ce dernier procédé est encore appliqué aux branchements du faubourg Raines, de la rue des Tanneries, et du pont Napoléon.

3° Galeries.

Le répartiteur n° 2 est placé en galerie, à partir de son origine jusqu'à la porte d'Ouche.

La première partie de cette galerie offre la hauteur de 1^m75 et la largeur de 0^m90 : sa longueur est de 458^m50 jusqu'au point où elle pénètre dans l'aqueduc de Suzon, à l'amont de l'Académie. A partir de ce point, le tuyau est placé dans ce dernier égout et ne le quitte qu'un peu avant le viaduc de la porte d'Ouche, sous lequel il passe dans un conduit qu'un homme peut visiter.

Du viaduc jusqu'à son extrémité, le répartiteur n° 2 est ensuite posé en tranchée.

4° Bornes-fontaines alimentées par le répartiteur Bossuet et par ses ramifications.

Le répartiteur n° 2 et les conduites qui en dépendent alimentent quatorze bornes-fontaines disposées et servies ainsi qu'il est indiqué dans le tableau synoptique suivant :

NUMÉROS DES BORNES-FONTAINES.	EMPLACEMENT DE CES BORNES.	NATURE, LONGUEUR ET DIAMÈTRE des conduites suivant lesquelles la communication s'établit. FONTE. Longueur.	FONTE. Diamètre.	PLOMB. Longueur.	PLOMB. Diamètre.	ROBINETS. Au pied de la borne. Nombre	Au pied de la borne. Diamètre.	Près du tuyau répartiteur. Nombre	Près du tuyau répartiteur. Diamètre.	Sur le trajet des conduites de service. Nombre	Sur le trajet des conduites de service. Diamètre.	OBSERVATIONS.
		m	m	m	m		m		m			
29	Rue Bossuet, n° 10 (greffée directement sur le répartiteur).	»	»	6 »	0 034	»	»	1	0 034	»	»	
30	Rue Bossuet (greffée directement sur le répartiteur).....	»	»	8 »	0 034	»	»	1	0 034	»	»	
31	Rues Bossuet et Saint-Bénigne (angle des), n° 26 (greffée sur le branchement secondaire)..	6 »	0 081	7 60	0 034	1	0 034	1	0 081	»	»	
32	Rue Saint-Bénigne, n° 8 (greffée sur le branchem. secondaire).	80 80	0 081	5 60	0 034	1	0 034	»	»	»	»	
33	Rue Piron (greffée sur le branchement secondaire).......	»	»	6 »	0 034	1	0 034	»	»	»	»	
34	Rue Piron, n° 17 (greffée sur le branchement secondaire). .	95 »	0 081	8 60	0 034	1	0 034	1	0 081	»	»	
35	Place Saint-Jean (marché du Midi (greffée directement sur le répartiteur).	»	»	13 10	0 034	1	0 034	»	»	»	»	
36	Place Saint-Jean (marché du Midi) (greffée directement sur le répartiteur).	»	»	6 40	0 034	»	»	1	0 034	»	»	
37	Place du Morimont, n° 40 (greffée directem. sur le répartit.)	»	»	8 »	0 034	»	»	1	0 034	»	»	
38	Rue Porte-d'Ouche (contre l'Académie) (greffée directement sur le répartiteur).	»	»	10 »	0 034	1	0 034	»	»	»	»	
39	Faubourg Raines, n° 11 (greffée sur le branchem. secondaire).	58 »	0 081	5 60	0 034	1	0 034	1	0 081	»	»	
40	R. des Tanneries, n° 22 (greffée sur le branchem. secondaire).	77 »	0 081	4 70	0 034	1	0 034	1	0 081	»	»	
41	Rue de l'Hôpital (contre l'hospice) (greffée directement sur le répartiteur).	»	»	4 60	0 034	1	0 034	»	»	»	»	
42	Faubourg d'Ouche, n° 2 (greffée sur le branchem. secondaire).	27 »	0 06	5 10	8 034	1	0 034	»	»	»	»	

Le répartiteur n° 2 aura encore à desservir :

1° Une fontaine à écoulement constant, à construire sur la place Morimont ;

2° Une autre fontaine à écoulement constant, sur la place à créer vis-à-vis du viaduc de la porte d'Ouche.

Enfin, c'estencore de cette conduite que part le tuyau alimentaire du grand hôpital de Dijon (*), dont la population s'élève au chiffre de trois cents personnes.

(*) L'hôpital du Saint-Esprit, de Dijon, fut fondé en 1204 par Eudes III, duc de Bourgogne. Vers 1640, les portions de bâtiments situées autour de la grande salle prirent le nom d'hôpital de la Charité ; puis d'hôpital général, quand un arrêt du Conseil, rendu en 1696, eut confondu

Répartiteur du Bourg, n° 3.

1° Description.

Il pénètre (Pl. 16) dans la rue du Bourg qu'il suit jusqu'à son extrémité, arrive sur la place Saint-Georges et se divise en deux branches :

La première descend dans la rue Berbisey, rencontre, vis-à-vis de la rue du Chaignot, la cuve de distribution n° 4, arrive à la rue du Refuge, dans laquelle elle se développe, et vient enfin se terminer à la cuve de distribution n° 2.

La deuxième parcourt la rue Charrue, traverse la place des Cordeliers, suit la rue Saint-Pierre et se réunit au répartiteur n° 5, à la rencontre des rues Saint-Pierre et Chabot-Charny.

Le tronc commun de ce répartiteur a la longueur de 206m 70 et le diamètre de 0m 162.

Une ramification secondaire, ayant pour but l'alimentation d'une borne-fontaine placée dans la rue des Étioux, est greffée sur ce tronc commun.

La première branche offre trois diamètres :

1° En aval de la place Saint-Georges : longueur, 3m 75; diamètre, 0m 162;

2° Entre ce dernier point et la rue Victor Dumay : longueur, 78m 70; diamètre, 0m 135;

3° Entre la rue Victor Dumay et la cuve de distribution n° 2 : longueur, 548m 30; diamètre, 0m 108.

Elle est accompagnée de plusieurs ramifications secondaires.

La première pénètre dans la rue Victor Dumay : sa longueur est de 96m 80, son diamètre de 0m 108.

De plus, au point où celle-ci passe devant la rue Sainte-Anne, elle reçoit un sous-branchement qui descend dans cette dernière rue. Sa longueur est de 167m 30, son diamètre de 0m 081.

La seconde est adaptée à la cuve de distribution placée à la rencontre des rues Berbisey et du Chaignot, et pénètre dans la rue du Chaignot. Sa longueur est de 55m 80, son diamètre de 0m 081.

ces deux établissements avec d'autres petits hôpitaux de la ville et de la banlieue. Parmi ces derniers figurait la maladière de Brochon, près de Gevrey-Chambertin, fondée, dit-on, par Charlemagne.

La troisième s'ajuste à cette même cuve de distribution n° 4 et descend jusqu'à la rencontre des rues du Morimont et Crébillon. Sa longueur est de 32 mètres, son diamètre de 0m 081.

La seconde branche a la longueur de 462m 75 et le diamètre uniforme de 0m 135.

Elle est accompagnée de deux branchements secondaires :

L'un pénètre dans la rue Turgot : sa longueur est de 167m 80, son diamètre de 0m 081.

L'autre entre dans la rue Franklin : sa longueur est de 21 mètres, son diamètre de 0m 06.

2° Robinets d'arrêt et de décharge, ventouses.

Un premier robinet d'arrêt est placé à la jonction du tronc commun de ce répartiteur et de l'artère principale ; un second à l'origine du branchement de la rue Charrue et sur ce branchement ; un troisième à l'amont de la cuve sur laquelle cette dernière conduite vient s'ajuster. Enfin, un quatrième à l'extrémité de la seconde branche de ce répartiteur, à l'amont de la cuve n° 2.

A l'origine de la première branche qui descend dans la rue Charrue, et près du robinet d'arrêt, un robinet à air a été posé.

La décharge de ce répartiteur s'opère :

1° Pour la branche de la rue Charrue : par un robinet placé à son extrémité à l'amont du robinet d'arrêt ;

2° Pour la branche de la rue Berbisey : par les robinets ajustés au fond des cuves nos 2 et 4.

3° Robinets d'arrêt et de décharge.

Des robinets d'arrêt sont placés à l'origine des ramifications secondaires :

1° De la rue des Étioux ; 2° de la rue Turgot ; 3° de la rue Victor Dumay ; 4° de la rue Sainte-Anne ; de plus, un robinet à air est placé à l'origine de cette conduite ; 5° de la rue Crébillon [1] ; 6° de la rue du Chaignot.

[1] Crébillon est né à Dijon.

On n'en a point ajusté à l'origine de la ramification Franklin, vu sa faible longueur.

Quant à la vidange de ces ramifications, elle s'opère ainsi qu'il suit :

Celle des nos 1, 2, 3, 5, 6, au moyen de robinets; celle du no 4, par le déplacement d'une plaque pleine en fonte qui ferme l'extrémité de la conduite.

4° Galeries.

Sont posés en galerie :

1° Le tronc commun du répartiteur;

2° La première branche du répartiteur jusqu'à la cuve de distribution no 1;

3° La deuxième branche du répartiteur, de la place des Cordeliers jusqu'à la jonction avec le répartiteur no 5.

5° Bornes alimentées par le répartiteur du Bourg et par ses ramifications.

Le répartiteur no 3 et les ramifications qui en dépendent, alimentent vingt-trois bornes-fontaines disposées et servies comme il est indiqué dans le tableau synoptique suivant :

NUMÉROS DES BORNES-FONTAINES.	EMPLACEMENT DE CES BORNES.	NATURE, LONGUEUR ET DIAMÈTRE des conduites suivant lesquelles la communication s'établit. FONTE.		PLOMB.		ROBINETS. Au pied de la borne.		Près du tuyau répartiteur		Sur le trajet des conduites de service.		OBSERVATIONS.
		Longueur.	Diamètre.	Longueur.	Diamètre.	Nombre	Diamètre.	Nombre	Diamètre.	Nombre	Diamètre.	
	Bornes alimentées par le tronc commun des tuyaux répartiteurs des rues Berbisey, d'une part, Charrue et Saint-Pierre, d'autre part.											
		m.	m.	m.	m.		m.		m.		m.	
43	Rues Condé et du Bourg (angle des), no 102 (greffée directement sur le répartiteur).	»	»	5 70	0 034	»	»	1	0 034	»	»	
44	Rues du Bourg et Dauphine (angle des), no 40, greffée directement sur le répartiteur). .	»	»	4 60	0 034	1	0 034	»	»	»	»	
45	Rue des Étioux, nos 11, 13 (greffée sur le branch. secondaire)	45 »	0 081	4 60	0 034	1	0 034	1	0 081	»	»	
46	Rues des Étioux et du Bourg (angle des), no 63 (greffée directement sur le répartiteur).	»	»	7 45	0 034	»	»	1	0 034	»	»	
47	Rues Berbisey et Piron (angle des), no 2 greffée directement sur le répartiteur)	»	»	7 70	0 034	»	»	1	0 034	»	»	

NUMÉROS DES BORNES-FONTAINES.	EMPLACEMENT DE CES BORNES.	NATURE, LONGUEUR ET DIAMÈTRE des conduites suivant lesquelles la communication s'établit. FONTE.		PLOMB.		ROBINETS. Au pied de la borne.		Près du tuyau répartiteur.		Sur le trajet des conduites de service.		OBSERVATIONS.
		Longueur.	Diamètre.	Longueur.	Diamètre.	Nombre	Diamètre.	Nombre	Diamètre.	Nombre	Diamètre.	
	Bornes alimentées par le répartiteur de la r. Berbisey.											
		m.	m.	m.	m.		m.		m.		m.	
48	Rues Victor Dumay et Sainte-Anne (angle des), n° 2 (greffée sur le branchem. secondaire).	96 80	0 108	8 10	0 034	1	0 034	1	0 108	»	»	
49	Rue Victor Dumay (greffée sur le branch. secondaire)	»	»	8 »	0 034	1	0 034	»	»	»	»	
50	Rue Sainte-Anne, au pied d'une pyramide (greffée sur le sous-branchem. de 0m81 alimenté par le branchement de 0m108	167 30	0 081	4 90	0 034	1	0 034	»	»	1 (1)	0 081	(1) Contre la conduite de 0m 108.
51	Rue Berbisey, n° 11 (greffée directement sur le répartiteur).	»	»	7 30	0 034	»	»	1	0 034	»	»	
52	Rue Berbisey, n° 27 (greffée directement sur le répartiteur).	»	»	7 70	0 034	»	»	1	0 034	»	»	
53	Rue Crébillon, n° 28 (greffée sur le branchement secondaire).	32 »	0 081	10 30	0 034	1	0 034	1	0 081	»	»	
54	Rue du Chaignot, n° 33 (greffée sur le branchem. secondaire).	35 80	0 081	7 10	0 034	1	0 034	1	1 081	»	»	
55	Rue Berbisey, n° 110 (greffée directement sur le répartiteur).	»	»	4 60	0 034	1	0 034	»	»	»	»	
56	Rue Berbisey, n° 67 (greffée directement sur le répartiteur).	»	»	10 »	0 034	1	0 034	»	»	»	»	
57	Rues Berbisey et du Refuge (angle des rues), n° 97 (greffée directem. sur le répartiteur).	»	»	7 60	0 034	1	0 034	»	»	»	»	
58	Rues du Refuge et du Sachot (angle des), n° 12 (greffée directement sur le répartiteur).	»	»	4 60	0 034	1	0 034	»	»	»	»	
	Bornes alimentées par le répartiteur de la r. Charrue.											
59	Rue Charrue, (greffée directement sur le répartiteur).	»	»	5 »	0 034	1	0 034	»	»	»	»	
60	Rue Charrue, n° 9 (greffée directement sur le répartiteur).	»	»	7 60	0 034	1	0 034	»	»	»	»	
61	Place des Cordeliers, n° 3 (greff. sur le branchem. secondaire).	14 »	0 06	4 35	0 034	1	0 034	»	»	»	»	
62	Rue Turgot, n° 1 (greffée sur le branchement secondaire). .	34 40	0 081	6 10	0 034	1	0 034	1	0 081	»	»	
63	Rue Turgot, n° 3 (greffée sur le branchement secondaire). .	133 40	0 081	7 90	0 034	1	0 034	»	»	»	»	
64	Rue Franklin, n° 14 (greffée sur le branchement secondaire).	21 »	0 06	6 »	0 034	1	0 034	»	»	»	»	
65	Rue Saint-Pierre, n° 28 (greffée sur le répartiteur)	»	»	4 65	0 034	1	0 034	»	»	»	»	

La première branche du répartiteur n° 3 est encore appelée à alimenter une fontaine qu'on établira plus tard sur la place des Cordeliers ; et, dès aujourd'hui, elle sert de conduite supplémentaire pour la gerbe de la porte Saint-Pierre.

La deuxième branche, au moyen de la ramification de la rue Sainte-Anne, fournit l'eau nécessaire à la caserne de cavalerie, dite des Carmélites, et de plus alimente l'hospice Sainte-Anne (¹).

Enfin, sur cette seconde branche, sont greffés directement les tuyaux qui fournissent l'eau à l'école des Frères de la doctrine chrétienne et aux magasins de la manutention militaire.

Répartiteur (place d'Armes) nº 4.

1º Direction.

Le répartiteur (Pl. 16) se branche sur l'artère principale vis-à-vis le centre de l'intervalle situé entre les deux pavillons de l'Hôtel-de-ville; il traverse la place d'Armes et s'ajuste d'abord sur la cuve de distribution nº 5, établie vers la rencontre des rues Vauban (²) et du Palais.

Cette première partie a la longueur de 38m 80 et le diamètre de 0m 135.

A partir de la cuve de distribution, le répartiteur nº 4 change de diamètre et prend celui de 0m 108, jusqu'à la rencontre des rues Vauban et Bouhier.

Cette seconde partie a la longueur de 80 mètres.

A partir de ce point il descend dans la rue Vauban avec un diamètre de 0m 081 et se développe, avec même diamètre, dans la rue de l'École de droit jusqu'à la borne-fontaine placée à l'origine de l'impasse de la Conciergerie.

Cette troisième partie a la longueur de 134m 60.

Un branchement secondaire, ainsi qu'une conduite dite de jonction, accompagnent ce répartiteur.

Le branchement secondaire est soudé à la cuve de distribution nº 5 de la place d'Armes, et va, par la rue du Palais, alimenter une borne établie contre le Palais-de-Justice : sa longueur est de 93 mètres, son diamètre de 0m 081.

Quant à la conduite de jonction, elle part de l'extrémité du répartiteur après la borne placée vers la Conciergerie et aboutit à l'extrémité du deuxième branche-

(¹) L'hospice Sainte-Anne fut fondé en 1633 par le président P. Odebert et Odette Maillard, son épouse. Il était destiné aux orphelins et orphelines des familles pauvres de Dijon. Établi dans le principe à l'hôpital général, il fut transféré peu de temps après dans les bâtiments actuels du lycée et, sous l'Empire, dans l'ancien couvent des Bernardines. L'institution est depuis longtemps restreinte aux orphelines.

(²) Du nom du célèbre maréchal, qui était Bourguignon.

ment greffé sur le répartiteur (Chabot-Charny) n° 5, à la description duquel nous allons passer tout à l'heure. Cette conduite de jonction a pour but de desservir, au moyen de ce répartiteur n° 5 et du réservoir de Montmusard, toutes les bornes placées sur le répartiteur n° 4, dans le cas où l'artère principale (partie comprise entre le réservoir de la porte Guillaume et la rue Dauphine, et même la salle de spectacle) ne pourrait faire son service.

La longueur de cette conduite de jonction est de 83 mètres, son diamètre de 0m081. Elle porte le n° 1.

2° Robinets d'arrêt et de décharge, ventouses à flotteur.

Un robinet d'arrêt est placé à la jonction du répartiteur n° 4 et de l'artère principale. Il est immédiatement suivi d'une ventouse à flotteur. Un second robinet d'arrêt a été posé à l'aval de la cuve de distribution ; enfin, comme la conduite de jonction dont il vient d'être parlé est située à la fois et dans le prolongement du répartiteur n° 4 et dans celui du deuxième branchement du répartiteur n° 5, c'est seulement à la réunion de ce branchement avec son répartiteur que le dernier robinet d'arrêt et le dernier robinet de décharge ont été posés. Je dis le dernier robinet de décharge, car la cuve de distribution de la place d'armes en a reçu un premier à sa base.

On voit, du reste, qu'au moyen du premier robinet d'arrêt et de la conduite de jonction, on peut alimenter les bornes de la rue de l'École-de-Droit et de la rue Vauban, lors même que la partie du répartiteur qui passe sous la place d'Armes serait en vidange.

Le branchement de la rue du Palais est muni d'un robinet d'arrêt et d'un robinet à air à sa jonction avec la cuve. Quant à sa décharge, elle s'effectue par le déplacement d'une plaque pleine en fonte qui ferme son extrémité. Sur ce dernier branchement s'ajuste un tuyau chargé d'alimenter l'écoulement qui s'opère au commencement de la rue des Bons-Enfants, au moyen d'un orifice placé sous trottoir. Un orifice semblable, et semblablement disposé, a été établi à l'origine de la rue du Palais.

La salubrité exigeait que ces deux petites rues fussent lavées à grande eau pendant les chaleurs; mais elles sont si étroites, qu'il eût été difficile d'y placer des bornes-fontaines, que la proximité d'autres bornes aurait d'ailleurs rendues inutiles. On s'est donc contenté de placer sous trottoir l'extrémité de deux petits tuyaux en plomb de même diamètre que ceux qui servent à alimenter les bornes. L'un de ces tuyaux est directement adapté au branchement du Palais; le second à la conduite de 0m 06 greffée sur ce branchement. Deux robinets d'arrêt, faisant en même temps fonction de robinets de décharge lorsqu'ils sont fermés, sont placés sous bouche-à-clef au point de raccordement avec le branchement de la rue du Palais et du sous-branchement de 0m 06. La description de ces robinets et des bouches-à-clef sera donnée à l'article concernant les bornes-fontaines.

3° Galeries.

Tout le répartiteur n° 4 et les ramifications qui en dépendent sont placés en tranchées.

4° Bornes alimentées par le répartiteur de la place d'Armes et par ses ramifications.

Le répartiteur n° 4 de la place d'Armes et les ramifications qui en dépendent alimentent cinq bornes-fontaines, disposées et servies comme il est indiqué dans le tableau synoptique suivant :

NUMÉRO DES BORNES-FONTAINES.	EMPLACEMENT DE CES BORNES.	NATURE, LONGUEUR ET DIAMÈTRE des conduites suivant lesquelles la communication s'établit. — FONTE. Longueur.	FONTE. Diamètre.	PLOMB. Longueur.	PLOMB. Diamètre.	ROBINETS — Au pied de la borne. Nombre	Au pied de la borne. Diamètre.	Près du tuyau répartiteur. Nombre	Près du tuyau répartiteur. Diamètre.	Sur le trajet des conduites de service. Nombre	Sur le trajet des conduites de service. Diamètre.	OBSERVATIONS.
		m.	m.	m.	m.		m.		m.			
66	Place d'Armes, n° 15 (greffée sur le répartiteur en aval du regard)	»	»	4 »	0 034	1	0 034	»	»	»	»	
67	Rue Vauban, n° 12 (greffée sur le répartiteur)	»	»	7 50	0 034	1	0 034	»	»	»	»	
68	Rues Vauban et de l'École-de-Droit (angle des), n° 21 (greffée sur le répartiteur)	»	»	5 90	0 034	1	0 034	»	»	»	»	
69	Rue de l'École-de-Droit (contre la prison) (greffée sur le répartiteur)	»	»	6 »	0 034	1	0 034	»	»	»	»	
70	Place du Palais (greffée sur le branchement secondaire qui prend naissance à la cuve de distribution de la place d'Armes)	93 »	0 081	5 60	0 034	1	0 034	1	0 081	»	»	

Indépendamment des voies d'écoulement détaillées dans le tableau synoptique précédent, le répartiteur n° 4 doit encore alimenter la prison, au moyen d'un tuyau dont le branchement aura lieu vis-à-vis la rue Magdeleine.

Répartiteur Chabot-Charny, n° 5.

1° Direction.

Ce répartiteur (Pl. 17) est mis en communication avec l'artère principale en un point situé vis-à-vis la salle de spectacle. De là il traverse la place Saint-Étienne, descend dans la rue Chabot-Charny, passe sous la grille de la porte Saint-Pierre et se termine à l'appareil d'où surgit la grille de la porte Saint-Pierre. La longueur de ce répartiteur est de 569^m 20, son diamètre de 0^m 19.

Le répartiteur Chabot-Charny est accompagné de plusieurs ramifications secondaires. La première pénètre dans la rue Legouz-Gerland et se termine à la cuve de distribution n° 6, établie à la rencontre de cette rue et de la rue Buffon. Sa longueur est de 153^m 50, son diamètre de 0^m 135.

De cette cuve de distribution rayonnent trois nouveaux sous-branchements. L'un descend dans la rue Chancelier-L'Hôpital. Sa longueur est de 105^m 20, son diamètre de 0^m 081. L'autre se développe dans la rue Buffon, en se dirigeant vers la rue Chabot-Charny. Sa longueur est de 90 mèt., son diamètre de 0^m 081. Le dernier est un tuyau de jonction qui va se réunir, vers l'église Saint-Michel, à la partie de l'artère principale dont le diamètre est de 0^m 108.

Le but de ce tuyau de jonction est de porter dans toutes les bornes-fontaines placées sur le côté droit de l'artère principale les eaux du réservoir de la porte Neuve, dans le cas où cette artère serait en réparation à partir de son origine jusqu'à la salle de spectacle. Ce tuyau de jonction porte le n° 2.

La seconde ramification secondaire pénètre dans la rue de l'École-de-Droit et s'arrête à la borne-fontaine placée contre cet établissement. Sa longueur est de 83 mèt., son diamètre de 0^m 081.

La troisième monte la rue du Petit-Potet. Sa longueur est de 112^m 50, son diamètre de 0^m 081.

La quatrième suit la rue d'Auxonne. Sa longueur est de 267 mèt., dont 167 mèt. ont le diamètre de 0^m 108, et 100 mèt. ont le diamètre de 0^m 081.

La cinquième dessert la rue des Moulins. Sa longueur est de 391^{m} 70, dont 65^{m} 20 ont le diamètre de 0^{m} 108 et 336^{m} 50 celui de 0^{m} 081.

2° Robinets d'arrêt et de décharge, robinets à air.

Un premier robinet d'arrêt est placé à la jonction du répartiteur n° 5 avec l'artère principale; il est suivi d'un robinet à air. Deux autres robinets d'arrêt, de même diamètre que le précédent, c'est-à-dire de 0^{m} 19, ferment les deux extrémités des branches de cette conduite, qui alimentent séparément le jet du milieu du bassin de la porte Saint-Pierre et les seize jets du pourtour destinés à former la gerbe. La troisième branche, à l'extrémité de laquelle est placée une cuve de distribution n° 7, n'a point de robinet d'arrêt avant cette cuve; mais on en a placé deux à l'origine des deux conduites qui s'ajustent sur les deux autres tubulures de cet appareil et qui desservent, la première, la rue d'Auxonne, la seconde, le poteau d'arrosage (1) situé devant la porte du parc et la rue des Moulins. Je reviendrai tout à l'heure sur la disposition exacte de tous ces appareils.

Un robinet de décharge est posé vis-à-vis l'hôtel du Parc, au point bas de la conduite.

La première ramification Legouz-Gerland est munie d'un robinet d'arrêt à son origine, et, de plus, à 38 mèt. de ce robinet existe une ventouse à flotteur. Elle s'adapte à la cuve de distribution sans robinet d'arrêt intermédiaire; mais au commencement des sous-branchements de la rue Chancelier-L'Hôpital, de la rue Buffon et de la conduite de jonction qui remonte à la branche de l'artère principale passant vers l'église Saint-Michel, sont posés trois robinets d'arrêt.

On a déjà vu que le tuyau de jonction de l'École de droit et les branchements de la rue d'Auxonne et de la rue des Moulins commencent par des robinets d'arrêt. Ces deux derniers sont, de plus, munis de robinets à air placés immédiatement à l'aval des premiers appareils.

Il me reste donc seulement à dire que la ramification de la rue du Petit-Potet commence aussi par un robinet d'arrêt.

La vidange du branchement Legouz-Gerland s'effectue par deux robinets de décharge : le premier, placé à l'amont du robinet d'arrêt, le second

(1) Il est en tous points conforme à ceux en usage dans la distribution des eaux de Paris.

au fond de la cuve de distribution; celle du tuyau de jonction et du sous-branchement de la rue Buffon, par des robinets de décharge ajustés à l'amont des robinets d'arrêt. Enfin, le sous-branchement Chancelier-L'Hôpital se vide au moyen du déplacement de la plaque pleine en fonte qui ferme l'extrémité du tuyau.

On remarquera sans doute, et avec raison, qu'il eût été convenable de placer un second robinet d'arrêt à l'extrémité du branchement Legouz-Gerland, en amont de la cuve de distribution. Cette disposition eût permis d'alimenter facilement les bornes de la rue Buffon et de la rue Chancelier-L'Hôpital au moyen du tuyau de jonction, en cas de réparation du branchement précité. Il eût été plus convenable aussi de placer un second robinet d'arrêt à l'extrémité du tuyau de jonction près de Saint-Michel, pour ne point interrompre le passage des eaux dans la branche de l'artère principale qui passe vers cette église. Dans cette circonstance, comme dans plusieurs autres, j'ai obéi à une raison d'économie. Il serait facile, d'ailleurs, d'ajouter ces appareils si le besoin s'en faisait sentir. Dans l'état présent des choses, et si on avait à réparer les conduites précitées, il suffirait de démonter les tuyaux à brides placés vers la cuve, ou la branche précitée de la mère-conduite, et de boucher les tubulures libres au moyen de tampons, pour obtenir avec moins d'aisance, il est vrai, le résultat auquel les robinets permettraient d'arriver plus directement.

La vidange des trois derniers branchements, rue du Petit-Potet, rue d'Auxonne et rue des Moulins, s'obtient, pour le premier, à l'aide d'un robinet de décharge placé à l'amont du robinet d'arrêt, et pour les deux derniers, à l'aide de plaques pleines en fonte qui ferment l'extrémité des conduites.

3° Galeries.

Tout le répartiteur n° 5 est placé sous galerie.

4° Bornes-fontaines alimentées par le répartiteur Chabot-Charny et par ses ramifications.

Le répartiteur n° 5 et les ramifications qui en dépendent alimentent douze bornes-fontaines, disposées et servies comme il est indiqué dans le tableau synoptique suivant :

Numéro des bornes-fontaines.	Emplacement de ces bornes.	Nature, longueur et diamètres des conduites suivant lesquelles la communication s'établit. Fonte. Longueur.	Fonte. Diamètre.	Plomb. Longueur.	Plomb. Diamètre.	Robinets. Au pied de la borne. Nombre	Au pied de la borne. Diamètre.	Près du tuyau répartiteur. Nombre	Près du tuyau répartiteur. Diamètre.	Sur le trajet des conduites de service. Nombre	Sur le trajet des conduites de service. Diamètre.	Observations.
		m.	m.	m.	m.		m.		m.		m.	
71	Rue des Bons-Enfants, nº 16 (greffée sur le répartiteur)..	»	»	4 »	0 034	1	0 034	»	»	»	»	
72	Rue Legouz-Gerland, nº 3 (greffée sur le branchem. second.)	20 50	0 135	7 60	0 034	1	0 034	1	0 135	»	»	
73	Rue Chancelier-L'Hôpital, nº 7 (greffée sur le sous-branch., lequel est alimenté par la cuve de distribution Legouz-Gerland-Buffon).......	103 20	0 081	8 30	0 034	1(1)	0 034	»	»	1(2)	0 081	(1) Placé dans un regard de service. (2) Placé en aval de la cuve de distribution.
74	Rue Buffon, nº 24 (greffée sur le sous-branchement alimenté par la cuve de distribution Legouz-Gerland)......	90 »	0 081	6 60	0 034	1	0 034	»	»	1	0 081	
75	Rue Chabot-Charny, nº 34 (gref. directem. sur le répartiteur)	»	»	8 70	0 034	»	»	1	0 034	»	»	
76	Rue de l'École-de-Droit, contre le bâtiment de l'École de droit (greffée sur le branchement secondaire).......	83 »	0 081	4 60	0 034	1	0 034	1	0 081	»	»	
77	Rue du Petit-Potet, nº 20 (greff. sur le branchem. secondaire)	112 50	0 081	6 »	0 034	1	0 034	1	0 081	»	»	
78	Rue Chabot-Charny, nº 64 (gref. directem sur le répartiteur).	»	»	3 80	0 034	1	0 034	»	»	»	»	
79	Porte Saint-Pierre (contre la) (greffée directement sur le répartiteur).........	»	»	11 »	0 034	1	0 034	»	»	»	»	
80	Rue d'Auxonne, maison de charité (greffée sur le branchem. secondaire).........	167 »	0 108	7 »	0 034	1	0 034	1	0 108	»	»	
81	Rue d'Auxonne, nº 28 (greffée sur le branchem. secondaire)	100 »	0 081	8 »	0 034	1	0 034	»	»	»	»	
82	Rue des Moulins, nº 16 (greffée sur le branchem. secondaire)	55 20	0 108	»	»	»	»	1	0 108	»	»	Ce branchement alimente un poteau d'arrosage.
		336 50	0 081	4 60	0 034	1	0 034	»	»	»	»	

L'artère nº 5, indépendamment des voies d'écoulement indiquées dans le tableau précédent, fournit l'eau à la caserne d'infanterie des Ursulines et alimente la gerbe et le lavoir de la porte Saint-Pierre, ainsi que le poteau d'arrosage situé vis-à-vis la porte d'entrée du cours du Parc. Quelques détails doivent être fournis sur les appareils de la gerbe.

Gerbe de la place Saint-Pierre.

La gerbe de la place Saint-Pierre s'élance d'un bassin circulaire de 27 mètres de diamètre intérieur, sur 70 centimètres de profondeur. (Voir pour les détails la planche 19). Ce bassin recouvre un souterrain dans lequel sont placés les appareils hydrauliques.

Un peu avant son arrivée à l'aplomb du centre du bassin, le tuyau de 0^m 19 de diamètre, qui vient de la rue Chabot-Charny (répartiteur n° 5), se bifurque en trois branches :

La première donne l'eau au jet du milieu; la seconde communique avec un espace annulaire qui enveloppe le tuyau de 0^m 19 verticalement relevé pour produire le jet. Sur la surface courbe qui ferme la partie supérieure de l'espace annulaire sont ajustés les orifices qui donnent naissance aux jets inclinés. Il résulte de cette disposition que le jet vertical central est indépendant des jets inclinés.

Aux deux bifurcations dont il vient d'être parlé, sont ajustés des robinets-vannes; d'où suit qu'en ouvrant plus ou moins ces derniers, on peut varier à volonté les effets hydrauliques de la gerbe, en augmentant ou en diminuant le volume débité par les jets inclinés ou le jet central qui peuvent fonctionner d'une manière indépendante, ainsi que je viens de le montrer.

J'ai calculé les éléments destinés à produire la gerbe, ainsi que le recommande M. d'Aubuisson, *Annales des Mines*, tome XIV, et d'abord j'ai fait les hypothèses suivantes; j'ai supposé :

1° Qu'elle fonctionnerait sous une charge disponible égale à 11 mètres;

2° Qu'elle débiterait 80 pouces, savoir :

Jet du milieu	8 pouces.
Huit jets du premier rang ou le plus rapproché du centre, 5 pouces × 8 = ...	40
Huit jets du deuxième rang, 8 × 4 = ...	32
TOTAL PAREIL.	80 pouces.

Le diamètre du jet central, percé en mince paroi, sera donné par l'expression

$$\sqrt{\frac{0,0017742}{0,62 \times 0,785 \times 4.42\sqrt{11}}} = 0,0157.$$

Si l'on voulait que le jet du milieu débitât à lui seul les 80 pouces, il faudrait multiplier 0,0157 par $\sqrt{10}$: ce qui produirait pour le diamètre cherché 0,0496.

J'ai fait exécuter un orifice de cette dimension, qui permet de remplacer la gerbe par un jet unique d'une grande beauté.

Passons maintenant aux jets inclinés.

M. d'Aubuisson établit ses formules dans la supposition que la trajectoire décrite par le jet est une parabole. Et, en effet, presque toujours il en sera ainsi.

Soit i l'angle d'inclinaison ou de projection de l'ajutage lançant le jet, h la charge d'eau effective, n^2h sera la hauteur due à la vitesse de sortie, n étant le rapport de la vitesse réelle à la vitesse théorique, ou le coefficient de cette vitesse ; si l'on prend pour axe des abscisses l'horizontale menée par l'orifice de l'ajutage, l'équation de la courbe sera (*Mécanique* de Poisson, n° **208.**)

$$y = x \operatorname{tang} i - \frac{x^2}{4n^2h\cos i}; \qquad (1)$$

en désignant par A l'amplitude du jet on a

$$A = 2n^2h \sin 2i. \qquad (2)$$

soit E la plus grande élévation du jet correspondant à l'abscisse, qui est la moitié de l'amplitude, on aura

$$E = n^2h \sin^2 i. \qquad (3)$$

Divisant cette équation par la précédente, il vient

$$\frac{4E}{A} = \frac{\sin i}{\cos i} = \operatorname{tang} i. \qquad (4)$$

Jets inclinés du premier rang.

J'ai admis qu'ils s'élèveraient à 9 mètres de hauteur, et que leur amplitude serait de 8m 50.

La formule (4) donne $i = 76° 43'$: le carré du sinus de cet angle mis dans l'équation (3) où v et h sont connus donnera $n = 0,862$: le tableau des expériences de M. Castel (colonne 10) montre que le coefficient appartient à un ajutage dont l'angle de convergence est 1° 44′, pour un tel ajutage (même tableau, colonne 6), le coefficient m de la dépense $= 0,87$ et la formule ordinaire de la dépense.

$$Q = m\frac{\pi}{4}d^2\sqrt{2gh} \text{ donnera } d = 0,0105.$$

Jets inclinés du second rang.

J'ai admis que leur hauteur verticale serait 8 mètres, leur amplitude 9m 50. On a donc

$i = 73° 28'$: $n = 0,889$: angle de convergence $= 3° 46'$: $m = 0,90$ et $d = 0,0092$

Si nous supposons maintenant que tous les ajutages présentent la longueur de 3 centimètres, on aura pour le premier rang :

diamètre de sortie, 0^m 015, — d'entrée, 0^m 0114,
inclinaison de l'axe, 76° 43′ ;

et pour le second rang :

diamètre de sortie, 0^m 0092, — d'entrée, 0^m 0112,
inclinaison de l'axe, 73° 28′.

La troisième bifurcation du tuyau de 0^m19 est destinée à s'adapter, dans l'avenir, à un tuyau qui conduira les eaux du bassin de la gerbe, soit au rond du cours du Parc, soit au Parc. La pente existante permettrait encore, sans dépense d'eau nouvelle, d'obtenir en ces points de beaux effets hydrauliques. Aujourd'hui une partie de ces eaux alimente un vaste lavoir à la porte Saint-Pierre.

La planche 19 indique comment s'échappe actuellement le trop-plein du bassin et comment s'effectue la prise d'eau du lavoir. Le trop-plein s'écoule dans l'aqueduc au moyen du tuyau de décharge *t*. Le tuyau du lavoir est alimenté par l'intervalle annulaire existant entre le tuyau de décharge *t* et le tuyau T. Les seules eaux qui se perdent sont celles qui ne peuvent être utilisées par le lavoir; celui-ci, au reste, n'emploie guère que 30 pouces.

COTÉ GAUCHE. — Répartiteur (des Godrans) n° 6.

1° Direction.

Ce répartiteur (Pl. 17) se branche sur l'artère principale, à l'entrée de la rue des Godrans ([1]), qu'il parcourt jusqu'au centre de la place Saint-Bernard ([2]), où il rencontre la cuve de distribution n° 6.

Sa longueur est de 385^m 20; son diamètre, de 0^m 135.

([1]) M. le président Odinet Godran, dont l'hôtel était situé rue des Champs (aujourd'hui rue Godran), institua en 1581 le collége des Jésuites, qu'on appela *collége Godran*.

([2]) Cette place est située au pied du monticule de Fontaine, lieu de la naissance de saint Bernard : une belle statue de saint Bernard, prêchant à Vézelay la croisade contre nos alliés du jour, décore ce quartier de la ville ; elle est due à notre compatriote M. Jouffroy.

Il est accompagné de plusieurs branchements secondaires et sous-branchements.

Le premier descend dans la rue Musette et s'arrête à peu près vis-à-vis la rue de la Poissonnerie. Sa longueur est de 77m 70; son diamètre de 0m 108.

Vis-à-vis la rue Odebert, un sous-branchement est greffé sur la ramification précédente; il dessert deux bornes-fontaines, aux angles de la place située vis-à-vis le marché du Nord ou des Jacobins. Sa longueur est de 61m 30; son diamètre de 0m 081.

A l'aval de ce sous-branchement, un nouveau tuyau est soudé à la ramification de la rue Musette; il monte dans la rue Poissonnerie, et va desservir une borne placée à l'origine de la rue du Lacet. Sa longueur est de 65m 20; son diamètre de 0m 081.

Le second branchement parcourt la rue du Château et se termine à l'extrémité de cette dernière. Sa longueur est de 90 mèt.; son diamètre de 0m 081.

Le troisième branchement passe sous la rue Bannelier, traverse la place Suzon, jusqu'à la rencontre de l'égout de Suzon, qu'il remonte pour aller desservir une borne placée à l'extrémité de cette place, contre la maison n° 9. Sa longueur est de 205m 90; son diamètre de 0m 108.

De ce branchement secondaire part en outre un sous-branchement qui pénètre dans la rue Quentin. La longueur de ce dernier est de 34 mèt.; son diamètre de 0m 081.

Enfin une conduite de jonction, qui part de l'extrémité du branchement secondaire et remonte sous l'égout de Suzon, va se raccorder avec la conduite de la rue Chantal, laquelle dépend du huitième répartiteur, dont nous donnerons tout à l'heure la description. La longueur de cette conduite de jonction est de 63m 60; son diamètre de 0m 108.

Elle a pour but de servir, au moyen du réservoir de Montmusard, les bornes-fontaines du répartiteur n° 6, en cas de vidange de l'artère principale.

Le quatrième branchement secondaire du répartiteur n° 6 part de la cuve de distribution établie sous la place Saint-Bernard, et alimente une borne placée à l'angle de la rue Saint-Bernard. Sa longueur est de 43 mèt.; son diamètre de 0m 081.

2° Robinets.

Le répartiteur n° 6 est muni d'un robinet d'arrêt à sa jonction avec l'artère principale. Un second robinet d'arrêt est placé à la suite de la cuve de distribution; son diamètre n'est que de 0m 081, égal à celui du branchement qui s'ajuste à la bride de ce robinet. La vidange de ce répartiteur s'opère à l'aide d'un robinet placé immédiatement à l'amont du robinet d'arrêt qui le sépare de l'artère principale.

Le branchement de la rue Musette, ainsi que les sous-branchements Odebert et Poissonnerie, sont garnis de robinets d'arrêt à leur tête. Quant à leur vidange, elle s'opère, pour le branchement, au moyen du déplacement d'une plaque pleine en fonte placée à son extrémité; et, pour les deux sous-branchements, au moyen de robinets de décharge ajustés à l'amont des robinets d'arrêt.

Le branchement de la rue du Château, celui de la rue Bannelier et son sous-branchement, enfin celui de la place Saint-Bernard, portent tous un robinet d'arrêt à leur origine. Quant à leur vidange, elle s'obtient, pour le premier, par un robinet de décharge placé à l'amont du robinet d'arrêt; pour le second, par un robinet de décharge qui verse ses eaux dans l'aqueduc de Suzon; pour le troisième, par un robinet de décharge ajusté à l'amont de celui d'arrêt. A l'extrémité de la conduite de jonction, vers la rue Chantal, est d'ailleurs placé un robinet d'arrêt, pour rendre les répartiteurs 6 et 8 indépendants l'un de l'autre.

3° Galeries.

Ce répartiteur, ainsi que le branchement de la rue Musette, sont placés sous galerie.

4° Bornes-fontaines alimentées par le répartiteur (des Godrans) et par ses ramifications.

Le répartiteur n° 6 et les ramifications qui en dépendent alimentent onze bornes-fontaines disposées et servies ainsi qu'il est indiqué dans le tableau synoptique suivant :

NUMÉROS DES BORNES-FONTAINES.	EMPLACEMENT DE CES BORNES.	NATURE, LONGUEUR ET DIAMÈTRE des conduites suivant lesquelles la communication s'établit.				ROBINETS						OBSERVATIONS.
		FONTE.		PLOMB.		Au pied de la borne.		Près du tuyau répartiteur		Sur le trajet des conduites de service.		
		Longueur.	Diamètre.	Longueur.	Diamètre.	Nombre	Diamètre.	Nombre	Diamètre.	Nombre	Diamètre.	
		m.	m.	m.	m.		m.		m.		m.	
83	Rue des Godrans, n° 51 (greffée directem. sur le répartiteur).	»	»	6 60	0 034	»	»	1	0 034	»	»	
84	Rue du Lacet, n° 5 (greffée sur le sous-branchement). . . .	65 20	0 081	7 »	0 034	1	0 034	»	»	1	[illegible]	
85	Place de la Poissonnerie, n° 22 (greffée sur le sous-branch.).	40 »	0 081	6 »	0 034	1	0 034	»	»	1	0 081	
86	Place de la Poissonnerie, n° 16 (greffée sur le sous-branch.).	21 30	0 081	7 60	0 034	1	0 034	»	»	»	»	
87	Rues Musette et des Godrans (angle des), n° 51 (greffée directement sur le répartiteur).	»	»	9 20	0 034	»	»	1	0 034	»	»	
88	Rue du Château, n° 2 (greffée sur le branchem. secondaire).	90 »	0 081	5 10	0 034	1	0 034	1	0 081	»	»	
89	Rues Bannelier et des Godrans (angle des), n° 2 (greffée sur											
90	le branchement secondaire).	40 »	0 108	6 40	0 034	1	0 034	1	0 108	»	»	
	Place Suzon, n° 9 (greffée sur le branchement secondaire). .	195 90	0 108	7 »	0 034	1	0 034	»	»	»	»	
91	Rue Quentin, n° 18 (greffée sur le sous-branchement). . . .	34 »	0 081	6 »	0 034	1	0 034	1	0 081	»	»	
92	Rue des Godrans, n° 2 (greffée directem. sur le répartiteur).	»	»	8 50	0 034	»	»	1	0 034	»	»	
93	Place Saint-Bernard (greffée sur le branchem. secondaire qui prend naissance à la cuve de distribution de la place Saint-Bernard)	43 »	0 081	4 90	0 034	1	0 034	1	0 081	»	»	

Le répartiteur n° 6 alimente, en outre, au moyen du branchement de la rue du Château, la caserne de la gendarmerie; il satisfait, de plus, à une concession fort importante attribuée à l'architecte de la place Saint-Bernard, pour un prix fixé par hectolitre au dixième seulement des concessions ordinaires; il convient enfin de remarquer que son diamètre a été calculé dans la prévision, aujourd'hui réalisée, d'une fontaine [1] jaillissante au centre de la place Saint-Bernard.

On a vu qu'un premier tuyau de jonction unissait le troisième branchement

[1] Cette fontaine consiste en deux vasques superposées : de la supérieure s'élance un jet débitant environ 10 pouces.

On a vu que le relief du terrain permettrait de faire reparaître au rond-point du cours du Parc, et au Parc, le volume débité par la gerbe de la porte Saint-Pierre; on pourrait aussi, sans nouvelle dépense d'eau, obtenir un très-beau jet dans le jardin botanique, au moyen du volume qui s'épanche de la vasque de la porte Guillaume.

du répartiteur n° 6 au répartiteur n° 8. Si cette communication n'était point reconnue suffisante, il serait aisé d'en établir une seconde entre le branchement de la rue Musette du répartiteur n° 4, et le branchement du répartiteur n° 7.

Répartiteur (Notre-Dame) n° 7.

1° Direction.

Il passe (Pl. 17) sous la première porte de l'Hôtel-de-Ville, descend dans la rue des Forges jusqu'à l'origine de la rue de la Préfecture, dans laquelle il pénètre, passe devant l'église Notre-Dame, et s'arrête vis-à-vis la rue Notre-Dame; sa longueur est de 172ᵐ 80; son diamètre de 0ᵐ 108.

Ce répartiteur est accompagné de quatre branchements secondaires et d'une conduite de jonction.

Le premier descend dans la rue des Forges; sa longueur est de 12 mèt.; son diamètre de 0ᵐ 06.

Le deuxième branchement descend dans la rue Musette; sa longueur est de 53ᵐ 70; son diamètre de 0ᵐ 06.

Le troisième branchement pénètre dans la rue Notre-Dame et s'arrête sur une petite place située vers le chœur de cette église; sa longueur est de 57ᵐ 50; son diamètre de 0ᵐ 081.

Le quatrième branchement part de l'extrémité du répartiteur et s'arrête au commencement de la place Charbonnerie; sa longueur est de 40 mèt.; son diamètre de 0ᵐ 081.

Quant à la conduite de jonction, elle se soude à l'extrémité du troisième branchement, et va rejoindre le deuxième branchement du répartiteur n° 8, à l'extrémité de la rue du Champ-de-Mars. La longueur de cette dernière est de 163 mèt.; son diamètre de 0ᵐ 081.

Elle a pour but de mettre en communication le répartiteur n° 7 avec le réservoir de Montmusard, de manière que ce répartiteur puisse toujours alimenter les bornes qu'il est destiné à servir, lors même que l'artère principale serait en réparation.

2° Robinets d'arrêt, de décharge et à air.

Un robinet d'arrêt est placé à la jonction du répartiteur et de l'artère principale; il est suivi d'un robinet à air.

Sa décharge s'opère par le robinet placé au point de jonction du répartiteur avec le branchement de la rue du Champ-de-Mars. Sur le premier et le deuxième branchement il existe des robinets d'arrêt : leur décharge s'opère par le déplacement de la plaque pleine en fonte qui ferme l'extrémité de ces deux conduites. Sur le troisième, un robinet existe placé contre le répartiteur; il est immédiatement suivi d'un robinet de décharge. Le quatrième n'a point de robinet d'arrêt; sa vidange s'opère, comme celle du répartiteur, au moyen du robinet de décharge placé sur la conduite de jonction. — A sa rencontre avec le branchement du Champ-de-Mars existe un robinet d'arrêt, destiné à rendre indépendants les répartiteurs 7 et 8.

3° Galeries.

Le répartiteur n° 7 est placé en tranchée.

4° Bornes-fontaines alimentées par le répartiteur Notre-Dame et par ses ramifications.

Le répartiteur n° 7 et les ramifications qui en dépendent alimentent six bornes-fontaines disposées et servies comme il est indiqué dans le tableau synoptique suivant :

NUMÉROS DES BORNES-FONTAINES.	EMPLACEMENT DE CES BORNES.	NATURE, LONGUEUR ET DIAMÈTRE des conduites suivant lesquelles la communication s'établit.				ROBINETS.						OBSERVATIONS.
		FONTE.		PLOMB.		Au pied de la borne.		Près du tuyau répartiteur		Sur le trajet des conduites de service.		
		Longueur.	Diamètre.	Longueur.	Diamètre.	Nombre	Diamètre.	Nombre	Diamètre.	Nombre	Diamètre.	
		m.	m.	m.	m.		m.		m.			
94	Hôtel-de-Ville (cour de l') (greffée directem. sur le répartit.)	»	»	4 80	0 034	1	0 034	»	»	»	»	
95	Rue des Forges, n° 40 (greffée sur le branchem. secondaire)	42 »	0 06	4 »	0 034	1	0 034	1	0 06	»	»	
96	Rue des Forges, contre l'Hôtel-de-Ville (greffée directement sur le répartiteur).	»	»	5 »	0 034	1	0 034	»	»	»	»	
97	Rue Musette, n° 3 (greffée sur le branchement secondaire).	53 70	0 06	4 60	0 034	1	0 034	»	»	»	»	
98	Rue Notre-Dame, n° 12 (greffée sur le branchem. secondaire).	57 50	0 081	5 90	0 034	1	0 034	1	0 081	»	»	
99	Place Charbonnerie, n° 8 (greffée sur le branch. secondaire).	40 »	0 081	4 60	0 034	1	0 034	»	»	»	»	

Répartiteur (Verrerie) n° 8.

1° Direction.

Il entre (Pl.) sous la seconde porte de l'Hôtel-de-Ville, traverse la cour de Bar et la place des Ducs de Bourgogne, pénètre dans la rue Verrerie, tourne dans la rue d'Assas et se soude, à l'intersection de cette rue et de celle Saint-Nicolas, à une cuve de distribution ; de cette cuve il remonte par la rue Saint-Nicolas jusqu'à la place du même nom. La longueur de cette première partie du répartiteur est de 687ᵐ 70 ; son diamètre est de 0ᵐ 162.

De la place Saint-Nicolas, le répartiteur continue son trajet jusqu'à une cuve de distribution (n° 10) placée à l'origine de la rue Sainte-Catherine. Cette seconde partie a la longueur de 166 mètres et le diamètre réduit de 0ᵐ 135.

Deux branchements sont greffés sur la première partie du répartiteur n° 8.

Le premier passe sous la rue Pouffier et alimente une borne placée à l'angle de cette rue et de la rue Saint-Martin. Sa longueur est de 38 mètres ; son diamètre de 0ᵐ 06.

Le second pénètre dans la rue du Champ-de-Mars, suit une partie de la rue de la Préfecture jusqu'à la cuve de distribution n° 11, se développe sous la rue Chantal qu'il parcourt jusqu'à son extrémité. C'est à ce dernier que vient s'adapter la conduite de jonction qui doit réunir le répartiteur 8 au répartiteur 6.

Sur ce deuxième branchement viennent se souder deux sous-branchements :

Le premier part de la cuve de distribution placée à la rencontre des rues Chantal et de la Préfecture et alimente une borne-fontaine située à l'origine de l'impasse du Caron. Sa longueur et de 59ᵐ 60 ; son diamètre de 0ᵐ 081.

Le second part de l'extrémité du branchement et dessert une borne située au bout de la rue de Clairvaux, vis-à-vis la rue de La Trémouille. Sa longueur est de 48 mètres ; son diamètre de 0ᵐ 06.

Sur la seconde partie du répartiteur n° 8, trois ramifications secondaires viennent se souder ; elles partent toutes trois de la cuve de distribution n° 10.

La première dessert une borne placée rue de Pouilly ; elle passe sous le pavé de la ruelle. Sa longueur est de 93ᵐ 20.

La seconde pénètre dans la rue Sainte-Catherine. Sa longueur est de 225m 90.

La troisième se développe dans la rue Sainte-Marguerite. Sa longueur est de 122m 80.

Ces trois ramifications ont le diamètre de 0m 081.

2° Robinets.

Le répartiteur n° 8 s'ajuste sur l'artère principale, au moyen d'un coude vertical de 0m 75 de rayon, qui s'adapte sur une tubulure ouverte dans la partie supérieure de la mère-conduite ; et comme, immédiatement après cette jonction, le répartiteur est établi en pente descendante, une ventouse à flotteur a dû être placée sur le coude.

Un robinet d'arrêt a été posé après la ventouse ; de plus, entre ces deux appareils s'ouvre une tubulure exécutée en quart de cercle suivant un rayon de 0m 75, d'un diamètre intérieur égal à celui du répartiteur et formée par un second robinet d'arrêt. Je dirai plus tard quel est l'objet de cette tubulure, qui peut laisser échapper un volume d'eau très-considérable.

Un troisième robinet d'arrêt précède la cuve de distribution n° 9 placée à la jonction des rues d'Assas et Saint-Nicolas.

A l'extrémité de ce répartiteur, mais à l'aval de la cuve de distribution n° 10 qui le termine, existent trois robinets d'arrêt posés en tête des branchements des rues de Pouilly, Sainte-Catherine et Sainte-Marguerite. Sa vidange s'opère au moyen d'un robinet de décharge ajusté vis-à-vis la rue du Champ-de-Mars, et aussi du robinet de décharge posé à la partie inférieure de la cuve n° 10.

Un robinet d'arrêt est placé en tête du branchement Pouffier ; sa décharge a lieu par ce robinet.

Sur le branchement (Champ-de-Mars, Chantal), trois robinets d'arrêt ont été établis : le premier à son origine ; le deuxième et le troisième, de chaque côté de la cuve de distribution n° 8.

Le sous-branchement de l'impasse du Caron n'est point séparé par un robinet d'arrêt du branchement qui l'alimente ; celui de la rue de Clairvaux, au contraire, commence par un robinet d'arrêt.

La vidange du branchement (Champ-de-Mars et Chantal), celle des sous-branchements (Caron et Clairvaux) et celle des branchements des rues de Pouilly, Sainte-Catherine et Sainte-Marguerite, ont lieu de la manière suivante :

Le branchement (Champ-de-Mars et Chantal) se vide par un robinet de décharge posé à l'angle formé par la conduite, vis-à-vis la Préfecture;

Les sous-branchements Caron, Clairvaux et les branchements des rues de Pouilly, Sainte-Catherine et Sainte-Marguerite, se vident au moyen du déplacement des plaques pleines en fonte qui forment les extrémités de ces deux conduites.

3° Galeries.

Le répartiteur est placé en galerie jusqu'au centre de la place Saint-Nicolas, et le branchement Champ-de-Mars, Clairvaux, jusqu'à l'angle des rues de la Préfecture et du Champ-de-Mars.

4° Bornes-fontaines alimentées par le répartiteur Verrerie et par ses ramifications.

Le répartiteur n° 8 et les ramifications qui en dépendent alimentent treize bornes-fontaines disposées et servies comme il est indiqué dans le tableau synoptique suivant.

NUMÉRO D'ORDRE DES BORNES-FONTAINES.	EMPLACEMENT DE CES BORNES.	NATURE, LONGUEUR ET DIAMÈTRE des conduits suivant lesquels la communication s'établit.				ROBINETS						OBSERVATIONS.
		FONTE.		PLOMB.		Au pied de la borne.		Près du tuyau répartiteur.		Sur le trajet des conduits de service.		
		Longueur.	Diamètre.	Longueur.	Diamètre.	Nombre	Diamètre.	Nombre	Diamètre.	Nombre	Diamètre.	
100	Place des Ducs-de-Bourgogne, n° 2 (greffée directement sur le répartiteur)	m. »	m. »	m. 8 20	m. 0 034	»	m. »	1	m. 0 034	»	»	
101	Rues Verrerie, nos 14. 16 (greffée directem. sur le répartit.)	»	»	5 55	0 034	»	»	1	0 034	»	»	
102	Rue Saint-Martin, n° 9 (greffée sur l'embranchem. secondaire de la rue Poulder)	83 »	0 08	5 60	0 034	1	0 034	1	0 08	»	»	
103	Rue Verrerie, n° 43 (greffée directement sur le répartiteur).	»	»	4 20	0 034	»	»	1	0 034	»	»	
104	Rues du Champ-de-Mars et de la Préfecture (angle des), n° 40 (greff. sur le branch. second.)	»	»	5 10	0 034	»	»	1	0 034	»	»	
105	Rue de la Préfecture, n° 103 (greff. sur le sous branchem.)	59 60	0 081	5 60	0 034	1	0 034	1	0 081	»	»	
106	Rue Chantal (contre le mur du jardin), n° 75 (greffée sur le branchement secondaire).	»	»	4 60	0 034	1	0 034	»	»	»	»	
107	Rue de Clairvaux, n° 1, vis-à-vis la tour La Trémouille (greffée sur le sous-branchement).	48 »	0 08	4 60	0 034	1	0 034	1	0 08	»	»	
108	Rue Saint-Nicolas, n° 49 (greffée directem. sur le répartit.).	»	»	8 70	0 034	»	»	1	0 034	»	»	
109	Rue Saint-Nicolas, n° 44 (greffée directem. sur le répartit.).	»	»	4 »	0 034	1	0 034	»	»	»	»	
110	Rue de Pouilly, n° 9 (greffée sur le branchement secondaire).	93 20	0 081	5 60	0 034	1	0 034	1	0 081	»	»	
111	Rue Ste-Catherine, n° (greffée sur le branchem. second.)	225 00	0 081	4 60	0 034	1	0 034	1	0 081	»	»	
112	R. Ste-Marguerite, n° 17 (greffée sur le branchem. second.)	122 80	0 081	6 »	0 034	1	0 034	1	0 081	»	»	

Indépendamment des voies d'écoulement indiquées dans le tableau synoptique précédent, le répartiteur n° 8 fournit l'eau nécessaire à la caserne des Capucins; en second lieu, c'est de la tubulure en arc de cercle placée à son origine que l'on tire le volume d'eau destinée au lavage du principal égout de Dijon, lequel traverse la ville du nord au sud dans toute son étendue. Cette eau tombe de l'orifice de la tubulure dans l'aqueduc de la rue Verrerie, tourne dans celui du Champ-de-Mars, puis, arrivée à son extrémité, pénètre dans un conduit créé dans l'intérêt d'une brasserie établie rue Saint-Nicolas et le suit jusqu'à l'égout précité, après avoir parcouru souterrainement une partie de la rue de la Préfecture et la rue Neuve-Suzon.

Mais pour bien faire comprendre l'utilité de cette prise d'eau, je dirai quelques mots de l'égout qu'elle doit assainir.

Les murs de la ville de Dijon sont baignés pendant une partie de l'année, ainsi qu'on l'a déjà vu, par un cours d'eau torrentiel appelé Suzon; son lit est complétement desséché pendant l'été, tandis que lors des crues son débit peut aller jusqu'à 30 mètres cubes par seconde. Si l'on jette les yeux sur le plan général (Pl. 1), on verra qu'à son arrivée près du pont des Capucins il se divise en deux parties : l'une qui s'éloigne de l'enceinte de la ville et va se jeter dans l'Ouche, à l'aval du village de Longvic, situé à 4 kilomètres de Dijon, l'autre qui poursuit son trajet jusqu'à la tour La Trémouille. Là, une seconde division des eaux s'opère encore : une partie passe sur un déversoir placé sur la rive gauche, coule dans les fossés de la ville et se perd dans l'Ouche, à 50 mètres du pont de l'Hôpital. Une autre partie pénètre dans la ville par des arceaux sur lesquels repose la tour La Trémouille. Je dois ajouter qu'un vannage placé en tête de cette tour donne la faculté de s'opposer à l'introduction des eaux.

De la tour La Trémouille jusqu'à leur entrée dans l'Ouche, les eaux de Suzon parcourent un ancien égout voûté sur la presque totalité de sa longueur. Autrefois c'était le seul moyen d'assainissement auquel on avait recours pour la désinfection de cet égout, transformé depuis des siècles en un cloaque immonde; moyen tout à fait insuffisant, car les voûtes étaient presque toutes remplies de matières infectes, et le filet d'eau qui s'introduisait avec peine dans le canal ne pouvait entraîner tous les dépôts qui l'obstruaient. La santé publique exigeait que l'on fît disparaître cette cause d'insalubrité qui inspirait de si justes alarmes à une partie de la population dijonnaise; l'administration municipale décida donc :

1° Que les riverains supprimeraient toutes les fosses d'aisances placées sur cet égout, au curage duquel il devait être en même temps procédé aux frais de la ville;

2° Qu'il serait voûté dans toute sa longueur;

3° Qu'un radier général serait construit entre les pieds-droits des voûtes, et qu'une rigole revêtue de dalles et présentant la largeur de 1 mètre et la profondeur uniforme de 0^m40 serait construite en contrebas de ce radier, dont la largeur devait varier entre 2 et 5 mètres, suivant les dimensions tout à fait irrégulières des voûtes sous lesquelles il est établi.

L'utilité de cette rigole est incontestable : indépendamment, en effet, du passage que cet égout livrait aux eaux de Suzon, il recevait encore les eaux ménagères et pluviales d'une grande partie de la ville, et, comme on l'a déjà remarqué, les lavures d'une brasserie placée dans la rue Saint-Nicolas. Il fallait donc réunir toutes ces eaux dans une rigole étroite, à pentes régulières, revêtue de parements sans aspérités, afin que les dépôts insalubres ou fétides qu'elles pouvaient faire naître fussent facilement entraînés par le volume d'eau dont les fontaines publiques permettent de disposer. Cette rigole, dans laquelle toutes les eaux se réunissent, donne en outre la faculté de parcourir à pied sec tout le cours du grand égout.

En hiver, l'assainissement pourra s'opérer au moyen de Suzon ; mais en été, lorsque ce torrent n'arrive plus jusqu'à Dijon, il faudra de toute nécessité recourir à la source du Rosoir, et la prise d'eau dont je parlais tout à l'heure a été exécutée dans ce but. Elle consiste, comme on l'a vu, dans un tuyau de 0m 162 de diamètre fermé par un robinet-vanne de même calibre (Pl. 18). Lorsque ce robinet est ouvert, les eaux s'échappent avec abondance et se jettent dans l'aqueduc qui traverse le palais des Etats pour suivre le cours précédemment décrit. Le point où elles arrivent à l'égout de Suzon étant très-rapproché de la tour La Trémouille, la totalité de la rigole de 0m 40 de profondeur sur 1 mètre de largeur sera parcourue par les eaux qui s'échappent de la tubulure du répartiteur n° 8. Enfin j'ajouterai que, parmi les usages publics auxquels le répartiteur n° 8 doit être consacré, on a dû encore placer en ligne de compte une fontaine jaillissante à établir sur la place Saint-Nicolas et sur celle des Ducs-de-Bourgogne.

Voici la proposition formulée par M. Victor Dumay, ancien maire de Dijon, au sujet de la fontaine à créer sur la place des Ducs-de-Bourgogne. Sa réalisation doit être souhaitée par tous les enfants de la vieille Bourgogne, si riche en glorieux souvenirs.

« J'émets le vœu, dit M. Dumay, que sur la place à laquelle un arrêté municipal du 27 décembre 1843, approuvé par ordonnance du roi, le 26 février suivant, a donné le nom de *place des Ducs-de-Bourgogne*, on élève bientôt une fontaine monumentale à la mémoire des princes qui, pendant plus d'un siècle (de 1363 à 1477), ont gouverné avec sagesse et éclat notre pays.

« On la décorerait des statues :

« De ce Philippe, qui avait gagné à la funeste bataille de Poitiers le surnom de

Hardi, qu'il justifia encore en Artois, en Picardie, en Champagne et à Rosbecq;

« De Jean-sans-Peur, si courageux à Nicopolis, à l'Écluse, à Maëstricht, et si grand dans les prisons du Soudan, que lui ouvrit, par d'énormes sacrifices, l'affection de ses peuples;

« De Philippe son fils, protecteur éclairé des lettres et des arts, auquel le duché et le comté de Bourgogne durent la rédaction de leurs coutumes, et qui mérita le titre de *Bon*, par sa clémence envers ses ennemis et par la générosité de son caractère;

« Enfin de Charles le Téméraire, le héros malheureux de Granson et de Morat, et dont la mort opéra la réunion définitive de notre province à la France. »

L'emplacement indiqué serait, au reste, d'autant plus convenable pour l'érection de ce monument, qu'il comprend une partie des jardins du palais où Marguerite de Flandre, épouse du premier duc, avait déjà fait établir, en 1387, un vaste bassin d'eaux vives et de somptueuses étuves, et qu'il se trouve au dessous de l'antique salle des gardes, ornée des tombeaux si précieux de Philippe le Hardi, de Jean-sans-Peur et de Marguerite de Bavière, sa femme; au pied de la tour élevée sur la fin du quatorzième siècle et au commencement du quinzième, pour aider à surveiller la campagne et à prévenir les surprises de l'ennemi; non loin de l'ancien donjon dit de Bar, depuis que René d'Anjou, duc de Bar, y fut renfermé avant de monter sur le trône de Naples; en face de cette fameuse horloge de Jacques Marc, enlevée en 1382 par Philippe le Hardi, lors du sac de Courtray; en un mot, dans la partie de la ville où sont groupés les seuls monuments [1] qui nous restent de ces grands *ducs d'Occident* dont la puissance s'étendait du pied des Alpes jusqu'à la mer du Nord.

Répartiteur (Saint-Nicolas) n° 9.

1° Direction.

Il est soudé sur l'artère principale, vis-à-vis le palais des Archives (Pl. 17). Il pénètre dans la rue Saint-Nicolas qu'il suit jusqu'à la place du Coin-des-cinq-

[1] Le puits de la Chartreuse, sur l'emplacement de laquelle a été construit l'hospice des aliénés, appartient aussi à l'ère de nos ducs. Il est dû au ciseau de Claude Sluter : ce puits n'est pas une des moindres curiosités artistiques d'une ville qu'Henri IV appelait *la ville aux beaux clochers*.

Rues, où il s'ajuste à la cuve de distribution n° 9. Sa longueur est de 209m 50 ; son diamètre de 0m 135.

Il est accompagné d'une seule ramification secondaire, qui descend dans la rue Chaudronnerie et remonte dans la rue Proudhon. La longueur de cette dernière est de 63m 20 ; son diamètre de 0m 081.

2° Robinets.

A l'origine et à l'extrémité de ce répartiteur sont placés des robinets d'arrêt. Il peut être vidé au moyen d'un robinet de décharge qui précède le deuxième robinet d'arrêt. Le branchement de la rue Chaudronnerie commence par un robinet d'arrêt ; sa décharge s'opère par le déplacement de la plaque pleine en fonte placée à son extrémité, rue Proudhon.

3° Galeries.

Le répartiteur est placé sous galerie.

4° Bornes-fontaines alimentées par le tuyau répartiteur n° 9 et par ses ramifications.

Le répartiteur n° 9 et les ramifications qui en dépendent alimentent quatre bornes-fontaines disposées et servies comme il est indiqué dans le tableau synoptique suivant :

NUMÉRO DES BORNES-FONTAINES.	EMPLACEMENT DE CES BORNES.	NATURE, LONGUEUR ET DIAMÈTRE des conduites suivant lesquelles la communication s'établit.				ROBINETS						OBSERVATIONS.
		FONTE.		PLOMB.		Au pied de la borne.		Près du tuyau répartiteur		Sur le trajet des conduites de service.		
		Longueur.	Diamètre.	Longueur.	Diamètre.	Nombre	Diamètre.	Nombre	Diamètre.	Nombre	Diamètre.	
		m.	m.	m.	m.		m.		m.			
113	Rue Chaudronnerie, n° 17 (greffée directem. sur le répartit.)	»	»	5 »	0 034	»	»	1	0 034	»	»	
114	Rues Proudhon et Chaudronnerie (angle des), n° 24 (greffée sur le branchem. secondaire)	63 20	0 081	7 »	0 034	1	0 034	1	0 081	»	»	
115	Rue Saint-Nicolas, nos 101, 103 (greffée directement sur le répartiteur).	»	»	4 30	0 034	1	0 034	»	»	»	»	
116	Place du Coin-des-cinq-Rues, n° 98 (greffée directement sur le répartiteur).	»	»	11 85	0 034	1	0 034	»	»	»	»	

Répartiteur (Vannerie) n° 10.

1° Directions et longueurs.

Il pénètre (Pl. 17) dans la rue Vannerie qu'il suit sur une longueur totale de 302m 20; son diamètre est de 0m 108 sur la longueur de 214m 50, et de 0m 084 sur celle de 87m 70.

Sur la première partie de ce répartiteur sont greffés deux embranchements secondaires : l'un suit dans la rue Roulotte; sa longueur est de 90m 50; son diamètre de 0m 081 : l'autre se développe dans la rue d'Assas et s'arrête à la rencontre de la rue Proudhon. Sa longueur est de 40m 80; son diamètre de 0m 081.

2° Robinets.

Le répartiteur Vannerie est séparé par un robinet d'arrêt de l'artère principale; son robinet de décharge est ajusté immédiatement à l'amont du précédent. Le branchement Roulotte est à son origine muni d'un robinet d'arrêt; sa décharge s'opère au moyen du déplacement de la plaque pleine en fonte qui ferme son extrémité. A l'origine du branchement d'Assas sont réunis les robinets d'arrêt et de décharge de cette conduite.

3° Galeries.

Aucune partie de ce répartiteur et de ses ramifications n'est placée en galerie.

4° Bornes-fontaines alimentées par le répartiteur n° 10 et par ses ramifications.

Le répartiteur n° 10 et les ramifications qui en dépendent alimentent quatre bornes-fontaines disposées et servies ainsi qu'il est indiqué dans le tableau synoptique suivant :

NUMÉRO DES BORNES-FONTAINES.	EMPLACEMENT DE CES BORNES.	NATURE, LONGUEUR ET DIAMÈTRE des conduites suivant lesquelles la communication s'établit.				ROBINETS						OBSERVATIONS.
		FONTE.		PLOMB		Au pied de la borne.		Près du tuyau répartiteur		Sur le trajet des conduites de service.		
		Longueur.	Diamètre.	Longueur.	Diamètre.	Nombre	Diamètre.	Nombre	Diamètre.	Nombre	Diamètre.	
		m.	m.	m.	m.		m.		m.			
117	Rue Roulotte, n° 6 (greffée sur le branchement secondaire).	00 50	0 081	5 60	0 034	1	0 034	1	0 081	»	»	
118	Rues Vannerie et Roulotte (angle des), n° 49 (greffée directem. sur le répartiteur)	»	»	7 60	0 034	1	0 034	»	»	»	»	
119	Rues d'Assas et Proudhon (angle des), n° 1 (greffée sur le branchement secondaire). .	40 80	0 081	7 60	0 034	1	0 034	1	0 081	»	»	
120	Rue Vannerie, nos 21, 23 (greffée directem. sur le répartit.).	»	»	5 60	0 034	1	0 034	»	»	»	»	

Nous allons présenter maintenant, dans un tableau général, le résumé de tous les ouvrages exécutés pour l'établissement de l'artère principale et des dix répartiteurs greffés sur elle.

Désignation des conduites.	Longueurs des galeries renfermant des conduites.	Longueurs des galeries des robinets d'arrêt des branchements.	Longueurs des galeries d'écoulement des bornes-fontaines.	Diamètre des conduites 0m 35. Longueurs.	0m 35. Robinets.	0m 16. Longueurs.	0m 16. Robinets.	0m 19. Longueurs.	0m 19. Robinets.	0m 162. Longueurs.	0m 162. Robinets.	0m 135. Longueurs.	0m 135. Robinets.	0m 108. Longueurs.	0m 108. Robinets à vanne.	0m 108. Robinets à boisseau.	0m 081. Longueurs.	0m 081. Robinets à vanne.	0m 081. Robinets à boisseau.	0m 06. Longueurs.	0m 06. Robinets.	0m 034 (en plomb). Longueurs.	0m 034 (en plomb). Robinets.	Robinets de décharge.	Robinets à air.	Ventouses.	Cuves de distribution.	Nombre de bornes.	Regards de service Grand modèle.	Regards de service Petit modèle.	Regards pour la descente des tuyaux.	Observations.
	m.	m.	m.	m.		m.		m.		m.		m.		m.			m.			m.		m.										
Conduite principale	1507 00	34 40	48 30	1018 30	3	811 70	1	»	»	443 90	2	329 20	3	»	1	»	141 70	3	1	129 80	2	134 25	22	8	2	2	1	20	5	3	9	
Répartiteurs.																																
CÔTÉ DROIT.																																
Répartiteur n° 1..	32 70	»	4 »	»	»	»	»	»	»	»	»	649 90	2	»	»	»	253 80	3	»	9 »	»	48 90	6	2	»	»	»	»	2	2	»	
— 2..	670 80	1 60	11 25	»	»	»	»	»	»	»	»	676 45	2	308 80	»	»	310 80	3	1	27 »	»	92 70	13	4	3	1	2	18	4	1	1	
— 3..	830 90	35 40	35 45	»	»	»	»	»	»	210 45	1	241 45	2	645 10	2	»	407 90	5	»	53 60	»	143 15	23	5	2	»	1	23	4	1	3	
— 4..	»	2 00	»	»	»	»	»	»	»	»	»	38 80	1	80 »	1	»	310 60	1	»	»	»	29 »	5	»	1	1	1	5	»	1	»	
— 5..	566 40	63 30	11 95	»	»	»	»	573 70	3	»	»	153 50	1	493 80	2	2	827 20	1	3	21 20	»	80 20	14	8	3	1	2	12	7	1	2	
CÔTÉ GAUCHE.																																
Répartiteur n° 6..	460 75	25 05	10 55	»	»	»	»	»	»	»	»	385 20	1	347 20	1	1	203 50	3	2	16 »	»	80 80	12	6	»	»	1	11	4	1	2	
— 7..	»	4 20	»	»	»	»	»	»	»	»	»	»	»	172 60	»	1	200 50	2	»	102 70	1	28 90	6	2	1	»	»	6	1	3	»	
— 8..	772 05	»	21 30	»	»	»	»	»	»	637 70	3	166 »	»	335 10	2	1	301 50	3	»	149 20	2	72 15	13	7	»	1	3	13	3	1	6	
— 9..	200 50	9 70	7 30	»	»	»	»	»	»	»	»	230 50	2	»	»	»	63 20	1	»	7 40	»	28 15	4	2	»	»	»	4	»	1	1	
— 10..	»	»	»	»	»	»	»	»	»	»	»	»	»	214 30	1	»	219 »	2	»	»	»	20 40	4	2	»	»	»	4	»	2	»	
TOTAUX....	3047 20	176 45	176 10	1018 30	3	811 70	1	573 70	3	1292 05	6	3111 »	11	2597 30	10	5	3051 70	27	7	518 60	5	780 60	134	36	12	6	11	120	30	17	24	

Il résulte du tableau général ci-dessus :

1° Que la longueur totale des galeries est de 5399m 75, savoir :

1°	Galeries renfermant les conduites.	5047m 20
2°	— des robinets d'arrêt des branchements. . . .	176 45
3°	— d'écoulement des bornes-fontaines.	176 10
	Total pareil.	5399m 75

2° Que la longueur totale des tuyaux est de 13574m 35, savoir :

Conduite de 0m 35	1018m 30
— 0 216.	811 70
— 0 19.	573 70
— 0 162.	1292 05
— 0 135.	3111 »
— 0 108.	2597 30
— 0 081.	3651 70
— 0 06.	518 60
Total pareil.	13574m 35

QUATRIÈME SECTION.

DES GALERIES DES CONDUITES.

Je me suis borné, dans la description générale des conduites qui portent dans les divers quartiers de la ville les eaux de la source du Rosoir, à indiquer la longueur de celles qui étaient placées sous galeries; mais il est nécessaire de donner les motifs qui m'ont engagé à adopter cette disposition, malgré l'augmentation de dépense qu'elle entraîne.

Les conduites peuvent être posées de trois manières différentes :

1° En tranchée, c'est-à-dire en pleine terre, sous le pavé des rues;

2° Dans de petites rigoles de maçonnerie qui n'offrent qu'une section légèrement supérieure au diamètre extérieur des conduites;

3° Sous des galeries voûtées d'une dimension telle qu'un homme puisse aisément les parcourir.

Je n'ai adopté pour Dijon que le premier et le troisième mode. Le second n'offre qu'un seul avantage; il permet d'asseoir la conduite sur un sol factice résistant, et l'on verra (troisième partie, chapitre II) que cette condition est très-importante, puisque l'inégalité de compression du sol pourrait, dans une conduite à pentes faibles, déterminer dans les tuyaux une série de points culminauts dans lesquels l'air viendrait se cantonner, circonstance qui pourrait notablement diminuer le débit de la conduite. Mais, ainsi que le fait observer M. Geniéys, la recherche des fuites dans ce système devient aussi longue que dispendieuse, parce que l'eau peut couler dans le fond de la rigole, sans se faire jour jusqu'à la surface du pavé, et sans donner lieu à un enfoncement qui indique le point fixe où existe la perte d'eau.

J'ai, en conséquence, repoussé d'une manière absolue le mode n° 2, et lui ai préféré le mode n° 1, d'ailleurs moins onéreux, toutes les fois que l'accroissement de dépense ne me permettait pas de recourir au mode n° 3. Il est entendu aussi que j'employais tous les moyens possibles pour affermir les portions de terrains qui n'offraient pas une résistance suffisante; je les faisais consolider par des piquetages, par une couche de sable, quelquefois même par des pierres plates placées sous les tuyaux.

Ainsi toutes les conduites de Dijon ont été posées soit en tranchées, soit sous des galeries spéciales. Quelques portions de ces conduites ont encore été établies dans le grand égout de Suzon qui traverse la ville; cela ne pouvait avoir dans la localité aucun inconvénient, à raison de l'assainissement parfait de cet égout; mais dans la plupart des cas, suivant l'observation de M. Geniéys, ce parti ne doit pas être adopté. Si on diminue la dépense, puisqu'on n'a point de galeries spéciales à construire, on achète cet avantage par une foule d'inconvénients: la visite des conduites s'opère difficilement dans les égouts, qui présentent presque toujours l'aspect d'immondes cloaques; il faut employer des moyens spéciaux pour prémunir les ouvriers contre l'asphyxie; les robinets d'arrêt et de décharge sont toujours recouverts par les matières impures auxquelles les égouts livrent passage; on les manœuvre ainsi avec difficulté, dès lors plus rarement, bien que l'état dans lequel ils se trouvent exigerait qu'on les nettoyât et qu'on les essayât à des intervalles plus rapprochés. Il importe donc, en général, de construire pour les tuyaux des galeries spéciales. A cette occasion, j'ajouterai que ce n'est que par exception qu'il faut permettre d'y loger des conduites de gaz; cette combinaison présente des dangers sur lesquels je n'ai pas besoin d'insister.

J'arrive maintenant à la discussion du premier et du troisième mode de la pose en tranchées ou de la pose sous galeries.

Les galeries permettent de visiter avec aisance et rapidité les conduites, de reconnaître sur-le-champ les points où des fuites ont lieu, de réparer ou de remplacer immédiatement les tuyaux défectueux, sans creuser le sol des rues, sans bouleverser les chaussées pavées, sans entraver la circulation.

Mais si les tuyaux sont posés en terre, les visites sont impossibles : on ne vient réparer le mal que lorsque ce mal, par sa gravité même, s'est révélé soit dans les caves voisines, soit à fleur du sol, soit par quelque suspension de service.

Sous galeries, les conduites sont placées sur des appuis que ne peuvent ébranler les secousses extérieures résultant du passage des voitures très-chargées sur un pavé souvent défectueux. Et en effet, les conduites sont alors assises, soit sur des banquettes continues en maçonnerie, soit sur des consoles en pierre ou en fonte, soit sur des chevalets; et tous ces points fixes reposent eux-mêmes sur des radiers de galeries ou d'égouts non susceptibles de tassement.

En terre, les conduites sont, au contraire, d'autant plus gravement affectées par les cahots du roulage, que les couches de terrain sur lesquelles reposent ordinairement les tuyaux appartiennent presque toujours à des terrains rapportés.

Sous galerie, les suintements qui peuvent surgir des joints éventuellement altérés, ou des fissures mêmes des tuyaux, ont un écoulement libre et régulier qui ne dégrade rien.

Au contraire, lorsqu'il y a une fuite, même légère, sur une conduite placée en terre, le sol se détrempe, tasse et entraîne inévitablement, par suite de son affaissement, la rupture des brides ou des emboîtements. Ce tassement favorise en outre la formation de points hauts si nuisibles au débit des conduites.

Les galeries offrent le double avantage de livrer, ainsi que nous le dirons à l'article des bornes-fontaines, un écoulement souterrain immédiat aux eaux qui tombent, en hiver, des fontaines ou bornes-fontaines, et de maintenir en été la constance de la température des eaux amenées par les tuyaux qu'elles renferment. Cette circonstance est tout à fait favorable à la solidité des conduites que les variations de température peuvent briser ou désemboîter; elle est également précieuse pour l'alimentation privée.

Quant aux conduites en pleine terre, c'est par erreur que M. Geniéys a prétendu, d'une manière générale, qu'elles participaient moins que celles sous galeries aux variations de température : les expériences précises que j'ai faites à ce sujet, et dont je vais donner le résultat, ne laissent aucun doute à cet égard; et pourtant les conduites posées en tranchées à Dijon ont été descendues à une profondeur beaucoup plus considérable que celle indiquée par M. Geniéys, qui se borne à recommander de les placer à 1 mètre, pour les soustraire à l'effet de la gelée et aux vibrations produites par le mouvement des voitures.

De la transmission de la température aux tuyaux.

J'ai dit, page 88, que j'indiquerais la cause des variations assez sensibles qui existent dans les températures de l'eau donnée par certaines bornes-fontaines : j'ai laissé entrevoir que ces différences devaient tenir à ce que certaines conduites étaient entièrement posées en galeries, tandis que d'autres étaient en partie placées en tranchées.

Le tableau suivant donne, pour les différentes bornes-fontaines soumises aux expériences, la désignation des distances parcourues par l'eau, entre le réservoir de la porte Guillaume et les voies d'écoulement en galeries et en tranchées.

NUMÉROS d'ordre des bornes.	NUMÉROS d'ordre des mêmes bornes sur le plan général.	DISTANCES totales à partir du réserv^r de la porte Guillaume.	LONGUEURS PARCOURUES		TEMPÉRATURE OBSERVÉE A L'AIR LIBRE.		TEMPÉRATURE CORRESPONDANTE DES BORNES.	
			en aqueducs.	en tranchées.	Maximum.	Minimum.	Maximum.	Minimum.
		m.	m.	m.			°	°
1	(1) 67	1097	822	273 »			12 7	9 0
2	59	1110	930	180 »			12 3	9 4
3	60	1306	936	330 »			14 4	7 6
4	77	1396	1384	12 »			12 5	9 2
5	78	1983	1593	390 »			14 0	7 0
6	79	1858	1593	265 »			15 0	»
7	71	1300	1100	200 »			13 0	»
8	14	1000	1000	» »			12 2	»
9	11	1236	1236	» »			13 9	»
10	23	1713	1486	227 40			13 4	»
11	110	1929	1533	396 »			14 9	»
12	118	1541	1231	310 »			13 7	»
13	107	1399	1399	» »	26° (21 juill.) 20° 80, temp^e moyenne du même jour.	-4° 5 13 janv. -3° 20, temp^e moyenne du même jour.	»	»
14	97	973	753	220 »			12 5	8 7
15	103	1258	753	505 »			14 2	7 1
16	105	1398	753	615 »			»	6 5
17	89	998	788	210 »			13 7	8 0
18	87	798	798	» »			12 4	9 4
19	90	984	984	» »			12 4	9 2
20	20	300	300	» »			12 1	9 6
21	36	1069	1069	» »			»	9 1
22	51	1290	1290	» »			12 9	9 0
23	27	893	593	300 »			12 5	»
24	40	1548	1205	343 »			15 8	»
25	55	1446	1236	210 »			12 7	»
26	48	1252	1016	236 »			13 5	»
27	6	816	814	2 »			12 1	9 6

(1) Les numéros d'ordre de la seconde colonne sont ceux du tableau général des bornes-fontaines, tableau que je donnerai plus tard ; ces numéros correspondent aussi à ceux des bornes cotés sur le plan général (pl. 8). Deux bornes supprimées depuis mon départ de Dijon, n° 8 de l'artère principale, n° 33 du répartiteur n° 2, empêchent les numéros de cette deuxième colonne de cadrer avec ceux indiqués sur les tableaux successifs des répartiteurs qui comprennent ces deux bornes.

Il résulte de ce tableau que la température moyenne des bornes 4, 8, 9, 18, 19, 20, 21, 22, 27, alimentées par des tuyaux placés en galerie, a été :

1° Pour le jour le plus chaud. . . . . + 12° 06

2° Pour le jour le plus froid. . . . . + 9° 30

tandis que, dans les mêmes circonstances, celle des autres bornes, 1, 2, 3, 5, 6, 7, 10, 11, 12, 14, 15, 16, 23, 24, 25, 26, placées, partie en galerie, partie en tranchées, a été :

1° Pour le jour le plus chaud. . . . . + 13° 7

2° Pour le jour le plus froid. . . . . + 7° 9

Les tuyaux placés en tranchées ont donc été plus accessibles aux variations de température que ceux établis sous galeries.

J'ajouterai une dernière observation relative au réservoir de Montmusard ; la seule qui ait été faite (10 août 1847).

Sa température a été trouvée de. . . . . 13° 50

Celle du réservoir de la porte Guillaume étant. . . . . 12° 30

Or, il existe entre ces deux réservoirs :

Pour tuyaux posés en galeries, la longueur de. . . . . 1498^m 85

— — en tranchées, celle de. . . . . 723^m 80

Total. . . . . 2222^m 65

On ne saurait donc, par les diverses considérations ci-dessus développées, hésiter à placer tous les tuyaux de conduite sous galeries, si l'on n'était point retenu, et j'ajouterai, justement retenu en beaucoup de cas, par des considérations d'économie bien entendue. A Dijon, en effet, les galeries souterraines, exécutées à des prix qu'il sera difficile de maintenir dans beaucoup de localités, si j'en juge par les détails que j'ai recueillis à cet égard, exigent cependant une dépense d'environ 40 fr. par mètre courant. (A Toulouse, des galeries analogues ont coûté 96 fr., à Paris, 110 fr.). Or, des tuyaux de 0^m,135, de 0^m,108, de 0^m,081 de diamètre, ne coûtant que 17 fr. 88, 13 fr. 96, 9 fr. 54 c. par mètre courant, comment pourrait-on se résoudre, à moins de circonstances exceptionnelles, à placer de pareilles conduites sous des aqueducs de 40 fr., 96 fr. et 110 fr. le mètre courant ?

Cette réflexion nous a amené à partager les conduites en deux catégories distinctes.

Dans la première, nous avons classé les conduites principales, dont le diamètre est presque toujours très-considérable ;

Dans la seconde, les conduites secondaires, dont la section est, en général, beaucoup plus faible.

La rupture d'une conduite principale peut entraîner la privation d'eau pour toute une ville, pour tout un quartier : il importe que l'on découvre et que l'on répare immédiatement le tuyau défectueux ; d'où la nécessité de la placer sous galerie. Une pareille conduite, à raison du grand diamètre qu'elle offre habituellement, pourrait encore, si elle était posée en tranchée, jeter sur la voie publique un volume d'eau assez considérable pour entraver la circulation ou causer des dommages aux propriétés riveraines : motif nouveau pour l'envelopper d'un aqueduc.

Quant aux conduites secondaires, par l'effet de leur rupture, une seule rue, c'est-à-dire deux ou trois bornes-fontaines seulement sont privées d'eau : il y a moins d'urgence à réparer l'accident ; les tuyaux, dans cette hypothèse, peuvent être placés en tranchées.

Mais d'autres considérations doivent encore être invoquées et tirées des nécessités locales, lorsque cette question se présente à l'occasion d'une distribution d'eau particulière : ainsi l'on doit, indépendamment de la nature de la conduite, avoir égard au degré de fréquentation de la rue qu'elle doit parcourir ou à la faible largeur de cette rue ; car, en pareil cas, les réparations des conduites en pleine terre interrompraient d'une manière tout à fait regrettable la circulation publique. On doit aussi regarder à la profondeur du déblai à effectuer. Des circonstances spéciales peuvent contraindre à poser les conduites à une grande profondeur sous le sol ; il est indispensable alors de construire des aqueducs. Ce cas se présente toutes les fois que l'on adapte une conduite à un réservoir profondément encaissé sous le sol.

Citons M. Emmery à ce sujet :

« Lorsque nous avons présenté, dit-il, le projet de la conduite Poissonnière, nous nous sommes laissé maîtriser par l'antécédent d'une conduite déjà existante dans cette rue et posée à une grande profondeur, et nous avons fait la faute de ne pas demander, comme condition première, la construction d'une galerie Poissonnière, à partir de l'aqueduc de ceinture.

« Nous avons enterré la nouvelle conduite aux mêmes profondeurs de $1^m 70$

à 1m70, et sur la même longueur de 100 mètres que nos devanciers avaient enterré l'ancienne distribution. Or, à ces profondeurs, la découverte des fuites présente une véritable impossibilité, et certainement nos successeurs seront obligés d'exécuter la galerie que, par une économie mal entendue, nous n'avons pas osé proposer. »

On est aussi dans l'obligation de poser les conduites sous galeries dans le cas fort rare où le niveau supérieur du terrain que l'on doit traverser est plus élevé que la hauteur de la colonne qui présente la charge de la conduite au point que l'on considère ; autrement, on n'aurait aucun moyen de reconnaître les fuites, puisque la faible pression relative, exercée par les eaux, ne leur permettrait pas de jaillir jusqu'à la surface du sol et de déterminer l'affaissement qui indique le lieu où il est nécessaire de faire une réparation.

Enfin, les galeries seraient indispensables dans l'hypothèse, sans doute fort exceptionnelle, où l'on ne pourrait faire disparaître dans le sol, au moyen de puits perdus, le volume des eaux débitées en hiver par chaque borne, à raison de l'imperméabilité du terrain sur lequel certains quartiers d'une ville seraient assis. Alors il devient nécessaire de construire des aqueducs pour l'écoulement de ces eaux, et on doit en profiter pour le placement des conduites, en leur donnant une dimension qui leur permette de répondre à cette destination.

Tels sont les principes et les considérations diverses qui m'ont guidé dans la détermination des rues où les conduites de Dijon devaient être placées sous galeries ou posées en pleine terre ; les tranchées pour recevoir ces dernières offraient la largeur minimum de 0m70 et la profondeur minimum de 1m30.

Les galeries dans lesquelles des tuyaux ont été placés en galerie dépendent :

1° de l'artère principale.			
2° du répartiteur	n° 1		côté droit de l'artère.
3°	—	n° 2	côté droit de l'artère.
4°	—	n° 3	côté droit de l'artère.
5°	—	n° 5	côté droit de l'artère.
6°	—	n° 6	côté droit de l'artère.
7°	—	n° 8	côté gauche de l'artère.
8°	—	n° 9	côté gauche de l'artère.

Aucune partie des répartiteurs 4, 7 et 10 n'a été posée sous galerie. La petitesse du diamètre de leurs tuyaux et leur faible importance relative m'ont déterminé à les placer entièrement en tranchée. Mais il n'en était pas de même des répartiteurs précités, et je vais donner successivement les motifs spéciaux qui m'ont engagé à les poser sous galeries.

1° Artère principale.

L'importance de l'artère principale, les dimensions des tuyaux qui la composent, la profondeur des déblais aux abords du réservoir de la porte Guillaume, la fréquentation des rues Guillaume et Rameau, qui font partie de la traverse de la route impériale n° 5 de Paris à Genève, ne permettaient pas de songer à placer cette conduite en tranchée, à partir du réservoir jusqu'à la salle de spectacle ou à l'origine de la rue Lamonnoye. En ce point, comme on l'a vu, l'artère se bifurque en deux branches : l'une qui passe par la place Saint-Étienne, derrière l'église Saint-Michel et la rue Saumaise ; celle-ci, à raison de la petitesse de son diamètre, de la largeur et du peu de fréquentation des voies qu'elle parcourt, a été posée en tranchée : l'autre branche, qui suit la rue Lamonnoye, traverse de la route impériale n° 70 et la rue Jehannin, a été posée sous galerie.

La faible largeur de la rue Lamonnoye et le diamètre de cette partie de la conduite, sur laquelle d'ailleurs venaient se brancher les répartiteurs 9 et 10, m'ont engagé à établir un aqueduc pour renfermer les tuyaux qui la composent. L'aqueduc de l'artère principale s'étend donc du réservoir de la porte Guillaume jusqu'à la porte Neuve. De cette dernière, et jusqu'au réservoir de Montmusard, les tuyaux ont été placés en tranchée ; il n'y avait plus aucun inconvénient. On s'est borné à établir une galerie près du dernier réservoir, à raison de la profondeur du déblai ; elle sert en même temps d'aqueduc de décharge.

2° Répartiteur n° 1.

Une très-petite partie de ce répartiteur a été posée sous galerie, et cette dernière n'a point été construite dans ce but ; elle avait seulement pour objet de recueillir les eaux descendant la rue de Saint-Philibert, afin de les jeter dans l'égout de Suzon, à la porte d'Ouche. Il n'y avait aucun motif de placer le répartiteur n° 1 sous aqueduc; il descend dans des rues en général peu fréquentées, et n'offre qu'un diamètre de 0m 135.

3° Répartiteur n° 2.

Ce répartiteur est de même diamètre que le précédent; mais il parcourt les rues Bossuet et Porte-d'Ouche, qui font partie de la route impériale n° 74 de Chalon-sur-Saône à Sarreguemines. De plus, il est probable que des fontaines seront dans l'avenir établies sur les places Saint-Jean et Morimont; il était donc utile d'établir dans cette direction un aqueduc qui pût verser leurs eaux dans l'égout de Suzon, vers l'Académie. Cette double considération ne permettait pas d'établir en tranchée une conduite aussi importante, et destinée à parcourir des rues qui reçoivent une grande circulation.

4° Répartiteur n° 3.

Deux parties du répartiteur n° 3 sont placées sous galeries; la première s'étend entre l'artère principale et la rue du Chaignot; la seconde, entre la place des Cordeliers et la porte Saint-Pierre.

Il était nécessaire de construire en galerie la première partie, à raison de la fréquentation et du peu de largeur de la rue du Bourg, à raison aussi de la faible largeur d'une partie de la rue Berbisey, à raison enfin du diamètre de cette portion du répartiteur, lequel est de 0m 162. Les eaux des bornes-fontaines, qui tombent en hiver dans cette première partie, se rendent à l'égout de Suzon au moyen d'un aqueduc branché sur cette galerie et de même hauteur que celle-ci.

Quant à la seconde partie, on l'a établie sous galerie, parce que l'on a le projet d'établir une fontaine sur la place des Cordeliers, et qu'il y avait nécessité de ménager aux eaux excédantes un moyen d'écoulement souterrain; les eaux, après avoir parcouru l'aqueduc de la rue Saint-Pierre, descendront dans celui de la rue Chabot-Charny, et de là se rendront dans le cours extérieur de Suzon.

5° Répartiteur n° 5.

Son diamètre est de 0m 19; de plus, il descend dans une rue fréquentée, la rue Chabot-Charny, qui fait partie de la traverse de la route de Paris à Genève. Ce double motif m'a déterminé à le faire poser sous galerie dans toute son étendue. Cette galerie, qui passe avec une hauteur réduite sur le pont de Suzon à la porte Saint-Pierre, se prolonge jusque sous le bassin de la gerbe établie au centre de la place circulaire. Entre la porte et le bassin, elle sert encore à renfermer la conduite qui mène au lavoir de la porte Saint-Pierre une partie des eaux de la gerbe.

6° Répartiteur n° 6.

Le diamètre de ce répartiteur n'est que de 0m 135, mais il monte dans une rue étroite et suivie par plusieurs voitures publiques. J'ajouterai qu'on se propose de donner un écoulement souterrain à toutes les eaux pluviales du quartier neuf, appelé Saint-Bernard, auquel ce répartiteur aboutit. On avait en outre l'intention de créer une fontaine jaillissante sur la place Saint-Bernard (¹). Ces considérations réunies ont motivé l'établissement d'une galerie, malgré la faiblesse du diamètre du répartiteur.

L'idée de donner un écoulement souterrain à toutes les eaux du quartier Saint-Bernard a, de plus, nécessité l'établissement d'un aqueduc, qui réunit la galerie précitée à l'égout de Suzon par la rue Musette. Il était convenable d'empêcher ces eaux d'arriver jusqu'à la galerie qui passe sous la rue Guillaume et qui recouvre l'artère principale.

7° Répartiteur n° 8.

Ce répartiteur, comme on l'a expliqué, s'embranche sur l'artère principale vis-à-vis la troisième cour du palais des États; il franchit cette cour à une assez grande profondeur, et se rend ensuite dans la rue Verrerie, étroite et fréquentée; enfin, de là il pénètre dans la rue Saint-Nicolas, traverse de la route 70 d'Avallon à Combeaufontaine, après s'être développé dans la rue d'Assas. Son diamètre

(¹) On a vu que ce projet avait reçu son exécution.

est de 0m 162. J'ajouterai que l'on a le projet d'établir une fontaine monumentale sur la place des Ducs de Bourgogne, et qu'il fallait prendre à l'avance les dispositions nécessaires pour l'évacuation du trop-plein. Ces circonstances réunies m'ont engagé à poser ce répartiteur sous aqueduc.

Je rappellerai d'ailleurs que la partie d'aqueduc comprise entre le répartiteur n° 8 et la rue du Champ-de-Mars doit être employée à conduire, à la galerie construite sous cette dernière rue, le volume que l'on peut obtenir de la prise d'eau déjà décrite et faite dans la rue Rameau sur l'artère principale. Ce volume, après avoir parcouru l'aqueduc de la rue du Champ-de-Mars, rencontre à l'extrémité de cette dernière, vis-à-vis la Préfecture, l'égout de la brasserie de la rue Saint-Nicolas, qui descend de la rue d'Assas et se réunit au grand égout de Suzon sur la place de ce nom, après s'être développé dans la rue Neuve-Suzon.

La construction de l'aqueduc de la rue Verrerie était donc non-seulement convenable, mais encore d'une absolue nécessité, puisque cet aqueduc sera chargé de conduire presqu'à l'origine de l'égout de Suzon les eaux indispensables à son assainissement quotidien. Il importait aussi de construire un aqueduc sous la rue du Champ-de-Mars, bien qu'il ne renferme qu'une conduite de 0m 108.

8° Répartiteur n° 9.

On sait qu'il n'occupe qu'une faible longueur, comprise entre le bâtiment des Archives et la cuve placée à la rencontre des rues d'Assas et Saint-Nicolas. Le diamètre de ce répartiteur n'est que de 0m 135; mais il parcourt la rue Saint-Nicolas, qui fait partie de la traverse de la route impériale n° 70; de plus, comme on n'avait, vu sa petite étendue, que peu de dépense à faire pour le poser sous galerie, il n'était point permis d'hésiter à construire cet aqueduc, qui permettait de relier la galerie de l'artère principale à celle qui se développe jusqu'à l'extrémité de la rue Saint-Nicolas.

Telles sont donc les principales considérations qui, d'après les principes posés au commencement de ce chapitre, m'ont guidé dans le choix des conduites ou parties de conduites à placer sous galerie.

Il me reste à donner maintenant les dimensions de ces dernières, et à indiquer comment y sont placées les conduites qu'elles sont destinées à renfermer.

J'ai adopté pour les galeries deux profils en travers principaux (Pl. 15).

L'un offre dans œuvre la hauteur de 1m 75; la largeur, de 0m 90.

Le second présente dans œuvre la hauteur de 1m 75; la largeur de 0m 75.

Les pieds-droits de ces aqueducs ont, dans le premier cas, la hauteur de 1m 30, dans le second, celle de 1m 375; ils sont recouverts par une voûte en plein cintre et reposent sur un radier de 0m 30 d'épaisseur, formé au moyen de pierres mises sur champ, dont le parement intérieur est disposé suivant un arc de cercle concave, offrant une flèche de 0m 05. La hauteur réelle des aqueducs dans œuvre est donc de 1m 80.

Des consoles en pierre [1], d'une hauteur de 0m 30, d'une épaisseur de 0m 20, et faisant saillie de 0m 35 pour les tuyaux de 0m 35, de 0m 25 de hauteur, de 0m 15 d'épaisseur et de 0m 25 de saillie pour tous les autres, sont encastrées dans un des pieds-droits des galeries. Leur face supérieure est placée à 0m 65 en contre-haut de la ligne d'intersection du radier et des pieds-droits.

Au-dessous de ces consoles est pratiqué, dans le pied-droit, un refouillement de 0m 10 de profondeur, afin de diminuer autant que possible la saillie des tuyaux, et de laisser, par conséquent, la plus grande largeur possible à la galerie. Ces refouillements ont les hauteurs de 0m 40 pour les tuyaux de 0m 35, de 0m 25 pour ceux de 0m 19, et de 0m 20 pour tous les autres. L'épaisseur du pied-droit qui porte les consoles est de 0m 45; celle du second pied-droit a été réduite à 0m 40; l'épaisseur de la clef des voûtes est de 0m 30; celle à leur naissance est de 0m 41 du côté des consoles, et de 0m 36 de l'autre côté. Elles sont, comme on le voit, extradossées suivant une sorte d'ellipse, laquelle est recouverte d'une chape de 0m 04 d'épaisseur.

La distance entre les consoles est moyennement de 1m 25; il faut les placer de manière que les joints des tuyaux tombent toujours dans l'intervalle qu'elles laissent entre elles.

Le cube des aqueducs de la première catégorie est, par mètre courant, de 2m 28; celui des aqueducs de la seconde est de 2m 23.

On voit donc que, même en y comprenant les déblais, ces deux catégories d'aqueducs devaient différer infiniment peu de valeur; mais la stricte économie

[1] J'ai employé par exception des consoles en fonte. Sans le bas prix de la pierre à Dijon, j'en aurais fait partout usage.

que je m'étais imposée m'avait fait rechercher, au début de l'entreprise, tous les moyens de diminuer les dépenses, et j'avais résolu d'employer les aqueducs d'une largeur de 0^m 75 dans les rues où les conduites n'offraient pas un diamètre supérieur à 0^m 162. C'est avec cette dimension que sont établis les aqueducs des rues Berbisey et Verrerie. Ils remplissent d'ailleurs parfaitement leur destination. J'ai reconnu, mais plus tard, que cette économie était trop insignifiante pour la préférer à la plus grande liberté de passage présentée par les aqueducs de 0^m 90, et j'ai partout adopté cette dernière dimension.

Si l'on jette les yeux sur la Pl. 19, on remarquera qu'entre la porte Saint-Pierre et le bassin de la gerbe, le profil en travers de la galerie présente dans le radier, sous les consoles qui portent la conduite alimentaire du jet d'eau, une petite rigole de 0^m 30 de largeur, sur la profondeur de 0^m 20. Cette rigole a pour but de conduire au cours de Suzon le trop-plein du bassin de la gerbe. Elle permet ainsi aux ouvriers d'arriver toujours à pied sec dans la chambre que ce bassin recouvre, et qui renferme plusieurs appareils destinés au jeu de la gerbe et de la distribution dans les rues d'Auxonne et des Moulins.

Cette rigole aurait pu être établie dans tous les aqueducs qui, pendant l'hiver, livrent passage aux eaux versées d'une manière permanente par les bornes-fontaines. Cette disposition eût été une amélioration sans doute; si je ne l'ai pas réalisée, c'est encore par économie : il aurait fallu tapisser de dalles le fond de la rigole, et, de plus, augmenter l'épaisseur des pieds-droits; car l'existence de cette rigole aurait diminué la solidarité que le radier, tel qu'il est construit, établit entre eux.

Tels sont les deux profils généralement adoptés pour les galeries. Leur chape est recouverte au minimum d'une épaisseur de 0^m 50 de terrain, compris le pavé. Il est inutile d'ajouter que quelques parties des dimensions en hauteur ont dû être réduites, à raison du niveau du sol des rues, et de celui auquel devaient arriver certaines portions des aqueducs. Par exemple, celui de la rue du Champ-de-Mars, qui débouche dans l'égout de la brasserie, a été réduit à 1^m 30 et même à 1^m 20 de hauteur. Dans ce cas, et pour que le vide disponible fût augmenté, les pieds-droits ont été couronnés de dalles recouvertes d'une chape et présentant l'épaisseur de 0^m 15.

CINQUIÈME SECTION.

REGARDS DES GALERIES.

Des regards de deux sortes ont été pratiqués dans les galeries :

1° Ceux destinés à l'introduction des tuyaux lors de la pose ou dans le cas de remplacement de tuyaux défectueux.

2° Ceux qui servent journellement aux ouvriers pour opérer leur visite.

Les premiers ont 1m 20 de longueur sur 0m 90 de largeur. Ils sont recouverts d'une dalle de 0m 15 d'épaisseur qui repose sur une assise en pierre de taille. La dalle est recouverte par le pavé.

Les seconds, appelés regards de service, doivent être combinés de manière à pouvoir être aisément ouverts par les ouvriers chargés de la surveillance des conduites. J'ai adopté complétement la disposition en usage à Paris, et j'emprunte leur description au Mémoire publié par M. Emmery, sur les égouts et bornes-fontaines :

« Pour construire un regard de service, on laisse dans la voûte de la galerie une lacune de 0m 90 au point correspondant à chaque trappe de service. On élève verticalement les murs latéraux à partir des naissances de la voûte, on construit des murs également verticaux au-dessus des têtes de la voûte, de manière à former une ouverture rectangulaire, ayant 0m 90 de longueur dans le sens de la galerie, et pour largeur celle de la galerie aux naissances. Ces murs se terminent à un plan horizontal placé à 0m 60 de la surface supérieure du châssis en fonte.

« Le châssis en fonte repose d'abord sur un fort cadre de bois, délardé extérieurement en forme de pyramide tronquée. Ce cadre a 0m 15 de hauteur, les bois ont également 0m 15 de largeur, sauf le délardement.

« Entre cette pièce de bois et la surface supérieure des murs en maçonnerie formant la cage de la trappe, est placée une pierre de roche formant prisme carré, de 0m 40 de hauteur, et de 1m 40 à 1m 50 de côté. On établit suivant l'axe de ce prisme une ouverture formée : 1° sur une hauteur de 0m 15 par une portion de cylindre de 0m 60 de diamètre; 2° sur le reste de la hauteur, par une surface gauche dont les arêtes contenues dans un plan vertical passant par l'axe du prisme, s'appuient à la partie supérieure sur la base de la portion de cylindre dont il vient d'être question, et à la partie inférieure formant le parement inférieur de la pierre, sur les côtés d'un rectangle de $0^m 90$ de côté, dont le centre serait sur l'axe du prisme.

« Les châssis des trappes en fonte présentent extérieurement un rectangle de $0^m 94$ de longueur sur $0^m 82$ de largeur.

« Le châssis a $0^m 11$ d'épaisseur, y compris les aspérités; sa feuillure est de $0^m 63$ de diamètre et de $0^m 07$ de profondeur, aspérités comprises.

« Le tampon a en dessus $0^m 615$ de diamètre, et en dessous $0^m 605$; il a $0^m 07$ d'épaisseur au pourtour, y compris les aspérités, et $0^m 08$ au milieu; son arête en dedans est arrondie; il porte une lumière à son point milieu de $0^m 06$ sur $0^m 03$, et bien percée.

« Les aspérités ont $0^m 015$ de saillie. »

Lorsque les regards de service ne devaient pas être placés au milieu de la chaussée, mais sous les accotements des rues, ou sur des places que les voitures ne franchissent pas, on a substitué aux châssis et tampons précités des châssis et tampons d'un autre modèle, et dont les dimensions en épaisseur ont été notablement réduites. Le châssis n'a plus que l'épaisseur de $0^m 06$. Le tampon celle de $0^m 04$. Du reste, les unes et les autres laissent à l'orifice du regard la même ouverture de $0^m 60$.

Indépendamment des regards de service, on peut encore pénétrer dans les aqueducs au moyen d'un escalier pratiqué dans l'intérieur de l'un des pavillons de la grille du palais des Etats.

SIXIÈME SECTION.

DESCRIPTION DES DIFFÉRENTES ESPÈCES DE TUYAUX QUI, PAR LEUR RÉUNION, COMPOSENT LES CONDUITES; MOYENS A EMPLOYER POUR LES RÉUNIR ENTRE EUX ET LES RÉPARER.

Le système de distribution des eaux de la ville de Dijon a exigé l'emploi de tuyaux en fonte offrant sept diamètres intérieurs différents. Celui de la conduite principale est de $0^m 35$; ceux des tuyaux répartiteurs sont de $0^m 216$, $0^m 19$,

0m 162, 0m 135, 0m 108, 0m 081. On n'a employé que par exception des tuyaux de 6 centimètres de diamètre, et dans le cas seulement où le tuyau répartiteur était assez éloigné d'une borne-fontaine à établir, pour que la substitution d'un tuyau en fonte de ce diamètre offrît une économie sensible sur la fourniture des tuyaux en plomb auxquels on a recours pour mettre en communication les bornes-fontaines et les conduites.

Tous ces tuyaux présentent à l'une de leurs extrémités une partie cylindrique élargie. Dans cette partie vient pénétrer le bout du tuyau suivant. — On a le soin, lors de la pose, de donner à la pénétration de deux tuyaux contigus une longueur moindre d'un centimètre que la profondeur de l'emboîtement. Ce jeu est indispensable pour permettre les mouvements que les variations de température occasionnent dans les longues conduites.

Les tuyaux destinés à former les coudes ([1]) portent brides à chacune de leurs extrémités. Les derniers tuyaux des conduites qu'ils doivent réunir sont également terminés par des brides. — Entre les brides correspondantes sont placées des rondelles en plomb et en cuir gras, et la jonction s'opère à l'aide de boulons.

On a eu recours encore aux tuyaux à brides lorsqu'il s'agissait de raccorder une conduite :

1° Avec une autre d'un plus faible diamètre, placée dans son prolongement;

2° Avec une autre placée perpendiculairement à la première;

3° Avec des robinets ou des cuves de distribution.

Il est convenable encore de placer des tuyaux à brides, de distance en distance, sur les longues conduites, pour le cas où l'on jugerait nécessaire de les examiner intérieurement.

Tous les tuyaux sont renforcés extérieurement par des filets saillants, les uns placés près des brides, et les autres répartis sur le corps des tuyaux à des distances égales. L'origine du cylindre formant renflement et l'extrémité du tuyau qui doit pénétrer dans ce renflement sont également renforcés par des cordons de dimensions variables, suivant le diamètre des tuyaux.

Le tableau suivant indique avec détail les dimensions données aux différentes parties des tuyaux, selon leur diamètre.

([1]) On les coule maintenant à renflement et emboîtement.

DIAMÈTRE des TUYAUX.	LONGUEUR DES TUYAUX 1° Avec renflement d'un bout et cordon de l'autre; 2° Avec renflement d'un bout et bride de l'autre;	3° Avec bride d'un bout et cordon de l'autre; 4° Avec brides aux deux bouts;	5° Avec renflement aux deux bouts.	EMBOITEMENT. Longueur.	Épaisseur.	Diamètre intérieur.	FILETS. Largeur.	Saillie sur le tuyau.	Nombre.	CORDONS. Au petit bout. Longueur.	Saillie.	Sur le renflement. Diamètre.	BRIDES. Diamètre extérieur.	Diamètre passant au centre des trous.	Épaisseur à la jonction du tuyau.	Fruit.	Nombre des trous.
m.	m.	m.	m.	m.	m.	m.	m.	m.		m.	m.	m.	m.	m.	m.	m.	
0 35	2 67	2 50	2 84	0 17	0 022	0 41	0 08	0 005	3	0 018	0 009	0 03	0 53	0 47	0 03	0 005	9
0 216	2 65	2 50	2 80	0 15	0 02	0 266	0 08	0 005	3	0 014	0 007	0 02	0 377	0 324	0 024	0 005	6
0 19	2 65	2 50	2 80	0 15	0 019	0 239	0 08	0 0045	3	0 014	0 007	0 02	0 347	0 29[illegible]	0 022	0 005	6
0 162	2 65	2 50	2 80	0 15	0 018	0 208	0 08	0 004	3	0 012	0 00[illegible]	0 018	0 317	0 268	0 022	0 005	6
0 135	2 65	2 50	2 80	0 15	0 017	0 179	0 08	0 004	3	0 0115	0 006	0 017	0 286	0 237	0 022	0 005	5
0 108	2 12	2 »	2 24	0 12	0 016	0 15	0 08	0 0037	2	0 011	0 0055	0 016	0 253	0 208	0 021	0 004	4
0 081	2 12	2 »	2 24	0 12	0 015	0 1205	0 08	0 0037	2	0 011	0 0055	0 015	0 224	0 179	0 021	0 004	3
0 06	1 95	1 85	2 03	0 10	0 015	0 101	0 08	0 0037	2	0 011	0 0033	0 014	0 208	0 164	0 002	0 003	3

Pour compléter ce tableau, je donnerai le poids moyen des tuyaux de différents diamètres, et leur épaisseur entre les cordons (¹).

DIAMÈTRE des TUYAUX.	ÉPAISSEUR entre les CORDONS.	POIDS DES TUYAUX À renflement et cordon.	bride et cordon.	renflement et bride.	double renflement.	double bride.
m.	m.	k.	k.	k.	k.	k.
0 35	0 017	416	385	435	466	404
0 216	0 015	230	218	242	250	230
0 19	0 0145	200	189	209	220	198
0 162	0 014	150	141	158	167	149
0 135	0 013	125	122	132	135	129
0 108	0 012½	75	72	81	84	78
0 081	0 011½	50	47	54	57	51
0 06	0 010½	32	28	34	39	31

Quant aux coudes, on les a établis ordinairement, pour le raccordement des conduites qui se retournent d'équerre, suivant un arc de cercle

de 0m50, pour les tuyaux de { 0m06, 0m081, 0m108
0m75, — { 0m135, 0m162, 0m19
1m00 — 0m216
1m50 — 0m35

(¹) Voir la note G.

Je dois faire observer qu'on est souvent obligé, lorsque certaines parties d'une conduite doivent arriver à des points de sujétion, de diminuer la longueur de quelques-uns des tuyaux qui la composent. Alors on a le soin de recouper toujours les tuyaux près d'un des filets qui enveloppent leur surface, et l'on emboîte pareillement dans le renflement du tuyau suivant l'extrémité coupée. Il reste ainsi une fraction de tuyau qui semblerait, au premier abord, devenue désormais inutile, puisqu'elle n'est plus terminée par un renflement à l'une de ses extrémités.

J'ajouterai que ces portions de tuyaux sans renflement proviennent encore de la pose des conduites dans des points où elles doivent être établies, suivant des courbes d'un rayon tel qu'il est nécessaire, pour les former, de diminuer la longueur des tuyaux qui doivent en composer les éléments. Je sais que, pour ces circonstances, on est dans l'habitude de faire mouler des tuyaux d'une plus petite longueur; mais, malgré cette précaution, on se trouve souvent réduit, lorsque les tuyaux sont établis en courbe, à la nécessité de les recouper. Or, afin de ne pas laisser sans emploi les parties recoupées, lesquelles sont toujours en grand nombre en dépit des prévisions, il faut faire exécuter des tuyaux à double renflement.

On comprend que, par ce moyen, les portions des tuyaux coupés peuvent être partout employées, et qu'elles deviennent particulièrement utiles pour faire aboutir à des points déterminés les tubulures que portent certaines conduites, et sur lesquelles des conduites secondaires doivent se brancher.

Enfin, dans des conduites assemblées par emboîtement et qui n'offrent pas, comme celles composées de tuyaux à brides, l'avantage de pouvoir être démontées tuyau par tuyau, il peut sembler difficile de remédier aux fuites qu'une défectuosité dans la matière d'un tuyau produirait.

Rien n'est plus aisé cependant: on a recours, dans cette circonstance, à l'emploi des manchons, — les uns dits manchons ordinaires, les autres dits manchons à coquilles. Les premiers ne sont autre chose qu'un cylindre d'un diamètre un peu plus grand que celui des tuyaux qu'il doit recouvrir; les autres sont formés de deux demi-cylindres portant chacun une double bride, retournée d'équerre sur leur circonférence. Ces deux demi-cylindres sont réunis par des boulons qui traversent les brides juxtaposées.

L'usage de ces manchons s'explique aisément: lorsqu'une fuite a lieu par une fracture peu considérable, ou par un trou que l'on n'aurait pas aperçu avant la pose, on bouche cette fracture à l'aide d'un manchon à coquille.

Lorsque, au contraire, la fracture est trop étendue pour que l'on puisse songer à conserver le tuyau qui en est atteint, on l'enlève en brisant la partie hors de service; alors on fait couler le manchon ordinaire sur celui des tuyaux qui ne porte pas renflement; on approche ensuite le nouveau tuyau, par lequel l'ancien doit être remplacé, après en avoir coupé le renflement. Puis on glisse le manchon sur le joint, et l'on n'a plus qu'à introduire la corde goudronnée et à couler le plomb pour terminer l'opération. Ce procédé, du reste, exige que l'on démonte encore, pour obtenir le jeu nécessaire, le tuyau sur lequel le manchon n'est point placé. On voit, au surplus, que l'on pourrait au moyen de deux manchons, et en recoupant le renflement du tuyau contigu au tuyau défectueux, réparer la conduite sans démonter aucun tuyau.

Le tableau suivant indique le poids des manchons ordinaires et à coquille pour chaque espèce de tuyaux.

Manchons.

Diamètre des tuyaux auxquels ils s'appliquent.	Diamètres intérieurs.	Épaisseur.	Longueur.	Diamètre des cordons extérieurs.	Cordons extérieurs. Largeur.	Cordons extérieurs. Hauteur.	Brides des manchons à coquille. Hauteur.	Brides des manchons à coquille. Épaisseur en haut	Brides des manchons à coquille. Épaisseur en bas.	Brides des manchons à coquille. Trous de boulons. Nombre.	Brides des manchons à coquille. Trous de boulons. Côté.	Poids des manchons ordinaires.	Poids des manchons à coquille.
	m.	m.	m.	m.	m.	m.	m.	m.	m.		m.	k.	k.
Conduite de 0m 35	0 41	0 022	0 50	0 03	0 018	0 009	0 008	0 0235	0 028	4	0 024	136	160
— 0 216	0 266	0 02	0 45	0 02	0 014	0 007	0 0395	0 0205	0 023	4	0 021	63	79
— 0 19	0 239	0 019	0 45	0 02	0 014	0 007	0 0395	0 0205	0 023	4	0 021	53	68
— 0 162	0 208	0 018	0 45	0 018	0 012	0 006	0 0395	0 0195	0 022	4	0 021	46	60
— 0 135	0 179	0 017	0 45	0 017	0 0115	0 006	0 0385	0 0195	0 022	4	0 021	36	50
— 0 108	0 150	0 016	0 40	0 016	0 011	0 0055	0 0365	0 0185	0 021	4	0 021	25	36
— 0 081	7 1205	0 015	0 40	0 015	0 011	0 0055	0 0365	0 0185	0 021	4	0 021	20	31
— 0 06	0 101	0 015	0 40	0 014	0 011	0 0055	0 0365	0 0185	0 021	4	0 021	16 50	28

J'ajouterai quelques mots pour compléter tout ce qui est relatii au raccordement des conduites les unes avec les autres. J'ai dit plus haut que l'on pouvait avoir à réunir des conduites placées dans le prolongement l'une de l'autre et d'un diamètre différent. Le raccordement de ces conduites s'opère au moyen de cônes portant brides et tronqués de telle sorte, que les diamètres de chacune des extrémités sont égaux à ceux des tuyaux auxquels ces extrémités correspondent.

Les raccordements de ce genre existent dans le système de distribution d'eau de Dijon, savoir :

	LONGUEUR du RACCORDEMENT	DIAMÈTRES.	
1° Place Saint-Michel	1m 40	0m 35	0m 135
2° Place Saint-Georges	1 25	0 162	0 135
3° Vis-à-vis la rue Victor Dumay	1 25	0 135	0 108
4° Près de la porte d'Ouche	1 25	0 135	0 108
5° Rue Vannerie, vis-à-vis la rue d'Assas	2 »	0 108	0 081
6° Rue Vauban, vis-à-vis l'hôtel Bernoux	2 »	0 108	0 081
7° Rue de la Préfecture, vis-à-vis la rue Notre-Dame	2 »	0 108	0 081
8° Place Saint-Pierre, vis-à-vis la rue des Moulins	2 »	0 108	0 081
9° Rue d'Auxonne, vis-à-vis la rue Coupée	2 »	0 108	0 081

J'ai parlé aussi du raccordement entre deux conduites placées rectangulairement; il s'exécute au moyen d'une tubulure portant bride, et placée sur un des tuyaux de la conduite sur laquelle le branchement rectangulaire doit être opéré.

Dans la prévison des prises d'eau destinées à alimenter les établissements publics ou les maisons particulières, j'ai fait placer des tubulures d'un diamètre de 0m06, à des intervalles assez rapprochés, sur une partie des tuyaux dont les conduites sont composées. C'est aussi sur ces tubulures que viennent s'ajuster les extrémités des tuyaux de plomb qui doivent conduire les eaux destinées aux bornes-fontaines.

Il peut arriver que les tubulures soient trop éloignées du point où deux conduites doivent se raccorder rectangulairement; dans ce cas, le raccordement s'opère sur un orifice percé dans la paroi de la conduite principale; et le tuyau de prise d'eau est fixé sur la conduite par un collier à lunette, que l'on arrête au moyen de vis : ce tuyau, à cordon d'un bout et à bride de l'autre, traverse l'ouverture pratiquée dans le collier, de telle façon que sa bride vient s'appuyer contre ce dernier; deux rondelles en cuir gras, entre lesquelles est interposée une rondelle en plomb, sont placées entre la bride et le tuyau principal. Lorsque le branchement a un petit diamètre, on peut se borner à le visser sur la conduite principale.

Enfin, lorsque plusieurs conduites doivent, à partir d'un point déterminé, rayonner dans plusieurs rues, j'ai toujours fait aboutir la conduite qui doit les alimenter dans une cuve de distribution, offrant sur sa circonférence autant de tubulures qu'il y a de conduites à desservir; ces tubulures portent brides et sont naturellement du diamètre des tuyaux avec lesquels elles doivent être unies.

Différentes cuves de distribution ont été employées dans le service des eaux de Dijon, savoir :

Nos d'ordre	EMPLACEMENT DE LA CUVE.	NOMBRE ET DIAMÈTRES des tubulures pour chaque cuve.
1	Rue Saint-Nicolas, vis-à-vis la rue d'Assas	2 de 0m 102 1 de 0 135
2	Rue Jehannin, vis-à-vis la rue Saumaise	2 de 0 210 1 de 0 135
3	Place Saint-Bernard	1 de 0 133 3 de 0 081
4	Faubourg d'Ouche, vis-à-vis l'hôpital	2 de 0 108 2 de 0 081
5	Rue Buffon, vis-à-vis la rue Legoux-Gerland	1 de 0 133 1 de 0 108 2 de 0 081
6	Place d'Armes, vis-à-vis la rue Vauban	1 de 0 133 1 de 0 108 1 de 0 081
7	Faubourg Saint-Nicolas, vis-à-vis la rue de Pouilly	1 de 0 135 3 de 0 081
8	Rue de la Préfecture, vis-à-vis la rue Chantal	2 de 0 108 1 de 0 081
9	Place Saint-Pierre, sous le bassin du jet d'eau	1 de 0 019 3 de 0 108
10	Rue Berbisey, vis-à-vis la rue Crébillon	2 de 0 108 2 de 0 081
11	Rue Porte-d'Ouche, vis-à-vis la rue du Refuge	3 de 0 135 1 de 0 108

Toutes ces cuves ont 0m 28 de diamètre et 0m 34 de hauteur.

L'épaisseur de leurs parois est de 0m 015.

Je me suis borné, dans cette section, à fixer le poids et les diverses dimensions des tuyaux employés dans la distribution des eaux de Dijon, ainsi que des appareils destinés à réunir les conduites entre elles ou à réparer les tuyaux défectueux. Lorsque je m'occuperai de l'estimation des conduites, j'aurai le soin de décrire la série des opérations qui doivent précéder, accompagner et suivre la pose. Je donnerai également le résultat d'expériences relatives au temps employé à chacune de ces opérations.

Ainsi, l'on pourra former des sous-détails des prix de revient que ce genre de travaux exige.

SEPTIÈME SECTION.

DESCRIPTION DES ROBINETS D'ARRÊT ET DE DÉCHARGE; DES VANNES DU RÉSERVOIR ET DU PAVILLON DE LA SOURCE; DES ROBINETS DE JAUGE; DES VENTOUSES.

Robinets d'arrêt et de décharge.

Les robinets d'arrêt et de décharge sont établis de la même manière, seulement on leur donne un nom différent, suivant l'usage auquel ils sont destinés. On a employé pour les robinets des conduites deux modes de construction.

Les uns sont appelés robinets à boisseau; les autres robinets à vannes.

A l'époque où j'ai commencé les travaux de la distribution des eaux de Dijon, on employait à Paris les premiers pour les conduites d'un diamètre inférieur à 0^m135; à partir de ce dernier diamètre, inclusivement, on avait recours aux robinets-vannes. Depuis cette époque, les ingénieurs des eaux de Paris sont arrivés à faire confectionner des robinets-vannes, même pour le diamètre de 0^m081 : c'est une grande amélioration. La manœuvre des robinets-vannes s'opère, en effet, avec une facilité extrême, on peut les ouvrir ou les fermer avec toute la lenteur que l'on désire, et c'est là un grand avantage, lors de la mise en charge, de la vidange ou de la fermeture des conduites; de plus, ils sont parfaitement étanches; enfin, ils présentent sur les robinets à boisseau une notable économie, qui grandit avec le diamètre des conduites sur lesquelles ils doivent être placés.

Je vais passer maintenant à la description de l'une et de l'autre espèce de robinets.

1° *Robinets à boisseau.* — Ces robinets sont entièrement en cuivre, ils sont coniques et composés d'un boisseau et d'une clef à œil rond. La clef du robinet présente la forme d'un cône tronqué; ce cône est percé perpendiculairement à son axe d'un trou cylindrique, dont le diamètre est égal à celui de la conduite : ce trou forme l'œil du robinet. La clef porte au-dessus de sa face supérieure une tête carrée, d'une grosseur variable, suivant la dimension du robinet; cette tête est percée d'un trou rond, dans lequel passe un levier en fer de 0^m40 à 0^m55

de longueur, terminé par deux pommes en cuivre. Ce levier sert à la manœuvre du robinet.

Au-dessous du boisseau, la clef forme également une saillie carrée, de même grosseur que la tête, mais percée d'un trou allongé destiné à recevoir une clavette qui tend à rendre intime le contact de la clef avec le boisseau ; entre la clavette et le boisseau on interpose une rondelle à trou carré, pour adoucir les frottements. Le boisseau dans lequel la clef est reçue est érigé perpendiculairement sur un bout de tuyau de même diamètre que la conduite, et qui porte à chacune de ses extrémités des brides en saillie, au moyen desquelles il est fixé à cette conduite.

Les robinets placés au pied des bornes, sur la conduite en plomb qui alimente ces derniers, en diffèrent à peine ; mais je les décrirai lorsque je m'occuperai des bornes-fontaines.

2° *Robinets à vanne*(1). — Ces robinets sont exécutés suivant un système imaginé par les Anglais ; mais ils ont été singulièrement perfectionnés par les ingénieurs des eaux de Paris.

La clef du robinet n'est plus qu'une vanne qui, en montant ou en descendant, livre passage aux eaux ou intercepte leur écoulement. A l'extérieur, ce robinet présente l'apparence d'un prisme, sur les faces larges duquel sont appliquées deux tubulures portant brides. C'est par leur moyen que le robinet s'adapte aux deux parties de la conduite ; ces tubulures partagent la hauteur du prisme en deux parties égales, la plus petite est à la base du robinet. C'est une chambre dans laquelle viennent se loger le sable ou le gravier que les eaux pourraient entraîner, et qui s'opposeraient à la manœuvre du robinet ; cette petite chambre est fermée au bas par une plaque ajustée avec des boulons.

La partie supérieure est destinée à recevoir la vanne lorsqu'elle est levée. Cette vanne présente la forme d'un coin évidé dans l'intérieur, et percé d'un orifice à la partie inférieure pour le passage de la tige filetée ; cette disposition rend son contact aussi intime que possible ; elle est, d'ailleurs, garnie de deux cercles en cuivre qui s'appuient, au moment de la fermeture, sur d'autres cercles en cuivre adaptés sur les portions de tuyaux ou tubulures faisant partie du robinet.

(1) A Marseille, on a remplacé les robinets à vanne par des clapets horizontaux : M. Bonnin, fondeur à Paris, a substitué des clapets inclinés aux vannes.

Les cercles, parfaitement dressés et ajustés, sont fixés sur la fonte dans des rainures à queue d'aronde et refoulés en prisonniers.

Deux guides verticaux en cuivre, adaptés aux petites faces du prisme et qui pénètrent dans des échancrures pratiquées dans la vanne, ne lui permettent pas de dévier dans son mouvement. Ce dernier s'opère ainsi qu'il suit : dans un orifice pratiqué à la partie supérieure de la vanne, orifice dont l'axe est perpendiculaire à la direction du tuyau, a été glissé un écrou en cuivre; cet écrou enveloppe une tige filetée jusqu'à la paroi intérieure de la plaque qui recouvre le prisme; à partir de ce point, la vis cesse, la tige prend une forme cylindrique, traverse une boîte à étoupe et se termine par un carré à l'extérieur de cette dernière. Pour l'empêcher, soit de monter, soit de descendre, elle porte entre le dessus de la plaque supérieure du prisme et le dessous de la boîte à étoupe un élargissement cylindrique terminé par deux surfaces planes.

Maintenant, si l'on donne, au moyen d'une clef posée sur le carré qui termine la tige taraudée, un mouvement de rotation à cette tige, on comprendra aisément que l'écrou en cuivre sera obligé de se mouvoir et qu'il entraînera la vanne dans son ascension ou dans sa descente.

Voir du reste, pour plus de détails, la planche 18, sur laquelle on trouvera dessiné un robinet-vanne de 0^m 35 de diamètre.

Vannes du réservoir et du pavillon de la source.

Vannes du réservoir. — On se rappelle qu'il existe au fond du puits central du réservoir de la porte Guillaume deux vannes destinées :

La première à la décharge du réservoir dans ce puits ;

La seconde à la vidange de ce dernier et par suite du réservoir; ces vannes sont identiquement établies.

Les eaux de vidange passent à travers un tuyau de 0^m 35 de diamètre intérieur logé dans la maçonnerie; c'est à l'extrémité de ce tuyau que la vanne est adaptée. Un peu en arrière de cette extrémité, coupée obliquement, fait saillie sur le nu du tuyau une bride rectangulaire. Les deux côtés verticaux de cette bride sont reliés par des boulons à deux armatures verticales en fonte servant en même temps de guide à la vanne, coupée elle-même suivant l'inclinaison de la section du tuyau de 0^m 35, et placée entre les armatures et l'extrémité du tuyau précité. Le contact entre la vanne et le tuyau s'établit, comme dans le cas des robinets-vannes, suivant des cercles en cuivre ajustés par le même procédé. Le mouvement est donné à la vanne au moyen d'une tige en fer taraudée à son extrémité et terminée par un écrou en cuivre dont la rotation détermine l'ascension de la tige et par suite celle de la vanne.

Voir la planche 12 pour les détails de cet appareil.

Vanne du Pavillon de la source. — Cette vanne est construite d'après les mêmes principes que la précédente, seulement elle affecte une forme carrée semblable à l'orifice dans lequel elle est placée.

Ventouses. — La description des ventouses sera donnée dans le chapitre II de la troisième partie (Voir Pl. 12).

Robinets de jauge. — Le robinet de jauge est un robinet à boisseau ordinaire dont la clef est percée d'un petit trou auquel on donne, par expérience, le diamètre nécessaire pour que le débit par vingt-quatre heures soit égal à celui qui est concédé. Un petit grillage précède la clef et empêche les corps étrangers d'obstruer l'orifice de jauge. Ce robinet est placé entre deux robinets d'arrêt qui permettent de retirer la clef et de nettoyer le filtre; une plaque de fer assemblée à la charnière sur la partie supérieure de ces robinets et percée de trois trous correspondant aux carrés des clefs des robinets les maintient ouverts; elle est elle-même arrêtée par un cadenas dont la clef reste entre les mains de l'administration (Pl. 12).

Regards des robinets, des ventouses et des cuves de distribution.

Toutes les fois que les robinets sont adaptés sur des conduites placées en pleine terre, à l'exception toutefois de ceux posés sur les tuyaux alimentaires des bornes-fontaines, lesquels sont manœuvrés à l'aide d'un mécanisme particulier que nous décrirons plus tard, on doit les envelopper d'une chambre en maçonnerie appelée regard. Il en est de même des ventouses et des cuves de distribution. Les regards des robinets et des ventouses sont carrés; la longueur du côté de ce carré est de 1^m 10. Ils sont recouverts par un bloc d'une seule pierre de

0m 40 d'épaisseur, et reposant de 0m 10 sur les murs du regard; elle est percée en son milieu d'une ouverture circulaire de 0m 60 de diamètre.

Cette ouverture circulaire descend verticalement sur la hauteur de 0m 18, puis s'évase jusqu'au parement inférieur du bloc, de telle sorte qu'elle prend en ce point le diamètre de 0m 80. La hauteur totale du regard, non compris celle laissée libre sous le tampon en fonte, est de 1m 50 à 2m 50; l'épaisseur des murs latéraux est de 0m 35.

Le fond du regard est garni d'un radier au centre duquel est ménagé un petit puits perdu nécessaire à l'absorption des eaux qui pourraient s'échapper des robinets. Ce puits doit être creusé jusqu'à une couche de terrain très-perméable lorsqu'il s'agit de robinets de décharge. Enfin, la face supérieure du bloc, formant le recouvrement du regard, reçoit successivement le cadre en bois, le châssis et le tampon en fonte déjà décrits dans les regards des galeries.

Les regards des cuves de distribution présentent une forme circulaire; leur largeur dans œuvre est de 2m 20. Ils sont recouverts d'une voûte sphérique percée en son milieu d'une ouverture de 0m 60, pratiquée dans une pierre de taille qui forme clef et dont l'orifice est, d'ailleurs, disposé et fermé d'une manière analogue à la précédente. Les murs latéraux de ces regards ont l'épaisseur de 0m 35.

Leur fond est pareillement garni d'un radier et muni d'un puits perdu; entre ce fond et l'extrados de la voûte existe une hauteur de 1m 50 à 2m 50.

L'orifice pratiqué dans la pierre de taille qui recouvre le regard des cuves est fermé comme il vient d'être indiqué pour ceux des robinets ou des ventouses. Et, pour les uns ou les autres, on emploie, suivant les circonstances, le châssis et le tampon du grand ou du petit modèle.

Il est inutile d'ajouter que, lorsque leur poids l'exige, les robinets, ventouses ou cuves de distribution reposent sur des supports en fer forgé que l'on cherche, dans chaque cas particulier, à disposer de la façon la plus commode.

HUITIÈME SECTION.

BORNES-FONTAINES.

Le principal objet du système de distribution que je viens de décrire est l'alimentation des bornes-fontaines. Les eaux, lorsqu'elles y sont parvenues, ont terminé le cours de leur marche souterraine ; elles en jaillissent pour les usages domestiques, pour l'assainissement de la cité, pour l'alimentation des pompes à incendies ; car telle est leur triple destination, et j'ajouterai qu'elles remplissent avec une grande facilité les fonctions qui leur sont assignées, à l'aide d'un mécanisme d'une extrême simplicité et d'une solidité éprouvée.

Je dois consacrer quelques pages à la description des bornes-fontaines, compléments indispensables de toute fourniture d'eau, et qu'il convient de multiplier autant que possible dans l'intérêt de la commodité des habitants, de la salubrité et de la sécurité publiques.

Les bornes-fontaines employées à Dijon (Pl. 20) sont formées d'un fût rectangulaire reposant sur un socle de même forme et couronné par un demi-cylindre dont l'axe est perpendiculaire aux plans des faces les plus larges du prisme.

Le fût présente en plan une longueur de $0^{m}38$ et une largeur de $0^{m}255$, mesurées extérieurement ; sa hauteur est de $0^{m}43$. Cette hauteur, augmentée du rayon $0^{m}19$ du demi-cylindre qui forme le couronnement, donne au fût $0^{m}62$ d'élévation au-dessus du socle.

Le socle présente en plan une saillie de $0^{m}04$ sur la face antérieure ; ses autres parois sont dans le prolongement des faces correspondantes du fût.

La saillie du socle est rachetée par des moulures qui se développent suivant tout le contour de la face antérieure. Sa hauteur est de $0^{m}63$. La hauteur totale de la borne est donc de $1^{m}25$.

Lorsque la borne-fontaine est posée, le dessus du socle dépasse seulement de $0^{m}15$ la surface du trottoir qui l'environne. Ainsi elle est enterrée de $0^{m}48$ et sa hauteur totale apparente est de $0^{m}77$.

Au pourtour de la base du socle existe une bride de même forme, de $0^{m}05$ de largeur ; elle est en saillie sur les faces antérieure et latérales de la borne, mais intérieurement placée sur la face postérieure, de manière que nul obstacle ne s'oppose à sa juxta-position contre les parois des édifices. Cette bride de 0^m015 d'épaisseur est percée de huit trous : deux sur chaque face latérale, deux par devant et autant par derrière.

Une plaque pleine en fonte, de 0^m015 d'épaisseur, coulée dans des dimensions telles qu'elle puisse araser la face postérieure de la borne et les arêtes extérieures des brides, s'attache à ces dernières au moyen de boulons qui traversent les trous précités. Entre les brides et la plaque est, d'ailleurs, interposée une lame en plomb de la largeur des brides.

L'épaisseur des parois de la borne est de 0^m01. Elle présente à sa face supérieure une ouverture de 0^m30 de longueur, laquelle règne sur l'intervalle entier compris entre les parois antérieure et postérieure. Ces dernières sont renforcées par une épaisseur de 0^m01 faisant saillie intérieure suivant le pourtour de l'ouverture de 0^m01. Ce renfort forme la feuillure de la porte qui doit recouvrir la borne, laquelle porte est cylindrique, de manière à s'adapter exactement sur les contours de l'orifice qu'elle doit fermer.

La serrure se compose :

1° D'une cloison en cuivre percée d'un trou pour le passage des pierres que l'on ferait entrer par le trou de la clef ; ladite cloison portant trois oreilles au moyen desquelles elle est fixée sur la porte par trois vis.

2° De deux pênes à crochet disposés pour s'arrêter sur le rebord qui forme la feuillure de la porte.

3° D'une bascule destinée à faire mouvoir à la fois les deux pênes et fixée par une quatrième vis.

4° D'un ressort fixé par un rivet en cuivre et agissant sur l'un des pênes au moyen d'un étoquiau.

Dans les faces latérales, à 0^m085 au-dessus de la bride, sont pratiqués deux orifices circulaires de 0^m05 de diamètre autour desquels il y a extérieurement un renfort de 0^m02 sur 0^m005 et disposé suivant la forme d'une bride à oreille.

La face antérieure est percée d'un trou placé au centre du demi-cylindre qui couronne la borne ; il présente un diamètre de 0^m085 ; une rosace richement accusée l'environne. Entre cette rosace et le socle, l'initiale du mot Dijon, entouré d'une couronne murale, se détache en relief sur la paroi ; enfin, le millésime MDCCCXLI a été gravé sur la partie apparente du socle.

Passons maintenant à la description du mécanisme intérieur et extérieur d'une borne-fontaine.

Une borne-fontaine est garnie :

1° D'une colonne en plomb;

2° D'un régulateur;

3° D'un robinet;

4° D'une bouche d'eau;

5° D'un tuyau de vidange.

Ces garnitures composent son mécanisme intérieur.

De plus, elle est mise en communication avec le tuyau qui l'alimente, au moyen d'un corps en plomb sur lequel est placé un nouveau robinet, remplissant à la fois les fonctions de robinet d'arrêt et de robinet de décharge. Enfin, les eaux qui s'échappent de la bouche tombent dans une cuvette recouverte d'une grille, de laquelle elles descendent, tantôt dans les rigoles de la chaussée au moyen d'une gargouille en fonte, tantôt dans les aqueducs ou dans des puits perdus, par une ouverture percée au fond de la cuvette.

Voyons à présent comment les différents éléments de la garniture intérieure sont ajustés entre eux et comment ils se raccordent eux-mêmes avec les appareils extérieurs.

1° Colonne en plomb.

Dans l'intérieur de chaque borne est placée une colonne en plomb d'un diamètre intérieur de $0^m 034$; c'est elle qui mène les eaux au robinet de la borne. L'extrémité inférieure de cette colonne est ajustée contre l'un des orifices percés dans la paroi latérale de la borne et reliée au tuyau en plomb formant le prolongement de la colonne; elle communique avec la conduite alimentaire de la manière suivante :

On introduit le bout de la colonne dans une bride à oreille mobile avant laquelle on a préalablement placé une rondelle en cuir. Sur cette bride à oreille on fait ensuite épanouir par la percussion l'extrémité de la colonne en plomb, et cet ajustement compose ce qu'on appelle un collet rabattu.

Le bout du tuyau en plomb, formant prolongement de la colonne, présente également une bride à oreille et un collet rabattu. Entre ces deux collets, on interpose une rondelle en cuir.

Enfin tout l'assemblage se composant : d'une première bride à oreille et d'un collet rabattu, d'une rondelle en cuir, d'une seconde bride à oreille avec collet rabattu, enfin d'une rondelle de cuir, est adapté, au moyen de vis, contre la paroi latérale de la borne-fontaine.

9° Régulateur.

Le régulateur est formé d'un tuyau en cuivre de 0m04 de diamètre intérieur. Ce tuyau a la hauteur de 0m04; il est pénétré par une tige horizontale portant un disque en cuivre d'un diamètre égal à celui du tuyau.

A l'extrémité extérieure de la tige est perpendiculairement ajusté à sa direction un quart de cercle en cuivre d'un rayon de 0m 125, qui sert à faire manœuvrer le disque du régulateur et à indiquer dans quelle position il se trouve. Ainsi, le modérateur est entièrement formé lorsque, pour l'ouvrier qui le manœuvre et qui est placé devant la borne, le rayon de droite du quart de cercle affecte une position verticale. Il est, au contraire, entièrement ouvert lorsque ce même rayon est horizontalement descendu.

Entre ces deux positions extrêmes, le disque laisse dans le cylindre en cuivre un intervalle de plus en plus grand. Au moyen des degrés marqués sur la circonférence du quart de cercle, et d'une aiguille fixe que l'on pourrait implanter dans la paroi postérieure de la borne, il serait facile de retrouver toujours le point convenable auquel, dans une circonstance donnée, le régulateur doit être fixé. Mais il est rarement nécessaire d'arriver à cette précision, et l'œil du fontainier est assez exercé pour juger à simple vue du débit de la borne.

Il est inutile d'insister sur l'utilité du régulateur, qui se pose au sommet de la colonne en plomb, immédiatement au-dessous du robinet. On conçoit, en effet, que les villes étant généralement assises sur un terrain accidenté, que, d'ailleurs, les bornes-fontaines étant alimentées par des tuyaux greffés tantôt à l'origine, tantôt à l'extrémité, tantôt en des points intermédiaires des conduites, la charge en vertu de laquelle s'opère leur écoulement varie dans des limites très-étendues. Il était donc nécessaire de placer au-dessous du robinet un appareil qui permît de contre-balancer l'influence du profil et d'assurer ainsi à toutes les bornes un produit sensiblement uniforme.

L'extérieur du cylindre du régulateur est creusé en gorge, et les faces supérieure et inférieure présentent en plan la forme d'une bride à oreille. Une double échancrure est faite aux extrémités du diamètre perpendiculaire à l'axe qui porte le disque en cuivre, afin de laisser passer les boulons qui réunissent le robinet à la colonne en plomb dont l'extrémité forme un collet rabattu sur la bride à oreille qui le termine et sur laquelle le régulateur est posé.

Il est inutile d'ajouter qu'outre la bride à oreille qui termine la colonne en plomb et la face inférieure du cylindre du régulateur, et entre la face supérieure du même cylindre et celle inférieure du robinet, laquelle affecte dans la partie qui se pose sur le cylindre du régulateur la forme d'une bride à oreille, sont placés des cuirs gras, de telle façon que, lorsque les boulons sont serrés, l'eau puisse arriver de la colonne dans le robinet, sans que les divers assemblages précités puissent donner lieu à la moindre fuite.

3° Robinets.

Le robinet est la pièce importante des bornes-fontaines : il avait deux fonctions à remplir dans le système de distribution des eaux de Dijon. Il devait être disposé de telle sorte qu'il pût, au moyen de la pression exercée sur un bouton placé au-dessus de la borne-fontaine, livrer passage, à chaque instant, à la quantité d'eau nécessaire aux divers usages domestiques; il devait être en même temps établi de telle sorte que l'on pût substituer à cet écoulement à volonté un écoulement constant, destiné à l'arrosage des rues de la ville ou à l'alimentation des pompes à incendie.

Il serait difficile de bien faire comprendre le jeu de ce robinet, sans recourir à ses coupes (Pl. 20).

On voit d'abord, à la partie antérieure, un cylindre horizontal dont le pourtour est entièrement fileté; cette partie est placée vis-à-vis l'orifice circulaire percé au centre du demi-cylindre qui couronne la borne; c'est sur elle que se visse la bouche d'eau.

Ce cylindre pénètre dans un cône vertical dont la base repose sur le régulateur placé sur la colonne en plomb. Un robinet conique, intérieurement évidé pour permettre l'ascension de l'eau, est ajusté dans le cône vertical précité, vis-à-vis la pénétration du cylindre horizontal; de plus, la paroi de ce robinet est percée d'un trou cylindrique dont le diamètre est égal à celui du cylindre horizontal. Les circonférences de ces deux orifices peuvent d'ailleurs être amenées à la coïncidence dans le mouvement de rotation du robinet, et ce mouvement s'opère au moyen d'une clef forée que l'on place sur la tête carrée terminant le robinet. Cette tête, en outre, est percée d'un trou allongé destiné à recevoir une clavette qui tend à rendre intime le contact du robinet avec son boisseau. Entre la clavette et le boisseau est, de plus, interposée une rondelle à trou carré pour adoucir le frottement.

On voit donc d'abord que si l'on fait coïncider l'œil du robinet et l'orifice de pénétration du cylindre horizontal, un écoulement constant se produit, puisque la colonne en plomb est mise en communication directe avec la bouche d'eau; mais que si, au contraire, on fait prendre au robinet une situation diamétralement opposée, l'écoulement doit s'arrêter puisque toute communication est interrompue entre la colonne en plomb et la bouche d'eau. Mais, à ce moment, on peut remarquer que l'œil du robinet étant placé vis-à-vis l'orifice O d'une petite chambre fermée à sa partie supérieure par la soupape horizontale S, cette petite chambre sera en communication avec la colonne; et du reste la pression de l'eau qui s'introduira dans cette cavité n'aura pour effet que d'appliquer avec plus de force les parois de la soupape conique S contre celles de l'orifice qu'elle est destinée à fermer. Cette soupape est traversée par une tige verticale en cuivre, dont la partie inférieure est maintenue dans un cylindre directeur D, et dont la partie supérieure traverse les parois du robinet, dans lequel a été ménagée la boîte à étoupe E. Cette tige verticale est mobile, et dans son mouvement entraîne la soupape.

Maintenant on remarquera qu'il existe au-dessus de cette soupape un orifice C, origine d'un canal placé sur l'un des côtés du robinet, et dont l'ouverture est en C'; j'ajouterai qu'un second canal C'' C''' est symétriquement disposé sur l'autre côté. Or, si l'on baisse la tige de la soupape, le liquide s'élèvera vers l'orifice C, passera par le canal C C', ainsi que par le canal C'' C''', et viendra sortir par la bouche pendant tout le temps que la soupape sera baissée; puis l'écoulement s'arrêtera lorsque l'on cessera de pousser la tige de haut en bas, et que l'eau, en vertu de la pression qu'elle exerce, aura de nouveau appliqué la soupape contre l'orifice à travers lequel elle montait.

C'est par ce mécanisme que s'obtient l'écoulement intermittent ou le débit à volonté des bornes pour les usages domestiques. Mais il est facile de comprendre que si la charge de l'eau était faible, les frottements de la tige pourraient s'opposer au mouvement ascendant ou de retour de la soupape. Aussi, pour faciliter ce dernier, on a fixé à la tige un ressort en acier qui agit dans le sens de la pression de l'eau. On avait d'abord donné à ce ressort la forme d'un fer à cheval, mais on lui a bientôt reconnu l'inconvénient de faire dévier dans ses mouvements la tige de la position verticale, et on lui a substitué deux ressorts en forme d'arc et superposés de manière à se présenter leur concavité.

Quant aux soupapes, on s'était d'abord borné à les établir complétement en cuivre, et dans les premiers temps, elles ne donnaient lieu à aucune fuite; mais peu à peu leur surface, qui s'usait inégalement, laissait échapper un filet d'eau, auquel la bouche de la borne livrait constamment passage. Il était nécessaire de faire disparaître cet inconvénient. L'on a complétement réussi, en substituant à la soupape en cuivre une petite soupape en cuir pressée contre un arrêt supérieur, au moyen d'un petit boulon en cuivre qui traverse la tige de la soupape. Le mouvement est communiqué de l'extérieur à la soupape, au moyen d'un bouton en cuivre terminé par une tige qui repose sur celle de la soupape, et qui, d'ailleurs, est fixée à la porte de la borne par une clavette transversale.

Donc, et en résumé :

1° Lorsque l'on veut donner à la borne un écoulement constant, il suffit de faire coïncider l'œil du robinet conique avec le cylindre horizontal sur lequel est vissée la bouche d'eau ;

2° Si l'on désire, au contraire, obtenir un écoulement à volonté, il suffit de placer cet œil vis-à-vis l'orifice de la petite chambre pratiquée sous la soupape précédemment décrite.

4° Bouche d'eau.

On a expliqué que le cylindre horizontal du robinet présentait sur ce dernier une saillie dont l'extérieur était fileté, et qui correspondait à l'orifice placé au centre du demi-cylindre qui couronne la borne. Sur ce pas de vis s'adapte la bouche d'eau dans laquelle a été fixée, lors de l'opération de la fusion de la bouche, une rondelle en cuivre également filetée. La forme de cette bouche est indiquée (Pl. 20). On voit qu'elle s'appuie contre la paroi extérieure de la borne par un plan sur lequel se dessine le centre de la rosace qui environne l'orifice percé dans la borne.

En cas d'incendie, le raccordement avec la borne du tuyau en cuir alimentaire du réservoir de la pompe s'opère de la manière suivante : on dévisse la bouche d'eau, puis on adapte sur le cylindre fileté du robinet la garniture en cuivre ajustée à l'une des extrémités du tuyau précité. L'autre extrémité versant ses eaux dans le réservoir de la pompe, cette dernière est aisément et constamment fournie de l'eau nécessaire à sa manœuvre.

La pression de l'eau dans la colonne en plomb des bornes est, dans un grand nombre de points, à Dijon, assez considérable pour que l'on puisse se passer de l'intermédiaire des pompes à incendie pour porter l'eau sur les parties embrasées de l'édifice; dans ce cas, on se borne à garnir d'une lance la seconde extrémité du tuyau en cuir, et les pompiers n'ont plus qu'à diriger sur le foyer de l'incendie le jet qui s'échappe de cet appareil.

8° Tuyau de décharge de la borne.

Quelque soin que l'on apporte à opérer le raccordement de la colonne en plomb avec le régulateur et le robinet, il peut s'échapper des gouttes par les joints qui les séparent, et ces gouttes accumulées finiraient par remplir la borne; or, le volume d'eau ainsi emprisonné dans la borne pourrait la faire éclater lors des gelées, ou, par son échauffement progressif à l'époque des chaleurs, accroître notablement la température de l'eau renfermée dans la colonne en plomb qui serait baignée dans ce fluide. Pour éviter ce double inconvénient, j'ai fait ajuster au second orifice pratiqué dans la paroi latérale du socle de la borne un tuyau en plomb qui vient dégorger, soit dans l'aqueduc, soit dans le puits perdu établi par des motifs que j'indiquerai tout à l'heure. A Paris, l'eau qui pourrait s'accumuler dans les bornes-fontaines s'échappe par un petit orifice circulaire de 0m005 de diamètre, placé au-dessus du socle. La disposition adoptée à Dijon permet de vider entièrement ce dernier.

Telle est la description détaillée du buffet d'une borne et de son mécanisme intérieur; je vais passer aux moyens employés pour son raccordement avec le tuyau alimentaire, et pour conduire dans les rigoles des chaussées, ou faire écouler ou perdre souterrainement les eaux qui s'en échappent.

a. Raccordement de la borne avec la conduite.

Ce raccordement s'opère au moyen d'un tuyau en plomb d'un diamètre intérieur égal à 0m 034; à ce tuyau est soudé un robinet que je décrirai tout à l'heure. J'ai dit plus haut comment l'une des extrémités de cette petite conduite était ajustée à la borne-fontaine. Quant à son autre extrémité, elle s'adapte à la bride qui termine la tubulure du tuyau alimentaire, au moyen d'une rondelle en fonte sur laquelle on a rabattu le bout du tuyau; cette rondelle est alors unie à la bride précitée, au moyen de boulons. Entre le collet rabattu et cette dernière, un cuir gras est interposé.

Dans le cas où il n'existerait pas de tubulure sur le tuyau alimentaire, on y suppléerait de la manière suivante : on percerait, à l'aide d'un burin, la conduite, suivant un orifice égal au diamètre du tuyau en plomb, et l'on aurait recours ensuite à un collier en fer forgé, composé de deux parties s'unissant à l'aide de boulons. L'une des parties du collier est percée d'un trou à travers lequel on fait passer le bout du tuyau en plomb, que l'on rabat sur sa face intérieure; puis on interpose une rondelle en cuir gras entre ce collet rabattu et la conduite. Enfin, il ne reste plus qu'à serrer les boulons du collier, convenablement placé pour opérer la réunion de la conduite alimentaire à la colonne en plomb de la borne.

J'ai dit qu'un robinet était placé sur cette conduite de jonction; on le rapproche en général, autant que possible, de la borne. Ce robinet se compose d'un boisseau et d'une clef à œil rond. La clef du robinet présente la forme d'un cône tronqué (voir Pl. 20); ce cône est percé, perpendiculairement à son axe, d'un trou cylindrique dont le diamètre est égal à celui de la conduite; ce trou forme l'œil du robinet. La clef porte, au-dessus de la face supérieure, une tête carrée; au-dessous du boisseau, la clef forme également une saillie carrée; elle est percée d'un trou allongé destiné à recevoir une clavette qui tend à rendre intime le contact de la clef avec le boisseau. Entre la clavette et le boisseau, on interpose une rondelle à trou carré pour adoucir les frottements; cette rondelle porte une échancrure d'un développement égal au quart de cercle, afin que l'ouvrier qui doit manœuvrer ce robinet sans l'apercevoir, ainsi que je l'expliquerai plus tard, puisse juger du moment où il est complétement fermé et de celui où il est complétement ouvert. Lorsque ce robinet est fermé, tout le tuyau situé entre lui et la borne, colonne en plomb comprise, se décharge au moyen d'un petit orifice foré dans l'épaisseur de la partie pleine du robinet, et correspondant à une ouverture également forée dans la rondelle. Cette disposition était indispensable pour les temps de gelée; il importe en effet que, pendant les intervalles où le jeu de la borne est arrêté, la colonne en plomb soit vidée pour n'être pas exposée à éclater par suite de la congélation de l'eau.

Le boisseau dans lequel la clef est reçue est érigé perpendiculairement sur un bout de tuyau en cuivre, présentant à son extrémité d'amont le diamètre de 0^m 045, et celui de 0^m 034 à son extrémité d'aval. Pour le raccorder avec le tuyau en plomb, on opère de la manière suivante : on fait pénétrer dans l'extrémité d'amont du robinet le bout de la portion correspondante du tuyau en plomb convenablement aminci, puis, au contraire, on introduit l'extrémité aval du robinet dans l'autre partie du tuyau, enfin on unit invariablement, au moyen de nœuds de soudure, le robinet au tuyau en plomb ainsi disposé.

On comprend pourquoi l'extrémité amont du robinet doit envelopper le tuyau, et pourquoi l'extrémité aval doit être enveloppée par lui; c'est afin que l'eau, dans sa marche, n'éprouve aucune résistance. Ce moyen d'unir le robinet au tuyau en plomb est évidemment le plus économique : il est employé dans la distribution des eaux de Paris, et j'en ai fait également usage à Dijon; mais il exige le recours à un plombier toutes les fois qu'une réparation doit être faite à cet assemblage; sous ce rapport, il serait plus simple de terminer le robinet par deux brides que l'on unirait au tuyau en plomb au moyen d'une rondelle et d'un collet rabattu. Si l'on exécutait la rondelle en fer, je crois que la différence de dépense existant entre les deux procédés ne mériterait pas d'être prise en considération.

Je vais expliquer comment le robinet se manœuvre lorsqu'il est placé en terre, et c'est le cas le plus fréquent. Il est posé dans une petite chambre carrée en maçonnerie de 0m30 de côté dans œuvre, et dont la base est située à 0m20 environ en contre-bas du robinet; cette base n'est pas revêtue, ce qui permet aux eaux de vidange, qui sortent par le petit canal de vidange du robinet, de s'infiltrer dans les terres. Cette petite chambre, dite tabernacle, dont la hauteur varie au-dessus du robinet, suivant la profondeur à laquelle est enterrée la conduite, est recouverte d'une planchette en chêne de 0m03 d'épaisseur, et percée à l'aplomb de la saillie carrée du robinet d'un orifice circulaire. Sur ce trou repose un tuyau en cœur de chêne ou en orme, appelé bouche-à-clef; son diamètre extérieur est égal à 0m20, son diamètre intérieur est de 0m 108, sa hauteur de 1 mètre à 1m20; sa face supérieure doit toujours affleurer le niveau du pavé; elle est frettée au moyen d'un cercle en fer forgé. Le trou supérieur de ce tuyau est fermé par un tampon en fonte ajusté dans une boîte de même métal adaptée à l'intérieur. Ce tampon est fixé par une petite chaîne en fer à sa boîte, et percé d'un orifice en son centre, lequel permet, au moyen d'une petite tige à crochet, de lui faire faire dans sa boîte la fraction de révolution nécessaire pour ramener la petite saillie que porte sa partie inférieure vis-à-vis une échancrure ménagée dans son enveloppe, et, par suite, de l'enlever. Lorsque l'on veut manœuvrer le robinet, il suffit de faire pénétrer dans le tuyau une longue clef en fer, percée à son extrémité inférieure et terminée à son extrémité supérieure par une barre horizontale.

Indépendamment du régulateur dont il a été question plus haut, le robinet sous bouche-à-clef donne encore le moyen de modérer le débit de la borne.

Il ne nous reste plus qu'à nous occuper de ce que deviennent les eaux à leur sortie de la borne. A leur émergence de la bouche, elles tombent dans une cuvette en pierre présentant dans œuvre, à sa partie supérieure, un orifice carré de 0m27 de côté; sa profondeur est de 0m 15, les parements de cette cuvette sont inclinés de 0m 06; elle offre donc au fond la forme d'un carré de 0m 15 de côté. Elle est recouverte d'une grille à barreaux triangulaires et dirigés perpendiculairement à la face antérieure de la borne; cette disposition permet à l'eau de tomber de la bouche dans la cuvette, sans éclabousser les passants.

De la cuvette, les eaux se rendent dans le ruisseau, au moyen d'une gargouille en fonte dont la partie supérieure affleure le dessus du trottoir de la borne, et dont l'extrémité s'arrête au parement extérieur de la bordure.

Il n'y aurait rien à ajouter à la description de cet appareil, d'ailleurs emprunté à la distribution des eaux de Paris, si l'on avait eu pour seul but à Dijon, comme dans cette première ville, d'arroser les rues au moyen de l'écoulement des bornes-fontaines, en laissant toutefois aux habitants la faculté de puisage aux bornes pendant le temps de l'arrosage; mais on a vu plus haut que les bornes présentaient à Dijon, aux habitants, la possibilité d'obtenir à chaque instant du jour, par la pression d'un bouton ajusté sur le sommet de la borne, la quantité d'eau nécessaire à leurs maisons.

En été, il n'y a aucun inconvénient à ce que les eaux qui s'échappent du vase destiné à les recevoir tombent dans la cuvette et se rendent dans le ruisseau au moyen de la gargouille; mais en hiver, un pareil écoulement présenterait un inconvénient grave, et ferait naître, aux abords des bornes-fontaines, de grands amas de glace. D'ailleurs, pendant les intervalles où l'on ferait couler la borne-fontaine, et surtout pendant la nuit, l'eau contenue dans la colonne en plomb pourrait geler et la faire éclater; de plus, l'eau renfermée dans la petite cavité placée sur et sous la soupape qui correspond au bouton pourrait geler également, et la manœuvre de ce dernier deviendrait impossible.

Il fallait, pour surmonter ces difficultés, qu'en hiver l'écoulement des bornes-fontaines fût permanent, et, de plus, que l'eau qui descend de la bouche d'eau disparût immédiatement sous terre, pour éviter toute formation de glace dans les rues, et prévenir tout accident. Pour atteindre ce double but, l'on a, d'une part, placé le fond de la cuvette en contre-bas de la face inférieure de la gargouille en fonte, et, d'autre part, on a percé d'un trou garni d'une soupape en cuivre le milieu de cette cuvette. En été, cette soupape est toujours fermée, et le liquide, s'élevant au niveau de la gargouille, s'échappe, ainsi que je l'ai déjà dit. En hiver, lorsque l'écoulement des bornes est permanent, la soupape est toujours levée et l'eau s'introduit dans l'orifice ouvert qu'elle lui présente, sans jamais pouvoir arriver au niveau de la gargouille.

Voici maintenant ce que deviennent les eaux après avoir franchi l'orifice de la soupape.

Trois cas peuvent se présenter :

1° Il peut exister un aqueduc ou un égout sous la rue ou à proximité de la rue dans laquelle la borne-fontaine est placée ;

2° Il peut encore arriver que, près de cette borne-fontaine, se trouve un ancien puits;

3° Enfin, cette borne-fontaine peut être très-éloignée d'un aqueduc, d'un égout ou d'un puits déjà existant.

Dans le premier cas, on a réuni, par une galerie transversale sous laquelle un homme peut passer, l'égout ou l'aqueduc à la borne-fontaine; la borne-fontaine s'établit sur cette galerie même, et l'on ajuste sous la soupape un tuyau conique en fonte, dont l'embouchure perce la voûte de la galerie. On donne une forme conique au tuyau, pour que les corps étrangers que l'on pourrait jeter à travers l'orifice de la soupape ne soient jamais arrêtés dans l'intérieur du tube-déchargeoir. Lorsque l'égout ou l'aqueduc se trouvait à quelque distance de la borne, on a réduit la galerie qui doit les réunir à cette dernière aux dimensions de 0m60 de largeur sur 0m70 de hauteur; mais on a eu le soin de pratiquer, à l'origine de cette galerie, un petit puisard dans lequel viennent s'arrêter tous les corps étrangers que l'on pourrait introduire par la soupape; ce petit puisard est recouvert d'un regard en pierre de taille.

Dans le second cas, on a construit, entre le puits et la borne, un conduit analogue au précédent.

Ces conduits doivent être faits en bonne maçonnerie, car ils sont habituellement établis le long des maisons, et il importe que les eaux qu'ils mènent ne puissent pas descendre dans les caves par filtration.

Dans le troisième cas, enfin, on a creusé au pied des bornes des puits auxquels on a donné une profondeur suffisante pour arriver aux couches perméables; le pourtour de ces puits est simplement revêtu en pierre sèche. A Dijon, leur profondeur moyenne est de 8 à 10 mètres; ils reviennent à 15 fr. le mètre courant, revêtement compris. Leur perméabilité est telle qu'un écoulement de 300 litres par minute n'a jamais relevé à plus de 0m15 le niveau de la nappe d'eau à laquelle on s'est arrêté.

Tels sont les procédés très-simples au moyen desquels je suis parvenu, à Dijon, à rendre l'usage des bornes-fontaines aussi facile pendant l'hiver que pendant l'été.

9°. Du placement des bornes-fontaines.

Les bornes-fontaines, comme on vient de le voir, ont trois fonctions à remplir: elles doivent servir aux usages domestiques, à l'arrosage des rues, à l'alimentation des pompes en cas d'incendie.

Si l'on n'avait égard qu'à la première et à la troisième de ces destinations, il conviendrait de les répartir proportionnellement au chiffre de la population des divers quartiers ou rues de la ville; de les multiplier aux environs des édifices publics, dans les points où les chances d'incendie sont les plus fortes, dans ceux où ces incendies causeraient les plus grands désastres. Leur seconde destination exige qu'elles soient placées aux divers points culminants, afin que l'arrosage réclamé par la salubrité publique s'opère sur toute la surface de la cité.

C'est cette dernière condition que M. d'Aubuisson a cherché à remplir dans la distribution des eaux de Toulouse. Le public se plaignait de l'inégalité de la répartition des bornes-fontaines sur la surface de la ville; il répondit à cette critique par l'observation suivante:

« Le problème à résoudre n'était pas l'égalité de répartition, mais de laver la plus grande surface possible; nous pensons l'avoir résolu. Nous avons lavé toute la partie centrale et plus des trois quarts de la superficie entière de la ville; nous avons jeté de l'eau dans tous les égouts: lavés continuellement, ils ne répandront plus, dans les saisons chaudes et sèches, ces odeurs infectes, vrais fléaux des quartiers où leur bouche est placée, et tout cela a été fait, ajoute-t-il, en conservant l'eau destinée aux usages privés à une distance courte, quoique inégale, des habitants (1). »

Mais il faut convenir que la première destination des bornes-fontaines est plus importante encore que la deuxième.

« Le lavage des rues, dit M. Emmery, ingénieur en chef des eaux de Paris, est sûrement bien utile; mais consultez les hommes de l'art, reprenez tous les procès-verbaux des Commissions sanitaires, et ils vous diront qu'il est bien autrement important de laver les allées des maisons, les petites cours intérieures

(1) Établissement des fontaines publiques de Toulouse; *Mémoire de l'Académie des sciences* de cette ville. 1830.

mal aérées, les lieux d'aisances qui y sont ordinairement placés, les rez-de-chaussées. Ils ajouteront qu'il faut surtout donner à la classe malheureuse la possibilité de multiplier gratuitement les lavages de toute espèce, soit du corps, soit du linge qui souvent se trouve réparti en proportion si faible à chaque individu. Voilà, vous répéteront-ils, comment vous attaquerez avec quelque profondeur la question de l'assainissement intérieur d'une grande ville. Tel est le service immense que rendent les puisages gratuits aux bornes-fontaines. »

Ces réflexions si justes démontrent qu'il faut, par tous les moyens possibles, chercher à favoriser la salubrité du domicile, en construisant les bornes de telle sorte qu'on puisse en user à volonté, en les multipliant assez pour que la classe la plus nombreuse les trouve aisément sur son passage et ne soit pas rebutée par la longueur du trajet à faire, par le temps à perdre et la peine à supporter. Il faut, en un mot, que partout l'eau se montre prête à satisfaire à chaque besoin; il faut, pour ainsi dire, qu'elle sollicite la population aux habitudes hygiéniques, et l'on sait que le développement de ces habitudes tient essentiellement à la facilité que l'on a de les contracter. Tels sont les principes qui ont servi de base à la distribution des eaux dans la ville; le Conseil municipal n'a reculé devant aucune dépense pour les appliquer dans toute leur extension.

La salubrité publique exigeait que le grand égout de Suzon fût parcouru presque constamment par un volume d'eau considérable; la prise d'eau du répartiteur n° 8 a été exécutée dans ce but: elle voulait encore que toutes les rues fussent arrosées; des bornes-fontaines ont été placées, à de très-rares exceptions près, à tous les points culminants des rues.

La sûreté publique demandait que de prompts secours fussent disponibles en cas d'incendie : tous les édifices publics ont été entourés de bornes-fontaines; on les a multipliées aussi dans les quartiers où ces sinistres sont le plus à craindre, dans ceux où ils causeraient les plus grands dommages.

Enfin, les convenances et l'hygiène privée exigeaient que ces appareils fussent multipliés de telle sorte que chaque habitant rencontrât une borne-fontaine à quelques pas de son domicile, et l'administration municipale a décidé qu'entre les bornes de faîte seraient encore intercalées de nombreuses bornes destinées à répartir également entre tous les bienfaits de la distribution.

M. l'ingénieur en chef Emmery regarde la suppression d'une borne-fontaine comme une calamité réelle, comme entraînant un accroissement de mortalité pour la classe malheureuse. La ville de Dijon paraît s'être inspirée de la pensée de M. Emmery ; elle a pris le programme et toutes ses conséquences ; elle a fait le bien presque avec excès, s'il pouvait y avoir de l'excès dans le bien.

Le tableau suivant, qui présente le résumé général des bornes-fontaines, indique en outre :

1° La hauteur de la grille de leur cuvette au-dessus du niveau de la mer ;

2° Le volume maximum qu'elles peuvent débiter ;

3° La charge à laquelle le volume est dû.

N° d'ordre.	EMPLACEMENT DES BORNES-FONTAINES.	NUMÉROS des MAISONS.	HAUTEUR DE LA GRILLE du trottoir des born.-fontain. au-dessus du niveau de la mer.	CHARGE à laquelle le débit est dû.	VOLUME D'EAU débité par minute.	OBSERVATIONS.
	Artère principale.					
1	Rue Devosge, angle de la place du Château-d'Eau.	14	m. 253 591	3 269	lit. 97	La cote de l'eau dans le réservoir ou de la charge en vertu de laquelle les écoulements des bornes-fontaines ont lieu est de 257m 40. L'orifice d'écoulement est d'ailleurs à 0m 60 en contre-haut de la grille de la borne.
2	Rue Guillaume, angle du rempart.	5	250 084	3 870	88	
3	Rue Guillaume, angle Mably. . .	35	248 592	8 268	188	
4	Rue du Chapeau-Rouge.	7	247 287	9 573	216	
5	Rue Condé, angle des Forges. . .	103	244 314	12 546	181	
6	Rue Condé, angle place d'Armes. .	122	246 305	10 555	154	
7	Rue Rameau.	4	246 838	10 022	152	
8	Rue Lamonnoye, angle Longepierre	»	245 463	11 397	167	
9	Rue Lamonnoye, angle Jehannin. .	»	245 637	11 223	200	
10	Rue Guyton-Morveau, angle Longepierre.	»	245 111	11 749	193	
11	Rue Jehannin, angle Vannerie. . .	27	244 459	12 401	204	
12	Rue Jehannin.	34	243 625	13 235	224	
13	Place Saint-Michel, contre l'église.	»	243 913	12 947	185	
14	Rue Saint-Michel, contre la halle. .	2	246 069	10 791	117	
15	Rue du Vieux-Collége.	3	243 123	13 737	199	
16	Rue Dubois.	12	243 907	12 953	217	
17	Rue Saumaise.	47	243 292	13 568	217	
18	Rue Jehannin, angle Saumaise. .	54	242 926	13 934	209	
19	Faubourg St-Michel, pont de Suzon.	»	242 976	13 884	241	
	Répartiteur n° 1.					
20	Rue Guillaume, angle Docteur-Maret	4	250 978	5 882	139	
21	Place Saint-Bénigne.	15	245 122	11 738	187	
22	Rue du Tillot.	8	243 792	13 068	212	
23	Rue Saint-Philibert, contre le collége	»	243 343	13 517	219	
24	Rue Cazotte.	2	242 669	14 191	243	
25	Rue Saint-Philibert.	49	241 978	14 882	193	
26	Rue du Mouton, contre le rempart.	»	242 010	14 850	216	
27	Place de la Porte-d'Ouche.	108	239 859	17 001	264	
	Répartiteur n° 2.					
28	Rue Bossuet.	10	245 697	11 163	219	
29	Rue Bossuet.	13	245 433	11 427	170	

N° d'ordre.	EMPLACEMENT DES BORNES-FONTAINES.	NUMÉROS des MAISONS.	HAUTEUR DE LA GRILLE du trottoir des born.-fontain. au-dessus du niveau de la mer.	CHARGE à laquelle le débit est dû.	VOLUME d'eau débité par minute.	OBSERVATIONS.
			m.		lit.	
30	Place St-Jean, angle St-Bénigne. .	26	244 876	12 004	190	
31	Rue Saint-Bénigne.	8	246 125	10 735	171	
32	Rue Piron.	17	243 696	13 164	143	
33	Place Saint-Jean, marché du Midi.	»	243 920	12 940	238	
34	Place Saint-Jean, marché du Midi. .	»	243 263	13 597	212	
35	Place du Morimont.	40	241 130	15 721	237	
36	Rue Porte-d'Ouche, Académie. . .	»	240 244	16 616	228	
37	Faubourg Raines.	11	240 844	16 016	243	
38	Rue de l'Hôpital, contre l'hospice. .	»	239 831	17 029	229	
39	Rue des Tanneries.	22	239 847	17 013	180	
40	Faubourg d'Ouche, place du Port.	2	239 536	17 324	204	
	Répartiteur n° 3.					
41	Rue du Bourg, angle Condé. . . .	102	245 536	11 324	180	
42	Rue du Bourg, angle Dauphine. .	40	244 142	12 718	206	
43	Rue des Etioux.	11-13	245 401	11 459	161	
44	Rue des Etioux, angle du Bourg. .	63	244 173	12 087	199	
45	Rue Berbisey, angle Piron. . . .	2	243 629	13 231	211	
46	Rue Victor-Dumay, angle Ste-Anne.	2	243 366	13 494	200	
47	Rue Victor-Dumay.	14	243 491	13 369	200	
48	Rue Ste-Anne, en face de l'hospice.	»	241 857	15 003	209	
49	Rue Berbisey.	11	241 619	15 241	233	
50	Rue Berbisey.	27	241 798	15 064	237	
51	Rue Crébillon.	28	240 640	16 220	224	
52	Rue du Chaignot.	33	241 503	15 357	187	
53	Rue Berbisey.	110	241 729	15 131	234	
54	Rue Berbisey.	67	241 823	15 037	236	
55	Rue Berbisey, angle du Refuge. .	97	240 868	15 992	244	
56	Rue du Refuge, angle Sachot. . .	12	240 718	16 142	228	
57	Rue Charrue.	1	243 552	13 308	189	Borne d'arrosage seulement.
58	Rue Charrue.	9	243 184	13 676	220	
59	Place des Cordeliers.	3	242 828	14 032	211	
60	Rue Turgot.	1	242 893	13 967	191	
61	Rue Turgot.	3	241 675	15 185	218	
62	Rue Franklin.	14	242 248	14 612	202	
63	Rue Saint-Pierre.	28	241 667	15 193	238	
	Répartiteur n° 4.					
64	Place d'Armes.	13	245 844	11 016	129	
65	Rue Vauban.	12	244 994	11 866	183	
66	Rue Vauban, angle École-de-Droit.	21	244 282	12 578	202	
67	Rue de l'École-de-Droit, prison. .	»	243 376	13 484	202	
68	Place du Palais, Palais de justice. .	»	245 567	11 293	193	
	Répartiteur n° 5.					
69	Rue des Bons-Enfants.	16	245 681	11 179	152	
70	Rue Legouz-Gerland.	3	245 118	11 742	157	
71	Rue Chancelier-L'Hôpital.	7	241 931	14 929	196	
72	Rue Buffon.	24	242 841	14 029	208	
73	Rue Chabot-Charny.	34	245 658	13 202	217	
74	Rue de l'École-de-Droit, École. . .	»	244 445	12 415	226	
75	Rue du Petit-Potet.	20	243 349	13 511	204	
76	Rue Chabot-Charny.	63	242 050	14 810	219	
77	Porte Saint-Pierre (contre la). . .	»	241 026	15 834	221	
78	Rue des Moulins.	16	240 159	16 701	168	
79	Rue d'Auxonne, maison de charité.	»	240 721	16 139	206	
80	Rue d'Auxonne.	28	239 613	17 247	202	

N° d'ordre.	EMPLACEMENT DES BORNES-FONTAINES.	NUMÉROS des MAISONS.	HAUTEUR DE LA GRILLE du trottoir des born.-fontain. au-dessus du niveau de la mer.	CHARGE à laquelle le débit est dû.	VOLUME D'EAU débité par minute.	OBSERVATIONS.
	Répartiteur n° 6.		m.		lit.	
81	Rue des Godrans.	61	246 099	10 761	178	
82	Place de la Poissonnerie	22	244 726	12 134	192	
83	Rue Odebert.	1	245 145	11 715	125	
84	Rue du Lacet.	5	244 606	12 254	162	
85	Rue des Godrans, angle Musette. .	51	245 363	11 497	194	
86	Rue du Château.	2	250 719	6 141	147	
87	Rue Bannelier, angle des Godrans.	2	246 346	10 514	190	
88	Rue Quantin	18	245 200	11 660	197	
89	Place Suzon.	0	245 816	11 044	187	
90	Rue des Godrans.	2	247 083	9 777	158	
91	Place Saint-Bernard.	»	248 239	8 621	165	
	Répartiteur n° 7.					
92	Cour de l'ancien Hôtel-de-Ville. .	»	246 416	10 444	208	
93	Rue des Forges.	40	245 955	10 905	187	
94	Rue des Forges, contre l'Hôt.-de-Vil.	9	246 699	10 161	202	
95	Rue Musette..	4	245 872	10 988	125	
96	Rue Notre-Dame	12	246 373	10 487	200	
97	Place Charbonnerie.	8	245 393	11 467	204	
	Répartiteur n° 8.					
98	Place des Ducs-de-Bourgogne. . .	2	246 416	10 444	165	
99	Rue Verrerie.	14-16	246 793	10 067	168	
100	Rue Saint-Martin.	9	246 501	10 359	184	
101	Rue Verrerie.	45	245 655	11 205	210	
102	Rue du Champ-de-Mars, angle Préf.	40	245 292	11 568	204	
103	Rue de la Préfecture.	103	246 015	10 845	176	
104	Rue Chantal	53	246 485	10 375	170	
105	Rue de Clairvaux	1	247 521	9 339	154	
106	Rue Saint-Nicolas.	49	246 123	11 737	202	
107	Rue Saint-Nicolas.	44	246 491	10 369	191	
108	Rue de Pouilly.	9	249 930	6 930	146	
109	Rue Sainte-Catherine.	»	248 371	8 489	155	
110	Rue Sainte-Marguerite.	17	248 749	8 111	165	
	Répartiteur n° 9.					
111	Rue Chaudronnerie	17	245 821	11 039	198	
112	Rue Proudhon.	24	245 739	11 121	164	
113	Rue Saint-Nicolas.	101-103	246 435	10 425	200	
114	Place du Coin-des-Cinq-Rues. . .	98	246 045	10 815	174	
	Répartiteur n° 10.					
115	Rue Roulotte.	6	244 245	12 515	200	
116	Rue Vannerie, angle Roulotte. . .	49	245 113	11 747	176	
117	Rue Proudhon, angle d'Assas. . .	1	246 203	10 657	170	
118	Rue Vannerie.	21-23	246 653	10 207	169	

Le tableau précédent donne le catalogue des bornes-fontaines existant en 1848; le tableau suivant donne la nomenclature de celles posées depuis cette époque.

N° D'ORDRE	EMPLACEMENT DES BORNES-FONTAINES.	N° DES MAISONS.	HAUTEUR DE LA GRILLE du trottoir des born.-font. au-dessus du niveau de la mer.	CHARGE à laquelle le débit est dû.	VOLUME D'EAU débité par minute.	DIAMÈTRE des TUYAUX alimentaires.	CONDUITS sur lesquelles sont branchés les tuyaux alimentaires.	OBSERVATIONS
(¹)			m.		lit.	m.		
(119)	Au cimetière	»	252 731	4 129	81	0 08	»	Directem. branché sur l'aqueduc à 100 mètres en amont du premier pavillon.
(120)	Rue Devosge	13	254 782	2 078	74	0 081	artère princ.	
(121)	Rue Guillaume	65	246 627	10 233	165	0 081	id.	
(122)	Rue de la Gare	22	250 165	6 695	145	0 081	id.	
(123)	A la Gare	»	247 832	9 028	120	0 08	id.	
(124)	Rue des Perrières	»	252 185	4 675	93	0 06	id.	
(125)	Cour du Quartier	»	242 138	14 722	235	0 08	répart. n° 1.	
(126)	Place du Morimont	5	241 457	15 403	234	0 06	répart. n° 2.	
(127)	Faub. Raines, près de l'Arquebuse.	»	243 351	13 509	179	0 08	id.	
(128)	Au canal, près du pont de Larrey	»	239 551	17 309	139	0 06	id.	
(129)	Route de Beaune, fonderie	»	239 328	17 532	173	0 08	id.	
(130)	Pont des Tanneries	»	239 963	16 897	168	0 08	id.	
(131)	Place d'Armes, cour du pal. des États	»	246 735	10 125	161	0 034	artère princ.	En plomb.
(132)	Rue Dauphine	9	243 462	13 398	192	0 06	répart. n° 5.	
(133)	Cour d'Époisses	9	242 733	14 127	209	0 08	répart. n° 3.	
(134)	Rue du Gaz, maison Chamson	»	243 162	13 698	167	0 06	id.	
(135)	Rue Saint-Lazare	4	240 674	16 186	179	0 08	id.	
(136)	Rue de Longvic	4	241 901	14 959	138	0 06	id.	(¹) Sur le plan général, les numéros d'ordre des bornes-fontaines posées depuis 1848 sont mis entre parenthèses.
(137)	Rue Musette	56	244 039	12 821	225	0 081	répart. n° 6.	
(138)	Rue Sambin	8	247 654	9 206	116	0 06	id.	
(139)	Cours Fleury	»	248 592	8 268	84	0 06	id.	
(140)	Rue La Trémouille, angle Préfect.	117	246 851	10 009	175	0 06	répart. n° 8.	
(141)	Rue Montmusard, place St-Nicolas.	»	248 205	8 655	114	0 08	id.	
(142)	Rue des Ormeaux	»	246 042	10 818	101	0 08	id.	

Le premier tableau comprend cent dix-huit bornes, ci. 118

Le tableau supplémentaire, déduction faite de la borne n° 1 du cimetière, qui n'a été posée que pour faciliter l'arrosage des arbustes et des fleurs, en comprend. 23

TOTAL. 141

Le développement total des rues et des faubourgs étant de 21,500 mètres, on voit qu'une borne-fontaine correspond à un développement de 150 mètres.

J'ai déjà dit que, dans l'intérieur de la ville, cette distance se réduisait à 100 mètres; on n'a donc, *intra muros*, qu'une distance moyenne de 50 mètres à parcourir pour trouver une borne-fontaine.

Si maintenant on considère leur débit, on verra que le produit minimum obtenu par minute est 74 litres (n° 120), la charge étant de 2m078, et que le produit maximum est 264 litres (n° 27), la charge étant de 17m001; enfin, que le produit ordinaire est d'environ 200 litres par minute.

On a souvent exprimé l'opinion que le modérateur, même ouvert, exerçait une fâcheuse influence sur le débit; or, pour m'en assurer expérimentalement, j'ai complétement enlevé ce modérateur dans les bornes ci-après, qui ont alors donné les débits suivants :

NUMÉROS des BORNES.	EMPLACEMENT.	CHARGES.	DÉBITS avec le modérateur	DÉBITS sans le modérateur.	OBSERVATIONS
2	R. Guillaume, n° 3, angle du rempart	5 870	88	94	J'expliquerai dans la troisième partie, deuxième section, la cause du peu d'influence exercée par le modérateur.
(131)	Place d'Armes, cour du pal. des États	10 125	161	173	
24	Rue Cazotte, n° 2.	14 191	243	249	
51	Rue Crébillon, n° 28.	16 220	257	242	
53	Rue Berbisey, angle du Refuge. .	13 932	244	250	
92	Cour de l'ancien Hôtel-de-Ville. .	10 411	208	208	
93	Rue Musette, n° 4.	10 988	123	144	

Il résulte de la comparaison des débits ci-dessus que l'inconvénient redouté a bien peu d'importance: mais revenons au débit des bornes-fontaines à Dijon; j'ai dit que ce débit était, en général, égal à 200 litres par minute.

Ce produit est-il suffisant?

Débit des bornes. — Il convient évidemment que la charge sur l'orifice d'écoulement des bornes et le diamètre des tuyaux parcourus par l'eau soient tels qu'ils puissent assurer le débit maximum que l'on veut obtenir dans une circonstance donnée; or l'écoulement à volonté, nécessaire à l'alimentation des habitants n'exige qu'un débit d'une trentaine de litres par minute; le lavage des rues ne demande pour deux versants, ce qui est le cas le plus habituel, qu'un débit de huit pouces, ou $13{,}33 \times 8 = 107$ litres par minute : cette donnée résulte des expériences faites par MM. les ingénieurs du service des eaux de Paris.

Mais le produit de 107 litres par minute serait-il suffisant pour l'alimentation des pompes à incendie?

J'ai voulu résoudre cette question par une expérience directe. J'ai invité M. le capitaine des pompiers de Dijon à prendre parmi les pompes celle qui donnait le plus grand produit, et je l'ai prié de la faire manœuvrer exactement de la même manière que si l'on avait un incendie à combattre; or, cette pompe a débité, par minute, 235 litres; quarante-quatre coups de balancier ont été donnés dans le même temps, ce qui produit par coup et par chaque pompe jumelle un débit égal à 2 litres 78.

Quoi qu'il en soit, et comme il est nécessaire qu'une borne-fontaine suffise au débit d'une pompe à incendie, on voit qu'elle doit être établie de manière à fournir un volume bien supérieur à celui exigé pour le lavage, bien qu'il soit inutile de le porter à 235 litres; en effet, les pompiers se fatiguent promptement et il y a à chaque instant des temps d'arrêt pendant lesquels les anciens travailleurs sont remplacés par des nouveaux, etc.; le temps perdu pour cette cause et pour plusieurs autres, dues aux manœuvres ou à diverses circonstances, ne saurait être évalué à moins du quart ou du cinquième du temps total; mais le boyau qui alimente le réservoir de la pompe coulant toujours, et le débit de la pompe étant de 235 litres par minute, il suffit, pour le service, d'un écoulement de 170 litres à peu près.

Tel est donc le débit minimum que les bornes-fontaines doivent offrir lorsque le robinet et le régulateur sont entièrement ouverts.

Si, enfin, l'on compare le nombre des bornes-fontaines établies à Dijon au chiffre de la population, on trouvera qu'il existe dans cette ville une borne-fontaine par deux cents habitants.

NEUVIÈME SECTION.

ESTIMATION DES OUVRAGES COMPOSANT LA DISTRIBUTION INTÉRIEURE.

Cette section sera consacrée à l'estimation des différents ouvrages composant la distribution intérieure.

Je suivrai dans l'évaluation de ces travaux le même ordre que dans leur description; ainsi je m'occuperai successivement du prix de revient :

1° Du réservoir de la porte Guillaume;

2° Du réservoir de Montmusard;

3° Des aqueducs;

4° Des regards des robinets et des cuves de distribution des conduites placées en pleine terre;

5° Des conduites;

6° Des robinets, ventouses, cuves de distribution, vannes;

7° Des bornes-fontaines;

8° Des différents appareils en fonte, destinés au jeu des réservoirs, des jets d'eau, etc.

Je donnerai ensuite l'estimation d'ouvrages qui font partie du système de distribution d'eau de Dijon, sans pourtant en dépendre essentiellement, et qui comprennent :

9° L'édicule recouvrant le réservoir de la porte Guillaume ;

10° La tour gothique couronnée par un udomètre et placée sur le puits d'entrée du réservoir de Montmusard ;

11° Le grand bassin de la porte Saint-Pierre, du centre duquel on peut faire jaillir à volonté, soit un jet unique, soit une gerbe composée de dix-sept filets ;

12° La restauration du grand égout de Suzon.

9° Réservoir de la porte Guillaume.

La chaux destinée à l'exécution de ce réservoir provenait, comme pour l'aqueduc de dérivation, des usines de Pouilly. La pierre était extraite des calcaires à bélemnites. Quant aux enduits, on les a exécutés au moyen des incuits dont il a été déjà parlé à l'occasion des travaux de l'aqueduc de dérivation ; mais j'ai cru reconnaître que ces incuits n'offraient pas des résultats aussi satisfaisants que devaient le faire supposer les assurances primitivement données par le directeur de l'établissement. Au bout d'un certain temps, les enduits dans la composition desquels ils entrent s'exfolient à la surface et perdent la dureté qu'ils présentaient au premier abord.

J'ai dû, en conséquence, me borner à employer, pour les enduits du réservoir de Montmusard et du bassin de la gerbe de la porte Saint-Pierre, des mortiers fabriqués avec de la chaux ordinaire de Pouilly entièrement calcinée, ou dont tout l'acide carbonique avait été expulsé.

J'ajouterai que, pour les maçonneries des galeries de la ville et même du réservoir de Montmusard, j'ai remplacé, par économie, la chaux de Pouilly par de la chaux de Saint-Victor (1). Le temps de prise de cette dernière est un peu plus long, mais cela n'offrait aucun inconvénient pour le genre de travaux que j'étais appelé à diriger.

La chaux de Saint-Victor est d'ailleurs très-hydraulique ; elle est extraite des calcaires marneux de la terre à foulon.

(1) Commune située près des rives du canal de Bourgogne, à 39 kilomètres de Dijon.

J'arrive, après ces observations générales, à l'évaluation des travaux du réservoir de la porte Guillaume.

Le tableau synoptique suivant en offre le résumé.

NATURE DES OUVRAGES.	QUANTITÉS.	PRIX de REVIENT total.	PRIX définitif de L'UNITÉ.	OBSERVATIONS.
		f. c.	f. c.	(*) *Report*...... 45539f 6
Terrassements, transport compris..............	5594 22	6383 41	1 14	A ce chiffre doit être ajouté le prix de deux aqueducs de décharge, dont l'un est destiné à conduire au jardin botanique le trop-plein du réservoir, et l'autre à recueillir et mener dans les fossés de la ville les eaux qui s'échappent du viaduc situé à l'amont du réservoir.................... 7080 50
Maçonnerie en taille	28 08	884 92	31 51	
Maçonnerie en moellon..	417 »	5323 35	12 77	
Maçonnerie ordinaire (³).	2586 05	22938 84	8 87	
Taillage de la taille	70 68	860 92	12 18	
Smillage du moellon	1013 02	1643 87	1 62	
Béton	100 »	1277 67	12 78	
Enduits intérieurs	983 »	1108 73	1 14	
Chape	750 40	796 08	1 08	TOTAL GÉNÉRAL..... 52620 12
Rejointoiements des voûtes	870 »	564 72	0 65	
Dépenses diverses.........	»	1745 61	»	Ce réservoir renferme 2203 mèt. cub. d'eau; la dépense correspondant à chaque mètre cube de vide utile est donc de 23 fr. 32 c.
Cintrement..............	108 63	1993 20	18 35	
TOTAL *à reporter* (*)...	»	45539 62		

9° Réservoir de Montmusard.

NATURE DES OUVRAGES.	QUANTITÉS.	PRIX de REVIENT total.	PRIX définitif de L'UNITÉ.	OBSERVATIONS.
		f. c.	f. c.	(*) *Report*..... 45858f 16c
Terrassements, transport compris..............	4363 03	6980 14	1 60	A ce prix doit être ajoutée l'acquisition du terrain sur lequel a été établi le réservoir de Montmusard, lequel n'appartenait point à la ville... 3270 54
Maçonnerie en taille	4 17	181 53	43 54	(Cette dépense n'a pas eu lieu au réservoir de la porte Guillaume, construit sur une promenade publique).
Maçonnerie en moellon..	»	»	»	
Maçonnerie ordinaire (³).	2818 76	29488 41	10 46	
Taillage de la taille	91 52	394 04	6 50	
Smillage	1992 31	3233 15	1 63	
Enduits..................	1321 10	1608 31	1 22	
Chape	906 55	1078 19	1 08	TOTAL GÉNÉRAL....... 49128 70
Rejointoiements des voûtes	1648 85	1070 28	0 65	
Regards dans les voûtes...	7 »	291 16	41 59	Le réservoir peut renfermer un approvisionnement de 3188 mètres cubes; la dépense correspondant à chaque mètre cube de vide utile est donc de 15 fr. 41 c.
Dépenses diverses	»	332 90	»	
Cintrement..............	144 »	1000 »	6 94	
TOTAL *à reporter* (*)...	»	45858 16		

(¹) Ce prix de revient comprend toutes les mieux-values qui étaient spécialement indiquées dans les devis et qu'il serait trop long de détailler ici.

(²) Les pierres provenaient des carrières de Talant, à 3 kilomètres de la ville.

(³) Le prix de la maçonnerie ordinaire a été augmenté à raison de la distance des transports et de ce que l'entrepreneur n'avait pas réalisé un bénéfice suffisant dans les travaux du réservoir de la porte Guillaume.

8° Galeries des conduites.

Il m'a paru inutile de faire ressortir le prix des galeries de chaque répartiteur et de chaque rue de la ville. Ce travail n'aurait offert que peu d'intérêt au lecteur, et n'aurait présenté d'ailleurs que d'insignifiantes différences. J'ai préféré réunir dans un même tableau la quotité totale de toutes les espèces d'ouvrages nécessaires à la construction des aqueducs, quelles que soient d'ailleurs les modifications que la nature des lieux a exigées dans la construction des différentes parties qui les composent.

En regard de ces quotités, j'ai placé leur prix de revient général, et dans une troisième colonne j'ai calculé la valeur définitive de l'unité.

En divisant ensuite le coût total des aqueducs par leur longueur, j'ai obtenu le prix de revient du mètre courant d'aqueduc, et de plus, j'ai décomposé ce dernier dans ses divers éléments.

C'étaient les renseignements qu'il était important de donner, et ce sont ceux qui résultent du tableau général ci-dessous.

NATURE DES OUVRAGES.	QUANTITÉS.	PRIX de REVIENT total.	PRIX définitif de L'UNITÉ.	OBSERVATIONS.
	m.	f. c	f.	
Déblais, transport compris....	20202 92	33767 43	1 684	
Déblais employés en remblais.	9587 92	10201 68	1 064	
Maçonnerie hydraulique.....	13096 57	130524 »	9 966	
Taille pour consoles destinées à supporter les tuyaux.....	137 03	4310 31	31 455	
Dalles..................	791 13	3281 02	4 147	
Chape..................	13054 09	10874 35	0 833	
Étrésillons...............	5374 81	7541 32	1 403	
Faux frais relatifs au cintrement..................	5123 96	1438 11	2 280	
Dépenses diverses.........	»	7113 91	»	
Rétablissement du pavé......	12500 »	18600 »	1 488	
TOTAL.......		227632 13		

La longueur totale des aqueducs, dont l'estimation est détaillée dans le tableau précédent, étant de 5538^{m} 85, on obtient pour le prix du mètre courant 41 fr. 11 c., lequel se décompose ainsi qu'il suit :

		f. c.
Déblais, compris le transport.......	3 684	6 10
Déblais employés en remblais......	1 731	1 85
Maçonnerie hydraulique...........	2 368	23 57
Taille pour consoles..............	0 025	0 78
Dalles..........................	0 143	0 59
Chape..........................	2 356	1 96
Étrésillons......................	»	1 30
Faux frais relatifs au cintrement	»	0 26
Dépenses diverses............	»	1 28
Rétablissement du pavé............	2 258	3 36
Total.............	»	41 41

4° Regards des robinets et des cuves de distribution des conduites placées en pleine terre.

Regards des robinets.

Déblai....................	10m48	16f 10c	126 25
Maçonnerie.................	4 90	45 90	
Bloc de recouvrement..........	»	58 »	
Pavage....................	5 »	6 25	

Fermeture du regard.

Grand modèle.

Châssis en bois.............	»	7f 50c	157 50
— en fonte.............	350k	105 »	
Tampon.................	150	45 »	

Petit modèle.

Châssis en bois..............	»	7f 50c	88 50
— en fonte.............	170k	51 »	
Tampon.................	100	30 »	

Le prix des regards était donc de 283 fr. 75 c. ou de 214 fr. 75 c., suivant que l'on adoptait pour fermeture le tampon de grand ou de petit modèle.

Regards des cuves de distribution.

Déblai....................	22m31	33f 05c	210 85
Maçonnerie ordinaire...........	10 36	104 10	
Bloc de recouvrement..........	»	58 »	
Pavage....................	12 56	15 70	

Quant à la fermeture, elle coûtait, conformément à ce qui vient d'être dit, soit 157 fr. 50, soit 88 fr. 50 pour chaque regard.

D'où le prix total de ces regards était, suivant la fermeture adoptée, de 368 fr. 35 ou de 299 fr. 35.

Je vais passer maintenant à l'estimation des tuyaux, et d'abord donner quelques détails :

1° Sur leur réception ; 2° leur essai ; 3° leur transport ; 4° leur descente dans les galeries ; 5° l'introduction de la corde goudronnée dans les joints ; 6° le coulage du plomb dans ces derniers ; 7° le matage et l'épreuve des joints.

J'accompagnerai ces détails de tableaux synoptiques indiquant le temps nécessaire pour exécuter les opérations auxquelles les articles précédents se rapportent ; je donnerai d'autre part le prix des fontes à l'époque où les travaux ont eu lieu, et l'on aura ainsi tous les éléments nécessaires pour établir le prix de revient d'une conduite, suivant les diamètres employés dans la distribution d'eau de Dijon.

1° Réception des tuyaux.

A l'arrivée des tuyaux au magasin, on les faisait placer successivement dans la position où ils avaient été fondus, afin qu'en les frappant à petits coups de marteau on pût reconnaître s'il s'y trouvait des chambres ou des soufflures.

On rejetait les tuyaux :

1° Dont on avait caché des défauts, quels qu'ils pussent être, avec du plomb, du mastic ou autrement;

2° Dont l'épaisseur, au lieu d'être uniforme dans tout le pourtour, était d'un côté plus faible qu'elle ne devait l'être;

3° Dont l'emboîtement avait intérieurement un diamètre plus grand ou plus petit que celui prescrit par le devis;

4° Dont l'emboîtement était ovale au lieu d'être rond, et qui présentaient une différence entre deux diamètres perpendiculaires entre eux;

5° Dont le bout mâle était plus gros ou plus petit qu'il n'était prescrit.

Il était cependant accordé, pour les paragraphes 2, 3, 4 et 5, une tolérance de 0m003 pour les tuyaux de 0m081, 0m108, 0m135, 0m162 et 0m19 de diamètre, et de 0m004 pour les tuyaux de 0m216 et 0m35.

8° Essai des tuyaux.

Chaque tuyau était isolément soumis à la pression d'une colonne d'eau de 100 mètres.

La pression maximum de nos conduites devait être en réalité de 10 mètres. Mais il est bon d'essayer les tuyaux sous une pression incomparablement plus grande que celle qu'ils auront à subir, car il faut qu'ils résistent non-seulement à la charge, mais encore aux coups de bélier résultant de l'ouverture ou de la fermeture trop prompte des robinets. Ces chocs produisent des effets que j'aurais eu peine à admettre si je n'en avais été témoin. J'entrerai plus tard dans quelques détails à ce sujet lorsque je parlerai de la mise en charge des conduites.

Il est inutile de décrire la presse hydraulique qui servait à nos essais. Je l'ai fait exécuter à Paris : elle est en tous points conforme à celle employée par les ingénieurs chargés du service des eaux de cette ville. Elle a coûté 1,480 fr. 20 c., savoir :

Presse hydraulique.	470 f. 25 c.
Chariot en fonte.	859 95
Pompe ordinaire, qui sert à remplir le tuyau le plus complétement possible.	150
Total pareil.	1,480 f. 20 c.

Il faut, pour faire les épreuves, choisir un temps très-sec, afin que les plus petits suintements puissent paraître, et l'on a soin aussi de laisser deux à trois minutes le tuyau en charge, afin de donner à l'eau comprimée tout le temps nécessaire pour agir.

Pour arrêter un petit suintement, il *suffit parfois* de *refouler* la fonte avec quelques coups de marteau ; alors il n'y a aucun inconvénient à recevoir le tuyau sur lequel il a été remarqué ; mais, en général, il faut rejeter tous les tuyaux sur lesquels des suintements avec bouillonnement se manifestent, et à plus forte raison ceux de la surface desquels l'eau s'échapperait par petits jets.

Deux ou trois ouvriers, suivant le calibre des tuyaux, étaient employés aux essais. J'ai réduit en heures le temps que l'essai exigeait pour chaque espèce de tuyau, compris bardage, et j'ai trouvé, la journée effective étant de dix heures,

que l'essai d'un tuyau	de	0^m35	exigeait	2 h.	» m.
—	—	0^m216	—	1	50
—	—	0^m19	—	1	20
—	—	0^m162	—	0	90
—	—	0^m135	—	0	70
—	—	0^m108	—	0	50
—	—	0^m081	—	0	40

3° Transport des tuyaux à pied d'œuvre.

Ce transport s'est toujours fait à main d'homme, au moyen d'un trinqueballe. Si l'on avait de grandes distances à parcourir, on emploierait évidemment les chevaux avec avantage. On ne saurait calculer le prix de ce transport par 100 kilogr., attendu que les objets auxquels ils s'appliquent sont indivisibles; il en résulte donc que les hommes portent des charges variables. Voici comment les choses se passaient le plus habituellement :

4 hommes transportaient un tuyau de 0^m35; — d'où, pour le poids total, 416 kil. et par homme 104 kil.

3 hommes	transportaient	2 de 0^m216	460 kil.	—	153 kil.
3	—	2 de 0^m19	400	—	133
2	—	2 de 0^m162	300	—	150
3	—	3 de 0^m135	375	—	125
2	—	4 de 0^m108	300	—	150
2	—	6 de 0^m081	300	—	150

Le nombre de voyages qu'ils faisaient par jour, chiffre d'où l'on conclura la quotité de tuyaux transportés, peut se déduire très-approximativement de l'expression ci-dessus :

$$\frac{600}{0,06\,l+10}$$

l représentant la longueur du transport en mètres. Cette formule a été établie d'après les données suivantes, savoir :

Que les hommes ne parcouraient que 2 kilomètres par heure et qu'ils perdaient dix minutes au chargement et au déchargement.

J'ai comparé cette formule à plusieurs expériences, et elle m'a donné des résultats plutôt faibles qu'exagérés.

4° Descente des tuyaux dans les galeries.

On avait, pour le transport des tuyaux dans les galeries, fait exécuter de petits chariots dont la hauteur était calculée de manière qu'on pût, sans avoir besoin de les élever, poser les tuyaux de gros calibre sur les consoles. Cette manœuvre s'exécutait avec une facilité extrême, malgré la faible largeur des galeries. Les tuyaux de petit calibre étaient transportés à bras d'homme. Lorsqu'un certain nombre de tuyaux avaient été placés sur les consoles, les mêmes ouvriers les emboîtaient en ayant toujours le soin de laisser 1 centimètre de jeu, et les disposaient de telle sorte qu'ils pussent recevoir la façon des joints sans nouvelle manœuvre.

La descente des tuyaux sous les galeries et leur emboîtement exigeaient l'emploi de deux, trois ou quatre hommes, suivant le calibre des tuyaux. Voici, en heures, le temps que la descente et le placement de chaque espèce de tuyaux exigeaient :

Tuyaux de	0m035	2h. 20
—	0 216	1 20
—	0 019	0 80
—	0 162	0 90
—	0 135	0 70
—	0 108	0 50
—	0 081	0 40

On peut, sans inconvénient, adopter les mêmes données pour le placement des corps dans des tranchées. Les prix sont à peine inférieurs aux précédents. Si d'un côté la descente des tuyaux est plus difficile dans les galeries, de l'autre, la façon des joints est plus pénible dans les tranchées dont les tuyaux occupent la partie inférieure.

5° Pose de la corde goudronnée.

La corde goudronnée se place dans le fond de chaque joint ; elle est refoulée jusqu'au cordon qui termine le bout du tuyau mâle, au moyen d'une tige en fer sur laquelle l'ouvrier frappe à coups de marteau. Lorsqu'elle est matée au refus, et qu'elle occupe la moitié de la longueur de l'emboîtement, on procède au coulage du plomb dans le joint. Il est inutile de faire remarquer que l'introduction de la corde goudronnée n'a pour but que d'empêcher le plomb de couler dans le corps du tuyau au moment où on le verse.

L'opération que je viens de décrire exige en heures le temps et en matière les poids suivants, pour chaque espèce de tuyau.

DIAMÈTRE DES TUYAUX.	TEMPS EMPLOYÉ à placer la corde goudronnée.	POIDS DE LA CORDE goudronnée.
m.	h.	k.
0 35	1 80	0 53
0 216	1 30	0 38
0 19	1 10	0 35
0 162	0 90	0 30
0 135	0 70	0 24
0 108	0 60	0 19
0 081	0 50	0 15

6° Coulage du plomb.

C'est sur cette opération que l'on compte uniquement pour assurer l'étanchéité et la stabilité au joint. Elle exige une grande surveillance, car les ouvriers ont mille moyens d'employer une faible quantité de plomb et d'en compter un poids considérable. Pour couler le plomb, on entoure le joint d'un bourrelet de terre glaise, on perce un petit entonnoir à la partie supérieure du bourrelet, et c'est par cet orifice que le plomb fondu s'introduit. Le temps employé à cette opération et le poids du plomb nécessaire sont indiqués dans le tableau suivant :

DIAMÈTRE DES TUYAUX.	TEMPS EMPLOYÉ à couler le plomb.	POIDS DU PLOMB employé.
m.	h.	k.
0 35	1 10	10 06
0 216	0 65	5 73
0 19	0 55	5 09
0 162	0 50	4 18
0 135	0 45	3 31
0 108	0 40	2 96
0 081	0 35	2 22

9° Matage et épreuve des joints.

Lorsque les joints sont coulés, et après le refroidissement du plomb, on procède à l'opération du matage, qui consiste à refouler fortement le plomb dans le renflement, à l'aide d'un ciseau dit *ciseau à mater*. Cette opération est nécessaire pour rendre le joint parfaitement étanche. Lorsqu'un certain nombre de tuyaux ont été ainsi préparés, on s'occupe de leur épreuve. Dans les conduites en tranchée, cette opération doit toujours précéder celle du rejet des terres dans la fouille. On introduit les eaux dans la conduite que l'on veut essayer, en arc-boutant solidement le tuyau posé le dernier (1). Il est inutile de faire observer que l'on doit avoir le soin, dans cette mise en charge partielle, de ménager les orifices nécessaires pour le dégagement complet de l'air contenu dans la conduite; puis on ferme peu à peu ces orifices, et on laisse un certain temps les conduites dans cet état. Alors, si quelques fuites se manifestent, on les fait en général aisément disparaître par un nouveau matage des joints qui perdent.

L'ensemble de ces opérations a exigé par tuyau les temps suivants :

Tuyau de	0m 35	1h. 00
—	0 216	0 55
—	0 19	0 50
—	0 162	0 45
—	0 135	0 40
—	0 108	0 35
—	0 081	0 30

Les deux tableaux synoptiques dressés ci-après présentent le résumé de toutes les expériences précédentes.

(1) On doit aussi solidement arc-bouter le dernier tuyau des conduites définitivement posées; plusieurs accidents viennent d'arriver dans l'établissement des conduites de Bruxelles, où les charges sont très-considérables et où l'on avait négligé de prendre la précaution précitée.

8° Tableau indiquant le poids de la corde goudronnée et du plomb employés par chaque espèce de tuyau.

DIAMÈTRE DES TUYAUX.	POIDS	
	DE LA CORDE goudronnée.	DU PLOMB fondu.
m.	k.	k.
0 35	0 55	0 06
0 216	0 38	5 73
0 19	0 35	5 09
0 162	0 30	4 18
0 135	0 24	3 31
0 108	0 19	2 96
0 081	0 15	2 22

9° Tableau indiquant le temps nécessaire à l'essai, au transport à pied d'œuvre, au placement, à la confection des joints et à leur vérification par chaque espèce de tuyau.

DIAMÈTRE DES TUYAUX.	ESSAI D'UN TUYAU.	TRANSPORT A PIED D'ŒUVRE.	DESCENTE ET TRANSPORT dans la galerie.	POSE ET MATAGE de la corde goudronnée.	COULAGE DU PLOMB.	MATAGE DU PLOMB et vérification du joint.
m.	h.		h.	h.	h.	h.
0 35	2 »	Le transport sera calculé d'après la formule $\frac{600}{0,06.l+10}$	2 20	1 80	1 10	1 »
0 216	1 50		1 20	1 30	0 65	0 55
0 19	1 20		0 80	1 10	0 55	0 50
0 162	0 90		0 75	0 90	0 50	0 45
0 135	0 70		0 70	0 70	0 45	0 40
0 108	0 50		0 60	0 60	0 40	0 35
0 081	0 40		0 50	0 50	0 35	0 30

Ces deux derniers tableaux et ceux relatifs au poids des tuyaux permettront d'établir aisément les sous-détails du mètre courant de chaque espèce de tuyau posé, aussitôt que l'on connaîtra le prix de la fonte, du plomb et de la corde goudronnée.

Je ne parle pas du prix de revient des aqueducs dans lesquels les tuyaux peuvent être placés; les éléments qui les concernent ont été déjà donnés. Je ne m'occuperai pas non plus du détail des terrassements et des pavages; ces genres de travaux sont trop connus pour qu'il soit utile de s'y arrêter.

C'est en 1841 que les fontes nécessaires à la distribution des eaux de Dijon ont été achetées.

Le prix moyen des fontes a été de 289 fr. par 1,000 kil. C'est ce prix que j'ai porté dans les sous-détails. Elles provenaient :

1°	Des fonderies	de Dammarie;	Département de la Meuse.
2°	—	de Morley;	
3°	—	de Bussy;	Département de la Haute-Marne.
4°	—	du Val-d'Osne;	
5°	—	de Joinville.	

Le prix du kilogramme de plomb pour les joints a été moyennement de 58 c.; celui de la corde goudronnée, de 38 c. Un dernier prix doit être établi, c'est celui de la journée de travail. Tous les ouvrages qui concernent la pose des tuyaux exigent de grands soins, une attention soutenue, une exécution loyale. On doit, autant que possible, recourir à des ouvriers d'élite. A Dijon, le prix de la journée a varié entre 3 fr. et 5 fr., il est allé même jusqu'à 6 fr.; mais on peut adopter sans erreur 4 fr. pour la moyenne. La journée était de dix heures de travail effectif; le prix à appliquer à chaque heure de travail doit être porté à 40 c.

Avant de passer à la composition des sous-détails, je crois devoir faire encore observer que, bien que les expériences précédentes aient eu lieu à l'insu des ouvriers et sur la presque totalité des conduites, cependant il importe, pour éviter tout mécompte, et à raison de fausses manœuvres auxquelles on est toujours entraîné par le peu d'expérience des ouvriers de la localité, il importe, dis-je, d'ajouter 25 pour 0/0 aux différentes évaluations en temps portées dans les tableaux synoptiques que j'ai dressés, en ce qui concerne la main-d'œuvre.

On trouvera réunis dans le tableau synoptique suivant les prix de chaque mètre de longueur de tuyau, établis d'après ces bases.

Fourniture et pose sous galerie des tuyaux de 0m35, 0m216, 0m19, 0m162, 0m135, 0m108 et 0m081 de diamètre.

TUYAUX DE 2m51 DE LONGUEUR EFFECTIVE.

INDICATION des FOURNITURES ET OUVRAGES.	0m35. Quantité.	0m35. Prix.	0m35. Produit.	0m35. Total.	0m216. Quantité.	0m216. Prix.	0m216. Produit.	0m216. Total.	0m19. Quantité.	0m19. Prix.	0m19. Produit.	0m19. Total.
	k.	f.				f.				f.		
Fournitures. Fonte pour un tuyau. .	416 »	0 289	120 22		230 »	0 289	66 47		200 »	0 289	57 80	
Fournitures. Plomb pour joint. . .	10 06	0 58	5 83	126 65	3 73	0 58	2 22	70 31	3 09	0 58	2 25	61 14
Fournitures. Corde goudronnée. . .	0 55	1 10	0 60		0 38	1 10	0 42		0 35	1 10	0 39	
Main-d'œuvre. Essai d'un tuyau. . . .	2h.	0 40	0 80		1 50	0 40	0 60		1 20	0 40	0 48	
Main-d'œuvre. Transport à pied d'œuvre.	2 50	»	1 »		1 »	»	0 40		0 70	»	0 28	
Main-d'œuvre. Descente, transport et pose sous galerie. . .	2 20	»	0 88		1 20	»	0 48		0 80	»	0 32	
Main-d'œuvre. Pose et matage de la corde goudronnée. .	1 80	»	0 72		1 30	»	0 52		1 10	»	0 44	
Main-d'œuvre. Coulage du plomb. . .	1 10	»	0 44		0 65	»	0 26		0 55	»	0 22	
Main-d'œuvre. Matage du plomb et vérification du joint. . .	1 »	»	0 40		0 55	»	0 22		0 50	»	0 20	
TOTAUX. . . .	10 60	»	4 24		6 20	»	2 48		4 85	»	1 94	
A ajouter 25 p. 100. . . .	2 65	»	1 06		1 55	»	0 62		1 21	»	0 48	
TOTAUX. . . .	13 25	»	5 30		7 75	»	3 10		6 06	»	2 42	
Charbon pour la fusion du plomb et éclairage. . . .	»	»	0 75		»	»	0 60		»	»	0 45	
TOTAUX. . . .	»	»	6 05	6 96	»	»	3 70	4 25	»	»	2 87	3 30
A ajouter $\frac{3}{20}$ pour faux frais et bénéfices.	»	»	0 91		»	»	0 55		»	»	0 43	
TOTAUX GÉNÉRAUX. .	»	»	»	133 61	»	»	»	74 46	»	»	»	64 44
Et par mètre courant. . . .	»	»	»	53 23	»	»	»	29 66	»	»	»	25 67

TUYAUX DE 2m51 DE LONGUEUR EFFECTIVE (suite).

INDICATION des FOURNITURES ET OUVRAGES.	0m162. Quantité.	0m162. Prix.	0m162. Produit.	0m162. Total.	0m135. Quantité.	0m135. Prix.	0m135. Produit.	0m135. Total.
						f.		
Fournitures. Fonte pour un tuyau. .	150 »	0 289	43 35		125 »	0 289	36 12	
Fournitures. Plomb pour joint. . .	4 19	0 58	2 42	46 10	3 21	0 58	1 92	38 20
Fournitures. Corde goudronnée. . .	0 30	1 10	0 33		0 24	1 10	0 26	
Main-d'œuvre. Essai d'un tuyau. . . .	0 90	0 40	0 36		0 70	0 40	0 28	
Main-d'œuvre. Transport à pied d'œuvre.	0 50	»	0 20		0 70	»	0 28	
Main-d'œuvre. Descente, transport et pose sous galerie. . .	0 75	»	0 30		0 70	»	0 28	
Main-d'œuvre. Pose et matage de la corde goudronnée. .	0 90	»	0 36		0 70	»	0 28	
Main-d'œuvre. Coulage du plomb. . .	0 50	»	0 20		0 45	»	0 18	
Main-d'œuvre. Matage du plomb et vérification du joint. . .	0 45	»	0 18		0 40	»	0 16	
TOTAUX. . . .	4 »	»	1 60		3 65	»	1 46	
A ajouter 25 p. 100. . . .	1 »	»	0 40		1 »	»	0 36	
TOTAUX. . . .	5 »	»	2 »		4 65	»	1 82	
Charbon pour la fusion du plomb et éclairage. . . .	»	»	0 35		»	»	0 30	
TOTAUX. . . .	»	»	2 35	2 70	»	»	2 12	2 44
A ajouter $\frac{3}{20}$ pour faux frais et bénéfices.	»	»	0 35		»	»	0 32	
TOTAUX GÉNÉRAUX. .	»	»	»	48 80	»	»	»	40 76
Et par mètre courant. . . .	»	»	»	19 44	»	»	»	16 24

TUYAUX DE 2m01 DE LONGUEUR EFFECTIVE

INDICATION des FOURNITURES ET OUVRAGES.	0m108. Quantité.	0m108. Prix.	0m108. Produit.	0m108. Total.	0m081. Quantité.	0m081. Prix.	0m081. Produit.	0m081. Total.
		f.				f.		
Fournitures. Fonte pour un tuyau. .	75 »	0 289	21 68		50 »	0 289	14 45	
Fournitures. Plomb pour joint. . .	2 96	0 58	1 72	23 61	2 22	0 58	1 29	15 90
Fournitures. Corde goudronnée. . .	0 19	1 10	0 21		0 15	1 10	0 16	
Main-d'œuvre. Essai d'un tuyau. . . .	0 50	0 40	0 20		0 40	0 40	0 16	
Main-d'œuvre. Transport à pied d'œuvre.	0 35	»	0 14		0 25	»	0 10	
Main-d'œuvre. Descente, transport et pose sous galerie. . .	0 60	»	0 24		0 50	»	0 20	
Main-d'œuvre. Pose et matage de la corde goudronnée. .	0 60	»	0 24		0 50	»	0 20	
Main-d'œuvre. Coulage du plomb. . .	0 40	»	0 16		0 35	»	0 14	
Main-d'œuvre. Matage du plomb et vérification du joint. . .	0 35	»	0 14		0 30	»	0 12	
TOTAUX. . . .	2 80	»	1 12		2 30	»	0 92	
A ajouter 25 p. 100. . . .	0 70	»	0 28		0 60	»	0 24	
TOTAUX. . . .	3 50	»	1 40		2 90	»	1 16	
Charbon pour la fusion du plomb et éclairage. . . .	»	»	0 25		»	»	0 20	
TOTAUX. . . .	»	»	1 65	1 90	»	»	1 36	1 56
A ajouter $\frac{3}{20}$ pour faux frais et bénéfices.	»	»	0 25		»	»	0 20	
TOTAUX GÉNÉRAUX. .	»	»	»	25 51	»	»	»	17 46
Et par mètre courant. . . .	»	»	»	12 09	»	»	»	8 63

Dans les sous-détails précédents, je n'ai point porté en compte le prix des terrassements et des repavages, attendu que ces sous-détails étaient relatifs à des tuyaux posés sous galerie et que les dépenses dont il s'agit sont comprises dans celles des aqueducs. S'il avait été question de tuyaux posés en tranchée, il aurait fallu ajouter au prix du mètre courant :

1° Le prix de la tranchée;

2° Le prix du dépavage et du repavage.

Tranchées.

La profondeur minimum des tranchées a été, ainsi qu'on l'a déjà dit, portée à. . . . . 1^m30 } 0^m91.
leur largeur moyenne à. . . . . 0^m70 }

Le prix du mètre cube étant de 0^m70,

On obtient pour le prix des tranchées, par mètre courant, 0 fr. 73 c., compris 3/20 pour faux frais; soit 0 fr. 80 c.

On avait soin de faire tasser les remblais autant que possible, en les arrosant au moyen de prises d'eau faites sur les tuyaux qu'ils recouvrent.

Dépavage et repavage.

Quant au repavage, la dépense qu'il exigeait était d'environ 1 fr. 40 c. par mètre carré, compris les fréquents relevés à bout que cette opération réclame, à raison des tassements postérieurs que l'on ne peut entièrement prévenir.

Prix total du mètre courant de tuyaux de toute espèce, posés sous galeries ou en tranchées.

En recourant maintenant à la valeur du mètre courant d'aqueduc et aux évaluations précédentes, il sera facile de former le tableau suivant, qui donnera le prix total du mètre courant de tuyaux de toute espèce, posés soit sous galerie, soit en tranchée.

N° D'ORDRE.	DIAMÈTRE DES TUYAUX.	PRIX DE REVIENT DU MÈTRE COURANT DE CONDUITES POSÉES						OBSERVATIONS.
		SOUS-GALERIE.			EN TRANCHÉE.			
		Aqueducs.	Tuyaux.	Total.	Tranchées et pavage.	Tuyaux.	Total.	
	m.	f. c.	f. c.	f. c.	f. c.	f. c.	f. c.	
1	0 33	41 11	53 23	94 34	1 70	53 23	54 93	
2	0 216	41 11	29 66	70 77	1 70	29 66	31 36	
3	0 19	41 11	25 67	66 78	1 70	25 67	27 37	
4	0 162	41 11	19 44	60 55	1 70	19 44	21 14	
5	0 135	41 11	16 24	57 35	1 70	16 24	17 94	
6	0 108	41 11	12 69	53 80	1 70	12 69	14 39	
7	0 081	41 11	8 69	49 80	1 70	8 69	10 39	
8	0 060	»	7 50	»	1 70	7 50	9 20	

Je ne donnerai point les éléments de prix relatifs à la pose des tuyaux à brides. Je n'ai pas eu l'occasion de faire assez d'expériences pour qu'il me soit permis de former des sous-détails positifs. Je crois d'ailleurs, d'après les motifs déjà exprimés, que ce genre de tuyau ne doit être adopté que par exception.

Je me bornerai donc à indiquer les procédés employés, ainsi que le poids et les prix des matières destinées à rendre les joints étanches.

On a toujours le soin de placer entre les brides de deux tuyaux trois rondelles, deux en cuir gras et une en plomb. La rondelle en plomb occupe le milieu. Elles sont exécutées de telle sorte que leur circonférence intérieure affleure les parois intérieures des tuyaux et que leur circonférence extérieure soit limitée par les boulons des brides. Lorsque ces rondelles sont posées, on serre peu à peu les boulons, et l'opération se termine par un matage de la rondelle en plomb. Il est inutile de faire remarquer que, tous les robinets devant être ajustés aux tuyaux au moyen des brides qu'ils portent, c'est par le procédé précédent que cet ajustage s'exécute.

Le tableau ci-après présente le poids et le prix de toutes les rondelles employées, suivant le diamètre des tuyaux, ainsi que le poids et le prix des boulons qui servent à réunir les brides entre lesquelles ces rondelles sont placées.

INDICATION des CONDUITES.	RONDELLES EN PLOMB.			RONDELLES EN CUIR.			BOULONS.			OBSERVATIONS.
	Poids.	Prix.	Produit.	Poids.	Prix.	Produit.	Poids.	Prix.	Produit.	
m.	k.	f. c.		k.	f. c.		k.	f. c.		
0 33	11 36	0 57	6 50	0 37	4 »	1 50	0 80	1 50	1 20	Il est facile, lorsqu'on se sert de rondelles pour réunir les tuyaux à brides, de dévier un peu leur direction, en coulant les rondelles en plomb de telle sorte que leurs surfaces planes fassent entre elles un angle qui varie suivant la déviation que l'on veut donner aux tuyaux.
0 216	5 14	0 57	2 90	0 205	4 »	0 80	0 50	1 50	0 75	
0 19	4 62	0 57	2 60	0 165	4 »	0 70	0 50	1 50	0 75	
0 162	3 62	0 57	2 10	0 140	4 »	0 60	0 50	1 50	0 75	
0 135	3 08	0 57	1 75	0 130	4 »	0 50	0 50	1 50	0 75	
0 108	2 20	0 57	1 30	0 105	4 »	0 40	0 50	1 50	0 75	
0 081	1 60	0 57	0 90	0 06	4 »	0 25	0 45	1 50	0 70	
0 06	»	»	»	»	»	»	»	»	»	

Je ferai suivre ce tableau de quelques renseignements relatifs au poids et au prix des cuves de distribution et des colliers de prises d'eau, au prix des percements, enfin à la valeur des nœuds de soudure destinés à unir, soit les tuyaux en plomb entre eux, soit aux robinets sous bouches à clef placés au pied des bornes-fontaines.

Cuves de distribution.

NATURE DES OUVRAGES.	QUOTITÉ.	PRIX DE L'UNITÉ.	PRODUIT.
	k.	f.	f.
Fonte................	150 »	0 50	75 »
Fer forgé............	9 50	1 50	14 25
Plomb pour joints........	21 60	0 58	12 50
Cuir gras............	»	»	5 50
Façon des joints et pose....	»	»	15 »
TOTAL....................			122f 25

Colliers de prises d'eau.

Pour tuyaux de	0m081 (compris les boulons de serrage). .		5 fr. 50 c.
—	0m108	—	6 00
—	0m135	—	6 50
—	0m162	—	7 00
—	0m 19	—	8 50
—	0m216	—	10 00
—	0m 25	—	10 50
—	0m 30	—	11 50
—	0m325	—	12 00
—	0m 35	—	13 00

Percements.

Depuis $0^{m}013$ de diamètre jusqu'à $0^{m},041$ de diamètre. . . 2 fr. 00 c.

—	$0^{m}05$	—	$0^{m}108$	—	4 00
—	$0^{m}135$	—	$0^{m}30$	—	5 00

Nœuds de soudure (1).

Le kilogramme de soudure, compris façon, est de 2 fr. 50 c.

Diamètre du tuyau.........	$0^{m},027$	$0^{m},034$	$0^{m},041$	$0^{m},05$	$0^{m},054$	$0^{m},06$	$0^{m},081$	$0^{m},108$
Poids de la soudure........	$1^{k},50$	$1^{k},90$	$2^{k},25$	$2^{k},80$	3^{k} »	$3^{k},25$	$3^{k},50$	$4^{k},50$
Prix du nœud de soudure....	$3^{f},75$	$4^{f},75$	$5^{f},625$	7^{f} »	$7^{f},50$	$8^{f},125$	$8^{f},75$	$11^{f},25$

Je viens de passer en revue tous les éléments de prix relatifs à la fourniture, à la pose et au raccordement des tuyaux entre eux ; il ne me reste plus qu'à donner le prix de revient des robinets et ventouses placés sur ces tuyaux, ainsi que l'estimation des bornes-fontaines.

(1) La soudure était composée de 1/3 d'étain et 2/3 de plomb.

Prix de revient des robinets-vannes.

INDICATION des FOURNITURES ET OUVRAGES.	DIAMÈTRES DE 0m35.			0m216.			0m19.			0m102.			0m135.			0 108.			0m081.		
	Quantité.	Prix.	Produit.	Quantité.	Prix.	Produit.	Quantité.	Prix.	Produit.	Quantité.	Prix.	Produit.	Quantité.	Prix.	Produit.	Quantité.	Prix.	Produit.	Quantité.	Prix.	Produit.
	k.	f.	f.	k.	f.	f.	k.	f.	f.	k.	f.	f.	k.	f.	f.	k.	f.	f.	k.	f.	f.
Fonte.	620	0 50	310 »	305	0 50	152 50	314	0 50	157 »	236	0 50	118 »	217	0 50	108 50	129	0 50	64 50	103	0 50	51 50
Cuivre.	44	3 70	162 80	28	3 70	103 60	27	3 70	99 90	22	3 70	81 40	20	3 70	74 »	14	3 70	51 80	11	3 70	40 70
Fer forgé.	22	2 50	55 »	21	2 50	52 50	21	2 50	52 50	16	2 50	40 »	15	2 50	37 50	15	2 50	37 50	10	2 50	25 »
Plomb.	20	0 65	13 »	20	0 65	13 »	18	0 65	11 70	16	0 65	10 40	16	0 65	10 40	10	0 65	6 50	8	0 65	5 20
Filetage et taraudage. . . .	»	»	18 »	»	»	15 »	»	»	14 »	»	»	12 »	»	»	10 »	»	»	8 »	»	»	8 »
Outils.	»	»	12 »	»	»	10 »	»	»	9 »	»	»	8 »	»	»	6 »	»	»	5 »	»	»	4 »
Ajustement.	»	»	80 »	»	»	50 »	»	»	45 »	»	»	40 »	»	»	30 »	»	»	25 »	»	»	21 »
TOTAUX. . . .	»	»	650 80	»	»	396 60	»	»	389 10	»	»	309 80	»	»	276 40	»	»	198 30	»	»	155 40
A ajouter 3/20 pour bénéfice et faux frais.	»	»	97 62	»	»	59 49	»	»	58 35	»	»	46 50	»	»	41 45	»	»	29 70	»	»	23 30
Transport de Paris à Dijon.	»	»	70 68	»	»	37 41	»	»	38 »	»	»	29 »	»	»	26 80	»	»	16 80	»	»	13 20
TOTAUX GÉNÉRAUX. .	»	»	819 10	»	»	493 50	»	»	485 45	»	»	385 30	»	»	344 65	»	»	244 80	»	»	191 90

Prix de revient des robinets d'arrêt en cuivre.

INDICATION DES FOURNITURES et ouvrages.	DIAMÈTRES DE								
	0m 108.			0m 081.			0m 06.		
	Quantité.	Prix.	Produit.	Quantité.	Prix.	Produit.	Quantité.	Prix.	Produit.
	k.	f. c.	f. c.	k.	f. c.	f. c.	k.	f. c.	f. c.
Cuivre.	59 »	4 50	265 50	39 »	4 50	175 50	24 »	4 50	108 »
Fer forgé.	4 30	1 50	6 45	3 »	1 50	4 50	2 »	1 50	3 »
Transport.	»	»	6 55	»	»	4 20	»	»	3 »
TOTAUX. . . .	»	»	278 50	»	»	184 20	»	»	114 »

Prix de revient des ventouses à flotteur.

	k.	f. c.	f. c.
Fonte.	46 »	0 50	23 »
Cuivre.	4 »	3 70	14 80
Flotteur sphérique.	»	»	6 »
Plomb.	1 »	0 65	0 65
Fer forgé.	»	»	9 »
Ajustement et tournage.	»	»	20 »
TOTAL.	»	»	73 45
3/20 pour faux frais et bénéfice	»	»	11 »
Transport.	»	»	5 10
TOTAL.	»	»	89 55

Prix de revient d'une borne-fontaine.

Sous-détail du prix d'une borne-fontaine avec bouche à clef.

	QUANTITÉ.	PRIX.	PRODUIT PARTIEL.	PRODUIT par chaque espèce d'ouvrage.
Terrassements.		f. c.		
Déblais pour placer la borne-fontaine.	3 25	1 50	4 87	6 67
Déblais pour placer la bouche à clef.	1 20	1 50	1 80	
Maçonnerie.				
Maçonnerie hydraulique pour la borne-fontaine.	2 40	9 90	23 76	28 01
Maçonnerie hydraulique pour la bouche à clef.	0 43	9 90	4 25	
Taille.				
Bordure du trottoir.	0 20	40 25	8 05	26 21
Cuvette (taillage compris).	»	»	6 »	
Dalles.	3 04	4 »	12 16	
Taillage de la taille.				
Taillage de la bordure du trottoir.	1 53	5 »	7 65	13 85
Taillage des dalles.	2 52	2 50	6 20	
Enduit (ciment hydraulique).				
Surface.	0 90	1 50	1 35	1 35
Fonte.	k.			
Borne-fontaine, avec la plaque du fond.	160 »	0 40	64 »	76 96
Bouche d'eau, avec sa virole en cuivre.	»	»	6 »	
Tuyau destiné à écouler les eaux de la borne-fontaine. .	10 »	0 30	3 »	
Gargouille.	0 36	11 »	3 96	
Plomb.				
Tuyau dans l'intérieur de la borne.	10 50	0 70	7 35	10 05
Rondelle pour le joint du fond de la borne	5 »	0 54	2 70	
Cuivre.				
Robinet à double service dans l'intérieur de la borne. . .	»	»	56 »	99 »
Robinet d'arrêt placé au pied de la borne.	4 »	4 »	16 »	
Modérateur.	2 05	4 50	9 20	
Bride à oreilles pour raccorder le robinet avec la colonne en plomb.	1 20	4 »	4 80	
Soupape de la cuvette.	»	»	3 50	
Serrure et bouton de pression.	»	»	9 50	
Fer.				
Grille.	8 »	1 »	8 »	39 50
Porte, brides à oreilles, boutons et vis.	»	»	29 50	
Ressort.	»	»	2 »	
Pose de la borne.				
Pose en place de la borne, de la cuvette et du trottoir. .	4 »	2 75	11 »	11 »
Ajustage.				
Pose du robinet, façon des joints et fourniture de cuirs gras.	»	»	8 »	8 »
Peinture de la borne.	»	»	2 »	2 »
Bouche à clef en bois, avec son tampon en fonte	»	»	12 »	12 »
Asphalte pour le trottoir.	4 »	1 25	6 »	6 »
Pavé (rétablissement du).	»	»	5 »	5 »
TOTAL.	»	»	»	345 60

On a vu que la plupart des bornes-fontaines déchargeaient leurs eaux d'hiver dans les galeries qui passaient à leur pied; mais lorsque les tuyaux qui les alimentent sont posés en pleine terre et que, par conséquent, ces galeries n'existent pas, il faut ajouter au prix précédent, celui des conduits de décharge qui mènent les eaux dans les égouts ou celui des puits perdus établis au pied de la borne.

La longueur totale des conduits de décharge a été de 587 mètres, et leur prix de 5,760 fr.; d'où, par mètre courant, 9 fr. 81 c., soit 9 fr. 85 c.

Le nombre des puits perdus a été de vingt-deux, le prix total de 3,094 fr.; leur profondeur moyenne était de 6m 15. On voit qu'ils sont revenus à 22 fr. 90 c. le mètre courant, ou à 140 fr. 65 c. l'un.

Estimation générale des travaux.

INDICATION DES OUVRAGES.	QUANTITÉ.	PRIX.	PRODUIT.	TOTAUX.
		f. c.	f. c.	f. c.
1° TRAVAUX EXTÉRIEURS (voir page 227). . .	»	»	»	357967 27
2° TRAVAUX INTÉRIEURS.				
1° Réservoir de la porte Guillaume.	»	»	53520 12	
2° Réservoir de Montmusard.	»	»	49128 70	
3° Galeries souterraines.	»	»	227632 13	
4° Regards des robinets d'arrêt.	40	126 25	5050 »	345492 30
Regards des cuves de distribution..	6	210 85	1265 10	
Rigoles de décharge..	587m »	9 85	5781 95	
Puits perdus..	22 »	140 65	3094 30	
5° Conduites.				
1° CONDUITES POSÉES SOUS GALERIE.				
Conduite en fonte de 0m 35 de diamètre.	1018 30	53 23	51204 11	
— 0 216 —	90 70	29 66	2690 16	
— 0 19 —	573 70	25 67	14726 88	
— 0 162 —	1282 05	19 44	24923 05	133267 79
— 0 135 —	1706 70	16 24	27716 81	
— 0 108 —	633 40	12 69	8037 85	
— 0 081 —	36 50	8 69	317 18	
— 0 06 —	86 90	7 50	651 75	
2° CONDUITES POSÉES EN TRANCHÉE.				
Conduite de 0m 216 de diamètre..	721 »	31 36	22610 56	
— 0 162 —	10 »	21 14	211 40	
— 0 135 —	1404 30	17 94	25193 14	117809 19
— 0 108 —	1963 90	14 39	28260 52	
— 0 081 —	3615 20	10 39	37561 93	
— 0 06 —	431 70	9 20	3971 64	
Conduite en plomb de 0m 034 de diamètre. . . .	786 60	9 »	7079 40	7079 40
A reporter.	»	»	124888 49	961615 95

INDICATION DES OUVRAGES.	QUANTITÉ.	PRIX.	PRODUIT.	TOTAUX.
		f. c.	f. c.	f. c.
Report.	»	»	124888 49	961618 93
6° Robinets.				
1° ROBINETS D'ARRÊT A VANNE.				
Robinet de 0m 35 de diamètre	3	819 10	2457 30	
— 0 216 —	1	493 50	493 50	
— 0 19 —	3	485 45	1456 35	
— 0 162 —	6	385 30	2311 80	
— 0 135 —	14	344 65	4825 10	19326 10
— 0. 108 —	10	244 80	2448 »	
— 0 081 —	26	191 90	4989 40	
2° ROBINET DE DÉCHARGE A VANNE de 0m 135. . . .	1	344 65	344 65	
3° ROBINETS D'ARRÊT A BOISSEAU.				
Robinets de 0m 108.	5	278 50	1392 50	
— 0 081.	8	184 20	1473 60	
— 0 06.	5	114 »	570 »	
4° ROBINETS DE DÉCHARGE A BOISSEAU.				
Robinets de 0m 108.	1	278 50	278 50	5410 20
— 0 081.	3	184 20	552 60	
— 0 041.	7	45 »	315 »	
— 0 834.	34	18 »	612 »	
5° ROBINETS A AIR de 0m 034.	12	18 »	216 »	
Cuirs gras pour les joints à bride..	200k »	4 »	800 »	
Pose des robinets.	»	»	1650 »	3120 74
Supports en fer des robinets-vannes.	»	»	670 74	
Colliers de prise d'eau et rondelles en fer	»	»	2235 54	4268 93
Boulons en fer..	»	»	2033 39	
Ventouses..	6 »	89 55	537 30	
Cuves de distribution.	11 »	122 25	1344 75	
Trappes des regards (grand modèle).	30 »	157 50	4725 »	8111 55
Trappes des regards (petit modèle)..	17 »	88 50	1504 50	
7° Bornes-fontaines (il en existe aujourd'hui 141). .	121 »	345 60	41817 60	41817 60
8° Édicule recouvrant le réserv. de la porte Guillaume.	»	»	»	38349 12
9° Tour-udomètre au-dessus du réservoir de Montmusard..	»	»	»	4877 35
10° Bassin du jet d'eau de la porte Saint-Pierre. . . .	»	»	»	10000 »
11° Presse hydraulique pour éprouver les tuyaux.. . .	»	»	»	1480 20
12° Dépenses diverses..	»	»	»	17800 47
13° Approvisionnements en tuyaux, robinets, etc. . .	»	»	»	14458 05
14° Traitement des employés chargés de la surveillance.	»	»	»	26528 66
TOTAL.	»	»	»	1157364 92
A quoi il faut encore ajouter pour travaux relatifs à l'assainissement de l'égout intérieur de Suzon (voir le détail dans la quatrième partie de cet ouvrage). . . .	»	»	»	69026 61
TOTAL GÉNÉRAL.	»	»	»	1226391 53
Chiffre que l'on peut, en nombre rond, élever à.. . . . en ayant égard aux dépenses supplémentaires faites depuis 1848.	»	»	»	1250000 »

TROISIÈME PARTIE.

EXPÉRIENCES.

J'ai fait à Dijon deux sortes d'expériences :

Les premières se rapportent à l'écoulement de l'eau dans l'aqueduc qui conduit à Dijon les eaux de la source du Rosoir,

Les secondes, à l'écoulement de l'eau dans le réseau des tuyaux de conduite.

Je discuterai les premières dans le chapitre Ier de cette troisième partie; j'aborderai les secondes dans le chapitre II.

CHAPITRE I.

ÉCOULEMENT DE L'EAU DANS L'AQUEDUC.

La section de l'aqueduc était, comme on l'a vu :

1° Hauteur sous clef de la voûte en plein cintre $0^{m}\,90$;

2° Largeur $0^{m}\,60$, laquelle était uniformément réduite à $0^{m}\,54$, par suite de l'application d'un enduit en ciment de Pouilly.

C'est donc à des formules relatives à l'écoulement de l'eau sur un enduit très-lisse que nous allons parvenir.

La distribution des pentes de l'aqueduc est donnée dans la deuxième partie, page 188.

Les expériences ont été faites sur les pentes suivantes :

Pentes.	Longueurs.
0m 00199	811m 00
0 00405	1361 95
0 001	375 60
0 005032	537 50
0 00715	468 00
0 00488	450 00
0 00698	360 00
0 004527	865 40
0 006576	500 00
0 00387	360 00
0 001	462 80
0 0104	272 00
0 00086	3949 10

On avait toujours le soin, lorsqu'il y avait des chutes verticales, de s'arrêter 100 mètres avant la chute, et de n'opérer que sur des portions d'aqueduc parfaitement en ligne droite.

Le tableau ci-dessus montre aussi qu'on a toujours pu suivre les corps qui servaient à déterminer la plus grande vitesse sur des longueurs de plusieurs centaines de mètres, excepté pour la pente 0m 0104, où l'on disposait seulement de 272 mètres. Cependant je dois reconnaître que malgré les circonstances assez favorables où j'étais placé, je ne pouvais obtenir des résultats à l'abri de toute objection.

D'abord, l'aqueduc était couvert et les regards n'étant disposés que de 100 en 100 mètres, on ignorait ce qui se passait dans l'intervalle. Pour obvier à cet inconvénient, on répétait plusieurs fois entre chaque regard les expériences et on ne les conservait que lorsqu'elles donnaient des résultats presque identiques; puis on adoptait la moyenne entre les résultats obtenus pour tous les regards d'une même pente.

Pour les vitesses maximum du fluide données par des flotteurs, ces moyennes résultaient de nombres très-peu différents; on peut donc compter sur leur exactitude.

Quant aux vitesses moyennes, elles n'offraient pas la même régularité. Les moindres dépressions de l'aqueduc, à raison de la faible épaisseur relative des lames en mouvement, tendaient à les altérer. Je n'ai pu faire usage de plusieurs d'entre elles qui présentaient d'évidentes anomalies. C'est surtout pour les pentes très-fortes et pour les faibles volumes que j'ai dû négliger certaines données.

Les volumes écoulés par seconde étaient jaugés avec une exactitude rigoureuse, au moyen du réservoir de la porte Guillaume, dans lequel se rendaient les eaux de l'aqueduc.

On a opéré sur quatre volumes d'eau différents :

1° Volume de 0m 0874 par seconde ;
2° — 0 0669 —
3° — 0 0446 —
4° — 0 0236 —

Lesquels sont à peu près entre eux comme la série des nombres 1—3—2—1.

Voici maintenant le résultat de mes opérations.

PENTES.	VOLUME DE 0m 0874.			VOLUME DE 0m 0669.			VOLUME DE 0m 0446.			VOLUME DE 0m 0236.			OBSERVAT.
	PROFONDEUR.	VITESSES		PROFONDEUR.	VITESSES		PROFONDEUR.	VITESSES		PROFONDEUR.	VITESSES		
		moyennes.	maximum.		moyennes.	maximum.		moyennes.	maximum.		moyennes.	maximum.	
m.	m.	m.	m.	m.	m.	m.	m.	m.	m.	m.	m.	m.	
0 00086	0 26	0 6225	0 76	0 21	0 59	0 70	»	»	0 62	0 112	0 39	0 49	
0 001	0 245	0 661	0 844	0 1985	0 624	0 76	0 156	0 53	0 7035	0 104	0 42	0 5443	
0 00199	0 206	0 787	1 02	»	»	»	»	»	»	»	»	»	
0 00387	0 167	0 969	1 30	0 145	0 834	1 19	0 105	0 79	1 03	»	»	0 81	
0 00405	0 161	1 003	1 29	0 137	0 904	1 16	0 110	0 75	1 03	»	»	0 79	
0 00488	»	»	1 411	»	»	1 264	»	»	1 117	»	»	0 808	
0 005032	0 143	1 132	1 397	0 117	1 038	1 236	»	»	1 086	0 0624	0 70	0 838	
0 006376	0 131	1 235	1 683	0 112	1 105	1 529	0 086	0 96	1 359	»	»	1 066	
0 00598	0 1285	1 260	1 723	»	»	1 319	0 0802	1 030	1 374	0 0553	0 79	1 091	
0 00715	»	»	1 746	»	»	»	»	»	»	»	»	»	
0 0104	0 110	1 471	2 158	»	»	2 »	»	»	1 722	»	»	1 314	

Si nous supposons que les vitesses moyennes soient liées aux pentes par la relation [1],

$$au^2 = \frac{LH}{L+2H} \cdot i,$$

[1] J'ai établi, en effet, dans mon *Mémoire sur le mouvement de l'eau dans les tuyaux de conduite*, que le frottement contre les parois était proportionnel au carré de la vitesse, lorsque la surface était recouverte d'un enduit calcaire ou légèrement rugueux.

et que nous calculions, pour chaque vitesse moyenne, la valeur de la constante *a*, nous trouverons :

Nos D'ORDRE	VOLUMES.	PERTES.	VITESSES MOYENNES.	PROFONDEURS OU VALEURS DE H.	VALEURS de *a*.	OBSERVATIONS.
		m.				
1		0,00086	0,6225	0,26	0,000.293.95	
2		0,001	0,661	0,245	0,000.293.98	
3		0,00199	0,787	0,206	0,000.375.43	
4		0,00387	0,969	0,167	0,000.425.34	
5	0,0874	0,00405	1,005	0,161	0,000.404.45	
6		0,005032	1,132	0,143	0,000.367.06	
7		0,006576	1,235	0,131	0,000.380.45	
8		0,00698	1,260	0,1285	0,000.382.78	
9		0,0104	1,471	0,110	0,000.375.65	
10		0,00086	0,59	0,21	0,000.291.83	
11		0,001	0,624	0,1985	0,000.293.80	
12	0,0669	0,00387	0,854	0,145	0,000.500.82	
13		0,00405	0,904	0,137	0,000.450.56	
14		0,005032	1,058	0,117	0,000.367.26	
15		0,006576	1,105	0,112	0,000.426.34	
16		0,001	0,53	0,156	0,000.351.99	
17		0,00387	0,79	0,105	0,000.466.77	
18	0,0446	0,00405	0,75	0,110	0,000.563.37	
19		0,006576	0,96	0,086	0,000.465.59	
20		0,00698	1,03	0,0802	0,000.406.75	
21		0,00086	0,39	0,112	0,000.448.63	
22	0,0236	0,001	0,42	0,104	0,000.425.62	
23		0,005032	0,70	0,0624	0,000.520.80	
24		0,00698	0,79	0,0583	0,000.513.54	

Si l'on reconstitue maintenant ce tableau, en plaçant les valeurs de H suivant l'ordre de leurs grandeurs, il viendra :

Nos d'ordre	VOLUMES.	PENTES.	VITESSES MOYENNES.	PROFONDEURS ou VALEURS DE H.	VALEURS de a.	OBSERVATIONS.
		m.				
1	0,0874	0,00086	0,6225	0,26	0,000.293,95	
2	0,0874	0,001	0,661	0,245	0,000.293,98	
10	0,0669	0,00086	0,590	0,210	0,000.291,83	
3	0,0874	0,00199	0,787	0,206	0,000 375.43	
11	0,0669	0,001	0,624	0,1985	0,000.293,80	
4	0,0874	0,00387	0,969	0,167	0,000.425,34	
5	0,0874	0,00405	1,005	0,161	0,000.401.45	
16	0,0446	0,001	0,530	0,156	0,000.351.99	
12	0,0669	0,00387	0,854	0,145	0,000.390.82	
6	0,0874	0,005032	1,132	0,143	0,000.367.06	
13	0,0669	0,00405	0,904	0,137	0,000.450.56	
7	0,0874	0,006576	1,235	0,131	0,000.380.45	
8	0,0874	0,00698	1,260	0,1285	0,000.382 78	
14	0,0669	0,005032	1,058	0,117	0,000.367.26	
15	0.0669	0,006576	1,105	0,112	0,000.425 34	
21	1,0236	0,00086	0,390	0,112	0,000.148,63	
9	0,0874	0,0104	1,471	0,110	0,000.375.65	
18	0,0446	0,00405	0,750	0,110	0,000.563,37	
17	0,0446	0,00387	0,790	0,105	0,000.466.77	
22	0,0236	0,001	0,420	0,104	0,000.425,62	
19	0,0446	0,006576	0,960	0.088	0,000.465,39	
20	0,0446	0,00698	1,030	0,0802	0,000.406.75	
23	0,0236	0,005032	0,700	0,0624	0,000.520.80	
24	0,0236	0,00698	0,790	0,0553	0,000.513.54	

Ce tableau indique que les coefficients a augmentent en même temps que les profondeurs diminuent, résultat analogue à ce que j'ai constaté dans les tuyaux ; et si l'on admet la même loi, c'est-à-dire une relation entre a et H de la forme

$$a = \alpha + \frac{\beta}{H}.$$

Si l'on détermine ensuite α et β de manière à obtenir (les valeurs de H étant considérées comme abcisses) des ordonnées qui diffèrent le moins possible des a précédents, on trouvera pour α et β les valeurs suivantes :

$$\alpha = 0,00025$$
$$\beta = 0,0000147$$

Le tableau ci-dessous présente les différences existant entre les a de l'expérience et ceux déduits de la formule précédente.

NUMÉROS D'ORDRE.	VALEURS DE α suivant L'EXPÉRIENCE.	VALEURS DE α suivant LA FORMULE.	OBSERVATIONS.
1	0,000.293.95	0,000.306.54	
2	0,000.293.98	0,000.310 00	
10	0,000 291.83	0,000.320.00	
3	0,000.375 43	0,000.321.36	
11	0,000.293.80	0,000 324 06	
4	0,000.425.31	0,000.338.01	
5	0,000.404.45	0,010.341.28	
16	0,000.351.99	0,000.344 23	
12	0,000.500.82	0,000.351.33	
6	0,000.367.03	0,000.352.81	
13	0,000.450.58	0,000.357.26	
7	0,000.380.45	0,000.362.17	
8	0,000.382.78	0,000.364.40	
14	0,000.367.26	0,000.375.54	
15	0,000.426.34	0,000.381.25	
21	0,000.418.63	0,000.381.25	
9	0,000.375 65	0,000.383.64	
18	0,000.563.37	0,000.383.64	
17	0,000.466.77	0,000.390.61	
22	0,000.425.62	0,000.391.35	
19	0,000.465.59	0,000.420.86	
20	0,000.406.75	0,000.433.32	
23	0,000.520.80	0,000.485.45	
24	0,000.513.54	0,000.515.72	

L'expression générale de l'équation de la vitesse moyenne sera donc en définitive,

$$\left(0{,}00025 + \frac{0{,}0000147}{H}\right) u^2 = \frac{LH}{L+2H} \cdot i.$$

Passons à la recherche de l'équation des vitesses maximum.

Nous aurons, en admettant une équation de la forme précédente et appelant V la vitesse maximum,

$$\left(\alpha' + \frac{\beta'}{H}\right) V^2 = \frac{LH}{L+2H} i;$$

d'où
$$\alpha' H + \beta' = \frac{LH^2}{L+2H} \cdot \frac{i}{V^2}.$$

Construisant une ligne avec H pour abscisses et $\frac{LH^2}{L+2H} \cdot \frac{i}{V^2}$ pour ordonnées, nous trouverons une droite dont la position donne pour α' et β' les valeurs suivantes :

$$\alpha' = 0{,}0001751$$
$$\beta' = 0{,}00000575$$

Le tableau suivant présente les différences qui existent entre les données expérimentales et celles de la formule

$$\left(0{,}0001751+\frac{0{,}00000575}{H}\right)V^2=\frac{LH}{L+2H}\,i.$$

Nos d'ordre	Valeurs expérimentales de Q.	Valeurs expérimentales de i.	Valeurs de H d'après l'expérience.	Valeurs de H d'après la courbe.	Vitesses maximum suivant l'expérience.	Vitesses maximum suivant l'interpolation	Observations.
1		0,00086	0,260	0,263	0,76	0,763	
2		0,001	0,245	0,250	0,844	0,809	
3		0,00190	0,206	0,196	1,02	1,031	
4		0,00387	0,167	0,154	1,30	1,337	
5	0,0874	0,00405	0,164	0,152	1,29	1,360	
6		0,005032	0,143	0,141	1,397	1,469	
7		0,006576	0,131	0,129	1,683	1,617	
8		0,00698	0,1285	0,1265	1,723	1,651	
9		0,0104	0,110	0,111	2,158	1,899	
10		0,00086	0,210	0,217	0,70	0,716	
11		0,001	0,1985	0,206	0,76	0,759	
12	0,0669	0,00387	0,145	0,128	1,19	1,236	
13		0,00405	0,137	0,1268	1,16	1,259	
14		0,005032	0,117	0,1175	1,236	1,356	
15		0,006576	0,112	0,108	1,529	1,491	
16		0,001	0,156	0,155	0,7035	0,681	
17		0,00387	0,105	0,0987	1,03	1,095	
18	0,0446	0,00405	0,110	0,0972	1,03	1,112	
19		0,006576	0,086	0,0834	1,359	1,310	
20		0,00698	0,0802	0,0818	1,374	1,336	
21		0,00086	0,112	0,1062	0,49	0,535	
22	0,0236	0,001	0,104	0,1012	0,5445	0,563	
23		0,005032	0,0624	0,0610	0,858	0,964	
24		0,00698	0,0553	0,0562	1,091	1,082	

En résumé, dans un aqueduc à parois lisses revêtues avec un enduit de ciment de Pouilly, on a

1° Pour l'équation de la vitesse moyenne :

$$\left(0{,}00025+\frac{0{,}0000147}{H}\right)u^2=\frac{LH}{L+2H}\cdot i;$$

2° Pour celle de la vitesse maximum,

$$\left(0{,}0001751+\frac{0{,}00000575}{H}\right)V^2=\frac{LH}{L+2H}\cdot i,$$

Qui se réduisent, dans la presque totalité des cas,

pour la vitesse moyenne, à $0{,}00025\,u^2=\frac{LH}{L+2H}\cdot i;$

pour la vitesse maximum, à $0,0001751\,V^2 = \frac{LH}{L+2H}.i$;

d'où $$u = \sqrt{\frac{1}{0,00025}}\sqrt{\frac{LH}{L+2H}}\sqrt{i} = 63,25\sqrt{\frac{LH}{L+2H}}\sqrt{i},$$

$$V = \sqrt{\frac{1}{0,0001751}}\sqrt{\frac{LH}{L+2H}}\sqrt{i} = 75,53\sqrt{\frac{LH}{L+2H}}\sqrt{i};$$

d'où encore $$\frac{u}{V} = 0,8369.$$

Mais que l'on remarque bien que ces valeurs de u; V; $\frac{u}{V}$ se rapportent au cas particulier d'un aqueduc à surface lisse ou enduit avec du ciment de Pouilly. Avec différents degrés de rugosité des surfaces, l'expression de ces quantités varie, contrairement aux principes admis jusqu'à ce jour. Je l'ai démontré dans mon mémoire sur l'écoulement de l'eau dans les tuyaux de conduite, et déjà j'ai pu tirer les mêmes conclusions dans un travail que je prépare sur les lois du mouvement de l'eau en ce qui concerne les canaux découverts, d'après un certain nombre d'expériences qu'il m'a été donné de recueillir.

Je ne donnerai, quant à présent, aucun développement à ces vues générales. La Commission de l'Institut, dans son rapport sur mon mémoire relatif à l'écoulement de l'eau dans les tuyaux, a bien voulu s'exprimer ainsi dans les conclusions :

« M. Darcy n'a pas borné ses travaux sur le mouvement de l'eau aux recherches si longues et si délicates dont nous venons de rendre compte à l'Académie, et l'on peut espérer que, si l'appui du ministère des travaux publics ne lui fait pas défaut, il pourra bientôt compléter les études qu'il a déjà entreprises sur le mouvement de l'eau dans les canaux, pour faire suite à celles qu'il a présentées sur les tuyaux de conduite. »

M. le ministre des travaux publics a entendu cet appel : sur la proposition de M. de Franqueville, directeur général des ponts et chaussées, il a accordé les crédits nécessaires pour exécuter, sur une dérivation artificielle du canal de Bourgogne, des expériences relatives à l'écoulement de l'eau dans les canaux découverts.

Ces expériences sont commencées sur la plus grande échelle, puisqu'on peut disposer d'un volume d'eau qui s'élève jusqu'à près de 4,000 litres par seconde. Les canaux d'expérience ont diverses inclinaisons ; leur surface présentera plusieurs degrés de rugosité; le périmètre mouillé, ainsi que la section d'écoulement, varieront dans des limites très-étendues; et dans toutes les hypothèses de pentes, de rugosité, de variation dans le développement des contours et dans la surface des sections, on cherchera à étudier les questions relatives au mouvement uniforme du fluide, ainsi qu'à son mouvement permanent.

M. le ministre ne s'est point borné à allouer un crédit, il a bien voulu m'accorder pour collaborateur l'ingénieur en chef du canal de Bourgogne, M. Baumgarten, bien connu par les recherches expérimentales qu'il a déjà faites sur l'écoulement de l'eau dans les rivières.

Nous sommes, de plus, assistés dans nos expériences par un jeune ingénieur très-distingué, M. Ritter, chargé du service hydraulique dans la Côte-d'Or, et par un nombreux personnel dont l'expérience égale le dévouement.

C'est dans ces conditions que sont, aujourd'hui, commencées les expériences hydrauliques pour lesquelles l'Institut réclamait l'appui de M. le ministre des travaux publics. Ces expériences seront très-vraisemblablement terminées dans le courant de l'année 1856.

CHAPITRE II.

EXPÉRIENCES RELATIVES AU MOUVEMENT DE L'EAU DANS LE RÉSEAU DES CONDUITES DE LA DISTRIBUTION D'EAU DE DIJON.

PREMIÈRE SECTION.

FORMULES GÉNÉRALES.

Ma première pensée avait été de chercher dans ces expériences les moyens de vérifier l'exactitude des lois admises jusqu'à ce jour; mais je n'ai pas tardé à reconnaître que je n'avais pas sous la main les éléments nécessaires pour résoudre une si grave question, et j'ai attendu que les circonstances me permissent de songer à la reprendre. Je donnai suite à ma pensée première lorsque je fus appelé à Paris, comme directeur du service municipal. J'avais alors à ma disposition tous les appareils indispensables pour procéder aux expériences auxquelles je songeais depuis si longtemps. J'ai donc pu les exécuter, et les résultats obtenus ont été consignés dans un Mémoire que j'ai présenté à l'Institut et qui a été l'objet d'un rapport de MM. Poncelet, Combes et Morin.

Voici un extrait de ce document qui se réfère seulement aux quatre premiers chapitres de mon Mémoire.

« Nous suivrons dans ce rapport, dit M. Morin, la marche que l'auteur a adoptée pour son travail, qui est divisé en six chapitres.

« Le premier est consacré à un examen critique des travaux antérieurs, dans lequel l'auteur indique l'insuffisance des données expérimentales dont les ingénieurs qui l'ont précédé avaient pu disposer.

« On sait, en effet, que Couplet, membre de l'Académie, qui, le premier, s'occupa de ces recherches, dont l'utilité était déjà reconnue de son temps, ne fit que sept expériences sur les conduites d'eau de Versailles, établies depuis longues années, et, par conséquent, parvenues, par l'action des dépôts qu'elles pouvaient avoir reçus, à l'état d'anciennes conduites en service. Bossut n'exécuta que vingt-six expériences sur des tuyaux neufs en fer-blanc de petits diamètres de 1 à 2 pouces, et Dubuat dix-huit sur des tuyaux aussi en fer-blanc, de 0^m0271 de diamètre. C'est donc sur cinquante et une expériences seulement que l'illustre M. de Prony put, par une habile discussion, établir les formules qui ont jusqu'ici servi de règles aux ingénieurs pour l'établissement des grandes conduites de distribution d'eau dans les villes.

« Ces règles supposent, comme on le sait, que l'état des surfaces intérieures des conduites n'exerce pas d'influence sensible sur la résistance des parois, et elles sont basées sur une expression de cette résistance, qui contient un facteur composé de deux termes proportionnels, l'un à la première, l'autre à la seconde puissance de la vitesse *moyenne* de l'eau dans le tuyau.

« Or, depuis longtemps les ingénieurs qui ont établi de grandes conduites d'eau, avaient reconnu que, si les volumes d'eau réellement débités par les conduites neuves en fonte excédaient habituellement les volumes indiqués par les formules, peu après leur mise en service, il en était tout autrement quand elles avaient fonctionné pendant quelque temps, et qu'il avait pu s'y former des dépôts, même assez légers.

« M. d'Aubuisson, habile ingénieur des mines, auquel la ville de Toulouse doit ses établissements hydrauliques, et la science d'importantes recherches sur cette matière, avait constaté, par l'observation et par des expériences faites sur des conduites de grandes dimensions, en service depuis plusieurs années, que les pertes de charges occasionnées par le frottement de l'eau dans ces conduites étaient parfois plus que doubles de celles qu'indiquaient les formules de M. de Prony, et il avait été amené à employer, pour le calcul des produits des conduites où la vitesse atteint et dépasse 0^m60, une formule qui supposait la résistance proportionnelle au simple carré de la vitesse, et qui donne des résultats plus faibles d'un tiers environ que ceux des formules de M. de Prony.

« M. Darcy fait remarquer qu'en réunissant les résultats des expériences faites par Bossut et Dubuat sur des petits tuyaux de fer-blanc neufs, à ceux que Couplet a obtenus sur des conduites de fonte de grand diamètre, déjà anciennes, M. de Prony a pu être induit en erreur sur l'influence de l'état des surfaces sur la résistance, par l'effet d'une compensation fortuite qui se sera faite entre la diminution de résistance que pouvait produire l'accroissement du diamètre et l'augmentation due à la présence des dépôts.

« Pour lever ces doutes, l'auteur a pensé qu'il était nécessaire de rechercher quelles étaient :

« 1° L'influence de l'état des surfaces sur le débit ;

« 2° L'influence du diamètre des conduites sur la résistance.

« A cet effet, il a expérimenté sur des diamètres très-variés, depuis les plus petits que l'on emploie jusqu'à ceux de 0m 50, sur des tuyaux en fer étiré et en plomb, en fer bituminé neufs et en verre neufs sans dépôts; ainsi que sur des tuyaux en fonte, les uns neufs, les autres altérés par des dépôts et ensuite nettoyés.

« Dans le chapitre II, M. Darcy donne la description détaillée des appareils qu'il a employés pour l'exécution de ses expériences, ainsi que l'indication de toutes les précautions qu'il a prises pour éviter les causes d'erreur qui auraient pu provenir des changements dans les volumes débités, de la présence de l'air dans les conduites, etc. Nous ne le suivrons pas dans cette description, qui exige la vue des beaux et nombreux dessins que l'auteur a joints à son Mémoire. Nous dirons seulement qu'en expérimentant sur des conduites d'un diamètre uniforme, de 100 mètres et plus de longueur, il a observé avec des piézomètres, disposés avec le plus grand soin, les pressions exercées :

« 1° Sur les parois de ses réservoirs d'alimentation, dont le niveau était parfaitement réglé ;

« 2° Un peu en amont de l'entrée de l'eau dans la conduite ;

« 3° En aval de cette entrée, à une distance où le régime et le mouvement permanent du liquide devaient être bien établis ;

« 4° A 50 mètres et à 100 mètres en aval du dernier point.

« De la sorte, les trois derniers piézomètres lui donnaient la pression éprouvée par la paroi ou la hauteur de la charge à laquelle l'eau aurait été soutenue pendant le mouvement, d'abord à l'origine de la longueur des tuyaux en expérience, puis à 50 et à 100 mètres plus loin. Les différences de ces charges lui donnaient donc la mesure de l'effet produit ou de la perte de charge occasionnée par la résistance des parois.

« Quant au produit des conduites, il était recueilli dans des bassins de jauge dont la capacité était parfaitement connue.

« Pour les conduites en plomb qui n'avaient que 50 mètres de longueur, ce qui correspondait à plus de douze cents fois le diamètre des plus gros tuyaux que M. Darcy ait employés, les piézomètres étaient placés l'un à 25 mètres de l'autre.

« Enfin, les conduites en verre avaient 44^{m}80 de longueur, ce qui correspondait à peu près à mille fois leur diamètre.

« Les vitesses moyennes obtenues dans ces expériences ont varié depuis 0^{m}03 jusqu'à 5 ou 6 mètres par seconde, ce qui dépasse les limites en usage dans la pratique.

« Les pentes ont été réglées avec le plus grand soin dans la pose des conduites.

« Le mesurage du diamètre des tuyaux a été fait avec toutes les précautions nécessaires par le remplissage, excepté pour les tuyaux de plomb qui, obtenus par l'étirage, étaient parfaitement calibrés, et pour les grands tuyaux de fonte de forts diamètres, à l'égard desquels on a procédé par mesure directe.

« Après avoir décrit les appareils qu'il a employés et les dispositions adoptées pour assurer la précision des observations, M. Darcy rapporte dans vingt-deux tableaux tous les résultats des cent quatre-vingt-dix-huit expériences qu'il a exécutées pour déterminer :

« 1° Les relations existant entre les pentes, les vitesses moyennes et les diamètres des conduites ;

« 2° Les pertes de charge nécessaires à la production des vitesses moyennes lors de l'introduction de l'eau dans les tuyaux.

« A l'aide des résultats contenus dans ces tableaux, l'auteur montre que, contrairement à l'opinion admise jusqu'à ce jour, la nature et l'état des surfaces exercent une influence notable sur les produits des conduites.

« On voit, en effet, que les conduites en fer enduites de bitume donnent des produits plus considérables que ceux que l'on déduisait des formules de M. de Prony, dans le rapport de 4 à 3 environ ; que le verre offre des résultats analogues ; mais qu'à l'inverse, dans des conduites en fonte dont des dépôts, même légers, n'avaient diminué le diamètre que d'une faible quantité, la vitesse, et, par suite, la dépense se sont trouvées notablement inférieures à ce qu'indiquaient les formules de M. de Prony, tandis qu'après le nettoyage il y avait accord entre ces formules et l'expérience.

« Quant au diamètre, l'auteur constate aussi, par des expériences, que les formules de M. de Prony ne lui assignent pas une influence assez grande, et il montre que, pour les petits diamètres, les résultats de l'expérience sont inférieurs à ceux des formules, tandis que, pour les grands diamètres, ils leur sont supérieurs.

« Enfin, les conduites en plomb des diamètres de 14, 27 et 41 millimètres ont fourni des résultats d'accord avec les formules de M. de Prony.

« M. Darcy pense que, si cette influence des diamètres avait paru à M. de Prony moins considérable qu'elle ne l'est réellement, il faut l'attribuer à une sorte de compensation fortuite qui se sera établie entre la résistance des tuyaux de petits diamètres, mais bien polis, et celle des tuyaux de grands diamètres, mais souillés par des dépôts : c'est, d'ailleurs, ce qu'il justifie par le calcul direct des expériences.

« L'auteur fait remarquer, en outre, que, pour les petites vitesses inférieures à 0m 10 par seconde, le terme relatif au carré de la vitesse dans les formules de résistance paraît avoir si peu d'influence, que cette résistance devient sensiblement proportionnelle à la simple vitesse.

« En classant ensuite les résultats de ses expériences par nature de conduite et par diamètre de tuyau, M. Darcy cherche à reconnaître si les formules ordinaires se vérifient pour chaque tuyau en particulier.

« Au moyen de la représentation graphique des résultats, il constate que la formule ordinaire

$$\mathrm{RI} = av + bv^2$$

exprime pour chaque tuyau la loi de la résistance, excepté pour les tuyaux de très-petits diamètres, et pour les faibles vitesses; alors, comme nous venons de le dire, la résistance est sensiblement proportionnelle à la simple vitesse.

« Mais, en passant d'un diamètre à un autre pour une même nature de tuyaux, ou d'une espèce de tuyau à une autre, les expériences de M. Darcy montrent que les valeurs des coefficients *a* et *b* des deux puissances de la vitesse ne restent pas les mêmes, et qu'elles varient avec les surfaces lorsque ces dernières offrent des degrés de poli inégaux, et avec les rayons lorsque les surfaces sont au contraire à peu près identiques.

« Enfin, pour des tuyaux recouverts de dépôts, comme cela arrive aux conduites qui servent depuis un certain temps, les expériences de l'auteur font voir que la résistance pourrait (comme l'avait proposé M. Girard et comme M. d'Aubuisson l'avait admis) être considérée comme simplement proportionnelle au carré de la vitesse, ce qui simplifierait l'expression et le calcul dans les applications.

« Dans les expériences de M. Darcy, les pressions ont été assez différentes entre elles, et assez élevées pour qu'il lui fût possible de bien vérifier le principe admis par Dubuat et par les hydrauliciens qui lui ont succédé, que la résistance opposée par les parois des tuyaux au mouvement des liquides est indépendante de la pression que leur fait supporter le liquide en mouvement.

« C'est ce qui résulte clairement de ses douzième et treizième expériences, où les charges ont varié dans les rapports de 17 à 26 mètres et de 22 à 40 mètres entre les deux parties de tuyaux soumises aux observations, tandis que les différences ou pertes de charges sont restées les mêmes pour les deux parties.

« La même conséquence résulte aussi d'une autre expérience directe, dans laquelle l'auteur a fait varier les charges dans le rapport de 18 à 41 mètres.

« On peut donc regarder comme complétement confirmé par l'expérience le principe précédent, qui est fort important pour la théorie du mouvement de l'eau dans les tuyaux de conduite.

« Dans le chapitre IV de son Mémoire, M. Darcy recherche, pour chaque tuyau dans un état donné, quelles sont les valeurs qu'il convient d'attribuer aux coefficients des formules

$$\mathrm{RI} = av + bv^2,$$

ou

$$\mathrm{RI} = b_1 v^2,$$

selon que l'on suppose la résistance exprimée par une fonction des deux premières puissances de la vitesse moyenne du liquide, ou simplement proportionnelle au carré de cette vitesse. »

Je terminerai cet exposé par le tableau des valeurs que prennent dans des tuyaux présentant le degré de poli de la fonte neuve bien coulée, les quantités

$$b_1 - \frac{b_1}{r} - \sqrt{\frac{r}{b_1}} \text{ de la formule } ri = b_1 v^2.$$

pour tous les tuyaux depuis le diamètre de 0m 01 jusqu'au diamètre de 1m 00.

DIAMÈTRES.	RAYONS.	b_1.	$\frac{b_1}{r}$.	$\sqrt{\frac{r}{b_1}}$.	OBSERVATIONS.
m.	m.				
0,01	0,005	0,001.801	0,360.20	1,666	
0,02	0,01	0,001.434	0,143.40	2,943	
0,027	0,0135	0,000.986	0,073.036	3,699	
0,03	0,015	0,000.938	0,062.533	3,998	
0,04	0,02	0,000.850	0,041.525	4,907	
0,05	0,025	0,000.765	0,030.632	5,713	
0,054	0,027	0,000.746	0,027.633	6,015	
0,06	0,03	0,000.722	0,024.089	6,443	
0,07	0,035	0,000.691	0,019.767	7,112	
0,08	0,04	0,000.668	0,016.718	7,733	
0,081	0,0405	0,000.666	0,016.463	7,793	
0,09	0,045	0,000.650	0,014.461	8,315	
0,10	0,05	0,000.636	0,012.728	8,865	
0,108	0,054	0,000.628	0,011.607	9,231	
0,11	0,055	0,000.624	0,011.357	9,383	
0,12	0,06	0,000.614	0,010.247	9,878	
0,13	0,065	0,000.606	0,009.331	10,352	
0,135	0,067	0,000.602	0,008.951	10,581	
0,14	0,07	0,000.599	0,008.563	10,806	
0,15	0,075	0,000.593	0,007.910	11,245	
0,16	0,08	0,000.587	0,007.348	11,665	
0,162	0,081	0,000.586*	0,007.245	11,748	
0,17	0,085	0,000.583	0,006.860	12,073	
0,18	0,09	0,000.578	0,006.432	12,468	
0,19	0,095	0,000.575	0,006.053	12,705	
0,20	0,10	0,000.571	0,005.717	13,225	
0,21	0,105	0,000.568	0,005.415	13,588	
0,216	0,108	0,000.566	0,005.249	13,802	
0,22	0,11	0,000.565	0,005.143	13,943	
0,23	0,115	0,000.563	0,004.897	14,288	
0,24	0,12	0,000.560	0,004.674	14,626	
0,25	0,125	0,000.558	0,004.470	14,956	
0,26	0,13	0,000.556	0,004.282	15,280	
0,27	0,135	0,000.554	0,004.110	15,597	
0,28	0,14	0,000.553	0,003.951	15,908	
0,29	0,145	0,000.551	0,003.804	16,213	
0,30	0,15	0,000.550	0,003.667	16,512	
0,31	0,155	0,000.548	0,003.540	16,806	
0,32	0,16	0,000.547	0,003.421	17,095	
0,325	0,1625	0,000.546	0,003.365	17,238	
0,33	0,165	0,000.546	0,003.310	17,380	
0,34	0,17	0,000.545	0,003.206	17,660	
0,35	0,175	0,000.543	0,003.108	18,936	
0,36	0,18	0,000.542	0,003.016	18,207	
0,37	0,185	0,000.541	0,002.929	18,475	
0,38	0,19	0,000.541	0,002.847	18,739	
0,39	0,195	0,000.540	0,002.770	19,999	
0,40	0,20	0,000.539	0,002.696	19,256	
0,41	0,205	0,000.538	0,002.627	19,510	
0,42	0,21	0,000.537	0,002.561	19,760	
0,43	0,215	0,000.537	0,002.498	20,007	
0,44	0,22	0,000.536	0,002.438	20,251	
0,45	0,225	0,000.535	0,002.381	20,493	
0,46	0,23	0,000.535	0,002.326	20,731	
0,47	0,235	0,000.534	0,002.274	20,967	
0,48	0,24	0,000.533	0,002.224	21,200	
0,49	0,245	0,000.533	0,002.177	21,431	
0,50	0,25	0,000.532	0,002.131	21,659	
0,55	0,275	0,000.530	0,001.929	22,767	
0,60	0,30	0,000.528	0,001.761	23,823	
0,65	0,325	0,000.526	0,001.621	24,833	
0,70	0,35	0,000.525	0,001.501	25,807	
0,75	0,375	0,000.524	0,001.398	26,745	
0,80	0,40	0,000.523	0,001.307	27,650	
0,85	0,425	0,000.522	0,001.228	28,527	
0,90	0,45	0,000.521	0,001.158	29,378	
0,95	0,475	0,000.520	0,001.096	30,205	
1,00	0,50	0,000.519	0,001.039	31,010	

J'ajouterai seulement que pour rendre ces valeurs, qui s'appliquent à des tuyaux neufs, convenables pour des tuyaux ayant déjà un long usage, c'est-à-dire recouverts d'une légère couche de dépôts calcaires, il faut procéder ainsi qu'il suit :

1° Lorsqu'on cherche la pente correspondant à une vitesse déterminée, on doit doubler cette pente dans la pratique, ou si la pente est donnée, il importe de la diviser par 2 et de ne compter que sur la vitesse correspondant au quotient de cette division ;

2° Mais indépendamment de ce retard provenant des aspérités des parois, il existe une autre cause qui affaiblit le volume de l'écoulement ; elle est due à l'épaisseur de la couche déposée. Pour y remédier, il importe, suivant la nature des eaux à distribuer, d'augmenter les diamètres trouvés d'une certaine quantité d'autant plus nécessaire à ajouter que ces diamètres sont plus faibles.

J'ai converti ce tableau en tables, ainsi qu'on l'a vu dans le rapport de la commission de l'Institut : il est évident que pour les recherches à effectuer dans ces tables, il faut avoir égard aux observations précédentes ; car on ne doit pas oublier que ces tables sont relatives à des tuyaux neufs, et que les tuyaux sont couverts de dépôts au bout de quelques années d'usage.

J'avais à ma disposition une conduite en verre d'une grande longueur et j'en ai profité pour étudier avec soin les altérations que pouvait subir le débit des conduites, soit à raison du profil suivant lequel elles sont posées, soit à raison des bulles d'air qui s'y introduisent.

Je demanderai d'abord la permission de présenter ce résultat de mes études, dans les deux sections suivantes.

DEUXIÈME SECTION.

DE L'INFLUENCE EXERCÉE PAR LE PROFIL D'UNE CONDUITE SUR SON DÉBIT.

Les formules relatives au mouvement de l'eau dans les tuyaux de conduite sont, comme on vient de le voir, $Ri = av + bv^2$ ou $Ri = b_1v^2$; ce n'est que dans des cas très-particuliers que l'on peut adopter la relation $Ri = a_1v$ [1].

[1] On verra dans mon mémoire sur l'écoulement de l'eau dans les tuyaux de conduite, que cette relation a été vérifiée par l'expérience dans des tuyaux de petit diamètre et où la vitesse

Ces formules expriment donc les vitesses en fonction, seulement du rayon, de la pente et de la longueur des conduites; il semble dès lors qu'on devra toujours obtenir le débit réel en faisant des substitutions convenables.

Or, il n'en est point ainsi; et cependant, qu'on le remarque bien, j'écarterai complétement, dans tout ce qui va suivre, l'hypothèse où quelques parties de la ligne dépasseraient le niveau minimum du réservoir, c'est-à-dire où la conduite serait obligée de fonctionner à la manière du siphon.

On a toujours recommandé de poser, autant que possible, les conduites de telle façon qu'elles ne présentent aucun point haut depuis leur suture au bassin alimentaire jusqu'à leur point de dégorgement; en effet, ces points hauts, qui se trouvent à l'intersection des pentes de signe contraire, favorisent d'abord l'emprisonnement de l'air lorsqu'on met les conduites en charge, et en second lieu, l'accumulation de celui que l'eau tient en suspension.

Ces obstacles diminuent donc la section du tuyau dont le débit, dès lors, est inférieur à celui donné par les formules. On les fait disparaître au moyen de robinets à air, ou par des tuyaux ouverts implantés sur la conduite et suffisamment élevés, ou enfin par des soupapes et ventouses à flotteur convenablement disposées. Mais ces appareils utiles, en général, produiraient un effet contraire à celui que l'on attend d'eux dans une infinité de circonstances.

Il existe certains profils qui, s'ils étaient adoptés pour la pose d'une conduite, rendraient impossible le dégagement de l'air accumulé dans les points hauts, attendu que l'air extérieur entrerait par les robinets, les tuyaux ouverts, les soupapes et les ventouses, et modifierait ainsi complétement les conditions de l'écoulement. Dans ces profils, il convient d'éviter absolument les pentes et les contre-pentes. On verra de plus qu'il faut éviter à tout prix ces profils, car le débit qui les accompagnerait, lors même qu'ils seraient tracés suivant des pentes se succédant toujours avec le même signe, serait soumis aux variations que l'introduction de l'air cause à l'écoulement des liquides dans les siphons.

En effet, je démontrerai que ces profils ne peuvent donner l'écoulement

du fluide ne dépassait pas dix à douze centimètres par seconde. J'ai démontré, par des expériences spéciales (voir la note D relative au filtrage), que, dans l'écoulement de l'eau à travers le sable fin, le débit était proportionnel à la charge. Ainsi se trouve justifié l'aperçu théorique de la page 156, en ce qui concerne les puits artésiens alimentés par des couches sablonneuses aquifères.

indiqué par les formules que lorsque les conduites sont, lors de la mise en charge, remplies par le procédé que l'on emploie pour faire marcher ces appareils.

Je vais passer à l'examen de ces diverses circonstances d'écoulement ; je chercherai à déterminer la limite des profils auxquels on peut appliquer en toute sécurité les formules, et je m'efforcerai pareillement d'indiquer les phénomènes d'écoulement qui se présenteraient si, dépassant cette limite, on mettait les conduites en charge par le procédé ordinaire.

J'aborderai ensuite dans la troisième section des explications détaillées sur le mode d'écoulement relatif aux conduites dans lesquelles des bulles d'air se sont logées.

Soit AM (pl. 21, *fig.* 1) un réservoir dont la hauteur est H. Au bas de ce réservoir est placé un tuyau horizontal d'un diamètre constant, entièrement ouvert à son extrémité, et dont la longueur est L. L'eau s'échappera de ce tuyau avec une vitesse V. La hauteur due à cette vitesse, en n'ayant pas égard à la contraction de l'eau à son entrée dans le tuyau est, $\frac{V^2}{2g}=x$.

Cette quantité est toujours inférieure à la hauteur H du réservoir, et la différence H—x exprime évidemment la partie de la charge absorbée par les frottements. Le tube étant d'un égal diamètre et parfaitement libre dans toute son étendue, la quantité H—x se distribuera proportionnellement à cette étendue.

Si donc on prenait, à partir du point M, une hauteur MI égale à $\frac{V^2}{2g}$ et qu'on joignît le point I avec l'extrémité de la conduite, la ligne IC serait telle que toute verticale abaissée d'un de ses points sur la direction de la conduite ou sur l'horizontale AC, représenterait le frottement que le fluide a encore à surmonter pour arriver en C avec la vitesse V. Dès lors, la différence entre deux perpendiculaires consécutives exprimerait le frottement contre les parois de la conduite dans l'intervalle que les verticales comprennent.

On voit en même temps, que si l'on transformait ces différentes verticales en autant de tubes, que l'on désigne sous le nom de tubes piézométriques, communiquant avec la conduite, l'eau s'élèverait dans ces tubes jusqu'à la limite tracée par la ligne inclinée IC. La hauteur de l'eau, dans chacun de ces tubes, représentera donc le frottement à vaincre dans le reste de la conduite. Cette hauteur sera en même temps l'expression de la charge que la paroi intérieure des tuyaux supporte, indépendamment de la pression atmosphérique. Il suit de là que la pression en un point quelconque d'une conduite horizontale et entièrement ouverte à son extrémité est égale à la charge totale diminuée de la hauteur due à la vitesse de sortie, et de la partie proportionnelle du frottement relative à la portion du tuyau comprise entre ce point et l'origine de la conduite.

Si maintenant on désigne par h la hauteur BD de l'eau dans l'un des tubes piézométriques indiquant la pression supportée par l'eau de la conduite au point D, on aura évidemment, d'après ce qui précède :

$$h = \left(H - \frac{V^2}{2g}\right)\frac{L - l}{L}.$$

l étant égal à la longueur comprise entre l'origine de la conduite et le pied de la perpendiculaire BD.

On voit que si $l = L$, la hauteur de la colonne devient nulle, ce qui doit être à l'extrémité de la conduite.

Que si $l = o$, la hauteur de la colonne devient égale à $H - \frac{V^2}{2g}$.

Qu'enfin, à tous les points de la conduite, la hauteur de l'eau dans les tubes serait nulle, si $H = \frac{V^2}{2g}$, c'est-à-dire si l'écoulement pouvait s'opérer sans frottement contre les parois. Dans ce cas, l'écoulement aurait lieu dans la conduite horizontale comme dans un canal découvert. L'eau ne subirait à sa surface que la pression de l'atmosphère. Cette circonstance d'écoulement se présente lorsque la conduite, au lieu d'être horizontale, est placée suivant la direction IDC, le point I étant à $\frac{V^2}{2g}$ en contre-bas du niveau du réservoir.

Alors les hauteurs de l'eau dans les tubes *piézométriques* se réduisent à zéro dans tout le développement de la conduite, et l'eau trouve dans la pente qu'elle parcourt les mêmes ressources pour vaincre les frottements que celles qui résultaient des diminutions progressives de hauteur des colonnes piézométriques, dans le cas de l'écoulement par le tuyau horizontal. On voit, en effet, que la différence de niveau entre deux points quelconques de la conduite inclinée IC est précisément égale à la différence de hauteur des deux colonnes piézométriques correspondantes de la conduite horizontale.

Si maintenant on trace dans l'intervalle qui sépare la ligne inclinée IC de la ligne horizontale AC, une conduite quelconque A'B'C, on verra facilement qu'en chaque point de cette conduite, la hauteur piézométrique augmentée de la différence de niveau existant entre ce point et l'extrémité du tuyau, sera précisément égale à la hauteur piézométrique correspondante de la conduite horizontale, et que, par conséquent, les frottements seront pareillement surmontés.

Dans toutes ces hypothèses, la vitesse de sortie sera donc la même, et le débit constant.

Je ne tiens pas compte des différences de longueur des conduites; leurs pentes en général sont toujours trop faibles pour qu'il y ait lieu d'avoir égard aux variations qui résulteraient des diverses inclinaisons.

Soit maintenant h' la hauteur BB' au-dessus du point B de la conduite A'B'C.

Nous aurons, en retranchant cette hauteur des deux membres de l'équation précédemment posée,

$$h-h'=\left(H-\frac{V^2}{2g}\right)\frac{L-l}{L}-h'.$$

Cette quantité $h-h'$ donnera les hauteurs de la colonne piézométrique B'D du tuyau A'B'C au point B', et

$$h-h'+P=P+\left(H-\frac{V^2}{2g}\right)\frac{L-l}{L}-h'$$

représentera la pression intérieure totale supportée par le tuyau au même point.

Appelons π cette pression, et représentons $H-\frac{V^2}{2g}$ par H', nous aurons en définitive :

$$\pi=P+H'.\frac{L-l}{L}-h'.$$

Si nous avions maintenant $h'=H'.\frac{L-l}{L}$, il viendrait $\pi=P$. C'est le cas où le conduit A'B'C coïnciderait avec IDC; car pour cette dernière ligne on a la relation $\frac{h'}{H'}=\frac{L-l}{L}$. Si h' était égal à O, on retomberait sur le cas de l'écoulement par le tuyau horizontal. Ainsi quelle que soit la position donnée à la conduite entre les lignes AC et IC, on obtiendra sur les parois intérieures des pressions constamment plus grandes que l'atmosphère, et qui se réduiront à cette dernière seulement à l'extrémité de la conduite. Le tuyau horizontal est celui qui supporte les pressions les plus grandes, le tuyau IC les pressions les plus petites et constamment égales à celles de l'atmosphère. Enfin, la vitesse de sortie sera, pour tous les profils situés dans cet intervalle, ainsi que pour les deux profils extrêmes, toujours égale à la quantité V.

Examinons maintenant l'hypothèse où l'on donnerait à h' une valeur supérieure à h ou à $H'.\frac{L-l}{L}$.

Soit donc $h'=BB''$, la quantité $h-h'$ devient négative et égale à DB'', et la formule générale, en y faisant entrer, à la place de $H'.\frac{L-l}{L}-h'$, sa valeur $-DB''$, se réduit à

$$\pi = P - DB''.$$

La pression en B'' serait donc plus petite que la pression atmosphérique de la quantité DB'', égale au déficit de la charge nécessaire pour surmonter les frottements entre les points A et B.

Un tube piézométrique ne donnerait donc plus de hauteur en ce point. Mais il y aurait plus encore : sur la conduite IC en D, l'eau ne serait point sortie par un orifice placé en D; pareillement l'air ne serait point entré par ce même orifice, puisque la surface de l'eau en mouvement pressait les parois avec une force égale au poids de l'atmosphère. Or, il n'en est plus de même en B''; la paroi n'est plus comprimée qu'avec $P-DB''$; l'eau ne s'échapperait point par un orifice percé en B'', mais l'air y rentrerait en vertu d'une pression égale à la hauteur DB''. Il serait facile de déterminer expérimentalement cette quantité DB'', en plaçant au point B'' un tube doublement recourbé. La différence de niveau observée dans les deux branches donnerait précisément la quantité DB''.

Ainsi, toutes les fois que dans la pose d'une conduite, on dépasse la ligne inclinée IC, précédemment déterminée, toutes les portions de tuyaux placées au-dessus de cette ligne éprouvent des pressions intérieures plus petites que l'atmosphère.

J'ai fait jusqu'ici l'hypothèse que ces conduites produiraient toujours à leur extrémité la vitesse V. Voyons si cette supposition pourrait être réalisée.

Nous admettons d'abord que l'on mette ces conduites en charge par le procédé ordinaire, c'est-à-dire en versant l'eau à leur extrémité supérieure, et en laissant libre leur extrémité inférieure.

Il est facile de comprendre d'abord que, pour qu'une conduite soit entièrement remplie depuis son origine jusqu'à l'orifice de sortie, condition qui seule permet d'appliquer les formules d'écoulement à tout son développement, il faut qu'une tranche fluide, arrivant à un point quelconque de cette conduite, n'y rencontre pas, en le dépassant, la possibilité d'acquérir et de conserver jusqu'à l'extrémité des tuyaux une vitesse plus grande que celle qu'il possède. En effet, dans ce cas, la lame en mouvement diminuerait de section, quitterait l'arête supérieure de la conduite, et l'air s'introduirait par le vide formé jusqu'au point de la conduite, où la lame en mouvement remplit toute la surface intérieure du tube.

Or, c'est évidemment ce point que l'on devrait considérer, dans l'application des formules, comme l'extrémité de la conduite; c'est, en un mot, la distance de la conduite comprise entre ce point et le réservoir, et son abaissement au-dessous du niveau de ce réservoir, qui devraient être mis dans les formules pour obtenir l'écoulement réel.

Ceci posé, voyons ce qui se passe lorsqu'on met en charge la conduite IC, la conduite horizontale AC, et toutes celles qui affecteraient des directions comprises entre ces deux lignes.

Dans la conduite IC, le fluide, lors de la mise en charge, se propage partout avec la même vitesse V, quelle que soit la distance de l'origine de la conduite à laquelle il soit parvenu, puisque le frottement par mètre courant trouve toujours la même force pour le surmonter.

Dans la conduite horizontale AC, la vitesse du fluide, lorsqu'on la met en charge, va toujours en diminuant jusqu'à ce qu'il soit parvenu à l'orifice de sortie, où cette vitesse devient égale à V.

Enfin dans la conduite intermédiaire A'B'C, des effets analogues se produisent.

On voit qu'après le dégagement de l'air, et lorsque le fluide coulera à l'extrémité, tous les systèmes de conduites que je viens d'indiquer ne permettront jamais au fluide de se détacher de la paroi supérieure des tuyaux.

Passons maintenant aux conduites dont le profil dépasse la ligne IC.

Au moment de la mise en charge, l'eau prendra en A″ une vitesse V″ due à MA″, et par conséquent inférieure à V.

Or, comme à partir de A″, la pente de la conduite est supérieure à celle nécessaire pour vaincre les frottements dus à la vitesse résultant de la charge précédente, il s'ensuit que la vitesse augmentera, et que le liquide quittera la partie supérieure du tube; l'écoulement s'opérera donc à tuyau incomplet à partir du point A", et c'est à la charge MA" que sera dû le volume débité par la conduite.

Dans le cas où le tuyau n'aurait comme A'B"C, que quelques points au-dessus de la ligne IC, il se produirait quelque chose d'analogue. La vitesse qui s'établirait spontanément en B" serait due à la charge MB", et serait, par conséquent, inférieure à V qui exige, on l'a vu, une charge totale MB; à partir de B", l'écoulement se ferait à tuyau incomplet, et de même que dans le cas précédent, le débit serait en définitive inférieur à celui des conduites à pression plus grande que l'atmosphère.

On voit donc que les conduites, dont certaines parties dépassent la ligne IC, diffèrent essentiellement de celles placées au-dessous de la même ligne, non-seulement en ce qui concerne les différences de pressions supportées par les parois intérieures des tuyaux, mais encore en ce qui touche l'écoulement du fluide.

Si l'expérience semble quelquefois contraire aux indications qui précèdent, c'est qu'en vertu de l'adhérence du fluide aux parois, et de la faible différence de vitesse à l'amont et à l'aval des points A" ou B" où la variation doit avoir lieu, il peut arriver que l'eau s'attache aux parois et qu'elle coule en y restant fixée, à raison de la pression atmosphérique qui s'exerce à la partie inférieure de la conduite. Alors les lois d'écoulement que nous venons d'indiquer sont complétement modifiées, et la vitesse à l'orifice redevient égale à V, ou à celle déduite des formules, comme pour les conduites où la pression est supérieure à l'atmosphère. Ceci nous montre comment il faut s'y prendre pour faire couler à volonté de pareilles conduites à tuyaux complets. Il faut les fermer à leur extrémité inférieure lorsqu'on les met en charge, attendre que tout l'air en soit sorti, soit à l'aide de robinets, soit par l'extrémité supérieure, puis enfin, lorsqu'on ouvre le robinet qui fermait la partie inférieure, l'eau coule en vertu de toute la charge et donne un volume égal à celui que les formules indiquent. C'est précisément ainsi que l'on procéderait pour faire naître le mouvement dans un siphon.

Un mot encore, avant de déterminer ce qui est relatif aux conduites à pressions intérieures plus petites que l'atmosphère.

Une conduite dont le profil dépasserait, sur une partie de sa longueur, la limite IC, ne doit avoir aucun point haut dans cette partie. On ne pourrait, en effet, recourir aux ventouses, tubes ouverts ou robinets, pour faire sortir l'air emprisonné dans les tubes, puisque ces appareils n'auraient pour résultat que d'introduire de l'air nouveau dans la conduite. Le profil d'une pareille conduite doit donc être assujetti à cette condition rigoureuse d'avoir toutes ses pentes se succédant avec le même signe. Et remarquons, d'ailleurs, à l'appui de cette observation, que dans une pareille conduite les parois étant pressées avec un poids au-dessous de celui de l'atmosphère, l'air en suspension dans l'eau se dégagerait avec une facilité plus grande que dans les conduites ordinaires. Sous le rapport hygiénique, ce dégagement d'air est encore une chose fâcheuse. On sait que l'eau est beaucoup plus salubre lorsqu'elle tient une certaine quantité d'air en suspension, et qu'on a même recommandé souvent de placer de temps en temps des chutes dans les aqueducs, afin de favoriser l'accroissement du volume d'air que l'eau peut retenir à la pression atmosphérique [1].

Reprenons la formule :

$$\pi = P + H' \frac{L-l}{L} - h'.$$

π ne pourra être négatif que lorsque le terme h' sera plus grand que $H \frac{L-l}{L}$ et qu'en même temps la différence sera plus grande que P.

Pour que ce cas se réalise, il faut que H' soit lui-même plus grand que P, soit $H' = P + \alpha$, α étant une quantité positive; il viendra

$$\pi = P + (P + \alpha) \frac{L-l}{L} - h'.$$

De la forme de cette équation, il résulte qu'avant d'arriver à des valeurs de π négatives, on rencontre une ligne suivant laquelle les parois du tuyau n'éprouveraient que des pressions égales à O.

Cette ligne est déterminée par la condition

(1) On a vu aussi que certains ingénieurs anglais adaptaient maintenant aux machines élévatoires une petite pompe chargée d'injecter de l'air dans l'eau, avant son introduction dans les conduites.

$$h' = P + (P + a)\frac{L - l}{L};$$

C'est-à-dire qu'on l'obtient en menant (fig. 2) une parallèle *oo'* à la ligne suivant laquelle les tuyaux éprouvent constamment une pression égale à l'atmosphère, la distance comprise entre ces deux parallèles et mesurée sur la verticale étant égale à P.

Si maintenant nous donnons à une conduite le profil A'E'C, au point E' de la conduite, lequel est situé sur ligne *oo'*, la pression sera *o*.

Si nous lui avions donné le profil A"E"C, au point E", la pression eût été négative et égale à E'E".

Interprétons relativement au mode d'écoulement ces valeurs de :

$$\pi = o$$
$$\pi = -E'E''.$$

1° $\pi = o$ au point E', le liquide n'éprouvant aucune pression s'écoulera en vertu : 1° de la hauteur MI'; 2° du poids total de l'atmosphère qui pèse en M, puisque ce poids n'est pas contre-balancé en E'.

2° $\pi = -E'E''$. Ce cas ne diffère du précédent qu'en ce que le point où la pression est nulle a été relevé de la quantité E'E".

La charge en vertu de laquelle l'écoulement s'opérera devra donc être diminuée de E'E".

En un mot, lorsqu'une conduite atteindra ou dépassera la ligne de pression nulle *oo'*, le débit et l'écoulement s'y établiront comme dans un tuyau débouchant à l'air, et qui se terminerait au premier point E' ou E" où la pression est nulle, et comme si la charge, à l'amont de cet orifice fictif E' ou E", était augmentée de la pression atmosphérique. Dans une pareille conduite, le débit est donc susceptible d'un maximum qui ne peut croître que par une augmentation directe de charge dans le réservoir, sans qu'un abaissement plus considérable de son orifice réel C, au-dessous du premier point E' ou E", où la pression est nulle, puisse faire varier ce débit. Cette remarque trouve une application importante dans l'étude particulière du siphon (1).

(1) Je me rappelle une erreur commise dans une circonstance où l'on n'avait pas eu égard à cette observation.

J'ai supposé que le liquide pouvait ne rencontrer effectivement en E' qu'une pression nulle : cela n'aura jamais lieu dans la pratique.

1° Si le tuyau débouchait à l'air libre, il est évident que le liquide quitterait entièrement la branche E'C ou E"C, et que dès lors la pression atmosphérique s'exercerait en E' ou E" ; la charge serait donc diminuée soit d'une atmosphère, soit d'une atmosphère augmentée de E'E".

2° Si le tuyau débouchait dans l'eau, l'air que celle-ci tient en suspension irait se cantonner sous les points E' ou E", où il agirait avec une force élastique *f* : la charge qui résulterait des données de la question serait donc affaiblie de P ou de P + E'E".

Enfin je ferai remarquer en terminant, que si l'extrémité de la conduite débouchait au fond d'un ré- ervoir, ou était garnie d'un orifice qui en diminuât la section, on arriverait exactement aux conséquences précitées. Seulement, l'extrémité de la ligne indicatrice des tuyaux, qui sont soumis à une pression intérieure égale au poids de l'atmosphère devrait aboutir à la surface du réservoir ou à un point placé au-dessus de l'extrémité de la conduite, d'une quantité égale à la charge restant disponible par suite de l'existence de l'ajutage.

La ligne des pressions O serait de même parallèle à cette dernière et à une distance P de 10 mètres, verticalement mesurée.

Il est facile de tirer des résultats ci-dessus des conséquences relatives aux conditions à observer dans la pose topographique des conduites.

On a vu :

1° Que les conduites sur les parois intérieures desquelles s'exerceraient des pressions plus grandes que l'atmosphère n'étaient sujettes à aucun inconvénient; qu'elles pourraient même avoir des points hauts, attendu qu'il était possible de faire dégager l'air retenu dans ces parties.

2° Que les conduites à pressions plus petites que l'atmosphère étaient sujettes à des intermittences causées par le dégagement de l'air; qu'elles ne coulaient, en effet, qu'à la manière des siphons, et ne pourraient être mises en charge que par le procédé employé pour ces appareils; que, de plus, dans leur tracé il fallait exclure tous les points hauts, puisque ni robinets, ni tuyaux, ni ventouses ne pouvaient être appliqués sur leurs parois; qu'enfin le dégagement d'air auquel elles donnent continuellement naissance rend l'eau qu'elles conduisent moins salubre pour les populations qu'elles sont destinées à alimenter.

3° Que les conduites à pressions négatives modifient radicalement les conditions de l'écoulement, puisque la pression négative n'arrive que parce que la pose topographique de la conduite met celle-ci dans l'impossibilité de satisfaire aux résultats déduits des formules.

4° Que les conduites à pressions égales à l'atmosphère, ou égales à 0 forment la limite : 1° entre les conduites à pressions plus petites et plus grandes que l'atmosphère ; 2° entre les conduites à pressions plus petites que l'atmosphère et à pressions négatives.

Elles présentent évidemment elles-mêmes les inconvénients qui s'attachent aux conduites dont elles forment la limite inférieure ; il convient donc, dans tout projet de distribution d'eau, de chercher à établir les conduites de telle façon que leurs parois aient toujours à résister à des pressions plus grandes que l'atmosphère.

Pour arriver à ce résultat, il faudra :

1° Déterminer d'après les formules le diamètre du tuyau à employer pour obtenir, avec la pente donnée, le volume demandé ; on en conclura la vitesse de l'écoulement, et par suite la hauteur due à cette vitesse.

2° Tracer le profil en long au relief du terrain suivant lequel la conduite doit être établie.

3° Porter en contre-bas du niveau du réservoir supérieur la hauteur due à la vitesse d'écoulement, et joindre le point ainsi obtenu, soit avec l'orifice de sortie du tuyau s'il était débouché à l'air libre, soit avec la partie supérieure du bassin d'émergence s'il doit dégorger dans un bassin, soit enfin avec le sommet de la colonne représentant la charge disponible à l'extrémité du tuyau, si l'écoulement s'opérait par un ajutage.

La ligne ainsi obtenue représenterait la limite des tuyaux supportant des pressions plus grandes que l'atmosphère, et cette limite ne devrait pas être dépassée dans la pose de la conduite. Cette condition serait immédiatement obtenue, si le relief du terrain était partout au-dessous de cette ligne. Dans le cas contraire, il faudrait profiter de petites vallées d'érosion descendant du plateau supérieur pour placer les conduites, ou déblayer assez le terrain pour arriver à mettre les tuyaux au-dessous de la ligne des pressions atmosphériques.

Il arrive souvent que cette condition ne peut être remplie lorsque, par exemple, une source émerge sur un vaste plateau à pente insensible, et qu'on doit la conduire dans une localité située au fond d'un vallon. Les points de la conduite situés au-dessus du coteau ne subissent, en général, que des pressions plus petites que l'atmosphère.

Ce cas s'est, du reste, présenté à moi deux fois : j'ai remplacé une partie du tuyau, celle qui aurait dû être posée sous le plateau, par un aqueduc en maçonnerie que j'ai prolongé jusqu'à l'arête supérieure du coteau, et c'est à partir de ce dernier point que j'ai établi l'origine des tuyaux. Si on ne substitue pas un aqueduc à la partie du tuyau qu'on a l'intention de poser sous le plateau, on voit que le volume débité sera engendré par la différence de niveau existant entre la source et le point où les eaux doivent se disjoindre dans le tuyau.

TROISIÈME SECTION.

DE L'INFLUENCE EXERCÉE PAR L'AIR SUR LE DÉBIT D'UNE CONDUITE.

Après avoir parlé de l'influence que peut avoir sur l'écoulement de l'eau dans les tuyaux de conduite le profil adopté pour la pose de ces tuyaux, je vais chercher à donner une idée de celle exercée par l'air qui peut être retenu dans une conduite lorsqu'elle présente ce que l'on appelle les points hauts, c'est-à-dire des points où le profil adopté offre des pentes de signes contraires.

Il y a longtemps que cette influence a été constatée. « Il est rare, dit Couplet, que l'air ne soit d'un grand obstacle dans les conduites en général ; on pourra s'en convaincre par une expérience que nous avons faite sur une conduite de plomb de 8 pouces (0m 216), et de 1900 toises de longueur (3703m), qui amène les eaux de Roquencourt au château de Versailles, dans les réservoirs du dessus de la rampe de la chapelle, sur une pente ou charge de 2 pieds 6 pouces (0m 80), laquelle conduite n'a jamais fourni par la gueule *bee'* que 22 à 23 pouces d'environ 30 pouces qui se présentent à son embouchure, refusant les 7 à 8 pouces de plus ; mais une chose remarquable, c'est que dès qu'on lâchait l'eau à l'embouchure de cette conduite, laquelle embouchure était aussi de 8 pouces comme sa sortie, il se passait environ dix jours avant qu'il en passât une goutte à son bout de sortie, et cela, parce que le long de cette conduite il y avait beaucoup de coudes élevés dans lesquels l'air se cantonnait, et d'où il ne sortait qu'avec beaucoup de peine. C'est ce qui a encore fait penser à adoucir quelques coudes de cette conduite, et à mettre des ventouses aux angles les plus élevés, où elles sont encore, et alors au bout de douze heures l'on vit sortir quelques filets d'eau, au lieu de dix ou douze jours qu'il fallait auparavant, et cinq à six heures après il en sortait 22 à 23 pouces, qui est toute la quantité que l'on peut avoir par cette conduite. »

« Une chose à remarquer, c'est que les cinq ou six dernières heures qu'on attendit avant d'avoir le plus grand écoulement d'eau, ou la plus grande dépense de cette conduite, se passèrent à l'évacuation de bouffées de vent, de flocons d'air et d'eau, et de filets d'eau, qui tantôt coulaient et tantôt ne coulaient plus, ce qui fait encore voir que l'air est un grand obstacle dans les conduites. »

L'Académie des sciences, en 1732, rend le compte suivant de cette expérience de Couplet.

« M. Couplet a vu qu'en lâchant l'eau à l'embouchure d'une conduite, il se passait près de dix jours avant qu'il en parût une goutte à son bout de sortie. Cet accident, si bizarre en apparence, venait, selon l'explication de M. Couplet, d'un air cantonné dans la partie supérieure de certains coudes de la conduite élevés sur l'horizon. Une eau qui se présentait pour passer tendait à forcer cet air dans son retranchement et à le pousser en avant, mais une autre eau déjà passée avant que l'air se fût amassé dans le haut du coude le soutenait, et si elle se trouvait être à la même hauteur verticale que celle qui tendait à pousser en avant, il se faisait un équilibre et un repos que l'on voit bien qui pouvait durer longtemps. On remédia à cet inconvénient en *adoucissant* quelques coudes de la conduite, et en mettant aux angles les plus élevés des *ventouses* où l'air pouvait se retirer sans nuire au cours de l'eau. Après cela l'eau venait au bout de douze heures, précédée de bouffées de vent, de flocons d'air et d'eau, de filets d'eau interrompus, et tout cela prenait presque la moitié des douze heures d'attente. Par là on peut juger de l'effet de l'air dans les conduites; les cas extrêmes suffisent pour mettre sur la voie de tous les autres. »

En 1739, Bélidor s'occupa de donner la *Théorie du mouvement de l'eau dans les tuyaux de conduite*, et rappela l'expérience de Couplet sur les effets produits par l'air cantonné dans les tuyaux. Il démontra la nécessité de placer des ventouses ou des robinets:

1° Pour empêcher la rupture des tuyaux en faisant évacuer l'air qui s'opposait au mouvement du fluide.

2° Pour permettre au volume débité d'arriver au maximum, ce qui ne pouvait avoir lieu tant qu'il restait de l'air dans les tubes.

« Quand l'eau d'un réservoir, dit-il [1], descend perpendiculairement ou le long d'une pente fort roide, il convient de mettre au bas de la conduite un robinet que l'on ouvre quand on veut mettre l'eau en voie, afin que l'air dont elle vient occuper la place puisse s'évacuer promptement, sans quoi le tuyau serait en danger de crever s'il n'y avait d'autre sortie que la lumière de l'ajutage. Il faut avoir aussi des puisards placés dans les endroits les plus convenables, avec des robinets pour mettre les tuyaux en décharge en cas de besoin, et ménager des ventouses dans les coudes ainsi qu'au sommet des pentes, pour donner de l'échappement à l'air que l'eau entraîne avec elle. »

On lit également (page 352) : « Comme l'air que l'eau entraîne avec elle cause souvent la rupture des tuyaux, l'on a soin de pratiquer des ventouses dans les endroits éminents pour le laisser échapper ; ces ventouses ne sont autre chose qu'un petit tuyau vertical enté sur la conduite, qu'on appuie contre un arbre, un poteau ou un mur ; on la laisse toujours ouverte, et l'on observe seulement de recourber son extrémité pour empêcher qu'aucune ordure ne tombe dedans, et on l'élève de quelques pieds plus haut que le niveau de la destination des eaux. Mais lorsque cette élévation est par trop grande, on se contente de placer le long de la conduite des robinets qu'on ouvre lorsque les eaux ayant été mises en décharge pour quelque réparation, on veut les faire couler tout de nouveau, et on les ferme l'un après l'autre, à mesure que l'eau y parvient ; ainsi l'air est chassé en avant sans pouvoir résister au courant de l'eau, ayant la liberté de s'échapper par les ventouses qui se trouvent ouvertes.

« Comme ces robinets ne servent que pour évacuer l'air lorsqu'on veut remplir les tuyaux, et que ce serait une grande sujétion d'être obligé d'ouvrir ceux qui répondent à la partie du tuyau où l'air que l'eau a entraîné avec elle se trouve cantonné, l'on peut à chaque regard souder sur la conduite un bout de tuyau vertical de 4 à 5 pouces, fermé par une soupape chargée de plomb pour être en équilibre avec le poids de la colonne d'eau, afin qu'elle ne puisse s'ouvrir que

[1] Page 414, *Architecture hydraulique*.

par l'effort dont pourra être capable le ressort de l'air condensé qui s'échappera par cette ventouse. »

En 1750, de Parcieux fut consulté sur un fait singulier d'écoulement qui se présentait dans une conduite alimentaire du couvent de Sainte-Marie du faubourg Saint-Jacques, à Paris.

Cette conduite marchait assez convenablement pendant l'automne, l'hiver et le printemps, mais s'arrêtait lorsque survenaient les grandes chaleurs de l'été.

La recherche des causes d'un pareil résultat conduisit de Parcieux à examiner avec détail l'influence que pouvait exercer sur l'écoulement du fluide l'air comprimé dans les conduites. Je ne présenterai pas toutes les conséquences qu'il tira de ses observations, parce que plusieurs d'entre elles m'ont paru entachées d'inexactitude ou au moins d'obscurité : je donnerai, d'ailleurs, plus tard l'explication simple du phénomène d'écoulement observé dans la conduite alimentaire du couvent de Sainte-Marie.

En résumé, on peut dire que le seul remède que tous les auteurs aient conseillé, et que les praticiens aient adopté, pour combattre les effets de l'air emprisonné dans les conduites d'eau, a été de placer, dans les points hauts de ces conduites, des soupapes chargées d'un poids et analogues à celles des chaudières de machines à vapeur; des tuyaux verticaux implantés sur la conduite et s'élevant à une hauteur suffisante pour qu'il n'y ait pas déversement; des robinets ou des ventouses à flotteur telles que celles qui sont en usage dans la distribution des eaux de Paris, et que l'on emploie aujourd'hui dans toutes les distributions d'eau.

J'ai pensé qu'il pourrait être utile de chercher à présenter, au sujet du rôle de l'eau dans les tuyaux de conduite, quelques explications, et surtout de montrer que, dans un grand nombre de cas, l'emploi des divers appareils dont je viens de faire la nomenclature conduirait à un résultat précisément contraire à celui qu'on voudrait obtenir.

Lorsqu'il y a écoulement dans un tuyau, les bulles d'air emprisonnées peuvent prendre trois positions indiquées dans les figures 3, 4, 5 de la planche 21. Dans les figures 3 et 4, elles agissent évidemment à la manière d'un rétrécissement qui se serait opéré dans le tuyau, rétrécissement auquel est due une perte de charge résultant de l'augmentation de vitesse. Dans la position de la figure 5, la bulle agit d'une tout autre manière : la partie l_0 alimentée par le réservoir supérieur peut être considérée, relativement à la partie l, comme un réservoir nouveau duquel le fluide s'échappe, en vertu de la charge y sur le point haut, à la manière des déversoirs.

Lorsque l'équilibre sera établi, il faudra donc que le volume qui déverse sur le point haut soit précisément égal à celui qui est reçu par le réservoir inférieur.

Ceci posé :

Soit R (Pl. 21, *fig.* 6), le bassin alimentaire d'un tuyau RAOA' et

A' le point de déversement des eaux;

h et h_1 les cotes de la paroi intérieure et inférieure de ce tuyau en A et O, au-dessous du niveau d'un réservoir;

h_2 celle du point A' de déversement;

f la force élastique de l'air emprisonné dans la conduite;

v la vitesse de l'eau dans la conduite;

r le rayon de la conduite (nous le supposerons constant);

y la hauteur de la lame d'écoulement sur le point haut A;

g la hauteur verticale de l'espace occupé par l'air, à partir du dessus de la lame d'écoulement;

h' la hauteur du niveau de l'eau dans la partie OA' de la conduite au-dessus du niveau de l'eau dans la partie AO;

l_0 et l_1 les longueurs successives des parties de la conduite remplies d'eau;

P la pression atmosphérique.

On aura, en remarquant que la charge de la première partie est $P+h-y-f$, et que celle de la deuxième partie est $f-h'-P$, les deux équations suivantes :

$$P+h-y-f=\frac{l_0}{r}.b_1v^2,$$

$$f-h'-P=\frac{l_1}{r}.b_1v^2.$$

De ces deux équations on tire en égalant les valeurs de f:

$$h=h'+y+\left(\frac{l_0+l_1}{r}\right)b_1v^2.$$

Mais on a également la relation

$$h-y+g=h'+h_2.$$

qui combinée avec la précédente donne :

$$v = \sqrt{\frac{r}{l_0 + l_1} \cdot \frac{1}{b_1}} \cdot \sqrt{h_2 - y}.$$

On voit ainsi quelle influence exerce, sur la vitesse de l'eau dans la conduite considérée, la présence d'un certain volume d'air.

Il est un cas particulier intéressant à étudier, c'est celui où le tuyau ne donnerait aucun produit. On aurait dans cette hypothèse :

$$v = o \text{ et } y = o,$$

et l'on conclut alors des opérations précédentes

$$h_2 = g \text{ et } h = h'.$$

Ces égalités indiquent que pour que l'écoulement n'ait pas lieu, il suffit que la hauteur du bassin alimentaire, au-dessus de la paroi intérieure du tuyau au point haut, soit égale à celle du point de déversement au-dessus du niveau de l'eau dans la branche descendante, et dans ce cas, la projection verticale de la partie du tuyau remplie d'air est égale à la charge sur le point de déversement.

Quant à la force élastique de l'air dans le tuyau, elle est dans le cas d'équilibre :

$$f = P + h \text{ ou } P + h'.$$

Nous avons supposé jusqu'à présent que cette force élastique était constante ; supposons qu'elle vienne à diminuer, ne voit-on pas que l'écoulement renaîtrait ? f, en effet, ne ferait plus équilibre à la pression $P + h$, le fluide recommencerait à couler au point haut, et la surface de l'eau, dans la partie descendante, monterait jusqu'à ce que les deux équations primitivement posées fussent satisfaites dans les nouvelles données de la question.

C'est ce qui explique comment une conduite telle que celle du couvent de Sainte-Marie, qui ne produisait rien pendant l'été, pouvait couler de nouveau pendant l'hiver, l'abaissement de la température diminuant la force élastique f.

Si la conduite avait deux points hauts (Pl. 21, *fig.* 7), on aurait :

$$P + h - y - f = \frac{l_0}{r} \cdot b_1 v^2,$$

$$f - h' - y' - f' = \frac{l_1}{r} \cdot b_1 v^2.$$

$$f' - h'' - P = \frac{l_2}{r} \cdot b_1 v^2;$$

D'où l'on conclurait :

$$v=\sqrt{\frac{r}{(l_0+l_1+l_2)b_1}}\sqrt{h_2-(g+g_1)}.$$

Recherchant quelles sont les conditions exigées pour que tout écoulement s'arrête,

On aura dans ce cas :

$$P+h-f=o,$$
$$f-h'-f'=o,$$
$$f'-h''-P=o,$$

d'où $$h-h'-h''=o,$$

et $$h=h'+h''.$$

C'est-à-dire que la hauteur de l'eau dans le bassin d'alimentation, au-dessus de la paroi intérieure du premier coude, doit être égale à la somme des deux quantités suivantes :

1° La différence de niveau entre le fluide dans le premier tuyau descendant et la paroi intérieure du second coude;

2° La différence de niveau existant entre l'eau dans la deuxième branche descendante et la surface de l'eau dans la seconde branche ascendante.

La condition $h_4=g+g_1$ montre encore, dans cette circonstance, que la somme des projections verticales des parties descendantes dans lesquelles il n'existe pas de liquide est égale à la charge sur l'orifice de sortie.

On peut aisément remarquer que dans le cas de deux points hauts, comme dans celui d'un seul point haut, l'écoulement qui n'avait pas lieu pendant l'été doit recommencer pendant l'hiver.

Il est facile, d'après ce qui précède, de passer au cas d'un nombre quelconque n de coudes.

En adoptant, en effet, des notations analogues, on aura les relations suivantes :

$$P+h-y-f=\frac{l_0}{r}b_1v^2,$$

$$f-h'-y'-f'=\frac{l_1}{r}b_1v^2,$$

$$f'-h''-y''-f''=\frac{l_2}{r}b_1v^2,$$

$$\vdots$$

$$f^{n-2} - h^{n-1} - y^{n-1} - f^{n-1} = \frac{l_{n-1}}{r} b_1 v^2,$$

$$f^{n-1} - h^n - P = \frac{l_n}{r} b_1 v^2.$$

d'où l'on conclut facilement

$$h - [h' + h'' + \ldots h^{n-1} + h^n] - [y + y' + \ldots y^{n-1}] = \frac{L'}{r} b_1 v^2,$$

en faisant $L' = l_0 + l_1 + \ldots\ldots + l_n$,

d'autre part, on a les équations

$$h - y + g = h' + h_2,$$

$$h_2 - y' + g_1 = h'' + h_4,$$

$$\vdots$$

$$h_n - y^{n-1} + g_{n-1} = h^n + h_{2n};$$

d'où

$$h - [y + y' + \ldots + y^{n-1}] + [g + g_1 + \ldots + g_{n-1}] = h_{2n} + (h' + h'' + \ldots + h^n);$$

d'où enfin, en combinant cette équation avec celle trouvée plus haut, on arrive à

$$h_{2n} - [g + g_1 + \ldots + g_{n-1}] = \frac{L'}{r} b_1 v^2$$

et

$$v = \sqrt{\frac{r}{L' b_1}} \sqrt{h_{2n} - (g + g_1 + \ldots + g_{n-1})}.$$

Dans le cas d'un écoulement nul, on a les conditions

$$h_{2n} = g + g_1 + \ldots + g_{n-1}$$

et

$$h = h' + h'' + \ldots + h^n$$

analogues à celles que nous avons trouvées pour les cas particuliers d'un et de deux coudes.

Il est facile, dans le cas de l'équilibre, de trouver les quantités représentées par h', h'',..... g, g_1,..... et nous allons donner leurs valeurs dans l'hypothèse d'un, de deux et de trois points hauts.

1° Cas d'un seul point haut, Pl. 21, fig. 6.

On a, comme on le sait, $h' = h$, $g = h_2$

On n'ignore pas que l'opération de la mise en charge des conduites doit toujours s'effectuer avec une extrême lenteur : ainsi au moment où l'eau remplit le coude O, l'air renfermé dans la conduite AO est à la pression atmosphérique; appelons A la projection verticale du tuyau AO, on a évidemment, en conservant les notations déjà employées,

$$\frac{f}{P}=\frac{P+h}{P}=\frac{A}{g},\ \text{d'où}\ g=A.\frac{P}{P+h}=(h_1-h)\frac{P}{P+h}$$

7e Cas de deux points hauts, Pl. 21, fig. 7.

On a $$h=h'+h''\ (1)\quad g+g_1=h_4\ (2).$$

or, $$\frac{A}{g}=\frac{f}{P},\ \frac{A_1}{g_1}=\frac{f'}{P};$$

de plus $$f=P+h,$$

$$f'=f+h'=P+h-h'$$

et comme $$h+g=h'+h_2\ (3)$$

il viendra $$g=A.\frac{P}{P+h}=(h_1-h)\left(\frac{P}{P+h}\right),$$

$$g_1=h_4-[h_1-h].\frac{P}{P+h};$$

et de plus, en vertu des relations 1 et 3;

$$h'=h-h_2+[h_1-h]\frac{P}{P+h}$$

$$h''=h_2-[h_1-h]\frac{P}{P+h}$$

8^e Cas de trois points hauts, Pl. 21, fig. 8.

On a $$h=h'+h''+h''',\quad g+g_1+g_2=h_6;$$

or, $$\frac{A}{g}=\frac{f}{P},\ \frac{A_1}{g_1}=\frac{f_1}{P},\ \text{etc.};$$

mais $$f=P+h,$$

$$f'=P+h-h'=P+h_2-g$$

puisque $$h+g=h_2+h'.$$

Donc $$g=A\frac{P}{P+h}=[h_1-h]\frac{P}{P+h}$$

$$g_1 = A_1 \frac{P}{P+h_2-(h_1-h)\frac{P}{P+h}} = [h_3-h_2]\frac{P}{P+h_2-(h_1-h)\frac{P}{P+h}},$$

$$g_2 = h_4-(h_1-h)\frac{P}{P+h}-[h_3-h_2]\frac{P}{P+h_2-(h_1-h)\frac{P}{P+h}},$$

et pour les valeurs de h', h'', h''',

$$h' = h+g-h_2 = h-h_2+[h_1-h]\frac{P}{P+h},$$

$$h'' = h_2+g_1-h_4 = h_2-h_4+[h_3-h_2]\frac{P}{P+h_2-(h_1-h)\frac{P}{P+h}},$$

$$h''' = h_4-[h_1-h]\frac{P}{P+h}-[h_3-h_2]\frac{P}{P+h_2-(h_1-h)\frac{P}{P+h}}.$$

Applications.

Les figures cotées 6, 7 et 8 de la planche 21 représentent, dans le cas d'un, de deux et de trois points hauts, les profils de trois conduites dans lesquelles, avec des charges de 3^{m}37 — de 7^{m}17 — de 11^{m}15, l'eau arriverait seulement en équilibre à l'extrémité de la conduite.

On voit, en effet, que dans ces conduites les conditions

$$\left.\begin{array}{ll} h=h', & g=h_2 \\ h=h'+h'', & g+g_1=h_4 \\ h=h'+h''+h''', & g+g_1+g_2=h_6 \end{array}\right\} \text{sont satisfaites.}$$

Il est facile de déterminer les équations de condition qui doivent être remplies pour que, dans chacun de ces trois cas, l'eau arrive en équilibre à l'extrémité de la conduite ou s'y déverse.

1° Cas d'un seul point haut.

D'après ce qui précède, pour que le niveau de l'eau arrive en équilibre à la cote h_2, il faut évidemment que $h_2 = A.\frac{P}{P+h}$;

et si h_2 est $> A.\frac{P}{P+h}$ ou $> [h_1-h]\frac{P}{P+h}$

il y aura déversement en h_2

2° Deux points hauts.

Dans ce cas, pour que l'eau déverse sur le premier coude, il faut que

$$h_2 \text{ soit} > (h_1 - h)\frac{P}{P+h};$$

ensuite pour que l'eau remonte jusqu'à la cote h_4, il faut que l'on ait

$$h_4 = g + g_1.$$

mais

$$\frac{A}{g} = \frac{f}{P}, \quad \frac{A_1}{g_1} = \frac{f'}{P};$$

ou, en vertu des relations connues,

$$\frac{A}{g} = \frac{P+h}{P}, \quad \frac{A_1}{g_1} = \frac{P+h-h'}{P} = \frac{P+h_2-g}{P};$$

d'où, pour la condition que l'eau arrive en h_4

$$h_4 = A.\frac{P}{P+h} + A_1\frac{P}{P+h_2 - A\left(\frac{P}{P+h}\right)}$$

$$= (h_1 - h)\frac{P}{P+h} + (h_3 - h_2)\frac{P}{P+h_2 - (h_1 - h)\left(\frac{P}{P+h}\right)};$$

et l'eau, au contraire, déversera en h_4, si l'on a

$$h_4 > (h_1 - h)\frac{P}{P+h} + (h_3 - h_2)\frac{P}{P+h_2 - (h_1 - h)\frac{P}{P+h}}.$$

3° Trois points hauts.

Dans ce cas, il faut pour que le liquide déverse en h_2 que

$$h_2 \text{ soit} > (h_1 - h)\frac{P}{P+h};$$

pour que ce même liquide déverse en h_4 il faut que

$$h_4 \text{ soit} > (h_1 - h)\frac{P}{P+h} + (h_3 - h_2)\frac{P}{P+h_2 - (h_1 - h)\frac{P}{P+h}};$$

pour que le liquide aboutisse ensuite à la cote h_6, il faut que l'on ait :

$$h_6 = g + g_1 + g_2;$$

or,
$$\frac{A}{g} = \frac{f}{P}, \quad \frac{A_1}{g_1} = \frac{f'}{P}, \quad \frac{A_2}{g_2} = \frac{f''}{P};$$

de plus,
$$f = P + h,$$
$$f' = f + h' = P + h - h' = P + h_2 - g,$$
$$f'' = f' - h'' = P + h - h' - h'' = P + h_4 - g - g_1;$$

donc
$$g = (h_1 - h)\frac{P}{P+h},$$
$$g_1 = (h_3 - h_2)\frac{P}{P + h_2 - (h_1 - h)\frac{P}{P+h}},$$
$$g_2 = (h_5 - h_4)\frac{P}{P + h_4 - (h_1 - h)\frac{P}{P+h} - (h_3 - h_2)\frac{P}{P + h_2 - (h_1 - h)\frac{P}{P+h}}}.$$

Donc enfin il faut, pour que l'eau atteigne la cote h_6 que

$$h_6 = (h_1 - h)\frac{P}{P+h} + (h_3 - h_2)\frac{P}{P + h_2 - (h_1 - h)\frac{P}{P+h}}$$
$$+ (h_5 - h_4)\frac{P}{P + h_4 - (h_1 - h)\frac{P}{P+h} - (h_3 - h_2)\frac{P}{P + h_2 - (h_1 - h)\frac{P}{P+h}}};$$

pour qu'il y ait, au contraire, déversement en h_6, il faut que cette cote soit plus grande que le deuxième membre de l'équation ci-dessus.

On continuerait de la même manière pour déterminer les équations de condition relatives à un plus grand nombre de points hauts. Les détails qui précèdent me semblent devoir suffire pour bien faire comprendre le rôle que joue l'air emprisonné dans les conduites.

Évacuation de l'air renfermé dans les conduites.

Il me reste à indiquer les moyens à employer pour faire évacuer l'air dont l'introduction modifie si profondément les conditions de l'écoulement.

Les auteurs qui ont traité de cette matière, se fondant sur l'hypothèse que l'air devait acquérir une grande densité pour s'opposer au mouvement de l'eau, se sont toujours accordés pour recommander de placer aux points hauts des robinets, des tuyaux ouverts ou des ventouses.

1° « On emploie en Italie, dit M. Genieys, des constructions dites *sfiatatore*, qui ne sont autre chose que des espèces de cheminées placées sur le sommet des inflexions et dont l'extrémité supérieure arrive jusqu'au niveau de la source.

« Ce moyen, tout simple qu'il est, présente de grands embarras, surtout dans l'intérieur d'une ville, lorsque les sinuosités se multiplient et que le réservoir de prise d'eau est très-élevé par rapport au coude de la conduite. » Dans nos climats d'ailleurs, l'eau de ces espèces de tubes piézométriques pourrait se geler pendant l'hiver et occasionner leur fracture.

2° « On peut encore placer pour ventouse, ainsi que le recommande Bélidor, un tuyau vertical très-court, fermé d'une soupape pesante. Lorsque l'expansion de l'air est devenue assez forte pour forcer la soupape, il se crée lui-même une issue, et jamais l'écoulement ne s'arrête.

3° « On emploie aussi un robinet placé sur le coude : on le laisse ouvert pendant que l'on met l'eau dans la conduite, jusqu'à ce que l'air se soit échappé et que l'eau commence à jaillir.

4° « On a généralement recours aujourd'hui à une soupape *que l'on a cru avoir disposée* de manière qu'elle pût laisser l'air s'échapper librement et se fermer d'elle-même lorsque l'eau vient prendre sa place et remplir la capacité du tuyau. »

Cette soupape est appelé *ventouse à flotteur*. Elle est due à M. le chevalier de Bettancourt ; voici la description que M. Girard en donne :

« La ventouse à flotteur est composée d'un vase cylindrique en fonte de cuivre, de 20 centimètres de diamètre extérieur et de 35 centimètres de hauteur, communiquant avec le tuyau de conduite par un cylindre vertical de 10 centimètres de diamètre, boulonné sur une tubulure.

« Ce vase porte intérieurement deux traverses, percées chacune d'un trou, dans lequel coule librement une tige de métal, formant l'axe matériel d'un globe creux de laiton destiné à servir de flotteur.

« Cet axe du flotteur est terminé, à son extrémité supérieure, par une portion de cône, laquelle sert d'obturateur à un orifice de même forme, pratiqué dans le fond horizontal du vase cylindrique ou boîte de la ventouse, lorsque le flotteur y est soutenu par l'action de l'air dont elle est remplie.

« Lorsque l'air de la conduite a pénétré dans la boîte de la ventouse et y a acquis assez de densité pour faire descendre convenablement le niveau de l'eau, le flotteur s'abaisse avec le fluide, entraîne l'obturateur que porte son axe, et laisse ouvert l'orifice de la ventouse par lequel l'air qu'elle contient s'échappe graduellement.

« L'eau pesant dans le même volume à $+4°$ et à $0^m76,770$ plus que l'air, il s'ensuit que, quelle que soit la densité de l'air dans la ventouse, elle ne peut jamais être telle que le poids du volume déplacé par le globe soit égal à celui d'un même volume du liquide ; par conséquent, si le niveau de l'eau baisse et qu'une partie du globe surnage, le poids du flotteur augmente, ce qui détermine son abaissement et l'ouverture de la soupape supérieure.

« *Il n'y a que l'action de l'air comprimé contre la partie inférieure de l'obturateur qui s'oppose à ce mouvement, mais elle est trop faible pour pouvoir détruire l'effet dû à l'abaissement du niveau de l'eau.*

« Ce moyen de se débarrasser de l'air a l'avantage de n'exiger aucune surveillance : la dépense pour cet appareil est de 325 fr. »

MM. les ingénieurs des eaux de Paris ont apporté à cette ventouse quelques modifications qui l'ont simplifiée, et permettent de l'exécuter à un prix beaucoup moins élevé.

Les ventouses que j'ai employées à Dijon coûtent seulement 89 fr, 55 (page 363). Le cylindre extérieur, au lieu d'être en cuivre, est en fonte : sa hauteur est de 0^m40, son diamètre intérieur de 0^m17. Il est terminé à sa partie inférieure par un rétrécissement portant bride, laquelle s'ajuste avec la bride d'une tubulure ménagée sur le tuyau. La tige de la sphère en cuivre, de 0^m135 de diamètre, ou du flotteur, est guidée par une pièce en fer d'environ 0^m04 de hauteur verticale, laquelle est fixée à la plaque en fonte boulonnée à la partie supérieure du cylindre de la ventouse. Cette plaque est percée d'un trou environné d'une garniture en cuivre, dans lequel vient jouer la soupape conique qui termine l'axe du flotteur. (Voir la planche 12.)

J'ai donc accepté et employé cet instrument, à l'exemple de tous les ingénieurs chargés d'exécuter des fournitures d'eau. Je croyais que l'expérience avait complétement légitimé son usage; mais je reconnais aujourd'hui que cet appareil, qui fonctionne très-bien, du reste, lors de l'opération de mise en charge des conduites, ne peut en général servir à l'évacuation de l'air que l'eau tient en suspension et qui vient, peu à peu, lors de son dégagement, s'accumuler vers les points hauts des conduites, et cela tient à ce que, comme on le verra tout à l'heure, et contrairement à l'opinion exprimée par M. Girard, *l'action de l'air comprimé contre la partie inférieure de l'obturateur est presque toujours assez forte pour détruire l'effet dû à l'abaissement du niveau de l'eau.*

Qu'il me soit permis maintenant d'entrer dans quelques détails relatifs au mode d'évacuation de l'air par les soupapes chargées d'un poids, ou par les ventouses à flotteur.

1° Soupapes chargées d'un poids.

Si le liquide coulait à plein tuyau dans la conduite A B C (Pl. 21, fig. 9), la pression qui s'exercerait en n serait représentée par la hauteur piézométrique nn'', augmentée du poids de l'atmosphère, la ligne DC étant déterminée, ainsi qu'il a été expliqué : si la soupape se trouvait placée en m, la pression que sa base inférieure supporterait serait $P + n''n - mn$ ou $P + n''m$; elle tendrait ainsi à s'ouvrir en vertu d'un poids représenté par la hauteur $n''m$; pour s'opposer à la sortie de l'eau, il suffirait donc de charger la soupape supposée en équilibre d'un poids égal à $\pi r^2 \, n''m \times 1000^{kil.}$, r étant le rayon de la soupape.

Maintenant il est aisé de voir qu'elle s'ouvrira aussitôt qu'un certain volume d'air sera accumulé dans le tuyau vertical mn sur lequel repose la soupape : en effet, quelle sera la force élastique de cet air? Supposons qu'il occupe à partir de la soupape l'intervalle mn' : la pression qu'il supportera de la part de l'eau en mouvement sera évidemment représentée par $(P + nn'' - nn')\, 1000^{kil.}$ ou $P + n'n'' \times 1000^{kil.}$: la soupape serait donc pressée de bas en haut par un poids égal à $\pi r^2 n'n''$ et elle s'ouvrirait puisqu'elle n'est retenue que par le poids $\pi r^2 \, n''m \times 1000^{kil.}$. Si l'air remplissait tout le tuyau vertical de longueur mn, la soupape serait soulevée en vertu de l'excès de poids $\pi r^2 mn \times 1000^{kil.}$.

Que l'air maintenant soit en assez grand volume pour descendre au-dessous du coude en d, par exemple ; on voit immédiatement que l'obstacle qu'il présenterait à l'eau gênerait son écoulement et par suite ralentirait sa vitesse : une plus faible partie de la charge serait donc absorbée par les frottements. On obtiendrait conséquemment en m une plus grande hauteur de la colonne piézométrique et par suite, pour l'air accumulé, une force élastique plus considérable encore que la précédente.

Enfin, si le volume de l'air grandissant toujours descendait en d' de manière à diviser le liquide, on tomberait dans la condition d'écoulement représentée par les équations

$$P+h-y-f=\frac{l_0}{r}b_1v^2,$$

$$f+h'-P=\frac{l_1}{r}b_1v^2.$$

Et l'on voit que plus le niveau de l'eau s'abaisserait, par suite du dégagement de l'air dans la branche descendante, plus v diminuerait et plus f ou la force élastique de l'air augmenterait jusqu'à ce qu'elle prît la valeur maximum $f=P+h$ qui convient au cas où le profil de la conduite est tel que tout écoulement puisse cesser.

2° Ventouses à flotteur.

Ce que je viens de dire des soupapes chargées d'un poids s'applique évidemment aux ventouses à flotteur.

Quand le cylindre de la ventouse est rempli d'eau, l'obturateur est pressé contre l'orifice conique par une colonne d'eau égale à la hauteur piézométrique diminuée de la hauteur existant entre cet orifice et le sommet du coude.

Lorsqu'il vient à s'introduire de l'air dans le cylindre de la ventouse, la force élastique de cet air est mesurée par la différence de niveau existant entre le sommet du tube piézométrique et le niveau de l'eau dans la ventouse. La force expansive de cet air augmente donc au fur et à mesure que la quantité s'accroît; s'il pouvait chasser entièrement l'eau de la ventouse, et arriver jusqu'à la partie supérieure du tuyau, cette force élastique aurait augmenté d'une quantité représentée par la hauteur de la ventouse.

Mais cela ne pouvait arriver dans les idées reçues; il faut remarquer, en effet, que lorsque l'air atteint la partie supérieure du flotteur et qu'ensuite le niveau de l'eau s'abaisse successivement au-dessous de ce point, la force ascensionnelle du flotteur diminue par degré et le flotteur pèse de tout son poids au moment où l'eau ne baigne plus que sa partie inférieure. Alors la force élastique étant plus faible qu'elle ne le serait si l'eau s'abaissait encore, on comprend que la soupape doit se détacher ou qu'elle ne se détachera jamais; car, l'excès de la force élastique de l'air intérieur sur le poids de l'atmosphère, excès qui s'augmenterait encore si le niveau de l'eau s'abaissait par suite d'une nouvelle introduction d'air, suffirait pour maintenir l'adhérence de la soupape contre l'orifice. La soupape s'ouvrira donc avant cette époque ou au plus tard à cette époque, si elle peut remplir l'usage auquel elle est destinée.

Je viens de dire si elle peut remplir l'usage auquel elle est destinée ; c'est qu'en effet les soupapes à flotteur, telles qu'elles sont construites, ne remplissent point la condition admise par M. Girard.

Il n'y a, dit-il, que l'action de l'air comprimé contre la partie inférieure de l'obturateur qui s'oppose à l'abaissement du flotteur, et par conséquent à l'ouverture de la soupape; mais cette action est trop faible pour pouvoir détruire l'effet dû à l'abaissement du niveau de l'eau.

Voyons si cette hypothèse est fondée :

L'obturateur des soupapes à flotteur, en usage à Paris, est conique : sa face supérieure, celle qui reçoit le poids de l'atmosphère a 0^m03 de diamètre ; celle qui est pressée par la force élastique de l'air renfermé dans la conduite présente un diamètre de 0^m05; mais comme l'orifice conique dans lequel pénètre l'obturateur n'est pas en contact parfait avec lui, on peut supposer (et cette hypothèse, au reste, est favorable au jeu de la soupape tel que M. Girard le conçoit), que la pression atmosphérique et la force élastique de l'air emprisonné dans la conduite s'exercent contradictoirement sur la base de 0^m05. Le nombre de centimètres carrés de cette base est 20 en nombre rond.

Remarquons maintenant : 1° que par centimètre carré le poids de l'atmosphère est de 1 kilogramme; 2° que le poids du flotteur et de sa tige est égal à 1^k08.

On aura, lorsque la soupape est tenue en équilibre par la force élastique de l'air intérieur, en appelant f le nombre des kilogrammes par centimètre carré que cette force élastique représente,

$$f \times 20 - 1^k08 = 20^k,$$

d'où

$$f = 1^k + \frac{1^k08}{20};$$

D'où il suit que dès le moment où la force élastique de l'air surpasse de plus d'un vingtième la pression atmosphérique, la soupape doit rester close; or cette pression est presque toujours dépassée dans les conduites qui doivent donner lieu à des hauteurs piézométriques assez grandes pour desservir les étages supérieurs des bâtiments.

On n'est donc point admis à dire, en général, que l'action de l'air comprimé contre l'obturateur est trop faible pour s'opposer à la descente, et par suite à l'ouverture de la soupape, lorsque le liquide ne soutient plus le flotteur : ainsi, telles qu'elles sont construites aujourd'hui, les soupapes à flotteur ne doivent jamais permettre à l'air intérieur de se dégager, excepté, bien entendu, lors de la mise en charge des conduites.

Ainsi les soupapes à flotteur ne réalisent pas les avantages que l'on se promettait de leur emploi, et il paraît que l'on pourrait tout simplement revenir à l'usage de soupapes analogues aux soupapes de sûreté des chaudières à vapeur, tant que l'on n'aura pas amélioré le système du chevalier de Bettancourt, dont MM. les ingénieurs du service des eaux de Paris ont expérimentalement reconnu l'imperfection ; et du reste, si l'on jette les yeux sur l'équation d'équilibre précédemment posée, on reconnaîtra que l'on peut aisément accroître les limites entre lesquelles cet appareil fonctionnerait d'une manière utile. Si, par exemple, le poids du flotteur était de 2 kilog., et la surface de l'obturateur de 4 cent. carrés, on aurait pour la valeur de f : $f = 1^k + \frac{2^k}{4}$, au lieu de $f = 1^k + \frac{1,08}{20}$.

Il y aurait donc à modifier et le poids du flotteur et le diamètre de l'obturateur, suivant les hauteurs piézométriques, conséquence du profil des conduites.

Je me bornerai à ces indications ; MM. les ingénieurs des eaux de Paris s'occupent de cette question, et ils sauront bien lui donner une solution pratique.

Je terminerai ce que j'ai à dire sur les ventouses, en faisant connaître une observation que j'ai eu plusieurs fois occasion de constater sur les conduites en verre, à travers les parois desquelles il m'était facile d'examiner ce que devenaient les bulles d'air que j'y introduisais à dessein : les bulles ne s'arrêtent pas au point haut, elles le dépassent presque toujours et se tiennent en équilibre dans la branche descendante.

La position qu'elles y occupent dépend de leur volume et de la vitesse du fluide contre lequel elles luttent de toute leur puissance ascensionnelle : elles prennent la forme d'un solide de moindre résistance, se rassemblent à la partie amont, s'effilent à la partie aval et descendent et s'allongent au fur et à mesure de l'augmentation de vitesse du liquide, jusqu'à ce que, la vitesse croissant encore davantage, on aperçoive de petits globules se détacher successivement de l'extrémité aval des bulles, et qu'enfin la force ascensionnelle des parties restantes ne pouvant plus faire équilibre à l'impulsion et au frottement de l'eau, ces parties disparaissent entraînées par le liquide (1).

Il paraîtrait ainsi que c'est par exception et pour des vitesses très-faibles que l'air dégagé par l'eau peut se cantonner dans les points hauts. Les tuyaux ouverts, les cylindres sur lesquels reposent les soupapes ou les obturateurs des ventouses ne sauraient donc, en général, le recueillir pour favoriser son dégagement; il faudrait, pour que ces appareils fonctionnassent avec certitude, que la vitesse de l'eau dans la conduite fût nulle ou du moins très-affaiblie (2).

Lorsque l'on regarde attentivement couler une borne-fontaine, on s'aperçoit aux fréquentes crépitations qui se produisent que l'eau jaillissante entraîne beaucoup de globules d'air dans son mouvement. Je crois donc, en ce qui concerne, bien entendu, l'air tenu en suspension dans l'eau, que les conduites en sont presque radicalement purgées par les écoulements qui s'opèrent aux fontaines et aux bornes-fontaines; que dans ce cas, les tuyaux ouverts, les soupapes chargées d'un poids et les soupapes à flotteur n'ont qu'une action assez faible; qu'en un mot, leur utilité principale n'existe qu'au moment de la mise en charge des conduites.

On a vu plus haut que le jeu des appareils imaginés pour faire évacuer l'air des tuyaux reposait sur cette hypothèse, que la force élastique de l'air emprisonné était toujours supérieure à la pression atmosphérique; or, il n'en est pas toujours ainsi.

Etudions ce qui a lieu dans les conduites dont le profil dépasserait au point haut la ligne des pressions atmosphériques.

Soit PMQ (Planche 21, *fig.* 10) une conduite de cette espèce : supposons qu'elle ait été mise en charge par le procédé que l'on doit employer dans ce cas et que, par conséquent, elle débite, avec une vitesse v le volume déduit des formules.

(1) On obtient ainsi expérimentalement une indication de la forme que doivent affecter les navires, suivant les différentes vitesses de marche qu'on est dans l'intention d'obtenir.

(2) On pourrait arriver à ce résultat par un accroissement sensible du diamètre de la conduite sous la ventouse, ou mieux encore en interrompant la conduite par une cuve où l'eau perdrait sa vitesse et au sommet de laquelle serait placé l'appareil.

La pente en vertu de laquelle ce volume est débité est $\frac{H}{l_o+l_1}=\frac{OO'}{l_o}$; les pentes des conduites étant, en général, toujours assez faibles pour qu'il soit possible de substituer leur longueur à leurs projections horizontales.

La quantité MO' représente l'excès de la pression atmosphérique sur celle qui a lieu dans le tuyau. Si donc il existait en M, soit un tuyau ouvert, soit une soupape à flotteur [1], l'air extérieur entrerait dans la conduite en vertu de la différence de pression MO', le liquide dans le tuyau se partagerait en M, le volume qui sortant du réservoir arriverait en M par la branche l_o, serait dû à une pente $\frac{OM}{l_o}$ [2], et cette pente peut être beaucoup plus petite que celle $\frac{OO'}{l_o}$ à laquelle était dû le volume initial.

Enfin l'eau coulerait en déversoir au point M dans la branche descendante, dont elle ne remplirait plus la section, et prendrait dans cette branche un niveau tel que le volume qui passerait sur le point M pût s'écouler en N' : les deux branches l_o et l ayant le même diamètre, la différence de niveau existant entre N' et N'' serait égale à celle trouvée entre N et la surface supérieure de la nappe de déversement en M.

On voit, comme corollaire de ce qui précède, que dans les conduites à pression plus petite que l'atmosphère, la moindre fissure des joints qui dépassent la ligne des pressions atmosphériques modifie radicalement, par suite de l'introduction de l'air ambiant, les conditions de l'écoulement, tandis que dans les conduites placées au-dessous de la ligne des pressions atmosphériques, cette fissure n'aurait donné lieu qu'à une perte insensible.

Dans les conduites précitées, le seul moyen d'évacuation de l'air qui pourrait se cantonner au point haut est donc d'ouvrir un robinet en ce point, après avoir fermé l'orifice inférieur du tuyau, et de ne fermer ce robinet que lorsque l'eau s'en échappe par jet continu et sans mélange d'air. On pourrait encore surmonter ce robinet d'une capacité fermée par un second robinet, et pour faire échapper l'air qui aurait pu s'accumuler dans cette capacité, on n'aurait qu'à fermer le robinet inférieur, puis ouvrir le robinet supérieur par l'orifice du-

(1) Une soupape chargée d'un poids serait pressée sur l'orifice en vertu de l'excès de poids MO'.

(2) Abstraction faite de la hauteur du liquide qui coule sur le point M.

quel on remplirait d'eau la capacité sus-mentionnée : cela fait, on refermerait le robinet supérieur et l'on ouvrirait l'inférieur; par ce moyen, et sans interrompre la marche de la conduite, on aurait fait disparaître l'air accumulé dans le réservoir.

Cette discussion prouve une fois de plus qu'il faut toujours disposer les conduites de manière à éviter un profil duquel résulte, pour le mouvement de l'eau, une marche si incertaine.

En résumé, je crois avoir indiqué dans ce qui précède :

1° L'influence exercée par l'air sur l'écoulement de l'eau dans les conduites;

2° Les conditions qui doivent se rencontrer dans le profil de ces conduites pour que tout écoulement puisse cesser;

3° Les moyens à employer pour faire dégager l'air emprisonné dans les conduites à pressions plus grandes que l'atmosphère;

4° Ceux auxquels il est indispensable d'avoir recours dans les conduites à pressions plus petites que l'atmosphère.

QUATRIÈME SECTION.

EXPÉRIENCES FAITES SUR LE RÉSEAU DES CONDUITES DE LA FOURNITURE D'EAU DE DIJON.

J'arrive aux expériences faites à Dijon : insuffisantes, comme je l'ai dit, pour établir des formules que j'ai pu justifier plus tard, elles présentent cependant l'avantage de montrer ce que deviennent les résistances des parois après quelques années d'usage, et l'influence des variations de rayon et des changements de direction dans un système de conduites : elles me paraissent donc présenter quelque intérêt pour la pratique.

Ces expériences ont été faites au moyen de cinq groupes différents de conduites, qui tous partaient du réservoir de la porte Guillaume et arrivaient au bassin du jet d'eau de la porte Saint-Pierre. C'est dans ce bassin que les jaugeages s'effectuaient; la hauteur du jet qui donnait la charge restant disponible, addition faite de la diminution opérée sur cette hauteur par la résistance de l'air, était mesurée aussi exactement que possible.

Ceci posé, voici comment j'avais formé les groupes de conduites soumis aux épreuves :

1er GROUPE. Rues Guillaume, Chabot-Charny.

2e GROUPE. Rues Guillaume, du Bourg, Saint-Pierre, Chabot-Charny.

3e GROUPE. Rues Guillaume, Docteur-Maret, du Refuge, Berbisey, Charrue, Saint-Pierre.

4e GROUPE. Rues Guillaume, Verrerie, Saint-Nicolas, Jehannin, Saumaise, Dubois, Buffon, Legouz-Gerland, Chabot-Charny.

5e GROUPE. Dans ce groupe, les eaux arrivaient au bassin de la porte Saint-Pierre par deux systèmes de conduites à la fois, savoir :

1° Rues Guillaume, Condé, Chabot-Charny;

2° Rues Guillaume, du Bourg, Charrue, Saint-Pierre, Chabot-Charny.

Elles avaient une partie commune de 693^m60 à l'amont, et se terminaient à l'aval par une autre partie commune de 131^m 20.

Les eaux, en se séparant, parcouraient, avant de se réunir de nouveau, savoir :

Dans le premier système de conduites :

1° Une longueur de 260^m 70 (tuyau de 0^m 35);

2° Une longueur de 438^m (tuyau de 0^m 19).

Dans le deuxième système de conduites :

1° Une longueur de 206^m 70 (tuyau de 0^m 162);

2° Une longueur de 462^m 75 (tuyau de 0^m 135).

On pourrait avoir besoin de connaître comment se partagent les eaux à partir de la distance de 693^m 60 : je vais en donner le moyen.

Appelons Q le volume qui arrive au bassin du jet d'eau;

Q' le volume qui suit le premier système de conduites;

Q'' celui qui parcourt le deuxième système.

On aura pour la perte de charge due au volume Q', en appelant *b* le coefficient de la résistance, dans l'équation $ri = bv^2$ (coefficient que nous pouvons, sans erreur sensible, considérer comme constant dans les quatre tuyaux dont il s'agit), on aura, dis-je, pour la perte de charge, dans le système des conduites de 0^m 35 et de 0^m 19,

$$\frac{b}{\pi^2} Q'^2 \left(\frac{260,70}{0,175^5} + \frac{438}{0,095^5} \right),$$

et dans le système des conduites de 0^m 162 et 0^m 135,

$$\frac{4}{\pi^2} Q''^2 \left(\frac{206,70}{\overline{0,081}^5} + \frac{462,75}{\overline{0,0675}^5} \right).$$

Or, ces deux pertes de charge doivent évidemment être égales, puisque des deux parts les eaux doivent arriver à la même pression au point où elles se retrouvent.

On aura donc $$Q'^2 \left(\frac{260,70}{\overline{0,175}^5} + \frac{438}{\overline{0,095}^5} \right) = Q''^2 \left(\frac{206,70}{\overline{0,081}^5} + \frac{462,75}{\overline{0,0675}^5} \right).$$

Appelant M et N les multiplicateurs de Q' et de Q'', on aura

$$MQ'^2 = NQ''^2, \text{ d'où } Q' = \sqrt{\frac{N}{M}} Q'' = KQ'';$$

mais $Q' + Q'' = Q = 0,0434$ (expérience de 1846, 5e groupe, orifice de 0^m05 de diamètre) [1];

donc $$Q' = \frac{K}{1+K} Q = 0,0313,$$

et l'on aura facilement $Q'' = 0,0121$

et par suite les charges égales, perdues dans l'intervalle où les deux conduites sont séparées.

Toutes les expériences ont été faites dans deux conditions; dans l'une l'orifice du jet avait un diamètre de 0^m 079; et il avait dans l'autre un diamètre de 0^m05. Ces expériences ont été faites en mars 1846; j'ai cru devoir les répéter en septembre 1853 : voici pourquoi :

En faisant évaporer jusqu'à siccité, dans un creuset de platine, 20 litres d'eau pris : 1° à la source; 2° au pavillon, en amont du réservoir de la porte Guillaume; 3° à la borne-fontaine de la porte Saint-Pierre; 4° au tuyau de décharge du bassin du jet d'eau; j'avais trouvé successivement pour poids des résidus;

gram.		gram.		gram.
4 840				
4 752	dépôt durant le trajet de 12,700^m dans l'aqueduc. . .	0,098,	et par litre	0,0098;
4 700	dépôt pendant la traversée de la ville (1524^m). . . .	0,048,	—	0,0048;
4 240	dépôt occasionné par la gerbe.	0,460,	—	0,046.

La diminution successive des poids des résidus m'avait donné quelques in-

(1) Voir le tableau des expériences, page 421.

quiétudes au sujet des couches calcaires qui, au bout d'un certain temps, pouvaient réduire le diamètre des tuyaux de la distribution. J'ai donc voulu reconnaître si le débit de ces derniers avait diminué d'une manière sensible, au bout de sept années. Tel a été le but des expériences de 1853.

Mais faisons immédiatement une remarque importante, c'est la diminution notable du dépôt trouvé dans l'eau, après l'élévation de celle-ci en gerbe. Il résulte de ce fait que dans le trajet qu'elle parcourt en s'élevant et en retombant, l'eau perd, en abandonnant son acide carbonique, la faculté de dissoudre un aussi grand poids de substances calcaires, lesquelles dès lors se déposent presque instantanément; qu'il faut donc se garder, en général, de chercher à obtenir des effets hydrauliques à *l'origine d'une distribution;* car l'acide carbonique disparaissant, il en résulte une grande tendance à la formation de dépôts dans les conduites d'aval, nonobstant l'existence de ceux qui s'opèrent immédiatement.

Du reste, j'ai toujours remarqué que les plus grands dépôts se forment à l'aval des déversoirs, sous les roues de moulin; dans les points, en un mot, où les eaux sont animées de la plus grande vitesse.

Aussi le tuyau de décharge du bassin du jet d'eau est-il promptement recouvert d'une épaisse couche calcaire. Le tuyau qui conduit l'eau au lavoir de la porte Saint-Pierre, tuyau dont l'embouchure est ajustée à la conduite de décharge, a lui-même sa paroi intérieure recouverte d'une assez forte couche de dépôt: mais j'avais pris en considération cette circonstance dans le calcul de son diamètre. Il faudrait y avoir pareillement égard dans le cas où l'on réaliserait le projet de conduire les eaux du bassin du Jet d'eau, soit au rond-point du cours du parc, soit au parc lui-même.

Un mot encore, avant de donner le tableau des expériences. Toutes les parties de conduites dont la réunion forme chaque groupe se raccordent suivant des angles variables, dont je crois inutile de donner la nomenclature.

Les pertes de charge correspondront donc non-seulement au frottement, mais aux variations de direction dans les vitesses et aux modifications de ces dernières elles-mêmes, puisque chaque groupe se compose de tuyaux de divers diamètres, et que tantôt l'on passe d'un tuyau d'un plus grand diamètre à un tuyau d'un plus petit, ou réciproquement.

EXPÉRIENCES. N° d'ordre.	EXPÉRIENCES. Dates.	INDICATION des CONDUITES.	CONDUITES. DIAMÈTRES.	CONDUITES. LONGUEURS partielles.	CONDUITES. LONGUEURS totales par groupes.	CHARGES : 14m95. ORIFICES : 0m03. Volume débité par seconde.	CHARGES : 14m95. ORIFICES : 0m03. Hauteur moyenne expérimentale du jet au-dessus de l'orifice.	CHARGES : 14m95. ORIFICES : 0m010. Volume débité par seconde.	CHARGES : 14m95. ORIFICES : 0m010. Hauteur moyenne expérimentale du jet au-dessus de l'orifice.	OBSERVATIONS.
			m.	m.	m.	m. c.	m.	m. c.	m.	
1	1846	Guillaume, Chabot-Charny.	0 35 0 19	954 30 569 20	1523 50	0 03103	11 49	0 03888	5 70	
1 *bis*	1853		0 35 0 19	954 30 569 20	1523 50	0 03183	10 84	0 04014	5 93	
2	1846	Guillaume, Bourg, Charrue, St-Pierre, Chabot-Charny.	0 35 0 162 0 135 0 19	693 60 206 70 462 75 131 20	1494 25	0 015693	5 28	0 01971	1 59	
2 *bis*	1853		0 35 0 162 0 135 0 19	693 60 206 70 462 75 131 20	1494 25	0 01477	4 77	0 0103	1 53	
3	1846	Guillaume, Docteur Maret, Refuge, Berbisey, Charrue, St-Pierre.	0 35 0 135 0 108 0 135 0 162 0 135 0 19	298 50 610 90 548 30 78 70 3 75 462 75 131 20	2143 10	0 00763	1 68	0 00078	0 28	
3 *bis*	1853		0 35 0 135 0 108 0 135 0 162 0 135 0 19	298 50 610 90 548 30 78 70 3 75 462 75 131 20	2143 10	0 00703	1 13	0 00826	0 21	
4	1846	Guillaume, Verrerie, St Nicolas, Jehannin, Saumaise, Dubois, Buffon, Legouz-Gerland, Chabot-Charny.	0 35 0 162 0 135 0 162 0 135 0m108 0 135 0 19	889 10 404 10 201 20 282 00 230 50 107 60 153 50 424 30	2692 30	0 011286	3 20	0 01351	0 56	
4 *bis*	1853		0 35 0 162 0 135 0 162 0 135 0 108 0 135 0 19	889 10 404 10 201 20 282 00 230 50 107 60 153 50 424 30	2692 30	0 01135	2 85	0 01223	0 50	
			Ce groupe se compose de 2 systèmes de conduites :							
			1°							
5	1846	Guillaume, Condé, Chabot-Charny, Chabot-Charny.	0 35 0 35 0 10 0 19	693 60 (1) 260 70 438 131 20 (2)	1523 50	0 022416	11 70	0 043498	7 45	(1, 2) Parties communes aux deux systèmes. Voir p. 417.
			2°							
5 *bis*.	1853	Guillaume, Du Bourg, Charrue, St-Pierre, Chabot-Charny.	0 35 0 162 0 135 0 19	693 60 206 70 462 75 131 20	1494 25	0 02217	11 61	0 04353	6 73	

Dans toutes les expériences faites, soit en 1846, soit en 1853, la charge n'a varié qu'entre les limites de 15m 00 et de 14m 90. On a donc adopté en moyenne le chiffre de 14m 95 ; sous l'influence de cette charge, on a obtenu les résultats suivants :

1° En ce qui concerne les volumes débités, en 1846 et en 1853, par les orifices de 0ᵐ05 et 0ᵐ079 de diamètre :

ANNÉES pendant lesquelles les expériences ont été faites.	NUMÉROS DES GROUPES D'EXPÉRIENCES.				
	1—1 bis.	2—2 bis.	3—3 bis.	4—4 bis.	5—5 bis.
1° Orifice de 0ᵐ05 de diamètre.					
1846	0ᵐ 02193	0ᵐ 01589	0ᵐ 00763	0ᵐ 011286	0ᵐ 022414
1853	0 02183	0 01477	0 00703	0 01185	0 02217
2° Orifice de 0ᵐ079 de diamètre.					
1846	0 03896	0 01971	0 00973	0 01351	0 04339
1853	0 04014	0 0193	0 00826	0 01223	0 04353

On voit que les volumes débités n'ont pas très-sensiblement varié après un intervalle de sept années; ainsi, on ne saurait avoir de craintes sérieuses sur l'incrustation des tuyaux.

2° En ce qui concerne la valeur du coefficient de la résistance; cherchons pour déterminer cette valeur l'expression du volume débité par un orifice placé à l'extrémité d'une série de tuyaux formant une conduite composée de différents rayons.

Appelons R le rayon équivalent à la succession des rayons des tuyaux, nous aurons, comme on l'a déjà vu

$$R = \sqrt[5]{\dfrac{(l_1 + l_2 + l_3)}{\left(\dfrac{l_1}{R_1{}^5} + \dfrac{l_2}{R_2{}^5} + \dfrac{l_3}{R_3{}^5}\right)}}.$$

Nous supposons que les rayons des tuyaux que l'on considère ne présentent pas une assez grande variation entre eux pour qu'il soit nécessaire d'introduire des coefficients inégaux pour les résistances des parois ([1]).

[1] Autrement, on sait que la formule deviendrait

$$R = \sqrt[5]{\dfrac{(l_1 + l_2 + l_3.b)}{\left(\dfrac{l_1 b_1}{R_1{}^5} + \dfrac{l_2 b_2}{R_2{}^5} + \dfrac{l_3 b_3}{R_3{}^5}\right)}}.$$

La démonstration de cette formule est très-simple. — En effet, la perte de charge pour le

Le tableau suivant donne les éléments à substituer dans la formule ci-dessus pour obtenir les rayons réduits des conduites des quatre premiers groupes d'expériences.

PREMIER GROUPE.		DEUXIÈME GROUPE.		TROISIÈME GROUPE.		QUATRIÈME GROUPE.	
LONGUEURS correspondantes.	RAYONS correspondants.	LONGUEURS correspondantes.	RAYONS correspondants.	LONGUEURS correspondantes.	RAYONS correspondants.	LONGUEURS correspondantes.	RAYONS correspondants.
954m 30	0m 175	693m 60	0m 175	208m 50	0m 175	889m 40	0m 175
569 20	0 095	206 70	0 081	610 00	0 0675	404 10	0 081
		462 75	0 0675	548 30	0 054	201 20	0 0675
		131 20	0 095	78 70	0 0675	282 00	0 081
				3 75	0 081	230 50	0 0675
				462 75	0 0675	107 60	0 054
				131 20	0 095	153 50	0 0675
						424 30	0 095
1523 50	»	1494 25	»	2143 10	»	2692 30	»

Quant au cinquième groupe, l'opération à faire pour la réduction des con-

tuyau de rayon R_1 et de longueur l_1 est, en appelant Q le volume débité. $\frac{b_1 Q^2}{\pi^2} \cdot \frac{l_1}{R_1^5}$;

Pour le tuyau de rayon R_2 et de longueur l_2. . . . . $\frac{b_2 Q^2}{\pi^2} \cdot \frac{l_2}{R_2^5}$;

Pour le tuyau de rayon R_3 et de longueur l_3. . . . . $\frac{b_3 Q^2}{\pi^2} \cdot \frac{l_3}{R_3^5}$;

Enfin, pour celle du tuyau équivalent, de longueur $l_1+l_2+l_3$ et de rayon R. . . . . $\frac{b Q^2}{\pi^2} \cdot \frac{l_1+l_2+l_3}{R^5}$.

On a donc, en remarquant que cette dernière est égale à la somme des trois précédentes et en supprimant le facteur commun :

$$\frac{b(l_1+l_2+l_3)}{R^5} = \frac{b_1 l_1}{R_1^5} + \frac{b_2 l_2}{R_2^5} + \frac{b_3 l_3}{R_3^5};$$

ou

$$R = \sqrt[5]{\frac{b(l_1+l_2+l_3)}{\left(\frac{b_1 l_1}{R_1^5} + \frac{b_2}{R_2^5} + \frac{b_3 l_3}{R_3^5}\right)}},$$

ou

$$R = \sqrt[5]{\frac{l_1+l_2+l_3}{\frac{l_1}{R_1^5} + \frac{l_2}{R_2^5} + \frac{l_3}{R_3^5}}},$$

si l'on fait $b = b_1 = b_2 = b_3$.

duites à un même rayon, est un peu plus compliquée ; voici les opérations que cette réduction nécessite :

1° Il faut ramener au même rayon la conduite qui passe par les rues Guillaume, Condé et Chabot-Charny, à partir de 693^{m}60 du réservoir de la porte Guillaume, jusqu'à 131^{m}20 en amont de la gerbe. Ce rayon sera

$$\sqrt[5]{\frac{260,70+438}{\frac{260,70}{0,175^5}+\frac{438}{0,095^5}}}=R_1=0,1037;$$

2° Il faut ramener aussi à un rayon unique la conduite qui passe par les rues du Bourg, Charrue, Saint-Pierre, à partir d'un point pris sur l'artère principale, à 693^{m}60 du réservoir de la porte Guillaume, jusqu'à 131^{m}20 de la gerbe. Ce rayon sera

$$\sqrt[5]{\frac{206,70+462,75}{\frac{206,70}{0,081^5}+\frac{462,75}{0,0675^5}}}=R_2=0,0703.$$

3° A ces deux conduites de rayon R_1 et R_2 et de longueur $l_1=698^m70$ et $l_2=669^m45$, on en substituera une de longueur $l_1=698^m70$, dont le rayon R_3 devra être tel que l'on ait

$$R_3^{\frac{5}{2}}=R_1^{\frac{5}{2}}+R_2^{\frac{5}{2}}\sqrt{\frac{l_1}{l_2}}.$$

En effet, en appelant Q_1 le volume débité par la première conduite, on a

$$Q_1=\pi R_1^2\sqrt{\frac{R_1}{b}}\sqrt{\frac{h}{l_1}}.$$

On a pareillement, pour la seconde conduite

$$Q_2=\pi R_2^2\sqrt{\frac{R_2}{b}}\sqrt{\frac{h}{l_2}};$$

les deux pertes de charge doivent être évidemment les mêmes.

Dans la conduite de rayon équivalent R_3 et de longueur l_1, on doit avoir encore

$$Q_3=Q_1+Q_2=\pi R_3^2\sqrt{\frac{R_3}{b}}\sqrt{\frac{h}{l_1}};$$

d'où
$$\frac{R_3^{\frac{5}{2}}}{\sqrt{l_1}}=\frac{R_1^{\frac{5}{2}}}{\sqrt{l_1}}+\frac{R_2^{\frac{5}{2}}}{\sqrt{l_2}},$$

et enfin
$$R_3^{\frac{5}{2}}=R_1^{\frac{5}{2}}+R_2^{\frac{5}{2}}\frac{\sqrt{l_1}}{\sqrt{l_2}};$$

4° De cette équation on déduira la valeur de $R_3=0,1182$, laquelle substituée dans l'équation ci-dessous,

$$R=\sqrt[5]{\frac{693,60+698,70+131,20}{\frac{693,60}{0,175^5}+\frac{698,70}{0,1182^5}+\frac{131,20}{0,095^5}}}=0,1242,$$

donnera le rayon de la conduite fictive par laquelle on peut remplacer l'ensemble des conduites qui suivent, d'une part, les rues Guillaume, Condé et Chabot-Charny, et d'autre part, les rues du Bourg, Charrue et Saint-Pierre.

Chaque groupe des conduites soumises à l'expérience ayant été ainsi ramené à un rayon unique, il reste à trouver l'expression algébrique du volume débité par un tuyau garni d'un orifice à son extrémité.

Volume débité par un tuyau garni d'un orifice.

Appelons R le rayon de ce tuyau, l sa longueur, H la charge, V la vitesse du de jet, v celle de l'eau dans le tuyau, on aura

$$\frac{R}{l}\left(H-\frac{V^2}{2g}\right)=bv^2.$$

Soit Q le volume débité, m le coefficient particulier à l'orifice, et r le rayon de ce dernier, l'équation précédente pourra être transformée en

$$\frac{R}{l}\left(H-\frac{Q^2}{2gm^2\pi^2r^4}\right)=b.\frac{Q^2}{\pi^2R^4},$$

d'où
$$Q=\sqrt{\frac{R^4.H}{\frac{b.l}{\pi^2}+\frac{R}{2g\pi^2m^2}\cdot\frac{R^4}{r^4}}},$$

de laquelle nous pourrons tirer la valeur de Q, b et m étant connus.

Nous pourrons également en déduire la valeur du coefficient b ou de la résistance, lorsque m sera donné et que le volume sera tiré des données expérimentales.

L'expression algébrique de b sera

$$b=\frac{\pi^2R^5}{l}\left[\frac{H}{Q^2}-\frac{1}{2g\pi^2m^2r^4}\right].$$

Au moyen de cette expression et des cinq groupes de conduites ramenés à un rayon uniforme, nous pourrons trouver cinq valeurs de b que nous aurons à comparer ensuite avec les résistances déduites de mes expériences sur les tuyaux neufs.

Nous substituerons à la place de r la valeur de 0^m025 correspondant à l'orifice de 5 centimètres de diamètre.

Mais voyons d'abord quelle est la valeur de m particulière à cet orifice.

Il suffira pour cela d'avoir la valeur de b dans un cas particulier. Or, on verra (page 439) que cette valeur a été déduite de la comparaison des hauteurs piézométriques existant au commencement et à 120^m66 avant la fin de la conduite qui réunit le réservoir à la gerbe; cette valeur est de $0^m000\,832$: substituée dans l'expression

$$m=\sqrt{\frac{1}{2g\pi^2r^4\left[\frac{H}{Q^2}-\frac{bl}{\pi^2R^5}\right]}},$$

elle donnera $m=0^m736$.

Il va sans dire qu'il conviendra de prendre $l=1523{,}50$; $R=0{,}1139$ rayon réduit du premier groupe (tableau de la page 428) et $Q=0{,}0218$, quantité donnée dans l'expérience de la page 436.

Substituant maintenant dans l'équation

$$b=\frac{\pi^2R^5}{l}\left[\frac{H}{Q^2}-\frac{1}{2g\pi^2m^2r^4}\right]$$

la valeur $m=0{,}736$, ainsi que les valeurs de R, l et Q correspondant à chacun des cinq groupes d'expériences faites avec l'orifice de 5 centimètres de diamètre; on aura :

Pour le premier groupe	$b=0{,}00078576$
le second	$b=0{,}00082682$
le troisième	$b=0{,}00112107$
le quatrième	$b=0{,}00100549$
le cinquième	$b=0{,}000957385$

Pour rendre les conclusions plus faciles, j'ai réuni les éléments suivants dans le tableau synoptique ci-dessous :

1° Longueur des conduites de chaque groupe ;

2° Rayon réduit de chaque groupe ;

3° Coefficients de la résistance, déduits de mes formules, pour des tuyaux neufs ;

4° Coefficients trouvés expérimentalement pour les conduites soumises à l'expérience.

NUMÉROS des GROUPES.	LONGUEURS.	RAYONS RÉDUITS.	COEFFICIENTS DE LA RÉSISTANCE.		RAPPORTS entre les chiffres des COLONNES 4 ET 5.
			TUYAUX NEUFS.	TUYAUX DE DIJON.	
1	2	3	4	5	
1	1523m 50	0m 1139	0m 000565	0m 00078376	0m 719
2	1494 25	0 08169	0 000586	0 00082682	0 709
3	2143 10	0 063704	0 000614	0 00112107	0 529
4	2692 30	0 07840	0 000587	0 00100349	0 589
5	1523 50	0 124245	0 000558	0 000957385	0 583

J'avais dit, page 384, qu'il convenait dans les applications de doubler les coefficients de la résistance relative aux tuyaux neufs. Le tableau ci-dessus montre que cette précaution suffit, bien que la variation des diamètres et par suite des vitesses dans les groupes de conduite soit l'origine d'une cause très-notable de perte de charge. Quant aux coudes, je n'en parle pas, les pertes de charge qu'ils occasionnent ne sont pas à considérer dans la pratique.

On a vu que les expériences étaient relatives non-seulement à l'écoulement par un orifice de 0m 05 de diamètre, mais aussi au moyen d'un orifice de 0m079.

Le rapport des surfaces de ces orifices est $\frac{\overline{0,079}^2}{\overline{0,05}^2} = 2,4964.$

Le tableau suivant donne les rapports déduits de l'expérience et des formules.

Rapports des volumes des orifices de 0m,080 et de 0m,05 de diamètre.

PREMIER GROUPE.	DEUXIÈME GROUPE.	TROISIÈME GROUPE.	QUATRIÈME GROUPE.	CINQUIÈME GROUPE.
D'après l'expérience.				
$\frac{0,03896}{0,02195} = 1,775$	$\frac{0,01971}{0,01589} = 1,240$	$\frac{0,00973}{0,00763} = 1,275$	$\frac{0,01351}{0,011288} = 1,197$	$\frac{0,04339}{0,022414} = 1,936$
D'après la formule.				
1,7378	1,2417	1,0431	1,1024	1,8218

On a déduit les rapports de la seconde ligne de l'expression algébrique

$$\frac{Q'}{Q}=\frac{\sqrt{\dfrac{R^5H}{\dfrac{bl}{\pi^2}+\dfrac{R}{2g\pi^2m^2}\cdot\dfrac{R^4}{r'^4}}}}{\sqrt{\dfrac{R^5H}{\dfrac{bl}{\pi^2}+\dfrac{R}{2g\pi^2m^2}\cdot\dfrac{R^4}{r^4}}}},$$

dans laquelle Q' est le volume donné par l'orifice de rayon $r'=0,0395$ et Q est le volume débité par l'orifice de rayon $r=0,025$ et qui devient, toutes réductions faites :

$$\frac{Q'}{Q}=\sqrt{\frac{1+\dfrac{1}{l}\cdot\dfrac{R}{2gm^2b}\cdot\dfrac{R^4}{r^4}}{1+\dfrac{1}{l}\cdot\dfrac{R}{2gm^2b}\cdot\dfrac{R^4}{r'^4}}}.$$

Si l'on remarque maintenant qu'une conduite libre de rayon R, d'une longueur l, débiterait, sous l'influence de la charge H, le volume $Q=\sqrt{\frac{\pi^2R^5}{b}\cdot\frac{H}{l}}$, lequel se réduirait dans le cas où son extrémité serait garnie d'un orifice de rayon r à

$$Q=\sqrt{\frac{R^5H}{\dfrac{bl}{\pi^2}+\dfrac{R}{2g\pi^2m^2}\cdot\dfrac{R^4}{r^4}}}.$$

On arrivera pour le rapport existant entre les deux volumes débités, à

$$\frac{v'}{v} = \sqrt{\frac{\frac{\pi^2 R^4}{b}\cdot\frac{1}{l}}{\frac{1}{\frac{bl}{\pi^2}+\frac{R}{2g\pi^2 m^2}\cdot\frac{R^4}{r^4}}}} = \sqrt{1+\frac{R}{2gm^2 bl}\cdot\frac{R^4}{r^4}}.$$

et l'on obtient les valeurs suivantes de ce rapport pour les différents groupes d'expériences précités, le rayon de l'orifice étant égal à 0m 025.

1er groupe.	2e groupe.	3e groupe.	4e groupe.	5e groupe.
2,22	1,31	1,05	1,12	2,44

On voit, par la forme même de l'expression algébrique ci-dessus, que ce rapport se rapproche d'autant plus de l'unité, que le développement de la conduite est plus considérable, et son diamètre plus petit.

De l'action du modérateur des bornes-fontaines et de la mise en charge des conduites.

De l'observation précédente, il résulte que, si on veut notablement diminuer le débit d'une borne-fontaine alimentée par un long tuyau de petit diamètre, il faut presque entièrement fermer le disque du modérateur. Elle montre aussi pourquoi, lors de la mise en charge des longues conduites, la moindre ouverture du robinet donnant naissance à un écoulement très-considérable, et susceptible conséquemment de produire un coup de bélier dangereux, il importe de n'ouvrir ce robinet que peu à peu et avec une extrême lenteur.

C'est pour n'avoir pas tenu un compte suffisant de cette observation que l'accident que je vais rapporter nous est arrivé, à Dijon, en mettant en charge l'artère principale.

Cette conduite, comme on l'a vu, a 0m35 de diamètre intérieur, elle est partagée en deux parties par un robinet d'arrêt, placé vers la rue Dauphine : un jour ce robinet avait été fermé, et la partie de conduite située entre la rue Dauphine et la salle de spectacle complétement vidée. J'ajouterai qu'une ventouse à flotteur est établie à l'extrémité de cette dernière partie, vers la salle de spectacle, à raison d'un point culminant que le relief du terrain présente. Lorsqu'on voulut la remettre en charge, on envoya, pour ouvrir le robinet de la rue Dauphine, un ouvrier sans expérience ; il leva trop rapidement de quelques tours de vis le robinet-vanne. Le conservateur des fontaines se trouvait près de la ventouse, il entendit bientôt l'air s'en échapper avec une intensité toujours croissante, et cette intensité grandit au point de lui faire concevoir des inquiétudes sur la manière dont l'ouvrier avait exécuté la manœuvre. Bientôt après, un choc violent se produisit dans le cylindre de la ventouse, et ce choc fut aussitôt suivi par une détonation d'une violence extrême, et que je ne saurais comparer qu'à celle d'une arme à feu. Le conservateur des fontaines courut dans la galerie pour en connaître la cause, et s'aperçut qu'un des tuyaux avait été partagé en deux dans le sens longitudinal et que l'eau s'échappait à grands flots de la conduite.

Que s'était-il donc passé?

L'obturateur avait été brusquement poussé dans l'orifice de la ventouse par l'air qui s'en échappait avec une violence extrême : l'écoulement de ce dernier avait donc été brusquement interrompu. Une violente réaction en fut la suite, et cette réaction, arrêtant instantanément la masse liquide en mouvement, produisit le coup de bélier qui fit éclater un tuyau.

Or, il n'y avait aucune paille, aucune soufflure apparente dans les joints de rupture de ce tuyau. Examinons quelle pression statique il a dû subir, pour être ainsi séparé en deux.

Soit e son épaisseur; $2e$ représentera, par mètre, la surface totale séparée; soit de plus f le poids capable, sous l'unité de surface, de rompre la matière qui le constitue, f est égal, pour la fonte, à 13,500000 kilog.

On aura donc $2e \times 13500000$ pour la pression statique que le coup de bélier a fait subir au tuyau, par mètre courant.

Maintenant, soit H la hauteur d'une colonne d'eau qui aurait produit le même effet en pressant les parois intérieures de la conduite, D le diamètre de cette dernière, 1000 kilog. étant le poids du mètre cube d'eau; on aura, pour la charge cherchée, exprimée en eau,

$$D \times 1000 \times H$$

d'où

$$H = \frac{2e \times 13500000}{1000.D}.$$

Mais dans le cas particulier $e = 0^m017$ et $D = 0^m35$; d'où enfin $H = 1240^m.53$ ou 120 atmosphères environ.

On a peine à comprendre comment une charge si énorme a pu se développer par suite de la fermeture brusque de la soupape, et j'ai cru qu'il était utile de consigner cet accident pour démontrer, par expérience, à quelles précautions il fallait s'astreindre lorsqu'on mettait une conduite en charge.

Si nous jetons encore les yeux sur le tableau des expériences faites sur le réseau des conduites de la distribution d'eau de Dijon, nous remarquerons que les jets, sortant par l'orifice de 5 centimètres de diamètre, avaient les hauteurs suivantes (année 1846) :

1er groupe.	2e groupe.	3e groupe.	4e groupe.	5e groupe.
11m 49	5m 28	1m 88	3m 20	11m 70

lesquelles, ainsi qu'on le démontre dans la section suivante, seraient devenues, sans la résistance de l'air,

11m 97	5m 50	1m 96	3m 33	12m 19

Retranchant donc ces dernières de la charge 14m 95, on aura pour les pertes de charge dues aux frottements et aux changements de direction et de vitesse,

2m 98	9m 45	12m 99	11m 62	2m 76

Or, dans des tuyaux neufs rectilignes et d'un diamètre uniforme, les pertes de charge auraient été, d'après le tableau de la page 383

2m 188	6m 162	7m 40	7m 89	1m 46

d'où, pour les rapports existant entre les chiffres correspondants, lesquels indiquent les pertes de charges, d'après les formules et d'après l'expérience

0m 75	0m 65	0m 57	0m 59	0m 53.

Ces résultats confirment ceux obtenus page 426. Les différences qui peuvent exister tiennent aux erreurs inévitables que l'on commet dans la mesure des jets élevés.

Nous venons de voir quelles étaient les valeurs prises par les coefficients de la résistance dans les différents groupes de conduites que nous avons considérés. Il nous reste encore à examiner celui de l'ensemble des conduites qui unissent les réservoirs de la porte Guillaume et de Montmusard. Cet examen me fournira d'ailleurs l'occasion de poser quelques formules relatives au remplissage des réservoirs. Je passerai ensuite à la cinquième section, où je chercherai à déterminer expérimentalement l'influence de la résistance de l'air sur les jets d'eau.

On a vu que l'artère principale était formée :

1° D'un tuyau de 0m 35 de diamètre, qui du réservoir de la porte Guillaume descendait jusqu'à la salle de spectacle ;

2° D'une double branche suivant, d'une part, la rue Jehannin, d'une autre part, la place Saint-Michel;

3° D'une conduite de 0m21 de diamètre, à laquelle aboutissaient les deux précédentes, et qui venait déboucher dans le réservoir de Montmusard.

Commençons par ramener cette conduite à un diamètre unique. Et d'abord, remplaçons par un tuyau fictif, passant par la rue Jehannin, les deux branches qui partent de la salle de spectacle pour aller se réunir vers la porte Neuve.

Branche de la rue Jehannin.	Perte de charge	h'
	longueur	l'
	rayon	r'
	volume	Q'
Branche de la place Saint-Michel.	Perte de charge	h'
	longueur	l''
	rayon	r''
	volume	Q''

Le rayon r du tuyau équivalant aux deux précédents, et offrant avec la charge h' la longueur l', sera donné par l'équation

$$r^{\frac{5}{2}}=r'^{\frac{5}{2}}+r''^{\frac{5}{2}}\sqrt{\frac{l'}{l''}};$$

mais

$$l'=443^m90$$
$$l''=324^m20$$
$$r'=\frac{0^m162}{2}=0^m081$$
$$r''=\frac{0^m135}{2}=0^m0675$$

donc $$r=\sqrt[\frac{5}{2}]{\overline{0{,}081}^{\frac{5}{2}}+\overline{0{,}0675}^{\frac{5}{2}}\sqrt{\frac{443{,}90}{324{,}20}}}=0^m101132.$$

Il reste maintenant à substituer une conduite à diamètre unique à celle qui réunit les deux réservoirs, et qui est composée de trois diamètres.

Le rayon de cette conduite sera $R=\sqrt[5]{\frac{l+l'+l''}{\frac{l}{R'^5}+\frac{l'}{R''^5}+\frac{l''}{R'''^5}}};$

mais $l' = 955^m 40 \ldots\ldots R' = 0^m 175$

$l'' = 443^m 90 \ldots\ldots R'' = 0^m 101$

$l''' = 811^m 70 \ldots\ldots R''' = 0^m 108$

$2211^m 00$

D'où l'on a pour la longueur de la conduite fictive 2211^m et pour son rayon $0^m 1165$.

Maintenant on sait qu'en appelant H la différence de niveau existant entre deux réservoirs; le premier ne variant pas, et le second se remplissant au moyen du premier;

h la différence de niveau entre les deux mêmes réservoirs à un second instant;

S l'orifice qui les met en communication;

m le coefficient de contraction particulier à cet orifice;

A la surface du réservoir qui se remplit;

On a, pour le temps que le réservoir doit mettre à se remplir de la hauteur H—h,

$$t = \frac{2A}{mS\sqrt{2g}}(\sqrt{H} - \sqrt{h}).$$

Mais le temps de ce remplissage sera exactement le même si les deux réservoirs, au lieu de communiquer par un orifice, sont mis en relation par un tuyau d'un diamètre 2R, d'une longueur l, pourvu que ce tuyau satisfasse à l'équation que nous allons poser.

Les lois d'écoulement dans le tuyau sont données par l'équation

$$b_1 v^2 = Ri$$

soit l sa longueur, h' la charge,

$$v = \sqrt{\frac{R}{b_1 l}}\sqrt{h'}.$$

On aura donc pour le volume débité dans le tuyau

$$\pi R^2 \sqrt{\frac{R}{b_1 l}}\sqrt{h'},$$

et par l'orifice S, dans la même hypothèse de charge,

$$mS\sqrt{2g}\sqrt{h'},$$

donc
$$\pi R^2\sqrt{\frac{R}{b_1 l}}=mS\sqrt{2g}$$

donc l'équation générale devient, lorsqu'il s'agit du remplissage par un tuyau,

$$t=\frac{2A}{\pi R^2\sqrt{\frac{R}{b_1 l}}}\left(\sqrt{H}-\sqrt{h}\right)$$

d'où $b_1=\frac{\pi^2R^5t^2}{4A^2\left[\sqrt{H}-\sqrt{h}\right]^2 l}$, et il suffira pour obtenir b_1 ou le coefficient de la résistance du groupe de conduites qui unissent les deux réservoirs, de connaître le temps nécessaire pour que la différence de niveau H qui existe à un moment donné entre les deux réservoirs se réduise à h.

Le tableau ci-dessous donne les éléments nécessaires pour obtenir la valeur de b_1.

Réservoir de Montmusard.

TEMPS EMPLOYÉ au REMPLISSAGE à partir d'une hauteur d'eau de 0m50 sur le radier.	HAUTEUR D'EAU sur LE RADIER.	COTES DE L'EAU dans LE RÉSERVOIR.	CHARGES sur LE RADIER.	OBSERVATIONS.
4h 35' du soir.	0m 50	252m 359	5m 171	La cote du cordon de la plaque supérieure du tambour circulaire qui surmonte la colonne centrale du réservoir de la porte Guillaume est... 257m93 L'eau, pendant les expériences, est restée au-dessous du cordon à la hauteur de. 0 40
10 35 —	1 135	252 994	4 536	Cote de l'eau ou de la charge... 257 53
4 35 du matin.	1 725	253 584	3 946	La cote du point pris pour le radier ou du contour en pierre de taille de la petite chambre dans laquelle est placé le tuyau de vidange du réservoir de Montmusard est 251 859 La charge sur le radier est donc de.. 5 671

Or, si on prend les deux expériences extrêmes de ce tableau, on a $H=5,171$, $h=3,946$, et si on remarque de plus que, dans la circonstance présente

$$R=0,1165,\ l=2211,\ A=750,\ t=43200'',$$

la formule ci-dessus donnera pour coefficient de la résistance de la conduite qui unit les deux réservoirs

$$b_1=0,000884$$

Les naissances des voûtes se trouvant à 2m 42 au-dessus du radier, on ne pourra appliquer cette formule que jusqu'à cette hauteur, à partir de laquelle la surface ne serait plus égale à 750 mètres, surface presque constante du réservoir au-dessous des naissances des voûtes.

Si l'on voulait déterminer b_1 par le remplissage de la partie supérieure du réservoir, à laquelle la formule précédente n'est plus applicable, il faudrait avoir recours au théorème de Simpson.

Pour cela, remarquant que le volume débité par seconde par le tuyau de rayon R est, pour une charge quelconque h,

$$Q = \frac{\pi R^{\frac{5}{2}}}{\sqrt{b_1}} \sqrt{\frac{h}{l}} = \frac{1}{\sqrt{b_1}} \frac{\pi R^{\frac{5}{2}}}{\sqrt{l}} \sqrt{h},$$

on prendrait l'expression du volume Q en y laissant b_1 indéterminé, pour un nombre impair de valeurs de h, h étant la différence entre les niveaux de l'eau dans les réservoirs de la porte Guillaume et de Montmusard au moment que l'on considère.

Construisant maintenant une courbe dont les intervalles égaux de temps t, comptés en secondes, seraient les abscisses, et les valeurs successives de Q les ordonnées, on aurait pour l'aire de la figure plane de cette courbe ou pour le volume écoulé dans un intervalle de temps donné, volume total que l'on connaît par l'expérience et qui est égal, par exemple, à V, on aurait, dis-je, pour représenter ce volume, le tiers du produit que l'on obtient en multipliant par l'intervalle constant compris entre les ordonnées de la courbe, la somme des ordonnées extrêmes augmentée de deux fois celle des autres ordonnées de rang impair et de quatre fois celles des ordonnées de rang pair, c'est-à-dire qu'il viendrait en appelant

h_0 et h_m les charges correspondant aux ordonnées extrêmes
$h_2, h_4, h_6 \ldots$ les charges correspondant aux ordonnées de rang pair
$h_1, h_3, h_5 \ldots$ les charges correspondant aux ordonnées de rang impair

$$\frac{1}{3} \times t'' \times \frac{1}{\sqrt{b_1}} \frac{\pi R^{\frac{5}{2}}}{\sqrt{l}} \left[\sqrt{h_0} + \sqrt{h_m} + 2\left(\sqrt{h_1} + \sqrt{h_3} + \sqrt{h_5} + \ldots\right) + 4\left(\sqrt{h_2} + \sqrt{h_4} + \sqrt{h_6} + \ldots\right)\right] = V.$$

Soit
$$\frac{1}{3}\times t''\times\frac{\pi R^2}{\sqrt{i}}=k,$$

on a
$$h_1=\frac{k^2\left[\sqrt{h_0}+\sqrt{h_m}+2(\sqrt{h_1}+\sqrt{h_3}+\sqrt{h_5}+\ldots)+4(\sqrt{h_2}+\sqrt{h_4}+\sqrt{h_6}+\ldots)\right]^2}{V^2}$$

Telle est la formule à laquelle il aurait fallu recourir si l'on avait voulu déterminer h_1 par le remplissage des parties du réservoir, situées au-dessus de l'intrados des portes.

Nous venons de voir que le coefficient de la résistance du système de conduites qui réunissent le réservoir de la porte Guillaume à celui de Montmusard, est 0,000884;
dans un tuyau neuf cette résistance aurait été 0,00056;
rapport du second chiffre au premier 0,630.

Cette valeur est analogue à celles que nous avons déjà trouvées pour les autres conduites.

Je vais passer maintenant à la cinquième section, où je chercherai à préciser l'influence de la résistance de l'air sur la hauteur des jets d'eau.

CINQUIÈME SECTION.

DE LA RÉSISTANCE DE L'AIR SUR LES JETS D'EAU.

Nous venons de voir quelles étaient les valeurs prises par les coefficients de la résistance dans le réseau des conduites de la fourniture d'eau de Dijon. Nous avons calculé ces valeurs par deux procédés; mais le second exige que l'on restitue aux jets qui s'élèvent de l'orifice de cinq centimètres de diamètre, la hauteur réelle qu'ils auraient prise sans la résistance de l'air, et j'ai dit que j'en donnerais le moyen dans la cinquième section.

M. l'ingénieur en chef Baumgarten, assisté de MM. les ingénieurs Ritter et Vallée, a bien voulu vérifier, à ma prière, si l'expression $h'=h-0{,}01h^2$, donnée par M. d'Aubuisson, conduisait au résultat voulu. Cette expression a été obtenue, comme on le sait, au moyen de six expériences faites par Mariotte avec un orifice de 0m0135 de diamètre, et d'une expérience de Bossut avec un orifice de 0m018.

h' indique la hauteur à laquelle le jet s'élève réellement, et *h* celle à laquelle il devrait s'élever sans la résistance de l'air.

Voici le tableau des expériences desquelles M. d'Aubuisson a déduit la loi précitée :

Hauteur { de la charge. . .	11m50	11m35	8m48	7m93	4m01	1m79	3m57
Hauteur { du jet.	10 39	10 30	7 87	7 42	3 90	1 75	3 42
Diminution ou différence. .	1 10	1 056	0 609	0 515	0 108	0 054	0 149
Rapports entre la hauteur du jet et la charge. . .	0 90	0 91	0 94	0 94	0 97	0 97	0 96

On voit que ces rapports augmentent avec la diminution de hauteur du jet, mais que leurs variations ne sont pas assez importantes pour qu'il soit bien nécessaire d'y avoir égard dans la pratique. Il paraît donc que l'on pourrait se dispenser de recourir à la formule empirique de M. d'Aubuisson, et adopter par exemple le coefficient moyen 0m93 comme multiplicateur de la charge disponible, pour arriver à la hauteur du jet donné par un orifice de 0m015 de diamètre moyen.

Mais avec un orifice 0m05 de diamètre, le jet a beaucoup plus de masse, et la diminution due à la résistance de l'air suit-elle encore la même proportion? Telle était la question à résoudre.

Le tableau suivant donne cinq séries d'expériences qui ont été faites pour aider à la solution.

NUMÉROS d'ordre	HAUTEUR des robinets du tube piézométrique au-dessus de l'orifice du jet.	NOMBRE des oscillations observées	HAUTEUR moyenne au-dessus du robinet du tube piézométrique.	LIMITE DES OSCILLATIONS au-dessus de la hauteur moyenne.	LIMITE DES OSCILLATIONS au-dessous de la hauteur moyenne.	OSCILLATION TOTALE.	HAUTEUR de la charge moyenne.	HAUTEUR MOYENNE DU JET maximum.	HAUTEUR MOYENNE DU JET minimum.	MOYENNE générale de la hauteur du jet.	DÉBIT par SECONDE.
1	2	3	4	5	6	7	8	9	10	11	12
	m.		m.	m.	m.	m.	m.	m.	m.	m.	m. c.
1	11 338	636	1 108	0 232	0 488	0 72	12 446	11 587	10 97	11 278	0 0218
2	8 800	656	0 855	0 445	0 655	1 10	9 655	9 169	8 60	8 884	0 01911
3	6 337	527	0 666	0 474	0 466	0 94	7 003	6 711	6 182	6 446	0 01457
4	3 924	619	0 845	0 375	0 545	0 92	4 769	4 539	4 128	4 333	0 01366
5	1 308	394	0 788	0 242	0 258	0 50	2 096	1 978	1 827	1 902	0 00872

Avant d'aller plus loin, je vais donner quelques explications nécessaires à l'intelligence de ce tableau.

Le tube piézométrique mentionné dans la colonne 2 était en ferblanc et garni d'ajutages fermés par des robinets : sur ces ajutages on plaçait un tube en verre qui permettait, par sa transparence, de juger de la hauteur que prenait l'eau dans la colonne piézométrique. La colonne 2 donne les hauteurs, au-dessus de l'orifice du jet, des robinets relatifs aux séries 1. 2. 3. 4. 5. Les colonnes 4, 5, 6 indiquent les hauteurs des niveaux de l'eau dans les tubes en verre au-dessus des robinets.

Pour chaque expérience, on lisait sur les tubes en verre gradués toutes les cotes caractéristiques de la marche du sommet de la colonne liquide *maxima—minima—moyenne.*

La moyenne de toutes ces cotes, dont le nombre pour chaque série est présenté dans la colonne 3, est placée dans la colonne 4. Les colonnes 5 et 6 expriment : la première, de combien la cote maximum s'est élevée au-dessus de la moyenne; la seconde, de combien la cote minimum s'est abaissée au-dessous de la même moyenne. La colonne 7 donne la somme des deux écarts, c'est-à-dire le plus grand chemin verticalement parcouru par le sommet de la colonne liquide. Ainsi la colonne 7 peut n'avoir aucun rapport avec la colonne 4 : la colonne 8 est l'ensemble des colonnes 2 et 4.

Les hauteurs du jet ont été calculées d'après des hauteurs angulaires mesurées avec un graphomètre à niveau et lunette, et dont la position est restée invariable pendant toute l'expérience : on amenait le fil horizontal de la lunette à être tangent à la trajectoire la plus élevée parmi celles qui apparaissaient pendant une ou deux minutes; on lisait alors l'angle; on faisait la même opération pour la trajectoire la moins élevée.

On a ainsi obtenu de 5' en 5' une couple d'angles définissant l'un un maximum, l'autre un minimum d'élévation du jet, et pour chaque série on a noté dix couples semblables. La moyenne des dix angles maximum a servi au calcul des hauteurs de la colonne 9, celle des dix angles minimum a permis d'obtenir les hauteurs de la colonne 10. La moyenne entre les colonnes 9 et 10 est placée dans la colonne 11, et a été prise pour la hauteur moyenne du jet.

Mais avant de chercher la relation existant entre les colonnes 8 et 11, on doit apporter à la première une rectification.

Voici pourquoi : le tube piézométrique était placé à 120m 66 de distance du jet d'eau ; il fallait donc déduire la perte de charge sur cette longueur de chaque hauteur manométrique. Mais calculons d'abord la valeur du coefficient de la résistance dans les tuyaux à raison de la petite couche de dépôts qui a dû s'y former depuis leur pose.

Or on possède, pour arriver à ce résultat, une expérience positive : celle rapportée la première dans le tableau ci-dessus et dans laquelle le robinet de la salle de spectacle qui interrompt la communication entre la conduite de 0m 35 et celle de 0m 19 de diamètre aboutissant au jet d'eau, avait été laissé entièrement ouvert.

Or, la cote du dessus du cordon du tambour circulaire qui surmonte le tuyau central du réservoir de la porte Guillaume est. 257m 63
l'eau se trouvant en contre-bas de ce point de 0m 10

La cote de l'eau ou de la charge est. 257m 53

La cote de la plaque d'émission du jet d'eau est 242m 53.

La hauteur de la colonne piézométrique étant au-dessus de ce dernier point de 12m 45 ; on a pour le niveau du sommet de cette colonne 254m 98.

La charge perdue depuis le réservoir jusqu'à la colonne manométrique est donc de 2m 55.

Mais nous avons, en appelant b_1 le coefficient de la résistance, et remarquant en outre que le volume, écoulé sous l'influence de la perte de charge 2m 55, a été de 0m 0218,

1° Pour la perte de charge dans le tuyau de 0m 35 de diamètre,

$$\frac{b_1}{\pi^2}\,\frac{\overline{0,0218}^2}{\overline{0,175}^5}\times 955^{m}40 ;$$

2° Pour la perte de charge dans le tuyau de 0m 19 de diamètre,

$$\frac{b_1}{\pi^2}\,\frac{\overline{0,0218}^2}{\overline{0,095}^5}\times 447^{m}24 ;$$

447m 24 est égal à la longueur du tuyau de 0m 19, moins la distance 120m 66 du tube manométrique au jet d'eau, c'est-à-dire à

$$567^{m}90 - 120^{m}66 = 447^{m}24.$$

On a donc pour b_1 ou pour le coefficient du frottement,

$$2^m55 = \frac{b_1}{\pi^2}\left[\overline{0,0218}^2 \times \left(\frac{955,40}{\overline{0,175}^5} + \frac{447,24}{\overline{0,095}^5}\right)\right]$$

d'où

$$b_1 = \frac{2,55 \times \pi^2}{\overline{0,0218}^2 \times \left[\frac{955,40}{\overline{0,175}^5} + \frac{447,24}{\overline{0,095}^5}\right]} = 0,000832.$$

b_1 étant connu, il sera facile de faire aux hauteurs piézométriques, pour chaque expérience, les retranchements voulus.

Ainsi, pour la première expérience, la quantité à déduire sera

$$\frac{0,000832 \times \overline{0,0218}^2}{\pi \times \overline{0,095}^5} \times 120^m66 = 0^m625.$$

Pour les autres expériences, il suffira de remplacer le volume débité dans la première par les volumes correspondants, et l'on aura successivement :

Pour la deuxième expérience,		0^m480
— troisième	—	0^m279
— quatrième	—	0^m245
— cinquième	—	0^m100

Nous pourrons donc composer le tableau suivant :

NUMÉROS DES EXPÉRIENCES.	HAUTEURS PIÉZOMÉTRIQUES.			DIMINUTION à opérer sur chacune de ces HAUTEURS.	HAUTEURS PIÉZOMÉTRIQUES rectifiées			HAUTEURS DU JET.			RAPPORTS successifs ENTRE LES COLONNES			OBSERVATIONS.
	Maximum.	Minimum.	Moyenne.		Maximum.	Minimum.	Moyenne.	Maximum.	Minimum.	Moyenne.	6 et 9.	7 et 10.	8 et 11.	
1	2	3	4	5	6	7	8	9	10	11	12	13	14	15
	m.	m.	m.	m.	m.	m.	m.	m.	m.	m.				
1	12 678	11 938	12 446	0 625	12 053	11 333	11 821	11 587	10 970	11 278	0 95	0 93	0 95	
2	10 100	9 000	9 655	0 480	9 620	8 520	9 175	9 169	8 600	8 884	0 95	0 95	0 95	
3	7 477	6 537	7 003	0 279	7 198	6 258	6 724	6 711	6 182	6 446	0 96	0 96	0 96	
4	5 144	4 224	4 769	0 245	4 899	3 979	4 524	4 539	4 128	4 333	0 95	0 94	0 95	
5	2 338	1 838	2 096	0 100	2 238	1 738	1 996	1 978	1 827	1 902	0 96	0 94	0 95	

On voit donc que la loi indiquée par M. d'Aubuisson ne semble pas avoir lieu pour les jets d'eau d'un diamètre de cinq centimètres, et qu'il suffit, pour obtenir la hauteur moyenne d'un jet de ce diamètre, de prendre les 0,95 ou les 19/20 de la colonne piézométrique moyenne.

On voit de plus que, dans les expériences décrites ci-dessus, les rapports suivants ont eu lieu entre la hauteur maximum et la hauteur moyenne du jet :

NUMÉROS D'ORDRE. 1	HAUTEUR DU JET. MAXIMUM. 2	HAUTEUR DU JET. MOYENNE. 3	RAPPORTS entre les COLONNES 3 ET 2 4
1	11m 887	11m 278	0m 97
2	9 169	8 884	0 97
3	6 714	6 446	0 96
4	4 539	4 333	0 95
5	1 978	1 902	0 96

La hauteur moyenne des jets a donc été à peu près égale aux 96/100 de la hauteur maximum qu'ils prennent dans leurs mouvements oscillatoires, mouvements, on l'a vu, qui déjà existent dans la colonne piézométrique.

En résumé, on peut conclure de ce qui précède que le coefficient de réduction par lequel il faut multiplier la hauteur piézométrique pour avoir celle du jet n'est point constant ; qu'il est de 0,93 pour les orifices de 0m 0135 de diamètre, et s'élève à 0,95 pour ceux de 0m 05.

J'ai retrouvé, pour l'orifice de 0m 0157 que j'ai fait ajuster sur le tuyau du bassin de la porte Saint-Pierre, le coefficient de 0,93 : on peut voir, d'ailleurs, dans le *Traité d'Hydraulique* de M. d'Aubuisson, qu'en diminuant encore l'orifice du jet et en accroissant la charge, l'affaiblissement de hauteur des jets devient relativement de plus en plus considérable.

SIXIÈME SECTION.

DE LA POSSIBILITÉ D'ACCROITRE LE DÉBIT DES CONDUITES OU LA HAUTEUR DES CHARGES DISPONIBLES PAR LA CONSTRUCTION DE DEUX RÉSERVOIRS OU D'UN PLUS GRAND NOMBRE.

J'ai parlé, page 245, de l'utilité du réservoir de Montmusard en ce qui concerne l'accroissement du débit des conduites ou de la hauteur de la charge disponible qu'elles supportent. Je crois utile d'entrer ici dans quelques détails à ce sujet.

Supposons une conduite C d'une longueur l, d'un rayon r, aboutissant à un réservoir à chacune de ses extrémités.

Supposons, en outre, que la différence de niveau du premier réservoir A et du second B soit de H;

Supposons enfin, qu'à une distance l' du réservoir A
ou l'' — B

existe un tuyau que doit alimenter la conduite de rayon r, et voyons la charge qui existera à l'origine de ce tuyau :

1° Dans l'hypothèse où il ne serait alimenté que par le réservoir A;

2° Dans celle où il recevrait les eaux des deux réservoirs.

Supposons que le volume que doit tirer la conduite branchée sur celle des réservoirs dont la longueur est $l' + l'' = l$, soit égal à Q; nous aurons pour la perte de charge, dans la première hypothèse, entre le réservoir A et l'origine de la conduite précitée C,

$$p = \frac{a}{\pi^2} \frac{l'}{r^5} Q^2.$$

Appelons, en outre, H' la différence de niveau entre le réservoir A et l'origine de la conduite C,

$$H' - \frac{a}{\pi^2}\left(\frac{l'}{r^5} Q^2\right)$$

sera la hauteur piézométrique, à l'origine de la conduite C.

Passons maintenant à la seconde hypothèse,

et soit Q' le volume qui sera tiré du réservoir A
Q'' — B

On devra avoir d'abord $Q' + Q'' = Q$

De plus, la hauteur de la colonne piézométrique, correspondant au volume Q' de l'eau venant du réservoir A, sera

$$H' - \frac{a}{\pi^2} \frac{l'}{r^5} Q'^2.$$

et celle, correspondant au volume Q'' de l'eau venant du réservoir B, sera

$$H' - H - \frac{a}{\pi^2} \frac{l''}{r^5} Q''^2.$$

Or, on aura l'égalité suivante, puisqu'à l'origine de la conduite C le fluide, arrivant des réservoirs A et B, devra s'élever à la même hauteur dans des tubes piézométriques,

$$H' - \frac{a}{\pi^2}\frac{l}{r^5}Q'^2 = H' - H - \frac{a}{\pi^2}\frac{l'}{r^5}Q''^2,$$

ou

$$\frac{a}{\pi^2}\frac{l}{r^5}Q'^2 = H + \frac{a}{\pi^2}\frac{l'}{r^5}Q''^2.$$

Mais $\qquad Q'' = Q - Q'$

Faisons, de plus, pour simplifier $\frac{a}{\pi^2 r^5} = k$

d'où

$$l'\,Q'^2 = \frac{H}{k} + l'(Q - Q')^2$$

On aura donc pour le volume tiré du réservoir A

$$Q' = -\frac{l'}{l-l'}Q + \sqrt{\left[\frac{l'^2 + l'(l-l')}{(l-l')^2}\right]q^2 + \frac{H}{l-l'}\frac{\pi^2 r^5}{a}},$$

et pour celui tiré du réservoir B

$$Q'' = +\frac{l}{l-l'}Q - \sqrt{\left[\frac{l^2 - l(l-l')}{(l-l')^2}\right]q^2 + \frac{H}{l-l'}\frac{\pi^2 r^5}{a}},$$

On tire immédiatement de ces équations, en les ajoutant, $Q' + Q'' = Q$; ce qui devait être.

Arrivons maintenant à quelques hypothèses particulières pour bien faire sentir l'avantage que présente l'établissement de deux réservoirs.

Supposons $l' = 1.500^m$

$l' = 1.000$

$r = 0\ 125$

$H = 1\ 50$

$H' = 10\ 00$

$a = 0.001$ coefficient de résistance qui convient aux tuyaux après quelques années d'usage.

$Q = 0^m 032.$

Nous aurons pour les valeurs de Q' et de Q''

$Q' = 0^{m.c.}019,95$

$Q'' = 0\quad 012,05$

Et, par suite, pour la charge restant disponible à l'origine de la conduite branchée sur celle des réservoirs,

$$H' - \frac{a}{\pi^2} \frac{l}{r^5} q'^2 = 8^m 018,$$

ou

$$H' - H - \frac{a}{\pi^2} \frac{l'}{r^5} q''^2 = 8^m 018,$$

tandis que le premier réservoir existant seul, la charge restant disponible eût été

$$H' - \frac{a}{\pi^2} \frac{l}{r^5} q^2 = 4^m 900.$$

Si les deux réservoirs avaient le même niveau, et si la conduite intermédiaire avait été placée au milieu de la distance qui les sépare, on aurait évidemment $Q' = Q''$.

On voit, en effet, en remontant à l'équation initiale

$$l Q'^2 = \frac{H}{k} + l' (Q - Q')^2$$

qu'elle devient dans cette hypothèse, où $H = 0$ et $l = l'$

$$Q'^2 = (Q - Q')^2$$

d'où

$$Q' = \frac{Q}{2} = Q''$$

La charge restant disponible aurait donc été

$$H' - \frac{a}{\pi^2 r^5} \frac{l}{2} \frac{Q^2}{4},$$

et dans le cas d'un seul réservoir

$$H' - \frac{a}{\pi^2 r^5} \frac{l}{2} Q^2.$$

On voit qu'ici la perte de charge aurait été quatre fois moindre, dans l'hypothèse de deux réservoirs, que s'il n'en avait existé qu'un seul.

Je ne ferai pas d'autres applications. Les exemples précédents suffisent pour montrer l'immense avantage que présente la multiplicité de réservoirs bien placés, pour accroître le débit des tuyaux d'un diamètre donné, ou pour augmenter les charges disponibles, si l'on conserve le même débit.

Ces considérations m'avaient fait émettre l'idée, lorsque je dirigeais le service municipal de Paris, de placer sur une des rives de la Seine un tuyau d'un très-grand diamètre, qui, mis en communication avec l'aqueduc de ceinture, et s'embranchant avec les conduites qui passent d'une rive à l'autre, aurait rempli la fonction d'un réservoir intermédiaire, et, par conséquent, aurait singulièrement diminué les pertes de charge dont le service des eaux avait à souffrir.

Il est facile de remarquer que, pour que les réservoirs remplissent bien leurs fonctions, il convient, en général, que les tuyaux qui les réunissent présentent partout à peu près le même diamètre. Cela est surtout nécessaire lorsque le niveau du second réservoir, par exemple, est inférieur au premier : or, ce cas se présente toujours lorsque le second réservoir est alimenté par le premier. Il serait, sans doute, préférable que chaque réservoir reçût directement son approvisionnement, mais cette disposition n'est pas toujours praticable, et l'on profite, en général, de ce que la dépense d'eau est faible pendant la nuit, pour l'approvisionnement des réservoirs au moyen des conduites auxquelles on ne demande plus aucun service. Puis, ces réservoirs viennent en aide, pendant le jour, à la dépense générale, en perdant partie ou totalité de l'approvisionnement qu'ils ont reçu.

J'ai donc fait, à Dijon, par des raisons d'économie, une chose qu'il ne faudrait pas imiter : j'aurais désiré continuer jusqu'au réservoir de Montmusard la conduite de 0^m35 qui vient du réservoir de la porte Guillaume; mais j'ai été forcé, comme on l'a vu plus haut, de modifier son diamètre, à partir de la salle de spectacle, d'où il est résulté pour la réunion des réservoirs un tuyau fictif d'un rayon de 0^m 1165, page 132. Le réservoir de Montmusard ne se remplit et ne se vide donc que lentement, et il ne rendrait que des services incomplets pour l'arrosement, si l'on était obligé de recourir à lui. Au reste, je dois ajouter que le réservoir de la porte Guillaume a suffi jusqu'à présent à toutes les nécessités de service.

Toutefois j'ai regretté de ne pouvoir prolonger la conduite de 0^m35, et je l'eusse regretté davantage si la disposition adoptée était définitive. Mais l'administration municipale a le projet, quand elle aura des fonds disponibles, de conduire le trop-plein de la gerbe au rond-point de l'avenue du parc, puis au parc lui-même : le profil des terrains permettrait en effet de faire deux fois reparaître le volume de 80 pouces débité par la gerbe de la porte Saint-Pierre. Or, il a été convenu que, dans cette hypothèse, on se servira des tuyaux qui unissent la salle de spectacle au réservoir de Montmusard, et que l'on pourra alors substituer à ces derniers le calibre que je demandais.

Voici l'amélioration que ce changement entraînerait, en ce qui concerne le temps du remplissage.

Le remplissage complet exige aujourd'hui un intervalle de cinquante-deux heures, avec un tuyau d'un rayon unique, de $0^m 1165$, équivalent aux rayons des tuyaux posés entre les réservoirs de la porte Guillaume et de Montmusard.

Si le diamètre unique était de $0^m 35$, le temps du remplissage deviendrait

$$52^h \sqrt{\frac{0,1165^5}{0,175^5}} = 18^h\ 48^m.$$

Question relative au jet d'eau de la porte Saint-Pierre.

Les positions relatives du réservoir de la porte Guillaume, du réservoir de Montmusard et du bassin du jet d'eau de la porte Saint-Pierre, donnent lieu de résoudre la question suivante : quelles seront les variations de débit et par suite les variations de hauteur du jet d'eau de la porte Guillaume, pendant le remplissage du réservoir de Montmusard?

Voici le résultat d'une expérience faite par M. l'ingénieur Ritter, à ce sujet.

HEURES correspondant aux hauteurs de remplissage et au débit du jet d'eau.	HAUTEURS de REMPLISSAGE.	COTES de LA SURFACE de l'eau.	CHARGES.	DÉBIT du JET D'EAU.	VOLUMES introduits dans le réservoir sous les charges de la colonne 4.	OBSERVATIONS.
1	2	3	4	5	6	7
		m.	m.	m. c.	m. c.	
5 11' du soir.	0,50	232 359	5 10	0,02157	0,01980	
11 11 —	1,08	232 939	4 521	0,02161	0,01760	
5 11 du matin.	1,628	233 487	3 973	0,02199	0,0160	
5 27 —	1,725	233 584	3 876	»	»	

Les chiffres de la colonne 4 s'obtiennent de la manière suivante :

Cote du cordon de la plaque supérieure du tambour circulaire qui surmonte le tuyau central du réservoir de la porte Guillaume. . . . . $257^m 63$

Hauteur moyenne de l'eau au-dessous de ce cordon. 0 17

Cote de l'eau ou de la charge. $257^m 46$

En retranchant les chiffres de la colonne 3 du nombre ci-dessus, ou de 257m46, on obtient les charges exprimées dans la colonne 4.

Appliquons maintenant le calcul, et voyons si les résultats qu'il donnera seront confirmés par l'expérience précédente.

Soit H la différence de niveau entre le réservoir de la porte Guillaume et la plaque du jet d'eau de la porte Saint-Pierre;

- H' la différence de niveau entre les deux réservoirs de la porte Guillaume et de Montmusard à un moment donné;
- l' la distance du réservoir de la porte Guillaume à l'origine de la conduite qui mène les eaux au jet d'eau;
- R le rayon du tuyau sur cette longueur l';
- l_0 la longueur de la conduite qui alimente ce dernier;
- l'' celle comprise entre la conduite du jet d'eau et le réservoir de Montmusard;
- R_1 le rayon fictif du tuyau sur la longueur l'';
- R' le rayon de la conduite du jet d'eau;
- r' celui de la plaque d'émission du jet d'eau;
- q' le volume qui arrive au jet d'eau;
- q'' celui qui continue son trajet jusqu'au réservoir de Montmusard;

$q'+q''=q$ sera le volume qui suit la conduite de rayon R sur la longueur l'.

Ainsi $\frac{aq^2l'}{\pi^2R^5}$ sera la perte de charge entre le réservoir de la porte Guillaume et l'origine de la conduite du jet d'eau.

Le volume q'' n'arrivera donc au réservoir de Montmusard, à partir du tuyau du jet d'eau, qu'en vertu de la différence de niveau

$$H' - \frac{aq^2l'}{\pi^2R^5},$$

et le volume q' n'arrivera au jet d'eau, à partir de l'origine du même tuyau précité, qu'en vertu de la charge

$$H - \frac{aq^2l'}{\pi^2R^5}.$$

On aura donc d'abord,

$$q''^2 = \frac{\pi^2R_1^5}{al''}\left(H' - \frac{aq^2l'}{\pi^2R^5}\right). \quad (1)$$

Quant au volume du jet d'eau, son expression sera (V. la page 424).

$$q'^2 = \frac{\left(H - \frac{aq^2 l'}{\pi^2 R^5}\right) R'^5}{\frac{al_0}{\pi^2} + \frac{R'}{2g\pi^2 m^2}\,\frac{R'^4}{r'^4}} \qquad (2)$$

On a de plus la condition $q = q' + q''$ (3).

Soit fait $\qquad \frac{\pi^2 R_1^5}{al'} H' = M, \quad \frac{\pi^2 R_1^5}{al'} \cdot \frac{l'a}{\pi^2 R^5} = N,$

$$\frac{HR'^5}{\frac{al_0}{\pi^2} + \frac{R'}{2g\pi^2 m^2} \cdot \frac{R'^4}{r'^4}} = M', \quad \frac{\frac{al'R'^5}{\pi^2 R^5}}{\frac{al_0}{\pi^2} + \frac{R'}{2g\pi^2 m^2} \cdot \frac{R'^4}{r'^4}} = N',$$

il viendra $\qquad q''^2 = M - Nq^2, \quad q'^2 = M' - N'q^2,$

lesquelles prendront la forme suivante, en faisant $q^2 = x$

$$q''^2 = M - Nx, \quad q'^2 = M' - N'x$$

et comme $\qquad q' + q'' = q = \sqrt{x},$

on a l'équation en x $\qquad \sqrt{x} = \sqrt{M - Nx} + \sqrt{M' - N'x},$

d'où

$$x = \frac{2(M'N + MN') - (M + M')(1 + N + N')}{(1 + N + N')^2 - 4NN'} + \sqrt{\left[\frac{2(M'N + MN') - (M + M')(1 + N + N')}{(1 + N + N')^2 - 4NN'}\right]^2 + \frac{4MM' - (M + M')^2}{(1 + N + N')^2 - 4NN'}}$$

et de cette valeur de x, on déduira $q = \sqrt{x}$, puis q' et q'' au moyen des relations

$$q' = \sqrt{M' - N'q^2}, \quad q'' = \sqrt{M - Nq^2}.$$

Si l'on voulait obtenir l'équation de condition nécessaire pour qu'il n'arrive pas d'eau au réservoir de Montmusard, il faudrait faire

$$q'' = o \text{ ce qui entraînerait } q' = q.$$

Or $\qquad q'' = o$ exige que $\quad H' = \frac{l'a}{\pi^2 R^5} \cdot q^2,$

et $q' = q$ permet de poser, en vertu de l'équation qui donne la valeur de q',

$$H' \frac{\pi^2 R^5}{l'a} \left(\frac{al_0}{\pi^2} + \frac{R'^5}{2g\pi^2 m^2 r'^4}\right) = HR'^5 - \frac{al'R'^5}{\pi^2 R^5} \cdot q^2.$$

En combinant les deux équations de condition ci-dessus, et tirant la valeur de H', on a

$$H' = H \cdot \frac{\frac{l'}{R^5}}{\frac{l'}{R^5} + \frac{l_0}{R'^5} + \frac{1}{2gam^2r'^4}}.$$

On voit que cette relation est *entièrement indépendante* du rayon R_1 du tuyau placé entre la conduite du jet d'eau et le réservoir de Montmusard : résultat que l'on s'explique en remarquant que, quel que soit R_1, la condition $H' = \frac{la}{\pi^2 R^5} q'^2$ rend q'' égal à o.

Maintenant, pour reconnaître si les formules précédentes reproduisent bien les résultats expérimentaux, il faudra faire dans ces formules

$l' = 955^m 40$

$R = 0{,}175$

$R_1 = \sqrt[5]{\frac{443{,}90 + 811{,}70}{\frac{443{,}90}{\overline{0{,}101.132}^5} + \frac{811{,}70}{\overline{0{,}108}^5}}} = 0{,}105{,}253$, rayon équivalent à la série de ceux des tuyaux qui, de la conduite du jet d'eau, aboutissent au réservoir de Montmusard.

$R' = 0^m 095$

$l_0 = 567{,}90$

$l'' = 1{,}255{,}60$

$r' = 0{,}025$

$m = 0{,}736$ valeur trouvée page 425.

$a = \frac{0{,}000.832 + 0{,}000.884}{2} = 0{,}000868$, moyenne entre les coefficients de la résistance dans les conduites qui unissent le réservoir de la porte Guillaume à celui de Montmusard et au jet d'eau (pages 433 et 439).

Et l'on obtiendra, toutes substitutions faites, dans les trois hypothèses successives de

$H' = 5{,}10$

$H' = 4{,}521$

$H' = 3{,}973$

H étant toujours égal à $14^{m}93$ (¹), les résultats consignés dans le tableau ci-dessous :

VALEURS DE H' ou DIFFÉRENCES de niveau entre les deux réservoirs.	VALEURS TIRÉES DIRECTEMENT DES FORMULES pour		
	q''.	q'.	q.
m. 5,101	m. c. 0,01980	m. c. 0,02111	m. c. 0,04091
4,531	0,01760	0,02117	0,03877
3,973	0,016	0,02123	0,03723

Le tableau suivant met en regard les données expérimentales et les résultats des formules.

CHARGES ou DIFFÉRENCES de niveau entre les deux réservoirs.	q' suivant		q'' suivant		OBSERVATIONS.
	L'EXPÉRIENCE.	LA FORMULE.	L'EXPÉRIENCE.	LA FORMULE.	
m. 5,101	m. c. 0,02137	m. c. 0,02111	m. c. 0,01980	m. c. 0,02214	
4,521	0,02161	0,02117	0,01760	0,02071	Voir la note (²).
3,973	0,02199	0,02123	0,01600	0,01926	

(¹) Cote de la charge. . . . . $257^{m}46$
Cote de la plaque du jet d'eau. 242 53
$14^{m}93$

(²) Il est facile de s'expliquer pourquoi l'expérience accuse des nombres plus petits que ceux déduits des formules pour les volumes qui pénètrent dans le réservoir de Montmusard, sous l'influence des charges considérées. En effet, dans la question que j'ai cherché à résoudre, on avait à employer trois coefficients de résistance pour le débit des tuyaux : 1° le coefficient de résistance relatif à la partie comprise entre le réservoir de la porte Guillaume et l'origine de la conduite du jet d'eau; 2° le coefficient de résistance relatif à la conduite du jet d'eau; 3° enfin le coefficient de résistance concernant la partie de conduite comprise entre la conduite du jet d'eau et le réservoir de Montmusard.

Or, j'ai appelé a ces trois coefficients de résistance et leur ai donné une même valeur moyenne, égale à la demi-somme des coefficients de résistance trouvés pour les conduites totales qui, d'une part, unissent le réservoir de la porte Guillaume à celui de Montmusard, et d'autre part.

Les hauteurs du jet correspondant aux trois époques de remplissage ci-dessus sont évidemment données par la formule

$$h = \frac{q'^2}{2g \times \overline{0,736}^2 . \pi^2 r'^4},$$

lesquelles hauteurs devront, d'après les expériences précédentes, être atténuées par le coefficient 0,95 : on aura donc, en dernière analyse, et en prenant pour q' les données expérimentales, à raison de l'observation faite sur le tableau précédent, les hauteurs suivantes, pour le jet d'eau de la porte Saint-Pierre,

$$0,95 . \frac{\overline{0,021.57}^2}{2g . \overline{0,736}^2 . \pi^2 r'^4} = 10,79,$$

$$0,95 . \frac{\overline{0,021.61}^2}{2g . \overline{0,736}^2 . \pi^2 r'^4} = 10,83,$$

$$0,95 . \frac{\overline{0,021.99}^2}{2g . \overline{0,736}^2 . \pi^2 r'^4} = 11,21.$$

Si, au lieu des charges précédentes, nous avions substitué la valeur

$$H' = 0^m 242, \text{ tirée de la relation } H' = H \frac{\frac{l}{R^5}}{\frac{l_0}{R'^5} + \frac{l}{R^5} + \frac{1}{2g . am^2 r'^4}},$$

nous aurions obtenu $q'' = o$, $q' = 0^m 022$;

le réservoir de la porte Guillaume au jet d'eau. Mais il est évident, en ce qui concerne la première conduite, que le coefficient de résistance de la partie comprise entre le réservoir de la porte Guillaume et l'origine de la conduite du jet d'eau est beaucoup plus faible que celui de la partie comprise entre ce dernier point et le réservoir de Montmusard. La valeur q'' du volume de l'eau qui arrive à ce réservoir étant $q''^2 = \frac{\pi^2 R_1^5}{al''}\left[H' - \frac{aq'^2 l'}{\pi^2 R^4}\right]$, on voit qu'en adoptant pour a, placé en dénominateur, la valeur moyenne précitée, on lui a donné une valeur beaucoup trop faible, attendu que le coefficient de résistance de cette partie, composée de diamètres variés et bien inférieurs à celui de 0^m 35, et d'ailleurs interrompue par des cuves de distribution, est à coup sûr notablement au-dessus du chiffre résultant de la moyenne générale : la formule précitée a donc dû donner pour q'' des valeurs trop élevées. Il aurait fallu, pour faire coïncider les résultats de l'expérience et de la formule, prendre pour a, placé en dénominateur, la résistance déduite de la différence de hauteur de deux manomètres placés, le premier vers l'origine de la conduite du jet d'eau, le second à l'entrée du réservoir de Montmusard.

Si l'on avait supposé $H' < 0,242$, H étant toujours égal à $14^m 93$, alors le jet d'eau aurait tiré son alimentation des deux réservoirs, et dans ce cas q' aurait été égal à $q + q''$.

Mais il résulte du mécanisme adopté dans le réservoir de la porte Guillaume que cette circonstance ne peut jamais se présenter, lorsque le niveau de la colonne centrale met en charge la conduite alimentant le réservoir de Montmusard, et c'est là du reste le cas habituel.

En effet, la cote de l'eau dans cette colonne ne variant guère qu'entre	$257^m 53$ et	$257^m 23$
tandis que la cote maximum du niveau du réservoir de Montmusard est celle du sommet du tube déversoir, ou. .	256 36	256 36
Différences toujours supérieures à la valeur calculée de H'.	$1^m 17$ et	$0^m 87$

On voit encore ici l'avantage du mécanisme adopté dans le réservoir de la porte Guillaume; avantage qui se fait sentir non-seulement dans la permanence du débit des concessions particulières et des fontaines publiques, mais encore dans le remplissage du réservoir de Montmusard.

SEPTIÈME SECTION.

PRINCIPES QUI PEUVENT GUIDER L'INGÉNIEUR DANS LES CALCULS EXIGÉS POUR L'ÉTABLISSEMENT D'UNE FOURNITURE D'EAU.

Avant de terminer cette troisième partie de l'histoire des fontaines de Dijon, il paraît convenable de faire sommairement connaître les principes qui m'ont guidé dans le calcul des diamètres employés.

Les tuyaux peuvent se diviser en deux catégories: les artères principales et les répartiteurs.

A Dijon, l'artère principale ou la conduite maîtresse est celle qui réunit le réservoir de la porte Guillaume au réservoir de Montmusard.

Je considère les artères principales comme de véritables prolongements des réservoirs; leurs diamètres doivent donc être assez considérables pour qu'en général, le volume des eaux qui les parcourent n'y fassent naître que des pertes de charge relativement très-faibles. Voilà pourquoi je désirais vivement que la conduite-mère de Dijon présentât le diamètre uniforme de 0m 35 dans toute son étendue.

C'est sur l'artère principale ou sur les artères principales que se branchent les tuyaux répartiteurs de 1er, de 2e et de 3e ordre, ainsi classés suivant leur importance. En général, les tuyaux répartiteurs de premier ordre tirent leurs eaux des artères principales, les tuyaux répartiteurs de second ordre des tuyaux répartiteurs du premier, et ainsi de suite.

Une première observation doit être faite. On comprend que le poids d'un tuyau est à peu près proportionnel à son diamètre, que la fourniture et la façon pour les joints sont aussi à peu près proportionnelles à ce même diamètre.

La dépense totale d'un tuyau posé peut donc être considérée comme proportionnelle au rayon R;

d'autre part, on a $$Q = R^{\frac{5}{2}} \sqrt{\frac{\pi^2 i}{a}},$$

c'est-à-dire que le volume débité est proportionnel à la puissance $\frac{5}{2}$ du rayon.

Ainsi à une faible dépense supplémentaire correspond un accroissement notable dans le débit. On ne doit dès lors pas hésiter à agir largement dans le calcul des rayons des conduites.

Soit maintenant une conduite principale tirant ses eaux d'un réservoir et sur laquelle se branchent trois tuyaux répartiteurs, placés :

le 1er	à la distance	l'	du réservoir;
le 2e	—	$l'' + l'$	—
le 3e	—	$l''' + l'' + l'$	—

soit, de plus, R le rayon de cette conduite principale;

soit $l_1 - r_1$ la longueur et le rayon du répartiteur n° 1 et q_1 le volume qu'il doit conduire;

$\left.\begin{matrix} l_2 - r_2 - q_2 \\ l_3 - r_3 - q_3 \end{matrix}\right\}$ des quantités analogues pour les répartiteurs 2 et 3.

Enfin supposons qu'un volume q' continue son trajet à partir du troisième répartiteur.

La perte de charge à l'embouchure de la conduite l_1 ou du premier répartiteur serait.. . . . . $\frac{la(q_1+q_2+q_3+q')^2}{\pi^2 R^4}=C_1$;

Entre les répartiteurs 1 et 2, la perte de charge serait $\frac{l'a(q_2+q_3+q')^2}{\pi^2 R^4}=C_2$;

Entre les répartiteurs 2 et 3, elle serait.. . . . . $\frac{l''a(q_3+q')^2}{\pi^2 R^4}=C_3$.

Étant appelées,

H_1 la différence de niveau existant entre le réservoir et le dessus de la hauteur piézométrique que l'on veut maintenir à l'extrémité aval du tuyau répartiteur n° 1;

$\left.\begin{matrix}H_2\\ H_3\end{matrix}\right\}$ les quantités analogues pour les répartiteurs 2 et 3,

il viendra les quantités H_1, H_2, H_3 devant être diminuées des pertes de charges (C_1), (C_1+C_2), $(C_1+C_2+C_3)$...

$$q_1^2=\frac{\pi^2 R_1^4}{a}\cdot\frac{H_1-C_1}{l_1},$$

$$q_2^2=\frac{\pi^2 R_2^4}{a}\cdot\frac{H_2-C_1-C_2}{l_2},$$

$$q_3^2=\frac{\pi^2 R_3^4}{a}\cdot\frac{H_3-C_1-C_2-C_3}{l_3}.$$

En se donnant maintenant les valeurs de q_1, q_2, q_3 ... et q', ainsi que

(H_1-C_1), $(H_2-C_1-C_2)$, $(H_3-C_1-C_2-C_3...)$,

On voit qu'on obtiendra facilement R_1, R_2, R_3...

R, en effet, a déjà été déterminé par la condition de laisser circuler le volume total que doit contenir l'artère principale avec aussi peu de perte de charge que possible. C'est là une question de dépense à apprécier dans chaque cas particulier. Il est évident, d'ailleurs, que les pertes de charge doivent être en tout cas assez faibles pour que les concessions particulières puissent être servies à tous les étages, le long de l'artère principale.

Mais à présent, comment arriver à la détermination de q_1, q_2, q_3 ...., (H_1-C_1), $(H_2-C_1-C_2)$, $(H_3-C_1-C_2-C_3)$...

Pour déterminer q_1, q_2, q_3..., on calculera le nombre des bornes-fontaines que chaque répartiteur 1, 2 et 3 doit servir directement ou par le moyen des répartiteurs de deuxième et de troisième ordre qui se branchent sur eux; puis, on évaluera le débit de ces bornes-fontaines pour le lavage des rues à 100 litres par minute (et même de 200 à 250, dans le cas où l'on voudrait que chaque borne pût servir une pompe à incendie), et si N est le nombre de bornes-fontaines correspondant à la conduite l_1 par exemple, $\frac{N.100}{60''}$ ou $\frac{N.250}{60''}$ sera q_1, ou le débit par seconde à tirer du répartiteur n° 1 :

Maintenant il est évident que si l'on prenait pour	$l_1 - l_2$ ou $l_3 \ldots$
la longueur totale du répartiteur, on obtiendrait pour	$R_1 - R_2 - R_3 \ldots$
des nombres trop forts, puisque les volumes	$q_1 - q_2 - q_3 \ldots$
ne parcourent pas les distances entières	$l_1 - l_2 - l_3 \ldots$

Voyons donc les variations qu'entraîne dans le diamètre d'une conduite la condition d'un débit s'opérant en totalité par son extrémité ou se divisant en divers points du parcours de cette conduite.

Supposons qu'un tuyau de rayon R et de longueur L soit divisé en n parties égales, l'extrémité de chacune de ces parties correspondant à un branchement.

Supposons, de plus, qu'à chacune des distances $\frac{L}{n}$, un volume q soit tiré, le dernier branchement étant placé à la distance $n\frac{L}{n}$ ou L, extrémité du répartiteur que l'on considère.

La perte de charge due au volume nq franchissant le premier intervalle $\frac{L}{n}$ sera. . . . . $\frac{L}{n}\cdot\frac{(nq)^2}{\pi^2R^8}$;

Dans le second intervalle, la perte de charge sera seulement			$\frac{L}{n}\cdot\frac{(n-1)^2q^2}{\pi^2R^8}$;
Dans le troisième	—	—	$\frac{L}{n}\cdot\frac{(n-2)^2q^2}{\pi^2R^8}$;
Dans le quatrième	—	—	$\frac{L}{n}\cdot\frac{(n-3)^2q^2}{\pi^2R^8}$;
Enfin, dans le $n^{ème}$	—	—	$\frac{L}{n}\cdot\frac{q^2}{\pi^2R^8}$.

La perte de charge totale sera donc

$$\frac{L}{n}\cdot\frac{q^2}{\pi^2R^8}[n^2+(n-1)^2+(n-2)^2+(n-3)^2+\ldots+1].$$

D'autre part, soit R' le rayon d'un tuyau de longueur L, qui pour le volume total nq arrivant à l'extrémité, donnerait une perte de charge égale à la précédente, on aura l'égalité

$$L.\frac{\overline{nq}^2}{\pi^2 R'^5} = \frac{L}{n}\frac{q^2}{\pi^2 R^5}\left[n^2+(n-1)^2+(n-2)^2+(n-3)^2+\ldots+2^2+1\right];$$

d'où
$$\frac{n^2}{R'^5} = \frac{1}{R^5}\left[\frac{n^2+(n-1)^2+(n-2)^2+(n-3)^2+\ldots+2^2+1}{n}\right].$$

Or, la série du second nombre est celle des nombres pyramidaux quadrangulaires dont la somme est $\frac{2n^3+3n^2+n}{6}$; on a donc

$$\frac{n^2}{R'^5} = \frac{1}{R^5}\left[\frac{2n^3+3n^2+n}{6n}\right];$$

d'où, en faisant $R=1$, on aura

$$R' = \sqrt[5]{\frac{2+\frac{3}{n}+\frac{1}{n^2}}{6}}.$$

Le tableau suivant présente les valeurs successives de R' correspondant aux différentes valeurs successives de n, R étant pris pour l'unité.

VALEURS DE		VALEURS DE	
n.	R'.	n.	R'.
1	1	7	0,836
2	0,91	8	0,832
3	0,877	9	0,829
4	0,859	10	0,826
5	0,849	∞	0,803
6	0,841		

Or, l'examen de ce tableau montre que dans le cas mathématique qui ne se réalise jamais, c'est-à-dire dans l'hypothèse $n=\infty$ qui correspond au débit proportionnel le long de la conduite, $R'=0,80\,R$, R étant le rayon qui convient au débit total par l'extrémité.

Dans le cas de 2, 3, 4 répartiteurs, R' est égal à 0,91 R, 0,877 R, 0,859 R.

On voit donc qu'il n'y a, sous le rapport de la dépense, aucun inconvénient sérieux, à supposer que dans ces circonstances tout le débit s'écoule par l'extrémité de la conduite.

Ce n'est que dans des cas particuliers qu'il y aurait lieu de faire les calculs avec une précision plus grande.

Si, par exemple, à peu de distance de l'origine du répartiteur, une abondante fontaine publique devait être servie, ou si, par un motif quelconque, un grand débit devait être tiré de ce tuyau, il est évident qu'à partir du point où la fontaine est servie, où le grand volume est dépensé, on pourrait diminuer le diamètre de la conduite.

Reste à déterminer $(H_1 - C_1)$, $(H_2 - C_1 - C_2)$, $(H_3 - C_1 - C_2 - C_3)$. Or, ces quantités doivent être évidemment telles que les hauteurs piézométriques le long des tuyaux répartiteurs permettent à toutes les concessions d'être servies, quel que soit l'étage. C_1, C_2, C_3 se déduisent des équations posées au commencement de la page 453.

On agirait de la même façon pour les répartiteurs secondaires, en considérant le répartiteur de premier ordre comme une conduite principale, etc. On remarquera seulement qu'à chaque branchement des répartiteurs de second ordre, la charge piézométrique doit être telle, qu'elle puisse non-seulement servir les concessions prises sur le répartiteur de premier ordre, mais qu'elle puisse encore, malgré les pertes de charge qui auront lieu sur le répartiteur du second ordre, servir aisément les concessions prises le long de ce répartiteur : et ainsi de suite pour les répartiteurs des ordres inférieurs, en ayant soin de ne jamais descendre, pour leur diamètre, au-dessous d'un diamètre de 8 centimètres.

Il est évident que s'il y a des fontaines publiques à servir, leur dotation devra être ajoutée à celle des bornes-fontaines.

Tels sont à peu près les calculs qu'une distribution d'eau exige. On comprend avec quelle simplicité la formule monome permet de les effectuer.

Si, à l'exemple des villes d'Angleterre, on n'avait pas le projet d'établir des bornes-fontaines, ou si l'on voulait opérer le lavage des ruès ou des places à la lance [1], on opérerait toujours de la même manière, en calculant le débit de

[1] Des expériences ont été faites pour nettoyer les rues de Londres, en promenant sur leur surface de longs tuyaux flexibles, de l'orifice desquels s'échappent des courants d'eau à grande vitesse : les courants chassent devant eux la boue ou la poussière liquéfiée, et tout disparaît dans les égouts.

De plus, pour entretenir la salubrité de l'air, pour absorber les miasmes qu'il pourrait renfermer, surtout dans les rues étroites et habitées par la classe ouvrière, on promène ces mêmes

chaque répartiteur, comme s'ils avaient à desservir des bornes-fontaines dont on se donnerait toujours les positions, mais qui ne seraient que fictives.

Parfois aussi, on se pose la condition de pouvoir tirer des conduites, en un

tuyaux, mais relevés verticalement à leur extrémité et munis d'un orifice divergent; et des nappes qui montent à 7 ou 8 mètres de hauteur en s'épanouissant et retombent en abondantes cascades, viennent rafraîchir et purifier complétement l'atmosphère.

Plusieurs séries d'expériences ont été exécutées pour démontrer la supériorité de ce système; mais on a remarqué, entre ces séries, des différences qui sont entre elles comme 1 à 3, sous le rapport de la dépense, suivant que l'eau, en s'échappant des tuyaux, éprouve une pression pouvant s'élever à 60 ou 20 pieds anglais.

Dépense en eau.

D'après les expériences de M. Lovick à Londres, et de M. Lee à Sheffield, il paraît qu'un jet à haute pression nettoie parfaitement les rues avec une dépense de 2 litres par mètre carré; les pavés étaient tellement blancs après l'opération qu'ils avaient l'air d'être nouvellement posés.

Le lavage complet de la ville de Dijon, dont la superficie pavée peut s'élever à 170,000 mètres carrés, exigerait donc une dépense d'eau de 344,000 litres ou 344 mètres cubes.

Le lavage des fenêtres et des devantures de maisons, opération analogue, mais moins fréquemment requise et qui exige beaucoup moins d'eau, sera suffisamment couvert par une addition de 15 pour 100 au chiffre précédent; en tout par jour 370 mètres cubes environ.

J'ai parlé plus haut du lavage et de la purification de l'air, que le jet d'eau divergent, retombant en pluie, rafraîchit d'une manière surprenante. La température d'une ruelle dans Bedfordbury, à Londres, traitée de cette manière par M. Hale, inspecteur du Board of Health, a baissé de 21° à 19° centigrades. En même temps l'atmosphère, auparavant infecte, est devenue agréable à respirer, et un léger courant, résultant de son refroidissement subit, s'est fait ressentir.

Dépense en main-d'œuvre.

Il résulte d'autres expériences que le Strand, l'artère la plus fréquentée de la Cité, à Londres, pouvait être chaque matin parfaitement lavé en une heure, à raison de 20 ou 40 centimes par maison et par semaine; que dans les autres quartiers, pour 10 centimes par maison et par semaine, les voies principales pouvaient être lavées une fois par jour, et les rues secondaires deux fois par semaine.

On voit avec quelle facilité et quelle économie une semblable méthode, appelée par les Anglais système de *hose and jet*, pourrait être appliquée aux rues de Dijon, à raison de la multiplicité des bornes-fontaines, sur la bouche d'eau desquelles on ajusterait l'une des extrémités du conduit flexible au moyen duquel l'opération s'exécute.

point quelconque de la cité, le volume d'eau nécessaire pour servir un nombre donné de pompes en cas d'incendie.

Inutile d'ajouter que l'on doit toujours supposer que le débit du tuyau comprend, indépendamment de celui nécessaire à l'assainissement et aux fontaines publiques, le maximum des concessions.

Revenons maintenant un peu en arrière.

J'avais résumé ainsi qu'il suit, dans l'introduction de cet ouvrage, le programme des questions que les ingénieurs chargés d'une distribution d'eau avaient à résoudre :

Fixation du volume nécessaire à la fourniture d'eau ;

Qualités que doivent présenter les eaux ;

Jaugeage ou détermination de leur volume ;

Travaux à faire pour les élever ou les dériver;

Théorie du mouvement de l'eau dans les aqueducs ou dans les tuyaux ;

Réservoirs;

Ouvrages à exécuter pour assurer la distribution intérieure.

Or, j'ai donné dans le troisième chapitre de la première partie tous les détails relatifs à la solution des trois premières questions. De plus, la note E comprendra des tables qui permettront de trouver avec une grande facilité le résultat des jaugeages opérés sur les sources.

Je ne me suis pas occupé du jaugeage des rivières, parce que je prépare sur cet objet un travail spécial avec la collaboration de MM. Baumgarten et Ritter.

Quant aux travaux à faire pour élever ou dériver les sources, je dirai, en ce qui concerne l'élévation des eaux, qu'il paraît convenable dans cette hypothèse de faire avec un mécanicien un marché par lequel, moyennant un prix déterminé, il devra, s'il s'agit d'une roue hydraulique, élever à la hauteur donnée le volume d'eau nécessaire et que l'on fixera à l'avance; et s'il s'agit d'une machine à vapeur, la convention comprendra en outre la quantité de combustible dépensée par heure.

En ce qui concerne leur dérivation, je crois avoir présenté à l'occasion de l'aqueduc du Rosoir les différentes questions à résoudre.

La question relative au mouvement de l'eau dans les canaux et dans les tuyaux de conduite a été pareillement traitée dans la troisième partie de cet ouvrage (ch. I et II).

On a vu dans un aqueduc enduit en ciment, ce qui est le cas ordinaire, quelle était la formule donnant les vitesses moyenne et maximum.

Je dois d'ailleurs revenir sur cette question dans le travail spécial auquel je viens de faire allusion, à l'occasion du jaugeage des rivières.

Quant au mouvement de l'eau dans les tuyaux de conduite, j'ai donné toutes les formules relatives aux tuyaux des divers diamètres : l'Institut doit prochainement publier les tables qui faciliteront singulièrement les calculs à effectuer.

La question des réservoirs a été longuement traitée dans la troisième partie.

J'ai montré l'utilité d'en construire au moins deux ; l'opinion des ingénieurs anglais les plus versés dans la question des distributions d'eau me confirme dans ma conviction.

Dans le rapport de la Commission d'enquête, publié en 1844 sur l'état sanitaire des villes importantes et des districts populeux de la Grande-Bretagne, on remarque le passage suivant, page 17, extrait de l'interrogatoire de l'ingénieur Robert Thom, auteur des belles distributions de Greenock, Paisley et Ayr.

« J'ai pour principe, dit-il, d'établir près de la ville deux réservoirs ou bassins de régime pouvant contenir chacun l'approvisionnement de la ville pour deux jours. »

J'ai montré l'utilité d'un double réservoir, non-seulement en ce qui touche la sûreté de l'approvisionnement, mais encore la plus facile arrivée des eaux à leurs points de dégorgement. Mais il est une considération sur laquelle je dois insister, c'est la nécessité d'abriter les réservoirs.

A ce sujet, j'emprunterai encore les lignes suivantes à la thèse de M. le docteur Guérard.

« *Nécessité de couvrir et d'abriter les réservoirs et les conduites.* — Mais, avant de passer à un autre sujet, et pour compléter ce que nous avons à dire relativement à la température des eaux potables, nous poserons en principe qu'il convient de couvrir les réservoirs et d'enterrer les conduites à une profondeur suffisante, afin de soustraire celles-ci aux grandes variations de température [1], auxquelles participe le sol jusqu'à 1 mètre et plus au-dessous de sa surface.

[1] « Pendant l'hiver de 1838, la contraction des tuyaux fut un jour à Dôle tellement considérable et subite, qu'il s'en rompit vingt-trois presque simultanément. » Terme, *loco citato*, p. 164.

d'abriter ceux-là pendant la saison chaude, contre l'action des rayons solaires (¹), et afin d'arrêter dans leur chute les feuilles, les insectes, etc., qui, en se décomposant, pourraient altérer la pureté du liquide. Le fait suivant fera bien ressortir les inconvénients qui peuvent résulter des réservoirs à ciel ouvert.

« Le premier filtre, construit à Toulouse par d'Aubuisson, fut établi, de prime abord, dans des conditions qui mettent parfaitement en évidence l'influence fâcheuse de la chaleur sur la qualité des eaux destinées à l'alimentation des villes. On se rappelle que les trois filtres, qui composent dans la localité le système de filtration en grand des eaux de la Garonne, consistent en de profondes excavations pratiquées dans un banc d'alluvion presque parallèlement au fleuve et au-dessous du niveau des basses eaux. Quand on eut terminé le premier filtre, consistant en une tranchée de 108 mètres de long, sur une largeur moyenne de 10 mètres au fond, on l'entoura d'une forte digue, pour le mettre à l'abri des hautes inondations : « Ce filtre, dit d'Aubuisson, donna d'abord une fort bonne eau; mais, dès la seconde année, une végétation de plantes aquatiques commença à s'y établir, et à altérer la qualité de ses produits. L'année suivante, le mal empira : les rayons du soleil, traversant sans obstacle une couche d'eau mince et parfaitement transparente, atteignaient le fond dans toute leur intensité; ils y développaient une forte chaleur, laquelle était encore augmentée par l'effet et la réverbération des bords et des digues. Par la suite, la végétation y acquit une vigueur extrême; les divers moyens employés pour la détruire furent sans effet; des reptiles s'y joignirent, et ces plantes, ces animaux, en mourant et se putréfiant dans une eau tiède, la rendaient très-mauvaise (²). » Il était pressant de porter remède à un pareil état de choses; on pensa que le seul moyen d'y réussir était de couvrir le filtre; on nettoya le fond aussi bien que possible; un aqueduc en briques superposées sans mortier fut établi dans toute la longueur, et l'on remplit le bassin de gros cailloux bien lavés, de manière à atteindre le niveau de la hauteur des moyennes eaux de la rivière. Sur

(¹) « L'eau qui abreuve les habitants de La Valette, dans l'île de Malte, y arrive de Civita-Vecchia par un aqueduc en pierre porté hors de terre dans un espace de quatre mille pas et plus, et cette eau est très-désagréable en été, à cause de sa chaleur; il en est de même à Villefranche, dans le voisinage de Nice. » Fodéré, *Traité de médecine légale et d'hygiène publique*. t. VI, p. 345.

(²) *Loc. cit.*, p. 277.

les gros cailloux, on en étendit une couche de plus petits, puis une couche de gravier, et l'on finit par combler le creux en abattant les digues. On sema du gazon par-dessus, et on rétablit aussi l'ancienne prairie à la surface du banc d'alluvion. « Depuis qu'il a été ainsi disposé, la qualité de ses eaux s'est non-seulement rétablie, mais encore améliorée; la limpidité et la saveur en sont parfaites. Dans le fort de l'été, lorsque presque toutes les eaux de nos contrées ont une odeur et un goût plus ou moins sensibles, celle-ci a toujours été trouvée par ceux qui sont descendus dans le *regard*, vive, bonne et fraîche comme de l'eau de montagne. » Il est à remarquer, que, bien que cette eau coule et séjourne à 4 mètres seulement au-dessous de la surface du sol, et à 10 mètres de la rivière, elle ne dépasse pas 17 degrés durant les ardeurs de l'été, quelle que soit la chaleur des eaux du fleuve d'où elle émane. Cette fraîcheur doit être attribuée à ce que le sol humide, qu'elle traverse en filets capillaires, est lui-même constamment refroidi par la puissante évaporation dont sa surface est le siége. D'un autre côté, pendant les froids les plus intenses, la température de cette eau s'abaisse peu, car l'évaporation à la surface ayant cessé, le sol desséché, et, dans cette condition, mauvais conducteur de la chaleur, ne participe au refroidissement atmosphérique que jusqu'à une profondeur peu considérable : « C'est ainsi que dans le long et rigoureux hiver de 1830, après vingt-cinq jours de forte gelée, et le gel ayant pénétré à plus de 1 mètre au-dessous de la superficie du terrain qui la recouvre, elle n'a fait descendre le thermomètre qu'à 8 degrés, avantage précieux. Fraîche en été, elle présente une boisson agréable à sa sortie des fontaines; chaude en hiver, elle garantit nos conduites des effets de la gelée. »

Aux observations faites par M. le docteur J. Guérard je crois utile d'ajouter celle relatée par MM. les ingénieurs Houyau et Blavier, dans leur rapport au maire d'Angers, sur la fourniture d'eau de cette ville.

« Quant aux réservoirs d'eau filtrée, le point à signaler est l'importance que les ingénieurs anglais attachent à ce qu'ils soient couverts [1], parce qu'ainsi, les eaux ne recevant pas l'action des rayons solaires, il ne s'y forme pas de végétation altérant leur salubrité, et d'ailleurs il s'y dissout une moindre proportion des

[1] Cela est d'autant plus nécessaire qu'on ne doit en général donner aux réservoirs qu'une assez faible profondeur (4 à 5 mètres), de manière à pouvoir utiliser les tranches d'eau inférieures sans de trop grandes pertes de charge.

principes délétères dont est toujours chargé l'air des cités populeuses. »

Toutes les objections si fondées que font naître les réservoirs découverts s'appliquent avec la même force aux approvisionnements d'eau obtenus au moyen de l'eau pluviale recueillie dans de vastes réservoirs analogues à ceux établis au point de partage de nos canaux.

On comprend, en effet, que dans ces bassins, soumis d'ailleurs à toutes les influences atmosphériques, la vie végétale et animale se développe avec une grande énergie, au grand détriment de la pureté et de la salubrité des eaux qu'ils renferment.

Aussi, n'ai-je jamais conseillé de recourir à ce moyen, adopté cependant pour l'approvisionnement de quelques villes d'Angleterre [1].

[1] A Glascow, Greenock, Paisley et Dundee, l'eau vient des montagnes voisines, sur lesquelles sont établis à grands frais d'immenses réservoirs au moyen de barrages parfois gigantesques. Les appareils de filtration sont placés un peu plus bas, mais de telle façon que le réservoir d'eau pure se trouve encore au-dessus des étages les plus élevés des maisons qu'il alimente. (Rapport de MM. Houyau et Blavier.)

Mais je crois que de toutes les villes alimentées par ce système, Constantinople présente les travaux les plus remarquables. Constantinople est bâtie sur une péninsule triangulaire : deux des côtés de cette surface, qui comprend sept collines dans son périmètre, sont baignés par la mer. Les seules eaux douces qui coulent dans cette cité sont le produit de deux ruisseaux anciennement appelés Barbyses et Cydares : leur débit est toujours faible. Mais il arrive très-souvent que leur lit se dessèche entièrement pendant l'été ; les empereurs romains cherchèrent à remédier, par les ressources de l'art, à cette pénurie, mais les ouvrages qu'ils construisirent dans ce but furent singulièrement agrandis ou améliorés par plusieurs sultans.

Les premiers plans adoptés consistèrent dans la construction d'immenses citernes, où se rendaient les eaux versées par les toits des maisons lors des pluies. Mais ce moyen fut bientôt reconnu insuffisant. Il existait heureusement une autre source d'alimentation. Près des rives de la mer Noire, on construisit des digues en travers des vallées qui descendent de ce pays accidenté, et l'on arrêta ainsi les cours d'eau qui se précipitent des montagnes à l'époque des pluies.

Ces digues immenses, revêtues de marbre sculpté dans le style oriental, présentent un merveilleux aspect.

La construction de ces réservoirs et des conduites qui livrent passage aux eaux qu'ils emmagasinent est généralement attribuée aux empereurs grecs, et leur importance pourrait être au besoin reconnue par les édits auxquels elles ont donné lieu. Les uns sont relatifs aux plantations existant sur leurs banquettes ; les autres défendent d'y puiser de l'eau pour les usages privés, et l'un de ces édits, promulgué en 404, imposait une amende d'une livre d'or pour chaque once d'eau dérobée à l'approvisionnement des réservoirs.

Ici, je terminerai la troisième partie de cet ouvrage.

J'ai cru convenable de montrer, par la récapitulation précédente, qu'on trouverait dans mon travail des données suffisantes pour projeter et exécuter une

Ceux-ci sont au nombre de six : les 2me, 3me et 4me, en partant de la mer, sont desservis par la même conduite. Un conduit spécial est affecté à chacun des réservoirs 1, 5 et 6. Voici comment ces conduits sont établis : dans la plus grande partie de leur cours, on a employé des tuyaux en terre cuite, interrompus de distance en distance par des *souterrazi*, espèce d'obélisques qui remplissent les mêmes fonctions que les *columnaria* romains. Le long de leur paroi d'amont, s'élève un tuyau en plomb, prolongement de celui en terre cuite; il verse ses eaux dans un bassin établi au sommet du *souterrazi*. De ce bassin descend un second tuyau en plomb qui communique avec le conduit d'aval; cet appareil permet le dégagement de l'air que l'eau pourrait entraîner, ainsi que le dépôt des matières étrangères qu'elle tient en suspension.

Les réservoirs dont il vient d'être parlé sont à 20 ou 25 kilomètres de Constantinople; avant d'être distribuées dans cette ville, les eaux se rendent dans un vaste réservoir, duquel partent les conduites qui alimentent le sérail du sultan et les différentes fontaines de la ville. Ces dernières ne sont autre chose que des réservoirs carrés, peu élevés et recouverts par une toiture en plomb affectant la forme d'une tente chinoise; des dessins de diverse nature et des inscriptions forment l'ornementation de cette toiture. On ne rencontre point ces effets d'eau jaillissante que l'on admire à Rome. Un robinet, une coupe en bronze suspendue à la paroi de la construction, invitent le voyageur à se rafraîchir.

Je ne dirai rien des quatre grands aqueducs au moyen desquels les vallées principales sont franchies. Leur mode de construction est analogue à celui des murailles de la cité : maçonnerie formée de couches alternatives de pierres et de briques.

Mais, malgré les vastes citernes qu'elle possède encore, citernes en partie remblayées aujourd'hui (j'ai décrit la principale d'entre elles, celle dite *des Mille Colonnes*, p. 68); malgré les approvisionnements qu'elle reçoit des réservoirs des montagnes de Belgrade, Constantinople est loin d'être encore suffisamment pourvue d'eau. Il a été calculé que la quantité moyenne livrée aux habitants était d'environ 20 litres par individu. Il paraît probable que la majeure partie des réservoirs sert à l'embellissement des palais des grands. Aussi, lors des sécheresses prolongées, l'anxiété de la population est-elle vive. Un voyageur, qui était à Constantinople après une sécheresse de six mois, raconte quelles étaient les appréhensions de cette Rome de l'islamisme.

L'approche de la pluie est annoncée, comme en Syrie, par un petit nuage noir, épais, qui flotte sur le pont Euxin ou sur la Propontide, et pour découvrir ce nuage sauveur, un derviche se tient sur la montagne du Géant : sa mission est d'annoncer son apparition à la population, dont l'allégresse remplace alors les alarmes.

Constantinople, cette merveilleuse cité, n'offre donc point à ses habitants la sécurité qu'on trouve dans nos capitales européennes. J'ajouterai, d'ailleurs, que son éloignement des lieux d'où elle tire son approvisionnement d'eau, lesquels tomberaient immédiatement au pouvoir d'une

distribution d'eau: toutefois, les ingénieurs qui auraient une entreprise de ce genre à diriger consulteront avec beaucoup de fruit les excellents traités dont j'ai donné la nomenclature au commencement de ce travail.

armée d'invasion, ne lui permettrait pas de résister plus d'un mois à l'ennemi qui l'investirait et qui aurait pris la précaution de couper les conduits des montagnes de Belgrade.

Il paraît que l'on a le projet de chercher les moyens d'améliorer cet état précaire d'une population de 600,000 âmes.

QUATRIÈME PARTIE.

QUESTIONS ADMINISTRATIVES ET JUDICIAIRES.

Le but de la quatrième partie de cet ouvrage est de faire connaître les questions administratives ou judiciaires que la distribution des eaux de Dijon a soulevées. Ces questions sont relatives :

1° A l'expropriation de la source ;

2° Aux oppositions formées par les propriétaires des moulins du Rosoir, de Messigny, de Vantoux et d'Ahuy ;

3° A l'expropriation des terrains ;

4° A l'assainissement du grand égout de Suzon dans l'intérieur de la ville ;

5° Aux concessions d'eau.

1° Expropriation de la source.

Peut-on exproprier au profit d'une commune une source dont le bassin est situé sur le territoire d'une autre commune ? Telle est la première question que l'on eut à résoudre, car la source du Rosoir était comprise dans la circonscription communale de Messigny.

Une ordonnance du roi, en date du 31 décembre 1837, l'a tranchée. Voici le texte de cette ordonnance :

« Louis-Philippe, roi des Français, à tous présents et à venir, salut.

« Sur le rapport de notre ministre secrétaire d'Etat au département de l'intérieur ;

« Vu les délibérations du Conseil municipal de Dijon, des 25 mai 1835 et 18 août 1837 ;

« Vu le procès-verbal de l'enquête demeurée ouverte du 13 juin 1836 au 20 juillet, et les réclamations y annexées ;

« Vu l'avis de la Commission nommée pour examiner ces réclamations, conformément à l'ordonnance royale du 18 février 1834 ;

« Vu l'avis du préfet et toutes les pièces du dossier ;

« Vu la loi du 7 juillet 1833 ;

« Notre Conseil d'Etat entendu ;

« Nous avons ordonné et ordonnons ce qui suit :

« Article 1er Sont déclarés d'utilité publique l'établissement de fontaines publiques dans la ville de Dijon (Côte-d'Or), et les travaux nécessaires pour amener à ces fontaines les eaux de la source du Rosoir.

« En conséquence, ladite ville est autorisée : 1° à dériver pour cet usage les eaux de ladite source ; 2° à acquérir à l'amiable, et, s'il y a lieu, par l'application de la loi du 7 juillet 1833, les terrains, usines et autres propriétés qui seraient reconnus nécessaires pour la dérivation de ces eaux et l'exécution des travaux qu'elle entraînera.

« Un règlement d'administration publique déterminera : 1° la répartition des eaux de la source du Rosoir entre les communes de Messigny, Vantoux et Ahuy et la ville de Dijon ; 2° les travaux d'art destinés à opérer cette répartition, lesquels travaux devront être à la charge de la ville de Dijon.

« Art. 2. Notre ministre secrétaire d'État au département de l'intérieur est chargé de l'exécution de la présence ordonnance.

« Donné au palais des Tuileries, le 31 décembre 1837.

« Signé : Louis-Philippe. »

On lit, à cette occasion, dans le *Traité du domaine public* de M. Proudhon (2e édition, revue par M. Dumay, maire de Dijon) :

« Faut-il que le fonds de la source et la localité où l'on doit la conduire soient situés sur le même territoire pour que l'expropriation puisse avoir lieu ?

« Non : il faut seulement que la localité ait besoin des eaux qui sortent du fonds précité ; cela suffit, et la loi n'exige rien de plus, parce que les besoins de l'humanité ne sont pas des choses matérielles surbordonnées aux circonscriptions variables et arbitraires des territoires. »

L'auteur ajoute :

« La question, en ce qui concerne le droit d'expropriation pour cause d'utilité publique, a été soulevée par rapport à la ville de Dijon, lorsque ses administrateurs voulant lui procurer de l'eau potable au moyen de la dérivation d'une source abondante, située sur le territoire d'une commune éloignée, celle-ci en refusa la cession amiable, et se pourvut en cassation contre le jugement du tribunal de première instance, qui, en vertu d'une ordonnance royale, avait prononcé cette expropriation. Le pourvoi fut rejeté par arrêt du 4 février 1840, faute de consignation de l'amende en temps utile; mais s'il avait pu être examiné au fond, nous ne doutons pas qu'il n'eût été également repoussé, parce que l'intérêt qui autorisait ici l'emploi de l'expropriation, bien que relatif à une population limitée, celle de la ville, se rattachait cependant à des besoins d'un ordre supérieur, tout à fait étrangers à la circonscription territoriale.

« Nous reconnaissons cependant qu'il aurait dû en être autrement si la fontaine expropriée eût été indispensable aux besoins de la commune propriétaire. Dans ce cas celle-ci eût invoqué avec succès la maxime *prior sibi charitas*, et la ville n'aurait pu user du droit conféré par l'article 12 de la loi du 3 mai 1841, contre un adversaire également fondé à s'en prévaloir. La différence considérable des populations et de l'importance des deux localités n'aurait pas été, à nos yeux, un motif suffisant pour dépouiller l'une au profit de l'autre et pour écarter l'application de la règle, *privilegiatus non uti potest privilegio contra æque privilegiatum;* mais d'un côté la commune de Messigny avait déjà une autre fontaine suffisante pour ses besoins, et, en second lieu, une ordonnance royale, rendue le 19 septembre 1838 sur la proposition de la ville, lui laissait le vingt-cinquième des eaux de la source expropriée, pour l'indemniser de la diminution que le détournement de cette source devait produire dans le volume de la petite rivière traversant le village où elle se jetait précédemment. »

La difficulté légale de dépouiller une petite commune au profit d'une autre plus populeuse est sans doute le principal motif qui a empêché jusqu'à présent la ville de Nîmes de rétablir l'aqueduc que les Romains avaient construit pour tirer les eaux de la ville d'Uzès, et dont une partie constitue le monument remarquable connu sous le nom de pont du Gard [1].

La question est suffisamment éclaircie. Mais voyons, dans le cas particulier, comment a été formulé le règlement d'administration publique auquel se réfère l'ordonnance royale du 31 décembre 1837.

J'adressai mes propositions au maire de Dijon, dans un rapport auquel j'emprunte les passages suivants.

[1] Voir note C.

« *Répartition des eaux.* — ..... Je vous ferai d'abord observer que les eaux de la fontaine de Rosoir ne pouvaient, dans l'état actuel des choses, être utilisées au profit des habitants de Messigny. En été, elles se perdaient en grande partie dans les sables du lit de Suzon, et l'excès du débit de la source sur les filtrations ne servait point aux usages domestiques: le bétail seul s'y abreuvait. Aussi, Messigny s'est-il trouvé dans la nécessité, il y a quelques années, de dépenser une quarantaine de mille francs pour amener un volume d'eau de 30 à 40 litres par minute, pris à la fontaine de Jouvence: cette circonstance, ainsi que je l'annonçais, démontre que les eaux de la fontaine du Rosoir ne servaient point à l'alimentation des habitants.

« Ce que je viens de dire de cette dernière commune s'applique, à plus forte raison, à Vantoux. Pendant l'été, les eaux de Suzon n'arrivent pas même au moulin d'Ahuy, situé à 1,800 mètres de cette commune, et jamais les habitants n'ont songé à aller chercher à cette distance les eaux qui leur étaient nécessaires.

« Telles sont les circonstances au milieu desquelles se sont produites les prétentions de ces trois communes: si donc le règlement s'établissait d'après les faits existants, le volume d'eau à accorder à chacune d'entre elles serait faible; mais il ne doit pas en être ainsi.

« Les travaux exécutés dans l'intérêt de Dijon permettront de faire du bien aux pays qu'ils traversent, et le Conseil municipal saisira sans doute avec empressement l'occasion d'accorder en abondance des eaux pures et salubres à des communes privées d'un si grand avantage.

« Le volume d'eau produit par la fontaine du Rosoir pendant ses plus grandes sécheresses est de 2,770 litres par minute, par heure 166,200 litres.

« La population totale à alimenter est de 27,774 habitants, savoir :

Dijon (d'après le recensement).	24,817h.	26,417h.
Garnison, moyennement.	1,200	
Étudiants, collége, population flottante.	400	
Ahuy.		471
Vantoux.		129
Messigny.		757
Total.		27,774

« Mais la quantité d'eau à distribuer par heure était de 166,200 litres; en supposant donc que chacune de ces 27,774 personnes ait droit à un volume égal, il faudra, pour obtenir ce volume, diviser 166,200 lit. par 27,774 habit., et l'on obtiendra par heure et par habitant 5 lit. 984 millièmes.

« D'où résulteront, pour la quotité d'eau à distribuer à chaque commune, les 5$^{lit.}$,984 multipliés par le chiffre correspondant à sa population. Ainsi

Messigny aura. . . .	5$^{lit.}$984 ×	757$^{h.}$, ou	4,529$^{lit.}$90
Vantoux —	5 984 ×	129 ,	772 00
Ahuy —	5 984 ×	471 ,	2,818 50
Dijon —	5 984 ×	26,417 ,	158,079 60
Total pareil.			166,200$^{lit.}$00

« En divisant chacun des nombres précédents par 60, on aura la consommation par minute et par commune, consommation que l'on pourra réduire en pouces d'eau, en remarquant qu'un pouce d'eau correspond à un écoulement de 13 litres 33 par minute. Il viendra dans cette hypothèse :

		Ou, en convertissant ces volumes en pouces,
Pour Messigny.	75$^{lit.}$50 par minute.	. . 5° 66
Vantoux.	12 87 —	. . 0 97
Ahuy.	46 97 —	. . 3 52
Dijon.	2,634 66 —	. . 197 65
Totaux égaux au débit par minute de la source du Rosoir dans les plus basses eaux. .	2,770$^{lit.}$00.	207° 80

« Cette proportion donne par jour et par habitant, dans les communes et à Dijon, 143$^{lit.}$62. Tels sont les volumes dont les villages de Messigny, Vantoux et Ahuy jouiraient, si, malgré les réflexions que je faisais au commencement de cette lettre, on admettait le principe d'une distribution proportionnelle. Cependant, mon opinion serait que la ville doit agir plus largement encore, et donner à chacune de ces communes un volume d'eau par habitant, égal à une fois et demie celui qui arrivera dans notre ville : par là, sans doute, on désarmerait des prétentions irréfléchies.

« De cette manière, on attribuerait :

A Messigny.	110^{lit}60 par minute.	Ou, en convertissant ces volumes en pouces.	. .	8^{p}30
Vantoux.	18 80 —		. .	1 41
Ahuy.	68 70 —		. .	5 15
Dijon.	2,571 90 —		. .	192 94
TOTAUX.	2,770^{lit}00.			207^{p}80

« Les proportions précédentes donneront par jour et par habitant, dans les communes de Messigny, Vantoux et Ahuy, 210^{lit}30, et à Dijon 140^{lit}20.

« Je ferai observer maintenant que les calculs ont été faits en partant du débit minimum de la fontaine, et que ce débit sera dépassé très-vraisemblablement ([1]) : 1° à cause de la profondeur à laquelle les premiers tuyaux seront placés; 2° parce que mes opérations de jaugeage ont été exécutées à l'époque des plus grandes sécheresses. Les communes précitées auront donc avantage à recevoir non pas un volume d'eau fixe, mais un volume résultant des rapports qui vont suivre.

« Messigny est la première commune que l'aqueduc rencontrera : le volume qu'elle doit recevoir est de 110^{lit}60 par minute, celui qui doit continuer son trajet en basses eaux est de 2,659^{lit}40; le rapport du volume d'eau qu'elle doit obtenir à celui qui doit alimenter Vantoux, Ahuy et

Dijon sera donc de. $\frac{1106}{26594} = \frac{1}{25}$

Pour Vantoux, ce rapport deviendra. . . . . $\frac{188}{26406} = \frac{1}{141}$ approximativement.

Pour Ahuy, — . . . . $\frac{687}{25719} = \frac{1}{37}$

« On voit de cette manière que les trois communes jouiront des augmentations de volume d'eau dans le même rapport que Dijon. Ces bases adoptées, il est facile de déterminer les travaux d'art destinés à opérer la répartition. Près de chacune des communes, l'aqueduc sera interrompu par un bassin carré de 1^{m}60 de côté. Ce bassin sera percé de deux ouvertures : la première

([1]) On a vu que ma prévision s'était complétement réalisée, et que par suite de l'abaissement du niveau de la source, le débit minimum avait passé de 2,607 lit. à 4,221 lit. (jaugeage direct dans le réservoir de la porte Guillaume).

établira une communication avec l'aqueduc destiné à conduire des eaux à Dijon; la deuxième avec le conduit de la commune à alimenter. La largeur de ces ouvertures sera : à Messigny, dans le rapport de 1 à 25; à Vantoux, dans le rapport de 1 à 141; à Ahuy, dans le rapport de 1 à 37. Des chutes seront pratiquées à l'aval de ces ouvertures, afin que l'écoulement s'opère dans l'une et dans l'autre avec les mêmes circonstances.

« Les eaux dans chaque commune seront données à la hauteur que le niveau du radier de l'aqueduc permettra, et livrées dans les points suivants : à Messigny et à Vantoux, près du pont de la commune; à Ahuy, le plus près possible de l'aqueduc. De cette manière, les conduites arriveront dans les deux premières communes vers le lit même de Suzon. Quant à celle d'Ahuy, elle jouira d'un très-grand avantage. Le volume d'eau qui lui sera abandonné ne coulera qu'à la distance d'environ 300 mètres du village, tandis que le lit de Suzon est placé à la distance minimum de 500 mètres. »

Une ordonnance royale du 19 septembre 1838 vint homologuer mes propositions, approuvées par le Conseil municipal. Voici le texte de cette ordonnance :

« Louis-Philippe, roi des Français, à tous présents et à venir, salut.

« Sur le rapport de notre ministre secrétaire d'État au département de l'intérieur;

« Vu l'ordonnance royale en date du 31 décembre 1837;

« La délibération du Conseil municipal de Dijon, en date des 8 février et 17 avril 1838;

« Les délibérations des Conseils municipaux de Messigny, Vantoux et Ahuy;

« L'avis du préfet de la Côte-d'Or, en date du 28 avril 1838;

« Notre Conseil d'État entendu;

« Nous avons ordonné et ordonnons ce qui suit :

« ARTICLE 1er. L'aqueduc à construire pour amener à Dijon les eaux de la source du Rosoir sera interrompu près de chacune des communes de Messigny, Vantoux et Ahuy, par un bassin carré de 1 mètre 60 centimètres de côté; ce bassin sera percé de deux ouvertures : la première établira une communication avec l'aqueduc destiné à conduire les eaux à Dijon; la seconde avec le conduit de la commune à alimenter :

« A Messigny, de 1/25; Vantoux, de 1/141; Ahuy, de 1/37.

« Tous les travaux d'art à faire pour parvenir à la répartition des eaux ci-dessus prescrite seront exécutés aux frais de la ville de Dijon.

« Quant aux monuments, bassins, conduits de fuite des eaux, etc., que chaque commune voudrait établir pour utiliser l'eau qui lui sera livrée, ce serait aux communes à pourvoir aux dépenses que ces constructions pourraient exiger.

« Toutefois et par dérogation aux dispositions de l'article précédent, dans le cas où le Conseil municipal de la commune de Vantoux demanderait que les eaux à fournir à cette commune fussent livrées au centre du village, cette commune supportera la moitié des frais qu'occasionnera cette modification au plan de distribution présenté par la ville de Dijon, et sera de plus chargée de l'acquisition des terrains nécessaires au placement des conduits qui mèneront les eaux à Vantoux.

« Art. 2. Notre ministre secrétaire d'État au département de l'intérieur est chargé de l'exécution de la présente ordonnance.

Donné au palais des Tuileries, le 19 septembre 1838.

« Signé : Louis-Philippe. »

Mais tout n'était pas terminé. L'État, propriétaire des bois qui couvrent le coteau, et la commune de Messigny se disputèrent la propriété de la source.

La question n'était pas encore résolue avant la réunion du jury d'expropriation : ce dernier rendit une de ces décisions excentriques auxquelles sont habitués ceux qui s'occupent de travaux publics. Le jury déclara que dans le cas où la source appartiendrait à l'Etat, la ville aurait à payer une somme de 600 fr. pour s'en emparer ; mais que si elle appartenait à Messigny, elle devrait compter 18,000 fr. à cette commune.

Or, un arrêt de la Cour royale de Dijon ayant décidé, en confirmant un jugement du tribunal de première instance, que le bassin de la fontaine du Rosoir était situé moitié sur la forêt royale et moitié sur un terrain appartenant à la commune de Messigny, il s'ensuivit que la ville, pour entrer en jouissance de la source, donna à l'Etat. . . . . 300 fr.

A la commune de Messigny. 9,000

Total. . . . . 9,300 fr.

8° Oppositions formées par les propriétaires des moulins du Rosoir, de Messigny, de Vantoux et d'Ahuy.

Indépendamment des procès entre la commune de Messigny et l'Etat, agissant dans l'intérêt de Dijon, cette ville, en son nom personnel, en a eu quatre autres à soutenir, tant avec les propriétaires des moulins du Rosoir, de Messigny et de Vantoux, qu'avec celui d'un verger et d'un réservoir situés près de Suzon : les propriétaires demandaient, les trois premiers, chacun 25,000 francs, et le dernier 15,000 francs, à raison du dommage qu'ils prétendaient subir par l'effet du détournement de la source du Rosoir. Leurs demandes, après avoir été portées devant le préfet qui, par arrêté du 16 janvier 1841, se déclara incompétent, ont été introduites devant le tribunal civil de Dijon. Trois des demandeurs se sont départis de leur action par exploits du 31 décembre de la même année; la prétention du quatrième a été déclarée mal fondée par jugement du 17 février suivant.

Voici, suivant M. Dumay (seconde édition du *Traité du domaine public*, de M. Proudhon), les diverses questions de droit et de compétence que présentaient ces affaires.

« La ville de Dijon, assise sur un terrain d'alluvion, manquait de bonne eau potable; depuis des siècles, ses magistrats, préoccupés des moyens d'en procurer une quantité suffisante, non-seulement pour les besoins personnels des habitants, mais encore pour nettoyer un vaste égout de plus de 1,300 mètres de longueur qui la traverse, avaient fait étudier divers projets dont aucun n'avait reçu d'exécution, soit faute de ressources, soit à cause des imperfections qu'ils présentaient. M. Darcy, ingénieur des ponts et chaussées, étant parvenu, après de longues études, à résoudre de la manière la plus complète et la plus satisfaisante le problème, il intervint le 31 décembre 1837 une ordonnance royale qui, en permettant à la ville de dériver, au moyen d'un aqueduc en maçonnerie, une fontaine abondante, appelée du Rosoir, située sur la commune de Messigny, l'autorisa à acquérir les terrains nécessaires par voie amiable, ou, à défaut, par expropriation forcée, en vertu de la loi du 7 juillet 1833. L'aqueduc, d'une longueur de 12,695 mètres sur une section d'un demi-mètre carré, commencé le 21 mars 1839, fut entièrement terminé le 6 septembre 1840, et, à partir de ce jour amena dans la ville un volume d'eau variant selon les saisons de 1,600 litres à 12,000 litres par minute, qui depuis a été distribué en bornes-fontaines et jets d'eau dans les rues, les places et les promenades.

« Le détournement de cette eau, qui auparavant se déversait immédiatement dans la rivière de Suzon, ayant diminué la force motrice des usines établies en aval, les propriétaires de deux d'entre elles, situées à Messigny et à Ahuy, actionnèrent la ville en indemnité devant le tribunal de première instance; un troisième, le sieur Limonnet, dont le moulin n'est qu'à 800 mètres de la source, prit une autre marche, et, par une pétition du 14 décembre 1840, s'adressa à M. le préfet de la Côte-d'Or, en lui demandant d'arrêter que la ville serait tenue de rendre la fontaine à son cours naturel, jusqu'à ce qu'elle eût fait prononcer par le tribunal l'expropriation du cours d'eau, et qu'elle lui eût payé l'indemnité qui serait réglée par le jury, indépendamment de celle prononcée le 1er août précédent au profit du propriétaire du sol d'où la source jaillit (1).

« C'est en réponse à cette demande que, dans un mémoire où diverses autres questions relatives à la forme et au fond étaient discutées, nous présentâmes sur le point spécial qui nous occupe les observations suivantes :

« La solution, disions-nous, dépend entièrement de la nature des droits qui appartiennent aux propriétaires d'usines inférieures sur l'eau qui les met en mouvement, après avoir traversé les héritages supérieurs. Il faut donc examiner l'étendue et le caractère de ces droits. L'eau courante, considérée comme fluide et abstraction faite du canal ou lit qui la contient, n'est point susceptible d'être possédée privativement, et ne constitue pas une propriété privée, comme le dit M. Proudhon, dans son *Traité du domaine public*, n° 1276 : « L'eau courante, « toujours en mouvement, toujours changeante dans sa position, toujours plus « ou moins indocile et souvent indomptable dans ses écarts et dans la direction

(1) Dans le système du sieur Limonnet, d'après lequel le cours d'eau qui alimente son usine constituait un immeuble susceptible d'expropriation, c'était effectivement à l'autorité administrative qu'il devait s'adresser pour en obtenir l'ordre de discontinuer les travaux. C'est ce qui a été jugé par trois arrêts du Conseil d'État des 14 octobre 1836 et 30 décembre 1841 (Sirey, 37-2-124, et 42-2-232). L'autorité judiciaire ne serait compétente pour maintenir en possession qu'autant que les ouvrages faits sans expropriation préalable ne seraient pas compris dans les devis ou tracés de l'administration; ici, la dérivation des eaux de la source du Rosoir était formellement autorisée par l'ordonnance royale du 31 décembre 1837.

« qu'elle se donne, est, par son essence même, placée au-dessus des règles « pacifiques de la propriété..., et son usage ne peut jamais être, par lui-même, « un droit exclusif de propriété pour personne. » — Elle doit évidemment être rangée dans la classe des *choses communes* (res communes), établie par les lois romaines, et actuellement dans celle des *choses qui n'appartiennent à personne et dont l'usage est commun à tous,* dont parle l'art. 714 du Code civil.

« A la vérité, quand l'eau courante est parvenue sur un fonds, le propriétaire peut y exercer certains droits, tels que ceux de prise d'eau, de pêche et autres, qui sont d'une certaine valeur; mais ces droits ne sont pas ceux de propriété foncière : ce ne sont que des droits d'usage, d'usufruit ou de servitude, comme le disent tous les auteurs; c'est-à-dire des droits incorporels essentiellement distincts de la propriété foncière, et qui, à la différence de celle-ci, ne pourraient être isolément l'objet d'une vente ou d'une expropriation forcée. Cette distinction se trouve parfaitement établie dans l'article 1er du décret du 22 février 1813, concernant la police et la conservation des canaux de Loing et d'Orléans, et par lequel il est dit que toutes les eaux qui tombent naturellement ou par l'effet des ouvrages d'art dans lesdits canaux sont entièrement à leur disposition, nonobstant toute jouissance ou usage contraires, tandis qu'il devrait être procédé conformément à la loi du 8 mars 1810, s'il s'agissait de s'emparer de terrains, maisons ou usines. Ce décret fait, comme on le voit, une grande différence entre la prise des eaux d'une rivière sans occupation du terrain d'autrui et l'occupation de ce terrain. Dans le premier cas, il n'y a aucune formalité à remplir; dans le second, où l'on attente à la propriété foncière, il faut suivre toutes les formes tracées par la loi sur l'expropriation.

« Le droit des propriétaires inférieurs sur les eaux qui traversent les fonds supérieurs n'étant, surtout lorsque ces eaux ne sont point encore parvenues sur leurs héritages, qu'un simple droit incorporel placé expressément au nombre des *servitudes naturelles* par l'art. 644 du Code civil, il en résulte qu'il ne peut y avoir lieu à l'expropriation proprement dite, qui n'a été établie que pour les cas où il y a mutation de propriété foncière. En effet, suivant le système de nos lois promulguées avant celle du 7 juillet 1833, toutes les entreprises sur la chose d'autrui, quels qu'en fussent l'objet et l'étendue, qu'il s'agît de l'occupation perpétuelle du terrain ou de la suppression d'un droit quelconque, se réduisaient en une indemnité fixée par experts, et définitivement réglée soit par le

Conseil de préfecture, soit par le tribunal civil; mais cette loi ayant dérogé à ce système, en ce qui touche aux expropriations d'héritages, soumises à l'appréciation d'un jury spécial, et les dérogations ne devant pas être étendues au delà des cas pour lesquels elles sont établies, il s'ensuit que pour toute espèce d'indemnités, autres que celles relatives à l'expropriation du fonds même, elles continuent à être réglées par voie d'expertise et non en vertu de la loi de 1833. Aussi est-il généralement admis aujourd'hui que la suppression d'une servitude, ainsi que les simples dommages même permanents, ou la dépréciation de valeur, ne donnent pas lieu à l'application de cette loi dont plusieurs des dispositions, telles que celles des art. 2, 4, 11, 14, 29, 53, concernant les plans, les extraits de matrice cadastrale, les enquêtes, la prise de possession, etc., ne pourraient recevoir d'exécution en ce qui concerne des droits incorporels, abstraction faite du fonds sur lequel ils portent. Telle est, notamment, l'opinion de M. Delalleau, dans son *Traité d'expropriation pour cause d'utilité publique*, nos 22 et 12; de Proudhon, *Traité* précité, nos 315 et 837.

« Cette vérité a été aussi consacrée par la jurisprudence des Cours et du Conseil d'État, très-divergente, il est vrai, sur la question de savoir si c'est par les tribunaux administratifs ou par l'autorité judiciaire que doit être réglée l'indemnité; mais parfaitement d'accord sur ce point, qu'il n'y a lieu, dans tous les cas, qu'à indemnité et non à expropriation dans la forme prescrite par la loi de 1833. Entre autres arrêts, on peut citer ceux du Conseil d'État, des 24 octobre 1821, 22 janvier 1823, 24 mars et 7 avril 1824, 17 avril 1834 et 3 février 1835; ceux des Cours royales de Bourges, du 28 février 1832 (Sirey, 32-2-667); de Rennes, des 1er février et 17 mars 1834 (S., 35-2-281); d'Angers, du 28 janvier 1835 (S., 35-2-279); de Paris, du 1er août suivant (S., 35-2-401); de Colmar, du 14 août 1836 (S., 37-2-66); de Douai, du 11 février 1837 (S., 37-2-366); de Dijon, du 17 août 1837 (S., 38-2-19); de Riom, du 23 mai 1838 (S., 39-2-305); de la Cour de cassation, des 12 juin 1833 (S., 33-1-604); 9 décembre 1835 (S., 36-1-67); 23 novembre 1836 (S., 36-1-890); 23 et 30 avril 1838 (S., 38-1-454 et 456); enfin, celui très-précis de la Cour de Lyon, du 1er mars 1838 (S., 39-2-470), dont les derniers motifs sont ainsi conçus : « Attendu que la loi « du 8 mars 1810, en rendant aux tribunaux ordinaires la question de propriété « en matière d'expropriation pour cause d'utilité publique, leur a, de fait, rendu « avec elle les questions de réparations de dommages qui participent de leur

« nature et n'en sont que l'accessoire; attendu que l'économie générale et les « dispositions particulières de la loi du 7 juillet 1833 démontrent que le jury « spécial, constitué par cette loi, n'est appelé à connaître que du règlement de « l'indemnité *préalable* à payer en cas d'expropriation de la propriété privée « pour cause d'utilité publique; qu'aucune des conditions nombreuses qui « doivent précéder la convocation de ce jury spécial ne se rencontre dans les « cas d'appréciation d'un simple dommage, qui dès lors restent dans les termes « du droit commun et dans la compétence des tribunaux ordinaires... »

« La raison de la différence entre les deux cas, l'expropriation d'un immeuble réel et le simple dommage ou la suppression d'un droit incorporel, est d'ailleurs facile à saisir; elle n'a rien d'arbitraire et résulte de la nature et de la force même des choses. Dans le premier, il y a occupation et envahissement complet de la propriété; dans le second, il n'y a que préjudice ou diminution de valeur sans que le propriétaire cesse de posséder le fonds; quelque utile que puisse être un droit ou quelque grave que soit un dommage, la valeur de l'un ou de l'autre n'équivaut jamais à celle de la propriété même. Dans l'expropriation, les fonds qui en sont frappés sont toujours parfaitement connus et déterminés, leur valeur est constante ou au moins facilement appréciable; on peut donc aisément fixer l'indemnité avant l'exécution des travaux, puisqu'au moyen des plans on connaît à l'avance ceux qui seront pris et en quelle quantité; en fait de dommage, au contraire, il est souvent impossible d'apprécier s'il y en aura, quelle en sera l'étendue, quels seront les héritages qui les éprouveront, et d'après quelle proportion. Dans une hypothèse tout est fixe et limité, aucune question préjudicielle ne peut surgir; la matrice cadastrale indique le propriétaire et démontre son droit à l'indemnité. Dans l'autre, au contraire, tout est inconnu, indéterminé et subordonné à une question de droit ou de fait dont le jury, seulement chargé de l'estimation, ne peut connaître, et qui devrait être préalablement décidée par les tribunaux civils. Pour ne pas sortir, par exemple, de notre espèce, la ville de Dijon a connu à l'avance que cinq cent soixante parcelles de terrain seraient traversées par l'aqueduc sur des longueurs, des largeurs et dans les points calculés et indiqués avec précision, de sorte qu'elle a su avec qui traiter ou contre qui elle devait diriger son expropriation; tandis que s'il s'agit de simples dommages, comment connaître les individus qui pourraient être dans le cas d'en ressentir et surtout ceux qui seraient fondés à s'en plaindre? Le propritaire du moulin d'Ahuy, à l'usine duquel ne parvenait que rarement l'eau de la source du Rosoir, distante de plus de 5,400 mètres, réclame bien aujourd'hui une indemnité; il n'y a pas de raison alors pour que tous les propriétaires d'usines situées en aval de Dijon, jusqu'à la Saône, n'en demandent pas aussi : pour que les propriétaires de fonds qui ne joignent pas immédiatement la rivière de Suzon, mais qui en sont voisins, ne prétendent pas souffrir du détournement des eaux de la fontaine; enfin pour que des personnes, qui n'ont encore aujourd'hui reconnu aucun préjudice, ne croient pas plus tard en éprouver et ne soient pas dans le cas de se pourvoir. Faudra-t-il donc que la ville, avant de prendre possession de l'eau, entre en discussion avec tous les intéressés présumés, intente encore contre eux on ne sait quelle action négatoire, ou fasse régler avec tous, par des jurys, le montant d'indemnités dont elle aurait plus tard à contester le principe devant les tribunaux civils. Présenter les conséquences d'un pareil système, c'est suffisamment le réfuter, car c'est en démontrer l'absurdité.

« Maintenant, que l'indemnité, en cas de simple dommage ou de dépréciation de valeur, doive être réglée par les tribunaux civils, comme l'ont décidé les arrêts de Cours royales ci-dessus cités, ou qu'elle le soit par les Conseils de préfecture, aux termes des art. 4 de la loi du 28 pluviôse an VIII et 55 de celle du 16 septembre 1807, ainsi que le juge le Conseil d'État, c'est là un point de compétence que je n'ai aucun intérêt à examiner actuellement, et que, par conséquent, je ne discuterai pas. La seule chose que je voulais établir et qui me paraît suffisamment prouvée par ce qui précède, c'est que, d'une part, *en fait*, le sieur Limonnet n'a été jusqu'ici et ne sera pas davantage à l'avenir dépouillé d'une propriété foncière quelconque; qu'il est possible seulement que son usine éprouve une diminution dans sa force motrice et par suite une dépréciation de valeur, et que, d'un autre côté, *en droit*, il n'y a lieu à l'application des formes prescrites par la loi du 7 juillet 1833, à l'évaluation par le jury et au payement préalable d'indemnité, que lorsqu'il y a mutation de la propriété foncière, envahissement total ou partiel d'un immeuble corporel; que dans tous les autres cas où il ne s'agit que de suppression de servitudes, de dommages même permanents et de diminution de valeur du fonds, c'est une simple question d'indemnité à régler, en suite d'expertise, par les tribunaux judiciaires ou administratifs, lorsque le préjudice existe et peut ainsi être apprécié.

« C'est sans doute par application de ces principes que l'ordonnance royale du 31 décembre 1837, distinguant les terrains à traverser, de la prise des eaux, n'a subordonné cette dernière concession à l'accomplissement d'aucune formalité préalable, et a laissé par là les choses sous l'empire du droit commun, d'après lequel les tribunaux ordinaires sont seuls compétents pour connaître de la réparation du préjudice causé.

« Le sieur Limonnet n'a donc qu'un parti à prendre, c'est, en suivant la marche qui lui a été tracée par les propriétaires des moulins de Messigny et d'Ahuy, de traduire la ville devant une autorité compétente, soit le tribunal de première instance, soit le Conseil de préfecture, pour lui réclamer une indemnité à raison du dommage qu'il prétend que le détournement des eaux de la fontaine du Rosoir occasionne à son usine. Telle est la seule forme de procéder admissible. »

Cette défense fut accueillie par arrêté de M. préfet, à la date du 16 janvier 1841, motivé sur ce que, « l'expropriation, telle qu'elle est réglée par la loi de 1833, n'est applicable qu'au cas où il y a dépossession d'un immeuble réel; que l'eau courante ne pouvant être réputée immeuble au profit du propriétaire du fonds inférieur qui la reçoit, le détournement qui en est fait ne constitue qu'un simple dommage [1]. »

Aujourd'hui, la loi du 3 mai 1841, qui, par son art. 77, abroge d'une manière absolue celles des 8 mars 1810 et 7 juillet 1833, aurait fourni une réponse péremptoire à l'argument tiré de l'art. 67 de cette dernière, portant que « ses dispositions seront appliquées dans tous les cas où les lois se réfèrent à celle du 8 mars 1810. »

[1] Depuis, le sieur Limonnet et sa femme se sont pourvus devant le tribunal de première instance, mais ils ont été obligés de se désister de leur action, après que ce tribunal, par jugement du 17 février 1842, a eu condamné la prétention semblable du meunier de Messigny, par le motif que les propriétaires d'usines inférieures à la fontaine du Rosoir n'avaient fait sur son bassin et sur son cours particulier aucun des travaux exigés par l'art. 642 du Code civil, pour leur procurer l'acquisition par prescription du cours d'eau.

3° Expropriation des terrains.

Il y avait un peu d'irritation sur toute la ligne que devait parcourir l'aqueduc. Les communes qui aujourd'hui sont si satisfaites de la solution donnée à toutes les questions relatives à la dérivation de la source du Rosoir manifestaient dans l'origine les préventions les plus irréfléchies, et nous avions à craindre une vive opposition de la part des propriétaires des terrains que l'aqueduc devait traverser.

L'intervention du jury d'expropriation paraissait donc inévitable, et, pour ma part, je redoutais fort cette intervention. On se souvient qu'à cette époque, les jurés accordaient souvent des sommes sur lesquelles les propriétaires les plus avides n'auraient point osé compter.

Mais je résolus d'affronter ce petit orage, comptant sur le bon sens des populations, si je pouvais réduire les meneurs au silence.

Je rédigeai, de concert avec M. Dumay, l'acte d'acquisition suivant :

« Entre les soussignés M. Victor Dumay, maire de la ville de Dijon, où il est domicilié,

« Stipulant en cette qualité au nom des habitants de ladite ville, en vertu, tant de l'ordonnance royale en date du 31 décembre 1837, que de la délibération du Conseil municipal du 19 novembre 1838, approuvée par M. le préfet du département de la Côte-d'Or, le 24 du même mois; desquelles pièces, copie imprimée et certifiée a été présentement remise à la partie ci-après dénommée, qui le reconnaît, d'une part;

« Et... agissant tant pour... que pour... héritiers, successeurs et ayants cause, tous obligés par la voie solidaire, d'autre part;

« Il a été, pour la parfaite intelligence de la convention qui va suivre, préliminairement exposé ce qui suit;

« La ville de Dijon ayant conçu le projet d'établir dans son enceinte des fontaines publiques, au moyen de la dérivation, par un aqueduc en maçonnerie des eaux de la source du Rosoir, situé à la limite des territoires d'Etaule et de Messigny, et de faire participer aux avantages de cette entreprise cette dernière commune, ainsi que celles qui, par leur situation, pourraient en profiter, il est intervenu, le 31 décembre 1837, l'ordonnance royale précitée, qui a déclaré d'utilité publique ce projet, ainsi que les travaux pour parvenir à son exécution, et a, en conséquence, autorisé la ville à acquérir à l'amiable, ou, à défaut, par voie d'expropriation forcée, tant la susdite source que les portions de terrain, bâtiments et usines dont la cession serait nécessaire pour la construction de l'aqueduc.

« En exécution de cette ordonnance, et après que M. le préfet de la Côte-d'Or eut, conformément à la loi du 7 juillet 1833, désigné, par arrêté du 3 août 1838, les localités ou territoires sur lesquels les travaux étaient à effectuer, le plan parcellaire, par commune, des propriétés particulières qui devront être traversées par l'aqueduc, a été dressé le 19 septembre suivant par M. l'ingénieur Darcy, puis soumis à l'enquête et à l'examen de la Commission dont il est fait mention dans les art. 5, 6, 7, 8 et 9 de la susdite loi, et enfin suivi, le 24 novembre de la même année, d'un dernier arrêté de M. le préfet, qui détermine les portions de propriété qui doivent être cédées, et indique l'époque où il sera nécessaire d'en prendre possession.

« Les choses dans cet état, il ne resterait plus qu'à opérer, au profit de la ville, la transmission de la propriété de ces portions de terrain, soit par une aliénation amiable, soit, à défaut, par voie d'expropriation forcée. Le premier de ces moyens, qui rentrait éminemment dans les vues de l'administration municipale, ayant été agréé par le propriétaire soussigné,

« Les parties sont tombées d'accord de ce qui suit, savoir :

« Article 1er. L..., propriétaire d'une pièce de..., de la contenance de... ares... centiares, située sur le territoire de la commune de..., au climat d..., tenant de..., aboutissant de..., et portée sous le n° 1er du plan parcellaire du 19 septembre 1838, ci-dessus mentionné, des terrains à exproprier sur ladite commune, cède et transmet... avec garantie de tous troubles et évictions, ainsi que de toutes dettes, priviléges et hypothèques, à la ville de Dijon, acceptant par son maire, une portion dudit héritage de la contenance de... ares... centiares, sur une longueur de... mètres... centimètres, et une largeur de 2 mètres, à prendre le long et de chaque côté, par égalité, de la ligne tracée à l'encre noire sur le susdit plan parcellaire, dont ladite partie venderesse a pris parfaite connaissance, et a fait l'application sur le terrain, notamment à l'aide des bornes et jalons déjà plantés depuis un certain temps.

« Art. 2. Le but de la ville, en faisant cette acquisition, étant d'établir dans ladite portion de terrain, à 1 mètre au moins en contre-bas de sa surface, l'aqueduc destiné à amener les eaux de la fontaine du Rosoir, il est convenu, comme condition essentielle de la présente vente, que, bien que la ville ait la pleine propriété foncière de l'espace ci-dessus cédé, cependant la partie venderesse, ainsi que ses successeurs et ayants cause, à perpétuité, conserveront le droit d'en cultiver la superficie et d'en percevoir les fruits sans en payer aucun fermage ou redevance à la ville; lequel droit de superficie est réservé à ladite partie et à ses ayants cause sous les conditions suivantes, qui sont toutes de rigueur :

« 1° Qu'ils ne pourront (1), dans ladite portion de terrain, faire aucune fouille ni excavation, enlever aucune partie de la superficie actuelle, ni l'exhausser par des dépôts de terre, pierres ou autres objets;

« 2° Qu'ils ne pourront y établir (2) aucune sorte de constructions, encore qu'elles soient sans fondations, ni y planter aucun arbre ou arbuste de quelque espèce que ce soit, et notamment la vigne, ni même y cultiver des plantes dont les racines pénètrent profondément en terre, et pourraient atteindre la voûte de l'aqueduc;

« 3° Que la ville aura la faculté de placer (3), si elle le juge convenable, sur ledit terrain une ou plusieurs bornes pour indiquer la situation et la direction de l'aqueduc, et d'établir autour du pied desdites bornes un massif de maçonnerie en hérisson, dont la superficie, y compris l'espace occupé par la borne, sera d'environ 1 mètre carré;

« 4° Que la ville aura à perpétuité le droit de passer sur ledit terrain, et d'y faire les fouilles qu'elle jugera convenables, soit pour visiter, réparer ou reconstruire l'aqueduc (4), soit pour mettre à découvert les regards ménagés dans la voûte, à la charge, d'une part, de rétablir à ses frais en bon et dû état, autant que le comportera la nature du terrain, et avec le produit des fouilles,

(1) Extrait de la L. 11, ff. *Comm. prædiorum.*

(2) L. 1, § 27, ff. *De aqua quotid. et æstiv.* — Un arrêt du parlement de Rouen, de 1602, fait défenses à tous propriétaires de construire sur les aqueducs des fontaines publiques.

(3) Une sentence de l'Hôtel-de-Ville de Rouen du 20 janvier 1733, homologuée par le parlement de Normandie le 6 février suivant, ordonne qu'à la diligence du maître des ouvrages de Rouen, il sera posé de distance en distance, sur la superficie, des pierres en forme de bornes pour marquer où sont les canaux dans les endroits jugés nécessaires, en y appelant les propriétaires des héritages traversés.

(4) Coquille, question 75. — L. 11, § 1, ff. *Comm. prædior.*

la superficie des portions qui auraient été creusées, bouleversées ou dégradées (¹), et, d'un autre côté, d'indemniser le superficiaire du dommage réel et effectif qui serait causé à sa récolte ou à sa culture, selon que l'indemnité sera fixée par experts convenus amiablement entre lesdites parties, ou, à défaut, nommés l'un par le maire, l'autre par le superficiaire, et le troisième par le juge de paix du canton où le fonds est situé.

« Art. 3. A titre de servitude inhérente à la propriété du surplus de l'héritage dont partie est présentement vendue, et qui l'affectera à perpétuité entre les mains tant de la partie venderesse que de tous ceux qui, à quelque titre que ce soit, le posséderont après elle, il est expressément interdit aux uns et aux autres : 1° de faire des fouilles, fossés, fondations, puits et excavations quelconques, à moins de 2 mètres de chacune des limites latérales de la parcelle présentement vendue aux termes de l'art. 1ᵉʳ ci-dessus; 2° de planter des arbres à moins de 5 mètres (²), et des vignes et arbustes à moins de 1 mètre, toujours à partir des mêmes limites.

« Néanmoins, s'il était reconnu que des plantations et ouvrages quelconques, effectués même au delà des distances prescrites au présent article, nuisissent à l'aqueduc de quelque manière que ce soit, la ville se réserve à perpétuité, au même titre de servitude, le droit de contraindre, sans payer d'indemnité, le propriétaire à les faire disparaître, enlever ou reculer, de manière à prévenir tout dommage ou dégradation pour l'aqueduc.

« Art. 4. La ville entrera en jouissance des portions de terrain et droits à elle présentement cédés, à l'expiration du délai de quarante jours, mentionné à l'art. 6 ci-dessous, et pourra aussitôt après commencer et exécuter les fouilles et travaux projetés.

« Elle aura la faculté de déposer le produit des fouilles, ainsi que les matériaux qui lui seront nécessaires, sur les portions d'héritage joignant celle présentement vendue, comme aussi d'y faire passer les ouvriers, chevaux et voitures,

(¹) L. 1, ff. *De rivis*, et L. 1, § 6, ff. *De fonte*.

(²) D'après la loi 1ʳᵉ, § 2, Cod. *De aquæductu*, les riverains ne pouvaient faire de plantations qu'à 15 pieds de distance, *ne arborum radices fabricam formæ corrumpant*; par la loi 6, *eodem*, la distance avait été réduite à 10 pieds (2 mètres 96 cent.) pour l'aqueduc d'Adrien.

Un arrêt du Conseil du 22 juillet 1669 défend de faire des aqueducs, plantations d'arbres et conduits à 15 toises près des fontaines (suite du *Tr. de la police* par Delamarre, t. IV, p. 586).

à la charge de rétablir dans un bref délai, tant les portions de terrain vendues dans lesquelles les fouilles auront été exécutées que les parties voisines qui auraient été endommagées, et d'indemniser le propriétaire du préjudice réel causé à ses récolte ou culture : le tout de la manière réglée au n° 4 de l'art. 2 ci-dessus.

« Art. 5. Il est surabondamment expliqué que le superficiaire conservant, sauf les restrictions et servitudes plus haut stipulées au profit de la ville, la jouissance des produits utiles de la parcelle cédée aux termes de l'art. 1er ci-dessus, il supportera exclusivement les contributions et charges de toute nature, établies ou à établir, sous quelque dénomination que ce soit, sur ladite parcelle.

« Art. 6. Les présentes cession de terrain et constitution de servitudes sont consenties par la partie venderesse à la ville de Dijon, moyennant la somme de... pour toutes choses, que ladite ville lui payera sur mandat au bureau du receveur municipal, à Dijon, aussitôt qu'il sera établi que la portion d'héritage vendue est franche et libre de tous priviléges, hypothèques et inscriptions, et qu'aucun autre obstacle ne s'oppose au versement des deniers.

« Dans le cas où, au contraire, il existerait des priviléges, hypothèques ou autres empêchements, la ville se réserve la faculté ou de consigner le prix par elle dû, conformément à l'art. 54 de la loi du 7 juillet 1833, ou de le garder par-devers elle, mais à la charge, dans cette dernière hypothèse seulement, d'en payer à la partie venderesse ou à ses ayants droit les intérêts au taux réglé pour la Caisse des dépôts et consignations par rapport aux communes; lesquels intérêts courront alors de l'expiration du délai de quarante jours mentionné en l'article suivant, à partir duquel la ville entrera, dans tous les cas et quels que soient les événements, en jouissance des choses vendues, ainsi qu'il est expliqué à l'art. 4 ci-dessus.

« Art. 7. La présente convention, dont toutes les clauses et conditions sont indivisibles et de rigueur, est, dès ce jour, définitive et irrévocable du côté de la partie venderesse; elle ne le deviendra du côté de la ville et en ce qui concerne les obligations à la charge de celle-ci qu'autant que, dans le délai de quarante jours à partir des présentes, le maire, qui, dans cet intervalle, se réserve d'obtenir l'approbation du Conseil municipal et de M. le préfet, n'aura pas fait notifier au vendeur qu'il entende que ladite convention soit considérée comme non avenue, cas auquel, et alors seulement, ledit vendeur se trouverait de son côté délié, et les parties remises au même et semblable état que si aucun traité n'était intervenu entre elles; la ville conservant, bien entendu, le droit de remplir ensuite les formalités prescrites par les titres 3, 4 et suivants de la loi du 7 juillet 1833 sur l'expropriation pour cause d'utilité publique.

« Art. 8. Tous les frais occasionnés par la présente vente, ainsi que par l'expertise qui l'a précédée et par sa transcription au bureau des hypothèques, seront entièrement à la charge de la ville.

« Acte notarié conforme aux présentes sera passé à la première réquisition de l'une ou de l'autre des parties; mais les frais en résultant seront exclusivement à la charge de celle qui le requerra.

« Ainsi d'accord et fait double à l'Hôtel-de-Ville de Dijon, le... »

Voici des observations intéressantes de M. Dumay sur cet acte de vente.

« Cette propriété tréfoncière ou souterraine, conférée à la ville par les traités dont il s'agit, est plus étendue et plus avantageuse qu'une simple servitude d'aqueduc dont l'établissement n'impose au maître du fonds que la charge de souffrir le conduit en maçonnerie et le passage de l'eau, en lui laissant la propriété et la disposition de tout le surplus. Ici, au contraire, c'est une véritable propriété, restreinte seulement dans sa dimension verticale, mais aussi parfaite que la pleine propriété, *plenum dominium*, pour la partie inférieure acquise par la ville. La propriété du sol s'étendant, comme le disent les jurisconsultes, *de inferis usque ad cœlum*, cet espace indéfini en hauteur et profondeur peut être divisé à un niveau quelconque au-dessus ou au-dessous de la superficie par un plan horizontal intellectuel ou même matériel; ce mode de partage, déjà admis par les Romains, et dont les règles ont été tracées et les conséquences déduites par le célèbre Proudhon, dans son *Traité de l'usufruit*, etc., ch. XCVII, n°s 3718 et suiv., est consacré dans notre législation nouvelle, notamment par l'article 664 du Code civil, relatif aux divers étages d'une maison, mal à propos placé au titre des servitudes, ainsi que par la loi du 21 avril 1810 sur les mines, d'après laquelle la partie souterraine de l'héritage où se trouve le minerai est à perpétuité détachée du sol et se transmet, s'hypothèque et s'exploite indépendamment de celui-ci. Dans l'espèce présente, le plan horizontal séparatif est établi à 1 mètre en contre-bas de la superficie, dont le niveau ne peut être modifié; tout ce qui est au-dessous et jusqu'à une profondeur indéfinie, appartient à la ville d'une manière aussi complète que si elle avait la surface; la partie supérieure reste la propriété du maître du fonds sous la charge de diverses servitudes nécessaires pour assurer la conservation et l'usage de la portion inférieure. »

Les parcelles ainsi acquises n'ont que 2 mètres de large sur toute la ligne qui, heureusement, ne traversait que des héritages ouverts, à l'exception d'un seul clos entouré de haies vives et en nature de terres labourables. Avec toutes les servitudes accessoires, elles ont été payées, selon leur situation et leur qualité, moyennement de 18 à 30 centimes le centiare ou mètre carré pour les terres, et de 30 à 80 centimes la même contenance pour les vignes, non compris les indemnités pour privation de récoltes pendant le temps des travaux et du dépôt des déblais. Toutes les acquisitions, excepté celle de la source, ont été faites amiablement.

Quoiqu'en apparence fort minutieuses, les clauses prohibitives de plantations, constructions, fouilles, etc., que renferment ces traités, sont de la plus haute importance dans l'intérêt de la conservation de l'aqueduc et du maintien de la pureté de l'eau. Pour s'en convaincre, il suffit de lire le rapport fait le 19 mai 1837, au nom d'une Commission, par M. Lenthéric, professeur à la Faculté des sciences de Montpellier, sur le projet d'une nouvelle distribution des eaux de la source qui alimente cette ville (in-4° de 52 pages). On y voit que, faute d'avoir pris autrefois de semblables précautions relativement à l'aqueduc de dérivation de 14,000 mètres de longueur, établi il y a moins d'un siècle, 1° ses parois latérales surplombent par suite de l'introduction de racines d'arbres dans la maçonnerie, et doivent être reconstruites sur plusieurs points; 2° des puits creusés à une trop petite distance ont déterminé des fuites; 3° des enlèvements de terrain et des dépôts de fumiers sur la voûte ou les dalles de recouvrement y occasionnent l'infiltration des eaux pluviales ou d'égouts; 4° enfin l'établissement de clos empêche les agents et ouvriers de la ville de parcourir librement la ligne des travaux, et les assujettit à solliciter des propriétaires la permission de les visiter ou réparer; graves inconvénients qui ne se présenteront pas pour l'aqueduc de Dijon, pourvu que les administrateurs futurs de la ville tiennent strictement la main à l'exécution des traités, et n'y souffrent, sous quelque prétexte que ce soit, aucune dérogation. A l'avenir, on pourra, comme aujourd'hui, suivre l'aqueduc dans toute son étendue, sans rencontrer d'obstacles, et même sans avoir à payer d'indemnités, si l'on ne fait les visites et les réparations qu'après l'enlèvement des récoltes de céréales.

L'acte de vente étant rédigé et imprimé, je le remis à M. Destot, expert très-intelligent et d'une moralité qui devait inspirer toute confiance aux propriétaires. Je l'invitai à se rendre dans chaque commune, à réunir à la mairie le plus grand nombre de propriétaires possible, à discuter franchement, loyalement avec eux toutes les conditions du contrat, et à les inviter à fixer eux-mêmes l'indemnité à laquelle ils croyaient avoir droit.

J'ai souvent remarqué qu'en s'adressant à des réunions nombreuses, on arrivait en général à neutraliser les passions cupides : il semble que les mauvais instincts n'osent se produire ouvertement. Ce que j'avais espéré arriva : les discussions furent conduites avec tant de calme et de sincérité de la part de l'expert, une modération si rare de la part des propriétaires, que je fus obligé d'augmenter, pour une des communes, le chiffre des indemnités réclamées. A partir de ce moment, on nous envoya, signés en blanc, les actes de vente, tant les propriétaires avaient pris confiance en nous. Pas une seule opposition n'eut lieu, et il y avait cinq cent cinquante-six parcelles.

Voici le tableau des indemnités accordées.

COMMUNES TRAVERSÉES.	NOMBRE de PARCELLES.	SURFACE en ARES.	SOMMES PAYÉES par la ville.	PRIX MOYEN par mètre carré.	MOYENNE GÉNÉRALE du mètre par nature.	OBSERVATIONS.
1° Propriétés tréfoncières.						
			f. c.	f. c.	f. c.	
Dijon.	46	20 82	1,125 08	0 54	0 33	Compris toutes dépréciations, arbres et murs détruits.
Fontaines. . . .	149	22 60	1,693 74	0 75		
Ahuy.	204	50 »	1,002 34	0 20		
Vantoux.	102	33 54	844 02	0 24		
Messigny. . . .	55	48 »	1,170 14	0 24		
TOTAUX. . .	556	176 96	5,835 32			
2° Fonds et tréfonds.						
			f. c.	f. c.	f. c.	
Dijon.	4	23 61	2,204 40	0 08	0 47	Compris de beaux murs détruits.
Fontaines. . . .	3	27 50	[illegible] 52	0 23		
Ahuy.	4	46 77	1,434 70	0 24		
Vantoux.	6	49 22	3,283 70	0 67		
Messigny. . . .	7	119 17	5,131 55	0 43		
TOTAUX. . .	24	266 36	12,466 87			
3° Dommages pendant trois années.						
			f. c.	f. c.	f. m.	
Dijon.	75	236 28	977 03	0 04	0 025	Compris quelques remblais à la charge des propriétaires.
Fontaines. . . .	221	702 87	2,158 57	0 03		
Ahuy.	330	703 12	1,958 93	0 02		
Vantoux.	150	614 02	1,433 60	0 02		
Messigny. . . .	144	1,034 16	2,475 20	0 02		
TOTAUX. . .	920	3,470 45	8,993 35			

Pépinières. — 4,517 arbres ont été détruits et payés 789 fr. 71 c., soit 0 fr. 17 c. l'un.

Récapitulation.

Propriétés foncières.	5,835 32
Fonds et tréfonds.	12,466 87
Dommages pendant trois années	8,993 35
ENSEMBLE.	27,295 54
Pépinières.	789 71
	28,085 25
Honoraires de l'expert.	3,600 00
TOTAL.	31,685 25

4° Assainissement du grand égout de Suzon dans l'intérieur de la ville.

Les galeries qui renferment les tuyaux de conduite ont été exclusivement réservées pour le logement de ces tuyaux et pour l'écoulement des eaux qui s'échappent en hiver des bornes-fontaines placées sur leur parcours. A de rares exceptions près, ces aqueducs ne présentent aucun orifice pour l'introduction des eaux pluviales ou ménagères.

A Dijon, les eaux ménagères sont jetées dans des puits perdus creusés dans les cours de chaque maison. Quant aux eaux pluviales, elles se rendent, en parcourant les ruisseaux des rues, soit dans le cours extérieur de Suzon qui baigne les remparts de la ville, soit dans l'égout intérieur qui part de la tour de la Trémouille et arrive à la porte d'Ouche.

Si l'on cherche à se rendre compte de la topographie générale du terrain sur lequel Dijon est assis, on verra que cette ville est placée sur une surface présentant une inclinaison générale du nord au sud. C'est dans cette direction que coulait l'ancien cours de Suzon, aujourd'hui renfermé dans un aqueduc.

A partir de la rive droite de ce cours, le terrain se relève jusqu'à l'enceinte formée par les remparts à l'ouest. A partir de la rive gauche, le terrain se relève encore, mais seulement jusqu'à une ligne de faîte, dont la distance de l'axe de Suzon varie entre 100 et 300 mètres. Enfin, à partir de cette ligne, le terrain s'abaisse jusqu'à l'enceinte formée par les remparts à l'est.

Il résulte de cet exposé :

1° Que toutes les eaux pluviales qui tombent sur le versant de la rive droite de Suzon et celles qui tombent sur la rive gauche jusqu'à la ligne de faîte précitée, doivent s'écouler par cet égout;

2° Que toutes celles qui tombent entre la ligne de faîte et l'enceinte Est de la ville doivent, au contraire, arriver dans les fossés au moyen des aqueducs placés sous les remparts.

Nous ne dirons rien de l'ancien cloaque que l'égout intérieur de Suzon remplace; nous nous bornerons à renvoyer le lecteur à la notice historique de M. l'archiviste Garnier, publiée dans la dernière édition de Courtépée.

Le lit, canalisé par mes soins en 1847, comme l'ancien cloaque, traverse la ville du nord au sud. Il a son entrée sous la tour de la Trémouille ou *Tour aux Anes*, passe sous l'île de maisons comprise entre la place au sud et cette tour, la place Suzon, la rue de Suzon et la ruelle Saint-Bernard; traverse la place Suzon, se continue sous les maisons formant le côté oriental de la rue Quantin; traverse la rue Musette; traverse à l'est la rue Poissonnerie; coupe la rue du Lacet; entre sous l'île triangulaire de maisons formée par ces deux dernières rues et la rue des Forges; passe sous la rue Guillaume se prolonge sous les maisons élevées sur le côté occidental de la rue Dauphine, ainsi que sous ou derrière celles du même côté de la rue du Bourg; coupe la rue Piron; longe à l'ouest la rue Berbisey, en traversant la rue Brulard et la rue du Morimont; passe sous les maisons du côté ouest de la rue Crébillon; décrit une courbe sur la place du Pont-Arnot, au-devant de l'hôtel de l'Académie; parcourt ensuite la rue Porte-d'Ouche sous son sol même; traverse le pied-droit oriental du viaduc du chemin de fer à la porte de ce nom; puis, après avoir reçu sur son côté droit le ruisseau de Raines, et décrit de nouveau une courbe vers l'est, se décharge dans un canal à ciel ouvert qui débouche dans la rivière d'Ouche, en aval du pont Aubriot ; sa longueur est de 1,328m 40.

Sa voûte, à l'exception de trois parties, deux derrière la rue Berbisey et la rue Crébillon, construites en 1847, et celle sous la rue Porte-d'Ouche, exécutée en 1844, se compose d'une série de berceaux établis successivement et dans des dimensions, formes et directions différentes par les propriétaires riverains, ou par la ville sous les rues et places. Toutes ces voûtes ont été raccordées, consolidées et rejointoyées, pour qu'elles formassent un aqueduc continu et régulier autant que possible. Dans certaines parties où le canal était trop large, il a été divisé en deux zones par un mur élevé dans son axe jusqu'à la clef de la voûte, et l'une des moitiés a été abandonnée aux riverains. Le sol en a été repurgé, nivelé et revêtu d'un radier en maçonnerie, composé d'une cuvette large de 1 mètre et profonde de 0m 40, constamment maintenue sur le côté droit ou occidental, et d'une banquette variant de largeur, mais n'ayant jamais moins de 1 mètre.

A 1 mètre au-dessus de cette banquette, de petits dés en pierre fixés de 50 en 50 mètres dans le pied-droit oriental de la voûte indiquent, par des chiffres gravés sur leur face antérieure, les distances à partir du parement extérieur de la tour de La Trémouille, et servent à raccorder le plan du terrain avec celui des places, rues et maisons de la superficie.

La hauteur, au-dessus du niveau de la mer, du radier de la cuvette de cet aqueduc est, à son origine, sous la tour de La Trémouille, de. 243m913
et à son extrémité au delà de la porte d'Ouche, de. 236 782

En sorte que la pente totale est de. 7m131
ainsi répartis, en commençant du point culminant :

Longueurs.	Pente par mètre.	Pente totale
10m00	0m01400	0m140
111 00	0 00863	0 959
150 00	0 00444	0 666
100 00	0 00525	0 525
110 00	0 00615	0 677
96 80	0 00320	0 310
118 20	0 00375	0 443
130 00	0 00496	0 645
36 60	0 04313	1 579
153 40	0 00271	0 416
134 00	0 00360	0 482
178 40	0 00162	0 289
1,328m40		7m131

L'entrée de l'aqueduc est munie, sous le parement extérieur de la tour de La Trémouille, d'un vannage composé de deux pelles à cric, établi en 1841, pour qu'on pût y introduire à volonté les eaux du torrent de Suzon.

Cinq aqueducs des fontaines viennent y aboutir aux points ci-après, mesurés à partir de cette entrée, savoir :

1° Celui de la rue de la Verrerie, répartiteur n° 9, sur le côté gauche, à 152 m.;

2° Celui de la rue Musette, répartiteur n° 8, sur la rive droite, à 353m 18;

3° L'aqueduc de la rue Condé, répartiteur n° 1, sur les deux rives, à 496 m.;

4° Celui de la rue du Bourg, répartiteur n° 4, sur le côté gauche, à 981m 50;

5° Et celui de la rue Porte-d'Ouche, répartit. n° 3, sur le côté droit, à 1096m 90.

Deux embranchements y aboutissent aussi :

L'un venant de la rue Berbisey et établi sous la maison n° 40 de cette rue. Il y tombe sur la rive gauche, à 856m 30 de la tour de La Trémouille. Sa longueur est de 27m 70.

L'autre, de la rue Saint-Philibert sur la rive droite, à 1245m 40 de la même tour. Sa longueur est de 40m 25.

Il reçoit en outre, dans son parcours, 16 égouts, dont 11 sur la rive droite, savoir : ceux de la rue de Suzon, — de la place de ce nom, — de la rue Quantin, — de la rue Musette, — de la rue Piron, — de l'angle nord-est de la place du Morimont, — de l'angle sud-est de la même place, — du Pont-Arnot, — de la rue Porte-d'Ouche, vis-à-vis de la maison n° 80, — de la rue Saint-Philibert, — et du ruisseau de Raines (à 1315m 40 de la tour de La Trémouille); — et 5 sur la rive gauche : ceux de la petite rue de Suzon, venant de la place Charbonnerie, — de la rue Dauphine (à 576m 60 de la tour de La Trémouille), — de la rue Berbisey (à 856m 30 du même point), — de la rue du Morimont, — et de la rue Porte-d'Ouche, contre la maison n° 55.

A la différence des autres aqueducs qui, dans toute leur étendue, renferment des tuyaux de distribution des eaux, celui-ci, qui est plus particulièrement un aqueduc-cloaque, n'en contient que dans deux parties : l'une de 208m 20 de longueur entre la rue Crébillon et la porte d'Ouche, à la suite de l'aqueduc de la rue Bossuet, n° 3; et l'autre de 119m 50, se développant sous la place Suzon et les maisons au nord, entre l'extrémité orientale de la rue Bannelier et l'entrée occidentale de la rue Chantal. Dans cette dernière partie, le tuyau n'est point porté, comme partout ailleurs, sur des consoles latérales; il est attaché par des liens de fer à la clef de la voûte.

Mais, pour arriver à accomplir le projet d'assainissement de l'égout de Suzon, on eut à surmonter beaucoup de difficultés, opposées par des propriétaires qui ne se rendaient pas compte de l'utilité de l'opération et qui avaient la jouissance des berceaux de voûte simple, double, et quelquefois triple, qui recouvraient le cours de l'égout.

A cet effet, un arrêté municipal du 11 juin 1842, rappelant dans ses considérants quarante-deux délibérations de l'ancienne mairie, des lettres du duc Jean-sans-Peur du 11 mars 1411, et plusieurs arrêtés du parlement qui prescrivaient déjà diverses mesures de salubrité relatives à ce cloaque, ordonna la suppression des lieux d'aisances au nombre de plus de cent soixante, et des innombrables égouts d'eau ménagère qui s'y déversaient. Cet arrêté, vivement attaqué par les riverains intéressés, d'abord devant le ministre de l'intérieur qui deux fois rejeta leur pourvoi, les 5 août et 21 novembre 1843, et ensuite devant les tribunaux, fut, en définitive, déclaré légal et obligatoire par un arrêt de la Cour de cassation du 24 août 1843, annulant un jugement du tribunal correctionnel de Dijon du 23 mars précédent, qui en avait subordonné l'exécution à une question de propriété.

Je crois nécessaire de donner le texte :

1° De l'arrêté du maire de Dijon du 11 juin 1842;

2° De l'arrêt de la Cour de cassation du 24 août 1843;
3° D'un arrêt de la Cour de cassation du 10 juin 1846.

1° Arrêté relatif à la suppression des égouts et lieux d'aisances établis dans le cours du torrent de Suzon, traversant la ville.

« LE MAIRE DE LA VILLE DE DIJON,

« Vu les délibérations du Conseil municipal en date des 8 et 14 mai, 6 novembre 1840, et 16 juin 1841, prescrivant le curage du bras de la rivière de Suzon traversant la ville, et sa conversion en un aqueduc exclusivement destiné à l'écoulement des eaux pluviales provenant des rues et des places;

« Vu les différents actes et règlements de police concernant la défense de jeter des immondices dans ce canal et d'y avoir des fosses d'aisances, égouts d'eaux ménagères ou de manufactures, notamment les délibérations de la Chambre du Conseil et de police des mois de juillet 1383, 1385, 1388, 8 octobre 1395, septembre 1407, 23 novembre 1408, 16 juillet 1416, 6 août 1450, 27 juin 1451, 4 septembre 1452, 2 août 1457, 25 juin 1470, 10 janvier 1535, 7 septembre 1554, 25 juin 1558; 18 août, 15 septembre, 18, 19, 20 et 27 octobre, 3 novembre, 9 décembre et 6 février 1559; 9 août 1566, 5 août 1567, 18 juillet 1570, 15 juillet 1572, 10 avril 1592; 24 juillet, 7 et 31 août et 20 septembre 1601; 8 février 1608, 26 mars 1613, 19 novembre 1614, 29 novembre 1627, 26 septembre 1642, 27 février 1646, 6 août 1666, 30 août 1690, et 9 août 1777; les lettres du duc Jean de Bourgogne du 11 mars 1411, et les arrêts du parlement de Dijon des 15 décembre 1627, 22 août 1669 et 28 novembre 1690, homologuant plusieurs des délibérations ci-dessus;

« Vu les lois des 14-22 décembre 1789, art. 50; 16-24 août 1790, tit. XI, art. 3, n°s 4 et 5; 19-22 juillet 1791, tit. I, art. 17 et 46; 18 juillet 1837, art. 9, 10 et 11;

« Vu les art. 471, n°s 5, 6 et 15, et 474 du Code pénal :

« Considérant qu'une des attributions les plus essentielles de l'autorité municipale est de veiller à tout ce qui tient à la salubrité publique, et de prévenir, par des précautions convenables, les épidémies; qu'en même temps que les lois ci-dessus visées lui en imposent le devoir, elles lui confèrent le droit de prendre les mesures propres à atteindre ce but;

« Considérant que le bras du ruisseau de Suzon qui, du nord au sud, traverse la ville sur une longueur de treize cent cinq mètres, partie dans un canal découvert et partie sous des voûtes, forme un cloaque infect d'où s'exhalent des miasmes de nature à porter atteinte à la santé publique;

« Que ce fâcheux état de choses, contre lequel s'élèvent des plaintes unanimes, et que les diverses Commissions sanitaires instituées lors des craintes de l'invasion du choléra avaient spécialement signalé comme compromettant gravement la salubrité de la ville, est produit d'un côté par l'intermittence du cours du ruisseau, dont le lit reste à sec plus de la moitié de l'année, et d'un autre côté par les lieux d'aisances qui, dans les diverses parties couvertes ou découvertes du canal, y ont été établis au nombre de plus de cent soixante, ainsi que par les eaux ménagères qui s'y déchargent;

« Que, par ses délibérations de 1840 et de 1841 plus haut rappelées, le Conseil municipal ayant prescrit le curage de ce vaste égout et l'enlèvement de l'amas immense d'immondices et de matières animales et végétales en décomposition qui, dans certains endroits, y forment une couche de 1 à 2 mètres d'épaisseur, continuellement pénétrée et remuée par les eaux du torrent, des pluies et des fontaines publiques, il est nécessaire de prendre les mesures propres à faciliter cette importante et dispendieuse opération, et à perpétuer les avantages qu'elle doit procurer;

« Que la première et la plus indispensable est la suppression complète et générale des lieux d'aisances et égouts d'eaux qui y ont été indûment pratiqués par les riverains, puisque autrement il serait impossible d'y pénétrer, d'en opérer le déblayement, et ensuite, et d'après le projet arrêté, d'établir dans tout ou partie de son emplacement un aqueduc voûté d'une dimension uniforme et d'une pente régulière, exclusivement destiné à l'écoulement des eaux pluviales des rues et des places;

« Que le droit d'ordonner cette suppression appartient à double titre à l'administration municipale, d'abord et incontestablement en vertu des lois prémentionnées, comme intéressant au plus haut degré la salubrité publique, et ensuite aussi à raison de ce que la ville est propriétaire du canal en question, évidemment creusé de main d'homme, et sur lequel, d'ailleurs, comme le démontre la série non interrompue de règlements de police ci-dessus rappelés, elle n'a cessé de faire des actes de maître, soit en accordant précairement des permissions, soit en défendant et poursuivant les anticipations ou entreprises dont il a été constamment l'objet, soit en en prescrivant ou opérant depuis plusieurs siècles le curage périodique;

« Que les propriétaires riverains ne pourraient fonder la résistance qu'ils voudraient opposer à la mesure présentement arrêtée, sur l'acquisition qu'ils prétendraient avoir faite de servitudes par le moyen de la prescription : d'une part, en ce que cette mesure étant d'ordre, de police et d'intérêt général, aucune espèce de prescription ne peut la paralyser; et en second lieu, parce que le canal en question, dépendant, comme les rues et les chemins, du domaine public municipal, n'est pas susceptible d'être acquis en tout ou en partie, ou grevé de droits réels, par une possession même immémoriale, et, à plus forte raison, par des faits d'usurpation clandestins, et constamment réprimés aussitôt qu'ils ont été connus;

« Considérant qu'il est nécessaire d'accorder aux riverains un délai suffisant pour remplacer par des ouvrages, dans l'intérieur de leurs propriétés, les aisances dont ils vont être privés,

« ARRÊTE :

« ARTICLE 1er. Tous lieux d'aisances, égouts d'eaux ménagères, d'ateliers et de manufactures indûment établis, et même d'eaux pluviales dirigées artificiellement et autrement que par la pente naturelle du terrain, sont interdits dans le lit ou canal du bras de la rivière de Suzon traversant la ville.

« En conséquence, les propriétaires de maisons, cours et emplacements voisins, seront tenus de retirer sur leurs fonds ou de supprimer, d'ici au 15 août prochain, tous les siéges et tuyaux de latrines, gargouilles, ouvertures et ouvrages destinés au jet, au dépôt ou à l'écoulement, dans ledit canal, des eaux, matières et immondices provenant de leurs propriétés.

« ART. 2. A l'expiration du délai ci-dessus fixé, il sera procédé à une visite du canal en question; et des procès-verbaux seront dressés contre les contrevenants, qui seront immédiatement traduits au tribunal de police municipale.

« Faute par eux d'avoir opéré les suppressions prescrites par l'article précédent, l'architecte voyer de la ville les fera exécuter à leurs frais, dont exécutoire sera décerné conformément à la loi, le tout indépendamment des peines prononcées par le Code pénal.

« ART. 3. Le présent arrêté sera immédiatement transmis à M. le Préfet, conformément à l'art. 11 de la loi du 18 juillet 1837.

« Il sera imprimé, publié et affiché.

« Ampliation en sera remise à MM. les Commissaires de police, chargés de veiller strictement à son exécution.

« Arrêté à l'Hôtel-de-Ville de Dijon, le 11 juin 1842.

« VICTOR DUMAY.

« Vu et approuvé; Dijon, 14 juin 1842.

« *Le Pair de France, Préfet de la Côte-d'Or,*

« N. DE CHAMPLOUIS. »

2° Arrêt de la Cour de cassation du 24 août 1843, qui, en cassant un jugement du tribunal de police correctionnelle de Dijon du 23 mars précédent, décide que les arrêtés de police relatifs à la salubrité publique doivent, dans les mesures qu'ils prescrivent à cet effet, recevoir leur exécution de la part des habitants que ces mesures concernent, quels que soient les droits de propriété ou de servitude que ceux-ci puissent invoquer en leur faveur, et qu'en conséquence les tribunaux de répression ne peuvent surseoir au jugement des contrevenants jusqu'à ce qu'il ait été statué au civil sur la question de propriété ou de servitude.

« LA COUR DE CASSATION, — Vu l'art. 471, n° 15, du Code pénal, et l'art. 182 du Code forestier;

« Attendu, en droit, que l'exception de propriété ne peut arrêter la poursuite d'un délit ou d'une contravention que dans le cas où le droit de propriété, s'il était trouvé, ôterait au fait incriminé tout caractère de délit ou de contravention;

« Et attendu que les sieurs B..., G... et autres intervenants étaient poursuivis pour avoir négligé de se conformer à un arrêté du maire de Dijon en date du 11 juin 1842, dûment approuvé par le préfet du département de la Côte-d'Or, qui ordonnait la suppression de tous siéges et tuyaux de latrines, gargouilles, ouvertures ou ouvrages destinés au jet, au dépôt et à l'écoulement, dans le bras de la rivière de Suzon qui traverse la ville, des eaux, matières et immondices provenant des propriétés particulières; que cet arrêté, pris, ainsi que l'énoncent ses motifs, dans un intérêt de salubrité publique, et pour détruire un cloaque infect d'où s'exhalent des miasmes de nature à porter atteinte à la salubrité publique, était sous ce rapport dans les attributions de l'autorité municipale; que dès lors, en ce qui concernait les mesures de salubrité qu'il prescrivait, les tribunaux devaient en assurer l'exécution; qu'en supposant que les intervenants eussent acquis, par titres, prescription ou autrement, des droits de propriété ou de servitude sur la partie du canal de Suzon joignant leurs maisons, cette circonstance ne pouvait pas les dispenser de se conformer à la disposition de l'arrêté qui défendait de laisser écouler dans le canal des matières infectes, dont les exhalaisons pouvaient compromettre la salubrité publique; qu'alors même que les droits de propriété ou de servitude invoqués par les intervenants auraient été reconnus, lesdits intervenants n'en devaient pas moins obéir à l'arrêté dans ce qu'il prescrivait relativement à la salubrité publique; que dès lors le tribunal de police devait statuer au fond sur la contravention, sans s'arrêter à l'exception invoquée et tirée d'un droit prétendu de propriété ou de servitude; qu'en ne le faisant pas, et, au contraire, en ordonnant, sans distinguer entre les mesures de salubrité publique, dont l'exécution ne pouvait pas être paralysée, et les autres dispositions de l'arrêté du 11 juin 1842 qui auraient pu affecter le droit de propriété, qu'il serait sursis au jugement du fond jusqu'à ce que les intervenants eussent fait statuer par les júges compétents sur la question de propriété, le tribunal de police correctionnelle de Dijon a faussement appliqué l'art. 182 du Code forestier, et formellement violé l'art. 471, n° 15, du Code pénal, — CASSE ledit jugement en date du 23 mars 1843. »

3° Arrêt de la Cour de cassation du 10 juin 1846, qui, en cassant un arrêt de la Cour royale d'Amiens du 23 janvier 1843, décide que les rivières non navigables ni flottables ne sont pas la propriété des riverains, tellement qu'en cas d'expropriation pour cause d'utilité publique d'un terrain traversé par une rivière, l'exproprié n'a droit à aucune indemnité pour la privation du lit de la rivière.

« La société anonyme du canal de jonction de la Sambre et de l'Oise poursuivait l'expropriation des terrains nécessaires à l'établissement de ce canal. Parmi ces terrains se trouvait une prairie appartenant au sieur Parmentier, traversée par la rivière d'Etreux, qui n'est ni navigable ni flottable. *Son lit et* partie des terrains qui la bordent devaient, d'après les plans, être compris dans le canal.

« Devant le jury d'expropriation, le sieur Parmentier a demandé une indemnité, non-seulement pour la portion de prairie dont il était exproprié, mais encore pour le lit de la rivière, qu'il soutenait lui appartenir, se fondant sur ce que les rivières non navigables ni flottables sont la propriété des riverains.

« La Compagnie a prétendu, au contraire, que le sieur Parmentier n'avait aucun droit de propriété sur le lit de la rivière, qui était une chose publique et appartenant à tous, et, dès lors, qu'il ne devait obtenir aucun dédommagement pour la portion qu'on lui en prenait vis-à-vis son héritage.

« Dans cet état de choses, le jury a fixé une indemnité définitive pour la valeur de la parcelle de pré dont la propriété n'était pas contestée, et une indemnité éventuelle de 391 francs pour le lit de la rivière, en délaissant, au surplus, les parties à se pourvoir devant l'autorité judiciaire pour faire vider la question de propriété du lit de cette rivière.

« Le sieur Parmentier a alors assigné la Compagnie devant le tribunal de Vervins, qui, par jugement du 31 décembre 1841, l'a débouté de sa demande en payement de 391 francs, sur le motif que le sol de la rivière appartenait au public.

« Sur l'appel tranché de cette décision, il est intervenu à la Cour royale d'Amiens, le 28 janvier 1843, un arrêt qui, réformant, adjuge au sieur Parmentier l'indemnité réclamée, en reconnaissant que le lit de la rivière est une dépendance de la propriété qu'il traverse, et que par suite un dédommagement est dû lorsque, par l'effet de travaux d'utilité publique, le maître de cette propriété perd non-seulement les avantages du cours d'eau, mais encore ceux qu'il pourrait trouver dans l'exploitation du lit desséché.

« Pourvoi en cassation de la part de la Compagnie; 10 juin 1846, arrêt de la Chambre civile rendu après délibération en la Chambre du conseil, sous la présidence de M. le premier président Portalis, et conçu en ces termes :

« Vu les art. 644 et 714 du Code civil; — Attendu qu'un cours d'eau se compose essentiellement et de ses eaux et du lit sur lequel elles s'écoulent; que les eaux et leur lit forment, par leur réunion et tant qu'elle subsiste, une seule et même nature de biens, et doivent, à moins d'une volonté contraire formellement exprimée par la loi, être régis par des dispositions identiques;

« Attendu que l'art. 644 du Code civil confère à celui dont la propriété borde un cours d'eau non navigable ni flottable le droit de se servir de l'eau à son passage pour l'irrigation de ses propriétés, et à ceux dont cette eau traverse l'héritage le droit d'en user dans l'intervalle qu'elle y parcourt, à la charge de la rendre, à la sortie de leurs fonds, à son cours ordinaire;

« Attendu que ces droits d'usage spécifiés et limités sont exclusifs du droit à la propriété du cours d'eau;

« Attendu que, d'après l'art. 563 du même code, lorsqu'une rivière, même non navigable ni flottable, se forme un nouveau cours en abandonnant son ancien lit, les propriétaires des fonds nouvellement occupés prennent, à titre d'indemnité, l'ancien lit abandonné; — que cette attribution faite par la loi démontre qu'elle ne considère pas l'ancien lit abandonné comme appartenant aux propriétaires riverains de cet ancien lit;

« Attendu que, les cours d'eau non navigables ni flottables n'appartenant point aux propriétaires riverains d'après les dispositions ci-dessus, ils rentrent dans la classe des choses qui, aux termes de l'art. 714 du Code civil, n'appartiennent à personne, dont l'usage est commun à tous, et dont la jouissance est réglée par les lois de police;

« Attendu qu'à la vérité les choses auxquelles s'applique l'art. 714 sont distinctes des biens qui, d'après l'art. 713, n'ayant pas de maître, appartiennent à l'État; mais qu'il suffit que la loi refuse aux propriétaires riverains la propriété des cours d'eau non navigables ni flottables, pour qu'il n'y ait pas lieu de leur accorder une indemnité à raison de l'occupation du lit formant partie intégrante de ces cours d'eau;

« Attendu que l'arrêt attaqué a accordé une indemnité au défendeur pour la valeur du lit de la rivière d'Étreux dont il est exproprié, et par application de l'art. 545 du Code civil; qu'en jugeant ainsi, cet arrêt a faussement appliqué ledit art. 545, et expressément violé les art. 644 et 714 du Code civil;

« CASSE ledit arrêt. »

Tous les opposants durent donc céder, en présence du texte des deux arrêts précités, et ils ne comprennent plus aujourd'hui l'esprit de vertige qui les égarait dans leurs résistances.

L'intérêt général et l'intérêt particulier ont également gagné à cette utile opération, que dix mois ont suffi pour mener à fin; car si, sous le rapport de la salubrité, la ville, comme on l'a dit en commençant, n'a plus à redouter les funestes effets des émanations de l'égout, les propriétaires des maisons sises à 100 et 150 mètres de ses rives sont aussi, grâce au nouvel encaissement, désormais à l'abri de l'inondation périodique de leurs caves, ainsi que de l'altération des eaux de leurs puits, gâtées par les infiltrations (¹).

(¹) Voici ce qu'en disait, en 1777, Courtépée, dans sa *Description du duché de Bourgogne*, t. II, p. 3 de l'édition de 1848 :

« Le lit de Suzon est presque comblé, par intervalles, d'immondices de toute espèce qui y

La totalité de la dépense s'est élevée à la somme de 69,020 fr. 61 c., au payement de laquelle le gouvernement, en exécution de l'ordonnance du 18 décembre 1846 et de la loi du 24 février suivant sur les travaux de charité, a contribué pour un tiers.

Avec cette somme, qui comprend aussi 1,742 fr. pour remboursement à l'entrepreneur des droits d'octroi sur les matériaux, 1,509 fr. 93 c. pour frais d'éclairage des travaux souterrains, et 1,226 fr. pour dépense de fournitures et de réparation d'outils, on a soldé les ouvrages et fournitures, dont le détail suit :

1° Fouille et transport hors de la ville de 9,500 mètres cubes de déblais et d'immondices ;

2° 2441m89 cubes de maçonnerie à la chaux hydraulique, à raison de 10 fr. 50 c. le mètre cube ;

3° 1930m35 carrés de dalles de 15 centimètres d'épaisseur pour former la paroi de la cuvette contre la banquette, à 4 fr. 50 c. le mètre taillé et sur place ;

4° 629m34 de superficie de chapes, à 0 fr. 77 le mètre ;

5° 112m57 aussi superficiels, d'enduits, à 1 fr. 00 c. le mètre ;

6° Et 7384m25 carrés de rejointoiements à la chaux hydraulique.

5° Concessions d'eau.

Le Conseil municipal a commencé par poser en principe (8 août 1844-6 août 1847), que nulle concession ne serait consentie gratuitement à aucune autorité, à aucun établissement communal ou autre, sous quelque prétexte et pour quelque motif que ce soit (1).

tombent incessamment; les flaques d'eau qu'il laisse dans les inégalités acquièrent, par leur croupissement, un degré de putréfaction fort nuisible; outre que les eaux corrompues, filtrant à travers des terres poreuses, vont infecter l'eau des puits et lui donnent une qualité malfaisante qui peut causer des maladies contagieuses : le puits des prisons en a fourni un fâcheux exemple. »

(1) On peut voir, dans les *Recherches sur les eaux publiques de Paris* par M. Girard, 1812, les luttes souvent infructueuses que l'autorité a eu à soutenir pour remédier aux abus qui s'étaient introduits dans la disposition de ces eaux, et que M. Horace Say rapporte en ces termes (*Études sur l'administration de la ville de Paris*, page 105) : « Les premières eaux amenées avaient été employées en actes de munificence et livrées gratuitement aux fontaines publiques : lorsque des concessions furent faites ensuite à prix d'argent, on donna en général droit à un

C'est une sage imitation de ce qui avait déjà été fait à Toulouse; la surveillance rigoureuse de l'exécution de ce règlement pourra seule mettre Dijon à l'abri des abus dont Paris a eu si longtemps à souffrir.

De pareils établissements, qu'on ne crée qu'avec le produit d'impôts supportés par tous les citoyens, doivent tourner au profit de tous, soit en procurant également à chacun un élément d'une indispensable nécessité, soit en embellissant et rendant salubres les rues, les places, les promenades, soit enfin en fournissant une ressource qui atténue d'autant les charges publiques. A Rome, la distribution de l'eau était non-seulement un objet d'utilité et d'agrément pour les citoyens, mais aussi une branche importante de revenus; les redevances que les maisons de particuliers, et *même* les bains et établissements publics payaient pour en avoir, sous le nom de *vectigal ex aquæductibus*, ou *vectigal formæ*, étaient d'abord employées aux dépenses d'entretien des conduits, des châteaux d'eau et des fontaines, *unde*, dit un auteur (Rosinus), *et omne plumbum et omnes impensæ adductûs, et castella et lacus pertinentes erogabantur*. D'après l'opinion de M. Dureau de la Malle, l'eau était *chèrement vendue aux riches et voluptueux habitants* de la capitale du monde; les seuls jardins et villas payaient 250,000 sesterces (environ 65,000 fr.) par an; et le produit total ne s'élevait pas annuellement à moins de 1,244,000 fr. (Courtépée) (¹).

écoulement déterminé, *moyennant une somme une fois payée*... D'un autre côté, le bureau de la ville accordait gratuitement de semblables concessions en reconnaissance de services rendus; les échevins en recevaient ainsi, par une coutume abusive, lorsqu'ils sortaient d'office. »

Charles VI fut obligé, par un édit, de révoquer toutes les concessions d'eau particulières faites à Paris. « *Les eaux publiques, disait-il dans son préambule, ont été, par importunités et sous ombre d'aucuns offices, tellement appéticiées que en aucuns lieux sont venues du tout à nient, et en d'autres en telle diminucion que à peine y en vient-il point*... »

Henri IV, en supprimant en 1608 presque toutes les concessions existantes, renonça lui-même à l'eau des sources municipales qui se rendait au Louvre et aux Tuileries, et pour y suppléer il fit construire au Pont-Neuf la pompe de la Samaritaine.

(¹) Il n'y a presque pas de maison à Rome qui ne soit aujourd'hui pourvue d'une fontaine abondante : les habitants qui manquent d'eau vont en chercher chez le voisin; et ce dernier s'exposerait à voir briser sa porte s'il n'accueillait pas une prétention que le peuple considère comme un droit. — Le gouvernement pontifical a vendu primitivement leau Vierge 300 piastres l'once; les eaux Pauline et Felice, 200 piastres : aujourd'hui, l'eau Vierge et l'eau Felice se payent deux ou trois fois plus cher que dans l'origine. Les filets d'eau possédés par les particu-

Voici maintenant le texte de la délibération qui a réglé les clauses et conditions des concessions d'eau.

Séance du 6 août 1847.

« M. le maire donne lecture du projet d'un cahier des charges et conditions sous lesquelles pourra être faite, aux habitants qui le demanderont, la concession des eaux des fontaines publiques.

« Après discussion, ce cahier de charges demeure approuvé par le Conseil municipal dans les termes suivants :

TITRE PREMIER. — MODES DE CONCESSIONS.

« ARTICLE 1er. Les eaux que la ville de Dijon a dérivées de la source du Rosoir pourront être concédées aux habitants qui voudront en obtenir à domicile, d'après l'un des deux modes suivants, exclusivement au choix de l'administration municipale, savoir :

« 1° Par quantité déterminée ;

« 2° Par évaluation et sans jaugeage ;

« ART. 2. La concession *par quantité déterminée* consiste dans la délivrance d'un volume d'eau fixe, soit au moyen d'un robinet de jauge le débitant d'une manière continue en vingt-quatre heures consécutives, soit par le remplissage, aux jours et heures indiqués, d'un réservoir ayant une capacité égale à ce volume.

« ART. 3. La concession *par évaluation* a pour objet la faculté, de la part du concessionnaire, de prendre, au moyen d'un robinet à sa disposition, et dont le débit est réglé à environ 15 litres par minute, la quantité d'eau nécessaire aux besoins des personnes indiquées dans l'acte de concession, et aux autres usages qui y sont indiqués.

« La consommation qu'entraînent ces besoins et usages est évaluée à forfait, pour vingt-quatre heures, à 20 litres par personne ; 75 litres par cheval ; 40 litres par voiture de luxe à deux roues ; et 75 litres par voiture de luxe à quatre roues.

« Quant aux concessions pour l'usage d'usines, de manufactures ou d'établis-

liers sont aliénables (Rapport de M. Termes). Je donnerai dans la note C quelques détails sur le volume total de la fourniture d'eau à Rome.

sements industriels, l'évaluation de la consommation sera faite, dans chaque cas particulier, par une délibération spéciale du Conseil municipal.

« Selon les circonstances, entièrement laissées à l'appréciation de l'administration municipale, le concessionnaire pourra obtenir la faculté d'avoir plusieurs robinets dans sa propriété, mais seulement aux points et avec les mesures de précaution qui seront spécifiés dans l'acte.

« ART. 4. La consistance de chaque concession sera exprimée en nombre d'hectolitres à fournir par vingt-quatre heures.

« Les fractions d'hectolitre, quelque faibles qu'elles soient, seront comptées pour un hectolitre entier.

TITRE II. — CONDITIONS DES CONCESSIONS, ET PRÉCAUTIONS POUR PRÉVENIR LES ABUS.

« ART. 5. Il n'est point fait de concession pour une quantité inférieure à deux hectolitres par jour.

« ART. 6. Les concessions sont attachées aux propriétés pour lesquelles elles ont été faites; elles ne pourront être transférées d'un immeuble à un autre.

« La mutation, soit de la propriété, soit de la jouissance, n'entraînera pas la résiliation de celles mentionnées à l'art. 2 ci-dessus. Le concessionnaire restera, pendant la durée de la concession, personnellement responsable des obligations par lui contractées.

« Quant aux concessions par évaluation, objet de l'art. 3, elles seront de plein droit résolues par le seul fait du changement de possesseur.

« ART. 7. Il est expressément interdit à tout concessionnaire de disposer, d'une manière quelconque, en faveur de qui que ce soit, de tout ou partie des eaux concédées. Défense lui est en conséquence faite d'embrancher ou de laisser embrancher sur sa conduite particulière, à l'intérieur ou à l'extérieur de sa propriété, aucune prise d'eau au profit d'un tiers.

« ART. 8. Chaque conduite particulière sera garnie d'un robinet d'arrêt établi dans un regard ou avec bouche à clef et placé nécessairement sous la voie publique.

« Les agents de l'administration municipale pourront seuls manœuvrer ce robinet.

« Le concessionnaire aura, de son côté, la faculté d'en faire placer un autre dans l'intérieur de sa propriété, mais à la condition que la clef en sera différente de celle à l'usage des préposés de la ville.

« Art. 9. Les travaux à exécuter sous la voie publique et fournitures y relatives, tels que branchements, tuyaux, regards, bouches à clef, robinets d'arrêt et de jauge, seront faits, réparés et remplacés, le cas échéant, par la ville, d'après un devis et un tarif préalablement acceptés par le concessionnaire.

« Tous les autres ouvrages pourront être faits par des ouvriers au choix de ce dernier, mais toujours sous la surveillance des agents de l'administration.

« Les concessionnaires seront responsables envers les tiers de tous les dommages que leurs conduites particulières, même celles placées sous la voie publique, pourraient occasionner.

« Art. 10. Lors de la mise en jouissance de chaque concessionnaire, il sera dressé, contradictoirement avec lui, par le préposé de l'administration, un plan des lieux accompagné d'une légende indiquant la disposition, la nature et le diamètre de la conduite particulière, ainsi que le nombre, l'emplacement et les dimensions des réservoirs, robinets et orifices d'écoulement.

« Le concessionnaire ne pourra apporter aucune modification à l'état de choses ainsi constaté, sans le consentement exprès et par écrit de l'administration municipale.

« Art. 11. Lorsque l'eau sera livrée par évaluation, conformément à l'art. 3 ci-dessus, le concessionnaire ne pourra l'employer à d'autres usages que ceux désignés dans l'acte de concession. Il ne pourra notamment s'en servir pour l'arrosement de jardins, serres et plates-bandes.

« Il sera tenu de prévenir, par des mesures de surveillance intérieure, tout abus dans la consommation, et toute déperdition inutile.

« Art. 12. Les distributions d'eau établies dans l'intérieur des propriétés seront constamment soumises à l'inspection des agents de l'administration municipale, chargés de veiller à ce qu'il ne soit apporté aucun changement au volume du débit de l'eau ni aux autres conditions de la concession.

« A cet effet, tout agent muni d'une commission du maire aura le droit de pénétrer dans les parties de la propriété où seront placés les appareils d'écoulement.

TITRE III. — Durée des Concessions, Interruptions, Résiliation.

« Art. 13. La durée des concessions est de trois années consécutives, partant soit du 1er janvier, soit du 1er juillet. Elle comprendra, en outre, la partie restant à courir du semestre dans lequel l'eau commencera à être livrée.

« Art. 14. Si, par suite de réparations ou pour toute autre cause prévue ou imprévue, il y avait interruption ou cessation complète de l'arrivée de l'eau de la source du Rosoir à Dijon, ou de sa distribution dans la rue où est située la propriété au profit de laquelle existe la concession, le concessionnaire ne pourrait, pour ce motif, prétendre à aucuns dommages et intérêts, ni à aucune espèce d'indemnité contre la ville, le propre intérêt de l'administration devant être une garantie suffisante de ses efforts pour prévenir un pareil accident, ou pour y remédier autant que possible. En conséquence, cet accident serait réputé de plein droit, et sans admission de preuve contraire, avoir pour cause un cas fortuit et de force majeure exclusif de toute garantie.

« Il y aurait alors seulement remise proportionnelle de la redevance pendant toute la durée de l'interruption, si toutefois elle se prolongeait au delà de dix jours, ou extinction totale pour le cas de la cessation définitive du service.

« Art. 15. En cas de contravention dûment constatée à l'une des conditions, soit du présent cahier de charges, soit de l'acte particulier d'abonnement, la concession sera, si la ville l'exige, résiliée de plein droit, avec dommages et intérêts dont la somme ne pourra être au-dessous du montant de deux années de la redevance.

« Provisoirement, le maire pourra, par un arrêté motivé, faire suspendre le service.

TITRE IV. — Prix des concessions et dépenses accessoires.

« Art. 16. Le prix de la fourniture, pendant une année, de chaque hectolitre d'eau par jour demeure fixé à 10 fr. [1].

[1] Ce prix est réduit par le Conseil municipal, lorsqu'il s'agit de concessions à des établissements publics ou même à des établissements industriels privés, qu'il convient de favoriser dans l'intérêt général de la population. C'est ainsi que, par délibération du 5 février 1846, la redevance à la charge des entrepreneurs de bains n'a été réglée qu'à 300 fr. par an. En cela, l'administration a été déterminée par cette considération, présentée par M. Horace Say dans ses

« Néanmoins, le Conseil municipal se réserve la faculté de réduire ce prix lorsqu'il s'agira :

« 1° D'établissements publics, municipaux, départementaux ou autres;

« 2° D'établissements particuliers dont l'existence serait de nature à intéresser la salubrité publique;

« 3° De concessions pour un volume ou dans des conditions et circonstances exceptionnelles.

« Mais dans aucun cas, à aucun titre et pour aucune cause, il ne pourra être fait de concession gratuite au profit de quelque personne ou de quelque établissement public ou privé que ce soit.

« Art. 17. Le prix annuel de l'abonnement sera versé à la Caisse du receveur municipal en deux termes égaux et d'avance, les 30 juin et 31 décembre de chaque année.

« Lorsque la jouissance du concessionnaire commencera dans le cours d'un semestre, le payement à faire d'avance comprendra non-seulement la partie de la redevance applicable au reste de ce semestre, mais encore la totalité de celle du semestre suivant.

« Pour quelque cause que ce soit, autre seulement que celle prévue à l'art. 11 ci-dessus, il ne pourra y avoir lieu à restitution de la redevance payée.

« A défaut de payement exact aux époques ci-dessus déterminées, le service sera suspendu, sans qu'il y ait besoin d'aucun acte de constitution en demeure, même par simple avertissement, et sans que, par suite, la redevance cesse de courir à la charge du concessionnaire jusqu'à l'expiration du terme de la concession.

« Art. 18. Tous les travaux et fournitures relatifs au premier établissement, à l'entretien ou au remplacement des conduites particulières et accessoires, seront exclusivement aux frais des concessionnaires, qui seront tenus de con-

Études sur l'administration de la ville de Paris, page 413 : « Il est à désirer qu'à Paris l'eau soit fournie désormais avec plus d'abondance encore et à meilleur marché, et il est un genre d'établissement qu'il serait surtout utile de voir fonder en faveur des classes les moins aisées de la société; ce serait, dans les quartiers pauvres, des buanderies et des bains publics à très-bon marché. Les habitudes de propreté sont moralisatrices au plus haut point, en ce qu'elles développent le respect de soi-même, ce frein contre les mauvaises habitudes de la paresse et du vice. Ceux qui ont soin de leur personne deviennent toujours économes et rangés. »

signer à l'avance le prix de ceux à exécuter par la ville, conformément au premier alinéa de l'art. 9 ci-dessus.

« **Art.** 19. Les frais de timbre et d'enregistrement, tant des actes de concession que des plans avec légende mentionnés en l'art. 10 ci-dessus, seront en totalité à la charge des concessionnaires.

TITRE V. — Dispositions générales.

« **Art.** 20. Pour tout ce qui concerne l'exécution de l'acte de concession, même pour signification d'offres réelles et d'appel, élection de domicile attributive de juridiction, aux termes de l'art. 111 du Code civil, aura lieu de plein droit, de la part du concessionnaire, de ses héritiers et ayant cause, en l'étude du notaire de la ville.

« **Art.** 21. Tous les héritiers, successeurs et ayant cause de chaque concessionnaire seront tenus entre eux, par la voie solidaire, du payement de ce qui pourra être dû à la ville pour redevance, dommages et intérêts, ou autre cause.

« La même solidarité existera entre les divers intéressés à la même concession.

« **Art.** 22. La ville pourra user, pour tous les recouvrements à effectuer, de la voie d'exécution autorisée par l'art. 63 de la loi du 18 juillet 1837.

« **Art.** 23. Toutes les clauses et conditions, tant du présent cahier de charges que de l'acte spécial de concession, seront indivisibles et de rigueur, et aucune des peines, prescriptions et prohibitions y contenues, ne pourra être réputée comminatoire, ni être modérée ou modifiée contre le gré de l'administration, pour quelque cause ou sous quelque prétexte que ce soit.

« **Art.** 24. Le présent cahier de charges et l'arrêté approbatif de M. le préfet du département de la Côte-d'Or seront transcrits ou imprimés en tête de chacun des actes particuliers de concession.

« Ces actes particuliers n'auront d'effet qu'après avoir été revêtus de l'approbation du même magistrat.

« Pour ampliation conforme : « *Le maire de Dijon,*

« Victor DUMAY.

« Vu et approuvé, Dijon, le 20 septembre 1847.

« *Le pair de France, préfet de la Côte-d'Or.*

« N. DE CHAMPLOUIS. »

ACTE DE CONCESSION.

« Entre les soussignés, M. ..., maire de la ville de Dijon, stipulant en cette dernière qualité, au nom et dans l'intérêt des habitants en corps de ladite ville, en vertu de la délibération de son Conseil municipal en date du 6 août 1847, approuvée par M. le pair de France préfet du département de la Côte-d'Or, le 20 septembre suivant, dont ampliation est imprimée en tête de chacun des originaux des présentes, d'une part;

« Et M. ..., d'autre part,

« Il a été, à vue du plan des lieux avec description des travaux à exécuter, dressé par le conservateur des fontaines publiques de ladite ville de Dijon, le... et accepté par l... d...,

« Convenu ce qui suit :

« Article 1er. Concession demeure faite à..., dans..., de la quantité de... hectolitres d'eau par jour, qui l... sera délivrée d'après le mode déterminé par l'art. 3 de la susdite délibération du 6 août 1847, pour l'usage de..., et ce au moyen de... robinet placé ...

« Art. 2. La durée de la présente concession est fixée au laps de temps réglé par l'art. 13 de la susdite délibération du 6 août 1847, et dont le cours partira du jour où un procès-verbal du conservateur des fontaines constatera que l'eau a commencé à être livrée.

« Art. 3. La présente concession est faite aux conditions ci-dessus, ainsi qu'à toutes celles contenues dans la délibération du 6 août 1847 qui précède, et, en outre, moyennant la somme annuelle de... francs, payable comme il est dit à l'art. 17 de ladite délibération.

« Ainsi d'accord, et fait en trois originaux, dont un pour l... concessionnaire, le second pour le receveur municipal, et le troisième pour le secrétariat de la mairie.

« Hôtel-de-Ville de Dijon, le...

« Vu et approuvé le... Enregistré à Dijon le... »

Mais il faut avouer que, sous l'influence de ce règlement, les concessions n'ont atteint qu'un chiffre très-faible.

Voici le résumé de ce qu'elles produisent :

	NOMBRE.	MONTANT.	PRIX MOYEN de la CONCESSION.
1° Concessions par évaluation.	67 c.	6,685 f.	100 f.
2° Concessions par jaugeage	17	1,470	86
Totaux.	84	8,155	
Moyenne générale du prix de la concession.			97 f.

Dans les concessions par évaluation, on compte : quatre casernes, deux hôpitaux, trois maisons de charité, deux écoles, le lycée et six établissements de bains.

L'ensemble de ces concessions produit annuellement une somme de 3,765 fr.

Il m'a paru qu'il était possible de faire disparaître quelques-unes des causes qui ne permettent pas au chiffre des concessions de s'accroître, et j'ai adressé, le 20 avril 1855, à ce sujet à M. le maire de Dijon une lettre ainsi conçue :

« MONSIEUR LE MAIRE,

« Ce n'est pas sans un certain étonnement que j'ai vu, par le tableau des concessions que vous m'avez fait l'honneur de m'adresser, le faible chiffre auquel s'élève le montant total des concessions faites jusqu'à ce jour.

« Si la distribution des eaux de Dijon avait eu un but industriel, le but, il faut en convenir, serait complétement manqué. On ne serait arrivé qu'à un véritable échec commercial. Mais j'ai voulu chercher s'il serait possible de rendre, même sous le rapport du profit pécuniaire, la fourniture d'eau de Dijon une opération utile.

« Et d'abord, voyons à quelles causes est dû le peu d'empressement que montrent les habitants à obtenir des concessions : à deux principales.

« La première est certainement la multiplicité des bornes-fontaines, qui, garnies d'un appareil spécial, permettent d'y puiser à toute heure du jour et de la nuit, sans que l'on ait à franchir une distance moyenne de plus de 50 mètres.

« La seconde réside dans le haut prix de revient des appareils nécessaires pour réunir la maison du concessionnaire au tuyau qui doit alimenter sa fourniture, et pour réaliser la distribution intérieure.

« La première cause résulte du principe même qui a présidé à la distribution des eaux de Dijon, principe éminemment libéral, éminemment favorable aux classes peu aisées, et *qu'il faut conserver à tout prix.*

« L'eau ne doit pas leur être mesurée, plus que ne leur sont mesurés l'air et la lumière.

« J'ajouterai que c'est encore dans leur intérêt que les octrois ne prélèvent jamais de taxe sur le blé; or, l'eau n'est pas moins utile que le blé, et l'on ne doit grever d'aucune taxe sa délivrance à ceux pour qui la vie matérielle est chose si difficile.

« Le *temps*, à Dijon, ville peu commerçante, peu manufacturière, n'est pas encore *de l'argent*, suivant l'ingénieuse expression de Franklin, et les classes ouvrières peuvent, sans perte appréciable, aller chercher aux voies d'écoulement l'eau potable dont elles ont besoin.

« Il faut donc leur laisser cette faculté comme un droit.

« On objectera peut-être que les octrois doivent arriver au taux nécessaire pour assurer à tous les habitants, *aux nécessiteux comme aux riches*, la sécurité et la salubrité indispensables dans toute agglomération d'hommes! Sans doute, mais la manière dont les octrois sont perçus et les objets sur lesquels ils portent doivent être mûrement étudiés.

« Mal combinés, les octrois écrasent des classes déjà épuisées; bien combinés, ils s'adressent à ceux qui peuvent, sans grande difficulté, arriver à les acquitter.

« Encore une fois, c'est toujours le principe qui a empêché la taxation du blé, que je demande à voir respecter.

« Je pense donc qu'il faut maintenir le puisage gratuit et facile aux bornes-fontaines, et ne pas déroger à un principe que l'ancien corps municipal avait si chaleureusement adopté, et que nos successeurs dans le conseil de la ville ne soutiendraient pas sans doute avec un moindre empressement.

« Quant à la seconde cause, je crois qu'elle peut être singulièrement atténuée.

« Voici comment.

« Et d'abord, quelle est la dépense nécessaire pour réunir la conduite alimentaire à la maison du concessionnaire?

« Il résulte d'une note que m'a adressée le conservateur des fontaines de Dijon que cette dépense est moyennement de 100 fr., savoir :

« 1° Fourniture et pose du tuyau en plomb, fouille et rétablissement des lieux dans leur état primitif.

« Longueur moyenne à parcourir, 11m40 à 5 fr.	57	»»
« Robinet d'arrêt.	15	»»
« Percement, collier, rondelle, salaire des employés de l'administration.	10	»»
« Bouche à clef et son tabernacle	15	»»
	97	»»

« Il y a des articles qui pourraient être singulièrement réduits, notamment le prix du robinet, qu'on pourrait prendre d'un diamètre inférieur à celui qu'on a, sans utilité réelle, précédemment adopté.

« Je pense, en premier lieu, que la ville devrait se charger de cette dépense.

« 2° Passons à la distribution intérieure.

« Les maisons, à Dijon, sont généralement composées d'un rez-de-chaussée, d'un premier et d'un second étage.

« Une distribution d'eau dans la maison exigerait donc qu'à l'extrémité du tuyau, que la ville conduirait jusqu'à la façade, on soudât une branche desservant les trois appartements situés au rez-de-chaussée, au premier et au second.

« La même branche peut sans inconvénient s'élever jusqu'au second étage.

« Le rez-de-chaussée, le premier et le deuxième étage auraient à peu près à dépenser :

« 1° Rez-de-chaussée, environ 5 mètres de tuyau à 8 fr.		.....	40	» »
« 2° Au premier étage,	id.	id.	40	» »
« 3° Second étage,	id.	id.	40	» »
			120	» »

« A l'ensemble de ces chiffres il faut, en outre, ajouter trois robinets de distribution à 6 francs environ chacun (je ne parle pas de la pose, cette dépense est insignifiante).

« Or, je crois qu'il conviendrait encore d'accorder, lorsque deux ou trois concessionnaires se présenteraient à la fois, d'accorder dis-je, à titre de prime, *servant à aider aux dépenses des travaux intérieurs*, la moitié de l'abonnement de la première année, c'est-à-dire que les concessionnaires verseraient pour cette année seulement *la moitié du prix de l'abonnement*.

« Je désirerais aussi qu'on créât un dernier stimulant, en passant avec un entrepreneur unique un marché pour tous les travaux sous la voie publique ; et la ville, à raison des ouvrages qu'elle prend à sa charge, imposerait, en outre, le même entrepreneur aux concessionnaires.

« Cette disposition permettrait d'ailleurs d'exécuter tous les travaux au plus bas prix possible.

« L'entrepreneur général serait choisi par voie d'adjudication publique.

« On voit par cette combinaison que l'intérêt de l'entrepreneur général le conviendrait à déterminer les propriétaires à demander des concessions, auxquelles d'ailleurs on l'intéresserait encore par une prime d'une valeur égale au 1/10 du montant des abonnements contractés dans l'année.

« Par ces moyens, l'intérêt de l'entrepreneur, fortement éveillé, lui suggérerait des démarches auxquelles une ville, une administration publique ne s'assujettissent jamais.

« Il existe à Dijon 2,500 maisons, environ.

« Supposons qu'en vertu des dispositions précitées, 1,000 maisons seulement contractent des abonnements au prix moyen de 50 francs. (Ce chiffre est assurément très-faible.)

« La ville, dans ce cas, percevrait un revenu de 50,000 fr.

« Elle aurait, il est vrai, dépensé, pour obtenir ce résultat, 100,000 fr. (¹).

« Mais l'intérêt de cette somme étant de 5,000 fr., il lui resterait un bénéfice de 45,000 fr.

« Je ne compte ni les primes aux propriétaires, ni les primes accordées à l'entrepreneur; ces primes ne concernent que la première année de la concession, et comme elles ne constituent *que des manques à gagner*, il est inutile d'en tenir compte.

« Telles sont, monsieur le Maire, les propositions que j'ai l'honneur de vous soumettre, ainsi qu'au conseil municipal.

« J'ai la conviction qu'après avoir été améliorées par vous, avec le concours du conseil, elles donneraient le moyen, dans un certain nombre d'années, de couvrir les intérêts de la dépense que les fontaines de Dijon ont occasionnée, tout en maintenant, bien entendu, le puisage gratuit aux bornes-fontaines.

« La question d'affermage pourrait encore être examinée. Dans ce cas, la ville, tout en faisant les dépenses et en accordant les primes dont il a été question, concéderait le revenu des eaux à un fermier, moyennant une somme annuelle dont une adjudication publique déterminerait le montant.

« La ville, bien entendu, se réserverait toujours le droit de faire les concessions et d'imposer les conditions en vertu desquelles elles ont lieu.

(¹) Cette somme serait, je suppose, dépensée en dix années : 10,000 fr. par an, somme égale au montant des concessions actuelles qui couvriraient ainsi tous les frais de la combinaison que je propose.

« Je vous serai très-reconnaissant, monsieur le Maire, de vouloir bien me tenir au courant de ce qui aura été décidé.

« Agréez, etc. »

Je ne connais pas encore la suite qui a été donnée à ces propositions.

Si, à l'exemple de quelques villes d'Angleterre, Paisley, Glascow, etc., on adoptait la valeur locative des maisons comme base de l'abonnement aux eaux, on arriverait aisément à couvrir l'intérêt des sommes dépensées pour la fourniture d'eau de Dijon; il suffirait d'exiger pour prix de l'abonnement le vingtième du loyer.

Les maisons sur le territoire de Dijon sont au nombre de 2,927.

Le revenu cadastral de ces constructions est de 965,549 fr.

Le revenu réel des mêmes propriétés a été évalué à 1,807,798 fr., déduction faite des frais d'entretien et de réparation. Sans cette réduction, le revenu réel s'élèverait à 2,408,000 fr.

Le revenu réel moyen par maison est donc de 617 fr. 63 cent.

Le même revenu, mais sans déduction des frais d'entretien, s'élèverait à 800 fr.

En appliquant l'un et l'autre de ces deux derniers chiffres au 2,500 maisons agglomérées, on arriverait aux totaux de 1,542,500 et de 2,000,000. Or, le 20me de chacun des nombres précédents est de 77,125 et de 100,000; tandis que la dépense totale des travaux de la distribution ne s'est élevée qu'à 1,250,000 fr.

Ces résultats n'ont pas besoin de commentaire.

Avant de clore cette dernière partie, je veux donner un souvenir de sincère gratitude à deux hommes qui ont coopéré avec tant de zèle à l'établissement des fontaines de Dijon.

A M. Victor Dumay, ancien maire de cette ville, qu'une mort prématurée a enlevé à l'affection et à l'estime de ses concitoyens,

A M. Chaper, ancien préfet de la Côte-d'Or, que la reconnaissance des Dijonnais envoya plus tard comme député à l'Assemblée législative.

Grâce à l'appui si actif et si éclairé de ces deux magistrats, toutes les difficultés judiciaires et administratives que nous avons rencontrées ont été facilement et rapidement surmontées.

M. Dumay citait quelquefois, en parlant des fonctions qu'il avait l'honneur de remplir, ces paroles de l'orateur romain (*De Republicâ*, lib. 5) : *Ut gubernatori cursus secundus, medico salus, imperatori victoria, sic moderatori reipublicæ* (civitatis), *beata civium vita proposita est.*

Ces deux magistrats ont, dans leur carrière administrative, toujours obéi à la prescription de Cicéron.

Qu'il me soit permis de profiter de ma qualité d'enfant de Dijon pour leur rendre ce témoignage au nom de mes concitoyens, qui ne me désavoueront pas.

Qu'il me soit permis enfin, au moment où je termine ce long récit, de remercier les membres du Conseil municipal, qui ont toujours accordé avec empressement les moyens d'accomplir les travaux que je viens de décrire. Peu d'entre eux font aujourd'hui partie des conseils de la ville, mais je désire vivement que ce souvenir d'un ancien collègue aille les chercher dans leur retraite.

Les conseillers municipaux en exercice viennent de s'associer à leur tour, par un acte récent, à l'œuvre que leurs devanciers avaient patronée. Sur la proposition bienveillante de M. André, maire de Dijon, ils ont résolu d'encourager, par une souscription de deux cents exemplaires, la présente publication; témoignant ainsi, par cette adhésion à une œuvre depuis longtemps terminée, de l'empressement qu'ils auraient apporté eux-mêmes à l'entreprendre et à l'accomplir.

APPENDICE.

L'Appendice comprend les sept renvois A, B, C, D, E, F, G, indiqués dans le cours de l'ouvrage.

Le renvoi A énumère les fontaines situées sur le territoire de Dijon.

Le renvoi B fait connaître le marché passé avec le sieur P. Belle, charpentier, et le procédé à employer pour ramener son estimation au taux actuel de l'argent.

Le renvoi C donne des détails sur les fournitures d'eau de Londres, Paris, Bruxelles, Lyon, Bordeaux, Nantes, Besançon et Nîmes.

Le renvoi D est relatif au filtrage des eaux. Cette note contient en outre des expériences concernant la loi de l'écoulement de l'eau à travers les sables, et des considérations générales relatives aux sources.

Le renvoi E se rapporte aux procédés employés pour les jaugeages de la fontaine du Rosoir.

Le renvoi F concerne les moyens à employer pour tirer un volume constant d'un canal de dérivation à niveau variable.

Le renvoi G est relatif aux épaisseurs à donner aux tuyaux de fonte ; aux procédés de moulage et de coulage de ces derniers ; à la fabrication des tuyaux en plomb et à celle des tuyaux en tôle et bitume.

A

On lit dans une notice historique sur l'établissement des fontaines publiques de Dijon, par M. Dumay, ancien maire de cette ville, et dans la deuxième édition de Courtépée, quatrième volume, page 668 :

Notice de M. Dumay. — « Le territoire de Dijon, d'une superficie totale de 4,032 hect. 86 ares, renferme d'assez nombreuses sources qui versent leurs eaux dans les trois bassins ou vallées de la Norges, de Suzon et de l'Ouche, dont les deux premiers suivent la direction du nord au sud, et le troisième celle de l'ouest à l'est. Ce dernier et le précédent, dans lesquels le niveau des eaux souterraines de puits est à des profondeurs inégales, se prolongent distinctement sous le sol de la ville, quoique la chaîne de montagnes qui les sépare s'affaisse et disparaisse à la surface près du point où a été établi le réservoir des fontaines.

« Voici d'après cette division naturelle, et en descendant chaque rivière successivement sur ses deux rives, à l'exception de la Norges, la nomenclature de ces diverses sources, dont tous les produits réunis seraient bien loin d'atteindre, en été, celui de la seule fontaine du Rosoir.

I° BASSIN DE LA NORGES.

« 1° Fontaine *Des Maupas*, près du chemin vicinal de Ruffey, dans le fossé duquel elle verse ses eaux peu abondantes (n° 13, section F du plan cadastral de Dijon).

« 2° *Du Saule*, près de la limite des territoires de Dijon et de Ruffey (185, F).

« 3° *Du Pré Bouillon*, près de la rente d'Épirey (190, F).

« 4° *Du chemin de Ruffey*, sur le bord du chemin le plus au levant conduisant à cette commune (133, F); elle est peu abondante.

« 5° *Des Champs-Renaud*, au point de jonction de ce chemin oriental de Ruffey et de celui de la rente d'Epirey. En vendant le pâquier sur lequel elle est située, la ville s'est réservé une mare de 240 centiares, joignant de couchant ce dernier chemin (201, F).

« 6° *Des Friandes*, à 140 mètres au nord du clos de Pouilly dans lequel elle coule (n°s 580 et 625, sect. E).

« 7° *De Pouilly*; elle est dans le clos de cette métairie appartenant à M. Henri Weiss (642, E). Son cours, après avoir alimenté une vaste pièce d'eau, traverse le chemin de Ruffey; elle tarit l'été.

« 8° *Des Ebazoirs* ou *Fontaine Soyer*, sur le côté sud du chemin de Montmusard à la rente de Cromois, près du territoire de Saint-Apollinaire (160, K). Dans la loi du 9 octobre 1801, ce village est appelé *Fontaine-Soyer*.

« 9° *Du Reposoir*, sur le bord du petit chemin de Quetigny (K, vis-à-vis le n° 121).

« 10° *De Mirande*; elle est dans le clos de la maison de M. Cugnotet (218, K). Pendant trois mois il n'y a point d'eau.

« 11° *Du Bois de Guyton* ou *du Pâquier de la Bataille* ou *d'Arceau*, sur le côté nord du chemin de Chevigny à Mirande, près de ce hameau (2, N). Elle est abondante et ne tarit jamais; la ville se l'est réservée avec un espace de 5 ares autour, en vendant le pâquier le 27 avril 1844.

« 12° *De Morveau*. Elle remplit les fossés et alimente une pièce d'eau de la métairie de ce nom, ancien fief du célèbre chimiste Guyton (32 et 33, N).

II° BASSIN DE SUZON, RIVE GAUCHE OU EST.

« 13° *Du Pâquier de Dijon*, au levant du chemin de Ruffey, sur un terrain communal; elle est couverte d'un petit monument en pierres de taille élevé par la ville en 1838 (F, 279 *bis*).

« 14° *De la Boudronnée*, anciennement *Ribottée*. Il existe trois sources, une dans l'intérieur de la métairie et les deux autres en dehors, dans des terrains que la ville s'est réservés en vendant, le 27 avril 1844, le surplus des pâquiers situés au sud de cette rente (57, 58, 65, G). Elles sont assez abondantes et versent leurs eaux par un aqueduc dans le bras de Suzon, dit des Terreaux.

« 15° *De la porte Saint-Nicolas;* elle est immédiatement en aval du pont, à l'issue de l'ancienne porte de ce nom, sur la rive gauche du bras de Suzon qui fait le tour de la ville (419, H). Une voûte la recouvre; on y descend par deux ou trois marches.

« — Plus bas, dans le même lit, près de la voûte construite en 1841 pour la traverse de la route de Gray, on voit sourdre, même fort avant dans l'été, quelques petites sources qui ne paraissent être formées que par les eaux des fontaines de la Boudronnée et de Montmusard, suivant souterrainement la tranchée au moyen de laquelle elles étaient amenées autrefois au Champ-Damas et sur la place de la Sainte-Chapelle.

« 16° *De Montmusard* (*Mons Musarum*) ou de *Saulon*, dans l'intérieur de ce clos créé par le premier président Fyot de Lamarche (100, 104, 113, 131, G); la pièce d'eau supérieure (ou petit étang) est alimentée par d'autres sources qui y prennent naissance, ainsi que par l'eau venant du climat des Lochères, au nord-est et sortant du finage de Saint-Apollinaire.

« 17° *Du Foullet* ou *Foulot*, actuellement dans le clos de la métairie de Champ-Maillot (5, K), (*Campus a Mallo*); elle fut réparée en 1584 et 1648 par la ville.

« 18° *Des Suisses*, autrefois *de Bergis* et *de Champ-Maillot* (18, K); a été couverte d'une voûte par la ville en 1584, reconstruite en l'an X (1802). — Son nom actuel lui vient du camp qu'établirent sur le plateau d'où elle sort les Suisses qui, au nombre de trente mille, sous les ordres de Jacques de Watteville, assiégèrent Dijon du 8 au 13 septembre 1513.

« 19° *Du Creux d'Enfer;* a été ornée d'une grotte en rocailles en 1823; elle alimente le bassin dit Creux-d'Enfer, dont le tour a été planté à la même époque de fort beaux arbres (48, L).

« 20° *Des Petites-Roches;* elles sont dans des terrains qui ont été vendus par la ville le 25 mai 1810, et où elles formaient de petits réservoirs ou mares (16, L, et 482, M).

« 21° *Des Groches*, près de la ruelle de ce nom, en remontant le chemin des Argentières (108, L); elle a trois sources successives, dont une seule, à environ 50 mètres du chemin, est pérenne; une délibération et une sentence de la mairie de Dijon, des 9 juillet et 23 août 1755, condamnent un nommé Gaudelet à laisser de chaque côté un sentier de 4 pieds 1/2 de large (1 mètre 50 cent.), et ordonnent diverses réparations en maçonnerie.

« 22° *Des Péjoces*, à 100 mètres au nord de la route d'Auxonne, sur le sentier communal qui y aboutit, dit Ruelle des Péjoces (331, M). En 1838, elle a été couverte, aux frais de la ville, d'un petit monument en pierres de taille. Elle est fort abondante, et le long de son cours on a formé des jardins potagers à l'arrosement desquels elle sert.

« 23° *De Maude*, au nord et à peu de distance de la route d'Auxonne, sur un chemin communal dit des Cailloux (51, 58, M); elle est fort abondante et a été, aux frais de la ville, couverte en 1828 d'une voûte et pourvue d'un bassin, le tout en pierres de taille.

« 24° *Du Pâquier de Bray*, dans le pâquier appartenant à la ville, au sud et fort rapprochée de la route d'Auxonne, au point où cette route monte en déviant vers le nord (38, O); elle est très-abondante et une des plus fortes du territoire.

« 25° *Du Pont-Barreau*, sur le bord septentrional de la même route d'Auxonne, à l'entrée du Chemin aux Vaches (46, N); elle est pérenne, mais peu abondante. En vendant le 27 avril 1844 le pâquier joignant le chemin, la ville s'est réservé cette source avec un espace de terrain à l'entour.

RIVE DROITE OU OUEST.

« 26° *De Suzon, vis-à-vis Pouilly*, dans le cours même du torrent, au bas du talus du chemin d'Ahuy, à environ 100 mètres en aval du pont situé vis-à-vis Pouilly (28, C).

« 27° *De Suzon, près de Saint-Martin*, aussi dans le cours du torrent, au bas du chemin dit Ruelle Saint-Martin, conduisant à Fontaine (93, C).

« Ces deux sources, assez abondantes, paraissent sortir du coteau à l'ouest.

III° BASSIN DE L'OUCHE. — RIVE GAUCHE OU NORD.

« 28° *De Vaisson*, au-devant du moulin de ce nom, au pied du talus sud de la route de Paris (22, 23, V); elle alimente un grand lavoir entouré de pierres de taille.

« 29° *Des Perrières*, à l'extrémité ouest du communal porté sous le n° 237 de la section U du plan cadastral; elle est au fond des carrières et tarit par les grandes sécheresses; on y descend par un escalier construit sous une voûte qui la recouvre.

« 30° *De Champmol*, située dans le clos de l'asile départemental des aliénés (ancienne Chartreuse, 736, V); elle est abondante, alimente un réservoir et se jette immédiatement dans l'Ouche à l'angle sud-est du clos de l'établissement.

« 31° *Des Chartreux*, anciennement *de Raines* (*fons Ranarum*) : elle sort par sept ouvertures en pierres de taille du pied du talus de la route de Paris par Auxerre, près de la porte de l'asile des aliénés (767, V). Immédiatement au-devant existe un vaste lavoir public, et, plus bas, un abreuvoir (764, V); elle traverse ensuite le jardin botanique et se jette dans l'Ouche, presqu'en face du grand déversoir du moulin de ce nom, après avoir alimenté des réservoirs à poissons; elle remplissait autrefois l'Etang-l'Abbé, à l'ouest du jardin botanique, supprimé par convention intervenue les 7-15 août 1782, entre la ville et les chartreux, homologuée par l'intendant Amelot le 4 mai 1786, et de là passait par un canal rectiligne au milieu de l'Arquebuse.

« Plus anciennement réunie à une autre petite fontaine qui conserve encore aujourd'hui le nom de *Raines* (*n° 33 ci-après*), elle entrait dans la ville par la tour de ce nom, parcourait l'enclos de l'abbaye Saint-Benigne, passait derrière le chœur de l'église Saint-Philibert, longeait la rue du Tillot, traversait la rue Cazotte et se jetait au Pont-Arnot (Pont des Arnots ou arcades) dans Suzon, au point où son canal forme une sinuosité très-prononcée. Lors de la nouvelle enceinte de la ville, il y eut entre la mairie et l'abbaye de Saint-Bénigne, pour l'usage de ces eaux souvent employées à la défense de la ville, un procès sur lequel intervint une transaction à la date du 10 novembre 1429, qui en régla la propriété, ainsi que le droit de pêche et celui d'inondation. Cette fontaine est fort abondante, mais elle tarit l'été. Il paraît qu'avant l'établissement (de 1646 à 1677) de la route d'Auxerre située au-dessus, elle était pérenne.

« 32° Autre *des Chartreux;* elle est dans le clos extérieur de l'ancienne chartreuse; entre l'asile des aliénés et le jardin botanique, où son cours se réunit à celui de la précédente (750, 753, V); elle tarit aussi en été.

« — Au fond du lit de toute la partie de l'Ouche qui, au sud, longe le clos de l'ancienne chartreuse et particulièrement aux creux dits des Prêtres et de l'Ouche, il existe des sources venant du coteau situé au nord, et dont la présence se révèle par la différence très-sensible de température entre les couches supérieures et inférieures de l'eau.

« 33° *De Raines*, sort à l'angle d'un clos situé dans l'ancien fossé de la ville aliéné par l'Etat le 25 août 1796, en face de l'avenue de l'Arquebuse, sur le bord du chemin vicinal de ceinture (804, 805, V), suit le mur du rempart, passe sous la porte d'Ouche et se jette à côté dans le fossé de décharge de l'aqueduc de la rue Porte-d'Ouche. Comme il a été dit plus haut, elle se réunissait autrefois à celle des Chartreux (n° 31 *suprà*).

« — On ne parlera pas de quelques sources, notamment de celle dite *de Touillon*, qui jaillissent dans le lit de la fausse rivière, le long du quartier de l'Ile, parce qu'elles ne paraissent être que des infiltrations du bief du moulin Saint-Etienne, qui est à un niveau supérieur.

RIVE DROITE OU SUD.

« 34° *Du Frêne* sur un communal, presque au sommet de la pente nord de la Combe-au-Serpent (242 X); même dans les plus grandes sécheresses, elle donne toujours un peu d'eau.

« 35° *De la Charpeignotte*, sur la pente nord de la combe du même nom, dans une cerisaie (673 X); elle est très-faible, mais ne tarit pas.

« 36° *De la Carrière-Rollin*, assez bonne; est dans un creux, au fond d'une carrière (255 X).

« 37° *De la Carrière-Pillet* (255 X); est sous une voûte; on y descend par quelques marches; son eau se maintient à une température très-basse.

« 38° *Au Cayen*, près de la rente Boullemier (255 X); elle est sous une voûte de deux mètres carrés, dans laquelle on descend par quatre degrés; elle a été réparée en 1840.

« 39° *De Chatenay*; sort d'un mur clos au nord de la rente de ce nom (453, X) et coule sur le chemin.

« 40° *De Girond*; elle consiste en un puits situé entre cette métairie et celle de Bel-Air (470, X), et dont le trop-plein s'écoule par un conduit souterrain dans une mare en aval, au sud, près du chemin; ses eaux abondantes ne tarissent jamais.

« 41° *De Larrey* ou *d'Ouche*, anciennement *d'Oise* (610, V); elle a trois sources, dont la principale sort sous une voûte construite par la ville, en 1761; son cours a 786 mètres d'étendue jusqu'au franc bord du canal dans lequel il se jette; il est traversé à 628 mètres de la voûte par le pont de Larrey. Elle est très-abondante, mais tarit par les grandes sécheresses. Un habile fontainier de Montbéliard, nommé Flammand, appelé en juillet 1617 par la ville, pour lui procurer des fontaines, proposait de l'amener sur la courtine de Charlieu, pour la distribuer dans le quartier de la porte d'Ouche.

« 42° *Des Deux-Heures*; elle est sur la pente nord de la combe Persil (400, X), coulant du nord au sud; elle traverse un communal où est une espèce de mare.

« 43° *Au Persil*; elle est à mi-côte sur la pente sud de la même combe (330, X); elle consiste dans un puits creusé dans le rocher, de 50 centimètres de largeur, 70 de longueur, et 1 mètre de profondeur; on y descend par quatre ou cinq marches; son eau, peu abondante, ne tarit jamais.

« 44° *De Billenois*; sort du bas de la pente sud de la combe Saint-Joseph (127, Y); elle verse ses eaux assez abondantes dans une mare de 5 mètres de diamètre. La propriété (ainsi que celle du terrain, de la contenance de 70 ares, d'où elle jaillit) en est assurée à la ville par un traité du 18 mars 1843, passé avec M. de Sassenay.

« 45° *Sainte-Anne*; sort du même coteau que la précédente, mais à un point plus élevé (139, Y); par le traité susrappelé, la ville est propriétaire de 1 hectare 10 ares 40 centiares de terrain à l'entour. Son eau, la plus pure de toutes celles du territoire, est peu abondante, et est recueillie dans un bassin en maçonnerie qui sert d'abreuvoir. En 1824, la source a été renfermée dans un monument en pierres de taille, décoré de pilastres de l'ordre postum, avec un entablement surmonté d'un fronton cintré.

« Pour compléter cette notice sur les eaux superficielles du territoire de Dijon, on ajoutera :

« 1° Que la rivière d'*Ouche* (*Oscara*, *Oscra*, *Oscia*), qui le parcourt de l'ouest à l'est, sur une longueur d'environ 8,100 mètres, en le divisant en deux parties inégales, et dont la source est à Lusigny, près de Bligny, arrondissement de Beaune, présente, d'après les expériences faites au moulin d'Ouche de Dijon par M. Darcy, du 8 au 11 juillet 1833, pendant une très-grande sécheresse (pag. 59 à 95 de son Mémoire), un débit *minimum* de 23 mètres cubes par minute (1,725 pouces); que son eau, de bonne qualité, mais souvent chargée de limon, ne gèle jamais et a une odeur de marécage pendant l'été.

« 2° Que *le Suzon* (ou, selon l'usage à Dijon, simplement *Suzon*, sans article, *Susio*, *Sisunus*), est un torrent dont l'origine est à 5 kilomètres en amont du Val-Suzon, canton de Saint-Seine, et l'embouchure dans l'Ouche, au bas de la ville, après un parcours de 4,700 mètres sur son territoire; qu'à raison de l'intermittence de son cours et de la variation du volume de ses eaux, il est impossible d'en faire le jaugeage, même approximatif. — *Nota*. Un bras, connu sous le nom des *Vieux-Terreaux*, se détache du cours principal en amont de la ville, à côté de l'ancien couvent des Capucins, et se dirige de l'ouest à l'est dans l'Ouche, près Neuilly. C'est au bassin de ce bras ou thalweg, dont la longueur est de 6,300 mètres, qu'appartiennent les sources mentionnées sous les n°s 16 à 25 ci-dessus.

« 3° Enfin, que le *canal de Bourgogne*, commencé en 1784 (la première pierre de l'obélisque sur le bassin de Dijon ayant été posée par le prince de Condé, le 24 juillet de cette année), a été ouvert à la navigation, pour la partie comprise entre Dijon et la Saône, le 14 décembre 1808, et pour celle entre cette ville et l'Yonne, le 2 janvier 1833; que, dans son parcours de 5,600 mètres sur le territoire, il suit à l'ouest et presque parallèlement le cours de l'Ouche qui l'alimente. »

Courtépée. — « Plusieurs des sources qui existent dans le territoire de Dijon ont été réparées et ornées de constructions.

« 1° Celle des *Suisses*, autrefois de *Bergis* ou de *Champmaillot*, a été couverte, en 1584, d'une voûte portant les armes de la ville; elle a été reconstruite en l'an X (1802). Son débit s'étant réduit à 1 décilitre par minute, des réparations y ont été faites pendant l'automne de 1847. Au moyen d'un bassin en maçonnerie qui recueille ses eaux, elle donne aujourd'hui 12 litres par minute. L'analyse chimique qu'en a faite en 1843 M. Barruel neveu, de Paris, a offert les résultats suivants pour 1/2 litre : résidu salin, 0$^{gr.}$19, ou 38 pour 100,000 composé de carbonate de chaux avec des traces de magnésie, d'oxyde de fer et de manganèse, et traces impondérables de sulfate de chaux.

« 2° La fontaine de *Larrey* ou *d'Ouche*, anciennement *d'Oise*, a trois sources, dont une sort sous une voûte construite par la ville en 1761. Une seconde, située sous une vigne voisine, a été retrouvée en septembre 1847 et fournit plus d'eau que la précédente, à laquelle on l'a réunie par un aqueduc en maçonnerie. En exécutant ces travaux, on a découvert, à 2m50 sous terre, plusieurs médailles romaines du Haut-Empire, en argent, et plus de 1 kilogramme de médailles en bronze, tellement oxydées qu'elles ne formaient plus qu'une masse.

« De trente-quatre observations faites pendant trois années, en toutes saisons, par M. Perrey, professeur à la Faculté des sciences de Dijon, il résulte que la température moyenne de cette fontaine est de 12° 12 centigr., avec variation seulement de 2/10 de degrés en moins et de 3/10 en plus.

« Un fontainier de Montbéliard, nommé Flamand, appelé en juillet 1617 par la ville, pour lui procurer des fontaines, proposait de l'amener sur la courtine de Charlieu, pour la distribuer dans le quartier de la porte d'Ouche. Elle se jette aujourd'hui dans le canal de Bourgogne, après un cours de 786 mèt. de longueur.

« 3° La fontaine *Sainte-Anne*, dans un site magnifique, est peu abondante; son eau, qui est recueillie dans un bassin en maçonnerie servant d'abreuvoir, est la plus pure de toutes celles de Dijon, puisque, d'après l'analyse de M. Barruel, 1/2 litre n'a donné qu'un résidu de 0gr·077 ou 15,4 par 100,000, composé de carbonate de chaux, avec traces de magnésie, d'oxyde de fer et de manganèse, sans sulfate ni chlorures, au moins en quantité appréciable. En 1824, sa source a été renfermée dans un monument en pierres de taille, décoré de pilastres de l'ordre pestum, avec entablement surmonté d'un fronton cintré. Le terrain d'où elle sort avait été cédé à cens par la ville à un sieur Jean Carnet, par acte du 17 février 1661, avec la seule réserve, au profit des habitants, de la servitude du puisage. Au moyen d'un échange en date du 18 mars 1843, la ville en a racheté la propriété, ainsi que celle de 1 hectare 10 ares 40 centiares de terrain à l'entour, sur lequel ont été faites des plantations.

« 4° La fontaine du *Creux-d'Enfer* a été ornée en 1823 d'une grotte en rocailles; elle alimente le bassin connu sous le nom de Creux-d'Enfer, dont le pourtour a été à la même époque planté de fort beaux arbres et converti en promenade. Des réparations ont été faites en 1847 à cette source, dont le volume diminuait chaque année.

« 5° Celle de *Mande*, au nord et à peu de distance de la route d'Auxonne, sur un chemin communal, a été couverte en 1828, aux frais de la ville, d'une voûte et pourvue d'un bassin, le tout en pierres de taille.

« 6°, 7° Des travaux semblables ont été exécutés en 1838 à la fontaine du

Pâquier de Dijon, au levant du chemin de Ruffey, ainsi qu'à celle des *Péjoces*, située à 100 mètres au nord de la route d'Auxonne, sur un sentier communa qui y aboutit.

« 8° On a établi en 1847, autour de l'abondante fontaine du Pâquier de Bray, au sud de la route d'Auxonne, un bassin circulaire en maçonnerie de 5 mètres de diamètre, et un cours régulier a été donné à ses eaux. L'emplacement de 15 ares qui l'environne a été, en même temps, planté d'arbres.

B

Marché passé entre Pierre Belle, charpentier à Talant, et la mairie de Dijon, pour amener les eaux des fontaines de Montmusard à la porte Saint-Nicolas. — 1445, 6 décembre.

« En nom de Notre-Seigneur amen. L'an de l'incarnation d'y celluy courrant, mil quatre cent quarante et cinq, le lundi, jour de la feste de Saint-Nicholas d'hyver, sixième jour du mois de décembre, environ deux heures après midy d'icelluy jour, en la ville de Dijon, en l'ostel et domicille de Jehan Bizot, notaire publique demourant au dit Dijon. Je, Pierre Belle, charpentier, demourant à Talent, près de Dijon, savoir fais à tous ceux qui verront et orront ces présentes lectres, que, pour ce que euvre méritoire et de grand louange et recommandation est soy employer libéralement et de bon voloir au bien de la chose publique et au service et augmentation d'icelle. Honorable homme et saige maistre Pierre Baudot, licencié en lois et en décret, conseiller de monseigneur le duc de Bourgoingne; vyconte et mayeur de la ville et commune de Dijon, avec luy pluseurs de MM. eschevins, bourgois et habitans d'icelle ville ont advisié que ladicte ville de Dijon qui est le chief et le principal de toutes les aultres villes du duché de Bourgoingne; en laquelle mondit seigneur le duc, madame la duchesse sa compaigne, mes aultres seigneurs de son sang et linaige et pluseurs aultres grans seigneurs et gens de tous estats ont accoustumé de converser pour la notableté d'icelle ville est moult fort ordoye et gastée de faings, boubes, palies et d'autres ordures qui en grant quantité y abundent par arnois de voictures qui y viennent à la grand detestation et blasme de la dicte ville et de ceulx qui y demourent. Et en pluseurs assemblées qui ont faictes en grant nombre de gens ont advisé et volu adviser sur ce pluseurs remesdes et provisions pour la tenir necte desdicts faings, boues et aultres ordures, et pour secourir aulx nécessités de ceulx qui en auroyent affaire. Et entre aultres choses ont advisés pour le plus convenable qui est besoing et expédiant de serchier et assembler en ung lieu les eaulx de pluseurs fontennes et sources d'eaulx qui sont bien prouchaines ou alentour d'une vieille colombière qui estoit à feu maistre Guy-Gelinier (Montmusard), qui est assés près de la porte de Saint-Nicholas de Dijon, commo à 400 toises ou environ, que l'on face venir l'eau desdictes fontennes et sorces par cors de verne dès le lieu ou les eaux d'icelles se assambleront jusques à ladicte porte de Saint-Nicholas devers ladicte ville. Et illect par ung grant tronc ou pied de verne qui sera fait à la fin du darrenier cor de ladicte fontenne dedans ladicte ville istra (sortira) l'eau d'icelles fontennes et sorces qui sera recuillie et reçeu et charra en ung grant auge de pierre ou de bois, et dois ledict auge luy donra l'en cours par tant de rues que l'on advisera pour le mieulx que courra par dessus le pavement comme elle faict à Beaulne, au long de ladicte ville, et charra une porcion ès fossés de ladicte ville et une aultre en Sueson, selon que l'on verra estre expédiant pour tenir ladicte ville necte et pour secourir aux exclandres de feul et aultres nécessités de ladicte ville qui pourroyent survenir. Et, pour mectre à exécution ledict advis, ont fait veoir et visiter la chose par pluseurs maistres ouvriers et aultres gens à ce congnoissans qui ont dit et rapporté que la chose est fassable, et que bien et sans difficulté elle se peut conduire. Et pour ce mondit seigneur le mayeur avec luy pluseurs de MM. les eschevins, et pour nom d'eschevins d'icelle ville, par l'advis conseil et délibération de pluseurs des habitans de ladicte ville, à qui ceste matière a esté ouerte et communiquée, ont fait marchief et accort pour et en nom d'icelle ville, avec moy ledit Pierre Belle, charpentier, dessus nommé, de faire et parfaire ladite fontenne en la manière et pour le pris que sensuit. C'est assavoir que je ledit Pierre Belle sercheray et feray serchier en ma personne et en ma présence toutes les racines, dois et sources desdictes fontennes et icelles, je feray venir respandre et cheoir en la fontenne plus prouchaine de ladicte Colombière du cousté de ladicte ville de Dijon; tellement que les eaulx de toutes lesdictes fontennes se assambleront ensamble pour avoir plus grant habondance et force d'eau. Et les curées desdictes fontennes et sorces d'eau se feront aux frais et aux journées de ladicte ville de Dijon. Mais je ledit Pierre Belle, ouvrier dessus nommé, ne prandray riens de mes journées d'estre présent, et donray ausdis ouvriers forme et enseignement commant ils devront faire à la fin que dessus.

«Item, lesdites fontennes ainsy mises et reduictes en une, ladicte ville de Dijon curera et nectiera très-bien ladicte prouchaine fontenne en souffisante grandeur et profondeur d'icelle fontenne, en manière qu'elle puisse comprendre et contenir toute l'eau qui charra en icelle et ce aux frais, missions et despens de ladicte ville, tellement que qu'il le vouldra cuvier de massonnerie par dessus el, et fondemens que tout ladicte eau soit en close et meurée en ladicte massonnerie sans ce que par les coustés elle se puisse vuidier. Touteffois l'on pourra faire en icelle massonnerie ung deschargeur pour vuidier trop grant quantités d'eau sy elle venoit selon que lon advisera, et que besoing sera.

«Item, ladicte ville de Dijon livrera à moy, ledict Pierre Belle, bois de verne en bois et sur le pied, et je ledict Pierre Belle l'abatray à mes frais et missions, et feray coper et resser les troncs dudit bois pour faire les cors et les feray de la longueur d'une toise ou de moings selon qu'il plaira à mondit seigneur le maire et selon la mesure et eschantillon qui sur ce me sera baillée. Mais touttefois je ledit Pierre Belle ne bailleray aucuns cors ou il ait noux, pour doubte que les vermisseaux ne les gastassent; mais seront lesdits cors de bois tout plein et unis sans meffaicture. Et ladicte ville charriera ledict bois à ses frais dois le lieu où il se prendra et auquel lieu je ledit Pierre Belle l'auray assamblé tout en ung monceaul ou en plusieurs ainsy comme l'on le pourra mieux finer (trouver) jusques sur le lieu ou je ledict Pierre vouldray que lon le mecte. Ouquel lieu ladite ville me livrera et administrera grange ou maison pour ovrer et faire lesdits cors.

« Item, je ledit Pierre Belle perceray à mes frais et missions lesdits cors en telle et sy souffisant grandeur et largeur que l'eau et le bois que l'on me livrera pourra souffrir afin quelle gecte la plus grant quantitey d'eaul que faire se pourra. Et je le dit Pierre Belle bailleray le perceur tout fait pour percier lesdits cors de telle longueur que je voudray diviser et de telle grosseur que y plaira à ladicte ville. Et ladicte ville me baillera à ses frais et missions toutes les viroilles et rouelles de fer qui seront nécessaires pour joindre et assambler lesdicts cors les ungs aux autres de la fasson que je ledict Pierre Belle les voudray avoir, et ledict ovraige parfait icelluy demoura à moy ledict Pierre Belle pour ce que je l'auray fait à mes despens.

« Item ladicte ville fera à ses frais et missions les curées pour asseoir lesdits cors dès le lieu de ladicte fontenne jusques à ladicte porte de Saint-Nicholas ou ladicte eau istra et seront faictes lesdictes curées de telle aulteur ou largeur que je ledit Pierre Belle les voudray diviser et declarier.

« Item, je, ledit Pierre Belle, assarray et joindray les dis cors et les coteray et appoherai (appuierai) de bonnes pierres de çà et de là, tellement qu'ils ne peussent ober ne croler, et y feray gaites et vaillos (regards) par souffisante distances en lieux qui seront contre signées tellement que de legier l'on puisse apercevoir là ou l'eaul fauldroit de venir au long desdis cors se faulte y avoir ce que Dieu ne vuelle. Et aussy, je, ledit Pierre Belle, covreray lesdicts cors après ce qu'ils seront assis bien et convenablement, tellement que l'on ne puisse de ligier blecier lesdis cors et parmi ce ladicte ville me baillera et livrera toutes pierres en place, et fera faire toutes massonneries ladicte ville de Dijon aux despens d'icelle ville.

« Item, ladicte ville de Dijon paiera à moy, ledit Pierre Belle, selon ce que ovrerai la somme de dix blans pour chacune toise de 7 pieds 1/2 à main que lesdis cors auront seulement de long. Et je, ledit Pierre Belle, seray tenus et promes par ces présentes lettres de rendre ladite fontenne toute achevée, parfaite et jectant eaul. Fraichement et sans empeschements quelxconques, garnie de pied, par lequel ladicte eaul istra en ladicte ville de Dijon, bien et loyaument et audict d'ouvriers et de gens ayans en ce congnoissance. Et, lesdicts ouvraiges, je, ledit Pierre Belle, rendray tout assovis aux habitans de ladicte ville de Dijon dedans la feste de Penthecoste prouchainement venant. Et, sur lequel pris et ouvraige dessus dit, je, ledit Pierre Belle, ay reçeu par les mains de Simon Naissant, recevenr et procureur, et par nom de recevour et procureur à ce présent et stipulant au nom de ladicte ville cette présente marchandise, faisant et acceptant la somme de vint francs réalement et de fait en la présence du notaire et des tesmoings cy dessoubz nommés et escripts, dont je, ledit Pierre Belle, me suis tenu et tien pour bien contens. Et promes, je, ledit Pierre Belle dessus nommé par mon serement pour ce donné corporelment aux sains évangiles de Dieu et soubs l'obligation de touts et singuliers mes biens et des biens de mes hoirs tant meubles comme héritaiges présens et advenir quelsconques, toutes et singulières les choses dessus dictes et chascune d'icelles comprinses et contenues en ces présentes lettres avoir et tenir formes estables et aggréables sans jamais contrevenir par moy ne par aultres en aucune manière taisiblement (tacité) ou en appert. Mais lesdis ouvraiges, faire, parfaire et accomplir tant par la forme et manière que dit est dessus et dedans le terme dessus dit; autrement je, ledit Pierre Belle, promes rendre et restituer à ladicte ville de Dijon, tous coustz, dommaiges, frais, missions, interestz et despens sur ce fais et incourrus pour desfaults des choses dessus dictes non faictes et accomplies comme dit est dessus. En renonçant quant à ce, je, ledit Pierre Belle, à toutes et singulières exceptions de déceptions de cavillacions, raisons, deffances et allégations; à toutes lettres, grâces, privilaiges, estas, réspis, dilacions, dispensations de foy et serement impétrés ou à impétrer et à toutes aultres choses tant de fait comme de droit et de coustumes à ce contraires, et mesmement au droit disant que général renonciation ne vault se l'especial ne précède. Et, quant à l'observance des choses dessus dites et d'une chacune d'icelles, je, ledit Pierre Belle vinl estre contrains et exécuté comme de chose adjugée par les cours de monseigneur le duc de Bourgoingne, de monsieur l'official de Langres et par toutes aultres cours, tant d'églises comme séculières conjoinctement ou divisement, l'une desdictes cours non pour l'autre cessant aux juridiction et contraintes desquelles cours et d'une chacune d'icelle, quand ad ce je submis et oblige moy, mes hoirs et tous mesdis biens et les biens de mesdis hoirs. En tesmoing desquelles choses je le dis, Pierre Belle, marchant dessus nommé, ay requis et obtenu les seaux desdites cours de mondit seigneur de Bourgoingne et de Langres, estre mis à ces presentes lectres faictes et passées par devant Jehan Bisot, notaire juré dicelles cours et coadjuteur du tabellion dudit Dijon, pour mondit seigneur le duc. Présens:

Estienne de Lohure et Viénot Tourneret, Cousturier, demorans à Dijon, tesmoins à ce appelés et requis, l'an et le jour dessus dis.

Et nous official de ladicte court à la relacion dudit Jehan Bisot, dessus nommé, et nostre juré qu'il les choses dessus dites toutes et singulières nous a relatées estre vrayes et auquel quant ad ce et plus grand nous adjoustons foy plainne, et aussy que il nous a relaté que pour et en nom de nous et de nostre auctorité, il la commende et enjoinct de vive voix ledit Pierre Belle, à ce présent, et consentant qu'il fasse entérine et accomplisse les choses dessus dictes, tout par la forme et manière que dit est dessus; aultrement faire il ne nous apparoit lesdictes choses ainsy faictes et accomplies dedans ledit terme. Nous à l'instance et requeste dudit procureur et receveur ou de ladicte ville de Dijon, procéderons à l'encontre dicelluy Pierre Belle, pour deffault de l'accomplissement des choses dessus dites par sentence d'excommuniement selon raison, et avons fait mettre le seel de notre dicte court de Langres, à ces présentes lectres qui furent faictes et données à Dijon, l'an et jour que dessus est présens les dessus dis. — Signé Bisot. *Pro utraque curia.*

(*Locus sigilli.*) (*Locus sigilli.*)

La date de ce marché étant de 1445, il résulte des indications données page 25, qu'il suffira de multiplier par le rapport $\frac{99}{11}$ les sommes indiquées dans ce marché pour avoir leur valeur actuelle. Voici du reste quelle était, en 1445, la monnaie usitée en Bourgogne.

Au quinzième siècle, deux monnaies étaient en usage dans la Bourgogne, une fictive ou de compte, la livre, composée de 20 sols (chacun de 12 deniers); la livre correspondait à 240 deniers; l'obole était la moitié du denier.

On avait pour monnaie réelle, le franc, le gros, le blanc, l'engrogne et, enfin, le niquet.

Le franc comptait pour 12 gros.

Le gros valait 4 blancs ou 12 engrognes ou 20 deniers.

Le blanc valait 3 engrognes ou 5 deniers.

Le niquet était le 16e du denier.

Les 12 gros étant multipliés par 20, produisant 240 deniers, le franc équivalait à la livre, seulement l'un et l'autre se divisaient en monnaies fractionnaires différentes.

C

Cette note est relative aux fournitures d'eau de Londres, Paris, Bruxelles, Lyon, Bordeaux, Nantes, Besançon et Nîmes.

Fourniture d'eau de Londres.

La fourniture d'eau de Londres est faite par neuf compagnies. Les deux tableaux suivants indiquent, le premier, les noms des compagnies, et les sources d'où elles tirent leurs approvisionnements; le second, la part que chacune des compagnies a obtenue dans la fourniture d'eau de la métropole, et la proportion dans laquelle elles partagent leurs eaux entre les différents services.

PREMIER TABLEAU.

NOMS DES COMPAGNIES.	LIEUX D'OÙ SE TIRE LEUR FOURNITURE.
New-River Company.	La source de Chadwell près de Ware, la Lea, le ruisseau de Spital, et d'autres petits ruisseaux que reçoit la rivière; le réservoir du district de North-Hall, et quatre puits profonds creusés dans la craie, dans le Middlesex et le Hertfordshire (deux sont dans Great-Amwell).
East-London.	La Lea (sauf 1 pour 100 de la quantité totale, tirée d'une branche de cette rivière), à savoir le cours de l'Entreprise hydraulique.
Southwark et Vauxhall.	La Tamise, près de la Maison-Rouge, Battersea.
West-Middlesex.	La Tamise (par le moyen de deux réservoirs de différents niveaux, dans la paroisse de Barnes, près de Barnes-Terrace).
Lambeth.	La Tamise, à Lambeth.
Chelsea.	La Tamise (par le moyen de tuyaux de conduite traversant le lit de la rivière, au delà du milieu du courant, près de la Maison-Rouge, Battersea).
Grand-Junction.	La Tamise, 360 yards au-dessus de Kew-Bridge.
Kent.	La Ravensbourne, au-dessous de Lewisham.
Hampstead.	Sources, à Hampstead, Caen Wood, deux puits artésiens, et (temporairement) la New-River.

SECOND TABLEAU.

NOMS des COMPAGNIES.	NOMBRE des MAISONS.	NOMBRE des grands CONSOMMATEURS.	QUANTITÉ, EN LITRES, FOURNIE JOURNELLEMENT PENDANT LES 365 JOURS DE L'ANNÉE, POUR maisons d'habitation.	grands consommateurs.	arrosement de la voie publique	chasse des égouts.	incendies, etc.	TOTAL.	QUANTITÉ, EN LITRES, FOURNIE JOURNELLEMENT PENDANT LES 365 JOURS DE L'ANNÉE, rapportée au nombre des maisons, pour maisons d'habitation.	grands consommateurs.	arrosem. de la voie publique.	chasse des égouts.	incendies, etc.	TOTAL.	OBSERVATIONS
		c.	l.	l.	l.	l.	l.	l.	l.	l.	l.	l.	l.	l.	
New-River	83,206	444	59,854,681	3,378,335	363,203	160,640	124,467	64,280,254	719 29	42 35	0 77	1 81	1 36	773 40	
Rapport au total pour cent.	32,32		93,10	5,36	0,87	0,24	0,19	34,38	93 10	5 36	0 87	0 24	0 19		
East-London	56,409	256	35,851,757	3,483,000	142,709	286,203	349,303	40,112,237	635 57	61 74	2 50	5 01	6 16	711 08	
Rapport au total pour cent.	22,39		89,38	8,68	0,35	0,709	0,85	21,88	89 38	8 68	0 35	0 709	0 85		
Southwark et Vauxhall	34,217	647	22,649,049	3,809,360	537,691	323,607	»	27,320,207	661 92	111 20	15 67	9 45	»	798 34	
Rapport au total pour cent	13,70		82,90	13,94	1,96	1,18	»	14,88	82 90	13 94	1 96	1 18	»		
West-Middlesex	24,480	»	13,802,370	139,800	325,988	760,709	»	15,054,608	564 13	40 22	13 21	31 30	»	618 96	
Rapport au total pour cent.	9,80		91,48	1,65	2,15	5,05	»	8,24	91 48	1 65	2 15	5 05	»		
Lambeth	23,396	147	11,360,024	1,640,846	335,974	130,688	87,120	13,773,328	485 56	87 40	15 17	5 58	3 73	587 35	
Rapport au total pour cent.	9,37		81,25	14,02	2,33	0,93	0,62	7,60	81 25	14 02	2 33	0 93	0 62		
Chelsea	20,893	»	16,038,107	1,168,423	448,003	190,030	62,166	17,902,735	767 63	55 92	21 44	8 90	2 98	856 87	
Rapport au total pour cent.	7,72		89,57	6,52	2,50	1,04	0,347	8,84	89 57	6 52	2 50	1 04	0 347		
Grand-Junction	13,858	200	13,994,366	1,042,023	684,002	322,303	3,107	16,045,920	1,009 82	75 19	49 34	23 26	0 22	1,157 83	
Rapport au total pour cent.	5,55		87,21	6,49	4,26	2,00	0,019	8,73	87 21	6 49	4 26	2 00	0 019		
Kent	9,032	43	4,407,840	170,317	280,294	42,009	3,240	4,903,206	457 62	17 67	29 08	4 44	0 33	509 04	
Rapport au total pour cent.	3,85		89,89	3,47	5,71	0,86	0,065	2,66	89 89	3 47	5 71	0 86	0 06,5		
Hampstead	4,490	»	1,828,349	11,655	84,145	17,809	»	1,944,268	407 19	2 59	18 72	3 95	»	432 40	
Rapport au total pour cent.	1,70		94,14	0,59	4,32	0,94	»	1,05	94 14	0 59	4 32	0 94	»		
TOTAUX	279,581 (¹)	»	170,785,040	15,263,369	3,424,071	2,230,727	627,629	201,337,002 (²)							
MOYENNE									606 41	37 57	12 63	8 27	2 32	715 10	
Rapport au total pour cent.									89 28	7 71	1 00	1 10	0 31		

(¹) A Londres, le nombre des maisons est de 288,037.

(²) La fourniture de Rome, de cette ville où, suivant la belle expression de Chateaubriand, les eaux sont amenées sur des arcs de triomphe, est de 232,000 mètres cubes par vingt-quatre heures, savoir : eau Pauline, 100,000 mètres cubes ; elle jaillit par deux magnifiques fontaines sur la place Saint-Pierre : — eau Félice, 100,000 mètres cubes ; elle alimente la fontaine de Moïse : — eau Vierge ou de Trévi, 32,000 mètres cubes.

La population de Rome étant de 165,000, on voit qu'il revient à chaque habitant 1,700 litres.

On peut lire, dans l'excellent rapport de M. Termes, des détails très-intéressants sur les fournitures d'eau de Rome, Gênes et Barcelone, villes, comme on le sait, approvisionnées par des aqueducs en maçonnerie.

En résumé, il résulte des documents précédents que, sur les 288,037 maisons de Londres, 17,456 seulement ne reçoivent pas d'eau; qu'en divisant le nombre représentant la quantité totale d'eau distribuée chaque jour par ces compagnies (201,337 mètres cubes), par celui des maisons alimentées (270,581), on trouve que chacune d'elles, en moyenne, reçoit 745$^{lit.}$10 par jour; d'où il faut déduire ce qui est consommé;

Pour le lavage et l'arrosage des rues. .	12$^{lit.}$63.
Pour le nettoyage des égouts.	8 27.
Pour l'extinction des incendies. . . .	2 32.
Enfin, pour les manufactures.	57 47.

Il reste donc seulement, pour chaque maison, une recette moyenne de 664$^{lit.}$41 d'eau en vingt-quatre heures. Ce chiffre représente une consommation de 90 litres par personne par jour. C'est encore à ce chiffre que doit s'élever aujourd'hui la quantité d'eau nécessaire, ainsi que le constate le rapport à la Reine mentionné à la page 71.

Entrons maintenant dans quelques détails sur les tarifs d'abonnement pour la distribution de l'eau dans cette ville. J'emprunte ces renseignements au rapport de MM. Houyau et Blavier. Les tarifs des compagnies sont peu différents, aussi je me bornerai à en citer un seul, pour montrer quelles charges énormes pèsent sur la population de Londres pour la consommation des eaux.

Voici quels sont les tarifs de la compagnie de East-London :

	Par an.
Cabine de 1 chambre.	6 fr. 25
— de 2 chambres	10 »
— de 3 chambres	15 »
Maison de 2 chambres	12 50 à 15 fr.
Id. de 3 Id.	17 50 à 20
Id. de 4 Id.	22 50 à 30
Id. de 5 Id.	25 » à 33 fr. 75 c.
Id. de 6 Id.	30 » à 37 50
Id. de 7 Id.	32 50 à 41 25
Id. de 8 Id.	37 50 à 52 50
Id. de 9 Id.	47 50 à 55 25
Id. de 10 Id.	52 50 à 62 50

Au-dessous de dix chambres, on ajoute à ces chiffres 6 fr. 25 par appartement. — Il faut en outre payer un supplément pour le haut service (*hight service*), c'est-à-dire pour recevoir l'eau à tous les étages de la maison. Ce supplément est de 25 pour 100 du prix de l'abonnement, si l'eau ne doit être élevée qu'à 4^{m}, 25 au-dessus de son niveau naturel, et de 50 pour 100, au delà de cette limite.

Du tarif ci-dessus résulte que la proportion du prix d'abonnement pour l'eau avec le prix de location des maisons, peut s'établir comme il suit :

Maisons dont le loyer varie	de 250 fr.	à 500 fr.	7 1/2 pour 100.
—	de 500	à 1,000	7 pour 100.
—	de 1,000	à 1,500	6 1/2 pour 100.
—	de 1,500	à 2,000	6 pour 100.
—	de 2,000	à 2,500	5 1/2 pour 100.
Au-dessus	de 2,500	»	5 pour 100.

Pour l'arrosage des rues, on estime qu'il faut environ 1,700 litres d'eau pour 1,000 mètres carrés de superficie; et cette compagnie demande pour arroser une fois par jour une superficie de 100 mètres, 1 fr. 50 par mois, ou 1,700 fr. par an pour 1 kilomètre de route.

La compagnie de New-River fait payer aux bouchers, aux boulangers, etc., en dehors de l'abonnement pour leur maison, un supplément variant de 7 fr. 50 à 25 fr. par an : pour chaque cheval ou vache, 4 fr. 25 ; pour une voiture à quatre roues, 6 fr. 65; pour un cab, 3 fr. 15.

Les compagnies de Chelsea, Southwark et Vauxhall, etc., ajoutent au tarif d'abonnement d'une maison de 6 fr. 25 à 7 fr. 50, pour chaque *water closet* qui y existe.

Ainsi, la prise d'abonnement de l'eau est fixée, à Londres, d'après l'importance des maisons à alimenter, la hauteur à laquelle elles reçoivent l'eau, le nombre de *water closets* et de baignoires qu'elles renferment. Quand on a tenu compte de tous ces éléments, on ne s'inquiète en aucune façon de la quantité d'eau consommée. Sous l'influence de cette tarification beaucoup trop élevée, les compagnies des eaux de Londres réalisent des bénéfices excessifs; les actionnaires de Lambeth compagnie ont, en trente-trois ans, deux fois décuplé leur capital, tout en se partageant des dividendes de 50 à 100 pour 100. (*Times*, 26 décembre 1849.)

Cependant le Conseil général d'hygiène et de salubrité de Londres se plaint vivement, dans son rapport à la Reine, de la qualité des eaux distribuées, et il conclut que celles de la Tamise, de New-River et de la rivière de Lée doivent cesser d'être distribuées, et qu'il faut leur substituer les eaux essentiellement douces et pures à recueillir sur les collines de Surrey, à Farnham et autres points voisins. Ce projet exigerait une dépense d'environ 30 millions, et rendrait inutile une grande partie des travaux faits jusqu'à ce jour par les compagnies. Aussi n'a-t-il pas encore été adopté par les Chambres. Ces dernières ont seulement imposé aux compagnies la condition absolue de filtrer leurs eaux et de couvrir leurs réservoirs. Il devait y avoir évidemment de grandes résistances, puisque les compagnies de Londres comptent plus de soixante voix dans la Chambre des communes. Mais ces résistances intéressées ne manqueront pas de s'évanouir devant les révélations de la presse, et il n'est pas douteux que le projet présenté par le Conseil général d'hygiène ne reçoive avant peu d'années son exécution.

Fourniture d'eau de Paris.

On lit dans un document officiel publié en 1854 sur les eaux de Paris, qu'en réunissant les quantités d'eau qui seront disponibles après la suppression de la pompe Notre-Dame et de celle du Gros-Caillou [1], on trouve un total de 7,390 pouces fontainiers, savoir :

Canal de l'Ourcq			5,200 pouces
Eau de Seine.	Pompe de Chaillot	2,000	2,040
	— d'Austerlitz	40	
Aqueduc d'Arcueil			80
Puits artésien de Grenelle			45
Sources du Nord (eaux de Belleville et des Prés-Saint-Gervais)			25
TOTAL PAREIL			7,390 pouces

ou par jour 147$^{m.c.}$ 800, ce qui, par habitant, correspond au chiffre de 148 lit. Mais la distribution n'absorbe guère que 2,000 pouces des eaux de l'Ourcq. Le volume dépensé quotidiennement à Paris se réduit donc à 4,190 pouces ou 83,800 litres, d'où à peu près 84 litres par habitant.

Le même document présente le résumé suivant de la quantité d'eau nécessaire pour assurer la marche de tous les services actuels de la distribution. Il évalue en total cette quantité à 86,777 mètres cubes, savoir :

Fontaines monumentales	9,910 m.c.	
— de puisage	4,630	
Bornes-fontaines et bouches sous trottoirs	35,600	
Poteaux et boîtes d'arrosement, bouches d'incendie, etc.	5,900	
ENSEMBLE	56,040	56,040

Services privés.

Fontaines marchandes			1,170	
Concessions	à l'État	3,843	11,743	
	au département	88		
	aux établissem. municipaux	7,812		
	aux particuliers		17,824	
ENSEMBLE			30,737	30,737
RÉSUMÉ des deux catégories				86,777

[1] Le produit de ces deux pompes est d'environ 200 pouces.

Voyons maintenant quelles doivent être, toujours d'après le même document, les exigences de l'avenir.

Les services publics consomment aujourd'hui 56,040 mètres cubes; on propose d'élever ce chiffre à 110,000 mètres cubes.

Quant aux concessions, est-il ajouté, il n'en reste à faire qu'à bien peu d'établissements de l'État, du département et de la ville; la distribution ne saurait s'étendre beaucoup de ce côté. Mais un cinquième au plus des habitations est desservi. En effet, le nombre des maisons de Paris est d'environ 31,500, d'après le dernier cadastre, et l'on ne compte que 7,633 abonnements, applicables à 6,229 maisons.

Le service de ces abonnements absorbe 17,824 mètres cubes, ainsi répartis :

102 lavoirs.	2,380$^{m.c.}$	8,704$^{m.c.}$
137 établissements de bains. .	2,206	
1,165 industries diverses. . . .	4,118	
6,229 maisons d'habitation.		9,120
CHIFFRE ÉGAL.		17,824

La consommation moyenne est donc de 23^{m} 50 pour les lavoirs; de 16 mèt. pour les établissements de bains; 3^{m} 50 pour les industries diverses, 1,444 lit. pour les maisons d'habitation.

Volume de la fourniture à affecter à Paris. — Pour arriver à ce chiffre, le document précité, prenant pour base 40,000 maisons à desservir et 1,500 litres par maison, arrive d'abord à 60,000 mètres cubes. En y ajoutant, pour la consommation des établissements industriels, qui est aujourd'hui 8,704, le chiffre de 15,000; et pareille quantité pour celle des établissements de l'Etat, du département et de la ville, évaluée à 11,743, et peu susceptible d'augmentation, on trouve, comme maximum des besoins possibles des services privés, 90,000 mètres cubes.

La réunion de ces 90,000 mètres cubes aux 110,000 mètres cubes attribués à la dotation des services publics donne un total de 200,000 mètres cubes; c'est-à-dire, pour une population éventuelle de 1,200,000 âmes, attribuée à Paris dans le document, 170 litres par habitant. Ce chiffre ne me semble pas exagéré : il est conforme à celui que j'ai déterminé dans la première partie de cet ouvrage pour la fourniture d'eau des villes.

Il nous reste à dire par quels moyens on compte l'obtenir.

Services publics. — On propose d'attacher aux services publics les eaux de l'Ourcq, d'Arcueil, de Grenelle et des sources du nord, c'est-à-dire 5,350 pouces ou 107,000 mètres cubes, chiffre à très-peu près égal au maximum que leur consommation totale peut atteindre.

Plus des quatre cinquièmes du sol de Paris seraient ainsi très-abondamment pourvus; quant au dernier cinquième que les eaux de l'Ourcq ne peuvent atteindre par leur propre poids, et que celles d'Arcueil, de Grenelle et des sources du nord ne suffisent point à desservir, on y porterait, à l'aide de machines à vapeur, soit la portion de ces eaux que n'absorberait pas le service du reste de la ville, soit de l'eau de Seine élevée par les pompes de Chaillot, dont l'arrosement du bois de Boulogne et l'alimentation de ses rivières n'utiliseraient pas à beaucoup près toute la puissance. Le parti à prendre serait déterminé par la quantité d'eau requise et par l'économie du combustible à dépenser.

Services privés. — Il serait pourvu à la consommation de tous les services privés en eau de sources dérivées suivant le projet de M. Belgrand, à moins que certains établissements industriels ne préférassent, par des raisons d'économie, ce qui est possible, se faire alimenter comme aujourd'hui en eau de l'Ourcq.

Ce n'est pas dans une simple note que l'on peut discuter un pareil projet. Je me bornerai à donner les détails textuels que M. l'ingénieur en chef Belgrand a bien voulu me communiquer sur son projet. Ces détails présenteront un vif intérêt pour les ingénieurs chargés de l'étude de questions analogues.

« Sur la demande de M. le préfet de la Seine, m'écrit M. Belgrand, je me suis occupé en 1854 d'une classification générale des sources du bassin de la Seine qui peuvent être dérivées vers Paris.

« Voici dans quels termes le problème que j'avais à résoudre m'était posé :

« *Amener par dérivation, à Paris, à l'altitude de* 80 *mètres,* 100,000 *mètres cubes environ, par vingt-quatre heures, d'eau limpide, fraîche et aussi pure au moins que l'eau de Seine puisée au pont d'Ivry.*

« Pour être *limpide* et *fraîche*, l'eau doit être prise aux sources mêmes, puisqu'il n'est pas de ruisseau qui ne soit trouble ou au moins louche pendant plusieurs mois de l'année, et dont les eaux ne soient trop froides l'hiver, trop chaudes l'été.

« On reconnaît facilement, en étudiant avec quelque attention les sources du bassin de la Seine, qu'elles sont presque toutes constamment limpides et fraîches.

« Pour arriver à une solution, il fallait donc faire une bonne classification des sources et déterminer les points où elles sont assez élevées pour être amenées à Paris à l'altitude de 80 mètres, et où elles donnent des eaux aussi pures que celles de la Seine puisées au pont d'Ivry.

« *Dispositions des sources dans le bassin de la Seine.* — Pour qu'une source existe, il faut qu'un terrain perméable aux eaux pluviales repose sur un terrain imperméable qui arrête les infiltrations.

« Considérons un bassin de quelque étendue, composé d'une vallée principale et d'un certain nombre de vallées secondaires; supposons que le plan supérieur d'un terrain imperméable recouvert par un terrain perméable s'élève au-dessus du fond de toutes ces vallées, il est évident qu'il y aura à la ligne d'affleurement, le long de tous les coteaux, des sources nombreuses et des ruisseaux non moins nombreux; si, au contraire, le terrain imperméable est situé au-dessous du fond de la vallée la plus profonde, c'est-à-dire si toute la surface du bassin est perméable, les sources seront peu nombreuses et situées au fond des vallées principales, et les autres vallées resteront constamment sèches.

« En faisant abstraction des sources situées dans la masse des terrains imperméables, qui, en général, sont très-nombreuses mais peu importantes, les sources peuvent donc se diviser en deux classes, celles qui se trouvent sur les lignes de contact de deux terrains perméable et imperméable, et celles qui sont situées au fond des vallées les plus profondes des terrains entièrement perméables; les premières sont très-nombreuses et très-disséminées, les secondes sont bien plus rares, mais disposées par groupes et souvent très-importantes.

« Les eaux souterraines qui alimentent les sources du premier genre forment ce que les géologues appellent *un niveau d'eau.*

« La position des sources du deuxième genre n'a jamais, que je sache, été signalée par personne. Les eaux qui les alimentent n'appartiennent à aucune nappe déterminée; elles forment ce que j'ai proposé d'appeler des *régions de sources*, disséminées sans ordre régulier au fond des vallées principales d'une contrée perméable.

« On trouvera ci-dessous un tableau dans lequel j'indique la succession des terrains perméables et imperméables du bassin de la Seine.

« Cette succession détermine les niveaux d'eau. On verra d'un coup d'œil que les plus importants, les seuls dont on doit s'occuper ici, sont au nombre de quatre.

« Comme je ne puis joindre une carte à cette note, j'ai indiqué les noms des provinces de l'ancienne France occupées par les différents terrains; les limites de ces provinces étant aussi de véritables limites géologiques, on pourra comprendre avec une carte quelconque la classification adoptée dans le tableau.

« On reconnaîtra d'un coup d'œil que les sources du premier niveau d'eau sont celles de la banlieue de Paris et des bords des vallées de la Brie; que le deuxième niveau donne les sources du Soissonnais et des bords de la Brie du côté de la Champagne; le troisième, les sources qui coulent à la limite de la Champagne sèche et de la Champagne humide; le quatrième, les sources de l'Auxois, de la partie du Nivernais qui avoisine le Morvan et de la banlieue de Langres.

« Il y a aussi quatre grandes régions de sources dans les terrains entièrement perméables. La première occupe la partie de la Beauce comprise entre Nemours et Chartres; la deuxième, le Senlissois, le Tardenois et le Vexin; la troisième, la Champagne pouilleuse, le Gâtinais, les bassins d'Eure, d'Epte et d'Andelle; la quatrième, les terrains secs de la Lorraine et de la Bourgogne.

« On trouve dans toutes ces classes de sources des eaux abondantes, limpides, et qui peuvent être dérivées à Paris, à l'altitude de 80 mètres.

« Cherchons quelles sont celles qui remplissent la condition la plus importante, c'est-à-dire qui sont aussi pures que celles de la Seine puisées au pont d'Ivry, en amont de Paris.

« De toutes les substances qui altèrent la qualité des eaux, la plus mauvaise est la tourbe, parce qu'elle y introduit des principes organiques qui, rarement, sont assez abondants pour nuire à la santé, mais qui donnent toujours à l'eau un goût désagréable et la rendent souvent presque impotable.

« Pour que la tourbe se développe abondamment autour des sources d'une vallée, les trois conditions suivantes sont nécessaires:

« 1° Les versants du bassin doivent être perméables, ou du moins il ne doit point y exister une étendue de terrain imperméable assez grande pour produire des crues violentes qui balayeraient les tourbes;

« 2° La vallée doit être large;

« 3° Elle doit n'avoir qu'une faible pente, ou, ce qui revient au même, la pente doit être effacée par de nombreux barrages.

« Quand la première condition n'est pas remplie, il n'y a jamais de tourbe dans la vallée. Quand les deux autres ne le sont pas, la tourbe ne s'y trouve qu'en quantité insignifiante.

« D'après cela, la tourbe ne se trouve jamais autour des sources des premier et quatrième niveaux d'eau, rarement dans le deuxième et le troisième, fréquemment, mais en petite quantité, dans la quatrième région de sources, très-fréquemment et en abondance dans les trois autres, lorsqu'il n'existe pas en amont de grandes étendues de terrains imperméables.

« Les sels qui altèrent habituellement la qualité des eaux du bassin de la Seine sont le sulfate et le carbonate de chaux; les autres substances qui y sont contenues sont en quantité insignifiante, et, en général, innocentes.

« *Le sulfate de chaux* ne se trouve en quantité notable qu'à 100 kilom. à l'est, et à 50 et 60 kil. au nord, à l'ouest et au sud de Paris.

« *Le carbonate de chaux* se trouve dans toutes les eaux de sources du bassin de la Seine, mais en quantités très-variables.

« En 1854, j'ai fait faire un grand nombre d'analyses d'eau qui m'avaient conduit à une classification rationnelle des sources, par ordre de pureté; les limites des classes correspondaient *toujours* à des limites géologiques.

« En 1855, j'ai entrepris un travail du même genre, mais sur des échantillons bien plus nombreux, au moyen de l'hydrotimètre de M. Boudet.

« Je suis arrivé à la même classification. Je donne dans le tableau les degrés maximum et minimum obtenus pour chaque classe de sources.

« Pour bien comprendre cette partie de mon travail il faut savoir :

« Que chaque degré de l'hydrotimètre correspond à un poids de 100 grammes de savon neutralisé par les sels de chaux et de magnésie contenus dans un mètre cube de l'eau essayée ;

« Que le degré hydrotimétrique de l'eau de Seine, à Paris, est très-variable, mais qu'en général, en basses eaux, il est compris entre 17 et 18 ;

« Que l'eau du canal de l'Ourcq, suivant MM. Boutron et Boudet, donne 30°, et l'eau d'Arcueil 28°.

« On admet généralement que l'eau de Seine ne contient pas trop de sels de chaux en dissolution ; les eaux d'Arcueil et de l'Ourcq sont au contraire considérées comme dures ; ces points de repères suffiront à ceux qui voudront faire la classification des eaux d'après des observations hydrotimétriques ; au delà de 30° l'eau fait des caillots avec le savon, je la considère comme mauvaise.

« J'ai à peu près la certitude, d'ailleurs, que l'eau qui marque plus de 30 degrés gâte les dents ; au moins, j'ai remarqué que toutes les populations qui buvaient de l'eau formant des caillots avec de l'eau de savon avaient les dents mauvaises.

« Les essais faits en 1855, comme les analyses de 1854, me conduisent à la classification suivante des eaux du bassin de la Seine par ordre de pureté :

« 1° Les eaux du granite ;

« 2° Les eaux des sables de Fontainebleau et des meulières de Brie ;

« 3° Les eaux de la craie blanche de la Champagne ;

« 4° Les eaux du calcaire à entroques qui forme la base du système oolithique et celles de la craie marneuse.

« 5° Les eaux de la craie couronnée par les terrains tertiaires des bassins de la Vanne, de l'Eure, de l'Epte et de l'Andelle, et celles des calcaires oolithiques durs ;

« 6° Les eaux des terrains tertiaires qui avoisinent la Brie ;

« 7° Les eaux des terrains jurassiques marneux ;

« 8° Les eaux des terrains tertiaires des environs de Paris, dans un rayon de 50 à 100 kil., les plus mauvaises de toutes.

« Le tableau suivant contient donc la classification de toutes les sources du bassin de la Seine, dans l'ordre géologique des terrains, et on y trouve tous les éléments de leur classification dans l'ordre de pureté qu'on vient d'indiquer ci-dessus.

Tableau de la succession des terrains et de la disposition des sources dans le bassin de la Seine.

Nos D'ORDRE des différents groupes de sources	TERRAINS IMPERMÉABLES.	TERRAINS PERMÉABLES.	INDICATION DES SOURCES.	DEGRÉ hydrotimétrique DES EAUX minimum.	DEGRÉ hydrotimétrique DES EAUX maximum.	QUALITÉ DE L'EAU et OBSERVATIONS.
1	*Argiles à meulières* des plaines de Satory.	*Calcaire lacustre de Beauce*, occupant tous les plateaux élevés compris entre le Loing et l'Eure. *Sables de Fontainebleau*, formant le bord des vallées de la Beauce et du pays d'Hurepoix, depuis Nemours sur le Loing jusqu'à Houdan, près Versailles; mamelons isolés en différents points de la Brie et de la banlieue de Paris.	*Première grande région de sources.* Sources très-importantes, ne correspondant à aucun niveau d'eau, au fond des vallées de l'Ecol, de l'Essonne, de la Seine, et de l'origine des vallées de l'Orge, de l'Yvette et de la Bièvre.	6	24	Eaux qui seraient d'excellente qualité si elles n'étaient presque toujours altérées par la tourbe.
2	Niveau d'eau.		Sources qui, en général, ne sont pas très-importantes, les grandes masses des sables ne reposant pas sur les argiles de Brie.	6	24	Eaux de très-bonne qualité, malheureusem. sources insignifiantes.
3	*Argiles à meulières* formant les plateaux de la Brie, de la rive gauche de la Seine, depuis la forêt de Fontainebleau jusqu'à Bicêtre, de la rive droite de la Marne, depuis la montagne de Reims jusqu'à Laferté-s.-Jouarre.		On trouve dans ces terrains un certain nombre de petites sources qui ne correspondent pas à un niveau d'eau régulier, et qui paraissent sortir des amas de meulières ou de calcaire de Brie.	13	28	Eaux de très-bonne qualité, sources peu importantes.
4	*Premier grand niveau d'eau* : très-étendu et très-important, soit lorsque les sables de Fontainebleau, soit lorsque les argiles à meulières reposent sur les marnes vertes.		Sources de la banlieue de Paris. Sources des coteaux de la Brie, vallées d'Yères, du grand et du petit Morin, etc.	24	142	Eaux en général très-mauvaises, surtout près de Paris, où elles sont altérées par le gypse.
5	*Marnes vertes et marnes du gypse* de la banlieue de Paris, de la Brie, etc.	*Calcaire lacustre de Saint-Ouen*, de la plaine Saint-Denis, du Vexin français, etc. *Sables moyens ou de Beauchamps*, du Senlissois, d'Ermenonville, des bords de l'Ourcq, de la Marne, etc. *Calcaire grossier* de la banlieue de Paris, des bords de l'Oise, du Vexin, du Soissonnais, des coteaux de la Marne, etc.	*Deuxième grande région de sources.* Sources très-nombreuses et très-importantes, ne faisant partie d'aucun niveau d'eau régulier, alimentant la plupart des affluents d'Ourcq, de l'Autonne, de la Nonette, la Thev, plusieurs ruisseaux du Vexin, les ruisseaux de la plaine Saint-Denis.	23	42	Eaux de médiocre qualité ou même mauvaises, surtout près de Paris.
6	*Deuxième grand niveau d'eau* : très-étendu, produisant des sources considérables, notamment celles de la Dhuis, du Durtein et de la Voulzie, etc.		Quelques sources près de Paris, à Meudon, etc. Sources de la Viosne, du Sausseron. — du Soissonnais. — de la vallée de la Marne. — de la banlieue de Provins, etc.	20	52	Celles de ces sources qui avoisinent la Champagne donnent des eaux de bonne qualité. Près de Paris, les eaux sont très-mauvaises.

N° d'ordre des différents centres de sources	Terrains imperméables	Terrains perméables	Indication des sources	Degré hydrotimétrique des eaux : minimum	Degré hydrotimétrique des eaux : maximum	Qualité de l'eau et observations
7	*L'argile plastique* et les *sables inférieurs* du Soissonnais, de la vallée de la Marne, entre Meaux et Épernay, des bords de la Champagne, entre Épernay et Montereau, des bords de l'Oise et de la Seine.	La *craie blanche* couronnée par les terrains tertiaires du bassin du Loing, de la banlieue de Sens et de la forêt d'Othe, du bassin d'Eure, du Vexin normand, du pays de Caux.	*Troisième grande région de sources.* Sources très-nombreuses et très-considérables, n'appartenant à aucun niveau d'eau, disséminées au fond des vallées de la Vanne, de l'Eure et de ses affluents, de l'Epte et de ses affluents, de l'Andelle, etc.	15°,25	2[illegible]°,21	Eaux qui sont constamment de bonne qualité quand elles ne sont pas altérées par la tourbe.
		La *craie blanche* de la Champagne pouilleuse.	Sources du même genre, produisant tous les ruisseaux de la Champagne pouilleuse, l'Orvin, l'Ardusson, la Barbuisse, la Somme, la Soude, la Coole, la Vesle, la Suippe, la Retourne, la Souche, etc.	12°	17°	Eaux excellentes quand elles ne sont pas altérées par la tourbe.
8	*Troisième grand niveau d'eau* : très-étendu, traversant tout le bassin de la Seine, depuis Toucy, vers Auxerre, jusqu'aux Ardennes, vers Vervins. Ce niveau d'eau sépare la Champagne pouilleuse de la Champagne humide. On le retrouve autour du pays de Bray.		Sources très-nombreuses, alimentant le Tholon, le Créauton, les affluents de la rive droite de l'Armance et de la rive gauche de l'Aisne, la Serre et ses affluents, etc.	14°,50	22°	Eaux de bonne qualité.
9	La *craie inférieure* (*grès verts, gault, terrain néocomien*), large bande de terrain argilo-sableux traversant tout le bassin de la Seine, depuis Saint-Fargeau, près d'Auxerre, jusqu'aux Ardennes, et formant limite de la Bourgogne et de la Champagne ; pays de Bray.	Les *terrains oolithiques* (*calcaire de Portland, marnes de Kimmeridge, Coral Rag, Oxford Clay, grande oolithe, fullers Earth, calcaire à entroques*), large bande de calcaires traversant tout le bassin de la Seine, depuis Clamecy jusqu'aux Ardennes, vers Hirson, et formant la Bourgogne et la Lorraine.	*Quatrième grande région de sources.* Sources très-considérables, surgissant au fond des vallées les plus profondes, telles que celles de l'Yonne, de la Cure, du Serain, de l'Armançon, de la Laigne, de la Seine, de l'Aube, de l'Aujon, de la Suize, de la Blaise, de la Marne, de l'Ornain, de la Saulx, de l'Aire.	17°,50	26	Eaux des calcaires durs, de bonne ou d'assez bonne qualité, très-agréables à boire.
				25°,75	34°	Eaux des calcaires marneux de médiocre qualité, quoique très-limpides.
10	*Quatrième grand niveau d'eau* : très-étendu, toujours placé entre le calcaire à entroques et le lias, au sommet des coteaux d'une partie des bassins d'Yonne, de la Cure, du Serain, de l'Armançon, de toute la vallée de la Breune, de la Marne, vers Langres.		Sources véritablement innombrables au sommet des coteaux du bassin de Corbigny, formant limites de l'Auxois et de la région sèche qui l'entoure, dans le bassin du Serain et de l'Armançon. Sources de la banlieue de Langres.	16	21°,50	Eaux de bonne qualité, très agréables à boire
11	*Le lias*, terrain argileux, formant le bassin de Corbigny, à l'ouest du Morvan, et l'Auxois à l'est. Fond de la vallée de la Marne, près Langres.		On trouve quelques petites sources assez peu importantes dans les parties calcaires (calc. à gryphées Cymbium et à gryphées arquées), et au contact du lias et du granite.	26	32	Eaux de médiocre ou même de mauvaise qualité.
	Le *granite*, roche cristalline formant la région montagneuse désignée sous le nom de Morvan.		Sources très-nombreuses, mais en général d'un faible débit, sortant des fissures du granite.	2°,25	7	Les eaux du granite sont de beaucoup les plus pures du bass. de la Seine.

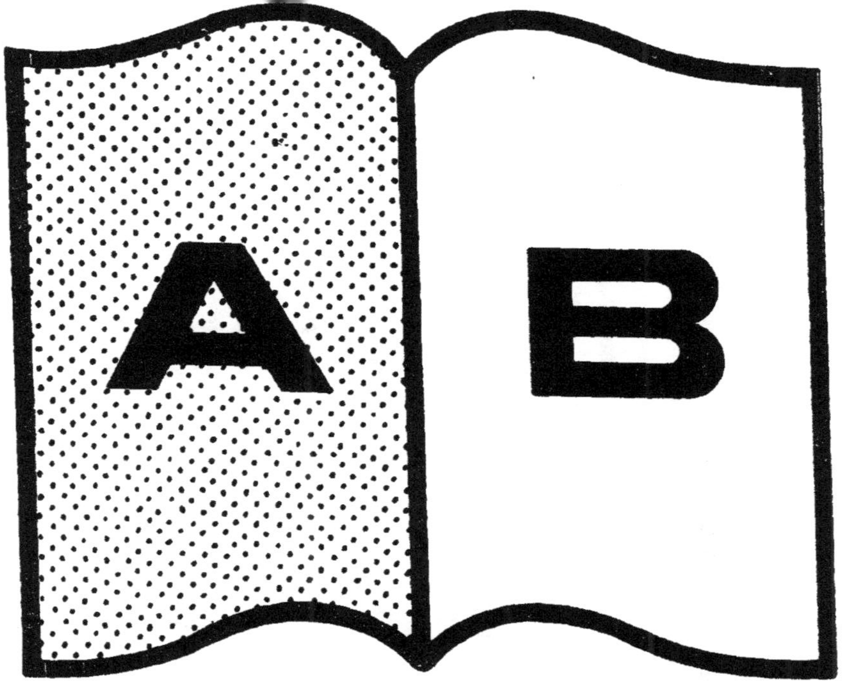

Contraste insuffisant

NF Z 43-120-14

« Les niveaux d'eau et les régions de sources indiqués dans le tableau qui précède sont disposés dans leur ordre géologique, et, par une circonstance toute fortuite, dans l'ordre de leur éloignement de Paris, c'est-à-dire que celles qui sont en tête du tableau sont les plus rapprochées de cette ville.

« Il serait donc très-avantageux de prendre les eaux destinées à Paris dans la première région de sources, celle des sables de Fontainebleau, qui alimente l'Yvette, l'Orge, l'Essonne et la Juine; les eaux qu'elle fournit sont de bonne qualité.

« Mais j'ai constaté, en 1854, que les sources supérieures de l'Orge et de l'Yvette étaient insuffisantes.

« La Juine et l'Essonne débitent, au contraire, bien plus d'eau qu'il n'en faut: mais on ne peut diminuer le débit de ces rivières sans toucher à des industries tellement importantes, qu'on doit renoncer à dériver leurs eaux. Ces eaux sont, d'ailleurs, très-fortement altérées par la présence de la tourbe.

« Les genres de sources n° 2 et 3 donnent des eaux de bonne qualité, mais sont sans importance.

« Les sources des terrains tertiaires inférieurs, qui portent les n°s 4, 5 et 6 donnent, dans le voisinage de Paris, des eaux détestables, les plus mauvaises, sans contredit, du bassin de la Seine.

« Ce n'est que dans le voisinage de la Champagne qu'on y trouve de bonnes eaux; on y voit aussi de très-grandes sources qui correspondent au niveau d'eau de l'argile plastique (sources n° 6), mais très-éloignées les unes des autres, et ne pouvant suffire séparément à l'alimentation d'une dérivation.

« Ainsi, on trouve à ce niveau d'eau, dans le voisinage de Soissons, *seize à vingt sources* qui peuvent débiter ensemble 200 litres d'eau par seconde; dans la vallée de la Marne, entre Epernay et Château-Thierry, à l'origine de deux vallées secondaires de 10 à 15 kilomètres de longueur, les deux sources de *Sourdon et de la Dhuis*, qui débitent ensemble 250 à 300 litres; en amont de Provins, dans les vallées de Durtein et de Voulzie, huit à dix grandes sources qui débitaient ensemble, au moment des plus basses eaux de cette année, environ 500 litres par seconde.

« Ces sources marquent à l'hydrotimètre de 20 à 26°; elles donnent des eaux très-agréables à boire.

« Les terrains tertiaires ne donnant que des eaux mauvaises ou des sources trop éloignées les unes des autres pour être réunies; on arrive naturellement aux sources n° 7, produites par la craie, couronnées par les terrains tertiaires.

« Là, on ne trouve plus que des eaux de bonne qualité et des sources assez abondantes pour produire des rivières telles que la Vanne, l'Eure, l'Epte et l'Andelle.

« Trois dérivations sont possibles, celles de la Vègre affluent de l'Eure, prise en amont de Houdan, de la Lévrière et de l'Aunette affluents de l'Epte, qui coulent dans le voisinage de Gisors, et enfin celle des sources de la banlieue de Sens.

« L'espace me manque pour faire l'exposé de considérations qui m'ont fait donner la préférence à ces dernières sources, qui m'ont été signalées par MM. les ingénieurs Lesguillier et Hernoux.

« Ces sources peuvent se diviser en deux groupes, celles du haut de la vallée de la Vanne, qui pourraient être amenées à Paris à l'altitude de 80 mètres ;

« Celles de la banlieue de Sens, qui pourraient être conduites à l'altitude de 70 mètres, sur la rive gauche de la Seine, vers Montrouge.

« Le groupe supérieur comprend les sources de la partie la plus élevée de la vallée de la Vanne, celles des ruisseaux de la Nosle, de Cérilly et d'Alain.

« Jaugés par M. Lesguillier, du 17 au 23 octobre dernier, ces ruisseaux débitaient ensemble 2,080 litres.

« Mais ces jaugeages doivent être, suivant moi, diminués d'un quart environ, parce qu'à cette époque, le débit des sources commençait déjà à remonter. En outre, on ne peut priver complétement d'eau de gros bourgs tels qu'Estissac, Courgenay, Saint-Mards et Aix-en-Othe.

« Je ne pense donc pas que ce groupe supérieur puisse fournir à une dérivation plus de 1,000 litres par seconde. Pour arriver à Paris à l'altitude de 80 mètres, la dépense serait considérable.

« Les sources du groupe inférieur sont, dans la vallée de la Vanne, celles de Vareilles, Saint-Philibert, Theil, qui jaugeaient ensemble, à la même date, suivant M. Lesguillier. 535

« En y ajoutant les sources de l'Alain.	330
les sources de l'Oreuse.	200
et quelques autres sources des environs.	200
on a un total de.	1,265 litres,

auquel on pourrait ajouter successivement, au fur et à mesure des besoins, quelques-unes des sources supérieures ; de sorte que le débit de cette dérivation inférieure peut être, sans qu'il y ait de mécompte possible, fixé à 11 ou 1,200 litres par seconde.

« Les eaux de ces sources sont, du reste, de bonne qualité ; leur degré hydrotimétrique varie de 18°, 25' à 20° ; leur température est comprise entre 11° et 11° 60 centigrades.

« La dépense serait bien moins grande, mais on n'arriverait à Paris qu'à l'altitude de 70 mètres sur la rive gauche de la Seine, et à 66 mètres sur la rive droite.

« M. Lesguillier fait en ce moment, sous ma direction, l'étude de cette dérivation.

« Pour avoir des eaux à l'altitude de 80 mètres sur la rive droite, il vaut mieux prendre le genre de sources suivant, celles de la craie blanche de la Champagne.

« La rivière de cette contrée, dont les sources peuvent être dérivées avec le plus de facilité, est la Somme-Soude, affluent de la rive gauche de la Marne, compris entre Châlons et Epernay.

« Jaugée avec beaucoup de soin par M. l'ingénieur Ed. Collignon, au moyen du tube de Pitot, modifié par M. Darcy, cette petite rivière débitait, le 7 octobre dernier.	1,081 litres.
« On peut y ajouter les eaux de la Coole et de la Berle, soit environ.	600 —
et celles des belles sources tertiaires du Sourdon et de la Dhuis.	300 —
TOTAL.	1,981 litres.

« On peut donc compter qu'on pourrait prendre, en toute saison, 1,100 litres d'eau par seconde dans ces localités.

« Ces eaux sont d'excellente qualité; elles seraient plus pures que celles de la Seine à Paris; en effet, le degré hydrotimétrique des eaux de Seine est, on l'a dit plus haut, compris entre 17 et 18°. On prendrait 800 litres d'eau de la Somme-Soude à 13° 50, qui donneraient 800×13,50=.	1080°
et 300 litres d'eau tertiaire à 22°, 300×22=.	660
TOTAL.	1740°

le degré hydrotimétrique moyen serait $\frac{1740}{1100} = 15°,8$.

« Le projet de dérivation de la Somme-Soude sera bientôt terminé. Les études sont faites, sous ma direction, par MM. les ingénieurs Rozat de Mandres et Ed. Collignon.

« On étudie donc en ce moment deux projets de dérivation, qui pourront amener chacune à Paris 100,000 mètres cubes d'eau par vingt-quatre heures. Ces dérivations se composent de deux parties distincte : d'*aqueducs en maçonnerie de béton de ciment*, partout où l'on pourra tracer une pente régulière de 0^m10 par kilomètre sur le terrain ; *de conduites en fonte* pour franchir les vallées et les dépressions du sol ; ces conduites auront une charge de 0^m 66 par kilomètre.

« La section mouillée de l'aqueduc est de 2^{mq} 3918 ; son périmètre mouillé de 4^m401 ; la vitesse calculée au moyen de la formule de M. Darcy $V=63\sqrt{\frac{LH}{L+2H}}\sqrt{i}$ (Voir page 374) sera de 0^m 463 ; le débit de 1,107 litres.

« Les conduites en fonte se composeront de deux tuyaux de 1^m à 1^m05 de diamètre intérieur posés parallèlement; leur débit sera à peu près le même que celui de la conduite en maçonnerie.

« Dans la dérivation de la Vanne, la longueur de la conduite en maçonnerie sera d'environ. . . . . 130 kil.

« Celle des conduites en fonte ou des ponts-aqueducs destinés à franchir les vallées moins profondes sera de. 15

« Longueur totale. . . . . . 145 kil.

« La longueur de la dérivation de Somme-Soude se décompose ainsi :

« Conduite en maçonnerie. 175 kil.

« Conduites en fonte ou ponts-aqueducs. 15 50

« Longueur totale. . . . . 190 kil. 50

« A ces longueurs, il faut ajouter celles des aqueducs de prise d'eau, destinés à conduire les eaux des sources dans l'aqueduc principal.

« Les dépenses seraient de 15 à 18 millions pour la dérivation de la Vanne; de 23,000,000 pour celle de la Somme-Soude.

« Ces chiffres pourront varier un peu, les dépenses n'étant pas encore arrêtées.

« Ces deux dérivations qui pourraient conduire à Paris 200,000 mètres cubes d'eau par vingt-quatre heures doivent, suivant moi, s'exécuter toutes deux, soit *simultanément*, en ne construisant pas d'abord certains travaux accessoires, qu'on peut évaluer à 9,000,000 de francs, soit successivement, au fur et à mesure que les besoins de la ville l'exigeront. »

Principe et description du nouveau tube jaugeur.

On voit que M. l'ingénieur en chef Belgrand parle, dans la note précédente, d'un double tube de Pitot, qui lui sert à opérer les jaugeages des petits cours d'eau qu'il se propose d'amener à Paris. Je crois utile de donner ici la description de cet appareil.

Le plus simple instrument destiné à mesurer la vitesse d'un courant en un point quelconque de sa section, est, à coup sûr, le tube de Pitot. — On avait supposé, d'abord, que la hauteur, dont l'eau se relève dans la branche verticale étant h, la vitesse du filet, à l'action duquel l'extrémité de la branche horizontale était exposée, avait pour expression la relation $V = \sqrt{2gh}$; il ne pouvait en être tout à fait ainsi, car il y a des forces perdues à la rencontre du filet et de l'orifice du tube. — Ces pertes de force, du reste, paraissent peu importantes. — On connaît la remarquable expérience de Bidone, faite avec un tube recourbé, dont il avançait plus ou moins la branche horizontale dans la nappe d'un déversoir.

Mais la question n'est point là : il s'agit seulement de savoir, si pour un instrument donné, le rapport $\frac{V^2}{2g}$ est sensiblement constant ; s'il en est ainsi, on n'aura plus qu'à déterminer la *tare* ou le coefficient de correction pour chaque instrument. Mais le peu d'usage que l'on a fait jusqu'à ce jour du tube de Pitot a laissé, pour ainsi dire, cet instrument à l'état de principe.

Il soulève, en effet, au point de vue de l'application, de graves objections :

1° Comment mesurer la différence de niveau entre l'eau de l'intérieur du tube vertical et la surface agitée dans laquelle il est plongé.

2° Cette différence est parfois très-faible, et disparaît en présence des oscillations du liquide contre les parois et dans l'intérieur du tube.

On a vu, cependant, dans mon Mémoire sur l'écoulement de l'eau dans les tuyaux de conduite, avec quelle précision j'ai pu déterminer les vitesses avec un tube de Pitot. C'est que dans ces expériences, les choses étaient naturellement disposées de manière à éviter les inconvénients précités.

1° La pression de l'eau dans les tuyaux étant plus grande que celle de l'atmosphère, les niveaux des tubes manométriques et de Pitot étaient facilement comparables. Le clapotage qui, dans les rivières, a lieu autour du tube de Pitot, était complétement évité.

2° On s'était aussi défendu contre les oscillations intérieures, en donnant aux tubes en verre, qui terminaient le manomètre et le tube de Pitot, un diamètre considérable, tandis que les parties inférieures étaient d'une section très-faible, et munies en outre d'orifices plus faibles encore.

C'est dans ces circonstances que j'ai trouvé :

1° En plaçant l'orifice du tube contre le courant, la relation $\frac{V^2}{h} = 18,36$.

2° En plaçant dans le sens du courant la relation $\frac{V^2}{h'} = 45,17$. h' est évidemment compté au-dessous du zéro du manomètre, et h au-dessus.

Si maintenant on ajoute les deux équations précédemment posées, on a la relation :

$$\frac{V^2}{47,17} + \frac{V^2}{18,36} = h + h' ;$$

donc si, sans passer par le zéro du manomètre, ou par le niveau de l'eau d'une rivière, nous déterminons $h+h'$, [il] est évident que nous pourrions déduire V de l'expression ci-dessous :

$$V = \sqrt{\frac{866,0412}{65,53}} . \sqrt{h+h'} .$$

On voit que, par ce procédé, on aurait le double avantage : 1° de supprimer l'examen du niveau de l'eau, qu'il est presque impossible d'obtenir exactement dans les rivières; 2° d'augmenter dans le rapport de $h+h'$ à (¹) h, la hauteur à observer.

Voyons comment on pourrait, en pratique, trouver V sans passer par la constatation du niveau de l'eau. Il suffirait pour cela d'avoir deux tubes verticaux accolés, dont les branches horizontales exposées à l'action de l'eau courante fussent dirigées, l'une dans le sens du courant, l'autre en sens inverse. La différence de niveau de l'eau dans ces tubes donnera évidemment $h+h'$. La première objection sera ainsi levée.

Pour mesurer $h+h'$, je ne proposerai pas de recourir à des flotteurs; ce moyen est trop inexact, lorsqu'il s'agit surtout de faibles différences.

Nous supposerons donc que les deux tubes, qui renferment l'eau relevée ou abaissée, communiquent entre eux au moyen d'une capacité fermée; en faisant un vide (²) imparfait à leur sommet, on fera monter au-dessus de l'eau les niveaux du fluide dans les deux tubes, lesquels conserveront toujours entre eux la même différence. On pourra ainsi opérer directement et sans cause d'erreur.

On comprend, d'ailleurs, que cette opération est seulement nécessaire pour rechercher s'il n'existe pas d'oscillations très-fortes, ou si les tubes renferment de l'air dont la présence altérerait les résultats; car une fois l'instrument mis en place, on peut, par la formeture d'un robinet inférieur, conserver indéfiniment les indications qu'il doit offrir. Il suffit alors de tirer l'instrument de l'eau pour constater, à loisir, les différences à observer. Telle est, en substance, la description de l'appareil dont, à la suite de mes expériences sur les tuyaux, j'avais soumis l'exécution à M. le ministre des travaux publics, espérant que cet appareil pourrait être utilement appliqué à la mesure de la vitesse de l'eau dans les rivières.

L'état de ma santé ne m'ayant point permis à cette époque de m'occuper de la construction de ce tube jaugeur, j'ai prié M. Baumgarten, bien connu par les perfectionnements ingénieux qu'il a introduits dans le moulinet, de s'occuper de la réalisation de ma pensée. L'appareil, tel qu'il l'a exécuté, est représenté pl. 23, fig. 14 : en voici d'ailleurs la description telle qu'il l'a envoyée à M. l'inspecteur de l'Ecole des ponts et chaussées.

« Les deux tubes de verre sont mis en communication entre eux, à leur partie supérieure, au moyen d'une pièce de cuivre munie d'un robinet qui permet d'ou-

(¹) L'expérience m'a démontré que la hauteur à observer était plus considérable encore lorsque, au lieu de placer la partie horizontale du tube de Pitot dans le sens du courant, on retournait l'extrémité normalement à ce courant. J'ai trouvé dans ce dernier cas $\frac{V^2}{h''}=28,91$.

(²) J'avais d'abord pensé à obtenir ce vide au moyen d'une petite pompe; l'expérience a prouvé qu'une simple aspiration suffisait.

vrir et de fermer également, à volonté, la communication avec l'air extérieur, et de faire ainsi le vide partiel par une simple aspiration. Dans la partie inférieure, les deux tubes en verre sont prolongés par des tubes en cuivre, dont l'un est toujours dirigé vers le courant et exactement dans son fil, tandis que l'autre peut avoir une position quelconque par rapport au fil du courant, suivant l'ajutage que l'on y adapte; un robinet, que l'on peut manœuvrer par une ficelle, permet d'ouvrir ou de fermer la communication à volonté et instantanément, entre l'eau du courant et celle des tubes en verre. Dans le premier tube, l'eau s'élève au-dessus du niveau de l'eau courante à une hauteur $h = m\frac{v^2}{2g}$, et dans le second descend au-dessous de la quantité $h' = m'\frac{v^2}{2g}$; on a donc $h + h' = (m + m')\frac{v^2}{2g}$, relation dans laquelle $h + h' = \Delta$, ou différence de hauteur de l'eau dans les deux tubes de verre que l'on peut mesurer à un dixième de millimètre près, et $m + m'$ un coefficient qui est constant pour un même système d'ajutage et que l'expérience peut seule déterminer; pour un même appareil, on a ainsi pour déterminer v, connaissant Δ la formule : $v = \mu\sqrt{2g\Delta}$, ou si l'on appelle u la vitesse correspondante à la hauteur d'eau Δ que l'on trouve dans toutes les tables, on a :

$$v = \mu . u$$

μ étant un coefficient qu'il s'agit de déterminer une fois pour toutes, pour un même système d'ajutage.

« La *règle logarithmique ordinaire* donne encore un moyen très-facile de lire immédiatement la vitesse connaissant Δ; il suffit pour cela de fixer une fois pour toutes le 1 de gauche de la réglette ou coulisse sous le chiffre marqué par la valeur de $\mu^2 2g$ qui est constante, puis de lire sur la coulisse les valeurs successives de Δ; les chiffres de la partie inférieure de la règle correspondant aux différentes valeurs de Δ exprimeront les vitesses cherchées.

« Pour faire une expérience, il faut prendre les précautions suivantes :

1° Tenir les tubes dans une position verticale, au moyen d'un fil à plomb;

2° Diriger le bout recourbé du premier tube aussi exactement que possible dans le sens du fil de l'eau et contre le courant;

3° S'assurer qu'il n'y a pas de bulle d'air interposée dans les colonnes d'eau, en aspirant quelquefois l'air au-dessus, et en y laissant pénétrer un petit volume d'air extérieur, ce qui produira un mouvement d'ascension ou de dépression dans les deux colonnes d'eau;

4° Fermer le robinet inférieur au moment où il y a le moins d'oscillations, pour effectuer les lectures;

5° Amener pour la lecture le plan supérieur de l'anneau des curseurs qui glissent le long des tubes, de manière qu'il soit tangent au ménisque formé par l'eau dans les tubes.

« Voici les valeurs que j'ai trouvées pour μ correspondant à quelques-uns des ajutages que j'ai essayés, soit en faisant marcher l'instrument dans une eau tranquille avec une vitesse déterminée, soit en mesurant, dans un canal très-régulier, la vitesse avec un flotteur (le premier ajutage étant toujours contre le courant dans le fil de l'eau).

1° *Le deuxième ajutage étant dans le même sens que le courant et dans le fil de l'eau*, la moyenne de 32 expériences faites avec des flotteurs dans un courant m'a donné pour la valeur de μ 0^m 998. V a varié de 0^m 35 à 1^m 51 par seconde. La moyenne de 28 expériences faites dans un bassin d'eau tranquille, le 21 avril 1855, m'a donné $\mu = 0^m$ 994. La moyenne de 58 expériences, faites le 24 avril 1855, dans un bassin d'eau tranquille, m'a donné $\mu = 0^m$ 988; les vitesses v ayant varié dans ces deux derniers cas de 0^m 50 à 3 mètres;

2° *Le deuxième ajutage étant tourné à angle droit sur le courant*, j'ai obtenu dans quatre séries d'expériences les valeurs suivantes :

$\mu = 0^m$ 848 pour 13 expériences faites dans un courant.

$\mu = 0^m$ 808 pour 20 expériences faites, le 21 avril, dans une eau tranquille.

$\mu = 0^m$ 797 pour 39 expériences faites, le 24 avril, dans une eau tranquille.

$\mu = 0^m$ 785 pour 36 expériences faites, le 24 avril, dans une eau tranquille.

La troisième série a été faite avec des ajutages évasés en forme d'entonnoir; les autres avec des ajutages effilés d'un millimètre d'ouverture seulement. Les vitesses ont varié de 0^m 16 à 2^m 90.

3° *Le deuxième ajutage étant dirigé dans le sens du courant, mais fermé par le bout et percé latéralement d'un simple trou de 1 millimètre de diamètre*, j'ai obtenu dans deux séries d'expériences les valeurs suivantes :

$\mu = 0^m$ 864 pour 34 expériences faites, le 24 avril, dans une eau tranquille sur le canal de Bourgogne.

$\mu = 0^m$ 875 pour 30 expériences faites en mai, sur l'aqueduc de Roquefavour, dans une eau courante.

« Il est essentiel de remarquer qu'une modification en apparence insignifiante dans la forme ou la disposition du deuxième ajutage peut avoir une grande influence sur la valeur de μ. »

Fourniture d'eau de Bruxelles.

La ville de Bruxelles [1] et ses faubourgs occupent une surface dont les points les plus bas se trouvent à la cote de 18 mètres au-dessus du niveau de la mer, et les points les plus élevés à la cote de 90 mètres.

Il existe, de temps immémorial, une petite distribution d'eau pour le quartier attenant au parc, situé à une cote moyenne de 60 mètres : des roues hydrauliques, mues par les eaux de l'étang de Saint-Josse-ten-Noode, élèvent en vingt-quatre heures environ 200 mètres cubes d'eau dans une cuvette placée sur une vieille tour située près de la rue Ducale ; c'est de cette cuvette que l'eau se dirige vers la demeure des abonnés.

Après l'exécution des travaux du nouveau système, la machine hydraulique de Saint-Josse-ten-Noode sera enlevée, et les abonnés du quartier du Parc seront desservis par les sources nouvellement dérivées.

Le nouveau système se divise en deux parties : la première partie consiste dans la dérivation d'une source dite du Broebelaer, que la ville possède à Etterbeck, et qui, aujourd'hui encore, est amenée par des tuyaux aux pompes de la machine hydraulique de Saint-Josse-ten-Noode ; cette source débite, en toutes saisons, environ 1,200 mètres cubes par vingt-quatre heures ; d'après ce qui est indiqué plus haut, les roues hydrauliques n'en élèvent donc actuellement qu'un sixième environ pour le service des abonnés. Cette source, qui émerge à la cote de 51 mètres, sera dérivée en totalité et amenée aux réservoirs de la place du Congrès, à la cote de 45 mètres ; cette dérivation se fait au moyen d'un aqueduc voûté de 621 mètres de longueur, et d'une conduite en fonte de $0^m.25$ de diamètre et de 2,662 mètres de longueur.

Des réservoirs de la place du Congrès, l'eau sera distribuée aux abonnés du quartier dit du Finisteire, la surface de ce quartier se trouve à la cote de 18 à 20 mètres ; l'eau pourra donc s'élever aux étages des maisons à une hauteur de 15 à 20 mètres au-dessus du pavement du rez-de-chaussée.

L'eau de la source du Broebelaer a été soumise à l'analyse, et il a été reconnu qu'elle ne contenait guère que du bicarbonate de chaux (0^g 411 par litre).

La deuxième partie du nouveau système de distribution d'eau consiste dans la dérivation de toutes les sources de la valléedu Hain, qui émergent entre Lillois-Witterzée et le hameau de Mont-Saint-Pont, situé un peu à l'aval de Braine-l'Alleud ; néanmoins, on laissera aux habitants de ce dernier bourg, d'une po-

[1] Je dois cette notice à l'obligeance de M. Carez, ingénieur des ponts et chaussées de Belgique et directeur des travaux.

pulation de 4,000 habitants environ, trois sources qui sont déjà utilisées par eux depuis longtemps, et qui prennent naissance au centre de ce bourg.

Les sources qu'il s'agit de dériver de la partie la plus élevée de la vallée du Hain sont au nombre de quarante-cinq environ et débitent ensemble, en toutes saisons, 19,000 m. c. par vingt-quatre heures; quelques-unes donnent un très-faible produit, et les deux plus abondantes fournissent chacune 2,500 m. c. Il résulte de l'analyse que ces sources ne contiennent aussi que du bicarbonate de chaux (0^{g} 334 par lit.).

Les cotes d'émergence de ces sources varient de 122 à 85 mètres au-dessus de la mer; les sources supérieures, situées à l'amont du bourg de Braine-l'Alleud, et la source des étangs du Mesnil, les unes et les autres sortant à une cote de 93 mètres et au-dessus, seront amenées à Bruxelles par simple écoulement, au moyen d'aqueducs voûtés et de siphons renversés en tuyaux de fonte; ces sources débitent en toutes saisons 11,000 mètres par vingt-quatre heures.

Les autres sources, débitant par conséquent 8,000 mètres cubes, seront amenées par les mêmes moyens près du lieu dit le Moulin-Léonard, aux environs du hameau de Mont-Saint-Pont, où une machine à vapeur, de la force de dix chevaux, les relèvera et les fera déverser dans l'aqueduc de dérivation des sources supérieures. A partir des sources jusqu'au moulin Léonard, l'aqueduc du tronc principal aura une ouverture de 0^{m} 60, 0^{m} 70 ou 0^{m} 80, et une hauteur sous clef de 1 mètre, 1^{m} 05 ou 1^{m} 40. La pente variera de six à sept centimètres par kilomètre; pour amener les plus faibles sources dans cet aqueduc, on construira des rigoles à petit débouché en bonne maçonnerie de briques. Du moulin Léonard jusqu'aux réservoirs construits sur la hauteur du faubourg d'Ixelles, l'aqueduc a une ouverture de 1^{m} 10 et une hauteur sous clef de 1^{m} 70; sa pente est uniforme et de 0^{m} 14 par kilomètre. La longueur des rigoles maçonnées, à très-faible section, destinées à amener les eaux des plus petites sources dans l'aqueduc du tronc principal, sera approximativement de 2,800 mètres; la longueur des aqueducs de 0^{m} 60, 0^{m} 70 et 0^{m} 80 d'ouverture, sera de 15,118 mètres environ; enfin, celle de l'aqueduc à grande section, entre le moulin Léonard et les réservoirs d'Ixelles, sera de 16,437 mètres environ.

Pour franchir la vallée dite de l'Estrée, près de Braine-l'Alleud, l'aqueduc est remplacé par un siphon renversé en fonte, de 0^{m} 60 de diamètre et de 400 mètres de longueur; à son point le plus bas, ce siphon n'éprouve qu'une charge de 14 mètres; pour la traversée de la vallée de Ten-Bosch, près d'Ixelles, l'aqueduc est remplacé par un double siphon en fonte, aussi de 0^{m} 60 de diamètre, et de 900 mètres de longueur; il aboutit aux réservoirs, et sa plus forte charge, au fond de la vallée, sera de 32 mètres.

L'aqueduc traverse une autre vallée, celle de Mont-Saint-Pont, au moyen d'un pont-aqueduc de vingt-sept arches en plein cintre de 6 mètres d'ouverture, séparées par des piles de 1^m25 d'épaisseur; deux de ces piles, formant culée, ont une épaisseur de 3 mètres; la hauteur des piles au-dessus du thalweg de la vallée est de 6^m20.

Cette construction assez dispendieuse, établie en bonnes briques du pays, a été nécessitée par la présence de sables mouvants en aval; c'est-à-dire que, si le pont-aqueduc avait été remplacé par un siphon renversé, la différence de niveau qu'il aurait fallu donner aux extrémités de ce siphon aurait exigé que l'on abaissât le profil de l'aqueduc vers l'aval, et que l'on traversât des sables mouvants sur une grande longueur; c'est ce qui a déterminé l'ingénieur à proposer la construction du pont-aqueduc.

Les réservoirs sont établis au point culminant du faubourg d'Ixelles, sur une parcelle de 2 hectares 20 ares achetée par la ville et entourée de rues ou chemins. Les deux réservoirs contigus peuvent contenir chacun 10,200 mètres cubes; ils sont rectangulaires et formés de murs d'enceinte et de pilastres de 2^m50 de hauteur, sur lesquels s'appuient des voûtes d'arête de 3 mètres d'ouverture, de 0^m50 de flèche, et de 0^m30 d'épaisseur, recouvertes d'une couche de terre de 1 mètre d'épaisseur. Les murs d'enceinte, en saillie au-dessus du sol naturel, ont une épaisseur moyenne de 1^m45; les pilastres ont une épaisseur de 0^m50; la naissance des voûtes se trouve à la cote de 90 mètres au-dessus de la mer.

Chacun des réservoirs, ainsi que l'extrémité aval du siphon de Ten-Bosch, est en communication avec une cuve d'où partent les quatre conduites maîtresses qui se dirigent vers la ville et les faubourgs.

La ville et sa banlieue contiennent une population de 250,000 habitants, de sorte que les 20,200 mètres cubes d'eau à leur distribuer correspondent à un chiffre de 80 litres par habitant et par jour. Il est à remarquer qu'il existe, à 10 kilomètres environ au delà de Braine-l'Alleud, de très-belles sources, celles de la rivière la Dyle, qui émergent à Houtain, Loupoigne et Genappe; elles débitent ensemble 15,000 mètres cubes environ, et pourraient être amenées par un aqueduc aboutissant près du moulin Léonard, à une hauteur de 10 mètres au-dessus de l'aqueduc de dérivation des sources du Hain. C'est afin de pouvoir amener encore ces eaux à Bruxelles, si le besoin en est reconnu ultérieurement, que l'ingénieur a donné à l'aqueduc, entre le moulin Léonard et Ixelles, une section suffisante pour adjoindre aux sources du Hain celles de la Dyle, dont la chute de 10 mètres, près du moulin Léonard, ferait mouvoir une turbine; celle-ci remplacerait la machine à vapeur de dix chevaux à établir d'abord en ce point, pour relever les sources inférieures du Hain.

Les dépenses auxquelles donnera lieu l'exécution complète du projet adopté peuvent se diviser en trois parties distinctes :

La première relative aux travaux de dérivation des sources;
La deuxième relative aux travaux de la distribution intérieure;
La troisième comprenant les frais de personnel, etc.

La première partie se subdivise elle-même :

En frais d'acquisition des sources; cette dépense sera de. . . .	20,000 fr.
En indemnités à payer aux usines et aux communes	1,000,000
En indemnités aux propriétaires du sol traversé par les aqueducs et siphons, et pour achat de terrains occupés par les réservoirs, pont-aqueduc, etc.; la dépense est évaluée à.	230,000
En frais d'établissement des travaux, *abstraction faite de la machine à vapeur* [1].	2,160,000
En frais d'établissement de la machine à vapeur et capital représentant les dépenses annuelles qu'elle occasionnera.	210,000
TOTAL *à reporter*.	3,620,000 fr.

[1] Voici quelques détails intéressants sur le prix de revient de l'aqueduc principal de 1m 10 de largeur sur 1m 70 de hauteur sous clef; la presque totalité de cet aqueduc est creusée en tunnel à une profondeur de 4 mètres à 33 mètres sous le sol; il a été adjugé pour la somme de 980,000 fr.; le pont-aqueduc entre dans ce chiffre pour une somme de 80,000 fr. Les prix ne paraissent pas avoir été suffisamment élevés, car l'adjudicataire s'est ruiné dans cette entreprise.

NATURE DES OUVRIERS ET SES DÉPENSES.	PRIX DU MÈTRE COURANT D'AQUEDUC ÉTABLI — EN SOUTERRAIN — dans la marne.	dans le sable sec très-glissant. Puits 33m.	dans le sable très-consistant. Puits 18m.	EN TRANCHÉE. — Profondeur moindre que 4m.
	f. c.	f. c.	f. c.	f. c.
Mineur.	2 50	2 50		»
Aide-mineur.	1 60	2 55		»
Manœuvre au treuil.	1 50	2 40		»
Manœuvre de transport.	»	0 80	6 77	»
Huile et lampe.	0 66	0 66		»
Aérage.	»	0 31		»
Boisage.	4 57	5 54	5 54	»
	10 83	14 76	12 31	»
Maçonnerie en briques, 2m ← 10 par mèt. courant.	42 00	42 00	42 00	»
Enduit.	2 32	2 32	2 32	»
TOTAL.	55 15	59 08	56 63	»
Terrassements, par mètre courant.	»	»	»	4 70
Maçonnerie et chape.	»	»	»	35 70
Enduit.	»	»	»	2 32
			TOTAL.	42 72

Report. . . . . 3,620,000 fr.

La deuxième partie se subdivise aussi en frais de fourniture et pose des tuyaux et appareils de distribution, tels que robinets, bouches d'eau, etc.; on estime que la dépense totale sera d'environ 2,800,000 fr.

La troisième partie, relative au personnel, est estimée à. . . . 180,000

Le total des dépenses s'élèvera donc approximativement à. . . 6,600,000 fr.

Ce qui correspond à 26 fr. 40 par habitant.

Le Conseil communal de Bruxelles a pris deux résolutions relatives aux concessions d'eau : d'après la première, les habitants de Bruxelles et des faubourgs seront admis, pendant le délai d'un mois, à prendre un abonnement *perpétuel* à raison de 60 francs de capital une fois payé pour chaque hectolitre d'eau à fournir par jour. Il a été pris des abonnements de cette espèce pour 950 maisons et pour une quantité totale de 4,380 hectolitres par jour. La seconde a fixé la redevance annuelle que les abonnés nouveaux auraient à payer; elle porte à 4 francs la redevance par hectolitre pour les usages industriels, à 5 francs le prix pour les usages d'agrément, tels que jets d'eau, etc., et à 2 à 3 pour 100 du revenu net cadastral des habitations la redevance à payer pour les usages domestiques, l'eau destinée à ces usages ne devant pas être jaugée.

Fourniture d'eau de Lyon.

M. Terme, dans un excellent rapport présenté au Conseil municipal de Lyon, avait, en 1843, donné les éléments d'un projet de dérivation d'eaux de sources situées dans les environs de cette ville. On a renoncé à ce projet, et l'on a recours aujourd'hui aux eaux du Rhône, recueillies après leur passage à travers une galerie filtrante, dont la description sera donnée dans la note *D*. M. l'ingénieur Dumont, chargé de cette distribution, m'a donné à ce sujet les détails suivants :

20,000 mètres cubes seront distribués en vingt-quatre heures, savoir :

Pour le bas service, dont la hauteur sera de 48 mètres au-dessus de l'étiage du Rhône . . . . 15,000$^{m.c.}$

Pour le haut service, hauteur 110 mètres. 5,000

TOTAL PAREIL . . . . 20,000$^{m.c.}$

Les eaux seront élevées au moyen de trois machines de Cornouailles, une pour le haut service, la seconde pour le bas service, et la troisième pouvant être appliquée à l'un ou à l'autre usage. Le développement de la canalisation est de 75,000 mètres, et la dépense totale, compris les égouts, s'élève à 6 millions.

La population de Lyon étant de 234,471 on voit que le chiffre de 20,000 mètres cubes correspond à 85 litres par habitant, et la dépense à 25 fr. 59 par habitant.

Fourniture d'eau de Bordeaux.

Les eaux seront amenées par un aqueduc en plein cintre, de 11,676 mètres de longueur, et dont la pente totale sera de 0m70, ou par mètre 0m0000606; sa largeur est de 1m70 aux naissances, 0m70 au radier, et sa hauteur de 1m85. Le prix de l'aqueduc est évalué à 35 fr. par mètre courant pour fouilles et maçonnerie. Le volume d'eau amené en vingt-quatre heures sera de 22,000 mètres cubes, ce qui correspond à 170 litres par habitant.

Les eaux n'auront pas besoin d'être filtrées; elles seront recueillies sur une longueur de 1,000 mètres environ, du pied des coteaux où elles émergent dans un aqueduc percé de barbacanes. L'aqueduc amenant les eaux à un niveau trop peu élevé pour les besoins de la distribution, elles seront, à leur arrivée à Bordeaux, montées dans le réservoir principal à l'aide de machines à vapeur. — Sur le volume de 22,000 mètres cubes qui sera introduit dans ce réservoir, 5,000 seulement pourront arriver dans deux autres réservoirs par une pente naturelle; les 17,000 mètres cubes restant seront élevés artificiellement, 12,000 à 13 mètres de hauteur, et 5,000 à 9 mètres. Elles pourront être ainsi portées dans les trois autres réservoirs.

Le montant total du projet, dressé par M. Mary, est évalué à 4,200,000 fr., savoir :

Aqueduc de dérivation des sources	605,000 fr.
Réservoir principal	220,000
Etablissement hydraulique, machines, et leurs dépendances	525,000
Un réservoir et ses accessoires	200,000
—	225,000
—	70,000
—	35,000
—	35,000
Conduites, robinets et regards	1,890,000
Fontaines publiques	219,000
Frais de direction et surveillance	176,000
Total de la dépense	4,200,000 fr.

Les concessions seront de deux natures : les unes affectées à l'industrie, les autres aux usages domestiques; les premières sont évaluées à 3 fr. par an pour 1 hectolitre par jour, les autres à 10 fr.

Fourniture d'eau de Nantes.

Les eaux destinées à l'approvisionnement de la ville de Nantes seront prises dans la Loire, au quai de Richebourg, en amont de la ville et de tous les égouts.

D'après le cahier des charges, la Compagnie fournira chaque jour 4,000 mètres cubes d'eau destinés au lavage des rues, à l'alimentation des fontaines publiques, et au service des établissements communaux. Elle devra en outre fournir, pour le service des concessions à domicile et pour les usines, un volume quotidien, croissant avec les besoins et les demandes jusqu'à concurrence de 2,000 mètres cubes (1).

Les 4,000 mètres cubes destinés au service public seront, en majeure partie, refoulés directement par les machines dans les tuyaux de distribution, et versés par trois cents orifices à des hauteurs variables de 7 à 12 mètres au-dessus du niveau de l'étiage de la Loire. L'eau des concessions particulières, au contraire, sera préalablement élevée dans des réservoirs situés à 36 mètres au-dessus de l'étiage, pour y être purifiée par le dépôt, filtrée avec soin et distribuée par un réseau complétement distinct, dont les tuyaux resteront constamment en charge.

Les machines motrices seront au nombre de deux, exactement semblables, avec trois systèmes de chaudières, dont deux seulement fonctionneront à la fois. Elles seront à double cylindre, détente et condensation, dans le système de Woolf. Chaque machine aura la puissance nécessaire pour élever au moins 3,000 mètres cubes d'eau dans les réservoirs, en dix-huit heures de travail continu. Les deux machines, suivant contrat passé avec MM. Grouvelle et Grangé, coûteront 180,000 fr. Ce prix sera augmenté par des primes ou affecté de retenues, selon que les machines consommeront moins ou plus de 2$^{kil.}$,30 de houille par heure et par force de cheval, mesure prise en eau montée.

Les réservoirs auront une capacité de 6,000 mètres cubes, et seront divisés en trois compartiments distincts, contenant chacun 2,000 mètres cubes. Ils sont construits en maçonnerie et resteront découverts. Ils sont disposés autour d'une citerne centrale voûtée, destinée à recevoir 500 mètres cubes d'eau filtrée. La fonction principale des réservoirs sera de contenir l'eau des concessions à domicile. Cette eau, suivant la quantité de troubles qu'elle tiendra en suspension, déposera pendant un, deux ou trois jours, puis sera versée dans la citerne centrale, en traversant des cuves immergées remplies d'un massif de laine fortement comprimée. Ce système de filtrage n'a pas encore été mis à l'épreuve (2). Les

(1) En tout 6,000 mètres cubes pour 100,000 habitants, ou 60 litres par tête.

(2) Ce système est celui de la compagnie Souchon ; il est appliqué à plusieurs fontaines mar-

ingénieurs auteurs du projet, MM. Jegou et Watier, à l'obligeance desquels je dois ces renseignements, croient pouvoir compter sur un produit de 100 mètres cubes par vingt-quatre heures et par mètre carré de filtre, sous une pression moyenne de 2m,50 de hauteur.

Le développement des conduites destinées à distribuer l'eau non filtrée sera de plus de 26,000 mètres. Le réseau spécial pour la distribution d'eau filtrée aura dès à présent un parcours de 24 kilomètres, et sera ultérieurement étendu au fur et à mesure des demandes d'abonnement.

La dépense à faire pour l'exécution des travaux est évaluée à la somme de 950,000 fr., et se décompose ainsi qu'il suit, savoir :

Machines, pompes, fourneaux et cheminées	200,000 fr.
Bâtiment des machines, y compris l'acquisition du terrain, les substructions, l'aqueduc et les appareils de prise d'eau	90,000
Canalisation pour l'eau non filtrée, bornes-fontaines et bouches.	330,000
Canalisation pour l'eau filtrée	150,000
Réservoirs, bassins de dépôt, appareils de filtration, y compris l'acquisition des terrains	140,000
Somme à valoir pour frais de régie et de surveillance et dépenses imprévues	40,000
TOTAL comme ci-dessus	950,000

D'où pour la dépense par habitant, 9 fr. 50.

Fourniture d'eau de Besançon.

Les eaux de la source d'Arcier (dont le débit en basses eaux, d'après une note que M. Parandier m'adresse sur la fourniture d'eau de Besançon, est d'environ 100 litres par seconde) sont amenées à Besançon par un aqueduc en plein

chandes de Paris. Malgré ses avantages, dit M. le docteur Guérard, l'usage y a fait découvrir un inconvénient dont on s'est peut-être exagéré la portée, mais auquel les personnes intéressées se sont efforcées de remédier. On s'est plaint que, pendant les grandes chaleurs, la laine qui avait servi pendant plusieurs jours acquérait une forte odeur d'hydrogène sulfuré. Pour empêcher cet effet de se produire, on traite la laine vierge par des lessives alcalines susceptibles de saponifier les dernières portions de suint que les lavages à eau courante n'avaient pas pu enlever, mais cependant impuissantes à attaquer la laine elle-même. Puis, après des lavages réitérés, on la teint en noir au moyen de la noix de galle et d'un sel de fer. La laine ainsi préparée et bien lavée ne paraît plus offrir, même après un long usage, l'inconvénient qui se rapporte à la laine blanche. Il faut convenir pourtant que ces diverses préparations chimiques font un peu songer à cette réponse d'un ingénieur anglais à M. Arago, qui lui parlait de l'alunage des eaux comme d'un moyen de clarification : « Ah! que me proposez-vous? répondit-il sur-le-champ; l'eau doit être comme la femme de César, à l'abri de tout soupçon. »

cintre de 10,000 mètres de longueur, de 2 mètres de hauteur sous clef et de 0m75 de largeur, non compris les enduits de 3 à 4 centimètres d'épaisseur. — La pente de l'aqueduc, à partir de la source, est de 0m0005 sur 1,500 mètres, et de 0m0003 sur 8,500 mètres. — Un siphon placé sur la dernière pente, à environ 3,500 mètres de Besançon, offre la longueur de 165 mètres, et sert à franchir une dépression de 19 mètres de profondeur maximum. L'appareil du siphon se compose de deux tuyaux contigus en tôle bituminée, de 0m40 de diamètre et dont les orifices d'aval sont placés à 0m57 en contre-bas des orifices d'amont.

L'aqueduc a coûté 60 fr. par mètre courant; total, 600,000 fr.; et l'ensemble de tous les travaux peut être porté à 1,600,000 fr., étant comprise dans cette dernière somme celle de 200,000 fr. relative à l'acquisition de la source et des terrains.

Je donne ci-après un tableau récapitulatif indiquant, pour les villes de Bruxelles, Lyon, Bordeaux, Nantes, Besançon et Dijon, le nombre de litres attribués à chaque habitant et le prix de revient des travaux par habitant.

NOMS DES VILLES.	POPULATION	ESTIMATION des TRAVAUX.	NOMBRE DE LITRES distribués par jour.	QUANTITÉ DE LITRES par habitant et par jour.	PRIX DE REVIENT de la distribution par habitant.	OBSERVATIONS.
	h.	f.	l.	l.	f. c. (1)	
Bruxelles (a). . .	250,000	6,600,000	20,000,000	80	26 40	(a) Ville et banlieue.
Lyon..	234,471	6,000,000	20,000,000	85	25 59	On remarquera que pour les villes alimentées par des machines à vapeur, je n'ai pas compris, dans les dépenses des tableaux, le capital des dépenses annuelles que la marche et l'entretien de ces machines exigent.
Bordeaux	131,927	4,200,000	22,000,000	170	31 84	
Nantes..	100,000	950,000	6,000,000	60	9 50	
Besançon. . . .	35,000	1,600,000	8,600,000	246	45 71	
Dijon	25,271	1,250,000	6,078,240	240 (2)	49 46	

Projet de distribution d'eau de Nîmes.

Je terminerai cette note par quelques détails relatifs à la fourniture d'eau de Nîmes, fourniture dont les projets ne sont pas encore terminés, et au sujet desquels un ingénieur habile, M. Dombre, veut bien m'adresser les renseignements suivants.

(1) Pour que ces prix comparatifs présentassent des notions tout à fait justes à l'esprit, il faudrait, après y avoir fait entrer, comme il est dit dans la colonne d'observations, le capital des dépenses annuelles que la marche et l'entretien des machines exigent, diviser les résultats par la quantité de litres distribués.

(2) Ce chiffre correspond au plus bas étiage de la source; la quantité de litres par habitant est en général de 300 à 400 litres.

La ville de Nîmes n'est alimentée, dans ce moment, que par les eaux de la source qui jaillit dans ses murs, au pied du coteau de la tour Magne. Cette source, d'un produit très-variable, et qui débite jusqu'à 12 mètres cubes par seconde, après les grandes pluies d'automne, décroît très-rapidement en été et ne débite généralement plus que 20 à 25 litres par seconde à la fin du mois d'août (en 1822 le débit est même descendu à 8^{lit}.5 par seconde).

Elle alimente, pendant huit mois de l'année, soixante bornes-fontaines et cinq grands lavoirs publics; mais pendant les quatre mois d'été les fontaines ne coulent qu'en partie, trois des lavoirs ne reçoivent plus d'eau et les deux autres ne présentent qu'une eau insuffisante et d'une saleté repoussante. Un état de choses aussi fâcheux, au point de vue de la salubrité publique, a été, en outre, très-préjudiciable au développement de l'industrie locale, qui a pour objet la fabrication, la teinture ou l'impression des tissus de laine et de soie; et plusieurs industriels ont été dans la nécessité de transporter leurs ateliers de fabrication dans les villes voisines. Aussi, depuis plus d'un siècle, l'administration municipale est-elle préoccupée de l'idée d'y amener de nouvelles eaux.

La ville de Nîmes est disposée en amphithéâtre et à une cote moyenne de 48 mètres environ au-dessus du niveau de la mer. La source qui l'alimente dans ce moment est à la cote 51 mètres, et il suffit pour établir un service régulier de distribution d'amener les eaux à la cote 60 mètres.

La ville a une population de 55,000 habitants, et, par conséquent, une fourniture de 600 pouces (12,000 mètres cubes par vingt-quatre heures) serait suffisante pour assurer les services publics et pourvoir largement à tous les usages domestiques et industriels.

Les seuls projets sérieux étudiés pour l'approvisionnement de Nîmes ont eu pour objet d'y dériver les eaux du *Gardon*, ou bien celles de la source d'*Eure*, qui y étaient amenées autrefois par les Romains, au moyen de l'aqueduc du pont du Gard.

Les eaux du Gardon peuvent y arriver par une dérivation à pente naturelle. M. l'ingénieur Perrier a étudié le projet de cette dérivation en 1839. On peut les y conduire en les puisant dans la partie inférieure de la rivière, au point où le cours est le plus rapproché de la ville, et en les élevant par des moyens mécaniques.

Deux projets sérieux ont été étudiés sur cette base. Dans l'un et l'autre on supposait l'ancien aqueduc romain reconstruit entre Nîmes et les abords du point où il traverse le Gardon sur le pont du Gard; mais, dans l'un, les eaux de la rivière étaient élevées par des machines à vapeur, et dans l'autre par des machines hydrauliques (projet de M. Teissier).

La reconstruction complète de l'ancien aqueduc romain et la reprise des eaux des sources d'Eure qu'il a amenées à Nîmes pendant plusieurs siècles, constituent, suivant M. Dombre, le mode d'approvisionnement le plus simple, le plus économique, et le seul qui puisse assurer une fourniture régulière en eau fraîche et limpide et d'une qualité irréprochable, tant pour les usages industriels que pour les usages domestiques.

Cet aqueduc avait une longueur de 50 kilomètres entre les sources d'Eure et Nîmes; au moyen de quelques souterrains de peu d'étendue, cette longueur a pu être réduite à 44 kilomètres. La section en est très-considérable; la largeur est de 1^m20 et la hauteur, sous clef, de 1^m80. La pente de l'aqueduc primitif variait de 0^m07 à 0^m45 par kilomètre, toutefois dans le projet de reconstruction, la pente minimum a pu être élevée à 0^m16 par kilomètre.

Le montant de la dépense de reconstruction, y compris l'achat de la source principale qui est possédée privativement, s'élève, d'après les soumissions et promesses de vente déposées dans les mains du maire, à la somme de 2,400,000 fr.

Le débit de cette source est plus que suffisant, car d'après les jaugeages faits en 1855 par une commission d'ingénieurs des ponts et chaussées, elle a donné :

Le 3 juillet......	30,000	mètres cubes par	vingt-quatre heures.
Le 24 août......	22,000	—	—
Le 23 septembre,	18,000	—	—

La source est d'ailleurs dans des conditions d'aménagement très-vicieuses, par suite d'une retenue d'usine, et plusieurs expériences ont déjà démontré que le débit en serait considérablement augmenté, si l'on détruisait cette retenue qui n'existait pas du temps des Romains, puisque le radier de l'aqueduc est à 4^m 50 en contre-bas du niveau actuel de la source.

L'eau en est d'une très-grande pureté. Elle ne contient par litre que 24 centigrammes de sel (carbonate ou bicarbonate de chaux), et ne renferme aucune trace de sulfate ou d'autres sels nuisibles à l'économie domestique ou aux usages industriels. Les énormes dépôts calcaires laissés par ces eaux dans l'aqueduc ne peuvent être attribués qu'à l'absence d'entretien, dans la longue période pendant laquelle elles ont coulé (quatre à cinq siècles).

La dérivation de 600 pouces d'eau pris à cette source ne peut d'ailleurs causer aucun dommage public pour la localité, bien qu'il y ait quinze ou seize usines établies sur la rivière d'Alzon, dans laquelle va se jeter la source; car ces usines sont ou des moulins à blé de peu de valeur, et munis de moteurs si imparfaits qu'il suffirait du moindre perfectionnement pour compenser la perte de force motrice résultant d'une dérivation de 600 pouces, ou bien des usines à soie qui n'exigent qu'un moteur très-faible (3 ou 4 chevaux au plus), et qui pourraient employer, sans augmenter notablement leurs frais annuels, une machine à vapeur, car elles ont chacune un grand générateur de vapeur pour chauffer les bains dans lesquels sont filés les cocons.

La rivière d'Alzon est d'ailleurs alimentée par un grand nombre d'autres sources, et, pendant dix mois de l'année, le débit en est plus que suffisant pour le roulement des usines qui y sont établies.

M. Dombre estime que cette solution est la meilleure qu'on puisse adopter pour l'approvisionnement de Nîmes; telle est aussi l'opinion de M. le docteur Teissier, qui a consacré une partie de sa vie à l'examen de la question des eaux de Nîmes, et dont le dévouement et l'habileté sont bien connus des habitants de cette ville. Cependant l'administration municipale s'est mise, depuis quelques mois, en rapport avec une compagnie qui propose de dériver, pour la fourniture de Nîmes, les eaux du Rhône à partir de Valence; cette question est à l'étude, et ne tardera pas sans doute à recevoir une solution.

D

Filtrage.

M. Arago, au nom d'une commission spéciale composée de MM. Gay-Lussac, Magendie et Robiquet, s'exprime ainsi sur l'opération du filtrage des eaux. « L'avantage d'une plus grande pureté dans l'eau des rivières considérées chi-« miquement, est bien plus que compensé par leur manque habituel de limpi-« dité; à chaque averse, les eaux torrentielles, pendant leur course précipitée « se chargent de terre végétale, de glaise, de graviers, de toutes sortes de détritus « qu'elles arrachent au sol, et l'ensemble de ces matières est entraîné pêle-mêle « jusque dans le lit des rivières. Chacun doit comprendre maintenant pourquoi « les mariniers et même les ingénieurs appellent quelquefois les crues *des* « *troubles*. »

Les proportions de matières étrangères tenues en suspension dans l'eau pendant les crues, pendant les plus forts troubles, ne sont pas et ne devaient pas être les mêmes dans les différentes rivières. Dans la Seine, lors des forts troubles, chaque litre d'eau tient en suspension un demi-gramme de matière solide; dans le Rhône, la proportion s'élève jusqu'à un gramme par litre. Quel pourrait être, à la longue, l'effet de ces matières sur la santé? La question, vivement controversée, a laissé les médecins divisés d'opinion. Je dois dire cependant que dans une thèse soutenue à la Faculté de médecine par M. le docteur Guérard, ce médecin déclare que les eaux troubles ne sont point malsaines; et il me paraît justifier son opinion par des raisons très-plausibles. Au surplus, si elles ne peuvent porter atteinte à la santé, il est certainement très-désagréable de boire des eaux chargée de limon, et l'on devait chercher les moyens de leur rendre la limpidité désirable; pour parvenir à ce but, deux moyens ont été mis en usage, *la clarification par le repos, et par le filtrage*. (Thèse soutenue par M. Guérard.)

« CLARIFICATION DES EAUX PAR LE REPOS. — De tous les moyens de rendre aux eaux leur limpidité altérée par la présence de matières terreuses tenues en suspension, celui qui se présente d'abord à la pensée, et dont la réalisation semble, au premier aperçu, n'offrir presque aucune difficulté, est de les abandonner au repos durant un laps de temps assez long pour permettre au limon de se rassembler au fond des vases ou des réservoirs.

« Mais quand on en vient à l'exécution, on rencontre des obstacles qui, de prime abord, ne s'étaient pas offerts à l'esprit. Ces obstacles résultent : 1° du temps nécessaire à la formation du dépôt; 2° de la masse d'eaux à clarifier par ce procédé.

« *Temps nécessaire à la formation du dépôt.* — « On peut déduire des expériences « très-intéressantes et des calculs faits à Bordeaux par M. Leupold, qu'après *dix* « *jours* de repos absolu, l'eau de la Garonne, prise en temps de crue ou de *sou-* « *berne*, ne serait pas encore revenue à sa limpidité naturelle. Au commence- « ment, il est vrai, les plus grosses matières se précipitent très-vite, mais les plus « fines descendent avec une lenteur désolante. »

« M. Terme a fait faire à Lyon, sur l'eau du Rhône très-chargée de matières limoneuses, des expériences semblables à celles que nous venons de citer, et il est arrivé aux résultats que voici : « Pour une limpidité approximative, *cinq* ou « *six* jours suffisent ; mais ce n'est qu'après *neuf* ou *dix* jours, que le liquide est « entièrement dépouillé de toute matière en suspension. »

« *Étendue à donner aux bassins de clarification.* — D'après ces expériences, on voit quelle étendue on serait obligé de donner aux *huit ou dix bassins* dans lesquels on recevrait les eaux destinées à l'alimentation d'une grande ville, pour leur laisser le temps de se clarifier par le repos.

« On pourra objecter que les *troubles* ou crues subites ne sont jamais qu'accidentelles, et que bientôt les eaux reprennent naturellement leur transparence première, sans avoir besoin d'être recueillies dans des bassins de clarification.

« Cette remarque, vraie pour certains cours d'eau comme la Seine, manque de justesse quand il s'agit du Rhône, par exemple, dont les eaux, à l'inverse de celles des autres rivières, ne sont jamais plus abondantes et plus troubles que pendant les chaleurs de l'été, par suite de l'arrivée de celles de l'Arve, torrent boueux formé par la fonte des neiges accumulées sur les flancs du Mont-Blanc.

« *Altérabilité de l'eau des bassins de clarification.* — Ajoutez à cela que l'immobilité de ces grandes masses d'eau, pendant huit à dix jours consécutifs, combinée avec la chaleur et l'action de l'air, pourrait en amener promptement l'altération, par suite du développement des végétaux, dont la surface ne tarderait pas à devenir le siége, et aussi de la putréfaction des insectes nombreux qui y tomberaient de l'atmosphère.

« *Eaux qui ne se clarifient jamais entièrement par le repos.* — Notons, d'ailleurs, qu'il est des eaux que le repos le plus prolongé ne débarrasse jamais complétement des substances qui en troublent la limpidité : telles sont les *eaux blanches* de Versailles, dont nous avons déjà parlé, et qui doivent leur teinte laiteuse à leur contact avec les couches de marne calcaire.

« Ainsi, en dernière analyse, disons, avec M. Arago, que « *le repos ne pour-* « *rait pas être adopté comme méthode définitive de clarification de l'eau des-* « *tinée à l'alimentation des grandes villes;* » mais ajoutons avec lui. « Il peut, « toutefois, être considéré comme un moyen de la débarrasser de tout ce qu'elle « renferme de plus lourd et de plus grossier. C'est sous ce point de vue seulement « que des bassins, que des récipients de dépôt ont été préconisés et établis en « Angleterre et en France [1]. »

« *Théorie de la filtration.* — La théorie de la *filtration* est des plus simples ; elle se résume dans le mouvement du liquide, dont la limpidité est altérée, à travers des conduits assez fins pour arrêter les particules solides tenues en suspension, mais ne mettant point obstacle au passage du liquide lui-même. »

Voici la double application que cette théorie a reçue dans les fournitures des villes d'Angleterre et de France.

La première, dite filtration artificielle, consiste à faire passer l'eau sous l'influence de pressions variables au travers de couches de sable fin, gravier et cailloux, disposées suivant un certain ordre.

La seconde, dite filtration naturelle, consiste à faire passer l'eau d'une rivière à travers ses propres alluvions; cette eau filtrée se rassemble dans une galerie

[1] Trois compagnies de Londres, New-River Company, East-London Company, Hampstead Company, se contentent encore de faire déposer leurs eaux dans d'immenses réservoirs, ou n'en filtrent qu'une très-faible partie. Nous n'insisterons pas sur ce mode imparfait d'obtenir la clarification des eaux. Il doit être prochainement remplacé par l'opération du filtrage.

A Paris, trois réservoirs de dépôt sont établis sur les hauteurs de Chaillot; les machines à vapeur du quai de Billy y versent leurs eaux; là celles-ci se débarrassent des matières les plus grossières : leur clarification se termine, soit dans les établissements spéciaux appelés fontaines marchandes, soit chez les particuliers, au moyen de petites fontaines filtrantes. Mais le filtrage domestique est une ressource bien incomplète, et les appareils qu'il exige ne sauraient d'ailleurs, à raison de leur haut prix de revient, se trouver entre les mains des classes pauvres. Il faut donc, autant que possible, que les eaux arrivent filtrées aux voies d'écoulement, et j'espère montrer tout à l'heure qu'il est moins difficile d'obtenir ce résultat qu'on ne le suppose généralement.

creusée à cet effet au milieu même de ces alluvions. Je vais donner quelques exemples de l'un et l'autre mode.

1° Filtration artificielle.

Londres. — *Compagnie de Chelsea, M. Simpson, ingénieur.* — La figure 1 de la planche 23 représente une coupe d'un des filtres de cette compagnie. *aa* couche de sable très-fin; *bb* couche de sable et gravier; *cc* couches de coquillages; *d* couche de gros gravier dans laquelle sont construits les drains circulaires *eeee*. Ces drains sont en briques : ils ont trois pieds anglais (0^m,914) de diamètre extérieur, sur une brique d'épaisseur. Le filtre ou l'ensemble des couches repose sur un lit de glaise de 0^m 60 d'épaisseur. (La figure 2 donne sur une plus grande échelle la disposition et l'épaisseur des couches.) Des ventouses ont été ménagées pour l'évacuation de l'air intérieur. L'ondulation des couches permet de mettre à sec une partie de la superficie pour en opérer le nettoiement, tout en laissant l'eau dans les creux des surfaces ondulées. Les joints des drains sont en partie faits en ciment, et en partie laissés ouverts ou sans ciment, pour la pénétration de l'eau dans l'intérieur. L'eau est admise à l'une des extrémités du filtre par neuf tuyaux ; elle frappe d'abord contre les planches courbes qui servent à modérer son action sur la couche *aa*, et à *l'étaler* uniformément sur le filtre. La compagnie de Chelsea possède deux filtres pareils. La longueur de chacun de ces filtres est de 240 pieds anglais, soit 75 mètres; et la largeur de 180, soit 55 mètres.

Compagnie de Southwark. — Le système de filtrage adopté par la compagnie de Southwark comprend à la fois des réservoirs de dépôts (*settling reservoirs*) et des filtres proprement dits. — L'eau séjourne dans les réservoirs de dépôts avant d'arriver, par un écoulement de superficie, sur les filtres [1]. La figure 3 de la planche 23 représente une coupe des réservoirs de dépôts de la compagnie de Southwark; leur superficie totale est de 5 acres anglais, ou 3,400 mètres; leur profondeur de 13 pieds 6 pouces anglais, ou 3^m 965; le fond de ces réservoirs présente une double inclinaison, descendant à un caniveau central demi-circulaire coté *b* : il est construit en maçonnerie de briques et ciment; son diamètre est de 6 pieds anglais, ou 1^m 815. — Lors du nettoiement du réservoir, la vase déposée sur le fond est balayée dans le caniveau, puis entraînée au dehors par un courant d'eau artificiel.

[1] La compagnie de Chelsea a également adopté aujourd'hui l'usage préparatoire des réservoirs de dépôts. Ces derniers sont au nombre de trois et présentent une superficie de 1 hectare 1/2.

Je ne reviendrai point sur les inconvénients qui résultent du séjournement prolongé de l'eau dans ces vastes réservoirs, où, sous l'influence de l'action solaire, la vie végétale et la vie animale, se développant avec activité, altèrent profondément la pureté initiale du liquide.

Quant aux filtres, ils sont construits de la même manière que ceux de la compagnie de Chelsea, que nous venons de décrire, et sont au nombre de deux : l'un a une superficie de 2,900 mètres carrés, et l'autre de 7,840 mètres. La quantité d'eau filtrée, sous une charge variant de $1^m 20$ à $1^m 30$, est de 30 à 35,000 mètres cubes par vingt-quatre heures (c'est-à-dire 4 mètres cubes par mètre carré et par jour). La composition des couches de ces filtres est indiquée fig. 4, Pl. 23. L'eau des réservoirs de dépôts A, que l'on a toujours le soin de prendre à la superficie, est versée sur la surface des filtres C; puis, traversant ces derniers, elle pénètre dans les grands drains circulaires en briques, d'où elle se rend clarifiée dans le puisard des machines à vapeur D.

Compagnie de Lambeth. — Établissement de Thames Ditton; ingénieur, M. Simpson. — L'appareil de Thames Ditton se compose de quatre filtres, présentant une superficie totale de 2,900 mètres carrés. Leur niveau est inférieur à celui de la Tamise, dont les eaux se répandent sur les filtres en passant par une série de tuyaux en fonte munis chacun d'un robinet vanne.

Voici quelques détails sur le mode de construction de chacun de ces filtres. Sur le fond d'une excavation pratiquée dans le sol a été construite une série de murs parallèles, sur lesquels reposent de fortes dalles en ardoise du pays de Galles; elles sont placées de champ et assez rapprochées pour que les cailloux superposés ne puissent passer dans l'intervalle libre laissé entre elles. — On voit ainsi qu'il existe, au-dessous du lit de filtration, un véritable réservoir de $1^m 30$ de hauteur. La figure 5, Pl. 23, donne la composition des couches filtrantes de l'appareil de Thames Ditton. Il fonctionne sous une charge moyenne de $2^m 50$, et produit en vingt-quatre heures 7,850 litres par mètre carré.

Le nettoiement du filtre a lieu trente-six fois par an; chaque opération nécessite l'emploi de vingt-cinq hommes, pendant cinq heures environ, et la quantité de sable enlevé est d'environ 1 centimètre de hauteur. Lorsque l'épaisseur de la couche de sable fin est réduite de moitié (c'est-à-dire de $0^m 90$ à $0^m 45$), on recharge la couche de manière à la ramener à sa puissance primitive de $0^m 90$. Le sable enlevé est lavé à grande eau, et sert alors à recharger le filtre.

Établissement de York; ingénieur, M. Simpson. — Deux machines de quarante chevaux chacune élèvent l'eau de la rivière dans deux bassins de dépôt de 75 mètres de longueur sur 50 mètres de largeur chacun, comme l'indique la figure 6, Pl. 23. Les eaux arrivent dans l'un et dans l'autre de ces bassins par les points E et E′, au moyen de deux robinets-vannes AA, que l'on ouvre et ferme alternativement. On laisse reposer l'eau, et ensuite on la dirige sur les filtres (fig. 7), en ouvrant successivement deux robinets-vannes placés en F, à $0^m 50$ au-dessus du fond des bassins d'épuration, pour ne pas entraîner le limon et les dépôts. Ce limon peut être extrait des bassins d'épuration par un trou O, placé au centre de chaque bassin, au point le plus bas du radier, et réuni par un tuyau à un puits B, qui lui-même communique à la rivière au moyen d'un robinet vanne. Ces tuyaux ont 0^m 30 de diamètre. Le puits porte, vers sa partie supérieure, un orifice rectangulaire, qui sert de déversoir de superficie aux bassins d'épuration. Les eaux arrivent dans ces bassins par la partie supérieure au moyen de tuyaux de 0^m 50 de diamètre.

Pour ne pas dégrader les talus, qui sont cependant perreyés, on fait couler les eaux sur un conduit en pierre de taille CE, qui se termine au fond par une grande dalle. Ces bassins ont des talus intérieurs et extérieurs inclinés à 1^m 50 de base pour 1 mètre de hauteur. Ils sont perreyés en petits matériaux, et ont environ de 6 à 7 mètres de profondeur. Le fond est réglé en pente faible dans tous les sens vers le centre, afin que les eaux et le limon affluent vers ce point O.

Les eaux encore louches des bassins d'épuration peuvent être dirigées au moyen du robinet vanne F, dans un quelconque des trois filtres E', E", E'". Ces bassins sont revêtus d'une couche de béton de 0^m 30 environ. Au centre et dans l'axe longitudinal, existe un drain en briques de 22 pouces anglais (0^m 55 environ) de diamètre. Ce tuyau principal se raccorde avec de petits tuyaux en poterie, parallèles entre eux, diagonalement disposés et percés de trous. Ces derniers eux-mêmes communiquent par leurs extrémités avec deux drains en poterie placés, parallèlement aux drains centraux, sur les bords des bassins.

Cet ensemble de tuyaux est recouvert par deux couches, l'une inférieure en gravier, de 4 pieds anglais d'épaisseur ; l'autre en sable fin, d'une épaisseur égale. Le gravier et le sable sont probablement disposés chacun en deux couches, de manière à graduer la finesse des matières depuis la base jusqu'au sommet.

L'eau entre à la surface du sable fin (qui est disposé par petites vallées), au moyen de trois tubes en fonte (Pl. 23, fig. 8), aboutissant dans des boîtes en bois, pour éviter l'affouillement du sable. En avant de ces boîtes, il existe des bondes de fond qui peuvent s'ouvrir à volonté, vider rapidement l'eau et mettre le filtre à sec.

Les galeries inférieures en briques communiquent avec une galerie GG, qui va aboutir à un puits, d'où les machines les élèvent dans un réservoir supérieur placé à une distance de quelques centaines de mètres des filtres, et d'un niveau supérieur à celui des édifices les plus élevés de la ville. Des tuyaux verticaux en fonte communiquent avec les galeries en briques des filtres; ils permettent le dégagement de l'air au moment de la mise en charge. Enfin des conduites en fonte, communiquant d'un côté avec le fond du filtre et de l'autre avec la rivière, et munies de robinets-vannes, donnent le moyen de vider à volonté les filtres.

Etablissement de Hull. — Cet établissement se compose (Pl. 23, fig. 9) : 1° d'un grand bassin de dépôt de 300 mètres environ de longueur et de 25 mètres de largeur, terminé par deux demi-cercles;

2° D'un bassin de filtration de même dimension;

3° D'une prise d'eau à la rivière qui permet, au moyen de vannes, de faire entrer l'eau soit dans l'un, soit dans l'autre de ces bassins;

4° De deux machines à vapeur à simple effet, de la force de soixante-cinq chevaux chacune, élevant les eaux à une hauteur de 160 à 175 pieds anglais;

5° D'une tour contenant deux conduites en fonte, par l'une desquelles l'eau monte d'un côté pour redescendre de l'autre, afin d'alimenter la ville (¹).

Le bassin de filtrage se compose d'un rectangle de 300 mètres de longueur et de 25 mètres de largeur totale, terminé par deux demi-cercles avec talus à 1^{m} 50 de base pour 1 mètre de hauteur. Une couche (Pl. 23, fig. 10) de 4 à 5 pieds anglais, dont la partie supérieure est en sable et la partie inférieure en gravier, recouvre une galerie centrale et des galeries transversales toutes perméables. La hauteur de l'eau dans le bassin de filtrage est de 1^{m} 10; elle peut aller à 1^{m} 30 ou 1^{m} 40. La différence de niveau de l'eau filtrée et de l'eau trouble n'était que de 1^{m} 45, le jour où M. de Montricher, qui m'a donné les renseignements relatifs aux appareils de York et de Hull, a visité cet établissement. Des petits puits (fig. 10) laissent communiquer la galerie inférieure avec l'air libre.

Le filtre peut marcher environ deux mois sans être nettoyé; il faut une journée de trente hommes pour faire cette opération. On enlève une petite croûte de limon; quand on a fait disparaître une certaine couche de sable, on la remplace par du sable nouveau, de manière à établir l'épaisseur primitive de la couche filtrante. Pendant qu'on nettoie le filtre, on donne à la ville de l'eau du bassin de dépôt non filtrée. Le sable est entièrement de niveau dans ces filtres; il n'y a pas de vallées comme dans les autres filtres.

La population de Hull est de 100,000 âmes environ; la quantité d'eau fournie étant de 200 litres par seconde, soit 172,280,000 litres par vingt-quatre heures, il en résulte qu'on distribue 172$^{lit.}$ 80 par habitant.

Le système de clarification adopté pour les eaux de Hull démontre la possibilité d'opérer le filtrage sur une très-grande échelle.

Ecosse. — Filtre de Paisley. — M. Thom, ingénieur. — Dans les filtres que nous venons de décrire, la clarification de l'eau s'opère par son passage spontané à travers les couches de sable. Ils sont appelés pour cette raison, par les ingé-

(¹) Ces espèces de châteaux d'eau, fort usités en Angleterre, ont pour objet de faire disparaître ou du moins d'atténuer fortement la difficulté qui résulte de l'inertie de la masse d'eau contenue dans la conduite ascensionnelle. On les remplace aujourd'hui, avec avantage et moins de dépense, par de grands réservoirs d'air. Voir, à ce sujet, les détails dans lesquels entre M. Dupuit (*Traité de la conduite et de la distribution des eaux*).

nieurs anglais, *filters self acting*. Ces derniers ont cherché à obtenir aussi des filtres se nettoyant eux-mêmes, ou *filters self cleansing*. La description du filtre de Paisley, construit par M. Thom, nous fera connaître le moyen imaginé par cet ingénieur pour obtenir le résultat cherché. Ce filtre a 100 pieds anglais de longueur sur 60 de largeur, c'est-à-dire une superficie de 660 mètres carrés environ, laquelle est divisée en trois compartiments pouvant fonctionner séparément. Voici le mode de construction de l'appareil.

Il a été pratiqué une excavation de 6 à 8 pieds anglais de profondeur (2m. 40); des murs de revêtement l'environnent, et sur le fond a été appliquée une couche de terre glaise de 0m 30 d'épaisseur, revêtue d'un pavage cimenté; des briques posées de champ recouvrent ce pavage; leurs rangs parallèles, qui laissent entre eux un intervalle libre de 6 millimètres, sont recouverts par une surface formée de tuiles plates perforées d'une infinité de petits trous d'environ 2 millimètres 1/2 de diamètre. Sur cette espèce d'écumoire en tuiles plates se trouvent étalées six couches de gravier ayant chacune 25 millimètres d'épaisseur et dont la ténuité va croissant jusqu'à la couche supérieure, qui est composée de gravier très-fin ou de sable très-gros. Par-dessus ces six couches est une épaisseur de 0m 45 de sable très-fin et très-vif. Enfin une dernière couche de 15 centimètres de puissance, composée d'un volume de charbon animal, sur neuf volumes de sable vif et fin, complète ce filtre. M. Thom a remplacé plus tard le charbon animal par le *trap rock* (en poudre) provenant des collines qui dominent la ville de Greenock.

Les figures 11, 12 et 13, Pl. 23, représentent en plans et en coupes les dispositions générales des filtres de Paisley. — AA caniveau en pierre amenant l'eau au filtre. — BB tuyaux verticaux en fonte ayant chacun deux orifices d'écoulement, l'un qui déverse l'eau sur la superficie du filtre, l'autre qui introduit le liquide au-dessous des couches filtrantes; chacun de ces deux orifices est muni d'une vanne d'arrêt. — CCC passages de l'eau filtrée quittant l'appareil; ils sont également munis de vannes. — DD caniveaux conduisant l'eau filtrée dans le grand réservoir E. — FF passages pour l'écoulement de l'eau pendant le nettoiement du filtre. L'opération du nettoiement a lieu en fermant les orifices des tuyaux BB qui déversent l'eau sur la superficie et, en ouvrant les vannes, qui admettent l'eau au-dessous des couches filtrantes. Les vannes des passages CC sont fermées et celles des passages FF ouvertes. L'eau bouillonne à travers les couches de gravier et de sable, en passant de bas en haut, les remue profondément et s'écoule par les orifices F, emportant les impuretés déposées dans les intérstices du sable. Lorsque cette eau sort pure et limpide, l'opération est finie. — GG caniveau par lequel s'écoule le liquide chargé d'impuretés.

Outre ce moyen de nettoiement employé une fois par mois, on enlève, a de larges planches munies d'un manche, une épaisseur de sable de 1 centimètre. Le filtre n'est rechargé de sable qu'une ou deux fois par an ; deux hommes en une demi-journée suffisent pour l'enlèvement du sable, et aussi pour recharger le filtre. On compte environ cinquante journées d'hommes employés à ce travail dans le courant de l'année, et la quantité de sable chargé dans le même temps est en moyenne de 180 mètres cubes.

La quantité d'eau filtrée par vingt-quatre heures est en moyenne de 106,682 pieds anglais, soit 3,019 mètres cubes, soit environ 4,500 litres par mètre carré pour vingt-quatre heures. Le coût de cet appareil a été un peu moins de 600 livres sterl., soit 15,000 fr.

Les eaux, avant de s'écouler sur le filtre, séjournent dans deux réservoirs de dépôt, pour laisser le limon se précipiter avant la filtration ; l'un de ces réservoirs a 16 hectares de superficie sur 9 mètres de profondeur, l'autre 2 hectares sur même profondeur.

Glasgow, Gorbals gravitation water Company. — Ces réservoirs et filtres ont été établis en 1849 sur la rive gauche de la Clyde, pour alimenter le côté sud de Glasgow. Les eaux qui proviennent des collines rocheuses dominant cette ville sont d'abord recueillies dans deux vastes bassins de dépôt, dont la capacité s'élève à environ 1,400,000 mètres cubes.

Les filtres, au nombre de trois, sont disposés en gradins, le plus élevé recevant son eau des réservoirs de dépôt, puis la déversant sur le deuxième filtre, lequel à son tour répand le liquide sur le troisième ; de ce dernier l'eau retombe en cascade dans un vaste bassin d'eau filtrée, en absorbant dans sa chute un notable volume d'air atmosphérique. Ce bassin est situé à une hauteur suffisante pour alimenter les maisons à tous les étages.

Les couches de cailloux, de gravier et de sable, au lieu d'être superposées comme dans les filtres ordinaires, sont séparées et placées dans les trois bassins voisins ; ainsi le principe de ces filtres consiste dans la séparation de ces trois éléments.

Le nettoyage a lieu, comme dans l'appareil de Paisley, au moyen de l'introduction d'une masse d'eau sous les couches filtrantes, laquelle masse surgit en bouillonnant à travers le gravier et le sable, et entraîne en s'écoulant les impuretés déposées entre les interstices. Une fois par mois environ on enlève une couche de sable d'à peu près 1 centimètre d'épaisseur.

Filtres de Marseille. — Ces filtres sont couverts ; le bassin de filtrage se compose de deux parties :

La superficie de l'une est.	4,800 mètres.
Celle de l'autre	4,000.
TOTAL.	8,800 mètres pour la super-

ficie filtrante. Ils produisent moyennement un litre et demi par seconde par 10 mètres carrés, soit 13 mètres cubes par vingt-quatre heures et par mètre.

L'épaisseur du lit de filtration est de 0m 80, savoir :

Sable très-fin de Montredon	0m 30
Sable moyen de Goudes	0 .08
Gros sable de Rion.	0 18
Petit gravier du Prado.	0 12
Pierres concassées passant par un anneau de 0m 06.	0 12
TOTAL	0m 80

Cette couche est supportée par des voûtes en moellons traversées par des tuyaux en poterie de 0m 04 de diamètre. C'est par ces orifices que les eaux filtrées tombent dans le réservoir inférieur ; c'est aussi par leur moyen que s'établit le courant ascensionnel dont je vais parler.

Le nettoiement de ces filtres s'effectue tous les huit ou dix jours, suivant que les eaux de la Durance ont été plus ou moins chargées dans cette période. On a établi sur le parcours du canal, en amont des filtres, trois ou quatre grands bassins d'épuration où les eaux déposent la plus grande partie de leur limon; les eaux de la Durance sont parfois tellement troubles, que sans cette précaution les filtres seraient engorgés, en cinq ou six heures, à un point tel, que le nettoiement par un courant dirigé de bas en haut ne serait plus praticable.

Les filtres pourraient fonctionner plus de huit ou dix jours, car au bout de ce temps ils fournissent encore plus de 0lit. 13 par seconde et par mètre carré de surface, produit réclamé par les besoins de la distribution : mais l'expérience a démontré que le nettoiement est d'autant plus facile que la couche de vase séjourne moins longtemps sur le sable. La charge sur les filtres est variable; elle est d'abord très-faible au commencement de l'opération, 0m 40; mais on l'augmente successivement au fur et à mesure que les filtres s'engorgent, et elle est d'environ 0m 80 à 1 mètre à la fin de l'opération.

Pour que le nettoiement s'opère complètement par un courant de bas en haut, il faut que le filtre débite dans ce sens 0lit. 30 à 0lit. 35 par seconde et par mètre carré. Ce débit exige une sous-pression d'environ 0m 60 de hauteur d'eau. Alors le limon est déblayé et emporté rapidement dans les canaux de décharge. Pour protéger la surface du filtre contre les ravinements pendant le lavage, on a soin de disposer les lieux de manière à maintenir une tranche d'eau de 0m 10 d'épaisseur sur la surface du sable.

Lorsque le volume d'eau arrivant de bas en haut est, comme il a été dit ci-dessus, de 0lit. 30 à 0lit. 35 par seconde et par mètre carré, le sable est parfaitement nettoyé dans quatre ou cinq heures au plus. La tranche d'eau qu'on y maintient le garantit si complétement, qu'on ne s'est pas aperçu, après un an de service, que le niveau primitif du sable se soit abaissé. Mais si le volume d'eau, arrivant de bas en haut, est réduit à 0lit. 20 par seconde et par mètre carré, on est obligé de favoriser l'enlèvement du limon en le remuant par les moyens déjà décrits dans les filtres anglais.

Lorsqu'après le nettoiement on remet l'eau sur ces filtres, elle conserve une teinte ocreuse pendant les premières heures; le courant de bas en haut a-t-il déposé dans le filtre, pendant la durée de l'opération, une légère couche de limon? ou bien encore le sable soulevé par la sous-pression présente-t-il à l'eau des conduits plus larges qu'après son tassement par une action en sens inverse? Quoi qu'il en soit, mais au bout de huit à dix heures au plus, l'eau est redevenue très-limpide.

En résumé, on peut déduire de cette description des principaux filtres d'Angleterre et de France les faits suivants :

1° *En ce qui concerne la composition des filtres.* — Ils présentent deux couches principales : l'une inférieure en gravier, servant de support au filtre; l'autre en sable fin, formant le filtre proprement dit. L'épaisseur de la première varie entre 0m 30 et 0m 90, celle de la seconde entre 0m 60 et 0m 90.

2° *En ce qui concerne les eaux filtrées.* — Elles sont recueillies, à l'exception du mode suivi dans les filtres de Paisley et de Thames Ditton, par un système de tuyaux de drainage généralement posés comme il suit : l'un central, dans le sens de la longueur du filtre, les autres à peu près normaux à ce dernier et se raccordant avec lui; je crois le premier mode préférable : en effet, l'eau filtrée doit éprouver moins de difficulté à descendre directement dans le réservoir inférieur qu'à pénétrer dans les drains.

3° *En ce qui concerne le débit des filtres.* — Il varie entre 3m.c. et 13m.c. par mètre carré et par vingt-quatre heures, ainsi qu'il résulte du tableau ci-contre :

Nos D'ORDRE.	DÉSIGNATION DES FILTRES.	SUPERFICIE DES FILTRES.	ÉPAISSEUR D'EAU sur le filtre.	QUANTITÉ FILTRÉE EN VINGT-QUATRE HEURES	
				Quantité totale.	par mètre carré.
			m.	m.c.	m.c.
1	Chelsea (Londres)	8040	1 25	44000	5 4
2	Grand-Junction (*id.*)	600	1 à 1m25	18000	3
3	Southwark et Vauxhall (*id.*)	10800	1 30	3150	4
4	Lambeth; Thames Ditton (*id.*)	2880	2 50	22500	8
5	Paisley (Écosse)	660	0 10 à 0m20	7000	10
6	Marseille	8800	0 40	114000	13

On ne peut déduire de ces données aucune loi générale, attendu que la nature et l'épaisseur des sables de filtration ne sont point comparables, que les charges sont variables, que les eaux arrivent aux appareils à des degrés différents de limpidité. J'ai cherché par des expériences précises à déterminer les lois de l'écoulement de l'eau à travers les filtres; j'en présenterai les résultats à la fin de cette note. Ces expériences démontrent positivement [1] que le volume d'eau qui passe à travers une couche de sable d'une nature donnée est proportionnel à la pression et en raison inverse de l'épaisseur des couches traversées; ainsi, en appelant s la superficie d'un filtre, k un coefficient dépendant de la nature du sable, e l'épaisseur de la couche de sable, $P-H_0$ la pression sous la couche filtrante, $P+H$ la pression atmosphérique augmentée de la hauteur d'eau sur le filtre; on a pour le débit de ce dernier $Q=\frac{ks}{e}[H+e+H_0]$, qui se réduit à $Q=\frac{ks}{e}[H+e]$ quand $H_0=o$ ou quand la pression sous le filtre est égale au poids de l'atmosphère.

4° *En ce qui touche le nettoyage des filtres.* — Il suffit, pour l'obtenir, d'enlever une épaisseur de sable égale à 1 ou 2 centimètres; l'expérience apprend, en effet, qu'après le passage d'une grande quantité d'eau, très-chargée de matières étrangères en suspension, au travers d'une couche de sable, ces matières, quelque ténues qu'elles soient, ne pénètrent d'une façon notable qu'à 2 centimètres au maximum au-dessous de la surface de cette couche, et qu'à 15 centimètres de cette même surface, il est impossible de découvrir la moindre souillure de ce sable.

De là dérivent deux conséquences: 1° l'inutilité de donner à la couche de sable

(1) J'avais déjà entrevu ce curieux résultat dans mes recherches sur l'écoulement de l'eau dans les tuyaux de conduite de très-faible diamètre, lorsque la vitesse de l'eau ne dépasse pas 10 à 11 centimètres par seconde.

plus de 0m20 d'épaisseur, pourvu qu'on ait soin d'en renouveler en temps utile la surface; 2° la possibilité de réduire la couche support à quelques centimètres.

Aussi M. Sagey, ingénieur des mines, qui vient d'obtenir à l'Exposition universelle une médaille d'or pour l'application de procédés ingénieux à la ventilation des maisons centrales, m'a dit avoir établi au château de Spoir, près de Chartres, un filtre qui fonctionne très-bien, et dont l'épaisseur totale est de 0m 18, savoir :

couche support.	0m 08
Couche filtrante.	0 10
TOTAL	0 18

Les eaux, il est vrai, ne sont pas très-chargées de limon.

Pour motiver l'épaisseur extraordinaire de la couche support, quelques ingénieurs anglais prétendent que le filtrage par le sable n'est pas seulement une opération mécanique; que chaque grain de sable, plongé dans une eau tenant de l'air en dissolution, y demeure enveloppé d'une petite couche de cet air très-chargé d'oxygène; que, par suite, les eaux renfermant des détritus organiques voient, dans leur mouvement à travers les couches de sable et de gravier, ces détritus se décomposer dans leurs produits gazeux, oxygène, acide carbonique, azote. Tel est le principe qui a présidé à l'établissement du filtre de Glasgow. (*Gorbals gravitation, Water company.*)

Sans vouloir contester cette théorie, je crois pouvoir douter de son efficacité pratique, en constatant, d'une part, que les eaux conservent leur odeur marécageuse même après avoir parcouru de longues distances à travers des bancs de gravier, et me référant d'autre part aux résultats de l'enquête anglaise sur les eaux de Londres, dans laquelle il a été établi que les filtres, bien suffisants pour rendre aux eaux leur limpidité, en les dépouillant des matières qu'elles tiennent en suspension, n'ont point d'action sur les principes qu'elles tiennent en dissolution. Je crois donc peu à l'efficacité chimique du filtre de Glasgow et à celle de l'épaisseur de la couche de sable support.

L'emploi du charbon serait le seul mode auquel on pourrait recourir pour dépouiller les eaux des gaz odorants qu'elles peuvent tenir en dissolution; mais ce moyen est-il applicable à de grandes masses d'eau? La solution de cette question se trouve dans la thèse de M. le docteur Guérard, document que j'ai déjà eu l'occasion de citer plusieurs fois.

« *Filtration au charbon.* — Avant de traiter de l'emploi du charbon dans la filtration en grand, nous pourrions nous demander : *Une semblable filtration existe-t-elle? est-elle praticable?* Cette question paraîtra plus que singulière, alors que, depuis un demi-siècle, un grand établissement fonctionne à Paris.

sous les yeux de l'Administration, avec l'approbation de plusieurs sociétés savantes, et que l'on y fait grand bruit de l'application, à la purification de l'eau de la Seine, des découvertes de Lowitz, de Berthollet, de Saussure, etc., qui, comme on le sait, ont fait connaître les propriétés décolorantes et désinfectantes du charbon. La question, avons-nous dit, paraîtra singulière, et, cependant, il faut se résigner à accepter la réponse, qui est *négative*, et à reconnaître avec M. Soubeiran, qu'*il n'existe point de filtre à charbon proprement dit, car la dépense qu'il occasionnerait serait telle, que l'eau ne pourrait être livrée qu'à un prix très-élevé* [1]. Hâtons-nous d'ajouter que nous ne prétendons nullement incriminer la bonne foi des inventeurs du procédé mis en pratique à l'établissement du quai des Célestins. Ils se sont laissé abuser par une illusion qui ne peut plus être partagée par les savants. Nous emprunterons les principaux arguments de la discussion à laquelle nous allons nous livrer à un rapport rédigé par M. Gaultier de Claubry, membre avec MM. H. Royer-Collard et Donné d'une commission chargée par la compagnie du filtrage Fonvielle de se livrer à des recherches sur l'utilité de l'*emploi du charbon pour le filtrage en grand des eaux destinées aux usages domestiques* [2]. Il résulte des expériences de la Commission que le pouvoir désinfectant du charbon s'exerce dans des limites plus rapprochées qu'on ne le croit généralement. Ainsi, suivant que l'eau à désinfecter est très-fétide ou seulement peu odorante, le poids du charbon à employer variera de 1/150 à 1/600 de celui de l'eau : « Si nous admettons pour limite extrême qu'un « kilogramme de charbon peut dépurer complétement 1,000 litres ou 10 hec- « tolitres d'eau à peine odorante, nous aurons fait une part très-large à cette « action [3]. »

« Si nous appliquons cette évaluation aux appareils de filtrage, nous arrivons à des chiffres qui mettent en évidence l'impossibilité de l'application du charbon à la clarification des eaux sur une grande échelle. La ville de Paris dépense aujourd'hui un volume d'eau supérieur à 300 *pouces de fontainier*, soit 600,000 hectolitres. Supposons que la portion d'eau vendue par les compagnies qui emploient des filtres au charbon soit égale à la *soixantième partie* de cette quantité, le chiffre de cette fraction s'élèvera encore à 10,000 hectolitres, qui nécessiteront l'emploi de 1,000 kilogrammes de charbon, c'est-à-dire une dépense quotidienne de 300 francs environ [4]. Cette dépense pourra être recouvrée

(1) *Bulletin de l'Acad. de méd.*, t. VI, p. 447.

(2) *Annales d'hygiène publique et de médecine légale*, t. XXVI, p. 381.

(3) *Loc. cit.*, p. 392.

(4) En ce moment, le noir d'os en grains ou en poudre se vend, à Paris, chez les marchands en gros, 35 fr. les 100 kilogr. — Nous faisons une déduction approximative pour arriver au prix de fabrique.

en partie, il est vrai, par le réemploi du charbon après épuration, mais elle sera toujours beaucoup trop considérable pour qu'on n'admette pas *à priori* l'opinion émise par M. Gaultier de Claubry, « que dans les filtres montés au charbon, « soit dans les grands établissements, soit dans les fontaines domestiques, la « proportion de charbon employée n'a aucun rapport avec la masse d'eau qu'il « s'agit de dépurer, et que, si ce corps exerce dans les premiers instants une « action désinfectante, il n'agit bientôt plus que comme matière filtrante (1). »

« Nous ne devons pas omettre de consigner ici le fait important signalé, dans son rapport, par M. Gaultier de Claubry, de l'absorption d'une partie de l'air tenue en dissolution dans l'eau, par le seul contact de ce liquide avec le charbon. Ce serait là un inconvénient de l'emploi de ce corps comme agent de filtration.

« Quoi qu'il en soit, les filtres de l'établissement du quai des Célestins contiennent de la *braise* de boulanger, dont les pouvoirs désinfectant et décolorant sont inférieurs à ceux du *noir d'os*; il paraît qu'on lave ces filtres six à sept fois par mois, et qu'on se borne à soumettre le charbon à l'*aération* pendant quelques jours, pratiques insuffisantes pour enlever la portion notable de principes organiques dont ce corps absorbant s'est pénétré, et lui rendre ses propriétés premières. »

Il résulte de cette discussion qu'on ne peut songer à l'emploi du charbon pour la purification des grandes masses d'eau.

J'arrive maintenant aux prix d'installation et d'entretien des filtres chargés seulement de dépouiller l'eau des matières en suspension qu'elle peut renfermer.

Prix d'installation et entretien des filtres. — J'ai puisé ces données dans l'enquête ouverte en 1850 devant une commission spéciale de la Chambre des communes au sujet de la question des eaux de Londres.

Les deux grandes compagnies, *East London* et *New River*, se disposent à établir des appareils de filtration suivant le système de M. Simpson, filtre de Thames Ditton; l'une et l'autre ont présenté l'estimation des dépenses qu'elles auront à faire en capital et en entretien. Voici l'extrait du document précité en ce qui concerne la première compagnie.

East London company M. Wicksteed, ingénieur (2). — Prix d'établissement de filtres devant s'étendre sur une surface de 2 hectares 40 centiares, et disposés pour filtrer 40,000 mètres cubes en vingt-quatre heures, 787,500 fr., en y comprenant l'installation des machines nécessaires pour élever l'eau sur les filtres.

(1) *Loc. cit.*, p. 392.

(2) *Minutes of evidence taken before the select Committee on the metropolis water Bill* (nos 11,356 à 11,358).

Frais annuels d'entretien relatifs à la main-d'œuvre, au sable, et à toutes les matières premières nécessaires . . . . 15,000 fr.

Exploitation des machines	15,000
Intérêts à 10 pour 0/0 du capital d'installation..	80,000
Dépense totale annuelle	110,000 fr.

Le nombre des mètres cubes à filtrer annuellement étant de 15,000,000, le prix de revient de la filtration de 1,000 mètres cubes est de 8 fr. environ, ou de 2 fr. si l'on ne fait pas entrer en ligne les intérêts du capital d'installation (¹).

J'ajouterai, d'après M. Simpson, que l'entretien et l'exploitation des filtres de Chelsea reviennent à 75 fr. par jour pour 22,000 mètres cubes d'eau filtrée; et que, d'après M. Quick, les frais d'exploitation des filtres de Southwark et Vauxhall s'élèvent par an à 26,800 fr. pour une filtration de 9,828,000 mètres cubes. Ainsi, on a pour la dépense par 1,000 mètres cubes d'eau filtrée (intérêt du capital de premier établissement non compris) :

Chelsea	3	75
Southwark et Vauxhall.	2	75

Ces filtres, déjà anciens, doivent être en effet moins bien disposés que ceux que l'on exécuterait aujourd'hui.

Modifications à introduire dans les filtres.

Qu'il me soit maintenant permis d'indiquer le moyen d'augmenter notablement le débit des filtres pour une surface donnée, et, par conséquent, de faciliter l'établissement de ces appareils qui, jusqu'à ce jour, ont exigé des emplacements tellement considérables, que le choix seul de ces derniers n'était pas une des moindres difficultés présentées par le filtrage en grand.

On a vu que les ingénieurs anglais songeaient seulement à recharger leurs filtres lorsque, par l'enlèvement successif des parties souillées, l'épaisseur de la couche filtrante est réduite à $0^m 30$ ou $0^m 40$, bien suffisante pour obtenir une eau limpide; on a vu également que la couche de sable fin des filtres de Marseille était seulement de $0^m 30$; on a vu enfin que M. Sagey avait réduit cette dernière à $0^m 10$. Quant à la couche support, en la dépouillant de la propriété chimique que les ingénieurs anglais lui supposent, et qui dans tous les cas, j'en ai du moins la

(¹) Ainsi, le prix total de revient de la filtration d'un mètre cube est de 0,008. Les compagnies des fontaines marchandes de Paris sont payées aujourd'hui à 0 fr. 06 c. par mètre cube : dans l'origine, elles exigeaient 0 fr. 15 c., et cependant les eaux leur sont toutes livrées à la hauteur nécessaire au jeu de leurs appareils.

conviction, n'a aucun intérêt pratique, on peut évidemment la réduire à quelques centimètres. M. Sagey lui a donné seulement 0m 08 dans son filtre de Spoir.

Or, une réduction notable dans l'épaisseur de ces deux couches favorisera singulièrement d'abord l'accroissement de débit du filtre d'après la loi expérimentale que nous avons citée; de plus, le produit étant proportionnel à la charge, on trouvera dans l'augmentation de cette dernière un nouveau moyen d'arriver au but proposé.

En ce qui concerne l'accroissement de charge, on peut l'obtenir par deux moyens :

1° Par une plus grande hauteur d'eau versée sur le filtre.

2° Par une diminution de pression sous le filtre ; ce mode, s'il ne présentait pas certains inconvénients pratiques sur lesquels je m'expliquerai tout à l'heure, pourrait être employé concurremment avec le précédent et permettrait de réduire notablement les hauteurs des murs d'enceinte du filtre; voici comment il peut être réalisé. On placerait sous le filtre un réservoir analogue à celui de Thames Ditton; on introduirait dans ce réservoir l'embouchure d'un tuyau d'un diamètre suffisant pour débiter tout le produit du filtre ; ce tuyau descendrait verticalement de 5 à 6 mètres dans un large puits maçonné, placé à côté du filtre, et son extrémité recourbée serait munie d'un robinet vanne que l'on manœuvrerait au moyen d'une tige taraudée. Dans le même puits serait disposé le tuyau élévatoire des machines chargées d'envoyer l'eau filtrée à sa destination. Mais avant de faire fonctionner ces dernières, une précaution doit être prise.

Il faut expulser l'air renfermé dans le réservoir du filtre, en remplissant d'eau ce réservoir ainsi que le tuyau qui descend au puisard des machines. On obtiendra ce résultat en faisant arriver l'eau sur le filtre par un courant ascensionnel, au moyen d'une communication établie entre la machine chargée d'alimenter le filtre et le tuyau qui conduit les eaux filtrées au puisard. Cette conduite, dont on aura préalablement fermé le robinet inférieur, se remplira donc; l'air du réservoir s'échappera en même temps par un tuyau ventouse, convenablement disposé, et lorsque ce réservoir sera plein d'eau et que cette dernière s'échappera, sans mélange d'air, par la ventouse, on fermera le robinet de cette dernière, ainsi que celui de la communication précitée, on ouvrira celui de la conduite qui alimente le puisard, à dessein rempli d'eau, et l'on fera agir les machines élévatoires.

L'eau s'abaissera dans le puits tandis qu'elle sera retenue dans le tuyau central par la pression atmosphérique; et si la différence de niveau entre l'eau dans le puits et le dessous du filtre où la partie supérieure de son réservoir est H_o, la pression exercée sur la partie inférieure du filtre sera $P - H_o$; la pression supérieure étant $P + H + e$. l'eau coulera en vertu de la charge $P + H + e - (P - H_o)$ ou $H + H_o + e$, c'est-à-dire en vertu de la différence entre les niveaux de l'eau sur le filtre et dans le puits, en admettant toutefois qu'il n'y ait point d'air emmagasiné sous le filtre, et que le tuyau central soit d'un assez grand diamètre pour que l'on puisse négliger, en présence de $H+H_0+e$, les frottements qui se produisent dans ce tuyau et la hauteur due à la vitesse du volume d'eau qu'il débite.

Il est évident, en effet, qu'il y a égalité entre le volume qui du filtre descend dans le réservoir inférieur et celui qui, par le tuyau central, se rend dans le puisard des machines.

De cette égalité nécessaire on déduit aisément le débit théorique du filtre.

Soit H la hauteur de l'eau qui recouvre le filtre ;

H_0 la différence de niveau existant entre le dessous du filtre et l'eau dans le puisard ;

γ l'épaisseur de la couche d'air qui existe entre le dessous du filtre et le niveau de l'eau dans le tuyau central ;

f la force élastique de cet air ;

s la surface du filtre ;

k un coefficient dépendant du degré de perméabilité du sable ;

r le rayon du tuyau central, l sa longueur, a le coefficient de frottement ;

m le coefficient de contraction de l'eau à son entrée dans ce tuyau.

Nous pourrons poser les équations suivantes pour le volume qui du filtre descend dans le réservoir inférieur, et pour celui qui, par le tuyau central, arrive au réservoir des machines.

Premier volume :

$$Q=\frac{ks}{e}[P+H+e-f].$$

Deuxième volume égal au premier :

$$Q^2=\frac{2gm^2\pi^2r^5}{r+2gm^2al}\cdot(f+H_0-\gamma-P).$$

Or, pour que l'écoulement puisse avoir lieu par le tuyau central, il faut nécessairement que f soit plus grand que $P-(H_0-\gamma)$. Sans cette condition, en effet, l'eau ne pourrait sortir du tuyau central ; soit donc $f=P-(H_0-\gamma)+\alpha$, α étant une quantité essentiellement positive ; en substituant cette valeur de f dans les deux équations ci-dessus, elles deviennent

$$Q=\frac{ks}{e}[H+H_0+e-\gamma-\alpha] \qquad (1)$$

$$Q=\frac{2gm^2\pi^2r^5}{r+2gm^2al}\cdot\alpha \qquad (2)$$

d'où, en éliminant α,

$$Q=\frac{e}{2ks}\cdot\frac{2gm^2\pi^2r^5}{2gm^2la+r}\left[-1+\sqrt{1+\frac{4k^2s^2}{e^2}\cdot\frac{2gm^2la+r}{2gm^2\pi^2r^5}\left(H+H_0+e-\gamma\right)}\right].$$

On obtient une expression beaucoup plus simple pour cette valeur de Q, en admettant que la quantité α soit négligeable vis-à-vis $H + H_0 + e - \gamma$; ce qui aura toujours lieu si l'on donne au tuyau central un diamètre suffisant et si d'ailleurs on rend γ très-petit, ce que l'on a toujours la possibilité de faire.

Dans l'hypothèse précitée, on n'a pas besoin, pour obtenir la valeur de Q, d'éliminer α de l'équation (1) au moyen de l'équation (2), et l'on obtient immédiatement pour la valeur de Q, en négligeant α devant $H + H_0 + e - \gamma$

$$Q = \frac{ks}{e}[H + H_0 + e - \gamma]$$

ou encore, en prenant les dispositions nécessaires pour que $\gamma = 0$.

$$Q = \frac{ks}{e}[H + H_0 + e]$$

expression précédemment posée, à laquelle on arriverait encore, en développant en série le radical de l'équation générale et en introduisant les données résultant des hypothèses précédentes.

Il est facile, le filtre et le diamètre du tuyau central étant donnés, de déduire α de la combinaison des équations 1 et 2, et si nous reprenons l'hypothèse où α pourrait être négligé en présence de $H + H_0 + e$. On voit que la valeur α se déduirait très-aisément de l'équation 2 et serait

$$\alpha = \frac{r + 2gm^2al}{2gm^2\pi^2r^5} \cdot Q^2.$$

On peut s'assurer que la valeur précédente de α ne serait que de 17 centimètres pour un filtre qui débiterait 15,000 mètres cubes par jour et dont le tuyau central offrirait la longueur de 10 mètres et le diamètre de 40 centimètres.

La pression sous le filtre étant inférieure à la pression atmosphérique, une partie de l'air en dissolution dans l'eau se dégagera; le réservoir sous le filtre tendra donc peu à peu à se remplir d'air, qui s'échapperait péniblement à travers le sable mouillé du filtre; la présence de cet air sera facilement accusée au moyen d'une petite sphère flotteur placée dans la portion verticale d'un tube en verre de 4 à 5 centimètres de diamètre, dont les extrémités supérieure et inférieure se raccorderaient à des tuyaux métalliques en communication avec les parties supérieure et inférieure du réservoir du filtre: la petite sphère, suivant dans ses oscillations la hauteur de l'eau, indiquera par ses abaissements successifs la quantité d'air emprisonné: la charge du filtre serait évidemment diminuée de toute la hauteur de l'espace où l'air se serait accumulé: il serait aisé de faire disparaître ce dernier par le moyen précédemment indiqué.

Dans les calculs que je viens de présenter, j'ai supposé, pour traiter le cas général, que la pression sous le filtre était plus petite que le poids de l'atmosphère; mais, ainsi que je l'ai dit page 575, cette disposition peut offrir deux inconvénients : l'eau, en pénétrant dans le filtre à la pression atmosphérique, tient en dissolution une certaine quantité d'air, qui s'en dégagera sous une pression moindre : c'est un premier inconvénient auquel on pourrait remédier au moyen de l'appareil dont j'ai parlé page 201, et qui a pour objet de dissoudre dans l'eau distribuée un certain volume d'air atmosphérique; le second inconvénient que M. Sagey m'a dit avoir remarqué dans son filtre de Spoir est le suivant : les bulles qui se dégagent, traversant les couches filtrantes, peuvent y occasionner des vides et par conséquent faire obstacle à la parfaite filtration de l'eau. Il est vrai que, dans ce filtre, l'épaisseur de la couche de sable est très-réduite et la couche d'eau qui la surmonte très-faible; tandis que je conserve, comme on va le voir, une couche de sable fin de 0^m 30 et que l'eau qui la comprimera n'aura pas moins de 5 à 7 mètres.

Toutefois, comme je n'ai pu faire d'expérience en grand à ce sujet, et que, autant que possible, je ne veux rien présenter d'incertain, je supposerai que la pression sous le filtre, dont la description va suivre, est égale à la pression atmosphérique. L'expérience apprendra peut-être plus tard que les inconvénients que je signale ne sont que de faible importance et alors on pourra user des avantages particuliers que procure un filtre fonctionnant sous une pression inférieure, plus petite que la pression atmosphérique.

Il ne faut point perdre de vue, du reste, qu'il y a dans le filtrage des eaux deux causes de dépense : la première provient de la nécessité d'élever les eaux sur le filtre; la seconde du prix de revient de ce dernier appareil et de son entretien. Or, plus on augmente la charge du filtre, plus la première dépense grandit, mais aussi plus la seconde diminue, puisque la superficie du filtre décroît proportionnellement à sa charge; il y a donc, dans chaque cas particulier, des dispositions à prendre qui procurent le minimum de dépense totale.

Je ne parle pas de la difficulté d'obtenir l'espace nécessaire pour l'établissement des filtres; dans les appareils fonctionnant à haute pression, suivant le système que je vais indiquer, cette difficulté n'existe plus. Supposons, par exemple, qu'il s'agisse d'alimenter une ville de 100,000 âmes à raison de 150 litres par tête : il faudra par jour 15,000 mètres cubes d'eau, pour la filtration desquels, dans l'ancien système, où l'on n'obtient moyennement que 4 mètres cubes par jour par mètre carré, une superficie de 4,000 mètres et même de 8,000 serait nécessaire si l'on voulait établir deux filtres, l'un fonctionnant pendant que l'autre est en réparation : or, on arrivera, dans mon système, à obtenir le même résultat en établissant deux cuves filtrantes de 14 mètres de diamètre et d'une hauteur de 7^m 30, l'une fonctionnant pendant que l'on répare l'autre.

Voici maintenant la description de ces cuves, Pl. 25, *système breveté :*

Description d'une cuve filtrante. — Prenons pour type et pour exemple un filtre présentant la superficie d'un are et demi, et composé de la manière suivante :

1° Épaisseur de la couche filtrante (sable fin).	0m30
2° Épaisseur de la couche support (gravier) (1).	0m10
Total	0m40

Admettons que la couche support ait pour base une espèce d'écumoire en madriers (2), en tôle forte ou en fonte, percée d'une infinité de petits orifices de quelques millimètres de diamètre : ces madriers reposeraient sur des bandes en fer circulairement établies à la distance de 1 mètre environ les unes des autres ; des supports en fonte de 10 centimètres de hauteur soutiendraient ces dernières et s'assembleraient solidement avec elles : suivant les sections méridiennes de la cuve, sa base présenterait une inclinaison convergeant vers le centre où serait ajusté le tuyau par lequel les eaux filtrées se rendraient au puisard des machines.

L'alimentation du filtre s'opérerait au moyen d'un tuyau garni d'un robinet R placé extérieurement à la cuve. Ce tuyau déboucherait à 1 mètre environ au-dessus du niveau du filtre; je dirai tout à l'heure sous quelle inclinaison il convient qu'il verse ses eaux.

Le tuyau précédent pourrait d'ailleurs être mis en communication avec le tuyau central dont la fonction est de livrer les eaux filtrées au puisard; mais cette communication serait habituellement interceptée par un robinet R'.

La disposition sus-indiquée présenterait un double avantage : elle permettrait ;

1° De nettoyer le filtre par un courant ascensionnel ; il suffirait, pour pratiquer cette opération, de fermer le robinet du tuyau central et d'ouvrir le robinet R après avoir fermé le robinet R;

2° De mettre en charge le filtre sans le raviner par la chute de l'eau sur sa surface, et aussi de chasser l'air que le sable du filtre pourrait renfermer : voici comment on s'y prendrait pour obtenir ce double résultat : on disposerait les choses comme si l'on voulait nettoyer le filtre par un courant ascensionnel, — et lorsque l'eau serait arrivée à la hauteur du tuyau alimentaire, on fermerait le robinet R', on ouvrirait celui du tuyau central, et l'on donnerait accès à l'eau sur le filtre par le robinet R : on conçoit que cette manœuvre aurait également pour résultat l'évacuation de l'air emprisonné dans le sable.

(1) Ce gravier devra augmenter de ténuité jusqu'à son contact avec la couche de sable fin.

(2) On pourrait également donner pour base au filtre des briques posées de champ et recouvertes de tuiles plates perforées d'une infinité de petits trous, suivant le système de Paisley.

Un tuyau vertical déversoir, dont le sommet arriverait à 10 centimètres environ en contrebas des bords de la cuve, se recourberait horizontalement au-dessus du niveau du filtre et traverserait la cuve en ce point pour livrer passage aux eaux excédantes que le tuyau d'amenée pourrait introduire.

Enfin, pour arriver à la vidange de la cuve jusqu'au niveau du filtre et pour obtenir aussi un résultat que j'indiquerai en parlant des moyens de nettoyer l'appareil, seront rectangulairement disposés, à la distance d'un demi-rayon du centre, quatre orifices horizontaux, embouchures de quatre tuyaux qui, traversant les parois de la cuve, seront ajustés sur un tuyau annulaire fermé par un robinet. — La vidange du filtre s'opèrera par l'ouverture de ce robinet.

Avant d'arriver à la question de nettoyage du filtre, il est bon d'indiquer quel pourra être son produit.

Débit de la cuve filtrante. — La hauteur de la cuve étant par hypothèse de 7m30, celle de l'eau sur le filtre sera de 6m60, supposant $H_0 = o$, ou la pression sous le filtre égalera la pression atmosphérique.

$$H + e = 660 + 0,40 = 7^m.$$

Quel sera maintenant le débit d'un pareil filtre? Prenons pour base celui de Marseille, où l'épaisseur totale de la couche de filtration et de son support est de 0m 80, et où la charge sur le filtre est de 0m 40; dans ce cas

$$H_0 = o \text{ et } H + e = 1^m 20.$$

La couche totale de sable n'étant que de 0m40 dans le filtre ci-dessus décrit, et de 0m80 dans celui de Marseille, il résulte d'abord de cette circonstance un accroissement de débit; mais nous commencerons par négliger cette différence pour n'avoir égard qu'à celle des pressions.

Le filtre de Marseille produisant 13 mètres cubes par mètre carré, la loi que nous avons expérimentalement trouvée, enseigne qu'un filtre composé comme ci-dessus fournira par vingt-quatre heures $\frac{7}{1,20}.13 = 75$; il devra même produire davantage, environ 100 mètres cubes, à raison des différences d'épaisseur des couches supports.

Si maintenant nous remarquons que la cuve filtrante, prise pour exemple, a 7 mètres de rayon, ou présente la superficie de 150m, on verra qu'elle permettra d'obtenir par jour 15,000 mètres cubes d'eau filtrée, volume réclamé par les besoins d'une ville de 100,000 âmes.

Des filtres circulaires de ce genre n'exigeraient en outre qu'une très-faible dépense, soit qu'on les construisît en tôle ou en maçonnerie ordinaire de briques ou de ciment.

Nettoyage du filtre. — Une des principales difficultés du filtrage des eaux en grand consiste dans le nettoiement des filtres : pour faire apprécier cette difficulté, rappelons d'abord un fait.

A Marseille, lorsque l'on procède au lavage des filtres, ils sont, en général, recouverts d'une couche limoneuse liquide égale à 2 ou 3 centimètres ; cette couche prend, en vertu du repos dans lequel elle est maintenue par suite de l'immobilité de l'eau sur le filtre, une consistance telle que, pour obtenir l'eau filtrée nécessaire, il est besoin de porter successivement la charge de 0,40 à 1 mètre.

Dans un filtre à haute pression qui peut livrer passage à un volume huit à dix fois plus considérable que le volume obtenu à Marseille, on voit que pour réussir dans l'opération du filtrage il conviendrait d'opérer des nettoyages réitérés.

Pour que le système que j'indique pût pratiquement réussir, il fallait donc parvenir à enlever facilement les vases qui tendent à se déposer sur le filtre. Or, la faible étendue superficielle des cuves filtrantes permet d'arriver aisément au but proposé : il me paraît en effet que l'on peut recourir à l'un des deux procédés suivants, ou peut-être même à leur emploi simultané.

Premier procédé. — C'est le repos des vases qui donne à ces dernières une consistance nuisible. Il fallait donc trouver le moyen de les tenir agitées. Or, on sait que l'eau en mouvement a la faculté de tenir en suspension des matières d'une densité notablement supérieure à la sienne.

Il résulte des expériences de Dubuat que l'argile brune, propre à la poterie et spécifiquement très-pesante, ne commence à résister à l'action d'un courant que lorsque la vitesse descend à 3 pouces, ou 8 ou 10 centimètres par seconde.

Supposons une cuve filtrante débitant 15,000 mètres cubes en vingt-quatre heures, elle devra recevoir par seconde $0^{m}\,174$, lesquels, débités par un tuyau de $0^{m}\,30$ de diamètre, prendront une vitesse égale à $2^{m}\,45$. Or, si au lieu de faire arriver l'eau normalement à la cuve, on la dirige tangentiellement à sa paroi intérieure, cette eau, en vertu de la cohésion, entraînera toute la masse liquide, et cette dernière sera perpétuellement animée d'un mouvement giratoire qui aura pour résultat de tenir en suspension constante la vase du fond de la cuve, laquelle se promènera ainsi toujours sur la superficie du filtre sans y adhérer et sans prendre la moindre consistance. Quelques expériences m'ont donné la conviction qu'un courant, tel que celui que je viens d'indiquer, suffirait pour donner à la masse d'eau de la cuve un mouvement rotatoire, d'une vitesse supérieure à celle exigée pour tenir les vases en suspension. — Il ne faudrait pas, au reste, que ce mouvement dépassât notablement la limite indiquée, puisque le sable fin a pour vitesse de régime 6 pouces, ou 15 centimètres environ par seconde, et qu'il ne faut pas bouleverser la surface du filtre.

Il serait très-facile de modérer l'action de la vitesse de l'eau à la sortie du tuyau si elle était trop grande, ou bien encore d'imprimer le mouvement rotatoire par un mode mécanique, puisque l'on a toujours une machine à proximité.

On comprend que si, aux approches des parois de la cuve, desquelles au reste on pourrait éloigner l'impulsion par le prolongement du tuyau d'amenée, le mouvement giratoire dépassait un peu la vitesse qui convient à la stabilité du sable, il en résulterait seulement que la surface de ce dernier, pour arriver à l'équilibre, prendrait à peu près la forme d'un cône à génératrices très-faiblement inclinées et dont le sommet serait au centre de la cuve; ce qui ne présenterait aucun inconvénient pour le filtrage.

Admettons, d'une part, que le filtre débite 15,000 mètres cubes en vingt-quatre heures et, d'autre part, que chaque mètre cube renferme 500 grammes de matières en suspension; cette dernière hypothèse est la plus défavorable qu'on puisse faire, puisqu'elle suppose qu'on élève directement les *eaux troubles des crues* de la Seine, par exemple, sur le filtre, sans commencer par les dépouiller des matières les plus grossières, au moyen de bassins de dépôt ou d'autres procédés que j'indiquerai tout à l'heure.

De cette double hypothèse il résultera qu'au bout de deux heures quarante centièmes de marche une quantité de limon du poids de 750 kilogrammes flottera à une certaine hauteur au-dessus du filtre, hauteur d'autant plus faible que le mouvement giratoire se rapprochera davantage du régime qui convient au dépôt de la vase et dont il faut chercher à s'éloigner le moins possible.

Il est certain maintenant que si l'on pouvait, sans arrêter la marche du filtre, faire sortir de l'appareil une tranche d'eau de 50 centimètres mesurés à partir du filtre, on aurait fait disparaître la plus grande partie de ce dépôt limoneux, qui, à raison de sa densité et du faible mouvement giratoire du fluide, occupera principalement la partie inférieure de la cuve. Pour obtenir ce résultat, il suffira de tenir ouvert pendant le temps nécessaire à l'écoulement de la tranche précitée (temps qu'une expérience spéciale indiquera), le robinet de la conduite annulaire.

Si on en reconnaissait la nécessité, on pourrait même, pendant que cette vidange partielle s'opérerait, promener circulairement un balai flexible de longueur égale à celle du rayon de la cuve : ce balai serait fixé à une barre horizontale convenablement ajustée à une tige verticale reposant sur une crapaudine et que l'on manœuvrerait du dessus de la cuve.

Cette opération, renouvelée même dix fois en vingt-quatre heures, n'occasionnerait qu'une perte d'eau non filtrée égale à 750 mètres ou au vingtième du volume filtré. Il serait possible, au reste, qu'une tranche d'eau de 25 centimètres fût suffisante; il n'y aurait alors qu'une perte d'un quarantième; enfin l'expérience montrerait vraisemblablement que l'opération peut être répétée à des intervalles moins rapprochés que je ne le suppose, notamment aux époques où les eaux seraient moins chargées.

Deuxième procédé. — On pourrait encore profiter de la puissance mécanique que l'on a toujours à sa disposition pour imprimer un mouvement rotatoire continu au balai fixé, comme il a été dit ci-dessus, à une barre horizontale; ce balai serait composé à l'instar de ceux des machines anglaises destinées à l'écobuage ou serait formé d'une série de palettes, indépendantes et mobiles, ajustées sur la barre horizontale, ces palettes seraient maintenues par des ressorts qui les empêcheraient de se relever sous l'influence de la résistance de l'eau, mais qui leur permettraient ce mouvement si elles venaient à rencontrer un obstacle à la surface de la couche de sable [1]. Cet appareil, dont le poids pourrait être diminué autant que l'on voudrait en enveloppant l'axe vertical d'un cylindre creux en tôle faisant fonction de contre-poids, tiendrait également toujours les vases en suspension, et l'on agirait comme il a été dit ci-dessus, pour les faire disparaître délayées dans une certaine quantité de liquide auquel on livrerait passage à des intervalles qui seraient déterminés par l'expérience.

Indépendamment de ces procédés destinés à empêcher la solidification des vases sur le filtre, procédés qui ont le grand avantage de pouvoir être employés sans arrêter la marche de l'appareil, il y aurait encore lieu de recourir, à des intervalles que l'expérience indiquera, au nettoyage du filtre par un courant ascensionnel, et à l'enlèvement de la couche de sable de 2 à 3 centimètres qui, malgré toutes les précautions précitées, finira toujours par être envahie et souillée par la vase.

J'ai dit plus haut qu'en supposant 500 grammes de matière solide par mètre cube d'eau, je me plaçais dans les circonstances les plus défavorables. C'est, en effet, la quotité de troubles tenus en suspension par la Seine dans ses crues [2]. Or, cette proportion peut être réduite de moitié, soit par le séjournement des eaux dans des bassins de dépôt, soit par l'un des deux moyens que je vais encore décrire, bien qu'avec le nouveau système du filtre il serait probablement inutile de faire précéder le filtrage définitif d'une épuration incomplète de l'eau sur laquelle on doit opérer.

Premier moyen. — M. l'ingénieur Mille a fait au pont d'Ivry des expériences ayant pour but d'obtenir immédiatement les eaux filtrées d'une *rivière*. Pour cela, il prenait les eaux au moyen de l'aspiration dans une espèce de tuyau-

(1) Le poids seul donné à ces palettes pourrait permettre d'obtenir ce double résultat.

(2) On a vu que dans le Rhône cette proportion pouvait s'élever jusqu'à 1,000 grammes. M. Terme raconte (je cite cela comme un fait curieux) que les eaux du Hoang-ho renferment 1/200 de vase : nous n'avons pas, heureusement, à en filtrer les eaux.

filtre placé à 0,50 ou 0,60 en contre-bas de la couche sablonneuse qui tapisse le fond du lit de la Seine. Il assure, ce sont ses expressions, que l'on parvenait à obtenir du *cristal* en modérant convenablement le jeu de la pompe. Mais sans prétendre à de l'eau cristal, il paraît que par ce procédé il serait facile d'arriver au 1er degré de dépuration que l'on demande aux bassins de dépôt.

Second moyen. — Peut-être aussi pourrait-on recourir, pour arriver à ce premier degré de limpidité, à un système employé à la station des Aubrais (chemin de fer d'Orléans).

Mur de quai construit à sa base et sur 0m 80 de hauteur, en pierre sèche. — Première galerie placée derrière ce mur de quai et remplie de sable, sur une hauteur de 0m 80. — Deuxième galerie qui reçoit les produits filtrés et les conduit au puisard des machines. Ce principe paraît applicable, mais les résultats de cette expérience ne sont pas concluants, parce que les machines ne tirent que 3 à 400 mètres cubes d'eau par jour.

Quoi qu'il en soit, par ces procédés préparatoires ou par le moyen des bassins de dépôt, on peut réduire de moitié les matières solides, tenues en suspension par l'eau des crues.

Le résultat ci-dessus annoncé, quant au débit d'un filtre, est très-admissible.

On lit en effet dans le rapport d'Arago déjà cité :

« Le filtre de M. de Fonvielle, quoiqu'il n'ait pas un mètre carré d'étendue « superficielle, donne par jour, avec 88 centimètres de pression de mercure « (1 atmosphère 1/6), 50 mètres au moins d'eau filtrée. Ce nombre, déduit de « l'examen des divers services de l'Hôtel-Dieu, est *une petite partie* de ce que « l'appareil fournirait si la pompe alimentaire était perpétuellement en charge; « dans certains moments, nous avons trouvé, en effet, par des expériences di« rectes, que le filtre donnait jusqu'à 95 litres par minute, ou près de 137 mè« tres cubes en vingt-quatre heures. En nous tenant, dit M. Arago, au premier « nombre, nous aurons déjà dix-sept fois plus de produit que par les procédés « actuellement en usage, où, sous l'influence d'une pression faible, on n'obtient « que 3 mètres cubes par mètre carré en vingt-quatre heures. »

Ajoutons que les faits suivants résultent d'expériences précises faites sur deux filtres de la Compagnie française, par M. Lalo, inspecteur des eaux, d'après la demande que j'avais adressée à M. l'ingénieur en chef Belgrand.

1° *Filtre de la fontaine marchande de l'Arcade.* — Diamètre, 0m 70; charge à l'entrée, 15 mètres; débit par mètre carré en vingt-quatre heures, 984 mèt. cub.

Composition du filtre.	Éponges.	0m 25.
	Grès pilé.	0 25.
	Sable de rivière. .	0 20.

2° *Filtre de la fontaine du Panthéon.*—Diamètre, $0^m 95$; charge à l'entrée, $6^m 59$. Composition du filtre.

Éponges.	$0^m 25$.	Sable.	0 03.
Vide.	0 03.	Vide.	0 03.
Éponges.	0 12.	Sable.	0 03.
Sable.	0 03.	Grès pilé.	0 15.
Grès pilé.	0 15.	Sable.	0 03.

Dans les expériences pratiquées sur ce filtre on a obtenu un produit de 473 [1] mètres cubes par vingt-quatre heures et *par mètre carré*. De l'ensemble des expériences précitées, on pourrait tirer la conséquence que le débit d'un filtre est sensiblement proportionnel à la charge, résultat qui sera ultérieurement démontré par une série d'expériences spéciales. Les filtres de la fontaine de l'Arcade sont nettoyés, en temps de crue, tous les huit jours; en eaux moyennement troubles, tous les vingt-cinq jours; en eaux d'été, tous les mois. — Ceux du Panthéon, dans les mêmes circonstances, sont nettoyés tous lesmois, tout es les six semaines, tous les deux mois. — Cette différence se comprendra facilement si on remarque que les quantités d'eau annuellement filtrées, à la fontaine de l'Arcade et à celle du Panthéon, sont, par mètre carré pour la première, de 11,320 mètres cubes, et de 4,173 pour la seconde.

L'influence utile de la haute pression sur les filtres n'a pas encore été généralement admise par les ingénieurs anglais. Ils l'ont niée, dit M. Arago, après une discussion dans laquelle de graves erreurs d'hydraulique devaient les égarer. (Enquête parlementaire.)

Ces erreurs d'hydraulique sont pleinement démontrées aujourd'hui par les expériences dont je donnerai le détail à la fin de cette note, et desquelles il résulte que le volume d'eau qui traverse une couche sablonneuse est *proportionnel à la pression, et non pas à la racine carrée de cette pression*, comme le suppose M. Genieys, dans son *Essai sur les moyens d'élever, de conduire et de distribuer les eaux*.

C'est sur les résultats précités et sur la possibilité de diminuer l'épaisseur de la couche filtrante que la théorie de l'appareil que je propose est fondée.

La filtration par le procédé de M. de Fonvielle s'opère en vase clos, et l'on ne

[1] On remarquera que, dans l'appareil précédemment décrit, je n'ai compté que sur un produit de 100 mètres par mètre carré, le quart du précédent, et pourtant les couches de grès pilé présentent ensemble l'épaisseur de $0^m 30$, égale à celle de la couche de la cuve filtrante : de plus, les charges sont les mêmes sur l'un et l'autre appareil. J'ai voulu toujours partir des données les plus défavorables, voilà pourquoi je me suis servi du résultat offert par le filtre de Marseille, dont le sable, peut-être, était moins pur que le grès pilé à travers lequel s'opère la filtration des fontaines marchandes de Paris.

peut appliquer ce moyen aux immenses filtres en usage dans les fournitures d'eau des villes; il m'a paru que le même résultat serait obtenu sans difficulté, sans dépense, par le moyen ci-dessus décrit, et j'ai la confiance que des appareils de ce genre pourraient rendre de grands services à Paris, dans le filtrage des eaux de Seine ou de l'Ourcq. Ils permettraient, dans un avenir plus ou moins rapproché, de supprimer les appareils de filtrage des fontaines marchandes, peut-être même les filtres domestiques. L'eau arriverait toute filtrée, en effet, aux diverses voies d'écoulement, et l'on n'aurait plus à se plaindre d'autre part de la malpropreté des bains publics, espèces de bourbiers, a dit un savant ministre de l'agriculture et du commerce, M. Dumas, si on vient à les comparer aux bains de l'ancienne Rome.

8° Filtration naturelle.

On sait que les filtres naturels consistent dans l'établissement de galeries perméables au milieu des alluvions de la rivière ou du fleuve dont on veut clarifier les eaux. Ces galeries, que l'on prolonge suffisamment pour obtenir la quantité d'eau voulue, versent leur produit dans le puisard des machines d'où elles sont extraites par les pompes.

La théorie de ces filtres est très-simple et leur succès assuré, lorsque toutefois les alluvions ne sont pas vaseuses, et que la vitesse du fluide dans le lit naturel est assez grande pour enlever les troubles qui se déposent sur les parois du lit, ou même pour renouveler la couche de sable. On a vu, en effet, dans les filtres artificiels, que les dépôts restaient toujours à la superficie.

Un seul élément est incertain, c'est la longueur de la galerie à établir pour une profondeur donnée, car cette longueur dépend évidemment de la nature des alluvions. Je vais donner d'abord quelques exemples de filtres naturels.

Filtre naturel de Nottingham, Angleterre. — Ce filtre, appelé le Réservoir, est ainsi construit : au bord de la rivière de Trent, à environ 1 mille (1,600 mètres) de la ville, a été creusé, dans un grand dépôt de sable, un vaste réservoir dont les murs de revêtement sont en pierres sèches. La distance entre la paroi la plus rapprochée et la rivière est de 150 pieds anglais, 45 mètres environ. L'eau traversant cette couche arrive parfaitement pure au réservoir, en passant par les joints sans mortier des murs de revêtement. Ce réservoir n'étant pas voûté est soumis à l'influence des rayons solaires; aussi la végétation et la vie animale s'y développent-elles parfois en été. Dans cette saison, un nettoiement a lieu toutes les trois semaines, et en hiver une fois tous les deux mois environ : on y procède en pompant l'eau hors du réservoir et en balayant le fond et les côtés de cet ouvrage.

Outre le filtre-réservoir, il a été pratiqué, dans le même banc de gravier, un filtre cylindrique souterrain qui remonte la rivière sur une assez grande longueur et aboutit au réservoir. Ce filtre cylindrique en briques posées à sec a 4 pieds anglais (1^m20) de diamètre sur deux briques d'épaisseur. Il a coûté 10 shillings (12 fr. 50) le pied (41 fr. 50 le mètre environ), y compris l'excavation qui a été faite à une profondeur de 12 pieds anglais, soit 3^m60 environ.

Filtre de Perth, Écosse. — Dans le lit du Tay, en amont de la ville de Perth, se trouve une île ayant environ 500 pieds anglais de long (151 mètres) sur 268 pieds de large (environ 80 mètres).

Un drain ou galerie a été pratiqué dans cette île; cette galerie a environ 90 mètres de longueur sur une largeur de 1^m25, et une hauteur sous l'intrados de 2^m70. La voûte est recouverte d'une couche de terre de 1^m50 d'épaisseur. Le fond est à environ 3^m50 en contre-bas du niveau moyen des eaux dans le Tay. Toute la partie supérieure de la galerie est maçonnée en mortier de chaux hydraulique; la partie inférieure seule est en pierres sèches. Les couches traversées pour l'établissement de ladite galerie sont formées : 1° d'argile mêlée de sable; 2° de sable fin mêlé de gros galets.

La quantité d'eau filtrée par vingt-quatre heures s'élève à 2,700 mètres cubes ou 15 mètres cubes par mètre carré en vingt-quatre heures. Sa qualité reste la même, quel que soit l'état des eaux du fleuve.

Filtres de Toulouse. — Le premier filtre creusé, après avoir reçu les améliorations décrites par M. d'Aubuisson dans son histoire de l'*Établissement des Fontaines publiques de Toulouse*, produisit environ 100 pouces d'eau saine, limpide et fraîche.

Le deuxième filtre, creusé trop près de la rivière, livre des eaux trop chaudes en été, ce qui donne lieu, dans l'intérieur du filtre, à une végétation de petites plantes aquatiques et chevelues. C'est un inconvénient qu'on aurait pu éviter, ainsi que le fait remarquer M. d'Aubuisson, en éloignant cet appareil de la rivière. Son débit est égal à 60 pouces moyennement.

Le troisième filtre, dans lequel on a mis à profit les leçons de l'expérience, offre un développement de 250 mètres. La coupe de la galerie qui sert à recueillir les eaux est donnée pl. 24, fig. 4; elle offre la hauteur de 1^m50, la largeur de 0^m60; la superficie totale est de 150 mètres carrés, son débit est d'environ 140 pouces. Les travaux du troisième filtre ont coûté environ 63,000 fr. : ce filtre produit, pour 150 mètres de superficie, un volume journalier de 2,800 mètres cubes, ou environ 20 mètres cubes par mètre carré.

Filtre de Lyon.

La galerie de filtration est en béton, fait avec du ciment de Pouilly; le radier est en gravier et sable naturel, établi à 3 mètres au-dessous de l'étiage du Rhône;

la longueur de la galerie est de 150 mètres; sa largeur dans œuvre de 5 mètres. Elle a coûté 1,200 fr. par mètre courant. Ce filtre produit par mètre carré 300 mètres cubes en vingt-quatre heures, avec une dénivellation de 0^m50 (1). La température de l'eau filtrée est à peu près uniforme, 12° à 13°.

M. l'ingénieur Dumont, qui m'a envoyé ces renseignements, compte sur la permanence du produit de la galerie, parce que la filtration de l'eau s'opère dans la première couche de sable qui tapisse le fleuve sur une épaisseur de 0^m50 environ, et que cette couche sur le Rhône est sans cesse balayée et renouvelée. (Voir pl. 21, fig. 6 et 7.)

Ainsi les filtres naturels de Perth, Toulouse (troisième filtre) et Lyon produisent en vingt-quatre heures, par mètre carré, 15 mètres, 20 mètres cubes et 300 mètres cubes.

A Glasgow, des essais infructueux ont été tentés, parce que, en effet, on ne pouvait songer à établir des filtres naturels sur la Clyde, tout à fait stagnante pendant plusieurs heures de la journée. Quelle qu'eût été, dans ce cas, la nature des alluvions, un échec était certain; *à fortiori* cet échec devait-il avoir lieu à Dalmarnock, où les alluvions étaient essentiellement argileuses et vaseuses.

M. Holcroft, ingénieur civil à Tours, chargé de la distribution d'eau de cette ville, a eu l'heureuse idée de placer son filtre sous le canal de dérivation du Cher, qui amène les eaux motrices à l'usine hydraulique. C'est un filtre naturel qu'il a ainsi composé : pour qu'il ait plein succès, il faudra seulement que les eaux de la dérivation prennent assez de vitesse pour enlever les couches de limon déposées sur la superficie du filtre.

Questions relatives aux galeries filtrantes.

L'établissement des galeries filtrantes donne lieu d'examiner les questions suivantes : Quelle est sur leur produit l'influence : 1° de leur développement; 2° de leur largeur; 3° de leur approfondissement.

1° *Développement.* Supposons que l'on établisse le long d'une rivière une galerie à radier perméable parallèle à ses rives; supposons que les couches sablonneuses situées entre cette galerie et la rivière soient à peu près homogènes; par chaque mètre courant de la galerie surgira de son radier un volume d'eau dépendant de la perméabilité du sable, de l'intervalle existant entre la galerie et la rivière, de la profondeur à laquelle a été placé le radier, et même de la largeur de ce dernier.

(1) Ce débit paraît très-considérable : une expérience plus prolongée n'aurait peut-être pas conduit au même résultat. On comprend en effet que, dans les premiers instants de l'établissement d'une galerie filtrante, le débit de cette dernière doit être beaucoup plus grand, à raison de la saturation des sables des deux côtés du radier.

Pour une profondeur, une distance de la rivière et une largeur de radier données, il est certain d'abord, qu'à partir du commencement amont de la galerie filtrante, des volumes d'eau de moins en moins considérables s'introduiront par mètre courant, puisque la hauteur d'eau sur le radier sera de plus en plus grande, à raison des volumes qui se sont successivement ajoutés : ce ne peut être, en effet, à un régime uniforme que seront assujetties les eaux menées par la galerie, mais à un régime permanent dont la condition d'équilibre dépendra des volumes successivement ajoutés au débit qui précède.

Quant au volume qui surgit du radier par mètre courant, il ne pourrait être regardé comme constant que si la différence existant entre le niveau de la rivière et de l'eau sur le radier pouvait elle-même être considérée comme constante, à raison de la faible pente du radier et des petites différences de hauteur de l'eau qui, d'un mouvement permanent, circule dans la galerie.

Il résulte d'abord de cet exposé que lorsqu'il s'agit de galeries suffisamment approfondies pour qu'il soit permis de négliger les différences de hauteur de l'eau sur le radier, vis-à-vis les dénivellations de l'eau de la rivière à raison de son passage à travers les sables, on peut considérer le volume que débitent ces galeries comme proportionnel à leur développement.

2° *Largeur du radier*. — Cette dernière est bien loin d'avoir la même action sur le produit de la galerie, et c'est par erreur que l'on a cru parfois augmenter notablement l'alimentation du puisard, en accroissant la largeur de la galerie.

Il en est ici comme dans les puits artésiens, sur le débit desquels le diamètre du forage exerce en général si peu d'influence. Nous sommes entré à cet égard dans des considérations détaillées que nous n'aurons qu'à appliquer aux galeries filtrantes. Au fur et à mesure que le débit d'une galerie filtrante augmente, la charge absorbée par les frottements de l'eau qui s'introduit dans la galerie en traversant la masse filtrante croît comme le débit lui-même. L'élargissement de la galerie, quel qu'il soit, ne peut atténuer ce résultat nécessaire, et la seule amélioration que cet élargissement puisse produire dépend de l'accroissement de charge résultant de l'abaissement du niveau de l'eau dans la galerie.

On voit immédiatement que l'influence d'un élargissement du radier grandit avec la perméabilité du sable et le rapprochement de la galerie du cours de la rivière. En effet, si cette perméabilité et si ce rapprochement étaient tels, que la perte de charge subie par les eaux qui, de la rivière, se rendent dans la galerie filtrante, pût être considérée comme nulle pour les différents volumes correspondant aux diverses largeurs de radier considérées, on comprend que, quelles que soient ces largeurs, les hauteurs d'eau sur le radier resteraient constantes et le débit, par conséquent, croîtrait à peu près comme les largeurs du radier.

Mais si la perméabilité du sable est faible, si la galerie est à une distance notable de la rivière, si, en un mot, la perte de charge subie par les eaux, au moment de leur pénétration à travers le radier, est grande, on comprend, dans ce cas, que la diminution de hauteur procurée par l'élargissement du radier à l'eau qui le surmonte serait à peu près insignifiante en présence de la perte de charge nécessaire à l'introduction du volume primitif. Cette diminution de hauteur ne pourrait donc apporter au débit de la galerie aucune amélioration sensible.

On peut, au reste, se rendre à peu près compte de l'accroissement de débit qu'un élargissement de galerie entraînerait; il suffirait pour cela d'établir une retenue à l'extrémité aval de la galerie, et de déterminer, au moyen de l'abaissement successif du niveau de cette retenue, la loi qui lie les accroissements du volume aux diminutions de hauteur d'eau sur le radier. Cette loi, comme on le sait, sera linéaire.

Et l'on déduira, de l'abaissement probable qui résulterait de l'élargissement du radier, l'accroissement de volume que cet abaissement entraînera. Il est facile d'obtenir immédiatement le cas limite, celui où la largeur du radier étant infinie, la hauteur d'eau sur sa surface pourrait être considérée comme nulle; et si, dans cette hypothèse extrême, on n'arrive qu'à un accroissement très-faible dans le débit, on n'aura pas à songer davantage à augmenter la largeur de la galerie.

Profondeur des galeries. — L'approfondissement des galeries présente des chances certaines d'accroissement de produit, et ces accroissements peuvent être mesurés d'une manière très-approchée (je suppose toujours la couche à traverser homogène), par le moyen indiqué plus haut pour déterminer la loi qui lie les diminutions de hauteur d'eau sur le radier aux accroissements du volume.

Je bornerai ici ce que j'avais à dire sur les grands filtres artificiels ou naturels. Quant aux filtres de ménage et des fontaines marchandes de la ville de Paris, on pourra recourir, si on veut en connaître les dispositions, à l'ouvrage de M. Dupuit sur les distributions d'eau.

Détermination des lois d'écoulement de l'eau à travers le sable.

J'aborde maintenant le récit des expériences que j'ai faites à Dijon de concert avec M. l'ingénieur Charles Ritter, pour déterminer les lois de l'écoulement de l'eau à travers les sables. Les expériences ont été répétées par M. l'ingénieur en chef Baumgarten.

L'appareil employé pl. 24, fig. 3, consistait en une colonne verticale de 2^m^50 de hauteur, formée d'une portion de conduite de 0^m^35 de diamètre intérieur, et close à chacune de ses extrémités par une plaque boulonnée.

A l'intérieur, et à 0^m^20 au-dessus du fond, se trouve une cloison horizontale à claire-voie, destinée à supporter le sable, et qui divise la colonne en deux chambres. Cette cloison est formée par la superposition de bas en haut d'une grille en fer à barreaux prismatiques de 0m 007, d'une grille à barreaux cylindriques de 0m 005, enfin d'une toile métallique à mailles de 0m 002. L'écartement des barreaux de chacune des grilles est égal à leur épaisseur, et les deux grilles sont disposées de façon que leurs barreaux soient dans des directions perpendiculaires l'une à l'autre.

La chambre supérieure de la colonne reçoit l'eau par un tuyau embranché sur la conduite de l'hôpital, et dont un robinet permet de modérer à volonté le débit; la chambre inférieure s'ouvre par un robinet sur un bassin de jaugeage de 1 mètre de côté.

La pression aux deux extrémités de la colonne est indiquée par des manomètres à mercure en U; enfin chacune des chambres est munie d'un robinet à air, essentiel pour la mise en charge de l'appareil.

Les expériences ont été faites avec du sable siliceux de Saône, composé ainsi qu'il suit :

0m 58 de sable	passant	au crible de	0mill. 77
0m 13	—	—	1 10
0m 12	—	—	2 00
0m 17 de menu gravier, débris de coquilles, etc.			

Il présente environ $\frac{38}{100}$ de vide.

Le sable était versé et tassé dans la colonne préalablement remplie d'eau, afin que les vides de la masse filtrante ne continssent plus d'air, et la hauteur du sable n'était mesurée qu'à la fin de chaque série d'expériences, après que le passage de l'eau l'avait convenablement tassé.

Chaque expérience consistait à établir dans la chambre supérieure de la colonne, par la manœuvre du robinet d'amenée, une pression déterminée; puis, lorsque par deux observations l'on s'était assuré que l'écoulement était devenu sensiblement uniforme, on notait le débit du filtre pendant un certain temps et on en concluait le débit moyen par minute.

Pour de faibles charges, le repos presque complet du mercure du manomètre permettait d'apprécier le millimètre, représentant 26mil. 2 d'eau; lorsqu'on opérait sous de fortes pressions, le robinet d'amenée était presqu'entièrement ouvert, et alors le manomètre, malgré le diaphragme dont il était muni, présentait des oscillations continuelles; néanmoins, les fortes oscillations n'étaient qu'accidentelles, et on pouvait apprécier, à 5 millimètres près, la hauteur moyenne du mercure, c'est-à-dire connaître la pression en eau à 1m 30 près.

Toutes ces oscillations manométriques étaient dues aux coups de bélier produits par le jeu des nombreuses bornes-fontaines de l'hôpital, lieu où était placé l'appareil expérimental.

Toutes les pressions ont été rapportées au niveau de la face inférieure du filtre, et on n'a tenu aucun compte du frottement dans la partie supérieure de la colonne, lequel était évidemment négligeable.

Tableau des expériences faites à Dijon les 29 et 30 octobre et 2 novembre 1855.

NUMÉROS de L'EXPÉRIENCE	DURÉE.	DÉBIT MOYEN par minute	PRESSIONS moyennes.	RAPPORT entre LES VOLUMES ET LA PRESSION.	OBSERVATIONS.
	1re Série, avec une épaisseur de sable de 0m 58.				
1	25'	3m.60	1.11	3.25	Le sable n'a pas été lavé.
2	20'	7 65	2.36	3.24	La colonne manométrique n'a éprouvé que de faibles mouvements.
3	15'	12 00	4.00	3.00	
4	18'	14 28	4.90	2.91	
5	17'	15 20	5.02	3.03	
6	17'	21 80	7.63	2.86	
7	11'	23 41	8.13	2.88	Oscillations très-sensibles.
8	15'	24 50	8.58	2.85	
9	13'	27 80	9.86	2.82	Fortes oscillations manométriques.
10	10'	29 40	10.80	2.70	
	2me Série, avec une épaisseur de sable de 1m 14.				
1	30'	2 66	2.60	1.01	Le sable n'est pas lavé.
2	21'	4 28	4.70	0.91	
3	26'	6 26	7.71	0.81	
4	18'	8 60	10.34	0.83	Très-fortes oscillations.
5	10'	8 90	10.75	0.83	
6	24'	10 40	12.34	0.84	
	3me Série, avec une épaisseur de sable de 1m 71.				
1	31'	2 13	2 57	0.83	Sable lavé.
2	20'	3 90	5.09	0.77	
3	17'	7 25	9.46	0.76	Très-fortes oscillations.
4	20'	8 55	12.35	0.69	
	4me Série, avec une épaisseur de sable de 1m 70.				
1	20'	5 25	6.98	0.75	Sable lavé d'un grain un peu plus gros que le précédent.
2	20'	7 00	9.93	0.70	Faibles oscillations par suite de l'obturation partielle de l'ouverture du manomèt.
3	20'	10 30	13.93	0.74	

Le tableau des expériences, ainsi que leur représentation graphique, démontrent que le débit de chaque filtre croît proportionnellement à la charge.

Pour les filtres sur lesquels on a opéré, le débit par seconde et par mètre carré est lié très-approximativement à la charge par les relations suivantes :

1re série. . . $Q = 0{,}493\,P$ 3me — . . . $Q = 0{,}126\,P$

2me — . . . $Q = 0{,}145\,P$ 4me — . . . $Q = 0{,}123\,P$.

En appelant I la charge proportionnelle par mètre d'épaisseur du filtre, ces formules se transforment dans les suivantes :

1re série. . . Q=0,286 I 3me — . . . Q=0,216 I
2me — . . . Q=0,165 I 4me — . . . Q=0,332 I.

Les différences entre les valeurs du coefficient $\frac{Q}{I}$ proviennent de ce que le sable employé n'a pas été constamment homogène. Pour la 2me série, il n'avait pas été lavé; pour la 3me, il était lavé; pour la 4me, il était très-bien lavé et d'un grain un peu plus fort.

Il paraît donc que, pour un sable de même nature, on peut admettre que le volume débité est proportionnel à la charge et en raison inverse de l'épaisseur de la couche traversée.

Dans les expériences précédentes, la pression sous le filtre a toujours été égale à celle de l'atmosphère; il était intéressant de rechercher si la loi de proportionnalité que l'on vient de reconnaître entre les volumes débités et les charges qui les produisent subsistait encore, lorsque la pression sous le filtre était plus grande ou plus petite que la pression atmosphérique : tel est le but des expériences nouvelles opérées les 17 et 18 février 1856 par les soins de M. Ritter.

Ces expériences sont rapportées dans le tableau synoptique suivant : la colonne 4 donne les pressions sur le filtre; la colonne 5 les pressions sous le filtre, tantôt plus grandes et tantôt plus petites que le poids P de l'atmosphère; la colonne 6 présente les différences des pressions; enfin la colonne 7 indique les rapports des volumes débités aux différences des pressions existant sur et sous le filtre. L'épaisseur de la couche de sable traversée était égale à 1m10.

NUMÉRO de l'expérience	DURÉE.	DÉBIT MOYEN par minute.	PRESSION MOYENNE sur le filtre	PRESSION MOYENNE sous le filtre	DIFFÉRENCE des PRESSIONS.	RAPPORT des VOLUMES aux pressions.	OBSERVATIONS.
1	2	3	4	5	6	7	8
		l.	m.	m.	m.		
1	15'	18,8	P + 9,48	P − 3,60	13,08	1,44	Fortes oscillations dans le manomètre supérieur.
2	15'	18,3	P + 12,88	P 0	12,88	1,42	Id.
3	10'	18,0	P + 9,80	P − 2,78	12,58	1,43	Id.
4	10'	17,4	P + 12,87	P + 0,46	12,41	1,40	Faibles.
5	20'	18,1	P + 12,80	P + 0,49	12,35	1,47	Assez faibles.
6	16'	14,9	P + 8,86	P − 0,83	9,69	1,54	Presque nulles.
7	15'	12,1	P + 12,84	P + 4,40	8,44	1,43	Très-fortes.
8	15'	9,8	P + 6,71	P 0	6,71	1,46	Très-faibles.
9	20'	7,9	P + 12,81	P + 7,03	5,78	1,37	Très-fortes.
10	20'	8,65	P + 5,58	P 0	5,58	1,55	Presque nulles.
11	20'	4,5	P + 2,98	P 0	2,98	1,51	Id.
12	20'	4,15	P + 12,86	P + 9,88	2,98	1,39	Assez fortes. On a déjà expliqué la cause de ces oscillations.

La constance des rapports de la 7ᵉ colonne témoigne de la vérité de la loi déjà énoncée : on remarquera cependant qu'ici encore les pressions sur et sous le filtre comprennent des limites très-étendues : sous le filtre, en effet, la pression a varié de P+9,88 à P−3,60, et sur le filtre de P+12,88 à P+2,98.

Ainsi, en appelant e l'épaisseur de la couche de sable, s sa superficie, P la pression atmosphérique, h la hauteur de l'eau sur cette couche, on aura $P+h$ pour la pression à laquelle sera soumise la base supérieure; soient, de plus, $P \pm h_0$ la pression supportée par la surface inférieure, k un coefficient dépendant de la perméabilité de la couche, q le volume débité, on a

$$q=k\frac{s}{e}[h+e\mp h_0] \text{ qui se réduit à } q=k\frac{s}{e}(h+e)$$

quand $h_0=0$, ou lorsque la pression sous le filtre est égale à la pression atmosphérique.

Il est facile de déterminer la loi de décroissance de la hauteur d'eau h sur le filtre; en effet, soit dh la quantité dont cette hauteur s'abaisse pendant un temps dt, sa vitesse d'abaissement sera $-\frac{dh}{dt}$; mais l'équation ci-dessus donne encore pour cette vitesse l'expression

$$\frac{q}{s}=v=\frac{k}{e}(h+e)$$

On aura donc $$-\frac{dh}{dt}=\frac{k}{e}(h+e); \text{ d'où } \frac{dh}{(h+e)}=-\frac{k}{e}dt,$$

et $$l(h+e)=C-\frac{k}{e}t.$$

Si la valeur h_0 correspond au temps t_0 et h à un temps quelconque t, il viendra

$$l(h+e)=l(h_0+e)-\frac{k}{e}[t-t_0] \qquad (1)$$

Si on remplace maintenant $h+e$ et h_0+e par $\frac{qe}{sk}$ et $\frac{q_0 e}{sk}$, il viendra

$$lq=lq_0-\frac{k}{e}(t-t_0) \qquad (2)$$

et les deux équations (1) et (2) donnent, soit la loi d'abaissement de la hauteur sur le filtre, soit la loi de variation des volumes débités à partir du temps t_0.

Si k et e étaient inconnus, on voit qu'il faudrait deux expériences préliminaires pour faire disparaître de la seconde le rapport inconnu $\frac{k}{e}$.

Cette équation (2), au moyen des expériences préliminaires précitées, ne pourrait-elle pas être employée à déterminer la loi des diminutions progressives d'une source à partir de son étale (1)?

Comme, d'autre part, dans les sources dont les bassins sont alimentés par des couches de sables aquifères, on a la relation

$$Q = q + d \tang \alpha \text{ (puits artésiens, page 156)},$$

q étant le produit à une hauteur donnée, Q le produit à la distance d en contre-bas de cette hauteur, et α l'angle que l'on obtiendrait à l'intersection d'une verticale et d'une ligne inclinée passant par les extrémités de lignes horizontales renfermant autant d'unités linéaires que les débits comprendraient eux-mêmes d'unités, les perpendiculaires précitées étant élevées sur la verticale aux points mêmes où l'on prendrait les débits de la source.

On obtiendrait ainsi deux équations caractéristiques de la source. La première :

$$lq = lq_0 - \frac{k}{e}(t - t_0)$$

donnerait les débits successifs de la source, au fur et à mesure qu'on s'éloignerait de son étale, dans l'hypothèse toutefois où des pluies nouvelles ne viendraient pas contrarier la loi précitée. La seconde :

$$Q = q + d \tang \alpha$$

donnerait la loi d'accroissement de la source à un moment donné, au fur et à mesure qu'on la ferait écouler à un niveau moins élevé.

La source du Rosoir donnant

à 1m30 au-dessus du radier.	. 44 litres par seconde,		
à 0 65 —	. . 59	—	
à 0 20 —	. . 71	—	(2).

on voit que tang α est égale, dans ce cas, à 0,025 environ.

(1) Si la nappe qui met en charge les sables aquifères descendait au-dessous de la surface de ces derniers, alors e varierait au fur et à mesure que le niveau de la nappe s'abaisserait; on ne pourrait donc plus considérer comme constant le rapport $\frac{k}{e}$, et dès lors cette quantité ne pourrait être déterminée par la double expérience dont il vient d'être fait mention. Cependant, si l'abaissement était très-petit relativement à l'épaisseur totale e, $\frac{k}{e}$ pourrait être encore considéré comme constant.

(2) Je ne fais pas entrer en ligne le volume débité à 1m 96 au-dessus du radier, parce qu'il était beaucoup trop faible et ne représentait pas le débit de la source à cette hauteur, une partie de ses eaux non jaugées s'échappant à travers les crevasses des rochers voisins.

Dans la source de Nîmes, $\tang \alpha = 0,005$; dans le puits artésien de Grenelle, $\tang \alpha$ prend la valeur de 0,000221.

S'il n'y avait pas de sable dans le cylindre, pl. 24, fig. 3, et si l'eau s'en était échappée par un tuyau de rayon R et de longueur l, la charge sur l'extrémité de ce tuyau étant h à un instant donné, voici quelle eût été la loi d'abaissement de l'eau dans le cylindre, en supposant toujours que l'on négligeât le frottement contre les parois de ce dernier.

Le volume s'écoulant à un moment donné est $q = \sqrt{\frac{\pi^2 R^4}{a}} \sqrt{\frac{h}{l}}$

l est constant : en le mettant sous le premier radical, il vient

$$q = \sqrt{\frac{\pi^2 R^4}{al}} \sqrt{h} = k\sqrt{h}.$$

Or, la vitesse de l'eau dans le cylindre est à un moment donné, en appelant s la surface du cylindre,

$$-\frac{dh}{dt} = \frac{q}{s} = \frac{k}{s}\sqrt{h}$$

d'où, on intégrant,
$$2\sqrt{h} = -\frac{k}{s}t + c.$$

Appelant h_0 et h les hauteurs correspondantes aux temps t_0 et t, il viendra

$$\sqrt{h_0} - \sqrt{h} = \frac{k}{2s}[t - t_0]$$

et remplaçant $\sqrt{h_0}$ et $\sqrt{h}$ par leur valeur en q et q_0

$$q = q_0 - \frac{k^2}{2s}[t - t_0] \qquad (1 \textit{ bis})$$

qui donne le décroissement de q à partir du volume q_0 et du temps t_0.

Nous avons vu que la valeur de q pour une différence de niveau h était

$$q = \sqrt{\frac{\pi^2 R^4}{al}} \sqrt{h}.$$

Si la pression h augmentait de la quantité d, le volume deviendrait

$$Q = \sqrt{\frac{\pi^2 R^4}{al}} \sqrt{h + d}$$

d'où
$$\frac{Q}{q} = \sqrt{\frac{h+d}{\sqrt{h}}} \qquad (2 \textit{ bis})$$

et telle serait la loi d'accroissement de Q.

Si donc, au lieu de supposer une source alimentée par des eaux filtrantes au travers de couches sablonneuses, ou arrivant par des conduits souterrains d'un diamètre assez petit pour que la loi de proportionnalité des volumes aux charges qui les produisent pût être appliquée, on admettait qu'un réservoir à niveau fixe communiquât, par exemple, avec le bassin de la fontaine au moyen d'un conduit naturel de longueur l et de rayon R, équivalant aux rayons successifs de la ramification souterraine, on aurait, pour les deux équations analogues aux équations précédemment trouvées, lorsqu'il s'agissait de sources dues aux filtrations dans les sables :

$$q = q_0 - \frac{k^2}{2s}[t - t_0] = q_0 - k'(t - t_0) \quad (1\ bis)$$

$$Q = q\sqrt{\frac{h+d}{\sqrt{h}}} \quad (2\ bis)$$

d étant l'abaissement du niveau de la source.

On aurait ainsi, dans les deux cas examinés :

1° Équations relatives aux décroissements du volume de la source à partir de son étale;

$$\text{soit } lq = lq_0 + k(t - t_0) \quad (1) \quad \text{soit } q = q_0 - k'(t - t_0) \quad (1\ bis)$$

2° Équations relatives aux accroissements de la source par suite de l'abaissement de son niveau;

$$\text{soit } Q = q + d \operatorname{tang} \alpha \quad (2) \quad \text{soit } Q = q\sqrt{\frac{h+d}{h}}, \quad (2\ bis)$$

d étant, dans l'une et l'autre de ces deux dernières équations, l'abaissement du niveau de la source.

Vérification expérimentale des formules (1) *et* (1 *bis*). — La vérification des formules (1) et (1 *bis*) pouvait s'opérer très-facilement au moyen de l'appareil dessiné pl. 24, fig. 3.

Il suffisait, en effet, de remplir le tube, de noter exactement les temps que le liquide non renouvelé employait pour descendre de quantités données et de mesurer les débits correspondant aux différentes hauteurs notées; en appelant t_0 et t les temps correspondant à deux hauteurs de liquide observées, Q_0 et Q les volumes débités dans l'une et l'autre circonstance, on doit avoir dans le cas du filtre

$$\frac{lQ_0 - lQ}{t - t_0} = \text{à une constante}$$

et dans le cas de l'écoulement, sans interposition de couche sablonneuse,

$$\frac{Q_0 - Q}{t - t_0} = \text{également à une constante.}$$

Voici encore les résultats d'expériences faites par M. l'ingénieur Ritter dans l'une et l'autre hypothèse :

1° Vidange d'un filtre.

TEMPS EMPLOYÉ.	DÉBIT PAR MINUTE.	HAUTEUR DE L'EAU au-dessus du robinet.	$tQ_0 - tQ$. (1)	$t - t_0$.	$\frac{tQ - tQ_0}{t - t_0}$.
	lit.	m			
0	1 668	3 07	0,08717	32'	0,00026
32'	1 363	2 57	0,22167	73' 30"	0,00093
73' 30"	1 000	2 07	0,38789	132' 30"	0,00075
132' 30"	0 682	1 57	»	»	»

On voit que le rapport de la dernière colonne est, en effet, sensiblement constant. On ne pouvait arriver à une approximation plus grande à raison de la petite hauteur de la colonne et du peu de temps employé au jaugeage du liquide. C'est aussi pour ce motif qu'on remarque des irrégularités dans le rapport du volume écoulé à la pression, rapport dont nous avons démontré la constance dans des expériences spéciales.

2° Vidange du tuyau sans interposition de couche de sable.

TEMPS.	DÉBIT PAR MINUTE.	HAUTEUR DE L'EAU au-dessus du robinet.	$Q_0 - Q$.	$t - t_0$.	$\frac{Q_0 - Q}{t - t_0}$.
	lit.	m			
0	6 18	3 07			
9'	5 58	2 57	0,60	9'	0,0666
18' 50"	5 04	2 09	1,14	18' 50"	0,0606
30'	4 26	1 57	1,92	30'	0,064
43'	3 36	1 07	2,82	43'	0,0656
60'	2 40	0 57	3,78	60'	0,063

Ces deux tableaux expérimentaux me semblent une justification suffisante des formules précitées (1) et (1 *bis*).

Je dois faire observer que, dans l'équation (2 *bis*), *h* n'est point constant, en général ; *h*, en effet, est déterminé par la charge piézométrique, vis-à-vis la source, du conduit souterrain qui lui amène les eaux par une fracture de la couche supérieure imperméable; cette hauteur piézométrique doit donc diminuer au fur et à mesure que le débit de la source augmente, ou que l'on abaisse artificiellement le niveau de cette dernière, ainsi que je l'ai déjà fait remarquer à l'occasion des puits artésiens.

On ne peut donc déterminer h au moyen de deux expériences d'où résulteraient pour Q et q deux valeurs correspondant aux différences de niveau $h+d$ et h. Il paraît impossible, pour ce genre de source, d'apprécier à l'avance l'accroissement de leur débit par la détermination de h, ainsi qu'on peut le faire par la connaissance de tang α dans les sources dont l'accroissement de débit résulte de l'équation $Q=q+d$ tangα; pour qu'il en fût autrement, il faudrait que h fût constant, c'est-à-dire que le débit de la source pût être négligé vis-à-vis celui du conduit souterrain qui alimente cette dernière.

Je ferai remarquer en terminant que l'étale des sources ou l'époque de leur produit maximum, dépendant de la distance à laquelle les eaux pluviales s'infiltrent, doit varier suivant le développement et la perméabilité des couches aquifères. Il peut donc arriver, à raison de la lenteur avec laquelle cheminent les eaux souterraines, que les étales se produisent dans des moments de sécheresse, et que les étiages coïncident avec la saison des pluies. M. Terme fait ressortir expérimentalement ce fait dans son rapport sur les eaux de Lyon.

Du reste, on comprend que je ne présente ici ces considérations générales sur les sources que comme un appel à des expériences qui pourraient seules leur donner quelque valeur.

On se rappelle que, pour résoudre une question relative à la belle source de Nîmes, j'ai été conduit (page 182) à poser ces équations :

$$k\sqrt{x}=13 \text{ litres}, \quad k\sqrt{x+1,30}=19 \text{ litres}; \text{ d'où } x=1^{m}15.$$

Ces équations supposaient que le débit de la source était proportionnel aux racines des charges. J'avais, en effet, admis avec M. Arago que la source de Nîmes était alimentée par des conduits souterrains.

Si, au contraire, on avait adopté l'hypothèse que les eaux se transmettaient du réservoir à niveau fixe à travers des couches sablonneuses, les équations à résoudre auraient été

$$kx=13 \text{ litres}, \quad k(x+1,30)=19 \text{ litres}; \quad \text{d'où } \frac{x}{x+1,30}=\frac{13}{19}$$

ce qui conduit à

$$x=2^{m}82$$

résultat qui ne modifie pas la conclusion à laquelle j'étais parvenu.

Qu'il me soit permis, en terminant cette note, de remonter un instant à la page 156, où je cherchais à expliquer comment on trouvait en général une droite en réunissant par une ligne les extrémités des perpendiculaires élevées sur le tube ascensionnel d'un puits artésien, ces perpendiculaires renfermant autant d'unités linéaires que le volume correspondant comprend lui-même d'unités cubiques.

Il est aisé de voir maintenant que cette circonstance est due à la loi suivie par l'écoulement de l'eau à travers les sables, laquelle donne la relation

$$h_1 - h_0 = C(q_0 - q_1)$$

toutes les fois que l'on peut négliger la seconde partie du premier membre dans l'équation

$$h_1 - h_0 + \frac{b_1}{\pi^2 r^4}\{H_1 q_1^2 - H_0 q_0^2\} = C(q_0 - q_1)$$

et c'est parce qu'il résulte de l'expérience que cette équation se réduit en général à $h_1 - h_0 = C[q_0 - q_1]$ dans les puits artésiens et dans les sources naturelles provenant d'infiltrations à travers les sables, que l'on peut en général considérer la loi de leur accroissement comme déterminée par l'équation (2) $Q = q + d \tang \alpha$, $\tang \alpha$ étant obtenu au moyen de deux expériences.

Ouvrage de M. l'abbé Paramelle, relatif à l'art de découvrir les sources.

Avant de terminer cette note, je veux encore parler d'un ouvrage que vient de publier M. l'abbé Paramelle. J'ai décrit sommairement, dans le troisième chapitre de la première partie, les méthodes d'investigation anciennes et nouvelles auxquelles on peut avoir recours pour découvrir les sources; je ne pouvais oublier de parler de M. l'abbé Paramelle, l'un des hommes qui, dans ces dernières années, paraît s'être le plus occupé de l'hydrographie souterraine.

Mais je ne connaissais point M. Paramelle, je ne l'avais accompagné dans aucune de ses excursions; on m'avait dit d'ailleurs qu'il ne faisait pas connaître les principes qui le guidaient dans ses recherches. J'ai donc dû m'adresser à un ingénieur qui avait eu occasion de suivre M. Paramelle dans quelques-unes de ses courses; je l'ai fait avec d'autant plus de confiance, que M. Parandier est un géologue exercé, et qui mieux qu'un autre, par conséquent, pouvait se rendre compte des méthodes sur lesquelles M. Paramelle ne s'expliquait pas. Mon espérance n'a pas été trompée; et en présence même du livre très-intéressant que vient de publier M. Paramelle sur l'art de découvrir des sources, je n'ai rien à modifier dans les documents que M. Parandier a bien voulu me transmettre. Seulement il n'est plus permis de poser la question: M. Paramelle a-t-il des connaissances sérieuses en géologie ? Son livre ne laisse aucune incertitude à ce sujet.

J'ajouterai encore qu'en indiquant les principes qui servent de base aux recherches de M. Paramelle, M. Parandier n'avait pu me faire connaître le procédé, le tour de main, si je puis m'exprimer ainsi, que cet hydroscope emploie pour arriver au but désiré. C'est à l'ouvrage de M. Paramelle qu'il faut recourir pour les détails spéciaux.

Son livre enseigne quels sont les terrains les plus favorables à la découverte des sources; quels sont ceux auxquels il ne faut pas en demander. A ce sujet, j'aurais peu de chose à ajouter aux considérations développées page 123.

Il donne les moyens de reconnaître approximativement la direction des sources souterraines; ici les appréciations de M. Paramelle me semblent plus vagues; il se laisse guider par cet aphorisme de Sénèque : *Sunt et sub terrà minus nota nobis jura naturæ, sed non minùs certa; crede infrà quidquid vides suprà.* » Cet aphorisme, pris à la lettre, est contraire aux faits, car tandis qu'il ne circule aucun cours d'eau dans le thalweg d'un vallon à parois imperméables, mais dont le fond est recouvert d'une épaisse couche détritique perméable, une nappe souterraine doit être probablement rencontrée; on ne saurait donc dire: *Crede infrà quidquid vides suprà.* Quoi qu'il en soit, M. Paramelle tient pour certain que la nappe souterraine se forme et marche de la même manière que les eaux sauvages; que les veinules parcourent sous terre des lignes données par les projections que suivent les eaux superficielles. Entendu de cette manière, l'aphorisme de Sénèque est plus admissible, et M. Paramelle prétend que toutes ses expériences l'ont pleinement confirmé.

Le principe posé par M. Paramelle ne peut exister cependant que dans le cas où la surface imperméable souterraine serait parallèle à celle sur laquelle circulent les eaux sauvages; or il n'y a pas de raison nécessaire pour que ce parallélisme ait lieu. On peut concevoir pourtant, jusqu'à un certain point, que les terrains détritiques, bien qu'ils s'accumulent suivant des épaisseurs plus grandes dans les dépressions, suivent néanmoins la forme du vallon dénudé sur les parois duquel ils ont été déposés, et présentent à leur surface extérieure une image affaiblie des dépressions souterraines.

M. Paramelle s'occupe ensuite de calculer la profondeur à laquelle on peut concevoir l'espérance de rencontrer les nappes inférieures; il arrive au résultat qu'il cherche :

1° Au moyen d'un nivellement exécuté entre les points où la nappe se montre naturellement ou apparaît dans des puits préexistants;

2° Par une simple proportion, de laquelle il conclut, l'inclinaison des deux versants d'un vallon étant donnée, la ligne souterraine d'intersection de ces versants au-dessus de laquelle la nappe doit nécessairement couler; il est évident, néanmoins que, pour que la proportion conduise à un résultat convenable, il faut admettre que l'inclinaison des versants soit sous le terrain détritique ce qu'elle est au-dessus de ce terrain;

3° Par l'examen attentif des profondeurs probables auxquelles descendent les couches imperméables.

M. Paramelle cherche enfin à se rendre compte du débit des nappes auxquelles il doit parvenir. Les eaux pluviales, à leur rencontre avec le sol, se divisent en quatre parties:

1° La première court à la superficie du terrain jusqu'aux ruisseaux voisins; son volume est extrêmement variable: tantôt il se réduit presque à zéro dans les vallons très-perméables, tantôt il s'élève jusqu'aux quatre cinquièmes de la quantité d'eau qui tombe;

2° La deuxième disparaît par l'évaporation;

3° La troisième est absorbée par la végétation.

C'est du sol et de l'atmosphère que les plantes tirent les matières qui les alimentent. Dans la terre, les racines puisent l'eau, les sels et les substances organiques fournies par les engrais. On sait que c'est dans les extrémités radiculaires que réside surtout cette propriété d'absorption; lorsque l'eau du sol, chargée de matières solubles, est entrée dans les radicelles, elle fait partie des sucs du végétal, et c'est à ce fluide que l'on donne le nom de séve proprement dite. La séve ascendante, parvenue dans les feuilles, y subit plusieurs modifications, dont nous n'avons pas à nous occuper ici. Nous dirons seulement qu'elle abandonne là une grande partie de son humidité, qui est rejetée dans l'atmosphère sous forme de vapeur aqueuse par toutes les parties vertes, et surtout par les pores qui couvrent la face inférieure des feuilles. Quelquefois cette transpiration est si abondante, qu'elle devient sensible comme la sueur, sous forme de gouttelettes; la mesure du produit de cette transpiration, ou de l'excès du volume total aqueux absorbé sur celui que la plante s'assimile, nous donnera une idée de l'importance du premier volume. Or, le célèbre physiologiste Halès a trouvé que, pendant douze heures d'un jour sec et chaud, la transpiration moyenne d'un tournesol s'est élevée à 20 onces (1 livre 1/4), et à 3 onces pendant une nuit sèche et chaude sans rosée; il a trouvé également qu'un pommier nain peut exhaler en dix heures de jour 15 livres d'eau. J'ai vu dans la Sologne des terrains très-aquatiques, et par suite très-malsains, complétement desséchés et assainis par la plantation d'arbres verts. On a remarqué, page 123, que les premiers peupliers plantés près de la fontaine des Suisses, à Dijon, s'appropriaient presque entièrement le volume débité par cette source.

4° La quatrième partie, enfin, descend sous le sol en proportions très-variables, suivant la nature des terrains, et forme les nappes souterraines. Ainsi on a trouvé, dans les opérations du drainage, que les terrains de sables verts recueillaient jusqu'à la moitié de l'eau pluviale ; des terrains compacts, au contraire, laissent la presque totalité de l'eau de pluie couler à la surface.

On voit donc quelle incertitude nécessaire environne la question de débit posée par M. Paramelle. Je donnerai pourtant un fait qu'il présente comme résultant d'un grand nombre d'observations qui lui sont propres, observations faites dans des circonstances moyennes, et dont il modifie les résultats d'après l'aspect géologique des lieux qu'il visite. *Les couches détritiques de 2 à 8 mètres d'épaisseur, reposant sur une couche imperméable convenablement inclinée, produisent après une sécheresse ordinaire, suivant M. Paramelle, environ 4 litres par minute par 5 hectares de superficie, ou 1,152 litres par jour et par hectare.* C'est la base généralement adoptée par M. Paramelle dans ses calculs. Il admet aussi que le rapport du débit annuel des sources à la quotité d'eau qui tombe est d'environ un douzième.

On comprend que toutes ces évaluations offrent un large côté aléatoire. On ne pouvait, dans des recherches de ce genre, espérer arriver à la certitude ; mais la probabilité est garantie par un assez grand nombre de succès pour mériter d'être prise en sérieuse considération.

M. le curé de Saint-Céré dit dans son ouvrage que c'est une pensée chrétienne qui lui a fait entreprendre ses travaux; il gémissait de voir des populations privées d'eau en présence de celle que recélaient les entrailles de la terre, et il a consacré sa vie à des recherches dont l'objet était de découvrir et de ramener au jour les sources mystérieuses qui coulaient souterrainement. Les travaux de M. Paramelle ont été entrepris sous l'inspiration d'une pieuse pensée ; ils ont produit de bons résultats, et l'ouvrage dans lequel il rend compte de ses recherches est un livre curieux et utile.

E

Jaugeages.

On a vu que j'avais effectué les jaugeages de la source du Rosoir à l'aide d'un orifice rectangulaire ou d'un déversoir garni d'une mince paroi.

J'ai adopté, dans le premier cas, la formule $\frac{2}{3} mb\sqrt{2g}\left\{h_1^{\frac{3}{2}} - h^{\frac{3}{2}}\right\}$

dans le second, la formule $2{,}5261 . mbh^{\frac{3}{2}}$, déduite par M. Navier du principe de la moindre action.

Dans la première, b est la largeur de l'orifice; h la charge sur la base supérieure; h_1 sur la base inférieure; m le coefficient de contraction. Dans la seconde, b est également la largeur du déversoir, h la hauteur comprise entre la surface du liquide, à quelque distance en amont du déversoir, et la crête de ce dernier.

J'ai pris, dans le premier cas, $m=0,62$, et dans le second, $m=0,70$ (1); ce qui m'a conduit à l'expérience $1,77.bh^{\frac{3}{2}}$ pour la formule donnant le produit réel.

Je me suis servi de tables très-commodes, calculées par M. Chaper, ancien préfet de la Côte-d'Or, dans lesquelles il avait supposé $b=1$ et adopté pour m un coefficient spécial.

M. Hernoux, pour généraliser ces tables, y a supposé à la fois $b=1$ et $m=1$. Il reste donc à multiplier les résultats qu'elles donnent par la largeur réelle

(1) Appliquer le coefficient 0m 70 à la formule $2,5261.mh^{\frac{3}{2}}$, déduite par M. Navier du principe de la moindre action, revient à employer le coefficient 0,60, déterminé par M. Castel à Toulouse, pour la formule $2,953mh^{\frac{3}{2}}$. Je reviendrai, à la fin de cette note, sur la valeur à donner aux coefficients de réduction.

de l'orifice et le coefficient de réduction qui leur est applicable dans chaque circonstance donnée. Voici ces tables.

Tableau indiquant les volumes débités par les vannes et les déversoirs.

VALEURS de h.	VALEURS correspondantes de $\frac{2}{3}\sqrt{2g}(h^{\frac{3}{2}})$.	DIFFÉRENCES	VALEURS de h.	VALEURS correspondantes de $\frac{2}{3}\sqrt{2g}(h^{\frac{3}{2}})$.	DIFFÉRENCES	VALEURS de h.	VALEURS correspondantes de $\frac{2}{3}\sqrt{2g}(h^{\frac{3}{2}})$.	DIFFÉRENCES
0,01	0,0029	0,0055	0,50	1,0440	0,0314	1,00	2,9528	0,0444
0,02	0,0084	0,0069	0,51	1,0754	0,0318	1,01	2,9972	0,0446
0,03	0,0153	0,0083	0,52	1,1072	0,0321	1,02	3,0418	0,0448
0,04	0,0236	0,0094	0,53	1,1393	0,0324	1,03	3,0866	0,0451
0,05	0,0330	0,0104	0,54	1,1717	0,0327	1,04	3,1317	0,0453
0,06	0,0434	0,0113	0,55	1,2044	0,0330	1,05	3,1770	0,0455
0,07	0,0547	0,0121	0,56	1,2374	0,0333	1,06	3,2225	0,0457
0,08	0,0668	0,0129	0,57	1,2707	0,0336	1,07	3,2682	0,0459
0,09	0,0797	0,0137	0,58	1,3043	0,0339	1,08	3,3141	0,0462
0,10	0,0934	0,0143	0,59	1,3382	0,0341	1,09	3,3603	0,0463
0,11	0,1077	0,0150	0,60	1,3723	0,0345	1,10	3,4066	0,0466
0,12	0,1227	0,0157	0,61	1,4068	0,0347	1,11	3,4532	0,0467
0,13	0,1384	0,0163	0,62	1,4415	0,0350	1,12	3,4999	0,0470
0,14	0,1547	0,0168	0,63	1,4765	0,0353	1,13	3,5469	0,0472
0,15	0,1715	0,0175	0,64	1,5118	0,0356	1,14	3,5941	0,0474
0,16	0,1890	0,0180	0,65	1,5474	0,0358	1,15	3,6415	0,0476
0,17	0,2070	0,0185	0,66	1,5832	0,0362	1,16	3,6891	0,0478
0,18	0,2255	0,0190	0,67	1,6194	0,0363	1,17	3,7369	0,0480
0,19	0,2445	0,0196	0,68	1,6557	0,0367	1,18	3,7849	0,0482
0,20	0,2641	0,0201	0,69	1,6924	0,0369	1,19	3,8331	0,0485
0,21	0,2842	0,0205	0,70	1,7293	0,0372	1,20	3,8816	0,0486
0,22	0,3047	0,0210	0,71	1,7665	0,0375	1,21	3,9302	0,0488
0,23	0,3257	0,0215	0,72	1,8040	0,0377	1,22	3,9790	0,0490
0,24	0,3472	0,0219	0,73	1,8417	0,0380	1,23	4,0280	0,0492
0,25	0,3691	0,0224	0,74	1,8797	0,0382	1,24	4,0772	0,0494
0,26	0,3915	0,0228	0,75	1,9179	0,0385	1,25	4,1266	0,0497
0,27	0,4143	0,0232	0,76	1,9564	0,0387	1,26	4,1763	0,0498
0,28	0,4375	0,0236	0,77	1,9951	0,0390	1,27	4,2261	0,0500
0,29	0,4611	0,0241	0,78	2,0341	0,0392	1,28	4,2761	0,0502
0,30	0,4852	0,0244	0,79	2,0733	0,0395	1,29	4,3263	0,0504
0,31	0,5096	0,0249	0,80	2,1128	0,0398	1,30	4,3767	0,0506
0,32	0,5345	0,0253	0,81	2,1526	0,0400	1,31	4,4273	0,0508
0,33	0,5598	0,0256	0,82	2,1926	0,0402	1,32	4,4781	0,0510
0,34	0,5854	0,0260	0,83	2,2328	0,0405	1,33	4,5291	0,0511
0,35	0,6114	0,0264	0,84	2,2733	0,0407	1,34	4,5802	0,0514
0,36	0,6378	0,0268	0,85	2,3140	0,0409	1,35	4,6316	0,0516
0,37	0,6646	0,0271	0,86	2,3549	0,0412	1,36	4,6832	0,0517
0,38	0,6917	0,0275	0,87	2,3961	0,0414	1,37	4,7349	0,0520
0,39	0,7192	0,0278	0,88	2,4375	0,0417	1,38	4,7869	0,0521
0,40	0,7470	0,0282	0,89	2,4792	0,0420	1,39	4,8390	0,0523
0,41	0,7752	0,0285	0,90	2,5212	0,0421	1,40	4,8913	0,0525
0,42	0,8037	0,0289	0,91	2,5633	0,0423	1,41	4,9438	0,0527
0,43	0,8326	0,0292	0,92	2,6056	0,0426	1,42	4,9965	0,0529
0,44	0,8618	0,0296	0,93	2,6482	0,0429	1,43	5,0494	0,0530
0,45	0,8914	0,0298	0,94	2,6911	0,0431	1,44	5,1024	0,0533
0,46	0,9212	0,0302	0,95	2,7342	0,0432	1,45	5,1557	0,0534
0,47	0,9514	0,0306	0,96	2,7774	0,0435	1,46	5,2091	0,0536
0,48	0,9820	0,0308	0,97	2,8209	0,0437	1,47	5,2627	0,0538
0,49	1,0128	0,0312	0,98	2,8646	0,0440	1,48	5,3165	0,0540
0,50	1,0440		0,99	2,9086	0,0442	1,49	5,3705	0,0541

VALEURS de h.	VALEURS correspondantes de $\frac{2}{3}\sqrt{2g}(h^{\frac{3}{2}})$.	DIFFÉRENCES	VALEURS de h.	VALEURS correspondantes de $\frac{2}{3}\sqrt{2g}(h^{\frac{3}{2}})$.	DIFFÉRENCES	VALEURS de h.	VALEURS correspondantes de $\frac{2}{3}\sqrt{2g}(h^{\frac{3}{2}})$.	DIFFÉRENCES
1,50	5,4246	0,0543	2,00	8,3517	0,0627	2,50	11,6719	0,0701
1,51	5,4789	0,0546	2,01	8,4144	0,0629	2,51	11,7420	0,0702
1,52	5,5335	0,0547	2,02	8,4773	0,0630	2,52	11,8122	0,0704
1,53	5,5882	0,0548	2,03	8,5403	0,0632	2,53	11,8826	0,0705
1,54	5,6430	0,0551	2,04	8,6035	0,0634	2,54	11,9531	0,0707
1,55	5,6981	0,0552	2,05	8,6669	0,0635	2,55	12,0238	0,0708
1,56	5,7533	0,0554	2,06	8,7304	0,0636	2,56	12,0946	0,0709
1,57	5,8087	0,0556	2,07	8,7940	0,0638	2,57	12,1655	0,0711
1,58	5,8643	0,0558	2,08	8,8578	0,0640	2,58	12,2366	0,0712
1,59	5,9201	0,0559	2,09	8,9218	0,0641	2,59	12,3078	0,0714
1,60	5,9760	0,0561	2,10	8,9859	0,0642	2,60	12,3792	0,0715
1,61	6,0321	0,0563	2,11	9,0501	0,0644	2,61	12,4507	0,0716
1,62	6,0884	0,0565	2,12	9,1145	0,0646	2,62	12,5223	0,0717
1,63	6,1449	0,0566	2,13	9,1791	0,0647	2,63	12,5940	0,0719
1,64	6,2015	0,0568	2,14	9,2438	0,0649	2,64	12,6659	0,0721
1,65	6,2583	0,0570	2,15	9,3087	0,0650	2,65	12,7380	0,0722
1,66	6,3153	0,0572	2,16	9,3737	0,0652	2,66	12,8102	0,0723
1,67	6,3725	0 0573	2,17	9,4389	0,0653	2,67	12,8825	0,0725
1,68	6,4298	0,0575	2,18	9,5042	0,0655	2,68	12,9550	0,0725
1,69	6,4873	0,0576	2,19	9,5697	0,0656	2,69	13,0275	0,0727
1,70	6,5449	0,0578	2,20	9,6353	0,0658	2,70	13,1002	0,0728
1,71	6,6027	0,0580	2,21	9,7011	0,0659	2,71	13,1730	0,0730
1,72	6,6607	0,0582	2,22	9,7670	0,0660	2,72	13,2460	0,0731
1,73	6,7189	0,0584	2,23	9,8330	0,0662	2,73	13,3191	0,0733
1,74	6,7773	0,0585	2,24	9,8992	0,0664	2,74	13,3924	0,0734
1,75	6,8358	0,0587	2,25	9,9656	0,0665	2,75	13,4658	0,0735
1,76	6,8945	0 0588	2,26	10,0321	0,0667	2,76	13,5393	0,0737
1,77	6,9533	0,0590	2,27	10,0988	0,0668	2,77	13,6130	0,0737
1,78	7,0123	0,0592	2,28	10,1656	0,0670	2,78	13,6867	0,0739
1,79	7,0715	0,0593	2,29	10,2326	0,0671	2,79	13,7606	0,0740
1,80	7,1308	0,0595	2,30	10,2997	0,0672	2,80	13,8346	0,0742
1,81	7,1903	0,0597	2,31	10,3669	0,0674	2,81	13,9088	0,0744
1,82	7,2500	0,0598	2,32	10,4343	0,0676	2,82	13,9832	0,0744
1,83	7,3098	0,0600	2,33	10,5019	0,0677	2,83	14,0576	0,0746
1,84	7,3698	0,0602	2,34	10,5696	0,0678	2,84	14,1322	0,0747
1,85	7,4300	0,0603	2,35	10,6374	0,0679	2,85	14,2069	0,0748
1,86	7,4903	0,0605	2,36	10,7053	0,0681	2,86	14,2817	0,0750
1,87	7,5508	0.0607	2,37	10,7734	0,0682	2,87	14,3567	0,0751
1,88	7,6115	0,0608	2,38	10,8416	0.0684	2,88	14,4318	0,0752
1,89	7,6723	0,0610	2,39	10,9100	0,0686	2,89	14,5070	0,0753
1,90	7,7333	0,0611	2,40	10,9786	0,0687	2,90	14,5823	0,0755
1,91	7,7944	0.0613	2,41	11,0473	0,0688	2,91	14,6578	0,0756
1,92	7,8557	0,0614	2,42	11,1161	0,0690	2,92	14,7334	0,0758
1,93	7,9171	0.0616	2,43	11,1851	0,0691	2,93	14,8092	0,0759
1,94	7,9787	0,0618	2,44	11,2542	0,0693	2,94	14,8851	0,0760
1,95	8.0405	0,0619	2,45	11,3235	0.0694	2,95	14,9611	0,0762
1,96	8,1024	0,0621	2,46	11,3929	0,0695	2,96	15,0373	0,0763
1.97	8,1645	0,0623	2,47	11,4624	0,0697	2,97	15,1136	0,0764
1,98	8,2268	0,0624	2,48	11,5321	0.0698	2,98	15,1900	0,0765
1,99	8,2892	0,0625	2,49	11,6019	0,0700	2,99	15,2665	0,0766
						3,00	15,3431	

L'usage de ces tables est facile à comprendre.

S'agit-il d'un écoulement sur déversoir? on prend la valeur de $\frac{2}{3}\sqrt{2g}\,h^{\frac{3}{2}}$ correspondant à la charge h sur le déversoir; puis on multiplie cette valeur par la largeur réelle et le produit par le coefficient constant, auquel on doit avoir recours.

Pour les hauteurs de charge qui ne seraient pas exactement comprises dans la table, on arrive à une approximation suffisante au moyen de la colonne des différences.

Pour les valeurs supérieures à 3 mètres, on recule la virgule de 2, 4, 6... rangs, jusqu'à ce qu'on rentre dans les limites de la table, puis on avance la virgule de 3, 6, 9..... rangs dans la valeur correspondante de $\frac{2}{3}\sqrt{2g}.h^{\frac{3}{2}}$.

S'il s'agit d'un orifice rectangulaire, on prendra la différence des valeurs de $\frac{2}{3}\sqrt{2g}\,h^{\frac{3}{2}}$ correspondant aux charges sur les bases inférieures et supérieures de l'orifice, on multipliera cette différence par la largeur réelle, puis le résultat par le coefficient de réduction applicable à l'espèce.

Détermination des coefficients de correction.

1° Orifice rectangulaire.

On pourra, dans ce cas, d'après les belles expériences de MM. Poncelet et Lesbros, adopter le coefficient 0,62. Je suppose, bien entendu, que l'on a eu le soin d'établir l'orifice en mince paroi, par l'application d'une feuille de cuivre ou de ferblanc : c'est, je crois, la valeur minimum à laquelle on puisse recourir, et il n'y a jamais d'inconvénient à l'adopter.

Dans les expériences que je fais à Dijon, avec le concours de MM. Baumgarten et Ritter, sur le mouvement de l'eau dans les canaux rectangulaires, l'entrée du canal est garnie de quatre orifices présentant chacun la largeur de 1 mètre et garnis de forte tôle amincie en biseau. Or, il résulte des expériences faites que

lorsque l'orifice a la hauteur de	et que la charge sur le seuil est de	
0^m40	0,58 à 0,60	$m = 0,621$
0 30	0,57 à 0,60	$m = 0,631$
0 20	0,58 à 0,76	$m = 0,639$
0 10	0,55 à 0,68	$m = 0,645$

quel que soit le nombre des orifices en fonction.

M. Baumgarten pense que l'on peut compter sur les valeurs de m à un cinquantième près. J'ai cru déjà remarquer cette tendance de m à augmenter avec la diminution de l'orifice de l'écoulement. Ainsi j'ai trouvé, dans mes expériences sur l'écoulement de l'eau dans les tuyaux de conduite, que le volume seul de l'eau coulant à travers un orifice en mince paroi de 3 centimètres de diamètre, avec une charge de 20,60, était 9m. 602 par seconde, le volume théorique étant dans la même circonstance de 14m. 078, il en résulte, pour le rapport du premier au second, ou pour m, la valeur de 0,682. On a vu de plus, page 125, que la valeur du coefficient de contraction de l'orifice d'un jet d'eau déterminé par une charge de 14 à 15 mètres était égale à 0,730; cependant cet orifice est percé en mince paroi, mais son diamètre n'est que de 5 centimètres. Il convient d'ajouter qu'une petite courbure inférieure de la plaque a pu favoriser le dégagement de l'eau.

4° Déversoirs.

La formule est, comme on le sait, $\frac{2}{3}\sqrt{2g}\,.\,m h^{\frac{3}{2}} = 2,953\,.\,m h^{\frac{3}{2}}$, la largeur du déversoir étant égale à 1. Or, il résulte des expériences de M. Castel, communiquées par M. d'Aubuisson, tomes IX et XI des *Annales des Mines*, que $m = 0,60$ lorsque la largeur du déversoir est au-dessous du tiers de celle du canal, et qu'en même temps elle est au-dessus de 0,05; on aura donc, dans cette circonstance,

$$\text{volume} = 1,77\, l\,.\,h^{\frac{3}{2}},\ l \text{ étant la longueur du déversoir.}$$

C'est en quelque sorte, dit M. d'Aubuisson, la formule des déversoirs proprement dits; et lorsqu'on aura à l'appliquer, il faudra le mettre dans les conditions de largeur sus-mentionnées, ce qui pourra toujours se faire aisément quand la largeur du canal, dans le lieu où l'on voudra établir le déversoir, excédera 30 centimètres. M. d'Aubuisson examine encore trois cas: celui où la largeur des déversoirs a plus du tiers de celle du canal; celui où cette largeur est au-dessous du quart de celle du bassin supérieur; enfin celui où le déversoir offre la largeur du canal alimentaire.

Mais je dois renvoyer le lecteur au mémoire de M. d'Aubuisson pour l'étude de ces différents cas, dont l'examen nous entraînerait trop loin. Je ferai seulement observer à l'appui du coefficient $m = 0,60$, ci-dessus relaté, que M. Baumgarten a trouvé les coefficients 0,62 et 0,617 dans notre canal d'expériences pour des déversoirs de 1 mètre de longueur, en mince paroi, avec charge de 0,377 et 0,583.

F

Moyens à employer pour tirer un volume constant d'un canal à niveau variable.

Lorsque l'on exécute des prises d'eau sur un canal d'irrigation au moyen de simples vannes, on ne peut se promettre d'obtenir le même débit à travers leurs orifices, dans l'hypothèse même où elles seraient levées de la même quantité et fonctionneraient sous des charges égales; cela tient aux changements de pente et de direction du canal, qui introduisent dans les filets fluides des variations de vitesse et d'inclinaison latérale, lesquelles doivent avoir une influence notable sur le débit des orifices.

Pour arriver, avec une même charge et une même ouverture de vannes, à un débit constamment le même, il faut donc que les vannes soient placées dans des circonstances identiques, et c'est ce résultat auquel on a cherché à parvenir en Italie, en faisant suivre la vanne de prise d'eau du canal d'un petit sas fermé par une seconde vanne chargée de régler le débit qu'on veut obtenir. (Pl. 24, fig. 1 et 2.)

Soient S l'orifice de la vanne de la prise d'eau,

- H — H' la charge sur le milieu de cet orifice,
- S' l'orifice de la seconde vanne,
- H' la charge qu'il supporte; je suppose, pour simplifier, que le centre soit à la même hauteur que celui de la première vanne.
- *m*, *m'* les coefficients de contraction relatifs aux orifices S et S',
- Q le volume écoulé.

Nous obtiendrons, en n'ayant pas égard à la vitesse de l'eau dans le sas, toujours disposé de manière que l'on puisse la négliger sans erreur,

$$Q = mS\sqrt{2g(H-H')} = m'S'\sqrt{2gH'}$$

d'où

$$H' = \frac{m^2S^2}{m^2S^2 + m'^2S'^2} . H \text{ (1)}$$

d'où

$$Q = m'S'\sqrt{2g\frac{m^2S^2}{m^2S^2+m'^2S'^2} H} = mm'SS'\sqrt{\frac{2gH}{m^2S^2+m'^2S'^2}}$$

et l'on voit que, si dans le canal d'irrigation l'eau s'élevait de la quantité *h*, le volume débité par l'appareil deviendrait

$$Q_1 = mm'SS'\sqrt{\frac{2g(H+h)}{m^2S^2+m'^2S'^2}}$$

d'où, pour le rapport entre Q_1 et Q,

$$\frac{Q_1}{Q} = \sqrt{\frac{H+h}{H}}$$

exactement le même qui aurait existé sans l'interposition du sas.

Cet appareil ne sert donc en aucune façon à assurer la constance du débit de la prise d'eau; il varie, malgré la double vanne, dans le même rapport que

(1) Si l'orifice de la seconde vanne avait été placé au-dessus ou au-dessous de celui de la première de la quantité *a*, l'expression de la charge sur cet orifice serait devenue $\frac{m^2S^2}{m^2S^2+m'^2S'^2} H \left(1 \mp \frac{a}{H}\right)$ et comme en général $\frac{a}{H}$ peut être négligé devant 1, on voit que l'on retombe encore sur l'expression ci-dessus.

s'il n'existait que la première vanne; seulement tous les volumes débités sont atténués dans le rapport.

$$\frac{mm'SS'\sqrt{\frac{2gH}{m^2S^2+m'^2S'^2}}}{mS\sqrt{2gH}}=\frac{m'S'}{\sqrt{m^2S^2+m'^2S'^2}}.$$

Il faut, pour obtenir avec l'appareil italien un débit constant avec des charges différentes, faire varier la première vanne; il ne résout donc pas la question que je m'étais posée.

Pour obtenir la constance du débit sous des charges variables, il est nécessaire que les orifices d'écoulement remplissent les conditions suivantes :

Si leur superficie demeure invariable, il faut :

Ou que ces orifices s'élèvent et s'abaissent avec le niveau qui met en charge ;

Ou que l'eau croisse et décroisse devant l'orifice de dégorgement de la même hauteur que dans le canal;

Ou bien enfin, que la force élastique de l'air devant ce même orifice grandisse ou s'affaiblisse proportionnellement au niveau de l'eau dans le canal.

On peut, au contraire, faire varier la surface des orifices d'écoulement de telle façon que, diminuant avec la charge ou augmentant lorsqu'elle s'affaiblit, le produit de cette surface variable, par la racine carrée de la charge, soit constant et procure par conséquent un volume toujours identique.

Premier cas (orifices invariables quant à leur surface).

Si l'écoulement doit s'opérer de superficie, comme dans le canal de dérivation de Marseille, il suffira qu'au moyen de flotteurs, les déversoirs de prise d'eau s'élèvent ou s'abaissent avec le niveau des eaux.

On peut voir fig. 4, 5, 6 et fig. 1, 2, 3 de la planche 26, le dessin de deux appareils en usage sur le canal précité; le premier est un déversoir rectiligne, le second, un déversoir circulaire. Ce dernier est préférable, il est en effet plus économique et donne lieu à moins de pertes d'eau.

Mais il peut arriver, dans les canaux d'irrigation surtout, à raison de l'opération du colmatage, que l'on ait intérêt à *prendre les eaux de fond*; dans cette hypothèse, voici comment on pourrait opérer pour obtenir la constance du débit à l'aide de tuyaux de prise d'eau ajustés au fond du canal :

Premier moyen. — On relèverait verticalement l'extrémité du tuyau de prise d'eau, en mettant cette extrémité à la cote à laquelle on veut placer le point de dégorgement correspondant au niveau minimum de l'eau dans le canal de dérivation. On donnerait à la portion verticale du tuyau de prise d'eau, à partir de ce point de dégorgement, une hauteur au moins égale au maximum d'accroissement de hauteur que les eaux peuvent prendre dans le canal de dérivation. On envelopperait ensuite cette portion verticale du tuyau, d'un cylindre en tôle d'une hauteur égale au moins au maximum d'accroissement précité, et dont la partie supérieure affleurerait le dessus du tuyau vertical, lorsque le niveau dans le canal aurait la hauteur minimum.

La base du cylindre en tôle sera percée d'un orifice d'un diamètre égal au diamètre extérieur de la portion verticale du tuyau de prise d'eau. Si maintenant on attache au cylindre-enveloppe des flotteurs qui suivront le mouvement de l'eau dans le canal, les eaux qui s'échapperont par sa base supérieure présenteront un volume constant, quelle que soit la hauteur des eaux dans le canal, puisque la différence entre le niveau de la partie supérieure du cylindre mobile et celui de l'eau dans le canal restera toujours le même.

Toute perte d'eau sera facilement évitée au moyen de gutta-percha appliquée sur la base inférieure du cylindre mobile, et relevée de manière à presser la surface extérieure du tuyau de prise d'eau, en vertu de la hauteur d'eau dans le cylindre.

Second moyen. — On pourrait aussi attacher les flotteurs à l'extrémité du tuyau de prise d'eau, convenablement articulé à l'aide de gutta-percha, par exemple; un pareil tuyau fournirait toujours le même débit, puisque son extrémité d'aval subirait toujours la même charge, relevée ou abaissée qu'elle serait suivant l'état des eaux.

Cet appareil donnerait lieu à une très-faible dépense et éviterait toute perte d'eau.

Enfin si l'écoulement devait être de courte durée, on pourrait encore, pour obtenir la constance du débit, recourir au mode suivant fondé sur la variation de la force élastique de l'air devant l'orifice d'écoulement.

L'explication que j'ai donnée, page 117, des sources dont le débit varie en sens inverse de la hauteur des marées, m'a fait songer à un moyen auquel on pourrait peut-être avoir recours pour tirer d'un tuyau T T′ T″, pl. 26, fig. 7 et 8, communiquant avec un canal de dérivation à niveau variable, un volume qui ne subirait que des modifications insensibles.

Soit N N le niveau minimum de ce canal qui communique avec un élargissement R pratiqué sur ses bords : plaçons sur cet élargissement une cloche en tôle C, établie d'une manière fixe et dont la partie inférieure affleure le niveau minimum précité, situé à la hauteur H au-dessus de la prise d'eau.

Supposons en outre le coude T′ du tuyau T T′ T″ mis en communication avec cette espèce de gazomètre par un petit conduit C C dont l'extrémité atteindra le sommet de cette cloche.

Imaginons que le liquide qui, du canal entre dans le tuyau T T′ T″, n'arrive au jour que par l'intermédiaire du syphon renversé T′ T″ : de plus, admettons que l'extrémité T soit garnie d'un diaphragme de plus petit rayon que le tuyau, ce rayon étant calculé, ce qui est toujours possible, de manière que l'eau arrivant au coude T' s'y divise et ne sorte du siphon qu'en vertu d'une différence de niveau, variable suivant le volume qui pénètre dans le tuyau et la force élastique de l'air qui y sera renfermé.

Tant que le niveau restera fixé en NN, la cloche ne fonctionnera pas.

Admettons maintenant que le niveau de l'eau arrive en N'N', alors le liquide montera sous la cloche en N"N" et la force élastique de l'air renfermé sous cette dernière sera $f = P + h - h'$.

Il y aura donc en t une pression de $P + h - h'$, et comme la pression en amont de l'orifice est $P + H + h$, le liquide s'écoulera en vertu de $P + H + h - (P + h - h')$ ou $H + h'$, et si h' est très-petit relativement à H, on aura obtenu un écoulement sensiblement constant, malgré l'augmentation de niveau h.

Or, quelle est l'expression de la valeur de h'?

Supposons d'abord que la capacité du gazomètre, dont la hauteur est l, soit très-grande relativement à celle laissée libre dans le siphon renversé : on pourra toujours évidemment remplir cette condition. On aura $f = P + h - h'$.

et
$$\frac{f}{P} = \frac{l}{l - h'},$$

d'où
$$h' = \frac{P + h - l}{2} - \sqrt{\left(\frac{P + h - l}{2}\right)^2 - lh}.$$

Si
$$h = 1 \text{ et } l = 1$$

on aura
$$h' = 0{,}10$$

et si $H = 1$, l'écoulement n'aura varié qu'en vertu du rapport de la racine carrée des charges $\sqrt{\frac{1{,}10}{1}} = 1{,}049$, au lieu d'avoir varié dans le rapport $\sqrt{\frac{2}{1}} = 1{,}414$.

On donnera au syphon renversé des dimensions telles que, sous l'influence de la seule pression atmosphérique, le niveau de l'eau dans la branche la plus rapprochée du canal reste un peu au-dessous du coude T', et que dans le cas de la plus grande force élastique de l'air, ce même niveau se tienne au-dessus du coude inférieur. Ces conditions sont faciles à obtenir, je ne m'y arrêterai pas.

On comprend, du reste, qu'en application il suffira de faire descendre la première branche du siphon dans un puits maçonné de faible diamètre et d'une profondeur suffisante. C'est de ce puits que l'eau s'écoulera : la deuxième branche du siphon sera ainsi rendue inutile. Il est évident que la profondeur du puits et la hauteur du tuyau vertical doivent être telles que, lors de la plus grande force élastique de l'air, il y ait toujours une certaine hauteur d'eau dans l'intérieur du tube et au-dessus de sa base. Si cette précaution n'était pas observée, l'air de la cloche s'échapperait et rendrait cet appareil inutile.

La fig. 7, pl. 26, et les explications précédentes éclairciront complétement ce que j'avais dit sur les sources voisines de la mer et dont le débit variait en raison inverse du niveau des marées.

Pour obtenir une pareille source, il suffit de supposer, en effet, qu'un conduit naturel T T' T' communique avec une source à niveau à peu près constant, et que la cloche représente une grotte remplie d'air et dont l'élasticité, qui s'augmente avec la hauteur de la mer, vient par un conduit naturel CC ralentir la vitesse du fluide qui s'échappe par T T' T' et produit la source en arrivant à la surface du sol par un siphon renversé TT.

Le mode que je viens de décrire ne peut être contesté en principe; je l'ai d'ailleurs soumis à une vérification expérimentale.

L'orifice du diaphragme avait 0^m005 de diamètre; la cloche à air présentait la hauteur de 0^m80 et le diamètre de 0^m35, sa base ouverte était placée à 0^m10 en contre haut du dessus du diaphragme.

Le tableau ci-dessous présente le résultat de trois expériences faites, la cloche fonctionnant ou n'agissant pas:

CHARGES SUR LE CENTRE de l'orifice.	TEMPS EMPLOYÉ À REMPLIR UN DEMI-HECTOLITRE, le réservoir d'air	
	ne fonctionnant pas.	fonctionnant.
0,155	7' 26"	7' 26"
0,355	3' 41"	7' 20"
0,955	3' 3"	6' 30"

Mais cet appareil, ainsi que je l'ai fait déjà pressentir, présente un grave inconvénient qui, dans les expériences ci-dessus, était encore exagéré par suite de la très-faible capacité de la cloche; l'air sous la cloche était promptement dissous dans l'eau agitée à sa sortie du diaphragme: et cette dernière en montant sous la cloche annulait assez promptement l'influence utile de l'appareil. Il convient donc au bout d'un certain temps dépendant de la capacité de la cloche, du volume et de l'agitation du fluide qui traverse le diaphragme, de restituer à la cloche l'air qui a été dissous, manœuvre, au reste, qui s'exécuterait aisément dans l'appareil de la planche 26, fig. 7 : on ramènerait au niveau du dessous de la cloche l'eau du compartiment dans lequel cette dernière est située, puis on laisserait revenir ce niveau à celui de l'eau dans le canal: il suffirait du jeu de deux robinets pour effectuer cette opération, que l'on répéterait à des intervalles de temps assignés par l'expérience. Mais évidemment on n'aurait pas besoin de recourir à cette manœuvre s'il ne s'agissait que d'obtenir l'uniformité du débit pendant un laps de temps peu considérable, et si d'ailleurs la capacité de la cloche était grande.

Quoi qu'il en soit, il m'a paru que la description de cet appareil présentait quelque intérêt au point de vue de l'écoulement des fluides. Il rend d'ailleurs parfaitement compte des variations de débit que présentent certaines fontaines placées sur le bord de la mer à l'époque des marées, et c'est ce qui m'a déterminé à le faire connaître.

Je n'ai point parlé du vase de Mariotte ni du vase à flotteur de M. de Prony; ils ne doivent être considérés que comme des instruments de physique; quant au syphon mobile, il pourrait rendre d'importants services dans la question qui nous occupe, si l'on n'avait pas à redouter son désamorcement.

Deuxième cas (orifices de surface variable).

J'arrive maintenant au cas où les orifices sont variables; un de nos inspecteurs généraux les plus éminents a bien voulu me communiquer un Mémoire qu'il a rédigé sur cet objet. M. K,maingant arrive à la solution de la question : 1° dans l'hypothèse d'un orifice vertical; 2° dans celle d'un orifice horizontal.

Je regrette de ne pouvoir donner ici les ingénieux calculs que l'une et l'autre solution comportent; mais leur étendue ne me permet point de les placer dans une simple note. Ils forment l'objet d'un véritable Mémoire que les ingénieurs sans doute seront appelés à connaître par la voie des *Annales*.

Je me bornerai donc à présenter l'indication sommaire de la solution du problème, d'après M. K,maingant, dans la double hypothèse précitée.

1° Orifice vertical.

Un orifice *abcd* (Pl. 26, fig. 9), dont la hauteur *ab* est petite, est pratiqué dans le mur d'un réservoir où la hauteur d'eau est dans sa plus grande élévation au niveau EE, et dans son plus grand abaissement au niveau RR.

Une vanne régulatrice MNOP, suspendue et fixée à un cylindre vertical C, est appliquée contre l'orifice *abcd*. Cette vanne est formée d'une plaque en tôle présentant un évidement qui va en s'élargissant du bas jusqu'en haut, suivant les courbes *pf'f''f'''f''''f'f''''r'o*.

Si l'on suppose que l'eau du réservoir et la vanne s'abaissent simultanément; la première des quantités EE', E'E'', E''E''', etc., la seconde des hauteurs *cc'*, *c'c''*, *c''c'''*, etc., proportionnelles aux précédentes, les largeurs croissantes $f'f'$, $f'f'$, $f''f''$, etc., de l'évidement se présenteront successivement devant le milieu *mn* de l'orifice d'écoulement *abcd*, dont elles fixeront la largeur: ainsi cette ouverture augmentera à mesure que la vanne descendra ; au contraire la charge d'eau sur cet orifice diminuera à mesure que l'eau s'abaissera dans le réservoir ; si donc les courbes d'évidement de la vanne $pf'f'f''f''f'''r'o$ sont déterminées de manière que, dans toutes les positions successives de cette vanne, la largeur de l'orifice, fixée par les largeurs de cet évidement, soit telle que la section de cet orifice multipliée par la vitesse moyenne due à la charge d'eau existant sur l'orifice, donne un produit constant, on aura atteint le but proposé.

Il faut donc pour résoudre ce problème :

1° Déterminer les courbes $pf'f''f''f'''f'''f''''r'o$, de l'évidement de la vanne régulatrice MNOP, de manière à satisfaire à la condition susindiquée ;

2° Disposer la suspension de la vanne de manière qu'elle descende successivement et d'une manière continue de quantités proportionnelles aux abaissements de l'eau dans le réservoir.

2° Orifice horizontal.

Lorsque l'orifice d'écoulement du réservoir, au lieu d'être vertical, est horizontal, on peut obtenir l'écoulement uniforme des eaux de ce réservoir sous des charges variables, en substituant aux vannes régulatrices une bonde disposée d'après les indications générales suivantes (Pl. 26, fig. 10).

Soient EE et RR les niveaux maximum et minimum de l'eau dans le réservoir; supposons de plus l'orifice d'écoulement circulaire et placé à la hauteur SS'; introduisons maintenant dans cet orifice une bonde suspendue à un cylindre creux en tôle et dont la forme soit telle, qu'à mesure qu'elle s'élève, les eaux s'abaissant concurremment dans le réservoir, elle présente à l'écoulement du liquide une section annulaire *ssss*, *s's's's'* croissante et calculée de manière que le produit de cette section par la vitesse moyenne due à la charge d'eau soit constant, l'on obtiendra le débit uniforme des eaux dans la bâche ABCD, d'où elles se déverseront dans l'aqueduc de distribution dont les dispositions et dimensions seront telles que le niveau de ce déversement se maintienne à la hauteur SS'.

La question à résoudre est donc la détermination de la courbe $S's's''s'''s^{\text{iv}}$, qu'il faut donner à la génératrice du solide de révolution à présenter par la bonde, pour obtenir un débit constant.

Lorsque la forme de la bonde aura été ainsi déterminée, il restera à régler le mouvement de cette bonde, de telle sorte que son ascension soit proportionnelle à l'abaissement de l'eau dans le réservoir; or, c'est ce que l'on obtiendra par l'emploi d'un contre-poids flotteur.

Je me bornerai à ces indications générales, renvoyant pour les détails, comme je l'ai dit plus haut, au mémoire que M. K,maingant doit publier sur cette intéressante question.

G

Fabrication des tuyaux en fonte, en plomb, en tôle et bitume. — Appareil destiné à amortir les coups de bélier occasionnés par la fermeture brusque des robinets des bornes-fontaines.

Lorsque l'on élève sur un point quelconque d'une conduite en charge un tube vertical, l'eau monte dans ce tube à une hauteur déterminée par l'excès de la pression qui s'exerce contre les parois intérieures de la conduite, sur la pression atmosphérique.

Si les robinets d'arrêt sont ouverts, ou si le liquide qui remplit la conduite est en mouvement, on sait que cette élévation est égale à la différence de niveau existant entre la surface du réservoir et le point de la conduite que l'on considère, déduction faite de la hauteur due à la vitesse du fluide et de celle absorbée par les résistances de tout genre que l'eau rencontre dans son parcours jusqu'au moment où elle arrive au tube piézométrique.

Si l'on ferme les robinets d'arrêt, et qu'ainsi l'on s'oppose au mouvement de l'eau, toutes les résistances s'annulent, et l'élévation précitée devient un maximum égal à la différence de niveau existant entre la surface du réservoir et le point que l'on examine.

C'est évidemment cette hauteur maximum qui doit servir de base à la détermination de l'effort que le point précité de la conduite doit supporter.

Cet effort variera suivant les élévations des différentes parties de la conduite, et mathématiquement parlant, on devrait donc modifier l'épaisseur des différents tuyaux qui composent une conduite d'après leur abaissement en contre-bas du réservoir.

Mais les épaisseurs à donner aux tuyaux dépassent tellement celles qui conviendraient à l'équilibre mathématique, qu'il est inutile, dans le plus grand nombre de cas, de prendre en considération les variations qui existent dans le profil d'une conduite. Ainsi on donne, en général, la même épaisseur pour le même diamètre aux différents tuyaux qui doivent composer les conduites d'une distribution d'eau.

Je vais chercher à indiquer maintenant les règles à suivre pour la détermination des épaisseurs des tuyaux de différents diamètres.

Cette question a, depuis longtemps, attiré l'attention des géomètres:

Romer s'en est occupé en 1680; Mariotte en 1700, dans son traité du mouvement des eaux. Parent, en 1707, a traité la question avec quelque rigueur mathématique dans les Mémoires de l'Académie des sciences : il a fait justement remarquer que ce n'était point l'action directe des efforts normaux du liquide qui faisait éclater le tuyau, mais l'action tangentielle résultant de ces efforts, laquelle détermine à la circonférence du cylindre une tension qui l'emporte sur la résistance de la matière.

Belidor, en 1739, est revenu sur cette question : il a suivi, dit-il, pour se rendre plus intelligible, une méthode un peu différente de celle de Parent.

Du reste, la formule à laquelle ces deux géomètres parviennent équivaut à la suivante :

$$2Re = HD.$$

Dans laquelle

R exprime la résistance de la matière par mètre carré;
e — l'épaisseur du tuyau;
H — la charge;
D — le diamètre du tuyau.

C'est à cette formule que conduisent les considérations les plus rigoureuses.

Dans son *Hydrostatique*, an IV de la république, Francueil s'est également proposé de déterminer l'épaisseur que doivent avoir les tuyaux de conduite, pour résister à la pression des fluides stagnants : il obtient encore la formule précédente, mais en recherchant la tension qui doit exister aux angles d'un polygone régulier flexible.

M. Navier y parvient beaucoup plus simplement que lui, mais par des considérations du même genre.

M. Poncelet arrive encore à la même égalité en se fondant sur un autre principe : il remarque que le tuyau se dilate sous l'influence de la pression; calcule, d'une part, le travail dépensé par la pression totale pendant cette dilatation; de l'autre, celui de la résistance du tuyau, et retrouve, en égalant les deux expressions auxquelles il arrive, l'équation rapportée plus haut.

Enfin, M. d'Aubuisson déduit aussi la même équation de la considération des tensions tangentielles dues aux efforts normaux constants que supporte la paroi intérieure de ce tuyau.

Du reste, il est encore facile de trouver cette équation au moyen d'une simple considération géométrique.

Soit encore H la différence de niveau entre le réservoir et le tuyau cylindrique A (Pl. 23, fig. 15); les éléments n et n' situés à l'extrémité du diamètre horizontal *uu'* seront encore tendus de la même manière, si l'on substitue à l'action du réservoir la pression produite par une colonne H renfermée dans le tube *tt'*, car *on sait qu'un liquide transmet sans altération à toutes ses parties une pression exercée sur une partie quelconque de sa surface.*

Supposons maintenant que nous élevions les deux cloisons verticales *np*, *n'p'*, et que le système *pnqn'q'* soit suspendu en *p* et *p'*;

Supposons, de plus, qu'il soit rempli d'eau et que l'on supprime le demi-cercle *ntn'*, le demi-cercle inférieur *nqn'* supportera un poids précisément égal à la pression qu'il éprouvait en vertu de la colonne *tt'*.

Or, quel sera ce poids? Il sera évidemment représenté par la hauteur H, multipliée par la distance entre les cloisons ou par le diamètre du tuyau.

On aura donc pour la somme des tractions en *n* et *n'*

1000 H. D. (On a fait, dans tout ce qui précède, abstraction du poids du liquide renfermé dans le tuyau.)

Or, les résistances en *n* et *n'* sont ensemble égales à 2R*e*.

On a donc encore

$$2Re = 1000\ HD.$$

Cette construction géométrique fait voir aussi que, si le tuyau était elliptique, les épaisseurs correspondant à chacun des diamètres devraient être proportionnelles à la longueur de ces derniers.

On exprime, en général, la hauteur H en atmosphères : soit *n* le nombre d'atmosphères que cette hauteur représente, la formule deviendra, étant remarqué qu'une atmosphère pèse 10333 kil. par mètre carré,

$$2Re = 10333\, n\, D.$$

Il nous reste maintenant à examiner le parti que l'on peut tirer de cette formule dans la pratique.

2° Tuyaux en fonte.

Les quantités *n* et D résultant des données de la question, le seul élément à déterminer dans la formule, pour obtenir la valeur de *e*, est la force de cohésion de la fonte ou R.

Or, 1° MM. Minard et Desormes, en opérant sur des pièces cylindriques en fer fondu, dont la pesanteur spécifique était 7,074, ont trouvé que la charge produisant la rupture était moyennement de 13 k. 22 par millimètre carré, ou 13,220,000 kil. par mètre carré.

2° M. Charles Brown, en agissant sur des barreaux carrés, a trouvé 14,200,000 k.

3° M. Georges Rennie a obtenu 13,100,000 k. pour des pièces carrées fondues horizontalement, et 13,700,000 pour des barres de même dimension, mais coulées verticalement.

La fonte coulée verticalement a donc plus de cohésion que la fonte coulée horizontalement. Cette observation recevra tout à l'heure son application.

On voit donc que le minimum de la résistance à la rupture par tension est pour la fonte de 13,100,000 k. par mètre carré.

Mais ce n'est point encore ce minimum qu'il convient de substituer à la place de R.

M. Navier fait remarquer que, dans une construction, on peut faire porter aux métaux le quart de la charge produisant la rupture; que cependant cette proportion ne donnerait pas assez de sécurité si les pièces devaient être exposées à de fortes secousses.

Prenons donc la proportion d'un cinquième : la valeur à donner à R serait

$$R' = \frac{13100000}{5} = 2620000^{k}.$$

La formule deviendra donc

$$e = \frac{10333}{5240000} n \,.\, D = 0{,}00195\, n\, D,$$

ou

$$e = 0{,}002 \,.\, nD.$$

Or, une simple application démontrera que cette formule ne pourrait être utilisée dans les arts.

Supposons, en effet, qu'il s'agisse de déterminer l'épaisseur à donner à un tuyau de 0^{m} 108 de diamètre.

En général, dans les distributions d'eau, les tuyaux de conduite n'ont guère à supporter qu'une pression maximum de 15 à 20^{m} : c'est la hauteur maximum de la charge à Toulouse, Dijon, etc.

On pourrait donc faire $n = 2$; mais on est dans la juste habitude de soumettre avant leur emploi les tuyaux à une pression cinq fois plus grande que celle qu'ils auront à subir.

Nous ferons donc $n = 10$: c'est la pression d'épreuve à Paris; c'est aussi celle que j'ai employée à Dijon.

Faisant donc $n = 10$ et $D = 0{,}108$, il viendra pour la valeur de e

$$e = 0{,}00216.$$

Or, on voit immédiatement qu'une pareille épaisseur, mathématiquement suffisante, ne saurait être obtenue à la coulée; car, ainsi que le remarque M. d'Aubuisson, la matière se figerait avant d'avoir rempli le moule.

D'ailleurs, ainsi que le fait observer encore le même ingénieur, la fonte n'est point une matière ductile et compacte : elle présente toujours un grand nombre de défectuosités, elle renferme habituellement des soufflures, elle est poreuse, laisse suinter l'eau sous de fortes pressions, et se briserait aisément au moindre choc si les parois d'un tuyau présentaient une épaisseur aussi faible.

J'ajouterai que la rouille s'attache à la surface extérieure des tuyaux, et quelquefois aussi à leur surface intérieure et les corrode facilement.

On comprend donc que, par ces différents motifs, les épaisseurs déduites de la formule doivent être singulièrement augmentées.

Cette surépaisseur aura encore pour résultat de donner aux tuyaux une force de résistance telle, qu'elle leur permettra de subir, en général, sans être brisés, les coups de bélier que déterminent la fermeture ou l'ouverture trop brusques des robinets manœuvrés par des ouvriers imprudents ou inhabiles.

Le terme constant ajouté jadis par les ingénieurs des eaux de Paris, à l'expérience, est égal à 0,01.

Et la formule définitive devenait ainsi

$$e = 0{,}002\, n.D + 0{,}01.$$

Dirai-je un mot des règles anciennes qui servaient à déterminer l'épaisseur des tuyaux.

Un ancien usage, rappelé par Bélidor, avait consacré pour l'épaisseur à leur donner la méthode suivante :

« Quand le fer est de bonne qualité, dit-il, comme celui qu'on tire des forges de Normandie, l'on donne aux tuyaux de 4 pouces de diamètre 4 lignes d'épaisseur, 5 lignes à ceux dont le diamètre est de 6 pouces, et ainsi des autres de 8, 10, 12 pouces, dont l'épaisseur croît d'une ligne à mesure que le diamètre augmente de 2 pouces. »

M. d'Aubuisson rappelle aussi une ancienne règle *établie par les fondeurs de tuyaux, dans leur intérêt* : elle consistait à donner à l'épaisseur autant de lignes qu'il y avait de pouces au diamètre intérieur, et cela à partir des tuyaux de 4 pouces (0^m 108), car on n'en coulait guère de plus petits.

L'épaisseur était ainsi la douzième partie du diamètre.

J'arrive maintenant à présenter la modification que MM. les ingénieurs des eaux de Paris ont introduite dans la formule précitée, qui s'applique aux tuyaux coulés horizontalement [1].

C'est le procédé que l'on avait employé jusqu'alors, et que les maîtres de

[1] MM. Mary et Lefort ont rendu de grands services ; il m'a été donné de les apprécier lorsque je fus appelé à succéder à M. Mary : je n'ai eu pour ainsi dire qu'à suivre l'impulsion donnée. A cette époque je créai le portefeuille municipal où j'ai recueilli tous les dessins des beaux travaux exécutés par ces ingénieurs, ainsi que ceux des tuyaux, robinets consoles, etc., dont les modèles leur sont dûs.

forges ne voulaient pas abandonner, parcequ'il leur paraissait exiger moins de précautions ; mais il présentait, ainsi que le fait observer M. Genieys dans son *Essai sur les moyens de conduire, d'élever et de distribuer les eaux*, les deux inconvénients graves qui suivent :

1° La matière fluide dérangeait le noyau, le soulevait, d'où il arrivait que le tuyau avait moins d'épaisseur en dessus qu'en dessous ;

2° Les bulles d'air et les scories s'élevaient à la partie supérieure, et formaient des crevasses ou soufflures qui affaiblissaient le tuyau.

Le remède à ce double inconvénient consistait à placer le noyau verticalement dans le moule, et c'est le procédé que les ingénieurs précités ont introduit dans la fabrication courante des tuyaux (*).

Or, il permet de réduire notablement leur épaisseur :

1° A raison de l'uniformité que le mode sus-indiqué permet d'obtenir ;

2° De l'absence des soufflures ;

3° Enfin, de l'accroissement que prend la résistance à la traction la fonte ainsi coulée, d'après l'expérience de M. Georges Rennie.

On a donc substitué à la formule

$$e = 0{,}002\,n.D + 0{,}01,$$

la suivante

$$e = 0{,}0016\,n.D + 0{,}008$$

pour les tuyaux coulés debout.

On verra dans le tableau suivant la diminution que cette modification entraîne dans les tuyaux coulés debout.

ÉPAISSEUR DES TUYAUX.	DIAMÈTRE DES TUYAUX.											
	0^m081.	0^m108.	0^m135.	0^m162.	0^m19.	0^m216.	0^m25.	0^m30.	0^m35.	0^m40.	0^m50.	0^m60.
Coulés horizontalement	0 0116	0 0122	0 0127	0 0132	0 1038	0 0143	0 0150	0 0160	0 0170	0 0180	0 0200	0 0220
Coulés verticalement..	0 0093	0 0097	0 0102	0 0106	0 0110	0 0115	0 0120	0 0128	0 0136	0 0144	0 0100	0 0176

A la simple inspection de ce tableau, on peut juger de l'avantage qu'on obtient en coulant les tuyaux *debout*. J'ajouterai que cet avantage n'est pas atténué par une augmentation sensible dans la dépense.

Je terminerai l'exposé des considérations relatives à l'épaisseur à donner aux tuyaux de fonte par un tableau synoptique présentant la description exacte des tuyaux adoptés aujourd'hui dans la distribution des eaux de Paris :

(*) Ce mode était suivi depuis plus de cinquante ans dans les usines où l'on fondait des tuyaux et cylindres destinés à supporter de fortes pressions : mais MM. Mary et Lefort en ont vulgarisé l'usage.

Diamètres des tuyaux.	Longueur totale des tuyaux droits: à emboîtement et cordon.	à emboîtement et brides.	à brides et cordon.	à deux emboîtements.	à deux brides.	Filets: largeur.	Filets: saillie sur le fût, avant la surépaisseur de l'emboîtement.	Cordons, au petit bout: largeur.	Cordons, au petit bout: saillie sur le fût.	Cordons: diamètre sur l'emboîtement.	Épaisseur normale des tuyaux: droits.	Épaisseur normale des tuyaux: courbes.	Emboîtements: longueur.	Emboîtements: épaisseur.	Emboîtements: diamètre intérieur.	Brides: diamètre extérieur.	Brides: épaisseur à la jonction des tuyaux.	Brides: trous.	Brides: nombre de trous.	Observations.
1	2	3	4	5	6	7	8	9	10	11	12	13	14	15	16	17	18	19	20	21
m.	m.	m.	m.	m.	m.	m.	m.	m.	m.	m.	m.	m.	m.	m.	m.	m.	m.	m.		
0 081	2 61	2 61	2 30	2 72	2 30	0 086	0 004	0 016	0 006	0 02	0 0095	0 0115	0 11	0 0135	0 120	0 224	0 0155	0 003	3	
0 108	2 61	2 61	2 30	2 72	2 30	0 086	0 004	0 016	0 006	0 02	0 0100	0 0120	0 11	0 0140	0 148	0 253	0 0170	0 003	4	
0 135	2 61	2 61	2 30	2 72	2 30	0 086	0 004	0 016	0 006	0 02	0 0100	0 0120	0 11	0 0140	0 175	0 280	0 0170	0 003	5	
0 162	2 61	2 61	2 30	2 72	2 30	0 086	0 004	0 016	0 006	0 02	0 0105	0 0140	0 11	0 0145	0 205	0 317	0 0175	0 003	6	Les tuyaux courbes ne diffèrent des tuyaux droits que par leur épaisseur, indiquée dans la colonne n° 13 ci-contre.
0 19	2 61	2 61	2 30	2 72	2 30	0 086	0 004	0 016	0 006	0 02	0 0110	0 0125	0 11	0 0150	0 232	0 347	0 0180	0 003	6	Les longueurs et largeurs des emboîtements, brides et cordons restent les mêmes.
0 216	2 61	2 61	2 30	2 72	2 30	0 086	0 004	0 016	0 006	0 02	0 0115	0 0130	0 11	0 0155	0 259	0 377	0 0185	0 003	6	
0 25	2 65	2 65	2 30	2 76	2 30	0 087	0 005	0 036	0 008	0 04	0 0120	0 0130	0 13	0 0170	0 298	0 411	0 0200	0 003	6	Une petite gorge demi-circulaire est aujourd'hui réservée dans l'emboîtement, afin de maintenir le plomb coulé pour faire le joint.
0 30	2 65	2 65	2 30	2 76	2 30	0 087	0 005	0 036	0 008	0 04	0 0130	0 0160	0 13	0 0180	0 350	0 474	0 0210	0 003	8	
0 325	2 65	2 65	2 30	2 76	2 30	0 087	0 005	0 036	0 008	0 04	0 0135	0 0160	0 13	0 0185	0 376	0 499	0 0215	0 003	8	
0 35	2 65	2 65	2 30	2 76	2 30	0 087	0 005	0 036	0 008	0 04	0 0140	0 017	0 13	0 0190	0 401	0 528	0 0215	0 003	9	
0 40	2 65	2 65	2 30	2 76	2 30	0 087	0 005	0 036	0 008	0 04	0 0145	0 018	0 13	0 0195	0 455	0 582	0 0225	0 003	10	
0 50	2 65	2 65	2 30	2 76	2 30	0 087	0 005	0 036	0 008	0 04	0 0160	0 020	0 13	0 0210	0 556	0 682	0 0240	0 003	12	
0 60	2 65	2 65	2 30	2 76	2 30	0 087	0 005	0 036	0 008	0 04	0 0180	0 022	0 13	0 0270	0 660	0 786	0 0260	0 003	14	

Pour éviter les percements, lorsque l'on a des branchements de concession à greffer sur les conduites, chaque tuyau porte sur le filet de l'emboîtement ou sur celui de la bride un mamelon à face supérieure plane de 0m08 de diamètre, taraudé dans son centre, suivant un trou de 0m04 de diamètre. Ce taraudage est fait par les soins du fondeur, conformément au taraud-étalon qui lui est remis. Le trou est exactement percé d'équerre à la surface du tuyau, et la partie supérieure du mamelon légèrement fraisée, de manière à permettre l'exacte application du collet des bouchons métalliques. Cette main-d'œuvre est comprise dans le prix du kilogramme de fonte.

Quant aux bouchons métalliques destinés à l'obturation de l'orifice, ils sont fabriqués à Chaillot. Ils sont faits avec un alliage composé de 3/7 de plomb, 3/7 de zinc et 1/7 d'étain. Leur poids est moyennement de 41 grammes, et leur prix de revient est de 48 centimes, savoir : 38 cent. pour matière et 10 cent. pour la façon et la rondelle en cuir du joint.

3/7 de plomb à 60 cent. le kilogramme.	0f 2571
3/7 de zinc à 70 cent. —	0 3000
1/7 d'étain à 2 fr. 50 cent. —	0 3571
Prix du kilogramme de matière..	0f 9142
Un bouchon pesant 0k 41, à 0f 9142.	0f 37482
Rondelle en cuir pour le joint.	0 03088
Façon..	0 06517
Charbon	0 01
Prix de revient d'un bouchon.	0f 48

Les fig. 14, 15, 16 de la Pl. 27 représentent l'élévation, la coupe et le plan du moule destiné à la fabrication des bouchons mécaniques.

Je dois encore faire remarquer que déjà l'on est arrivé à diminuer l'épaisseur adoptée pour les tuyaux employés à Paris.

Ainsi, à Lyon, les tuyaux qui viennent d'être coulés présentent les épaisseurs suivantes :

Diamètres.	Épaisseurs.	Diamètres.	Épaisseurs.
0m081	8mil. 1/2	0 25	10 1/2
0 108	9	0 30	11 1/2
0 135	9	0 35	12 1/2
0 162	9 1/2	0 40	13
0 189	10	0 50	14
0 216	10 1/2	0 60	16

De plus, M. Jules Hochet, l'un des directeurs de Fourchambault, m'a fait connaître que l'on a exécuté dans cette usine, pour la fourniture d'eau de Madrid, 1,000 mètres courants de tuyaux de fonte de 0m92 de diamètre, présentant chacun la longueur de 2m88 (2m75 de longueur utile), et dont l'épaisseur n'est que de 16 et 18 millimètres.

Voilà sans doute de très-grands progrès, et l'art n'a pas dit son dernier mot; seulement ses efforts seront limités par la crainte des coups de bélier.

Je vais maintenant décrire les procédés employés pour la fabrication des tuyaux en fonte.

Fabrication des tuyaux en fonte.

Moulage et coulage. — Les tuyaux se coulent de trois manières : horizontalement ou sur un plan incliné, et verticalement.

1° Tuyaux coulés suivant un plan horizontal ou incliné.

Le mode horizontal étant le moins favorable à la bonne exécution des tuyaux, par les raisons déjà présentées, a été généralement abandonné; il n'est plus employé que pour les tuyaux de descente qui ne doivent être soumis à aucune pression intérieure.

Les procédés de moulage sont, du reste, les mêmes que pour les tuyaux coulés sur un plan incliné.

On commence par exécuter en fonte un modèle exact du tuyau à fondre. Ce modèle est parfaitement tourné et poli. Ses dimensions sont plus fortes que celles du tuyau à fondre de toute la quantité que perd la fonte par le retrait en se refroidissant, soit à peu près un centimètre par mètre (1). Les extrémités du modèle sont prolongées à la grosseur du creux intérieur, pour réserver dans le moule la place où doit se placer le noyau.

Pour opérer le moulage de la partie inférieure du châssis, on place le modèle sur un châssis en bois, dont les deux traverses supérieures adhèrent au modèle dans toute sa longueur et à la hauteur de son axe : par-dessus le modèle on pose le châssis en fonte dans lequel on tasse du sable pour former le moule (Pl. 27, fig, 1 et 2). On relie ensuite, au moyen de serre-joints, le châssis en fonte au châssis en bois, et on retourne le moule pour établir le châssis inférieur sur une planche unie, à la place qu'il doit occuper pendant la coulée.

On enlève alors le châssis en bois qui avait servi à la première opération, on

(1) Le retrait de la fonte très-grise est de 1 centimètre par mètre sur chacune de ses dimensions; la fonte blanche se retire davantage et quelquefois du double : expériences faites à Chaillot par M. Chaper en 1826.

dresse à la truelle la surface du sable qui était en contact avec le bois, et on la saupoudre de sable sec pour empêcher l'adhérence avec le sable que l'on doit fouler dans le châssis supérieur.

On place le châssis supérieur sur le châssis inférieur, et on les réunit au moyen de boulons à clavettes qui s'engagent dans des oreilles venues de fonte de chaque côté des deux châssis (Pl. 27, fig. 3, 4, 7).

Quand le sable est convenablement foulé, on enlève le châssis supérieur, on retire le modèle du moule, on répare avec soin ce qu'il peut y avoir d'imparfait dans l'empreinte des deux châssis, puis on la saupoudre de charbon de bois pilé fin que l'on étend sur le sable avec la truelle, pour prévenir l'adhérence du sable à la fonte.

C'est alors qu'on place dans le moule le noyau qui représente le creux du tuyau à couler.

Pour fabriquer le noyau, on se sert de deux coquilles en fonte réunies par des boulons à clavette, et qui forment ce qu'on appelle la boîte à noyau (Pl. 27, fig. 5 et 6). L'axe solide de ce noyau est une barre de fer qui se place au centre de la boîte à noyau, et autour de laquelle on foule de la terre glaise détrempée et mélangée de foin menu. Cet axe porte deux rainures longitudinales dans chacune desquelles on fixe une tringle en fil de fer avant de l'engager dans la boîte à noyau. Quand le noyau est terminé, on retire les deux tringles de fil de fer, et les deux vides qui en résultent servent au dégagement de la vapeur qui s'exhale du noyau au moment de la coulée.

Lorsque le noyau est posé dans le moule à la place convenable, et avant de mettre en place le châssis supérieur, on y pratique un trou vertical à une extrémité du tuyau; ce trou sert à faire pénétrer dans le moule la fonte liquide, et se nomme le jet.

Pour les tuyaux de plus grande dimension, on fait sécher dans l'étuve les deux parties du moule et le noyau avant de faire la coulée.

Les boulons à clavette dont il a été parlé servent de guides et de repères pour replacer les deux châssis l'un sur l'autre.

Les tuyaux coulés sur un plan incliné se moulent absolument de la manière qui vient d'être décrite pour les tuyaux coulés horizontalement. Seulement, après avoir réuni les deux châssis, on place sur le châssis supérieur une planche dressée que l'on rattache fortement à celle du dessous, au moyen de serre-joints. Ce procédé a pour effet d'empêcher la fonte de soulever, par l'action de la pesanteur, le sable du châssis supérieur.

LÉGENDE EXPLICATIVE DES FIGURES DE LA PLANCHE 27.

Figures 1, 2, 3, 4 et 7.

A. Châssis en bois sur lequel on place le châssis inférieur du moule, pour commencer le moulage.
B. Châssis inférieur du moule.
C. Modèle en fonte du tuyau à couler.
D. Serre-joints tendus au moyen de clavettes.
E. Châssis supérieur du moule.
F. Noyau en terre.
H. Axe du noyau, en fer.
I. Boulon à clavettes unissant les deux parties du moule.
K. Jet de la coulée.
L. Planche sur laquelle repose le châssis inférieur.
X. Poignées par lesquelles on manœuvre les châssis.

Figures 5 et 6.

M. Coquilles en fonte unies par des boulons à clavettes et formant la boîte à noyau.

Figures 8 et 9.

N. Planche sur laquelle se place le châssis inférieur.
O. Châssis inférieur du moule.
P. Châssis supérieur.
R. Noyau en terre.
S. Axe du noyau.
T. Planche pour comprimer le sable du châssis supérieur.
U. Serre-joints tendus au moyen de clavettes.
V. Jet de la coulée.
X. Poignées par lesquelles on manœuvre les châssis.

2° Tuyaux coulés verticalement.

Les tuyaux coulés verticalement se moulent dans une fosse creusée en terre, de telle sorte que la partie supérieure du tuyau dépasse à peine le sol.

Le modèle est fait en fonte et de plusieurs pièces, afin de pouvoir être facilement retiré du moule. Comme le tuyau se moule l'emboîtement en bas, le modèle est divisé dans sa longueur en deux parties. La séparation a lieu un peu au-dessus de l'emboîtement. La partie cylindrique peut ainsi être retirée par l'intérieur du moule. Pour faciliter cette opération, on divise en trois cette partie du modèle, dans le sens de la circonférence. Elle est alors formée de deux coquilles réunies au centre par une double bande en forme de coin qui est entaillée dans les deux coquilles. On conçoit que pour retirer le modèle du moule, on enlève d'abord le coin, puis, rapprochant successivement vers le centre chacune des coquilles, on les retire sans endommager le moule.

Le moule se compose de six châssis quadrangulaires superposés, et dans lesquels on tasse successivement du sable autour du modèle. Ces châssis sont formés de quatre parties reliées en diagonale par des boulons à clavette que l'on démonte pour retirer le tuyau du moule. Ils sont garnis de poignées qui servent à les manœuvrer.

Le fond du moule est formé par une plate-forme en fonte sur laquelle doit reposer le noyau. Cette plate-forme, ainsi que les parois des châssis, sont percés de trous pour laisser échapper les gaz pendant la coulée.

Sur cette plate-forme est boulonné le premier châssis qui ne comprend que la portée du noyau et la moitié du cordon qui termine l'emboîtement.

Pour faire le moulage, on commence donc par placer sur la plate-forme en fonte une rondelle en bois qui a, pour diamètre extérieur, le diamètre intérieur de l'emboîtement, et sur laquelle se place le modèle en fonte de cet emboîtement. Cette rondelle, qui se retire après le moulage avec le modèle, laisse libre la place qui permet au noyau de reposer sur le fond du moule. On pose ensuite un deuxième châssis qui comprend tout l'emboîtement jusqu'au commencement de la partie cylindrique, dont on dresse ensuite le modèle sur celui de l'emboîtement. On procède au reste du moulage au moyen de quatre autres châssis qui s'élèvent jusqu'à la partie supérieure du tuyau. Le châssis supérieur comprend la portée du noyau qui y est réservée au moyen d'une rondelle en bois ayant pour diamètre intérieur le diamètre du tuyau. Dans un des angles des châssis on ménage une ouverture verticale qui sert à faire arriver la fonte dans le moule par le bas au moyen d'une tranchée à deux attaques. Deux autres tranchées se répètent dans la hauteur du moule à deux jonctions de châssis, la dernière à la jonction des deux derniers châssis. Le trou vertical est évasé par en haut pour faciliter l'introduction de la fonte dans le moule. On creuse aussi dans le châssis supérieur un orifice circulaire auquel correspondent plusieurs évents verticaux placés directement au-dessus du tuyau ; cet orifice est destiné à recevoir la masselotte, dont le poids augmente la densité de la fonte.

Dans les trois autres angles de la partie supérieure de chaque châssis, on enferme dans le sable une douille en fonte dans laquelle entre un tenon engagé dans la partie inférieure du châssis placé immédiatement au-dessus. Ces tenons servent de guides et de repères pour replacer les châssis les uns sur les autres, quand on les retire de l'étuve pour reformer le moule. Les châssis sont fortement serrés ensemble au moyen de serre-joints.

Quand le modèle est retiré du moule, on sépare le châssis, on achève le moulage à la truelle, on l'enduit d'une couche de charbon de bois pilé et délayé dans l'eau, et on dépose les châssis dans l'étuve.

Quand le moule est convenablement séché, on place d'abord le noyau dans le châssis du fond, et on descend successivement chaque châssis à sa place respective.

Le noyau se fabrique au moyen d'une boîte à noyau, comme il a été dit pour les petits tuyaux. Toutefois, dans les gros tuyaux, l'axe du noyau est formé par une lanterne creuse en fonte, percée de trous sur toute sa hauteur, et qui est revêtue d'une tresse en paille ou en foin servant à diminuer l'épaisseur du sable et à faciliter l'échappement des gaz du noyau. Cette lanterne a la forme d'un cône tronqué, la grande base étant placée en bas. Cette forme oblige le sable à rester toujours adhérent à la lanterne, lorsqu'on enlève le noyau par l'anse qui la termine en haut. Quand le noyau est retiré de la boîte, on en répare la surface à la truelle, on l'enduit d'une couche de noir liquide, et on le dépose dans l'étuve, après avoir replacé le noyau dans le moule : il convient de le caler fortement dans le moule pour empêcher la fonte de pénétrer par le bas du moule dans le creux de la lanterne. Pour cela, on passe dans l'axe du noyau deux barres de fer que l'on fixe à la partie supérieure du châssis au moyen de serre-joints.

Après la coulée, pour faciliter le retrait de la fonte, on desserre les serre-joints qui réunissent les deux derniers châssis inférieurs, on soulève le moule tout entier, et, après avoir dégagé les deux barres de fer qui maintenaient le noyau, on fait tomber la lanterne, dont la forme conique facilite cette opération. Le sable du noyau peut alors céder facilement à la pression opérée par le retrait de la fonte.

LÉGENDE DE LA PLANCHE 27, FIG. 10, 11, 12, 13.

A. Plate-forme sur laquelle repose le moule.
BB. Châssis en fonte qui composent le moule.
CC. Rondelles en bois qui réservent dans le moule les portées du noyau.
DD. Serre-joints qui relient les châssis entre eux.
E. Modèle de l'emboîtement fait d'une seule pièce.
FF. Coquilles qui forment deux des trois parties dont se compose le reste du modèle.
H. Double bande en forme de coin qui réunit les deux coquilles. On l'enlève du moule par en haut au moyen de crochets. Les coquilles se retirent au moyen de pitons vissés dans la partie supérieure.
I. Ouverture verticale pour faire arriver la fonte dans le moule par le bas.
KK. Douilles et tenons qui servent de guides et de repères aux châssis.
L. lanterne en fonte formant l'axe du noyau.
M. Orifice circulaire destiné à recevoir la masselotte.
N. Barres de fer qui maintiennent le noyau dans le moule pour empêcher qu'il ne soit soulevé.

Tuyaux en plomb.

Il me reste à donner quelques détails sur la fabrication des tuyaux en plomb.

On a coulé des tuyaux en plomb jusqu'au diamètre de 0m 216; on faisait des tuyaux de 4 mètres de longueur.

En 1818, on a renoncé à ce mode de fabrication pour faire des tuyaux en plomb étiré; on n'a pas dépassé le diamètre de 0^m108.

En 1840, on a encore substitué un procédé nouveau qui consiste à repousser le plomb pour le faire passer par une surface annulaire et produire ainsi des tuyaux jusqu'au diamètre de 0^m 10 inclusivement.

Pour les tuyaux d'un plus fort diamètre, on les forme avec des tables de plomb coulées d'avance. On prend dans une table une largeur égale au développement de la circonférence qui correspond au diamètre du tuyau à fabriquer, on roule cette table sur un billot et l'on fait une soudure longitudinale.

D'après les expériences de M. Georges Rennie, la résistance du plomb fondu à la traction est de 1^k, 28 par millimètre carré.

Six expériences faites par M. Navier ont successivement donné à cet ingénieur pour la résistance par millimètre carré :

	1^k 65
	1 74
	1 61
	0 84
	1 21
	1 04
En moyenne.	1^k 35

M. Navier fait de plus observer que les pièces commençaient à s'étendre sous des charges qui étaient entre la moitié et les deux tiers de celles qui ont causé la rupture.

M. Jardiné, d'Edimbourg, a trouvé qu'un tuyau en plomb, de 0^m 0508 de diamètre et de 0^m 00508 d'épaisseur, s'est déchiré sous la pression de 305 mètres d'eau, d'où pour la résistance à la traction par millimètre carré. . . . 1^k525.

Il ajoute de plus que le tuyau a commencé à se dilater sous la charge de 245 mètres, c'est-à-dire sous une tension de 1^k,225 par millimètre.

Une autre expérience a donné à M. Jardiné :

1^k 37 pour la charge qui détermine la rupture;
1 14 pour celle qui entraîne la dilatation.

Nous adopterons 1^k30 pour la résistance du plomb à la rupture par traction.

Or, en comparant le poids qui fait naître la dilatation à celui qui produit la rupture, on voit que l'on peut, avec sécurité, soumettre le plomb à une tension égale au quart du poids produisant la rupture : c'est la proportion adoptée, dans la seconde formule, pour les tuyaux en fonte coulés debout.

Nous aurons donc pour la valeur de R'

$$R' = 0^k 325$$

d'où pour la formule qui doit servir à déterminer l'épaisseur des tuyaux de plomb d'un diamètre d et soumis à la pression de n atmosphères :

$$e = \frac{10333 \cdot nd}{2 \times 325000} = 0{,}016 \cdot nd.$$

Nous déduisons d'autre part de la formule des tuyaux fabriqués avec de la fonte coulée debout, abstraction faite du terme constant, que la nature de la matière nous avait forcé d'ajouter :

$$e = 0{,}0016, nd.$$

D'où suit que, pour que les tuyaux de plomb offrissent une résistance identique à celle de la fonte, il conviendrait, sans l'addition du terme constant, qu'ils présentassent une épaisseur dix fois plus grande.

D'autre part, le prix du plomb est trois fois plus considérable que celui de la fonte.

Enfin, le rapport entre la pesanteur spécifique du plomb et celle de la fonte est de $\frac{11{,}3523}{7{,}2070} = 1{,}57$.

L'économie a donc fait justement renoncer à l'usage des tuyaux de plomb d'un grand diamètre dans toutes les distributions d'eau : on se borne à employer ceux d'un petit calibre pour réunir les conduites aux bornes-fontaines, et dans les distributions intérieures.

Toutefois, on n'a jamais suivi dans la pratique la proportion que les formules précédentes assigneraient entre les tuyaux de plomb et les tuyaux de fonte.

Cela tient à la possibilité d'obtenir pour les tuyaux de plomb : 1° à raison de la ductilité de la matière, des épaisseurs beaucoup plus faibles ; 2° à raison de son homogénéité, une résistance bien plus uniforme.

Cela tient aussi et surtout à l'élévation du prix de la matière, comme on le verra par le tableau suivant, dans lequel sont indiqués les épaisseurs et les diamètres des tuyaux de plomb jadis adoptés dans la distribution des eaux de Paris, et duquel il résulte qu'en adoptant la tension limite $R' = 325000$, le nombre d'atmosphères que peuvent supporter ces tuyaux diminue en même temps que leur diamètre augmente.

DIAMÈTRE DES TUYAUX.	ÉPAISSEUR.	NOMBRE D'ATMOSPHÈRES qu'elles peuvent supporter avec la tension limite.	OBSERVATIONS.
m.	m.		
0 027	0 0068	15,84	
0 041	0 0090	13,81	
0 054	0 0090	10,48	
0 068	0 0123	11,43	
0 081	0 0123	9,55	
0 108	0 0123	7,16	
0 135	0 0135	6,29	
0 162	0 0135	5,24	
0 216	0 0135	3,93	
0 25	0 0158	3,07	
0 32	0 0158	3,10	
0 65	0 0350	3,39	

On ne doit donc pas s'étonner si les tuyaux de plomb employés à Versailles et à Paris exigeaient de si fréquentes réparations, puisque les tensions qu'ils supportaient dans les gros diamètres touchaient aux tensions limites.

Voici maintenant la description de l'appareil établi par M. Bonnin, fondeur, pour fabriquer les tuyaux en plomb repoussé.

APPAREIL A FABRIQUER LES TUYAUX EN PLOMB.

LÉGENDE EXPLICATIVE DE LA PLANCHE 28.

Le socle A est fixé par des boulons sur deux poutres. Sur sa partie supérieure est fixé le cylindre B, destiné à recevoir le plomb fondu. A sa partie inférieure est boulonné l'écrou K de la vis L, qui transmet au repoussoir H le mouvement qui lui est imprimé par les deux bras d'un manége.

Pour fabriquer les tuyaux, on fait descendre le repoussoir H dans le bas du cylindre B, comme il est représenté dans la figure 1.

Le repoussoir H est surmonté d'un mandrin I, destiné à former le diamètre intérieur des tuyaux. Ce mandrin repose sur le repoussoir par une embase conique qui fait pression contre deux rondelles en acier, fendues dans le sens de leur rayon, pour qu'elles adhèrent complétement contre le cylindre B et ne laissent pas passer le plomb.

On verse le plomb dans le cylindre B, au moyen d'un entonnoir, *fig.* 8 et 9, qui maintient le mandrin I exactement au centre du cylindre B, pour que la circonférence extérieure et la circonférence intérieure du tuyau soient parfaitement concentriques. Quand le plomb est versé jusqu'au haut du cylindre B, on enlève l'entonnoir, on place au-dessus du cylindre C la pièce en fonte qui porte la filière M, dont le creux intérieur représente le diamètre extérieur du tuyau. On serre fortement la pièce C sur le cylindre B, au moyen des écrous qui pressent sur la traverse en fonte D, faite en deux parties engagées l'une dans l'autre et fixées chacune dans un des tirants FF qui assemblent tout le système.

On imprime alors, au moyen du manége, un mouvement de rotation à la vis L, qui, en montant dans l'écrou K, soulève le repoussoir H et force par suite le plomb à sortir par la filière M sous forme de tuyau.

Le cylindre B est entouré d'un réchaud annulaire qui maintient le plomb à l'état de fusion.

L'écrou K est entouré d'un bac rempli d'eau froide, qui empêche la vis de s'échauffer par le frottement.

Quand les tuyaux sont de petit diamètre, ils sont guidés à leur sortie du cylindre B par la traverse E et s'enroulent sur un tambour placé directement au-dessus et qui tourne par l'action d'un contre-poids. Ce tambour varie de diamètre avec celui des tuyaux, *fig.* 5.

Lorsque les tuyaux sont trop gros pour pouvoir facilement s'enrouler sur le tambour, on les saisit avec une pince au sortir du cylindre B, et le même contre-poids aide à les enlever à mesure qu'ils sortent du cylindre B.

Le cylindre B varie de diamètre intérieur suivant le diamètre des tuyaux à fabriquer.

Pour les tuyaux	de 41, 50 et 60 mill. de diam. int.,	le diam. int.	du cylind. B	est	de 0^m 120;
—	de 30, 34 et 41	—	—	—	de 0 112;
—	de 20 et 27	—	—	—	de 0 097;
—	de 8, 15 et 20	—	—	—	de 0 074.

A chaque diamètre intérieur de tuyau correspond un mandrin I, et à chaque diamètre extérieur une filière M.

Avec chaque cylindre B on change aussi le repoussoir H. Pour que ce repoussoir ne suive pas le mouvement rotatif de la vis L, sur laquelle il repose, deux rainures sont creusées dans une partie de sa hauteur; dans chacune de ces rainures s'engage un coin en fer qui empêche le repoussoir de tourner.

Tuyaux en tôle et bitume.

Je dois encore parler des tuyaux en tôle et bitume, dont le système a été imaginé par M. Chameroy en mars 1837. Depuis cette époque, ils ont été employés avec avantage à la conduite de l'eau et du gaz, et divers certificats d'ingénieurs ont constaté leur bon usage. Leur prix de revient est notablement inférieur à celui des tuyaux en fonte, mais la différence diminue avec le diamètre employé.

Voici quelques renseignements qui me sont transmis par M. Chameroy sur la fabrication des tuyaux en tôle et bitume.

La fabrication de ces tuyaux nécessite un outillage spécial dont la description suit :

1° De fortes cisailles à chariot pour découper les tôles à des largeurs différentes, qui varient à chaque extrémité et suivant les diamètres;

2° Des bassins pour décaper, laver et conserver les tôles. Pour décaper, on emploie l'eau, en y ajoutant 8 pour 100 d'acide sulfurique, on y plonge les tôles pendant quatre ou cinq heures; après qu'elles sont décapées, on les nettoie avec de la poussière de grès, puis on les plonge dans un bain d'eau de chaux pour les préserver de l'oxydation;

3° Un appareil pour le plombage, formé d'une chaudière en fonte montée sur un fourneau, servant à la fusion d'un alliage de 5 parties de plomb, 1 d'étain et 1/100 de partie de zinc, que l'on chauffe à 350 degrés centigrades. Le bain en fusion est recouvert d'une couche de quelques centimètres de poussière de charbon de bois ou de sel ammoniac. Avant d'être plombées, les tôles sont lavées dans l'eau pure, puis plongées dans un bain composé de 2 parties d'eau et 1 partie de sel ammoniac; ensuite elles sont séchées, et enfin on les plonge dans le bain de métal en fusion durant quelques secondes; le plombage est alors terminé, on les retire du bain;

4° Une machine à cintrer, composée de plusieurs cylindres mobiles, avec lesquels on forme les gros diamètres en général;

Les tuyaux de 0m 350 et au-dessus sont formés de deux tôles;

5° Une machine à rouler, composée de deux plates-formes et de calibres à rainures servant à cintrer les petits diamètres;

6° Un découpoir à percer des trous parallèles pour former le joint longitudinal. Ces trous sont percés d'un dixième plus grand que le diamètre des rivets; ils sont placés à 0m 050 de distance;

7° Bigornes pour river les joints longitudinaux. Le diamètre des rivets est de 0m.005 pour tous les tuyaux jusqu'à 0m 350; au-dessus, ils ont 0m 006.

Leur longueur est de 0m 007 pour les tuyaux jusqu'à 0m 081 de diamètre.

Elle est	de 0m 008	—	0m 216	—
—	de 0m 009	—	0m 271	—
—	de 0m 010	—	0m 324	—
—	de 0m 011	—	0m 500	—

8° Appareils à souder le joint longitudinal;

9° Une machine à former les emboîtements, composée de deux cylindres portant deux épaulements qui donnent la forme de l'emboîtement;

10° Un tour à dresser les extrémités des tuyaux;

11° Un appareil à mouler et à fondre les vis au moyen desquelles doivent être assemblés les tuyaux; cet appareil est formé d'une série complète de moules en fonte de fer pour tous les diamètres; de fourneaux avec chaudières pour fondre un alliage de 3 parties de plomb, 1 d'étain, 1/20 de partie de régule d'antimoine et 1/200 de partie de cuivre, chauffé à 400 degrés centigrades.

Pour établir les vis intérieures, il faut préparer préalablement les deux extrémités des tuyaux en les plongeant de quelques centimètres dans l'alliage en fusion. On les place ensuite verticalement sur des cônes, puis on introduit à l'intérieur un tampon recouvert de sable sur lequel on place le moule qui porte le filet des vis; on remplit de métal en fusion l'intervalle qui existe entre le moule et la paroi des tuyaux: le pas de vis est alors formé; on sort le moule après l'avoir laissé refroidir. La vis extérieure s'exécute de la même manière, seulement le tuyau placé verticalement dans le moule reçoit le sable pour empêcher l'alliage de pénétrer à son intérieur. Les moules qui servent à former les vis intérieures des gros diamètres sont d'une seule pièce. Les moules nécessaires pour établir les vis extérieures sont formés de deux pièces, quel que soit le diamètre.

12° Une presse avec clefs, munie de mâchoires, pour dévisser les moules qui forment les vis intérieures des tuyaux de petits diamètres ;

13° Un appareil à essayer les tuyaux à la pression de dix atmosphères;

14° Un banc avec support en fer et tringles munies de tampons pour placer une couche de goudron sur toute la surface extérieure des tuyaux, et y appliquer en hélice un fil de trame, afin de faire adhérer le bitume;

15° Une machine à broyer et à tamiser la marne;

16° Une machine à tamiser le sable de rivière;

17° Un appareil composé de fourneaux avec diverses cornues rotatives pour la composition et la cuisson du bitume.

Le bitume est composé de 40 kil. de brai de houille sec,
— 5 kil. de résine,
— 55 kil. de marne en poudre sèche,
— 50 kil. de sable bien sec,
— 2 kil. de goudron de houille.

Toutes ces quantités donnent la charge d'une chaudière, qui doit être chauffée pendant une heure et demie et tenue en mouvement rotatif continu;

18° Diverses tables pour placer le bitume sur les tuyaux et calibrer son épaisseur;

19° Une machine à refroidir le bitume, composée de deux cylindres rotatifs plongeant dans un bassin d'eau froide;

20° Une machine à bitumer les tuyaux à leur intérieur, formée d'un fourneau avec cornue rotative pour la préparation du bitume, et d'un châssis incliné de 30 degrés sur lequel sont placés les tuyaux, afin d'y appliquer intérieurement une couche mince de bitume.

Ce bitume intérieur, qui est employé pour les tuyaux de conduite d'eau, se compose de

100$^{kil.}$000 de brai sec de houille,
1$^{kil.}$500 de résine,
1$^{kil.}$500 de suif,
1$^{kil.}$500 de cire jaune,
50$^{kil.}$000 de marne en poudre.

Observations. — Les tôles ont toutes 2^{m}80 de long, elles sont puddlées.

La pose des tuyaux se fait à l'aide de leviers armés à une extrémité d'un collier en forte tôle, au moyen duquel on peut visser et dévisser.

Il est utile, avant de visser les tuyaux, d'enduire leur pas de vis d'un mélange de graisse et de plombagine en poudre à égale proportion.

Les embranchements et tubulures se font à froid, au moyen de diverses pièces qui se vissent les unes dans les autres.

Pour embrancher une conduite en tôle et bitume sur une conduite en fonte, il faut placer à l'extrémité des derniers tuyaux de tôle une frette en fer, que l'on emboîte dans le tuyau de fonte, afin de faire un joint matté.

Dans les contrées méridionales, on peut, au lieu d'une forte couche de bitume sur les tuyaux en tôle, leur appliquer simplement une couche mince, puis les revêtir d'une forte couche de ciment romain pour consolider et préserver la tôle.

L'épaisseur du bitume ou du ciment romain est, à l'extérieur, de 0^m006 à 0^m015, suivant les diamètres.

TABLEAU INDICATIF

DES DIMENSIONS ET DES PRIX DES TUYAUX EN TOLE ET BITUME, EN FABRIQUE ET POSÉS.

Diamètres des tuyaux	m. 0 027	m. 0 035	m. 0 042	m. 0 054	m. 0 068	m. 0 081	m. 0 108	m. 0 135	m. 0 162
Largeur des tôles à une extrémité	m. 0 103	m. 0 124	m. 0 154	m. 0 190	m. 0 235	m. 0 274	m. 0 370	m. 0 451	m. 0 530
Largeur des tôles à l'autre extrémité	0 125	0 157	0 178	0 217	0 267	0 309	0 402	0 492	0 595
Poids des tôles (en kilog.)	k. 1 30	k. 1 70	k. 2 »	k. 3 »	k. 4 »	k. 5 50	k. 8 »	k. 11 »	k. 14 »
Division du pas de vis, l'intervalle entre les filets	m. 0 002	m. 0 002	m. 0 002	m. 0 002	m. 0 0029	m. 0 0029	m. 0 0029	m. 0 0035	m. 0 004
Poids des vis (en kilog.)	k. 0 200	k. 0 225	k. 0 250	k. 0 300	k. 0 400	k. 0 500	k. 0 650	k. 0 900	k. 1 200
Poids par mètre (en kilog.) des tuyaux fabriqués	2 »	2 50	3 50	4 50	5 »	7 »	10 »	14 »	17 »
Prix par mètre en fabrique	f. 1 70	f. 1 85	f. 2 »	f. 2 20	f. 2 70	f. 3 25	f. 4 60	f. 6 25	f. 7 85
Prix par mètre posé	1 85	2 »	2 15	2 40	2 90	3 30	4 90	6 35	8 20

Diamètres des tuyaux	m. 0 189	m. 0 216	m. 0 244	m. 0 271	m. 0 297	m. 0 324	m. 0 350	m. 0 400	m. 0 500
Largeur des tôles à une extrémité	m. 0 624	m. 0 715	m. 0 780	m. 0 905	m. 0 985	m. 1 020	m. 0 565	m. 0 670	m. 0 865
Largeur des tôles à l'autre extrémité	0 677	0 765	0 870	0 950	1 014	1 085	0 598	0 705	0 858
Poids des tôles (en kilog.)	k. 19 »	k. 24 »	k. 27 »	k. 34 »	k. 41 »	k. 47 »	k. 55 »	k. 63 »	k. 68 »
Division du pas de vis, l'intervalle entre les filets	m. 0 004	m. 0 004	m. 0 004	m. 0 004	m. 0 004	m. 0 005	m. 0 005	m. 0 005	m. 0 0055
Poids des vis (en kilog.)	k. 1 600	k. 2 200	k. 2 800	k. 3 400	k. 4 100	k. 4 900	k. 5 000	k. 7 300	k. 9 600
Poids par mètre (en kilog.) des tuyaux fabriqués	20 »	25 »	30 »	35 »	40 »	47 »	55 »	65 »	88 »
Prix par mètre en fabrique	f. 9 85	f. 11 80	f. 14 30	f. 16 20	f. 18 90	f. 21 60	f. 24 85	f. 28 10	f. 41 05
Prix par mètre posé	10 30	12 35	14 65	16 45	19 80	22 80	26 45	29 60	45 05

On a vu, par les détails précédents, que l'assemblage des tuyaux s'effectuait au moyen de vis. M. Chameroy a cru devoir renoncer à ce procédé, qu'il a remplacé par un système de joints à emboîtements précis. Les tuyaux, qui pénètrent l'un dans l'autre, sont recouverts du même métal que celui qui servait à former les joints : une rainure demi-circulaire est placée vers l'extrémité de la partie du tuyau mâle destiné à former le joint.

Ceci posé, voici comment on opère pour assembler les tuyaux :

On nettoie préalablement les joints des tuyaux avec un grattoir s'il est nécessaire, ou avec une brosse dure ; puis on remplit les rainures circulaires de fil fin de trame imprégnée de suif et de cire. On enduit ensuite les deux parties formant joint avec un mélange composé de plombagine et de saindoux en proportions égales, et l'on ferme enfin le joint en emmanchant la partie du tuyau portant garniture dans l'autre partie qui forme manchon.

Pour forcer les deux tuyaux à entrer l'un dans l'autre, on a recours à un tampon en bois que l'on applique à l'extrémité du dernier tuyau, et l'on frappe à petits coups contre ce tampon à l'aide d'un marteau, jusqu'à ce que les deux collets des tuyaux se touchent. Il faut prendre soin de bien présenter en ligne droite, afin de ne pas forcer les joints. Pour les tuyaux d'un diamètre supérieur à 0m 108, on emploie des béliers proportionnés, au lieu de marteau.

Il est évident que, dans ce système, on n'a point à redouter les effets de la dilatation, chaque joint formant compensateur.

Appareil destiné à amortir l'effet du coup de bélier produit par la fermeture brusque des robinets des bornes-fontaines.

Je donnerai, en achevant cette note, l'indication d'un appareil inventé par M. Bonnin, fondeur à Paris, pour amortir les coups de bélier produits par la fermeture brusque des robinets des bornes-fontaines, coups de bélier qui déchiraient fréquemment les tuyaux en plomb alimentaires des bornes-fontaines. Afin d'arriver au but proposé, M. Bonnin a imaginé d'établir dans la borne un réservoir d'air communiquant par sa partie inférieure avec la colonne qui conduit l'eau au robinet de service. Plus tard, ayant reconnu que l'air, vu la faible capacité du réservoir, était promptement dissous par l'eau, il a isolé cet air au moyen d'une enveloppe en caoutchouc appliquée dans la capacité du réservoir.

Cette enveloppe en caoutchouc peut affecter, soit une forme sphérique, et, dans ce cas, être abandonnée librement dans le réservoir; soit une forme cylindrique, ce cylindre étant fixé à la partie supérieure du réservoir et maintenu dans une position verticale au moyen d'un lest en plomb.

J'ignore si l'application de cet appareil a été justifiée par l'expérience.

II

Observation relative à l'écoulement de l'eau dans l'aqueduc du Rosoir.

Je terminerai l'appendice par une observation relative aux expériences faites sur l'écoulement de l'eau dans l'aqueduc du Rosoir; il ne faut pas perdre de vue, en lisant le chapitre I de la troisième partie, que les expériences qui y sont relatées se rapportent à un aqueduc spécial; qu'elles n'ont point été faites sur une échelle assez grande, et dans des circonstances assez variées, pour qu'il fût permis d'en déduire des règles générales, règles auxquelles j'espère parvenir au moyen des expériences autorisées par M. le ministre des travaux publics.

Cependant les expériences de l'aqueduc du Rosoir ont déjà confirmé deux faits que j'ai constatés pour la première fois lors de mes études sur l'écoulement de l'eau dans les tuyaux de conduite, savoir :

1° La variation du coefficient de la résistance avec le degré de rugosité du lit; 2° l'augmentation de ce coefficient avec la diminution de la hauteur de l'eau dans le canal, ou l'affaiblissement du rayon moyen.

De telle sorte qu'en appelant a le coefficient de la résistance dans la formule, où l'on conserve seulement le terme en u^2, u étant la vitesse moyenne, on doit avoir, en appelant H la profondeur de l'eau d'un aqueduc, ou R le rayon moyen,

$$a=\alpha+\frac{\beta}{H}, \text{ ou } a=\alpha'+\frac{\beta'}{R}.$$

J'ai adopté la première expression pour les expériences spéciales de l'aqueduc du Rosoir : cela n'avait aucun inconvénient; mais dans la formule générale qui doit s'appliquer à un courant quelconque, et dont l'irrégularité ne laisse plus la possibilité d'obtenir H, il faut s'adresser à la seconde expression.

Cette formule substituée dans les tuyaux de petits diamètres, et où la vitesse est faible, conduirait, comme je l'ai démontré par expérience, à l'expression.

$$\left(\alpha_1+\frac{\beta_1}{R}\right)u=R\frac{H}{L}$$

H et L étant la charge et la longueur du tuyau ; elle devient en remplaçant la vitesse u par le volume Q,

$$Q\left(\alpha_1+\frac{\beta_1}{R}\right)=\pi R^3.\frac{H}{L}$$

D'où, si R est très-petit, α_1 disparaissant devant $\frac{\beta_1}{R}$

$$Q = k' R^4 \cdot \frac{H}{L}.$$

On sait que dans les tuyaux capillaires M. Poiseuille a trouvé

$$Q = k D^4 \frac{H}{L}$$

la même que ci-dessus; résultat assez remarquable, puisque nous sommes parvenus, M. Poiseuille et moi, à cette expression par des expériences faites dans des circonstances tout à fait différentes.

Ma formule paraît donc renfermer le lien qui unit les lois de l'écoulement de l'eau dans un tuyau de diamètre quelconque et dans un tuyau capillaire.

M. Girard avait déjà trouvé qu'au delà d'une certaine longueur d'un tube de petit diamètre on avait la relation

$$u = k'' \frac{D}{L} H$$

mais elle ne permettait pas d'arriver à la loi de M. Poiseuille; aussi MM. Arago, Babinet, Piobert et Regnault avaient-ils fait remarquer dans leur rapport, *Comptes rendus*, tome XVe, page 1167, que l'expression donnée par M. Girard ne représentait pas, dans leur généralité, les phénomènes de l'écoulement de l'eau dans les tubes de petit diamètre.

Je crois que ma formule a ce résultat; elle est dans sa forme la plus générale

$$\left(\alpha + \frac{\beta}{R}\right) u^2 + \left(\alpha_1 + \frac{\beta_1}{R}\right) u = R \frac{H}{L}$$

laquelle se réduit, lorsque la vitesse est très-faible, à

$$\left(\alpha_1 + \frac{\beta_1}{R}\right) u = R \frac{H}{L}.$$

FIN.

TABLE DES MATIÈRES.

PREMIÈRE PARTIE.

DEUXIÈME PARTIE.

CHAPITRE I.

AQUEDUC DU ROSOIR.

CHAPITRE II.

DISTRIBUTION INTÉRIEURE.

TROISIÈME PARTIE.

EXPÉRIENCES.

QUATRIÈME PARTIE.

QUESTIONS ADMINISTRATIVES ET JUDICIAIRES.

APPENDICE.

Note A.

Note B.

Note C.

Note D. — *Filtrage.*

1° *Filtration artificielle.*

FIN DE LA TABLE.

TYP. HENNUYER, RUE DU BOULEVARD, 7, BATIGNOLLES.
Boulevard extérieur de Paris.

www.ingramcontent.com/pod-product-compliance
Lightning Source LLC
Chambersburg PA
CBHW060817220326
41599CB00017B/2213